现 代 数 学 丛 书

U0094565

Linear Algebra for Computational Sciences and Engineering

Second Edition

线性代数

计算科学与工程专业教程

（原书第2版）

[意] 费兰特·内里（Ferrante Neri）著

张丽静 刘白羽 王丹龄 赵金玲 译

机械工业出版社
CHINA MACHINE PRESS

本书从计算科学家和工程师等应用科学家的角度介绍了线性代数的主要概念和一些重要应用，同时不失数学严谨性。计算科学家和工程师在研究和工作实践中都需要理解数学理论概念，以便能够做进一步研究和提出创新解决方案。基于这一理念，本书对每一个概念都做了全面介绍，并通过一些例子做补充解释。此外，书中大多数定理都是先给出严格证明，然后通过数值例子在实践中加以验证。在适当的情况下，主题也通过伪代码的方式呈现，从而突出代数理论的计算机实现。

Translation from the English language edition:
Linear Algebra for Computational Sciences and Engineering, Second Edition
by Ferrante Neri

北京市版权局著作权合同登记　图字：01-2020-4437 号。

图书在版编目（CIP）数据

线性代数：计算科学与工程专业教程：原书第 2 版 /（意）费兰特·内里（Ferrante Neri）著；张丽静等译 . —北京：机械工业出版社，2023.12
（现代数学丛书）
书名原文：Linear Algebra for Computational Sciences and Engineering, Second Edition
ISBN 978-7-111-74230-2

Ⅰ. ①线…　Ⅱ. ①费… ②张…　Ⅲ. ①线性代数－教材　Ⅳ. ① O151.2

中国国家版本馆 CIP 数据核字（2023）第 217097 号

机械工业出版社（北京市百万庄大街 22 号　邮政编码 100037）
策划编辑：刘　慧　　　责任编辑：刘　慧
责任校对：张爱妮　李　婷　　　责任印制：常天培
北京铭成印刷有限公司印刷
2024 年 1 月第 1 版第 1 次印刷
186mm × 240mm · 26 印张 · 651 千字
标准书号：ISBN 978-7-111-74230-2
定价：119.00 元

电话服务　　　网络服务
客服电话：010-88361066　　机　工　官　网：www.cmpbook.com
010-88379833　　机　工　官　博：weibo.com/cmp1952
010-68326294　　金　　书　　网：www.golden-book.com
封底无防伪标均为盗版　　机工教育服务网：www.cmpedu.com

译者序

线性代数是数学的一个分支，是大量科学技术领域从事研究和实践必须掌握的一门学科。线性代数不仅给人们提供了一种解决问题的思路，也给人们提供了大量实用的算法。在计算科学和工程学中，线性代数更是被广泛应用。

本书结合计算科学和工程学中的独特教学要求，在保持线性代数知识体系完整的前提下，对线性代数的核心内容进行了重新组织。全书分为两大部分，前六章涵盖线性代数基础，后七章涉及线性代数高级主题，核心内容包括矩阵、线性方程组、向量、向量空间、线性变换等。本书作者用丰富的实例对这些理论进行了深入直观的解释。针对计算科学研究，第 11 章介绍了与计算复杂度有关的一系列问题，第 12 章介绍了图论及其在社交网络问题、四色问题、中国邮递员问题等一系列问题中的应用；针对工程学研究，第 13 章介绍了与电网络有关的一系列问题。有关应用的章节能够极大地扩展读者的视野，为读者理解线性代数和应用线性代数解决实际问题奠定良好的基础。

在本书翻译和出版的过程中，得到了机械工业出版社编辑们的大力支持和帮助，在此表示感谢。

由于译者水平有限，书中难免存在不当之处，敬请读者批评指正。

译者

2023 年 8 月

序

物理学中的线性代数

可以在两个重要的传统背景下审视线性代数的历史。

第一个传统（从数学史的角度）是不断扩大数的概念，使其不仅包括正整数，还包括负数、分数、代数及超越数。此外，方程中的符号变成了矩阵、多项式、集合和置换。复数和向量分析也是这一传统的延续。在数学的发展过程中，人们并不过分关注特定方程的求解，而更多地讨论一般意义下的基础问题。一般意义下基础问题的求解将整数上的运算以及求和与乘法性质推广到其他线性代数结构上。不同的代数结构（格及布尔代数）则推广了其他类型的运算，以允许对某些非线性数学问题进行优化。作为第一个例子，格推广了代数空间中序的关系，比如集合论中的集合包含、熟知的数系（$\mathbb{N}$、$\mathbb{Z}$、$\mathbb{Q}$ 和 $\mathbb{R}$）中的不等式。第二个例子是，布尔代数将已经在集合论中成立的交、并和对偶原理（德摩根关系）推广到形式化逻辑和命题推演中。这一将逻辑学转化为代数结构的成果非常像笛卡儿将几何学代数化的成果。集合论和逻辑学在过去的几个世纪中得到了长足的发展。特别地，希尔伯特尝试使用一种能够证明自身相容性的符号逻辑方法来构建数学。然而，哥德尔证明了在任何数学系统中总是存在无法证明是真还是假的命题。

第二个传统（从物理史的角度）是表示物理事实的数学对象和运算的研究。这一传统在希腊几何及其在物理问题的后续应用中扮演了重要的角色。当观察身边的空间时，我们总是假设在宇宙的某部分存在一个参照系，用理想的“刚体”进行标识，我们希望所研究的系统在这部分宇宙中演化（例如，一个以太阳为中心指向三个固定恒星的三轴坐标系）。它是一个被称为欧氏仿射空间的模型。参照系的选择纯粹是运动学水平上的选择。对应的“刚体”如果在进行相对运动，直观上认为这两个参照系是不同的。因此，固定相应于同一运动但相对于两个不同参照系（伽利略相对论）的运动对象之间的关联（线性变换）是非常重要的。

在 17 世纪和 18 世纪，一些物理对象需要一种新的解释。这种需求使得前面两个传统通过增加速度、力、动量和加速度（向量）向传统物理量如质量和时间（标量）靠拢。重要的思想产生了向量的主要系统：伽利略的力的平行四边形概念，莱布尼茨和牛顿的几何情景和微积分概念，以及复数的几何表示。运动学研究物体在空间和时间维度的运动，独立于引起运动的原因。在经典物理学中，时间的作用被简化为一个自变量参数；同时也要为希望研究的物体（或多个物体）的运动选择适用的模型。基本且最简单的模型是点（这一模型仅适用于物体的尺度小于其运动的尺度，并小于在特定问题中考虑的其他物理量）。一个点的运动被表述为一个三维欧氏仿射空间中的曲线。第二个基本模型是“刚体”，它是人们接受的有关物体概念的推广，刚体内部各点的相对位置在运动过程中不改变。

后来的电学、磁学和光学的发展，进一步推动了向量在物理学中的应用。19 世纪是向量空间方法发展的标志性时期，其雏形分别是由格拉斯曼（Grassmann）发展的三维几何的代数扩展和哈密顿（Hamilton）的四元数代数，它们分别表示了三维空间中的方向和旋转。因此，很显然，一个简单的代数应当满足物理学家的需要，以便于高效描述时空中的对象（特别是它们的力学对称性和相应的守恒律）及时空自身的性质。更进一步，一个简单的代数的基本特征应当是其线性性质（或甚至是多重线性性质）。在 19 世纪的后半叶，吉布斯（Gibbs）在格拉斯曼和哈密顿提出的相同思想的基础上奠定了他的三维向量代数，克利福德（Clifford）将这些系统整合成一个单独的几何代数（四元代数的直积）。后来，爱因斯坦对四维时空连续体（狭义和广义相对论）的描述需要引入一种张量代数。20 世纪 30 年代，泡利和狄拉克基于物理的原因引入了克利福德代数中的矩阵表示：泡利将其用于描述电子的自旋，而狄拉克则将其同时用于电子的自旋和狭义相对论。

每一个代数系统都被广泛应用于当代物理学，并是表示、解释和理解自然的基本部分。在物理学中，线性性质是由三个思想支撑的：叠加原理、解耦原理和对称性原理。

叠加原理（superposition principle） 设有一个线性问题，其中每一个 O_k 为每一个基本输入 I_k 的基本输出（线性响应）。那么任意输入及其响应都可以表示为一些基本对象的线性组合，即 $I=c_1I_1+c_2I_2+\cdots+c_kI_k$ 及 $O=c_1O_1+c_2O_2+\cdots+c_kO_k$。

解耦原理（decoupling principle） 如果一个耦合的微分方程系统涉及可对角化的方阵 $\boldsymbol{A}$，则考虑一个新的变量 $\boldsymbol{x}'_k=\boldsymbol{U}\boldsymbol{x}_k$（其中 $k\in\mathbb{N}$，$1\leqslant k\leqslant n$）是非常有用的，其中 $\boldsymbol{U}$ 为一个酉矩阵且 $\boldsymbol{x}'_k$ 为 $\boldsymbol{A}$ 的一个正交特征向量集（基）。用 $\boldsymbol{x}'_k$ 改写方程组，可以发现特征向量的演化相互无关，每个方程的形式只依赖于 $\boldsymbol{A}$ 的相应特征值。通过求解方程组，每一个 $\boldsymbol{x}'_k$ 都可表示为一个时间的函数，这样也有可能将 $\boldsymbol{x}_k$ 表示为一个时间的函数（$\boldsymbol{x}_k=\boldsymbol{U}^{-1}\boldsymbol{x}'_k$）。当 $\boldsymbol{A}$ 无法对角化（非正规）时，$\boldsymbol{x}'$的方程不能被完全解耦（约当标准型），但仍然是相对容易的（当然，假设我们不考虑某些与可能出现的振动相关的更深入的问题）。

对称性原理（symmetry principle） 若 $\boldsymbol{A}$ 为一个表示物理系统状态线性变换的对角矩阵，$\boldsymbol{x}'_k$ 为其特征向量，则每一个满足矩阵方程 $\boldsymbol{U}\boldsymbol{A}\boldsymbol{U}^{-1}=\boldsymbol{A}$（或 $\boldsymbol{U}\boldsymbol{A}=\boldsymbol{A}\boldsymbol{U}$）的酉变换称为对应于所考虑物理系统的“对称变换”。其更深的含义为最终改变每一个特征向量而不改变整个特征向量集及其对应的特征值。

因此，解线性代数方程组的标准方法在计算物理中有特殊重要性：适用于实对称矩阵的方法及迭代算法在应用于非零元素集中在主对角线附近（对角占优的）的矩阵的快速收敛。

物理学有一个很强的传统，即关注一些基本方法而忽略其他重要问题的趋势。例如，伽利略创立力学时忽略了摩擦力，尽管它在力学研究中有着重要的作用。伽利略惯性定律（牛顿第一定律，即“不受外力作用的物体运动速度保持不变”）是纯粹抽象的，且它是近似成立的。而在建模时，几个世纪以来一个常用的简化方法就是寻求一个近似自然的线性方程。常微分和偏微分方程都出现在经典物理学和量子物理学中，甚至当方程是非线性的时，线性近似都是极为有效的。例如，由于牛顿第二定律，很多经典物理学被表示为二阶常微分方程组。如果力为一个位置的线性函数，其得到的方程组就是线性的（$m\dfrac{\mathrm{d}^2\boldsymbol{x}}{\mathrm{d}t^2}=-\boldsymbol{A}\boldsymbol{x}$，其中 $\boldsymbol{A}$ 为一个不依赖于 $\boldsymbol{x}$ 的矩阵）。每一个解应该可以写为特解（振动的正规模式）的线性组合，这些特解来自矩阵 $\boldsymbol{A}$ 的特征向量。对接近平衡的非线性问题，力总是可以展开为泰勒级数，且首（线性）项相对小的振动是占优的。通过求耦合振子的拉格朗日方程的特征值和特征向量，可以得到 N 个耦合微分方程系数的对角阵，进而可对耦合的小振动进行详细的处理。在经典力学中，另外一个线性化的例子是通过求解实对称矩阵（惯性张量）的特征值问题来寻找刚体的主矩和主轴。在连续介质理论（如流体力学、扩散和热传导、声学、电磁学）中，用有限差分形式将偏微分方程转化为线性方程组是可能的，最终得到一个对角占优的系数矩阵。特别地，麦克斯韦电磁方程有无限多个自由度（即每个点的场值），但叠加原理和解耦原理仍然适用。任意输入的响应是狄拉克 δ 函数连续基与对应格林函数的卷积。

即使没有微分几何更高级的应用，多重线性映射和张量的基本概念也不仅被用于经典物理（如惯性和电磁场张量），还被用于工程（如并矢）。

在粒子物理学中，分析中微子振荡的问题是很重要的，它既与解耦原理有关，又与叠加原理有关。在这种情况下，三个中微子质量矩阵不是对角的，在所谓规范态的基础上也不是正规的。然而，通过双酉变换（规范态的每个“宇称”对应一个酉变换），可以得到特征值和它们自己的特征向量（质量态），从而使其成为对角的。经过这一变换，可以得到作为质量态的叠加（线性组合）的规范态。

薛定谔的线性方程支配着非相对论量子力学，许多问题都被简化成对角哈密顿算符。此外，在研究量子角动量加法时，我们考虑与在有限维空间中改变基的酉矩阵有关的 Clebsch-Gordon 系数。

在实验物理学和统计力学（随机方法的框架）中，研究人员会遇到对称的、实正定的、可以对角化的矩阵（所谓的协方差矩阵或色散矩阵）。协方差矩阵中在（i,j）位置的元素是一个随机向量的第 i 个元素和第 j 个元素之间的协方差（即随机变量的向量，每个都具有有限方差）。直观上讲，方差的概念就是这样被推广到多维的。

几何对称性的概念在构造星系运动和物质微观结构（夸克运动被局限在强子和轻子的运动中）的简化理论时起到了重要作用。直到爱因斯坦的时代，人们才充分认识到它的时空对称性和与守恒律之间的相互关系的重要性，例如洛伦兹变换、诺特定理和外尔协方差。具有一定形状、尺寸、位置和方向的物体构成了一种状态，其对称性有待研究。它的“对称度”越高（定义状态的条件数越少），保持对象状态不变的变换数就越多。

伽罗瓦在发展拉格朗日、鲁菲尼和阿贝尔等人的思想时，引入了群论中的重要概念。研究表明，n 阶多项式（$n \geqslant 5$）方程一般不能用代数方法求解。他证明了方程根之间的函数关系在根的排列下是对称的。19 世纪 50 年代，凯莱指出每个有限群都同构于某个置换群（例如晶体的几何对称性用有限群的术语来描述）。伽罗瓦之后 50 年，李通过在微分方程理论中引入群的连续变换的概念，统一了许多无关联的解微分方程的方法（大约在两个世纪内发展起来的）。在 20 世纪 20 年代，外尔和维格纳认识到某些群论方法可以作为量子物理中一种强大的解析工具。特别地，维格纳首先强调了李群如旋转同构群 SO(3) 和 SU(2) 所起的重要作用。这些先驱的思想被应用于当代物理学的许多分支，从固体理论到核物理和粒子物理。在经典动力学中，伽利略变换下质点运动方程的不变性是伽利略相对论的基础。寻找一种使麦克斯韦电磁方程保持“形式不变”的线性变换的探索，导致了时空中的一组旋转（洛伦兹变换）的发现。

通常，理解一个系统的对称性为什么被破坏是非常重要的。在物理学中，考虑两种类型的对称性破缺。如果一个对象的两个状态是不同的（例如，一个角旋转或一个简单的相旋转），但它们有相同的能量，则其中一个就被称为“自发对称性破缺”。从这个意义上讲，一个系统的基本定律在对称变换下保持其形式（拉格朗日方程是不变的），但在这种变换下，整个系统通过区分两个或多个基本状态而发生变化。例如，这种对称性破缺表征了铁磁相和超导相，其中拉格朗日函数（或哈密顿函数，代表系统的能量）在旋转（铁磁相）下和一个复标量变换（超导相下）是不变的。反之，若拉格朗日函数在特定变换下不变，则会发生所谓的“显式对称性破缺”。例如，当外加磁场作用于顺磁（塞曼效应）时，就会发生这种情况。

最后，通过排列理论和相关的列维-奇维塔符号发展了行列式，得到了现代微分几何的一个重要而简单的计算工具，它在工程和现代物理中都有应用。广义相对论、量子引力和弦理论就是这样。

因此，线性性质和对称性的概念有助于解决许多物理问题。不幸的是，并不是整个物理学都可以直接用线性代数来建模的。此外，对一个系统的基本组成部分的规律认知并不意味着对整体行为的理解。例如，从水分子之间的作用力推断冰比水轻的原因并不容易。统计力学是19世纪末20世纪初引入的（玻尔兹曼和吉布斯的工作），它不需要确定每一个粒子轨迹，而是通过概率方法研究由大量粒子构成的系统的行为问题。也许，统计力学最有趣的结果是群体行为的出现：虽然我们无法通过观察少量原子来判断水是固态还是液态，以及它的相变温度，但是如果观察大量的原子（更准确地说，当原子数趋于无穷大时），就很容易得出明确的结论。因此，许多因素的群体行为产生了相变。

相变是一个物理现象的例子，它需要不同于线性代数的数学工具。然而，如上所述，线性代数及对其的理解是从事物理学研究的基本要求之一。物理学家需要代数来模拟一种现象（如经典力学）或一部分现象（如铁磁现象），或将其作为发展复杂现代理论（如量子场论）的基本工具。

本书为读者提供了现代线性代数的基础知识，目的是在广泛和多样的背景与目标之间建立关联。这本书对数学、物理学、计算机科学和工程的学生以及希望提高代数理论知识的应用科学研究人员都很有用处。由于并不假定必须具备严谨的预备知识，读者可以很容易理解线性代数是如何为数值计算和数学、物理学、计算机科学及工程中的问题提供帮助的。

我发现本书是纵贯线性代数的一本易读指南，对于需要理解理论但也必须将理论概念转化为计算的现代研究人员来说，本书是一本必不可少的工具书。书中包含大量示例，展示了如何用最具实践性的思想解决复杂问题。我的建议是品读这本书，必要的时候可以参考一下，好好享受阅读时光。

Alberto Grasso

意大利，卡塔尼亚

2016 年 4 月

第 2 版前言

本书的第 1 版已经在教学中试用了三个学期。因此，我有机会反思自己的沟通技巧和教学技能。

除了纠正一些笔误和小错误，我决定改写很多证明，使得解释更清晰也更易读。本书的每一处改动都认真考虑了学生的反应和他们在学习中的反馈。本书的很多章节都被重新组织，一些章节甚至重新编写，并使用了更好的记号。第 2 版包括了超过 150 页的新材料，包括贯穿全书的定理、图示、伪代码和例子，全书加起来超过了 500 页。

在有关矩阵、向量和线性映射的章中加入了新的主题。此外，全书增加了大量内容。有关欧氏空间的内容现在从向量空间的章中移除，并将其放置在一个关于内积空间的独立章中介绍。最后，在书的末尾给出了每章习题的答案。

在本版中，本书仍分为两部分：第Ⅰ部分阐述了线性代数基础，第Ⅱ部分介绍了线性代数高级主题。

第Ⅰ部分由前六章组成。第 1 章介绍代数及集合论中的基本记号、概念和定义。第 2 章描述有关矩阵的定理和应用。第 3 章着重分析线性方程组的解析理论和数值方法。第 4 章介绍三维空间中的向量。第 5 章讨论复数和多项式以及代数基本定理。第 6 章从代数和矩阵理论的角度介绍二次曲线。

第Ⅱ部分由后七章组成。第 7 章介绍代数结构，并介绍群论和环论。第 8 章分析向量空间。第 9 章介绍内积空间，并特别强调欧氏空间。第 10 章讨论线性映射。第 11 章介绍复杂度和算法定理。第 12 章介绍图论，并从线性代数的角度进行阐述。最后，第 13 章给出了一个例子，说明如何将前几章学习的所有代数知识应用于电气工程实践中。

在附录 A 中，布尔代数是非线性代数的一个例子。附录 B 给出了本书中一些定理的证明，因为这些定理的证明需要一些微积分和数学分析知识，超出了本书的范畴，所以在正文中证明被省略。

我认为按照目前的形式，本书是第 1 版的一个实质性的改进版。虽然整体结构和风格大体上保持不变，但使用了新的方式呈现和说明这些概念，这就使得本书能够被更多读者接受，并引导他们向线性代数的更高水平迈进。

补充一点，本书第 2 版的目的是让任何对数学感兴趣，并想在数学上下功夫的人都能理解代数。

Ferrante Neri
英国，诺丁汉
2019 年 4 月

第 1 版前言

理论和实践常常被认为是独立存在的，代表知识的两个不同方面。事实上，一方面，应用科学是建立在理论进步的基础上的。另一方面，理论研究往往着眼于世界和有待发展的现实需要。本书基于这样的理念：理论和实践不是相互脱节的，知识之间是互相联系的。特别地，本书从计算机科学家、工程师和任何需要深入理解这门学科以使应用科学得以进步的人的视角来介绍线性代数的主要概念，同时不失数学严谨性。本书是面向应用科学领域的研究人员和研究生的，但也可以作为数学专业的教材。

代数书要么非常正式，对计算机科学家和工程师来说不够直观，要么是普通的本科生教材，证明和定义没有足够的数学严谨性。本书旨在在严谨性与直观性之间保持平衡，针对每一个引入的概念，试图都给出其示例、解释和实际意义，并证明每一个命题。在适当的地方，主题也会被表示为算法并辅以伪代码。另外，本书不使用逻辑跳转或直观解释来代替证明。

本书的“叙述”以（部分）数学思想为引线。经历了一个又一个世纪，这些数学思想影响着人们的观点并带来了近代科技的发现。数学思想被认为起源于石器时代，当时的穴居人必须估计他观察到的物体的数量。概念化过程发生在古代的某个时刻，这便是数学的开端，也是逻辑学、理性思维和技术的开端。

本书分为两个部分，共有十三章。第Ⅰ部分介绍代数中的基本主题，适用于大学代数课程入门，而第Ⅱ部分给出的更为高级的主题适用于更为高级的课程。此外，本书可作为应用科学领域的研究者的手册，读者可根据本书内容主题的划分，按自身的兴趣选择特定的主题。

第Ⅰ部分从第 1 章开始，介绍代数学和集合论中的基本概念和定义。第 1 章中的定义和记号将用于后面各章。第 2 章研究矩阵代数，介绍定义和定理。第 3 章继续讨论矩阵代数，解释线性代数方程组的理论原理，并举例说明解方程组的一些精确方法和近似方法。第 4 章先是以直观方式将向量视为几何对象进行介绍，然后逐步抽象和推广这一概念，从而得到了代数向量的概念，其本质是要在矩阵理论的基础上求解线性方程组。有关向量的叙述引出了第 5 章。第 5 章讨论了复数和多项式，并通过对代数基本定理的陈述和解释，对代数结构进行了简单的介绍。前 5 章所得到的大部分知识在第 6 章中将再次被提出，第 6 章介绍并解释圆锥曲线，证明圆锥曲线除了几何意义外，还有代数解释，因而等价于矩阵。

按照对称的原则，第Ⅱ部分从第 7 章开始，通过演示基本代数结构开始介绍高级代数知识。第 8 章介绍群和环的理论以及域的概念——它们构成了这一章的基础，同时介绍向量空间。向量空间的理论是从理论的角度进行介绍的，同时也参考了它们的物理意义和几何意义。这些思想将在第 10 章中用于处理线性映射、自同态和特征值。第 8 章和第 10 章中矩阵与向量代数之间的关系完全是不言而喻的。第 11 章给出了一些逻辑工具，它们有助于理解最后一章介绍的内容。这些概念是计算复杂性理论的基础。在介绍这些概念时可以发现，代数其实并不仅仅是抽象的概念。必须在实践过程中重点考虑代数技术的实现。一些简单的代数运算被重新讲述以便机器能够执行。书中还讨论了内存及算子表示。第 12 章讨论图论，并强调了图和矩阵（向量）空间的等价性。最后，作为代数问题的实例，第 13 章介绍了电网络，并指出一个工程问题是如何由多种（代数）问题组合而成的。这一章强调，电网络问题的解要用到图论、向量空间理论、矩阵理论、复数及代数方程组的知识，故覆盖了前面所有章节中介绍的主题。

感谢我的老朋友 Alberto Grasso，他用宝贵的评论和有益的讨论鼓舞了我。作为一位理论物理学家，他对代数有不同的观点，有关这些观点的解释呈现在他为本书写的序中。

我还要感谢德蒙福特大学数学组的同事们，特别是 Joanne Bacon、Michéle Wrightham 及 Fabio Caraffini 的支持和反馈。

最后，感谢我的父母 Vincenzo 和 Anna Maria 在我撰写本书过程中的耐心和鼓励。

补充一点，我希望本书能够为年轻人提供灵感。对首次使用本书学习数学的年轻的读者，我希望能给出一点想法。数学的学习与跑马拉松有点像：它需要智慧、努力、耐心及决心，后三个与第一个是同等重要的。理解数学是一个毕生的旅程，并没有捷径，即便不是“一步一步”地完成，也是“一英里一英里”地完成。与马拉松不同的是，数学的学习没有清晰和自然的终点，可是它有人为的终止线，这是社会强加给我们的，例如考试、论文发表、资助限制及国家研究活动等。正如在马拉松中有舒适的下坡和令人厌烦的上坡弯道一样，数学的学习有容易的时期和困难的时期。在马拉松中，也如数学的学习一样，最重要的是专注个人的路线、追求目标的热情和在遇到困难时的坚持不懈。

本书的目的是为线性代数和抽象代数的初学者提供一个训练的导引，或者为计算科学和工程中的研究人员提供入门指导或补充。

希望读者在阅读本书时能够受益并享受阅读。

Ferrante Neri
英国，莱斯特
2016 年 4 月

目　录

第Ⅱ部分 线性代数高级主题

第 I 部分
线性代数基础

第1章　基本数学思维

1.1　概述

数学，源于希腊单词“mathema”，被简单地翻译为科学或知识的表示。数学除了存在于我们的大脑中，也存在于自然界中，我们一点一点地发现它，或通过大脑的发明或抽象出它，数学与我们思考的能力共存，是人类进步的引擎。

尽管无法确定数学开始于何时，但是在石器时代的某个时刻，一些洞穴人也许会问自己，他看到了多少东西（石头、树木、水果）。为标记数量，他用自己的手势进行了表示，每一个手势表示了不同的量。首次用手势表示数的洞穴人就发明或发现了**枚举**的概念，这一概念与**集合**中势的概念是紧密相关的。我能够想到的最自然的计数手势就是伸出一个手指对应一个物体。这也许是一个通常的选择，且人们使用的**数系**（numeral system）以10为**基**（base）的原因，可能是手指总共有十个。

显然，数学远远超过了枚举，因为它是一个逻辑思维体系，也许整个宇宙都有可能被它在抽象层面上进行表示，即便没有物理上有意义的解释，它也可独立存在。

本书给出了数学的一个一般介绍，特别是对线性代数的介绍，传统上，通过这样的方法期望能够得到更为一般的规则，它是关联量（数）和符号（字母）的学科。代数，数学也一样，是建立在一组初始规则的基础上的，这些规则被认为是基本体系，它们也是所有未来发现的基础。这一体系被称为**公理体系**（Axiomatic System）。

1.2　公理体系

当一个概念不能够被严格定义时，它被称为**原始的**（primitive），因为它的含义是内在明确的。一条**公理**（axiom或postulate）是推理的前提或起点。因此，一条公理是一个陈述，它看起来是正确的且不需要任何证明，但同时也不能是伪造的。

原始概念和公理构成了公理体系。公理体系是修建其上的数学大厦的基础。在这一基础上，一个**定义**（definition）为一个陈述，它使用已知的概念给出一个新的概念或对象（因此，原始概念对定义新对象是必要的）。当知识是从已经建立的知识中推广得到的，则被称为**定理**（theorem）。陈述被称为**假设**（hypotheses），而推广被称为论题（thesis）。一个定理可用下面的形式表述：“如果假设成立则论题成立。”在某些情况下，定理是对称的，即除了“如果假设成立则论题成立”成立，“如果论题成立则假设成立”也成立。更准确地说，如果A和B为两个陈述，这种类型的定理可表示为“如果A成立则B成立，且如果B成立则A成立”。换言之，这两个陈述是**等价的**（equivalent），因为其中一个成立就使得另一个自动成立。在本书中，这一类定理将被表述为“A成立**当且仅当**（if and only if）B成立”。

基于假设推导论题的逻辑步骤的集合在本书中称为**数学证明**（mathematical proof）或**证明**（proof）。证明同一论题存在有很多证明策略，本书中将仅使用**直接证明**（direct proof）或**反证法**（contradiction，reductio ad absurdum），直接证明从假设出发能够符合逻辑地得到论题，反证法将与论题相反的结论作为新的假设，并由此得到矛盾。证明结束用符号□进行标记。必须指出的是，说明两个事实等价的定理需要两个证明。更准确地说，形如“A 成立当且仅当 B 成立”的定理实际上是合并了两个定理。因此，陈述“如果 A 成立则 B 成立”及“如果 B 成立则 A 成立”需要两个单独的证明。

通过获得可用于证明主要结果的次要结果来增进知识的定理称为**引理**（lemma），而使用待证明的主要定理的次要结果称为**推论**（corollary）。不如定理重要的证明结果称为**命题**（proposition）。

1.3 集合论中的基本概念

本书的第一个重要的原始概念是**集合**（set），在不引起数学上混淆的情况下，此处将其定义为有公共属性的对象的全体。这些对象被称为集合的**元素**（element）。设用 A 表示一个一般的集合，x 为其元素。为表明 x 是 A 的一个元素，记为 $x \in A$（否则 $x \notin A$）。

定义 1.1 若集合 A 中的每一个元素也是集合 B 中的元素，且集合 B 中的每一个元素也是 A 中的元素，则称集合 A 和 B 是**相等的**（coincident）。

定义 1.2 集合 A 的**势**（cardinality）为 A 中元素的个数。

定义 1.3 如果集合 A 没有任何元素，则称其为**空集**（empty）并记为 $\varnothing$。

定义 1.4（全称量词） 为表示集合 A 中的所有元素 x，使用记号 $\forall x \in A$。

如果一个命题适用于集合中的所有元素，则陈述“对 A 中的所有元素有”将被符号化为 $\forall x \in A$:。

定义 1.5（存在量词） 为表示集合 A 中至少存在一个元素 x，使用记号 $\exists x \in A$。若要特别指出只存在一个元素，则使用记号 $\exists !$。

若要表明“A 中至少存在一个元素使得”，则使用记号 $\exists x \in A \ni'$。

表述 $\forall x \in \varnothing$ 的含义是有意义的（它等价于“不存在元素”），而表述 $\exists x \in \varnothing$ 则总是不成立的。

定义 1.6 令 m 为集合 B 的势，n 为集合 A 的势。若 $m \leqslant n$ 且 B 中所有的元素也是 A 中的元素，则称 B 包含于 A（或为 A 的子集），表示为 $B \subseteq A$。

定义 1.7 令 A 为一个集合。包含 A 的所有子集（包括空集和 A 本身）的集合称为**幂集**（power set）。

定义 1.8 对给定的两个集合 A 和 B，交集 $C = A \cap B$ 为包含同时属于集合 A 与集合 B 中的元素组成的集合。

定义 1.9 对两个给定的集合 A 和 B，并集 $C = A \cup B$ 为包含要么属于集合 A，要么属于集合 B 的元素的集合。

尽管集合论的证明并不属于本书的范畴，为给出一般的数学逻辑，也给出下列性质的证明。

命题 1.1（交的结合律）

$$(A \cap B) \cap C = A \cap (B \cap C)$$

证明 考虑一个一般的元素 x，满足 $x \in (A \cap B) \cap C$。这意味着 $x \in (A \cap B)$ 且 $x \in C$，也就

是 $x \in A$、$x \in B$ 且 $x \in C$。因此，元素 x 属于三个集合。这一事实可被重新写为 $x \in A$ 且 $x \in (B \cap C)$，即 $x \in A \cap (B \cap C)$。可以对 $\forall x \in (A \cap B) \cap C$ 重复同样的操作，因此得出 $(A \cap B) \cap C$ 中的所有元素也是 $A \cap (B \cap C)$ 中的元素。因此 $(A \cap B) \cap C = A \cap (B \cap C)$。□

定义 1.10　对两个给定的集合 A 和 B，**差集**（difference set）$C = A \setminus B$ 为 A 中所有不属于集合 B 的元素的集合。

定义 1.11　对两个给定的集合 A 和 B，**对称差集**（symmetric difference）$C = A \Delta B = (A \setminus B) \cup (B \setminus A) = (A \cup B) \setminus (A \cap B)$。

因此，对称差集为要么属于 A，要么属于 B 的集合（不包括属于它们交集的元素）。

定义 1.12　对给定的集合 A，A 的**补集**（complement）为所有不属于 A 的元素的集合。A 的补集表示为 A^c，$A^c = \{x \mid x \notin A\}$。

命题 1.2（补集的补集）

$$(A^c)^c = A$$

证明　考虑一个一般的元素 $x \in (A^c)^c$。由定义有 $x \notin A^c$。这意味着 $x \in A$。$\forall x \in (A^c)^c$ 重复使用这一过程，总有 $x \in A$。因此，$(A^c)^c = A$。□

定义 1.13（笛卡儿积）　令 A 和 B 为势分别为 n 和 m 的两个集合。将每一个集合用它们的元素表示为 $A = \{a_1, a_2, \cdots, a_n\}$ 和 $B = \{b_1, b_2, \cdots, b_m\}$。笛卡儿积 C 为一个由所有可能的配对构成的新集合

$$\begin{aligned} C = A \times B = \{ & (a_1, b_1), (a_1, b_2), \cdots, (a_1, b_m), \\ & (a_2, b_1), (a_2, b_2), \cdots, (a_2, b_m), \\ & \cdots \\ & (a_n, b_1), (a_n, b_2), \cdots, (a_n, b_m)\} \end{aligned}$$

笛卡儿积 $A \times A$ 表示为 A^2，或更为一般地，$A \times A \times A \times \cdots \times A = A^n$ 为 A 的 n 次乘积。

例 1.1　考虑如下的两个集合

$$A = \{1, 5, 7\}$$
$$B = \{2, 3\}$$

笛卡儿积 $A \times B$ 可如下计算：

$C = A \times B = \{(1,2), (1,3), (5,2), (5,3), (7,2), (7,3)\}$

例 1.2　为了更好地解释笛卡儿积，下面给出一个图形的例子。图 1-1 表示由平面上绘制的点构成的集合 A。

笛卡儿积 $C = A \times A = A^2$ 应为图 1-2 所示的区域（区域中所有的点）。

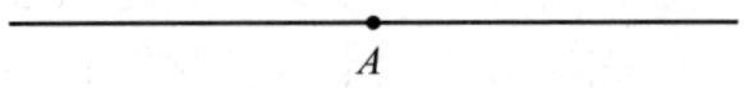

图 1-1

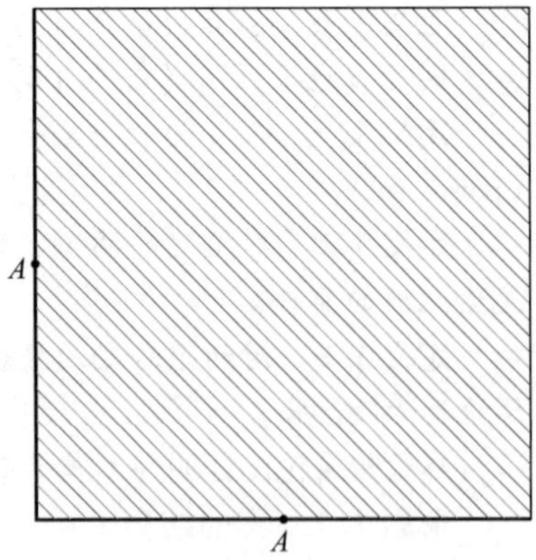

图 1-2

定义 1.14　令 $C = A \times B$ 为一个笛卡儿积。A 与 C 的**关系**（relation）为一个任意的子集 $\mathcal{R} \subseteq C$。这一子集表示 A 中的某些元素与 B 中的元素按照某种规则 $\mathcal{R}$ 相关联。集合 A 被称为**定义域**（domain），而 B 被称为**上域**（codomain）。如果 x 为 A 中的一个一般元素，y 为 B 中的一个一般元素。这一关系可被写为 $(x, y) \in \mathcal{R}$ 或 $x\mathcal{R}y$。

例 1.3　参考前面图形的例子，关系 $\mathcal{R}$ 可以为任何阴影区域 $C=A\times A=A^2$ 的子区域。例如，一个关系 $\mathcal{R}$ 为图 1-3 所示的星标的椭圆形区域。

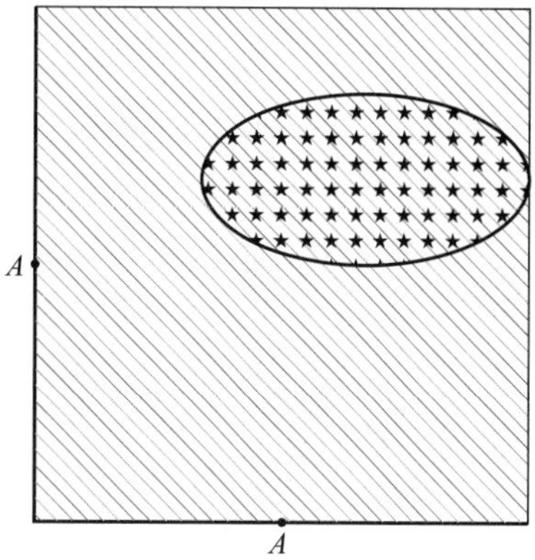

图　1-3

序和等价

定义 1.15（序关系）　考虑一个集合 A 及一个集合 A 上的关系 $\mathcal{R}$。如果这一关系满足下列性质，则称为**序关系**（order relation）并表示为 $\leq$。

- 自反性：$\forall x\in A$，$x\leq x$；
- 传递性：$\forall x,y,z\in A$，若 $x\leq y$ 且 $y\leq z$，则 $x\leq z$；
- 反对称性：$\forall x,y\in A$，若 $x\leq y$ 则 $y\not\leq x$。

序关系 $\leq$ 成立的集合 A 称为**全序集**（totally ordered set）。

例 1.4　当考虑一组人时，总可以将他们按照年龄进行排序。因此，有关系“不年长于”（即年轻于或年龄相同）的一组人是一个全序集，因为每一组人都可以根据他们的年龄进行排序。

利用前述定义，序关系可被理解为定义在集合元素上的一个谓词。尽管这并不错误，但必须回顾，一个关系是一个集合，一个有序关系为一个具有某些性质的集合。为了强调这一事实，下面使用不同的表示法再次给出序关系的定义。

定义 1.16（序关系——集合表示法）　考虑一个集合 A 和笛卡儿积 $A\times A=A^2$。令 $\mathcal{R}$ 为 A 上的一个关系，即 $\mathcal{R}\subseteq A^2$。如果集合 $\mathcal{R}$ 满足下列性质，则称该关系为序关系。

- 自反性：$\forall x\in A$，$(x,x)\in\mathcal{R}$；
- 传递性：$\forall x,y,z\in A$，若 $(x,y)\in\mathcal{R}$ 且 $(y,z)\in\mathcal{R}$，则 $(x,z)\in\mathcal{R}$；
- 反对称性：$\forall x,y\in A$，若 $(x,y)\in\mathcal{R}$，则 $(y,x)\notin\mathcal{R}$。

如果上述性质对 A 的所有元素都成立，则 $\mathcal{R}$ 和 A^2 是相同的，因此 A 为一个全序集。

定义 1.17（偏序集）　若集合 A 中的部分元素满足序关系 $\leq$，即 $\mathcal{R}\subset A^2$，则称其为**偏序集**（partially ordered set，也称为 poset），并表示为 $(A,\leq)$。

直观地说，一个偏序集中的元素（至少部分元素）可以按照特定的规则（即 $\leq$）进行排序。

例 1.5　若在一组人中考虑关系“是……继承人”。容易验证，因为性质满足，所以这是一个序关系。此外，对同样一组人，一些人也可能并不是其他人的继承人。因此，存在一些组，它们中的个体之间有“是……继承人”的序关系，同时另一些组之间不存在关系。偏序集可以被看作一个关系，使得集合中的组可以进行排序。

定义 1.18　令 $(Y,\leq)$ 为一个偏序集 $(X,\leq)$ 的子集。若对每一个 $y\in Y$，X 中的元素 u 总满足 $y\leq u$，则称 u 为 Y 的一个**上界**（upper bound）。若对 Y 的每一个其他上界 v，上界 u 总满足 $u\leq v$，则 u 为 Y 的**最小上界**（least upper bound）或**上确界**（supermum）（$\sup Y$）。

例 1.6　考虑集合 $X=\{1,3,5,7,9\}$ 和集合 $Y\subset X=\{1,3,5\}$，并考虑关系“小于或等于”$\leqslant$。

容易验证 $(Y,\leqslant)$ 是一个偏序集。

- 自反性：$\forall x\in Y$：$x\leqslant x$。可表示为 $(x,x)\in\mathcal{R}$。例如，$1\leqslant 1$ 或 $(1,1)\in\mathcal{R}$。

- 传递性：$\forall x,y,z\in Y$：若 $x\leqslant y$ 且 $y\leqslant z$，则 $x\leqslant z$。例如，我们可以看到 $1\leqslant 3$ 且 $3\leqslant 5$。如所预期的，$1\leqslant 5$。
- 反对称性：$\forall x,y\in Y$：若 $x\leqslant y$ 则 $y\nleqslant x$（意味着 $y>x$）。例如，我们可以看到 $1\leqslant 3$ 及 $3>1$。

元素 5,7,9 都是 Y 的上界，因为 B 中所有的元素都小于或等于它们。但是，只有 5 是 Y 的上确界，因为 $5\leqslant 7$ 且 $5\leqslant 9$。

定义 1.19　令 $(Y,\leq)$ 为一个偏序集 $(X,\leq)$ 的子集。若对每一个 $y\in Y$，X 中的元素 l 总满足 $l\leq y$，则称 l 为 Y 的一个**下界**（lower bound）。若对 Y 的每一个其他下界 k，下界 l 总满足 $k\leq l$，则 l 为 Y 的**最大下界**（greatest lower bound）或**下确界**（infimum）（inf Y）。

定理 1.1　令 Y 为一个偏序集 X 的子集（$Y\subset X$）。若 Y 有上确界，则该上确界是唯一的。

证明　利用反证法，设 Y 有两个上确界，分别记为 u_1 和 u_2，且 $u_1\neq u_2$。由上确界定义，$\forall u\in X$，若 u 为 Y 的一个上界，则 $u_1\leq u$。类似地，$\forall u\in X$，若 u 为 Y 的一个上界，则 $u_2\leq u$。由于 u_1 和 u_2 为上界，则应当有 $u_1\leq u_2$ 且 $u_2\leq u_1$。由反对称性可知，这是不可能的。因此，必有 $u_1=u_2$。 □

例 1.7　回顾例 1.6，5 是唯一的上确界。

下确界唯一性的证明与上确界唯一性的证明类似。

定理 1.2　若 Y 为一个下确界，该下确界是唯一的。

定义 1.20（等价关系）　对集合 A 上的一个关系 $\mathcal{R}$，若满足如下的性质，则称其为**等价关系**（equivalence relation），并用 $\equiv$ 表示。

- 自反性：$\forall x\in A$，有 $x\equiv x$；
- 对称性：$\forall x,y\in A$，若 $x\equiv y$，则有 $y\equiv x$；
- 传递性：$\forall x,y,z\in A$，若 $x\equiv y$ 且 $y\equiv z$，则 $x\equiv z$。

等价关系也可以按照如下的方式定义。

定义 1.21（等价关系——集合表示法）　考虑一个集合 A 及笛卡儿积 $A\times A=A^2$。令 $\mathcal{R}$ 为 A 上的一个关系，即 $\mathcal{R}\subseteq A^2$。若关系 $\mathcal{R}$ 满足下列性质，则称它为等价关系。

- 自反性：$\forall x\in A$，有 $(x,x)\in\mathcal{R}$；
- 对称性：$\forall x,y\in A$，若 $(x,y)\in\mathcal{R}$，则有 $(y,x)\in\mathcal{R}$；
- 传递性：$\forall x,y,z\in A$，若 $(x,y)\in\mathcal{R}$ 且 $(y,z)\in\mathcal{R}$，则 $(x,z)\in\mathcal{R}$。

例 1.8　考虑集合 $A=\{1,2,3\}$ 和关系 $\mathcal{R}\subset A^2$：

$$\mathcal{R}=\{(1,1),(1,2),(2,1),(2,2)\}$$

关系 $\mathcal{R}$ 不是等价关系，因为不存在自反性：$(3,3)\notin\mathcal{R}$。

例 1.9　下面给出等价关系的一个图形表示。考虑笛卡儿积 $A\times A=A^2$，如图 1-4 所示，一个等价关系的例子为图 1-5 中对角线和黑点构成的子集。

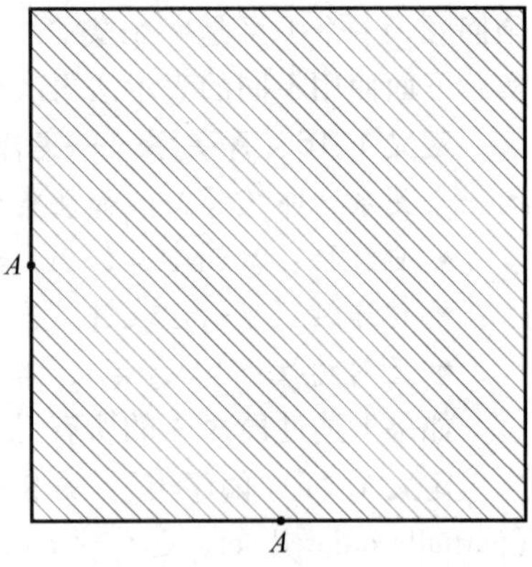

图 1-4

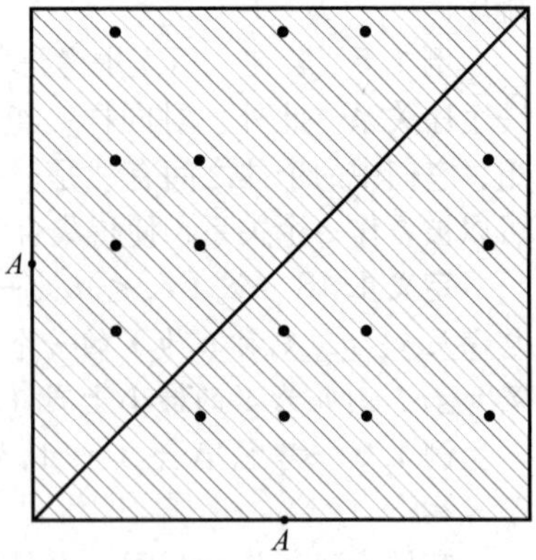

图 1-5

定义 1.22　令 $\mathcal{R}$ 为定义在 A 上的一个等价关系。一

个元素 a 的**等价类**（equivalence class）定义为

$$[a]=\{x\in A \mid x\equiv a\}$$

例 1.10　例 1.9 中对角线元素和黑点构成的集合为一个等价类。

命题 1.3　令 $[a]$ 和 $[b]$ 为两个等价类，且 $x\in[a]$，$y\in[b]$ 分别为两个等价类中的元素。我们可以得到，$[a]=[b]$ 的充要条件为 $x\equiv y$。

这一命题意味着两个等价的元素总是属于同一个等价类。

考虑两个集合，若一个集合中的元素都等价于另一个集合中的元素，则称这两个集合为**等价集**（equivalent set）。

例 1.11　考虑一个装有彩球的盒子，例如，一些红球和一些蓝球。考虑关系“有相同的颜色”。容易验证这一关系是一个等价关系，因为其满足自反性、对称性和传递性。一个等价类用 $[r]$ 表示，为所有红球构成的集合，另一个等价类用 $[b]$ 表示，为所有蓝球构成的集合。换言之，所有红球相互等价，所有蓝球相互等价。上面的命题说明，如果两个球等价，则它们有相同的颜色，要么都是红色，要么都是蓝色，因此它们属于相同的等价类。

1.4　函数

定义 1.23（函数）　若一个关系将一个集合中的任一元素与另一个集合中唯一的一个元素相关联，则称其为**映射**（mapping）或**函数**（function）。令 A 和 B 为两个集合，映射 $f: A\to B$ 为一个关系 $\mathcal{R}\subseteq A\times B$，使得 $\forall x\in A$，$\forall y_1$ 和 $y_2\in B$ 有

- $(x,y_1)\in f$ 且 $(x,y_2)\in f\Rightarrow y_1=y_2$；
- $\forall x\in A: \exists y\in B \mid (x,y)\in f$。

其中符号：$A\to B$ 表示映射在集合 A 和集合 B 之间建立了关系，读作“从 A 到 B”，而$\Rightarrow$表示实质含义，读作“由此可得”。此外，概念 $(x,y)\in f$ 也可以表示为 $y=f(x)$。

函数的另一个定义如下。

定义 1.24　令 A 和 B 为两个集合，一个映射 $f: A\to B$ 为一个关系 $\mathcal{R}\subseteq A\times B$，满足如下性质：$\forall x\in A$ 有 $\exists!y\in B$ 使得 $(x,y)\in\mathcal{R}$ [或等价地 $y=f(x)$]。

例 1.12　后面的两个定义说明，例如 $(2,3)$ 和 $(2,6)$ 不能都是一个函数的元素。相同的概念可表述为若 $f(2)=3$，则不可能有 $f(2)=6$。换言之，若固定 $x=2$，则有唯一的 y 值满足 $y=f(x)$。

因此，尽管从数学上函数通常被表示为联系两个集合的“规则”，实际上一个函数可以是任何满足定义 1.24 中性质的集合（为一个笛卡儿积的子集）。

我们再次使用穴居人的例子，一个人建立了一个物理状态和手指姿势之间的映射关系。更准确地说，这一映射只允许一个数量的对象对应一个手指姿势。这意味着枚举是一种特殊的映射 $f: A\to B$，同时满足下列定义中的两个性质。

定义 1.25　令 $f: A\to B$ 为一个映射。如果两个不同元素对应的函数值总是不同的，则该映射被称为**单射**（injection）（或该函数为单射的）：$\forall x_1$ 和 $x_2\in A$，若 $x_1\neq x_2$，则 $f(x_1)\neq f(x_2)$。

例 1.13　考虑集合 $A=\{0,1,2,3,4\}$ 和笛卡儿积 $A\times A=A^2$。考虑如下的函数 $f\subset A^2$：

$$f=\{(0,0),(1,1),(2,4),(3,4),(4,3)\}$$

函数 f 不是单射，因为它同时包含了 $(2,4)$ 和 $(3,4)$。这一表述可重新写为：尽管 $x_1\neq x_2$，但

仍有 $f(x_1)=f(x_2)$，其中 $x_1=2$，$x_2=3$。显然 $f(2)=f(3)=4$。

定义 1.26　令 $f: A\to B$ 为一个映射。如果集合 B 中的所有元素都是由 A 中的元素映射得到的，则该映射被称为**满射**（surjection）：$\forall y\in B$，必 $\exists x\in A$，使得 $y=f(x)$。

例 1.14　考虑集合 $A=\{0,1,2,3,4\}$ 和 $B=\{0,1,2,7\}$。考虑笛卡儿积 $A\times B$ 及下列函数 $f\subset A\times B$：

$$f=\{(0,0),(1,0),(2,1),(3,1),(4,2)\}$$

函数 f 不是满射，因为 $7\in B$ 并不是被映射为的函数值。换言之，不存在元素 $x\in A$，使得 $(x,7)\in f$；等价地说，不存在 $x\in A$ 使得 $f(x)=7$。

定义 1.27　令 $f: A\to B$ 为一个映射。若它同时为单射和满射则被称为**双射**（bijection）（或函数是双射的），也就是说，函数 f 既是单射又是满射。

例 1.15　考虑集合 $A=\{0,1,2,3,4\}$ 和笛卡儿积 $A\times A=A^2$。考虑下列函数 $f\subset A^2(f: A\to A)$：

$$f=\{(0,0),(1,1),(2,2),(3,4),(4,3)\}$$

- 由于这一函数使用了上域中的所有元素，故函数是满射；
- 由于定义域中两个不同元素总是取不同的函数值，故它是单射。

因此，该函数为双射。

此处的例子中，满射表明每一个物理状态都可能被表示（如果最多有十个对象，就可用手指姿势表示）。单射表明每一种表示都是唯一的（故不混淆）。

必须指出的是，如果两个集合之间存在一个双射，则它们是等价的。在本书的例子中，手指姿势就是一个唯一定量的符号，即量的集合和手指姿势（符号）的集合是等价的。这些符号也表示了另外一个数学中的原始概念——**数**（number）。这一概念在介绍集合的势时已经使用了。枚举的概念也同样被上面的例子直观地作为一个函数引入，这种函数既为单射又为满射（故为双射）。下面的命题给出了这一事实的形式化描述。

命题 1.4　令 $f: A\to B$ 为一个映射。令 n 为 A 的势，m 为 B 的势。若 f 是双射，则 $n=m$。

证明　若 f 为双射，则 f 既为单射又为满射。

由于 f 为单射，则

$$\forall x_1,x_2\in A \quad 及 \quad x_1\neq x_2, \quad 可得 f(x_1)\neq f(x_2)$$

这意味着不存在两个不同的 x_1 和 x_2，使得只有一个 $y=f(x_1)=f(x_2)$。反之，对 A 中每一对不同的元素，在 B 中都有一对不同的元素与之对应。因此，如果将 A 中的 n 个元素进行映射，可得 B 中的 n 个元素。这种情形只能出现在 B 至少有 n 个元素的情形。这意味着 A 中元素的个数不能比 B 中元素的个数多，或换言之，$n\leqslant m$。

由于 f 为满射，则

$$\forall y\in B, \quad \exists x\in A 使得 y=f(x)$$

这意味着 B 中没有元素不被 A 中的元素映射到。换言之，$m\leqslant n$。

由于这些性质都成立，可得 $m=n$。 □

这一命题是非常重要的，因为它是一个非常有用的数学工具：为证明两个集合有相同的势，我们需要找到它们之间的一个双射。

1.5　数集

一个集合可以由数组成，即集合的元素为数。此时，它被称为一个**数集**（number set）。

在引入数集之前，需要另一个原始概念，这将是本书中最后一个原始概念。这个概念就是**无穷**（infinity），记为∞。本书将把∞作为一个特殊的数，它大于任何可能想到的数。任何不是∞的数都被称为**有限的**（finite）。由于无穷概念的引入，我们可以用这些定义进一步刻画集合。

定义 1.28　若一个集合的势为有限数，则它被称为有限的。反之，若一个集合的势为∞，则它被称为**无限的**（infinite）。

定义 1.29　令 A 为一个数集。如果无论 ε 多小，$\forall x_0 \in A$：$\exists x$ 使得 $|x-x_0|<\varepsilon$，则称 A 为**连续的**（continuous）。

这意味着一个连续集合中的数是被相邻的数连续地围绕的。换言之，在一个连续集中，无法找到最小的邻域半径 $\varepsilon>0$，将相邻的两个数分开。反之，若能找到一个 $\varepsilon>0$ 将相邻的两个数分开，则称该集合为**离散的**（discrete）。这些定义隐式地说明了连续集总是无限集。更明确地说，这些集合是**不可数无限集**（uncountably infinite）。一个有无穷多元素的离散集仍然是一个无限集，但使用另外一个名字，**可数无限集**（countably infinite）。

定义 1.30（可数性）　如果集合 A 可由一个双射映射到自然数集 $\mathbb{N}$，则称其为可数无限集。如果不存在双射将无限集 A 映射到自然数集，集合 A 就是不可数无限集。

自然数集 $\mathbb{N}$ 可被定义为一个离散集 $\{0,1,2,\cdots\}$。

其他相关集合有：

- 整数集 $\mathbb{Z}=\{\cdots,-2,-1,0,1,2,\cdots\}$；
- 有理数集 $\mathbb{Q}$：所有可能分数的$\frac{x}{y}$的集合，其中 x 和 $y\in\mathbb{Z}$，且 $y\neq0$；
- 实数集 $\mathbb{R}$：包含 $\mathbb{Q}$ 和所有不能被表示为整数分数的其他数；
- 复数集 $\mathbb{C}$：可被表示为 $a+\mathrm{i}b$ 的数的集合，其中 $a,b\in\mathbb{R}$，虚数单位为 $\mathrm{i}=\sqrt{-1}$，参见第 5 章。

容易看到，除 $\mathbb{C}$ 外，上述所有数集相对于关系“$\leqslant$”都是全序集，即 $\forall x,y$，总是可以评估是否有 $x\leqslant y$ 或 $y\leqslant x$。

定义 1.31　一个**区间**（interval）为由下确界和上确界限定的 $\mathbb{R}$ 的一个连续子集。令 a 为下确界，b 为上确界。用 $[a,b]$ 表示包含 a 和 b 的区间，用符号 (a,b) 表示不包含下确界和上确界的区间。

例 1.16　考虑集合 $X\subset\mathbb{N}$，$\{2,4,7,12\}$ 及关系“小于或等于”。我们可以得到 14 为一个上界而 12 为其上确界。下确界为 2，而一个下界可以是 1。

例 1.17　现考虑相同的关系及集合 $X\subset\mathbb{R}$，当集合定义为 $\forall x\in\mathbb{R}$，满足 $0\leqslant x\leqslant1$。其上确界和下确界分别为 1 和 0。若集合定义为 $\forall x\in\mathbb{R}$，满足 $0<x<1$，则上确界和下确界仍分别为 1 和 0。最后，如果集合 $X\in\mathbb{R}$ 的定义为 $\forall x\in\mathbb{R}$，满足 $0\leqslant x$，则该集合没有上确界。

例 1.18　考虑 $x,y\in\mathbb{Z}\setminus\{0\}$ 及关系 $x\mathcal{R}y:xy>0$。

- 验证自反性：$x\mathcal{R}x$ 的含义为 $xx=x^2>0$，这总是成立的。
- 验证对称性：若 $xy>0$，则 $yx>0$ 也是成立的。
- 验证传递性：若 $xy>0$ 且 $yz>0$，则 x 和 y 的符号相同且 y 和 z 的符号相同。由此可得 x 和 z 有相同的符号。因此 $xz>0$，即传递性被验证了。

这意味着上述关系为一个等价关系。

例 1.19　考虑集合 $\mathbb{N}\setminus\{0\}$。定义关系 $\mathcal{R}$“为一个因子”。

- 验证自反性：一个数总是自己的因子。因此关系是自反的。
- 验证对称性：若 $\frac{x}{y}=k\in\mathbb{N}$，则 $\frac{y}{x}=p=\frac{1}{k}$ 显然不属于 $\mathbb{N}$。因此关系是反对称的。
- 验证传递性：若 $\frac{x}{y}=k\in\mathbb{N}$ 且 $\frac{y}{z}=h\in\mathbb{N}$，则 $\frac{x}{z}=\frac{kyh}{y}=kh$。两个自然数的乘积仍然是一个自然数。因此，该关系是传递的。

这意味着上述关系是一个偏序。

例 1.20　考虑 $x,y\in\mathbb{Z}$ 及如下关系 $x\mathcal{R}y:x-y$ 可被 4 整除。

- 验证自反性：$\frac{x-x}{4}=0\in\mathbb{Z}$。因此关系是自反的。
- 验证对称性：若 $\frac{x-y}{4}=k\in\mathbb{Z}$，则 $\frac{y-x}{4}=p=-k$ 也属于 $\mathbb{Z}$。因此关系是对称的。
- 验证传递性：若 $\frac{x-y}{4}=k\in\mathbb{Z}$ 且 $\frac{y-z}{4}=h\in\mathbb{Z}$，则 $\frac{x-z}{4}=\frac{x-y+y-z}{4}=k+h$。这两个数都属于 $\mathbb{Z}$。因此关系也是传递的。

这意味着上述关系为一个等价关系。

例 1.21　考虑下面的集合：

$$E=\{(x,y)\in\mathbb{R}^2 \mid (x\geqslant 0)\text{ 且 }(0\leqslant y\leqslant x)\}$$

及关系

$$(a,b)\mathcal{R}(c,d):(a-c,b-d)\in E$$

- 验证自反性：$(a-a,b-b)=(0,0)\in E$。因此关系是自反的。
- 验证对称性：若 $(a-c,b-d)\in E$，则 $a-c\geqslant 0$。若关系是对称的，则当 $c-a\geqslant 0$ 时，$(c-a,b-d)\in E$。因此，如果它是对称的，则 $a-c=c-a$。这只有当 $a=c$ 时才成立。进一步，$0\leqslant d-b\leqslant c-a=0$。这意味着 $b=d$。换言之，对称性仅在两个解相等时才成立。在其他情形下，这一关系不会对称。因此它是反对称的。
- 验证传递性：已知 $(a-c,b-d)\in E$ 及 $(c-e,d-f)\in E$。假设 $a-c\geqslant 0$，$c-e\geqslant 0$，$0\leqslant b-d\leqslant a-c$ 及 $0\leqslant d-f\leqslant c-e$，我们知道若将正数相加仍将得到正数。因此，$(a-c+c-e)=(a-e)\geqslant 0$ 且 $0\leqslant b-d+d-f\leqslant a-c+c-e$，即 $0\leqslant b-f\leqslant a-e$。因此传递性是成立的。

上述关系是一个偏序。

1.6 代数结构入门

如果集合是一个原始概念，则在集合的基础上，代数结构为允许对元素进行某些运算并满足某些性质的集合。尽管深入分析代数结构超出了本章的范畴，本节也会给出一些基本定义和概念。更多与代数结构相关的高级概念将在第 7 章中给出。

定义 1.32　一个**运算**（operation）为一个函数 $f: A\rightarrow B$，其中 $A\subset X_1\times X_2\times\cdots\times X_k$，$k\in\mathbb{N}$。$k$ 的值被称为运算的**元数**（arity）。

定义 1.33　考虑集合 A 和一个运算 $f: A \to B$。如果 A 为 $X \times X \times \cdots \times X$ 且 B 为 X，即运算的结果仍然为集合的元素，则称该集合对运算 f **封闭**（closed）。

定义 1.34（环）　一个**环**（ring）R 为一个附加了**和**（sum）运算与**积**（product）运算的集合。和用+表示，而积则简单地略去即可（x_1 乘以 x_2 的积表示为 x_1x_2）。这些运算都是对 R 中的两个元素进行的，并返回一个 R 中的元素（R 对这两个运算都是封闭的）。此外，下面的性质必须成立。

- 交换律（和）：$x_1+x_2=x_2+x_1$；
- 结合律（和）：$(x_1+x_2)+x_3=x_1+(x_2+x_3)$；
- 中性元[1]（和）：$\exists$ 一个元素 $0 \in R$ 使得 $\forall x \in R: x+0=x$；
- 逆元（和）：$\forall x \in R: \exists -x \mid x+(-x)=0$；
- 结合律（积）：$(x_1x_2)x_3=x_1(x_2x_3)$；
- 分配律 1：$x_1(x_2+x_3)=x_1x_2+x_1x_3$；
- 分配律 2：$(x_2+x_3)x_1=x_2x_1+x_3x_1$；
- 中性元[2]（积）：$\exists$ 一个元素 $1 \in R$，满足 $\forall x \in R$，$x1=1x=x$。

和运算的逆元也被称为**相反元**（opposite element）。

定义 1.35　令 R 为一个环。若在环的性质中也包括

- 交换律（积）：$x_1x_2=x_2x_1$

则该环被称为**可交换的**（commutative）。

定义 1.36（域）　**域**（field）为一个除了 0 元外，每一个元素都有积逆元的交换环。换言之，一个域，记为 F，除了满足交换环的性质外，也满足

- 逆元（积）：$\forall x \in F \setminus \{0\}: \exists x^{-1} \mid xx^{-1}=1$

例如，如果考虑实数集 $\mathbb{R}$，以及相关的和与积运算，就得到了**实数域**（real field）。

习题

1.1　证明下列陈述

$$A \cup (A \cap B)=A$$

1.2　证明并运算的结合律

$$(A \cup B) \cup C=A \cup (B \cup C)$$

1.3　计算 $A \times B$，其中

$$A=\{a,b,c\}$$

且

$$B=\{x \in \mathbb{Z} \mid x^2-2x-8=0\}$$

1.4　考虑集合

$$A=\{1,2,3\}$$
$$B=\{1,2,3\}$$

---

[1] 对和运算，“中性元”一般又被称为“零元”。——译者注

[2] 对乘法运算，“中性元”有时又被称为“幺元”。——译者注

令关系 $\mathcal{R} \subset A \times B$ 为一个集合，定义为

$$\mathcal{R} = \{(1,1),(1,2),(1,3),(2,2),(2,3),(3,3)\}$$

验证 $\mathcal{R}$ 的自反性、对称性和传递性，然后说明 $\mathcal{R}$ 是否为一个序关系。

1.5　考虑下面的集合

$$A = \{0,1,2,3\}$$
$$B = \{1,2,3\}$$

令关系 $f \subset A \times B$ 为一个集合，定义为

$$f = \{(0,1),(1,1),(2,2),(3,3)\}$$

说明 f 是否为一个函数及 f 是否为一个单射。使用相关的定义验证你的答案。

第2章　矩　　阵

2.1　数值向量

尽管本章有意使用实数集 $\mathbb{R}$ 及其上定义的和与乘法运算，但本章的所有概念都可以很容易地推广到复数域 $\mathbb{C}$ 上去。这一事实将在第5章中学习了复数和它们的运算后进一步强调。

定义2.1（数值向量）　令 $n\in\mathbb{N}$ 且 $n>0$。由实数集 $\mathbb{R}$ 进行 n 次笛卡儿积（$\mathbb{R}\times\mathbb{R}\times\mathbb{R}\times\mathbb{R}\times\cdots$）生成的集合记为 $\mathbb{R}^n$，它是一个有序实数的 n 元组。该集合中的一般元素 $\boldsymbol{a}=(a_1,a_2,\cdots,a_n)$ 称为**数值向量**（numeric vector）或简称为实数域中的 n 阶向量，一般的 a_i，$\forall i$ 从1到 n，称为向量 $\boldsymbol{a}$ 的第 i 个**分量**（component）。

例2.1　n 元组

$$\boldsymbol{a}=(1,0,56.3,\sqrt{2})$$

为一个 $\mathbb{R}^4$ 中的向量。

定义2.2（标量）　数值向量 $\lambda\in\mathbb{R}$ 称为**标量**（scalar）。

定义2.3　令 $\boldsymbol{a}=(a_1,a_2,\cdots,a_n)$ 及 $\boldsymbol{b}=(b_1,b_2,\cdots,b_n)$ 为 $\mathbb{R}^n$ 中的两个数值向量。这两个向量的和为向量 $\boldsymbol{c}=(a_1+b_1,a_2+b_2,\cdots,a_n+b_n)$，由它们对应的分量相加得到。

例2.2　考虑下列 $\mathbb{R}^3$ 中的向量

$$\boldsymbol{a}=(1,0,3)$$
$$\boldsymbol{b}=(2,1,-2)$$

这两个向量的和为

$$\boldsymbol{a}+\boldsymbol{b}=(3,1,1)$$

定义2.4　令 $\boldsymbol{a}=(a_1,a_2,\cdots,a_n)$ 为 $\mathbb{R}^n$ 中的一个数值向量，λ 为 $\mathbb{R}$ 中的一个数。**一个向量和一个标量的积**为一个向量 $\boldsymbol{c}=(\lambda a_1,\lambda a_2,\cdots,\lambda a_n)$，由 λ 与向量的每一个分量相乘得到。

例2.3　考虑向量 $\boldsymbol{a}=(1,0,4)$ 和标量 $\lambda=2$。该标量与向量的乘积为

$$\lambda\boldsymbol{a}=(2,0,8)$$

定义2.5　令 $\boldsymbol{a}=(a_1,a_2,\cdots,a_n)$ 和 $\boldsymbol{b}=(b_1,b_2,\cdots,b_n)$ 为 $\mathbb{R}^n$ 中的两个数值向量。$\boldsymbol{a}$ 与 $\boldsymbol{b}$ 的**标量积**（scalar product）为一个实数，

$$\boldsymbol{a}\cdot\boldsymbol{b}=c=a_1b_1+a_2b_2+\cdots+a_nb_n$$

它是将两个向量对应分量相乘后求和得到的。

例2.4　再次考虑

$$\boldsymbol{a}=(1,0,3)$$
$$\boldsymbol{b}=(2,1,-2)$$

这两个向量的标量积为

$$\boldsymbol{a}\cdot\boldsymbol{b}=1\cdot 2+0\cdot 1+3\cdot(-2)=2+0-6=-4$$

令 $\boldsymbol{a},\boldsymbol{b},\boldsymbol{c}\in\mathbb{R}^n$ 且 $\lambda\in\mathbb{R}$。可以证明，标量积满足如下性质。

- 对称性：$\boldsymbol{a}\cdot\boldsymbol{b}=\boldsymbol{b}\cdot\boldsymbol{a}$；
- 结合律：$\lambda(\boldsymbol{b}\cdot\boldsymbol{a})=(\lambda\boldsymbol{a})\cdot\boldsymbol{b}=\boldsymbol{a}\cdot(\lambda\boldsymbol{b})$；
- 分配律：$\boldsymbol{a}\cdot(\boldsymbol{b}+\boldsymbol{c})=\boldsymbol{a}\cdot\boldsymbol{b}+\boldsymbol{a}\cdot\boldsymbol{c}$。

2.2　矩阵的基本定义

定义 2.6（矩阵）　令 $m,n\in\mathbb{N}$，且 $m,n>0$。一个矩阵 $(m\times n)\boldsymbol{A}$ 为一个一般的表格，形如：

$$\boldsymbol{A}=\begin{pmatrix} a_{1,1} & a_{1,2} & \cdots & a_{1,n} \\ a_{2,1} & a_{2,2} & \cdots & a_{2,n} \\ \vdots & \vdots & & \vdots \\ a_{m,1} & a_{m,2} & \cdots & a_{m,n} \end{pmatrix}$$

其中每一个**矩阵元素**（matrix element）$a_{i,j}\in\mathbb{R}$。若 $m=n$，矩阵称为**方的**（square），否则称为**矩形的**（rectangular）。

数值向量 $\boldsymbol{a}_i=(a_{i,1},a_{i,2},\cdots,a_{i,n})$ 称为第 i 个**行向量**（row vector），而 $\boldsymbol{a}^j=(a_{1,j},a_{2,j},\cdots,a_{m,j})$ 称为第 j 个**列向量**（column vector）。

所有 m 行 n 列实数矩阵的集合记作 $\mathbb{R}_{m,n}$。

定义 2.7　如果一个矩阵的所有元素都是零，则称它为零矩阵 $\boldsymbol{O}$(null)。

例 2.5　$\mathbb{R}_{2,3}$ 的零矩阵为

$$\boldsymbol{O}=\begin{pmatrix} 0 & 0 & 0 \\ 0 & 0 & 0 \end{pmatrix}$$

定义 2.8　令 $\boldsymbol{A}\in\mathbb{R}_{m,n}$。$\boldsymbol{A}$ 的转置为矩阵 $\boldsymbol{A}^{\mathrm{T}}$，其元素与 $\boldsymbol{A}$ 相同，但 $\forall i,j$: $a_{j,i}=a^{\mathrm{T}}_{i,j}$。

例 2.6

$$\boldsymbol{A}=\begin{pmatrix} 2 & 7 & 3.4 & \sqrt{2} \\ 5 & 0 & 4 & 1 \end{pmatrix}$$

$$\boldsymbol{A}^{\mathrm{T}}=\begin{pmatrix} 2 & 5 \\ 7 & 0 \\ 3.4 & 4 \\ \sqrt{2} & 1 \end{pmatrix}$$

容易证明矩阵的转置的转置就是矩阵本身：$(\boldsymbol{A}^{\mathrm{T}})^{\mathrm{T}}=\boldsymbol{A}$。

定义 2.9　矩阵 $\boldsymbol{A}\in\mathbb{R}_{n,n}$ 称为 **n 阶方阵**（n order square matrix）。

定义 2.10　令 $\boldsymbol{A}\in\mathbb{R}_{n,n}$。矩阵的**对角线**（diagonal）为相同的下标出现两次的有序 n 元组：$a_{i,i}$，$\forall i$ 从 1 到 n。

定义 2.11　令 $\boldsymbol{A}\in\mathbb{R}_{n,n}$。矩阵的**迹**（trace）$\mathrm{tr}(\boldsymbol{A})$ 为其对角元素的和：$\mathrm{tr}(\boldsymbol{A})=\sum_{i=1}^{n}a_{i,i}$。

例 2.7　矩阵

$$\begin{pmatrix} 1 & 3 & 0 \\ 9 & 2 & 1 \\ 0 & 1 & 2 \end{pmatrix}$$

的对角线为 (1,2,2)，其迹为 1+2+2=5。

定义 2.12 令 $\boldsymbol{A} \in \mathbb{R}_{n,n}$。如果矩阵 $\boldsymbol{A}$ 对角线以上的元素（元素 $a_{i,j}$，其中 $j>i$）都是零，则称其为**下三形角的**（lower triangular）。如果矩阵 $\boldsymbol{A}$ 对角线以下的元素（元素 $a_{i,j}$，其中 $i>j$）都是零，则称其为**上三角形的**（upper triangular）。

例 2.8 下列矩阵为下三角形的：

$$\boldsymbol{L}=\begin{pmatrix} 5 & 0 & 0 \\ 4 & 1 & 0 \\ 3 & 1 & 8 \end{pmatrix}$$

定义 2.13 **单位阵**（identity matrix）$\boldsymbol{I}$ 为一个方阵，其对角元素都是 1，而其他元素都是 0。

例 2.9 $\mathbb{R}_{3,3}$ 单位阵为

$$\boldsymbol{I}=\begin{pmatrix} 1 & 0 & 0 \\ 0 & 1 & 0 \\ 0 & 0 & 1 \end{pmatrix}$$

定义 2.14 若矩阵 $\boldsymbol{A} \in \mathbb{R}_{n,n}$ 是**对称的**（symmetric），则 $\forall i,j$: $a_{i,j}=a_{j,i}$。

例 2.10 下面的矩阵是对称的：

$$\boldsymbol{A}=\begin{pmatrix} 2 & 3 & 0 \\ 3 & 1 & 2 \\ 0 & 2 & 4 \end{pmatrix}$$

命题 2.1 令 $\boldsymbol{A}$ 为一个对称矩阵，则 $\boldsymbol{A}^{\mathrm{T}}=\boldsymbol{A}$。

证明 由对称矩阵 $\boldsymbol{A} \in \mathbb{R}_{n,n}$ 的定义：

$$\forall i,j: a_{i,j}=a_{j,i}$$

若将矩阵转置，有

$$\forall i,j: a_{i,j}^{\mathrm{T}}=a_{j,i}=a_{i,j}$$

即 $\boldsymbol{A}^{\mathrm{T}}=\boldsymbol{A}$。 □

例 2.11 再次考虑例 2.10 中的对称矩阵 $\boldsymbol{A}$，计算其转置

$$\boldsymbol{A}^{\mathrm{T}}=\begin{pmatrix} 2 & 3 & 0 \\ 3 & 1 & 2 \\ 0 & 2 & 4 \end{pmatrix}=\boldsymbol{A}$$

2.3 矩阵运算

定义 2.15 令 $\boldsymbol{A},\boldsymbol{B} \in \mathbb{R}_{m,n}$。**和矩阵**（matrix sum）$\boldsymbol{C}$ 定义为 $\forall i,j$: $c_{i,j}=a_{i,j}+b_{i,j}$。

例 2.12 两个矩阵求和如下所示

$$\begin{pmatrix} 1 & 2 & 3 \\ 2 & 2 & 0 \\ 1 & 0 & 1 \end{pmatrix}+\begin{pmatrix} 0 & 5 & 1 \\ 0 & 3 & 1 \\ 2 & 0 & 1 \end{pmatrix}=\begin{pmatrix} 1 & 7 & 4 \\ 2 & 5 & 1 \\ 3 & 0 & 2 \end{pmatrix} \tag{2.1}$$

对于矩阵的和运算，可以很容易证明下列性质。

- 交换律：$\boldsymbol{A}+\boldsymbol{B}=\boldsymbol{B}+\boldsymbol{A}$；
- 结合律：$(\boldsymbol{A}+\boldsymbol{B})+\boldsymbol{C}=\boldsymbol{A}+(\boldsymbol{B}+\boldsymbol{C})$；

- 零元：$\boldsymbol{A}+\boldsymbol{O}=\boldsymbol{A}$；
- 相反元：$\forall \boldsymbol{A}\in\mathbb{R}_{m,n}:\exists!\boldsymbol{B}\in\mathbb{R}_{m,n}\mid \boldsymbol{A}+\boldsymbol{B}=\boldsymbol{O}$。

这些性质的证明可以通过简单考虑数值求和的交换律和结合律得到。因为对两个矩阵的求和为对多个数的求和，故其运算性质对矩阵仍然是成立的。

定义 2.16　令 $\boldsymbol{A}\in\mathbb{R}_{m,n}$ 且 $\lambda\in\mathbb{R}$。**标量与矩阵的乘积**（product of a scalar by a matrix）为一个矩阵 $\boldsymbol{C}$，定义为 $\forall i,j: c_{i,j}=\lambda a_{i,j}$。

例 2.13　标量 $\lambda=2$ 与矩阵

$$\begin{pmatrix}2 & 1 & 0\\ 1 & -1 & 4\end{pmatrix}$$

的乘积为

$$\lambda\boldsymbol{A}=\begin{pmatrix}4 & 2 & 0\\ 2 & -2 & 8\end{pmatrix}$$

使用标量与矩阵乘积的定义容易证明下列性质。

- 结合律：$\forall \boldsymbol{A}\in\mathbb{R}_{m,n}$ 及 $\forall \lambda,\mu\in\mathbb{R}:(\lambda\mu)\boldsymbol{A}=(\boldsymbol{A}\mu)\lambda=(\boldsymbol{A}\lambda)\mu$；
- 标量与两个矩阵之和乘积的分配律：$\forall \boldsymbol{A},\boldsymbol{B}\in\mathbb{R}_{m,n}$ 和 $\forall\lambda\in\mathbb{R}$，$\lambda(\boldsymbol{A}+\boldsymbol{B})=\lambda\boldsymbol{A}+\lambda\boldsymbol{B}$；
- 矩阵与两个标量之和乘积的分配律：$\forall \boldsymbol{A}\in\mathbb{R}_{m,n}$ 和 $\forall\lambda,\mu\in\mathbb{R}:(\lambda+\mu)\boldsymbol{A}=\lambda\boldsymbol{A}+\mu\boldsymbol{A}$。

定义 2.17　令 $\boldsymbol{A}\in\mathbb{R}_{m,r}$，$\boldsymbol{B}\in\mathbb{R}_{r,n}$。$\boldsymbol{A}$ 和 $\boldsymbol{B}$ 的**矩阵乘法**（product of matrices）为矩阵 $\boldsymbol{C}=\boldsymbol{AB}$，其一般元素 $c_{i,j}$ 使用如下的方法进行定义：

$$c_{i,j}=\boldsymbol{a}_i\boldsymbol{b}^j=\sum_{k=1}^{r}a_{i,k}b_{k,j}=a_{i,1}b_{1,j}+a_{i,2}b_{2,j}+\cdots+a_{i,r}b_{r,j}$$

相同的定义可以使用不同的记号按照以下方式表示。

定义 2.18　考虑两个矩阵 $\boldsymbol{A}\in\mathbb{R}_{m,r}$ 及 $\boldsymbol{B}\in\mathbb{R}_{r,n}$。将矩阵表示为向量的向量：$\boldsymbol{A}$ 用行向量表示，$\boldsymbol{B}$ 用列向量表示。则矩阵 $\boldsymbol{A}$ 和 $\boldsymbol{B}$ 为

$$\boldsymbol{A}=\begin{pmatrix}a_{1,1} & a_{1,2} & \cdots & a_{1,r}\\ a_{2,1} & a_{2,2} & \cdots & a_{2,r}\\ \vdots & \vdots & & \vdots\\ a_{m,1} & a_{m,2} & \cdots & a_{m,r}\end{pmatrix}=\begin{pmatrix}\boldsymbol{a}_1\\ \boldsymbol{a}_2\\ \vdots\\ \boldsymbol{a}_m\end{pmatrix}$$

及

$$\boldsymbol{B}=\begin{pmatrix}b_{1,1} & b_{1,2} & \cdots & b_{1,n}\\ b_{2,1} & b_{2,2} & \cdots & b_{2,n}\\ \vdots & \vdots & & \vdots\\ b_{r,1} & b_{r,2} & \cdots & b_{r,n}\end{pmatrix}=(\boldsymbol{b}^1\quad \boldsymbol{b}^2\quad \cdots\quad \boldsymbol{b}^n)$$

$\boldsymbol{A}$ 与 $\boldsymbol{B}$ 的矩阵乘积为下列矩阵 $\boldsymbol{C}$，其中每一个元素都是 $\boldsymbol{A}$ 的一个行向量和 $\boldsymbol{B}$ 的一个列向量的标量积：

$$\boldsymbol{C}=\begin{pmatrix}\boldsymbol{a}_1\boldsymbol{b}^1 & \boldsymbol{a}_1\boldsymbol{b}^2 & \cdots & \boldsymbol{a}_1\boldsymbol{b}^n\\ \boldsymbol{a}_2\boldsymbol{b}^1 & \boldsymbol{a}_2\boldsymbol{b}^2 & \cdots & \boldsymbol{a}_2\boldsymbol{b}^n\\ \vdots & \vdots & & \vdots\\ \boldsymbol{a}_m\boldsymbol{b}^1 & \boldsymbol{a}_m\boldsymbol{b}^2 & \cdots & \boldsymbol{a}_m\boldsymbol{b}^n\end{pmatrix}$$

例 2.14 矩阵 $\boldsymbol{A}$ 乘以矩阵 $\boldsymbol{B}$。

$$\boldsymbol{A}=\begin{pmatrix}2&7&3&1\\5&0&4&1\end{pmatrix}$$

$$\boldsymbol{B}=\begin{pmatrix}1&2\\2&5\\8&0\\2&2\end{pmatrix}$$

$$\boldsymbol{C}=\boldsymbol{AB}=\begin{pmatrix}\boldsymbol{a}_1\boldsymbol{b}^1&\boldsymbol{a}_1\boldsymbol{b}^2\\\boldsymbol{a}_2\boldsymbol{b}^1&\boldsymbol{a}_2\boldsymbol{b}^2\end{pmatrix}=\begin{pmatrix}42&41\\39&12\end{pmatrix}$$

对于两个矩阵的乘法，容易证明下列性质。

- 左分配律：$\boldsymbol{A}(\boldsymbol{B}+\boldsymbol{C})=\boldsymbol{AB}+\boldsymbol{AC}$；
- 右分配律：$(\boldsymbol{B}+\boldsymbol{C})\boldsymbol{A}=\boldsymbol{BA}+\boldsymbol{CA}$；
- 结合律：$\boldsymbol{A}(\boldsymbol{BC})=(\boldsymbol{AB})\boldsymbol{C}$；
- 乘积的转置：$(\boldsymbol{AB})^{\mathrm{T}}=\boldsymbol{B}^{\mathrm{T}}\boldsymbol{A}^{\mathrm{T}}$；
- 中性元[⊖]：$\forall\boldsymbol{A}$，$\boldsymbol{AI}=\boldsymbol{A}$；
- 吸收元：$\forall\boldsymbol{A}$，$\boldsymbol{AO}=\boldsymbol{O}$。

定理 2.1 考虑两个相容的矩阵

$$\boldsymbol{A}\in\mathbb{R}_{m,r}$$
$$\boldsymbol{B}\in\mathbb{R}_{r,n}$$

可得

$$(\boldsymbol{AB})^{\mathrm{T}}=\boldsymbol{B}^{\mathrm{T}}\boldsymbol{A}^{\mathrm{T}}$$

证明 不失一般性，给出 $\boldsymbol{A}$ 和 $\boldsymbol{B}$ 为方阵时的证明。

$$\boldsymbol{A}\in\mathbb{R}_{n,n}$$
$$\boldsymbol{B}\in\mathbb{R}_{n,n}$$

考虑矩阵

$$\boldsymbol{A}=\begin{pmatrix}a_{1,1}&a_{1,2}&\cdots&a_{1,n}\\a_{2,1}&a_{2,2}&\cdots&a_{2,n}\\\vdots&\vdots&&\vdots\\a_{n,1}&a_{n,2}&\cdots&a_{n,n}\end{pmatrix}=\begin{pmatrix}\boldsymbol{a}_1\\\boldsymbol{a}_2\\\vdots\\\boldsymbol{a}_n\end{pmatrix}$$

及

$$\boldsymbol{B}=\begin{pmatrix}b_{1,1}&b_{1,2}&\cdots&b_{1,n}\\b_{2,1}&b_{2,2}&\cdots&b_{2,n}\\\vdots&\vdots&&\vdots\\b_{n,1}&b_{n,2}&\cdots&b_{n,n}\end{pmatrix}=(\boldsymbol{b}^1\quad\boldsymbol{b}^2\quad\cdots\quad\boldsymbol{b}^n)$$

计算得矩阵 $\boldsymbol{A}$ 和 $\boldsymbol{B}$ 的乘积：

⊖ 对矩阵乘法，“中性元”又称“单位元”。——译者注

$$\boldsymbol{AB}=\begin{pmatrix}\boldsymbol{a}_1\boldsymbol{b}^1 & \boldsymbol{a}_1\boldsymbol{b}^2 & \cdots & \boldsymbol{a}_1\boldsymbol{b}^n\\ \boldsymbol{a}_2\boldsymbol{b}^1 & \boldsymbol{a}_2\boldsymbol{b}^2 & \cdots & \boldsymbol{a}_2\boldsymbol{b}^n\\ \vdots & \vdots & & \vdots\\ \boldsymbol{a}_n\boldsymbol{b}^1 & \boldsymbol{a}_n\boldsymbol{b}^2 & \cdots & \boldsymbol{a}_n\boldsymbol{b}^n\end{pmatrix}$$

现计算转置 $(\boldsymbol{AB})^{\mathrm{T}}$ 并将其元素置于一个矩阵 $\boldsymbol{C}$ 中：

$$\boldsymbol{C}=(\boldsymbol{AB})^{\mathrm{T}}=\begin{pmatrix}\boldsymbol{a}_1\boldsymbol{b}^1 & \boldsymbol{a}_2\boldsymbol{b}^1 & \cdots & \boldsymbol{a}_n\boldsymbol{b}^1\\ \boldsymbol{a}_1\boldsymbol{b}^2 & \boldsymbol{a}_2\boldsymbol{b}^2 & \cdots & \boldsymbol{a}_n\boldsymbol{b}^2\\ \vdots & \vdots & & \vdots\\ \boldsymbol{a}_1\boldsymbol{b}^n & \boldsymbol{a}_2\boldsymbol{b}^n & \cdots & \boldsymbol{a}_n\boldsymbol{b}^n\end{pmatrix}$$

考虑 $\boldsymbol{C}$ 中的任何一个元素，例如

$$c_{2,1}=\boldsymbol{a}_1\boldsymbol{b}^2=\sum_{k=1}^{n}a_{1,k}b_{k,2}$$

矩阵 $\boldsymbol{C}$ 的任何一个元素 $c_{i,j}$ 为

$$c_{i,j}=\boldsymbol{a}_j\boldsymbol{b}^i=\sum_{k=1}^{n}a_{j,k}b_{k,i}$$

现计算

$$\boldsymbol{B}^{\mathrm{T}}=\begin{pmatrix}b_{1,1} & b_{2,1} & \cdots & b_{n,1}\\ b_{1,2} & b_{2,2} & \cdots & b_{n,2}\\ \vdots & \vdots & & \vdots\\ b_{1,n} & b_{2,n} & \cdots & b_{n,n}\end{pmatrix}=\begin{pmatrix}\boldsymbol{b}^1\\ \boldsymbol{b}^2\\ \vdots\\ \boldsymbol{b}^n\end{pmatrix}$$

及

$$\boldsymbol{A}^{\mathrm{T}}=\begin{pmatrix}a_{1,1} & a_{2,1} & \cdots & a_{n,1}\\ a_{1,2} & a_{2,2} & \cdots & a_{n,2}\\ \vdots & \vdots & & \vdots\\ a_{1,n} & a_{2,n} & \cdots & a_{n,n}\end{pmatrix}=(\boldsymbol{a}_1 \quad \boldsymbol{a}_2 \quad \cdots \quad \boldsymbol{a}_n)$$

乘积 $\boldsymbol{B}^{\mathrm{T}}\boldsymbol{A}^{\mathrm{T}}$ 为

$$\boldsymbol{C}=\boldsymbol{B}^{\mathrm{T}}\boldsymbol{A}^{\mathrm{T}}=\begin{pmatrix}\boldsymbol{b}^1\boldsymbol{a}_1 & \boldsymbol{b}^1\boldsymbol{a}_2 & \cdots & \boldsymbol{b}^1\boldsymbol{a}_n\\ \boldsymbol{b}^2\boldsymbol{a}_1 & \boldsymbol{b}^2\boldsymbol{a}_2 & \cdots & \boldsymbol{b}^2\boldsymbol{a}_n\\ \vdots & \vdots & & \vdots\\ \boldsymbol{b}^n\boldsymbol{a}_1 & \boldsymbol{b}^n\boldsymbol{a}_2 & \cdots & \boldsymbol{b}^n\boldsymbol{a}_n\end{pmatrix}$$

可以看到 $(\boldsymbol{AB})^{\mathrm{T}}=\boldsymbol{B}^{\mathrm{T}}\boldsymbol{A}^{\mathrm{T}}$。考虑 $\boldsymbol{C}$ 中的一个任意元素，例如

$$c_{2,1}=\boldsymbol{b}^2\boldsymbol{a}_1=\sum_{k=1}^{n}b_{k,2}a_{1,k}$$

矩阵 $\boldsymbol{C}$ 中的一般元素 $c_{i,j}$ 为

$$c_{i,j}=\boldsymbol{a}_j\boldsymbol{b}^i=\sum_{k=1}^{n}b_{k,i}a_{j,k}=\sum_{k=1}^{n}a_{j,k}b_{k,i}$$

由此可得 $(\boldsymbol{AB})^{\mathrm{T}}=\boldsymbol{B}^{\mathrm{T}}\boldsymbol{A}^{\mathrm{T}}$。 □

例 2.15 考虑下列两个矩阵：

$$A=\begin{pmatrix}1&0&1\\2&1&0\\3&1&0\end{pmatrix}$$

及

$$B=\begin{pmatrix}2&2&4\\0&0&1\\2&1&0\end{pmatrix}$$

计算

$$(AB)^{T}=\begin{pmatrix}4&4&6\\3&4&6\\4&9&13\end{pmatrix}$$

及

$$B^{T}A^{T}=\begin{pmatrix}2&0&2\\2&0&1\\4&1&0\end{pmatrix}\begin{pmatrix}1&2&3\\0&1&1\\1&0&0\end{pmatrix}=\begin{pmatrix}4&4&6\\3&4&6\\4&9&13\end{pmatrix}$$

这就验证了 $(AB)^{T}=B^{T}A^{T}$。

必须注意，对矩阵乘积来说交换律一般是不成立的。在某些特定情形下可能有 $AB=BA$。在这些情形下，矩阵被称为是**可交换的**（commutable）（其中一个相对于另外一个）。在同阶方阵的情况下，每一个矩阵 A 与 O 都是可交换的（且结果总是 O），且与 I 是可交换的（其结果总是 A）。

由于交换律在矩阵乘法之间是不成立的，集合 $\mathbb{R}_{m,n}$ 对和与积不构成交换环。

例 2.16 再次考虑例 2.15 中的矩阵 A 和 B。乘积 AB 为

$$AB=\begin{pmatrix}4&3&4\\4&4&9\\6&6&13\end{pmatrix}$$

乘积 BA 为

$$BA=\begin{pmatrix}18&6&2\\3&1&0\\4&1&2\end{pmatrix}$$

可以验证，在一般情形下 $AB\neq BA$。

向量也可被看作一个 n 行一列（或者一行 n 列）的矩阵。

定义 2.19 若考虑如下的两个向量：

$$x=\begin{pmatrix}x_1\\x_2\\\vdots\\x_n\end{pmatrix}$$

$$\boldsymbol{y}=\begin{pmatrix} y_1 \\ y_2 \\ \vdots \\ y_n \end{pmatrix}$$

标量乘积 $\boldsymbol{x}\cdot\boldsymbol{y}$ 可被定义为

$$\boldsymbol{x}^{\mathrm{T}}\boldsymbol{y}=\sum_{i=1}^{n} x_i y_i$$

其中的转置是为了保证两个矩阵是相容的。

例 2.17 考虑如下的两个向量：

$$\boldsymbol{x}=\begin{pmatrix} 1 \\ 3 \\ 5 \end{pmatrix}$$

$$\boldsymbol{y}=\begin{pmatrix} 1 \\ 0 \\ 2 \end{pmatrix}$$

如果将 $\boldsymbol{x}$ 和 $\boldsymbol{y}$ 看作矩阵，将不能计算乘积 $\boldsymbol{x}\cdot\boldsymbol{y}$，因为 $\boldsymbol{x}$ 的列数 1，不等于 $\boldsymbol{y}$ 的行数 3。为了使得矩阵相容，需要将其写为

$$(1 \quad 3 \quad 5)\begin{pmatrix} 1 \\ 0 \\ 2 \end{pmatrix}=\boldsymbol{x}^{\mathrm{T}}\boldsymbol{y}=11$$

命题 2.2 令 $\boldsymbol{A}$，$\boldsymbol{B}\in\mathbb{R}_{n,n}$，则 $\mathrm{tr}(\boldsymbol{AB})=\mathrm{tr}(\boldsymbol{BA})$。

例 2.18 验证命题 2.2。若再次考虑例 2.16 中的矩阵，有

$$\mathrm{tr}(\boldsymbol{AB})=4+4+13=21$$

及

$$\mathrm{tr}(\boldsymbol{BA})=18+1+2=21$$

2.4 矩阵的行列式

定义 2.20 考虑 n 个对象。这些对象的每一种组合就被称为一个**排列**（permutation）。例如，如果考虑三个对象 a，b，c，可以将它们组合为 a-b-c，a-c-b，c-b-a，b-a-c，c-a-b，b-c-a。此时，总共有 6 种可能的排列。更一般地，可以验证，对 n 个对象，有 $n!$（n 的阶乘）种排列，其中 $n!=(n)(n-1)(n-2)\cdots(2)(1)$，$n\in\mathbb{N}$ 且 $0!=1$。

可以固定一个参考序列（例如 a-b-c）并称其为**基本排列**（fundamental permutation）。在一个排列中，两个对象相对基本排列顺序相反将被称为**逆序**（inversion）。如果一个排列有偶数个逆序就被定义为**偶排列**（even class permutation），如果一个排列有奇数个逆序就被定义为**奇排列**（odd class permutation），也可以参见文献［1］。

换言之，如果一个序列需要使用偶数次交换来得到基本排列，则其为偶排列。类似地，如果一个序列需要使用奇数次交换来得到基本排列，则其为奇排列。

例 2.19 考虑四个对象 a，b，c，d 对应的基本排列 a-b-c-d。排列 d-a-c-b 为偶排列，

因为需要使用两次交换来得到基本排列。第一步，交换 a 和 d，得到 a-d-c-b，然后交换 d 和 b 得到基本排列 a-b-c-d。

反之，排列 d-c-a-b 则为一个奇排列，因为重构基本排列需要使用三次交换。下面一步一步来重构基本排列。第一步，交换 d 和 b 得到 b-c-a-d。然后交换 b 和 a 得到 a-c-b-d。最后，交换 c 和 b 得到 a-b-c-d。

定义 2.21（矩阵的关联乘积）　考虑一个矩阵 $\boldsymbol{A}\in\mathbb{R}_{n,n}$（方阵）

$$\boldsymbol{A}=\begin{pmatrix} a_{1,1} & a_{1,2} & \cdots & a_{1,n} \\ a_{2,1} & a_{2,2} & \cdots & a_{2,n} \\ \vdots & \vdots & & \vdots \\ a_{n,1} & a_{n,2} & \cdots & a_{n,n} \end{pmatrix}$$

利用这一矩阵，可以选择不同行且不同列的 n 个元素（被选择的元素没有公共下标）。这 n 个元素的乘积被称为**关联乘积**（associate product）并记为 $\varepsilon(c)$。如果将关联乘积中的元素按照行标进行排序，则它一般地可以被表示为

$$\varepsilon(c)=a_{1,c1}a_{2,c2}a_{3,c3}\cdots a_{n,cn}$$

例 2.20　考虑矩阵

$$\begin{pmatrix} 2 & 1 & 4 \\ 3 & 1 & 0 \\ 2 & 1 & 2 \end{pmatrix}$$

它的一个关联乘积为 $\varepsilon(c)=a_{1,2}a_{2,1}a_{3,3}=1\times3\times2=6$。两个其他关联乘积的例子是 $\varepsilon(c)=a_{1,1}a_{2,3}a_{3,2}=2\times0\times1=0$ 及 $\varepsilon(c)=a_{1,2}a_{2,3}a_{3,1}=1\times0\times2=0$。

命题 2.3　从一个矩阵 $\boldsymbol{A}\in\mathbb{R}_{n,n}$ 中总共可以得到 $n!$ 个关联乘积。

例 2.21　一个矩阵 $\boldsymbol{A}\in\mathbb{R}_{3,3}$，即一个有三行和三列的矩阵，有六个关联乘积。

定义 2.22　将 1-2-…-n 作为基本排列，标量 η_k 定义为：

$$\eta_k=\begin{cases} 1, & \text{若 } c1\text{-}c2\text{-}\cdots\text{-}cn \text{ 为一个偶排列} \\ -1, & \text{若 } c1\text{-}c2\text{-}\cdots\text{-}cn \text{ 为一个奇排列} \end{cases}$$

例 2.22　再次考虑矩阵

$$\begin{pmatrix} 2 & 1 & 4 \\ 3 & 1 & 0 \\ 2 & 1 & 2 \end{pmatrix}$$

及关联乘积 $\varepsilon(c)=a_{1,2}a_{2,1}a_{3,3}=1\times3\times2=6$。其列标 $c1$，$c2$，$c3$ 分别为 2，1，3。如果使用排列进行表示，其列标为排列 2-1-3。由于要得到自然排列需要进行一次交换（需要交换 1 和 2），则该排列为一个奇排列。因此，对应的系数 $\eta_k=-1$。

对关联乘积 $\varepsilon(c)=a_{1,1}a_{2,3}a_{3,2}=2\times0\times1=0$，列标对应的排列为 1-3-2。因此，在此种情形下需要一次交换（3 和 2）就可以得到基本排列，因此 $\eta_k=-1$。

对关联乘积 $\varepsilon(c)=a_{1,2}a_{2,3}a_{3,1}=1\times0\times2=0$，其列标的排列为 2-3-1。因为需要两次交换才能重构基本排列，即 2 和 3 交换及 3 和 1 交换，该排列为一个偶排列。因此，对应的系数 $\eta_k=1$。

定义 2.23（矩阵的行列式）　令 $\boldsymbol{A}\in\mathbb{R}_{n,n}$，矩阵 $\boldsymbol{A}$ 的**行列式**（determinant），记为 $\det\boldsymbol{A}$，为一个函数

$$\det: \mathbb{R}_{n,n} \rightarrow \mathbb{R}$$

定义为 $n!$ 个关联乘积的和，其中每一项的权重为相应的 η_k：

$$\det \boldsymbol{A} = \sum_{k=1}^{n!} \eta_k \varepsilon_k(c)$$

例 2.23　若 $n=1$，$\det\boldsymbol{A}$ 就等于矩阵中仅有的一个元素。容易看到

$$\boldsymbol{A} = (a_{1,1})$$

因此得到此时仅能找到的关联乘积为 $a_{1,1}$。此时 $\eta_k=1$（基本排列中只有一个元素）。所以

$$\det\boldsymbol{A} = a_{1,1}$$

例 2.24　若 $n=2$，矩阵 $\boldsymbol{A}$ 形如

$$\boldsymbol{A} = \begin{pmatrix} a_{1,1} & a_{1,2} \\ a_{2,1} & a_{2,2} \end{pmatrix}$$

且 $\det\boldsymbol{A} = a_{1,1}a_{2,2} - a_{1,2}a_{2,1}$。

例 2.25　若 $n=3$，矩阵 $\boldsymbol{A}$ 形如

$$\boldsymbol{A} = \begin{pmatrix} a_{1,1} & a_{1,2} & a_{1,3} \\ a_{2,1} & a_{2,2} & a_{2,3} \\ a_{3,1} & a_{3,2} & a_{3,3} \end{pmatrix}$$

则 $\det\boldsymbol{A} = a_{1,1}a_{2,2}a_{3,3} + a_{1,2}a_{2,3}$，$a_{3,1} + a_{1,3}a_{2,1}a_{3,2} - a_{1,3}a_{2,2}a_{3,1} - a_{1,2}a_{2,1}a_{3,3} - a_{1,1}a_{2,3}a_{3,2}$。观察列标注意到 (1,2,3) 为基本排列，后面的 (2,3,1) 和 (3,1,2) 都是偶排列，它们都需要两次交换得到基本排列 (1,2,3)。与此相反，(3,2,1)，(2,1,3)，(1,3,2) 为奇排列，因为仅需一次交换就回到 (1,2,3)。

例 2.26　再次考虑矩阵

$$\begin{pmatrix} 2 & 1 & 4 \\ 3 & 1 & 0 \\ 2 & 1 & 2 \end{pmatrix}$$

计算其行列式：

$$\begin{aligned} \det\boldsymbol{A} &= 2\times1\times2+1\times0\times2+4\times3\times1-4\times1\times2-1\times3\times2-2\times0\times1 \\ &= 4+0+12-8-6-0=2 \end{aligned}$$

2.4.1　矩阵行向量、列向量的线性相关性

定义 2.24　令 $\boldsymbol{A}$ 为一个矩阵。若第 i 行的每一个元素 $a_{i,j}$ 都可以用相同的标量 $\lambda_1, \lambda_2, \cdots, \lambda_{i-1}, \lambda_{i+1}, \cdots, \lambda_n$ 表示为其他行第 j 列元素的加权和，则称第 i 行是其他行的线性组合：

$$\boldsymbol{a}_i = \lambda_1\boldsymbol{a}_1 + \lambda_2\boldsymbol{a}_2 + \cdots + \lambda_{i-1}\boldsymbol{a}_{i-1} + \lambda_{i+1}\boldsymbol{a}_{i+1} + \cdots + \lambda_n\boldsymbol{a}_n$$

等价地，相同的概念也可以用于行元素：

$$\forall j: \exists \lambda_1, \lambda_2, \cdots, \lambda_{i-1}, \lambda_{i+1}, \cdots, \lambda_n \mid$$

$$a_{i,j} = \lambda_1 a_{1,j} + \lambda_2 a_{2,j} + \cdots + \lambda_{i-1} a_{i-1,j} + \lambda_{i+1} a_{i+1,j} + \cdots + \lambda_n a_{n,j}$$

例 2.27　考虑矩阵

$$\boldsymbol{A} = \begin{pmatrix} 0 & 1 & 1 \\ 3 & 2 & 1 \\ 6 & 5 & 3 \end{pmatrix}$$

第三行为前两行在标量 $(\lambda_1,\lambda_2)=(1,2)$ 时的线性组合，第三行等于第一行乘以 1 与第二行乘以 2 的加权和：

$$(6,5,3)=(0,1,1)+2(3,2,1)$$

即

$$\boldsymbol{a}_3=\boldsymbol{a}_1+2\boldsymbol{a}_2$$

定义 2.25　令 $\boldsymbol{A}$ 为一个矩阵。若第 j 列的每一个元素 $a_{i,j}$ 都可以使用相同的标量 $\lambda_1,\lambda_2,\cdots,\lambda_{j-1},\lambda_{j+1},\cdots,\lambda_n$ 表示为其他列第 i 行元素的加权和，则称第 j 列是其他列的线性组合：

$$\boldsymbol{a}^j=\lambda_1\boldsymbol{a}^1+\lambda_2\boldsymbol{a}^2+\cdots+\lambda_{j-1}\boldsymbol{a}^{j-1}+\lambda_{j+1}\boldsymbol{a}^{j+1}+\cdots+\lambda_n\boldsymbol{a}^n$$

等价地，相同的概念也可以用于行元素：

$$\forall i:\exists\lambda_1,\lambda_2,\cdots,\lambda_{j-1},\lambda_{j+1},\cdots,\lambda_n \mid$$
$$a_{i,j}=\lambda_1 a_{i,1}+\lambda_2 a_{i,2}+\cdots+\lambda_{j-1}a_{i,j-1}+\lambda_{j+1}a_{i,j+1}+\cdots+\lambda_n a_{i,n}$$

例 2.28　考虑矩阵

$$\boldsymbol{A}=\begin{pmatrix}1&2&1\\2&2&4\\1&3&0\end{pmatrix}$$

第三列为前两列在标量 $(\lambda_1,\lambda_2)=(3,-1)$ 时的线性组合，第三列等于第一列乘以 3 与第二列乘以-1 的加权和：

$$\begin{pmatrix}1\\4\\0\end{pmatrix}=3\begin{pmatrix}1\\2\\1\end{pmatrix}-\begin{pmatrix}2\\2\\3\end{pmatrix}$$

即

$$\boldsymbol{a}^3=3\boldsymbol{a}^1-\boldsymbol{a}^2$$

定义 2.26　令 $\boldsymbol{A}\in\mathbb{R}_{m,n}$ 为一个矩阵，若一个元素均为零的行向量（列向量）$\mathbf{0}=(0,0,\cdots,0)$ 可表示为其 m 行（n 列）的系数为非零标量的线性组合，则称这 m 行（n 列）**线性相关**（linearly dependent）。

在行线性相关时，若将矩阵 $\boldsymbol{A}$ 表示为一个行向量的向量：

$$\boldsymbol{A}=\begin{pmatrix}\boldsymbol{a}_1\\\boldsymbol{a}_2\\\vdots\\\boldsymbol{a}_m\end{pmatrix}$$

如果

$$\exists(\lambda_1,\lambda_2,\cdots,\lambda_m)\neq(0,0,\cdots,0)$$

使得

$$\mathbf{0}=\lambda_1\boldsymbol{a}_1+\lambda_2\boldsymbol{a}_2+\cdots+\lambda_m\boldsymbol{a}_m$$

则行是线性相关的。

例 2.29　矩阵

$$\boldsymbol{A}=\begin{pmatrix}1&2&1\\2&2&4\\4&6&6\end{pmatrix}$$

的行是线性相关的，因为

$$\mathbf{0}=-2\boldsymbol{a}_1-\boldsymbol{a}_2+\boldsymbol{a}_3$$

即一个零行可以表示为其各行在 $(\lambda_1,\lambda_2,\lambda_3)=(-2,-1,1)$ 时的线性组合。

定义 2.27 令 $\boldsymbol{A}\in\mathbb{R}_{m,n}$ 为一个矩阵，若一个元素均为零的行向量（列向量）$\mathbf{0}=(0,0,\cdots,0)$ 只能表示为其 m 行（n 列）的系数全为零标量的线性组合，则称这 m 行（n 列）**线性无关**（linearly independent）。

例 2.30 矩阵

$$\boldsymbol{A}=\begin{pmatrix}1&2&1\\0&1&4\\0&0&1\end{pmatrix}$$

的各行是线性无关的。

命题 2.4 令 $\boldsymbol{A}\in\mathbb{R}_{m,n}$ 为一个矩阵。设 r 为一个行标，满足 $r\leqslant m$。r 行线性相关的充要条件为至少一行可以表示为其他行的线性组合。

证明 用 $\mathbf{0}$ 表示一个分量都是零的行向量，并将矩阵 $\boldsymbol{A}$ 表示为一个行向量的向量：

$$\boldsymbol{A}=\begin{pmatrix}\boldsymbol{a}_1\\\boldsymbol{a}_2\\\vdots\\\boldsymbol{a}_m\end{pmatrix}$$

若 r 行是线性相关的，有

$$\mathbf{0}=\lambda_1\boldsymbol{a}_1+\lambda_2\boldsymbol{a}_2+\cdots+\lambda_r\boldsymbol{a}_r$$

其中 $(\lambda_1,\lambda_2,\cdots,\lambda_r)\neq(0,0,\cdots,0)$。

由于至少一个系数是非零的，设 $\lambda_i\neq0$ 并记

$$-\lambda_i\boldsymbol{a}_i=\lambda_1\boldsymbol{a}_1+\lambda_2\boldsymbol{a}_2+\cdots+\lambda_{i-1}\boldsymbol{a}_{i-1}+\lambda_{i+1}\boldsymbol{a}_{i+1}+\cdots+\lambda_r\boldsymbol{a}_r$$

由于 $\lambda_i\neq0$，有

$$\boldsymbol{a}_i=-\frac{\lambda_1}{\lambda_i}\boldsymbol{a}_1-\frac{\lambda_2}{\lambda_i}\boldsymbol{a}_2-\cdots-\frac{\lambda_{i-1}}{\lambda_i}\boldsymbol{a}_{i-1}-\frac{\lambda_{i+1}}{\lambda_i}\boldsymbol{a}_{i+1}-\cdots-\frac{\lambda_r}{\lambda_i}\boldsymbol{a}_r$$

若一个向量可以表示为其他向量的线性组合，则

$$\boldsymbol{a}_i=\mu_1\boldsymbol{a}_1+\mu_2\boldsymbol{a}_2+\cdots\mu_{i-1}\boldsymbol{a}_{i-1}+\mu_{i+1}\boldsymbol{a}_{i+1}+\cdots+\mu_r\boldsymbol{a}_r$$

将其重新整理可得等式

$$\mathbf{0}=\mu_1\boldsymbol{a}_1+\mu_2\boldsymbol{a}_2+\cdots\mu_{i-1}\boldsymbol{a}_{i-1}+\mu_{i+1}\boldsymbol{a}_{i+1}+\cdots+\mu_r\boldsymbol{a}_r-\boldsymbol{a}_i$$

即一个分量全为零的行向量可被表示为 r 个行向量的对应系数为标量 $\mu_1,\mu_2,\cdots,\mu_{i-1},\mu_{i+1},\cdots,\mu_r,-1$ 的线性组合。这意味着这些行向量是线性相关的。 □

例 2.31 若再次考虑

$$\boldsymbol{A}=\begin{pmatrix}1&2&1\\2&2&4\\4&6&6\end{pmatrix}$$

其各行是线性相关的，因为

$$\mathbf{0}=-2\boldsymbol{a}_1-\boldsymbol{a}_2+\boldsymbol{a}_3$$

可写为

$$a_3 = 2a_1 + a_2$$

相同的概念对列向量也是成立的。

命题 2.5　令 $A \in \mathbb{R}_{m,n}$ 为一个矩阵。令 s 为一个列标，满足 $s \leqslant n$。s 列线性相关的充要条件为至少一列可以表示为其他列的线性组合。

2.4.2　行列式的性质

对一个给定的矩阵 $A \in \mathbb{R}_{n,n}$，下列有关行列式的性质是成立的。

命题 2.6　A 的行列式等于其转置矩阵的行列式：$\det A = \det A^T$。

例 2.32　考虑矩阵

$$A = \begin{pmatrix} 1 & 1 & 0 \\ 2 & 1 & 0 \\ 1 & 1 & 1 \end{pmatrix}$$

该矩阵的行列式为

$$\det A = 1+0+0-0-0-2 = -1$$

矩阵 A 的转置为

$$A^T = \begin{pmatrix} 1 & 2 & 1 \\ 1 & 1 & 1 \\ 0 & 0 & 1 \end{pmatrix}$$

且其行列式为

$$\det A^T = 1+0+0-0-0-2 = -1$$

证得 $\det A = \det A^T$。

命题 2.7　三角形矩阵的行列式等于对角元素的乘积。

例 2.33　考虑矩阵

$$A = \begin{pmatrix} 1 & 2 & 37 \\ 0 & 1 & 144 \\ 0 & 0 & 2 \end{pmatrix}$$

A 的行列式是

$$\det A = 1 \times 1 \times 2 = 2$$

命题 2.8　令 A 为一个矩阵，$\det A$ 为其行列式。若交换矩阵中的两行（两列）得到矩阵 A_s，其行列式为 $-\det A$。

例 2.34　考虑矩阵

$$\det A = \begin{pmatrix} 1 & 1 & 1 \\ 2 & 1 & 2 \\ 1 & 1 & 3 \end{pmatrix} = 3+2+2-1-2-6 = -2$$

交换其第二行和第三行。新矩阵 A_s 满足

$$\det A_s = \begin{pmatrix} 1 & 1 & 1 \\ 1 & 1 & 3 \\ 2 & 1 & 2 \end{pmatrix} = 2+6+1-2-3-2 = 2$$

命题 2.9　若一个矩阵 $\boldsymbol{A}$ 的两行（列）相等，则 $\det\boldsymbol{A}=0$。

证明　将矩阵 $\boldsymbol{A}$ 写为行向量的向量

$$\boldsymbol{A}=\begin{pmatrix}\boldsymbol{a}_1\\\boldsymbol{a}_2\\\vdots\\\boldsymbol{a}_k\\\vdots\\\boldsymbol{a}'_k\\\vdots\\\boldsymbol{a}_n\end{pmatrix}$$

其中 $\boldsymbol{a}_k$ 和 $\boldsymbol{a}'_k$ 是相等的。这一矩阵的行列式为 $\det\boldsymbol{A}$。交换 $\boldsymbol{a}_k$ 和 $\boldsymbol{a}'_k$ 行得到矩阵 $\boldsymbol{A}_s$：

$$\boldsymbol{A}_s=\begin{pmatrix}\boldsymbol{a}_1\\\boldsymbol{a}_2\\\vdots\\\boldsymbol{a}'_k\\\vdots\\\boldsymbol{a}_k\\\vdots\\\boldsymbol{a}_n\end{pmatrix}$$

由于交换两行后 $\det\boldsymbol{A}_s=-\det\boldsymbol{A}$。另一方面，由于 $\boldsymbol{a}_k$ 和 $\boldsymbol{a}'_k$ 行是相同的，也有 $\boldsymbol{A}_s$ 和 $\boldsymbol{A}$ 是相等的。因此 $\det\boldsymbol{A}_s=\det\boldsymbol{A}$。只有数 0 等于它自身的相反数，故 $\det\boldsymbol{A}=0$。□

命题 2.10　令 $\boldsymbol{A}$ 为一个矩阵且 $\det\boldsymbol{A}$ 为其行列式。如果某一行（列）加上另一行（列）的 λ 倍，行列式保持不变。

例 2.35　考虑矩阵

$$\boldsymbol{A}=\begin{pmatrix}1&1&1\\1&2&1\\0&0&1\end{pmatrix}$$

其行列式 $\det\boldsymbol{A}=2-1=1$。

现将第一行乘以 $\lambda=2$ 加到第三行上：

$$\boldsymbol{A}_n=\begin{pmatrix}1&1&1\\1&2&1\\2&2&3\end{pmatrix}$$

这一新矩阵的行列式 $\det\boldsymbol{A}_n=6+2+2-4-2-3=1$，即行列式保持不变。

命题 2.11　令 $\boldsymbol{A}$ 为一个矩阵且 $\det\boldsymbol{A}$ 为其行列式，若一行（列）与另一行（列）成比例：若 $\exists i,j$ 使得 $\boldsymbol{a}_i=k\boldsymbol{a}_j$，其中 $k\in\mathbb{R}$，则其行列式为零，即 $\det\boldsymbol{A}=0$。

该性质的两个特殊情形是两行（列）相等（$k=1$）和某一行（列）只包含零元素（$k=0$）。

例 2.36　考虑矩阵

$$A=\begin{pmatrix}8&8&0\\1&1&0\\1&1&1\end{pmatrix}$$

可以看到 $a_1=8a_2$，则 $\det A=0$。

命题 2.12　令 $A\in\mathbb{R}_{n,n}$ 为一个矩阵且 $\det A$ 为其行列式。矩阵行列式为零的充要条件是至少一行（列）可表示为其他行（列）的线性组合。

对行的情形，$\det A=0$ 的充要条件为 $\exists$ 下标 i 满足

$$a_i=\lambda_1a_1+\lambda_2a_2+\cdots+\lambda_{i-1}a_{i-1}+\lambda_{i+1}a_{i+1}+\cdots+\lambda_na_n$$

相应的标量为 $\lambda_1,\lambda_2,\cdots,\lambda_{i-1},\lambda_{i+1},\cdots,\lambda_n$。

这一命题本质上是命题 2.11 的推广。为清晰起见，这两个命题被分开叙述，但前一个命题是第二个命题的一种特殊情况。

命题 2.12 也可等价地表示为如下形式。

命题 2.13　令 $A\in\mathbb{R}_{n,n}$ 为一个矩阵，$\det A$ 为其行列式。矩阵的行列式为零的充要条件是其行（列）为线性相关的。

例 2.37　矩阵

$$A=\begin{pmatrix}5&2&3\\8&6&2\\2&0&2\end{pmatrix}$$

的第一列等于另外两列之和。换言之，矩阵 A 满足 $a^1=\lambda_1a^2+\lambda_2a^3$，其中 $\lambda_1=1$，$\lambda_2=1$。容易验证

$$\det A=\det\begin{pmatrix}5&2&3\\8&6&2\\2&0&2\end{pmatrix}=60+8+0-36-0-32=0$$

命题 2.14　令 A 为一个矩阵，$\det A$ 为其行列式。如果对某一行（列）乘以一个标量 λ，其行列式变为 $\lambda\det A$。

例 2.38　对下列矩阵有

$$\det A=\det\begin{pmatrix}2&2\\1&2\end{pmatrix}=2$$

但是，如果对其第二行乘以 2，则

$$\det\begin{pmatrix}2&2\\2&4\end{pmatrix}=4=2\det A$$

命题 2.15　令 A 为一个矩阵，$\det A$ 为其行列式。若 λ 为一个标量，则 $\det(\lambda A)=\lambda^n\det A$。

例 2.39　对下列矩阵有

$$\det A=\det\begin{pmatrix}2&2\\1&2\end{pmatrix}=2$$

如果对其所有元素都乘以 $\lambda=2$，则

$$\det\lambda A=\det\begin{pmatrix}4&4\\2&4\end{pmatrix}=16-8=8=\lambda^2\det A$$

命题 2.16　令 A 和 B 为两个矩阵，$\det A$ 和 $\det B$ 为它们对应的行列式。两个矩阵乘积的行

列式等于它们行列式的乘积：$\det(\boldsymbol{AB})=\det\boldsymbol{A}\det\boldsymbol{B}=\det\boldsymbol{B}\det\boldsymbol{A}=\det(\boldsymbol{BA})$。

例 2.40　考虑矩阵

$$\boldsymbol{A}=\begin{pmatrix}1 & -1\\ 1 & 2\end{pmatrix}$$

及

$$\boldsymbol{B}=\begin{pmatrix}1 & 2\\ 0 & 2\end{pmatrix}$$

其行列式分别为 $\det\boldsymbol{A}=3$ 和 $\det\boldsymbol{B}=2$。

若计算 $\boldsymbol{AB}$ 可得乘积矩阵：

$$\boldsymbol{AB}=\begin{pmatrix}1 & 0\\ 1 & 6\end{pmatrix}$$

其行列式为 6，等于 $\det\boldsymbol{A}\det\boldsymbol{B}$。若计算 $\boldsymbol{BA}$ 可得乘积矩阵：

$$\boldsymbol{BA}=\begin{pmatrix}3 & 3\\ 2 & 4\end{pmatrix}$$

其行列式为 6，等于 $\det\boldsymbol{A}\det\boldsymbol{B}$。

2.4.3　子矩阵、代数余子式和伴随矩阵

定义 2.28（子矩阵）　考虑一个矩阵 $\boldsymbol{A}\in\mathbb{R}_{m,n}$。令 r,s 为两个正整数，满足 $1\leqslant r\leqslant m$ 且 $1\leqslant s\leqslant n$。一个**子矩阵**（submatrix）为从 $\boldsymbol{A}$ 中去掉 $m-r$ 行和 $n-s$ 列得到的矩阵。

例 2.41　考虑矩阵

$$\boldsymbol{A}=\begin{pmatrix}3 & 3 & 1 & 0\\ 2 & 4 & 1 & 2\\ 5 & 1 & 1 & 1\end{pmatrix}$$

去掉第二行、第二列和第四列得到的子矩阵为

$$\begin{pmatrix}3 & 1\\ 5 & 1\end{pmatrix}$$

定义 2.29　考虑一个矩阵 $\boldsymbol{A}\in\mathbb{R}_{m,n}$ 及它的一个方形子矩阵。这一子矩阵的行列式被称为**子式**（minor）。若该子矩阵为矩阵 $\boldsymbol{A}$ 的最大子矩阵，其行列式被称为**主行列式**（major determinant）或简称**主子式**（major）。

必须注意的是，矩阵可以有多个主子式。下面的例子验证了这一事实。

例 2.42　考虑如下的矩阵 $\boldsymbol{A}\in\mathbb{R}_{4,3}$：

$$\boldsymbol{A}=\begin{pmatrix}1 & 2 & 0\\ 2 & 2 & 3\\ 0 & 1 & 0\\ 1 & 1 & 0\end{pmatrix}$$

例如一个子式是

$$\det\begin{pmatrix}1 & 0\\ 2 & 3\end{pmatrix}$$

它是去掉矩阵的第二列、第三行和第四行得到的。

可以计算多个子式。此外，该矩阵也有多个主子式。例如，一个主子式为

$$\det\begin{pmatrix}1 & 2 & 0\\2 & 2 & 3\\1 & 1 & 0\end{pmatrix}$$

它是去掉矩阵的第三行得到的，另一个主子式为

$$\det\begin{pmatrix}2 & 2 & 3\\0 & 1 & 0\\1 & 1 & 0\end{pmatrix}$$

它是去掉矩阵第一行得到的。

定义 2.30 考虑一个矩阵 $\boldsymbol{A}\in\mathbb{R}_{n,n}$。去掉矩阵 $\boldsymbol{A}$ 的第 i 行、第 j 列得到的子矩阵被称为元素 $a_{i,j}$ 的**余子矩阵**（complement submatrix），其行列式被称为**余子式**（complement minor），记为 $M_{i,j}$。

例 2.43 考虑一个矩阵 $\boldsymbol{A}\in\mathbb{R}_{3,3}$：

$$\boldsymbol{A}=\begin{pmatrix}a_{1,1} & a_{1,2} & a_{1,3}\\a_{2,1} & a_{2,2} & a_{2,3}\\a_{3,1} & a_{3,2} & a_{3,3}\end{pmatrix}$$

元素 $a_{1,2}$ 的余子矩阵为

$$\begin{pmatrix}a_{2,1} & a_{2,3}\\a_{3,1} & a_{3,3}\end{pmatrix}$$

余子式 $M_{1,2}=a_{2,1}a_{3,3}-a_{2,3}a_{3,1}$。

定义 2.31 考虑一个矩阵 $\boldsymbol{A}\in\mathbb{R}_{n,n}$，其一般元素为 $a_{i,j}$，对应的余子式为 $M_{i,j}$。其元素 $a_{i,j}$ 的**代数余子式**（cofactor）$A_{i,j}$ 定义为 $A_{i,j}=(-1)^{i+j}M_{i,j}$。

例 2.44 由前面例子中的矩阵可得，$A_{1,2}=(-1)M_{1,2}$。

定义 2.32（伴随矩阵） 考虑一个矩阵 $\boldsymbol{A}\in\mathbb{R}_{n,n}$：

$$\boldsymbol{A}=\begin{pmatrix}a_{1,1} & a_{1,2} & \cdots & a_{1,n}\\a_{2,1} & a_{2,2} & \cdots & a_{2,n}\\\vdots & \vdots & & \vdots\\a_{n,1} & a_{n,2} & \cdots & a_{n,n}\end{pmatrix}$$

其转置矩阵 $\boldsymbol{A}^{\mathrm{T}}$ 为：

$$\boldsymbol{A}^{\mathrm{T}}=\begin{pmatrix}a_{1,1} & a_{2,1} & \cdots & a_{n,1}\\a_{1,2} & a_{2,2} & \cdots & a_{n,2}\\\vdots & \vdots & & \vdots\\a_{1,n} & a_{2,n} & \cdots & a_{n,n}\end{pmatrix}$$

将其转置矩阵中的每一个元素替换为其对应的代数余子式 $A_{i,j}$，结果矩阵被称为矩阵 $\boldsymbol{A}$ 的**伴随矩阵**（adjugate matrix, adjunct, adjoint），记其为 $\mathrm{adj}(\boldsymbol{A})$：

$$\mathrm{adj}(\boldsymbol{A})=\begin{pmatrix}A_{1,1} & A_{2,1} & \cdots & A_{n,1}\\A_{1,2} & A_{2,2} & \cdots & A_{n,2}\\\vdots & \vdots & & \vdots\\A_{1,n} & A_{2,n} & \cdots & A_{n,n}\end{pmatrix}$$

例 2.45　考虑如下矩阵 $\boldsymbol{A} \in \mathbb{R}_{3,3}$：

$$\boldsymbol{A}=\begin{pmatrix}1 & 3 & 0\\ 5 & 3 & 2\\ 0 & 1 & 2\end{pmatrix}$$

计算其对应的伴随矩阵。为达到这一目的，计算 $\boldsymbol{A}^{\mathrm{T}}$：

$$\boldsymbol{A}^{\mathrm{T}}=\begin{pmatrix}1 & 5 & 0\\ 3 & 3 & 1\\ 0 & 2 & 2\end{pmatrix}$$

计算其对应的 9 个余子式：$M_{1,1}=4$，$M_{1,2}=6$，$M_{1,3}=6$，$M_{2,1}=10$，$M_{2,2}=2$，$M_{2,3}=2$，$M_{3,1}=5$，$M_{3,2}=1$，$M_{3,3}=-12$。伴随矩阵 $\mathrm{adj}(\boldsymbol{A})$ 为：

$$\mathrm{adj}(\boldsymbol{A})=\begin{pmatrix}4 & -6 & 6\\ -10 & 2 & -2\\ 5 & -1 & -12\end{pmatrix}$$

2.4.4　行列式的拉普拉斯定理

定理 2.2（拉普拉斯定理Ⅰ）　令 $\boldsymbol{A} \in \mathbb{R}_{n,n}$。$\boldsymbol{A}$ 的行列式可通过每一行（列）元素乘以其对应的代数余子式再求和得到：

对任意 i 有 $\det\boldsymbol{A}=\sum_{j=1}^{n} a_{i,j}A_{i,j}$；

对任意 j 有 $\det\boldsymbol{A}=\sum_{i=1}^{n} a_{i,j}A_{i,j}$。

拉普拉斯定理Ⅰ可等价地表述为：一个矩阵的行列式等于一个行（列）向量与其对应的代数余子式向量的标量积。

例 2.46　考虑如下矩阵 $\boldsymbol{A} \in \mathbb{R}_{3,3}$：

$$\boldsymbol{A}=\begin{pmatrix}2 & -1 & 3\\ 1 & 2 & -1\\ -1 & -2 & 1\end{pmatrix}$$

该矩阵的行列式 $\det\boldsymbol{A}=4-1-6+6+1-4=0$。因此，该矩阵是奇异的。现用拉普拉斯定理Ⅰ来计算行列式。若考虑第一行，则有 $\det\boldsymbol{A}=a_{1,1}A_{1,1}+a_{1,2}A_{1,2}+a_{1,3}A_{1,3}$，故 $\det\boldsymbol{A}=2\times0+1\times0+3\times0=0$。我们得到了相同的结论。

例 2.47　考虑如下矩阵 $\boldsymbol{A} \in \mathbb{R}_{3,3}$：

$$\boldsymbol{A}=\begin{pmatrix}1 & 2 & 1\\ 0 & 1 & 1\\ 4 & 2 & 0\end{pmatrix}$$

该矩阵的行列式 $\det\boldsymbol{A}=8-4-2=2$。故该矩阵为非奇异的。现用拉普拉斯定理Ⅰ来计算行列式。若考虑第二行有 $\det\boldsymbol{A}=a_{2,1}A_{2,1}+a_{2,2}A_{2,2}+a_{2,3}A_{2,3}$，故 $\det\boldsymbol{A}=0\times(-1)\times(-2)+1\times(-4)+1\times(-1)\times(-6)=2$。结果是相同的。

下面用三阶矩阵作为特殊情形来证明拉普拉斯定理Ⅰ：

$$A=\begin{pmatrix} a_{1,1} & a_{1,2} & a_{1,3} \\ a_{2,1} & a_{2,2} & a_{2,3} \\ a_{3,1} & a_{3,2} & a_{3,3} \end{pmatrix}$$

证明　由定义

$$\det A=a_{1,1}a_{2,2}a_{3,3}+a_{1,2}a_{2,3}a_{3,1}+a_{1,3}a_{2,1}a_{3,2}-a_{1,3}a_{2,2}a_{3,1}-a_{1,2}a_{2,1}a_{3,3}-a_{1,1}a_{2,3}a_{3,2}$$

利用拉普拉斯定理Ⅰ可得

$$\begin{aligned}\det A&=a_{1,1}\det\begin{pmatrix} a_{2,2} & a_{2,3} \\ a_{3,2} & a_{3,3} \end{pmatrix}-a_{1,2}\det\begin{pmatrix} a_{2,1} & a_{2,3} \\ a_{3,1} & a_{3,3} \end{pmatrix}+a_{1,3}\det\begin{pmatrix} a_{2,1} & a_{2,2} \\ a_{3,1} & a_{3,2} \end{pmatrix}\\ &=a_{1,1}(a_{2,2}a_{3,3}-a_{2,3}a_{3,2})-a_{1,2}(a_{2,1}a_{3,3}-a_{2,3}a_{3,1})+a_{1,3}(a_{2,1}a_{3,2}-a_{2,2}a_{3,1})\\ &=a_{1,1}a_{2,2}a_{3,3}+a_{1,2}a_{2,3}a_{3,1}+a_{1,3}a_{2,1}a_{3,2}-a_{1,3}a_{2,2}a_{3,1}-a_{1,2}a_{2,1}a_{3,3}-a_{1,1}a_{2,3}a_{3,2}\end{aligned}$$

这就是使用行列式的定义得到的结果。□

定理 2.3（拉普拉斯定理Ⅱ）　令 $A\in\mathbb{R}_{n,n}$，其中 $n>1$。A 的每一行（列）元素乘以其他行（列）对应的代数余子式再求和将总是零：

对任意 $k\neq i$ 有 $\sum_{j=1}^{n}a_{i,j}A_{k,j}=0$；

对任意 $k\neq j$ 有 $\sum_{i=1}^{n}a_{i,j}A_{i,k}=0$。

拉普拉斯定理Ⅱ可被等价地表述为：某行（列）向量与其他行（列）向量的代数余子式向量的标量积总是零。

例 2.48　再次考虑矩阵

$$A=\begin{pmatrix} 1 & 2 & 1 \\ 0 & 1 & 1 \\ 4 & 2 & 0 \end{pmatrix}$$

第二行对应的代数余子式为：$A_{2,1}=(-1)\times(-2)$，$A_{2,2}=-4$，$A_{2,3}=(-1)\times(-6)$。因此 $A_{2,1}=2$，$A_{2,2}=-4$，$A_{2,3}=6$。应用拉普拉斯定理Ⅱ，第一行向量与第二行对应的代数余子式向量的标量积：

$$a_{1,1}A_{2,1}+a_{1,2}A_{2,2}+a_{1,3}A_{2,3}=1\times2+2\times(-4)+1\times6=0$$

可以看到如果将第三行向量与相同的代数余子式向量做标量积仍然为 0：

$$a_{3,1}A_{2,1}+a_{3,2}A_{2,2}+a_{3,3}A_{2,3}=4\times2+2\times(-4)+0\times6=0$$

现在来证明在三阶矩阵的特殊情形下的拉普拉斯定理Ⅱ：

$$A=\begin{pmatrix} a_{1,1} & a_{1,2} & a_{1,3} \\ a_{2,1} & a_{2,2} & a_{2,3} \\ a_{3,1} & a_{3,2} & a_{3,3} \end{pmatrix}$$

证明　下面计算第二行元素与第一行元素对应的代数余子式元素的标量积：

$$\begin{aligned}&a_{2,1}\det\begin{pmatrix} a_{2,2} & a_{2,3} \\ a_{3,2} & a_{3,3} \end{pmatrix}-a_{2,2}\det\begin{pmatrix} a_{2,1} & a_{2,3} \\ a_{3,1} & a_{3,3} \end{pmatrix}+a_{2,3}\det\begin{pmatrix} a_{2,1} & a_{2,2} \\ a_{3,1} & a_{3,2} \end{pmatrix}\\ &=a_{2,1}(a_{2,2}a_{3,3}-a_{2,3}a_{3,2})-a_{2,2}(a_{2,1}a_{3,3}-a_{2,3}a_{3,1})+a_{2,3}(a_{2,1}a_{3,2}-a_{2,2}a_{3,1})\\ &=a_{2,1}a_{2,2}a_{3,3}-a_{2,1}a_{2,3}a_{3,2}-a_{2,2}a_{2,1}a_{3,3}+a_{2,2}a_{2,3}a_{3,1}+a_{2,3}a_{2,1}a_{3,1}-a_{2,3}a_{2,2}a_{3,1}=0\end{aligned}$$

□

2.5 可逆矩阵

定义 2.33　令 $\boldsymbol{A}\in\mathbb{R}_{n,n}$。若 $\det\boldsymbol{A}=0$，称该矩阵为**奇异的**（singular）。若 $\det\boldsymbol{A}\neq 0$，则称该矩阵为**非奇异的**（non-singular）。

定义 2.34　令 $\boldsymbol{A}\in\mathbb{R}_{n,n}$。若存在一个矩阵 $\boldsymbol{B}\in\mathbb{R}_{n,n}$，使得 $\boldsymbol{AB}=\boldsymbol{I}=\boldsymbol{BA}$，则称矩阵 $\boldsymbol{A}$ 为**可逆的**（invertible）。矩阵 $\boldsymbol{B}$ 称为矩阵 $\boldsymbol{A}$ 的**逆**（inverse）矩阵。

定理 2.4　若 $\boldsymbol{A}\in\mathbb{R}_{n,n}$ 为一个可逆矩阵，$\boldsymbol{B}$ 为其逆矩阵。我们可以得到逆矩阵是唯一的：$\exists!\boldsymbol{B}\in\mathbb{R}_{n,n}\mid\boldsymbol{AB}=\boldsymbol{I}=\boldsymbol{BA}$。

证明　用反证法，设逆矩阵不是唯一的。因此，除 $\boldsymbol{B}$ 外，还存在 $\boldsymbol{A}$ 的另一个逆矩阵，记为 $\boldsymbol{C}\in\mathbb{R}_{n,n}$。

由假设 $\boldsymbol{B}$ 为 $\boldsymbol{A}$ 的逆矩阵有

$$\boldsymbol{AB}=\boldsymbol{BA}=\boldsymbol{I}$$

又由假设，矩阵 $\boldsymbol{A}$ 还有逆矩阵 $\boldsymbol{C}$，因此

$$\boldsymbol{AC}=\boldsymbol{CA}=\boldsymbol{I}$$

考虑到 $\boldsymbol{I}$ 为矩阵乘法的中性元（$\forall\boldsymbol{A}$：$\boldsymbol{AI}=\boldsymbol{IA}=\boldsymbol{A}$）及矩阵乘法的结合律，可得

$$\boldsymbol{C}=\boldsymbol{CI}=\boldsymbol{C}(\boldsymbol{AB})=(\boldsymbol{CA})\boldsymbol{B}=\boldsymbol{IB}=\boldsymbol{B}$$

换言之，若 $\boldsymbol{B}$ 为矩阵 $\boldsymbol{A}$ 的逆矩阵，$\boldsymbol{C}$ 为另一个逆矩阵，则 $\boldsymbol{C}=\boldsymbol{B}$。因此，逆矩阵是唯一的。 □

矩阵 $\boldsymbol{A}$ 的唯一逆矩阵记作 $\boldsymbol{A}^{-1}$。

定理 2.5　令 $\boldsymbol{A}\in\mathbb{R}_{n,n}$ 且 $A_{i,j}$ 为一般元素的代数余子式，则逆矩阵 $\boldsymbol{A}^{-1}$ 为

$$\boldsymbol{A}^{-1}=\frac{1}{\det\boldsymbol{A}}\operatorname{adj}(\boldsymbol{A})$$

证明　考虑矩阵 $\boldsymbol{A}$，

$$\boldsymbol{A}=\begin{pmatrix}a_{1,1} & a_{1,2} & \cdots & a_{1,n}\\ a_{2,1} & a_{2,2} & \cdots & a_{2,n}\\ \vdots & \vdots & & \vdots\\ a_{n,1} & a_{n,2} & \cdots & a_{n,n}\end{pmatrix}$$

其伴随矩阵为

$$\operatorname{adj}(\boldsymbol{A})=\begin{pmatrix}A_{1,1} & A_{2,1} & \cdots & A_{n,1}\\ A_{1,2} & A_{2,2} & \cdots & A_{n,2}\\ \vdots & \vdots & & \vdots\\ A_{1,n} & A_{2,n} & \cdots & A_{n,n}\end{pmatrix}$$

下面计算矩阵 $\boldsymbol{A}$ 与其伴随矩阵的矩阵乘积，即 $\boldsymbol{A}(\operatorname{adj}(\boldsymbol{A}))$，

$$\boldsymbol{A}(\operatorname{adj}(\boldsymbol{A}))=\begin{pmatrix}a_{1,1}A_{1,1}+a_{1,2}A_{1,2}+\cdots+a_{1,n}A_{1,n} & \cdots & a_{1,1}A_{n,1}+a_{1,2}A_{n,2}+\cdots+a_{1,n}A_{n,n}\\ a_{2,1}A_{1,1}+a_{2,2}A_{1,2}+\cdots+a_{2,n}A_{1,n} & \cdots & a_{2,1}A_{n,1}+a_{2,2}A_{n,2}+\cdots+a_{2,n}A_{n,n}\\ \vdots & & \vdots\\ a_{n,1}A_{1,1}+a_{n,2}A_{1,2}+\cdots+a_{n,n}A_{1,n} & \cdots & a_{n,1}A_{n,1}+a_{n,2}A_{n,2}+\cdots+a_{n,n}A_{n,n}\end{pmatrix}$$

该矩阵也可写为

$$\begin{pmatrix} \sum_{j=1}^{n} a_{1,j}A_{1,j} & \sum_{j=1}^{n} a_{1,j}A_{2,j} & \cdots & \sum_{j=1}^{n} a_{1,j}A_{n,j} \\ \sum_{j=1}^{n} a_{2,j}A_{1,j} & \sum_{j=1}^{n} a_{2,j}A_{2,j} & \cdots & \sum_{j=1}^{n} a_{2,j}A_{n,j} \\ \vdots & \vdots & & \vdots \\ \sum_{j=1}^{n} a_{n,j}A_{1,j} & \sum_{j=1}^{n} a_{n,j}A_{2,j} & \cdots & \sum_{j=1}^{n} a_{n,j}A_{n,j} \end{pmatrix}$$

由拉普拉斯定理Ⅰ，该矩阵的对角元素都等于 $\det \boldsymbol{A}$：对所有行 i，

$$a_{i,1}A_{i,1}+a_{i,2}A_{i,2}+\cdots+a_{i,n}A_{i,n}=\sum_{j=1}^{n} a_{i,j}A_{i,j}=\det \boldsymbol{A}$$

由拉普拉斯定理Ⅱ，该矩阵的非对角元素都等于零：对所有 $i\neq k$，

$$a_{i,1}A_{k,1}+a_{i,2}A_{k,2}+\cdots+a_{i,n}A_{k,n}=\sum_{j=1}^{n} a_{i,j}A_{k,j}=0$$

于是有

$$\boldsymbol{A}(\operatorname{adj}(\boldsymbol{A}))=\begin{pmatrix} \det \boldsymbol{A} & 0 & \cdots & 0 \\ 0 & \det \boldsymbol{A} & \cdots & 0 \\ \vdots & \vdots & & \vdots \\ 0 & 0 & \cdots & \det \boldsymbol{A} \end{pmatrix}$$

因此，

$$\boldsymbol{A}(\operatorname{adj}(\boldsymbol{A}))=(\det \boldsymbol{A})\boldsymbol{I}$$

故

$$\boldsymbol{A}^{-1}=\frac{1}{\det \boldsymbol{A}}\operatorname{adj}(\boldsymbol{A})$$ □

例 2.49　求矩阵

$$\boldsymbol{A}=\begin{pmatrix} 2 & 1 \\ 1 & 1 \end{pmatrix}$$

的逆矩阵。

该矩阵的行列式为 $\det \boldsymbol{A}=1$，其转置矩阵为

$$\boldsymbol{A}^{\mathrm{T}}=\begin{pmatrix} 2 & 1 \\ 1 & 1 \end{pmatrix}$$

在此种情形下等于 $\boldsymbol{A}$。其伴随矩阵为

$$\operatorname{adj}(\boldsymbol{A})=\begin{pmatrix} 1 & -1 \\ -1 & 2 \end{pmatrix}$$

于是 $\boldsymbol{A}$ 的逆矩阵为

$$\boldsymbol{A}^{-1}=\frac{1}{\det \boldsymbol{A}}\operatorname{adj}(\boldsymbol{A})=\begin{pmatrix} 1 & -1 \\ -1 & 2 \end{pmatrix}$$

例 2.50 求矩阵

$$A=\begin{pmatrix}1 & 1\\ -2 & 1\end{pmatrix}$$

的逆矩阵。

该矩阵的行列式 $\det A=3$，其转置矩阵为

$$A^{\mathrm{T}}=\begin{pmatrix}1 & -2\\ 1 & 1\end{pmatrix}$$

其伴随矩阵为

$$\operatorname{adj}(A)=\begin{pmatrix}1 & -1\\ 2 & 1\end{pmatrix}$$

于是矩阵 A 的逆矩阵为

$$A^{-1}=\frac{1}{\det A}\operatorname{adj}(A)=\frac{1}{3}\begin{pmatrix}1 & -1\\ 2 & 1\end{pmatrix}=\begin{pmatrix}\frac{1}{3} & -\frac{1}{3}\\ \frac{2}{3} & \frac{1}{3}\end{pmatrix}$$

后面的这两个例子给出了定理 2.5 的推论。

推论 2.1 令 $A\in\mathbb{R}_{2,2}$，

$$A=\begin{pmatrix}a_{1,1} & a_{1,2}\\ a_{2,1} & a_{2,2}\end{pmatrix}$$

则

$$A^{-1}=\frac{1}{\det A}\begin{pmatrix}a_{2,2} & -a_{1,2}\\ -a_{2,1} & a_{1,1}\end{pmatrix}$$

证明 考虑矩阵 A 的转置，

$$A^{\mathrm{T}}=\begin{pmatrix}a_{1,1} & a_{2,1}\\ a_{1,2} & a_{2,2}\end{pmatrix}$$

其伴随矩阵为

$$\operatorname{adj}(A)=\begin{pmatrix}a_{2,2} & -a_{1,2}\\ -a_{2,1} & a_{1,1}\end{pmatrix}$$

其逆为

$$A^{-1}=\frac{1}{\det A}\begin{pmatrix}a_{2,2} & -a_{1,2}\\ -a_{2,1} & a_{1,1}\end{pmatrix}$$

□

例 2.51 考虑矩阵

$$A=\begin{pmatrix}1 & 2\\ 3 & 4\end{pmatrix}$$

其行列式 $\det A=4-6=-2$。由推论 2.1，A 的逆矩阵为

$$A^{-1}=-\frac{1}{2}\begin{pmatrix}4 & -2\\ -3 & 1\end{pmatrix}$$

例 2.52　现在求一个矩阵 $\boldsymbol{A} \in \mathbb{R}_{3,3}$ 的逆矩阵：

$$\boldsymbol{A}=\begin{pmatrix} 2 & 1 & 1 \\ 0 & 1 & 0 \\ 1 & 3 & 1 \end{pmatrix}$$

该矩阵的行列式 $\det \boldsymbol{A}=2-1=1$。该矩阵的转置

$$\boldsymbol{A}^{\mathrm{T}}=\begin{pmatrix} 2 & 0 & 1 \\ 1 & 1 & 3 \\ 1 & 0 & 1 \end{pmatrix}$$

其伴随矩阵为

$$\operatorname{adj}(\boldsymbol{A})=\begin{pmatrix} 1 & 2 & -1 \\ 0 & 1 & 0 \\ -1 & -5 & 2 \end{pmatrix}$$

相应的逆矩阵为

$$\boldsymbol{A}^{-1}=\frac{1}{\det \boldsymbol{A}} \operatorname{adj}(\boldsymbol{A})=\begin{pmatrix} 1 & 2 & -1 \\ 0 & 1 & 0 \\ -1 & -5 & 2 \end{pmatrix}$$

在前面所有的例子中，由定理 2.4 可知，只能够找到一个逆矩阵。而且，所有逆矩阵都是非奇异的，即 $\det \boldsymbol{A} \neq 0$。直观地讲，对一个奇异矩阵，它的逆是无法计算的，因为不能运用公式 $\boldsymbol{A}^{-1}=\frac{1}{\det \boldsymbol{A}} \operatorname{adj}(\boldsymbol{A})$（被零除）。下列定理介绍了这一直观的理论基础。

定理 2.6　*令 $\boldsymbol{A} \in \mathbb{R}_{n,n}$。矩阵 $\boldsymbol{A}$ 为可逆的充要条件是 $\boldsymbol{A}$ 为非奇异的。*

证明　若 $\boldsymbol{A}$ 是可逆的，则

$$\exists \boldsymbol{A}^{-1} \text{ 使得 } \boldsymbol{A}\boldsymbol{A}^{-1}=\boldsymbol{I}=\boldsymbol{A}^{-1}\boldsymbol{A}$$

由定理 2.4 可知，$\boldsymbol{A}^{-1}$ 是唯一的（$\boldsymbol{A}^{-1}$ 是矩阵 $\boldsymbol{A}$ 唯一的逆矩阵）。

由两个相同的矩阵有相同的行列式得到

$$\det(\boldsymbol{A}\boldsymbol{A}^{-1})=\det \boldsymbol{I}=1$$

根据行列式的性质，两个（方形）矩阵乘积的行列式等于这两个矩阵行列式的乘积，可以得到

$$\det(\boldsymbol{A}\boldsymbol{A}^{-1})=(\det \boldsymbol{A})(\det \boldsymbol{A}^{-1})=1$$

因此，$\det(\boldsymbol{A}) \neq 0$，即 $\boldsymbol{A}$ 是非奇异的。

若 $\boldsymbol{A}$ 是非奇异的，则 $\det \boldsymbol{A} \neq 0$。因此，可以考虑一个矩阵 $\boldsymbol{B} \in \mathbb{R}_{n,n}$，形如

$$\boldsymbol{B}=\frac{1}{\det \boldsymbol{A}} \operatorname{adj}(\boldsymbol{A})$$

如果 $\det \boldsymbol{A}=0$，不能用这样的方法得到 $\boldsymbol{B}$。由定理 2.5 可知 $\boldsymbol{B}=\boldsymbol{A}^{-1}$，因此 $\boldsymbol{A}$ 是可逆的。　□

例 2.53　考虑矩阵

$$\boldsymbol{A}=\begin{pmatrix} 1 & 3 & 4 \\ 0 & 2 & 2 \\ 4 & -2 & 2 \end{pmatrix}$$

可以很容易地得到 $\det \boldsymbol{A}=0$。矩阵是奇异的且不可逆。我们不能计算逆矩阵

$$A^{-1}=\frac{1}{\det A}\mathrm{adj}(A)$$

因为它会导致被零除。

推论 2.2　令 $A\in\mathbb{R}_{n,n}$ 为一个可逆矩阵，可得 $\det A^{-1}=\frac{1}{\det A}$。

证明　由定理 2.6 的证明可知

$$\det(AA^{-1})=\det I=1$$

由此可得

$$\det A^{-1}=\frac{1}{\det A}$$

□

例 2.54　考虑矩阵

$$A=\begin{pmatrix}2&4&1\\0&1&0\\4&0&4\end{pmatrix}$$

其行列式 $\det A=4$。

矩阵 A 的逆矩阵为

$$A^{-1}=\begin{pmatrix}1&-4&-0.25\\0&1&0\\-1&4&0.5\end{pmatrix}$$

其行列式 $\det A^{-1}=0.25=\frac{1}{\det A}$。

推论 2.3　令 $A\in\mathbb{R}_{1,1}$，即 $A=(a_{1,1})$ 为一个只有一个元素的矩阵。矩阵 A 的逆矩阵

$$A^{-1}=\left(\frac{1}{\det A}\right)=\left(\frac{1}{a_{1,1}}\right)$$

证明　由拉普拉斯定理 I

$$a_{1,1}A_{1,1}=\det A$$

其中 $A_{1,1}$ 为 $a_{1,1}$ 的代数余子式。

如例 2.23，由于 $\det A=a_{1,1}$，可得 $A_{1,1}=1$。因为这唯一的代数余子式也是其伴随矩阵唯一的元素：

$$\mathrm{adj}(A)=(A_{1,1})=(1)$$

由此可得

$$A^{-1}=\frac{1}{\det A}\mathrm{adj}(A)=\left(\frac{1}{\det A}\right)=\left(\frac{1}{a_{1,1}}\right)$$

□

最后一个推论简单地表明了如何将一个数看作矩阵的特殊情形及矩阵代数是如何包含数代数的。

例 2.55　若 $A=(5)$，其逆矩阵应当是 $A^{-1}=\left(\frac{1}{5}\right)$。若 $A=(0)$，该矩阵是奇异的且不可逆，这与域的定义是一致的，参见定义 1.36。

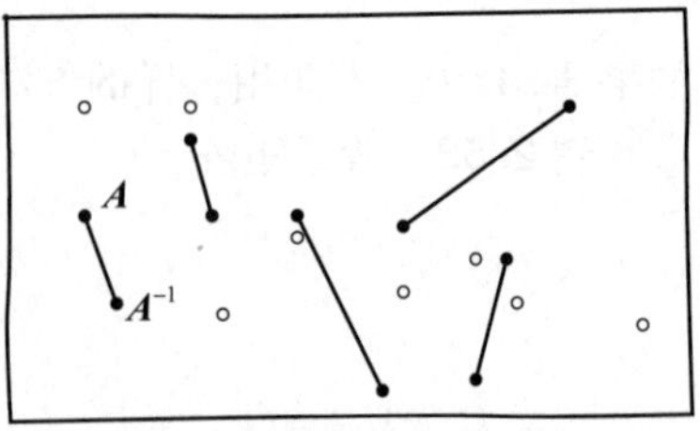

图　2-1

图 2-1 给出前面章节中矩阵理论的总结。表示奇异矩

阵的空心圆圈与其他矩阵之间没有联系，因为它们是不可逆的。相反，用实心圆圈表示的非奇异矩阵，它们每一个都有一个逆矩阵，在图中用线相连。非奇异矩阵都是成对的并用线段相连。没有孤立的实心圆圈（每一个非奇异矩阵都有一个逆矩阵）且每一个实心圆圈只有一条连线（逆矩阵是唯一的）。

命题 2.17 令 $\boldsymbol{A}$ 和 $\boldsymbol{B}$ 为两个方阵并可逆，则可得

$$(\boldsymbol{AB})^{-1}=\boldsymbol{B}^{-1}\boldsymbol{A}^{-1}$$

证明 计算

$$(\boldsymbol{AB})(\boldsymbol{B}^{-1}\boldsymbol{A}^{-1})=\boldsymbol{AIA}^{-1}=\boldsymbol{AA}^{-1}=\boldsymbol{I}$$

因此，$\boldsymbol{AB}$ 的逆矩阵为 $\boldsymbol{B}^{-1}\boldsymbol{A}^{-1}$，即

$$(\boldsymbol{AB})^{-1}=\boldsymbol{B}^{-1}\boldsymbol{A}^{-1}$$

□

例 2.56 考虑矩阵

$$\boldsymbol{A}=\begin{pmatrix}2&0&1\\1&1&0\\3&2&1\end{pmatrix}$$

及

$$\boldsymbol{B}=\begin{pmatrix}1&0&1\\1&1&0\\2&2&2\end{pmatrix}$$

容易验证

$$\boldsymbol{AB}=\begin{pmatrix}4&2&4\\2&1&1\\7&4&5\end{pmatrix}$$

及

$$(\boldsymbol{AB})^{-1}=\begin{pmatrix}0.5&3&-1\\-1.5&-4&2\\0.5&-1&0\end{pmatrix}$$

此外，它们的逆矩阵为

$$\boldsymbol{A}^{-1}=\begin{pmatrix}1&2&-1\\-1&-1&1\\-1&-4&2\end{pmatrix}$$

和

$$\boldsymbol{B}^{-1}=\begin{pmatrix}1&1&-0.5\\-1&0&0.5\\0&-1&0.5\end{pmatrix}$$

计算它们的乘积得

$$\boldsymbol{B}^{-1}\boldsymbol{A}^{-1}=\begin{pmatrix}0.5&3&-1\\-1.5&-4&2\\0.5&-1&0\end{pmatrix}$$

2.6 正交矩阵

定义 2.35　一个矩阵 $\mathbf{A} \in \mathbb{R}_{n,n}$ 若与其转置的乘积为单位矩阵：

$$\mathbf{A}\mathbf{A}^{\mathrm{T}} = \mathbf{I} = \mathbf{A}^{\mathrm{T}}\mathbf{A}$$

则称其为**正交的**（orthogonal）。

定理 2.7　一个正交矩阵总是非奇异的且其行列式为 1 或 -1。

证明　令 $\mathbf{A} \in \mathbb{R}_{n,n}$ 为一个正交矩阵，则

$$\mathbf{A}\mathbf{A}^{\mathrm{T}} = \mathbf{I}$$

因此，两边的行列式仍然相等：

$$\det(\mathbf{A}\mathbf{A}^{\mathrm{T}}) = \det\mathbf{I}$$

根据行列式的性质

$$\det(\mathbf{A}\mathbf{A}^{\mathrm{T}}) = \det\mathbf{A}\det\mathbf{A}^{\mathrm{T}}$$

$$\det\mathbf{A} = \det\mathbf{A}^{\mathrm{T}}$$

$$\det\mathbf{I} = 1$$

因此，

$$(\det\mathbf{A})^2 = 1$$

这种情形只能是 $\det\mathbf{A} = \pm 1$。 □

定理 2.8（正交矩阵的性质）　一个矩阵 $\mathbf{A} \in \mathbb{R}_{n,n}$ 正交的充要条件是其每一行（列）元素平方的和为 1，且任意两行（列）的标量积为 0：

$$\sum_{j=1}^{n} a_{i,j}^2 = 1$$

$$\forall i,j \quad \mathbf{a}_i \cdot \mathbf{a}_j = 0$$

证明　下面的证明过程将对行向量进行，对列向量的证明是类似的。考虑一个矩阵 $\mathbf{A} \in \mathbb{R}_{n,n}$

$$\mathbf{A} = \begin{pmatrix} a_{1,1} & a_{1,2} & \cdots & a_{1,n} \\ a_{2,1} & a_{2,2} & \cdots & a_{2,n} \\ \vdots & \vdots & & \vdots \\ a_{n,1} & a_{n,2} & \cdots & a_{n,n} \end{pmatrix} = \begin{pmatrix} \mathbf{a}_1 \\ \mathbf{a}_2 \\ \vdots \\ \mathbf{a}_n \end{pmatrix}$$

其转置矩阵

$$\mathbf{A}^{\mathrm{T}} = \begin{pmatrix} a_{1,1} & a_{2,1} & \cdots & a_{n,1} \\ a_{1,2} & a_{2,2} & \cdots & a_{n,2} \\ \vdots & \vdots & & \vdots \\ a_{1,n} & a_{2,n} & \cdots & a_{n,n} \end{pmatrix} = (\mathbf{a}_1 \quad \mathbf{a}_2 \quad \cdots \quad \mathbf{a}_n)$$

由于 $\mathbf{A}$ 是正交的，可得

$$\mathbf{A}\mathbf{A}^{\mathrm{T}} = \mathbf{I}$$

因此，

$$AA^{\mathrm{T}}=\begin{pmatrix}\boldsymbol{a}_1\boldsymbol{a}_1 & \boldsymbol{a}_1\boldsymbol{a}_2 & \cdots & \boldsymbol{a}_1\boldsymbol{a}_n\\ \boldsymbol{a}_2\boldsymbol{a}_1 & \boldsymbol{a}_2\boldsymbol{a}_2 & \cdots & \boldsymbol{a}_2\boldsymbol{a}_n\\ \vdots & \vdots & & \vdots\\ \boldsymbol{a}_n\boldsymbol{a}_1 & \boldsymbol{a}_n\boldsymbol{a}_2 & \cdots & \boldsymbol{a}_n\boldsymbol{a}_n\end{pmatrix}=\begin{pmatrix}1 & 0 & \cdots & 0\\ 0 & 1 & \cdots & 0\\ \vdots & \vdots & & \vdots\\ 0 & 0 & \cdots & 1\end{pmatrix}$$

这意味着 $\forall i,j$

$$\boldsymbol{a}_i\cdot\boldsymbol{a}_i=\sum_{j=1}^{n}a_{i,j}^2=1$$

且

$$\boldsymbol{a}_i\cdot\boldsymbol{a}_j=0$$

□

任意两行向量的标量积是 0。这一条件在第 4 章中表明这两个向量是正交的，这就是为什么这些矩阵被称为正交矩阵的原因。

例 2.57　下列矩阵是正交的：

$$\begin{pmatrix}\sin\alpha & \cos\alpha\\ \cos\alpha & -\sin\alpha\end{pmatrix}$$

和

$$\begin{pmatrix}\sin\alpha & 0 & \cos\alpha\\ 0 & 1 & 0\\ -\cos\alpha & 0 & \sin\alpha\end{pmatrix}$$

例 2.58　下列矩阵是正交的：

$$A=\frac{1}{\sqrt{2}}\begin{pmatrix}1 & 1\\ 1 & -1\end{pmatrix}$$

通过计算 AA^{T} 验证该矩阵的正交性：

$$AA^{\mathrm{T}}=\frac{1}{\sqrt{2}}\begin{pmatrix}1 & 1\\ 1 & -1\end{pmatrix}\frac{1}{\sqrt{2}}\begin{pmatrix}1 & 1\\ 1 & -1\end{pmatrix}=\frac{1}{2}\begin{pmatrix}2 & 0\\ 0 & 2\end{pmatrix}=\begin{pmatrix}1 & 0\\ 0 & 1\end{pmatrix}=I$$

下面验证正交矩阵的性质。行（列）元素的平方和等于 1，例如

$$a_{1,1}^2+a_{1,2}^2=\left(\frac{1}{\sqrt{2}}\right)^2+\left(\frac{1}{\sqrt{2}}\right)^2=\frac{1}{2}+\frac{1}{2}=1$$

每对行（列）的标量积为零，例如

$$\boldsymbol{a}_1\cdot\boldsymbol{a}_2=a_{1,1}a_{2,1}+a_{1,2}a_{2,2}=\left(\frac{1}{\sqrt{2}},\frac{1}{\sqrt{2}}\right)\cdot\left(\frac{1}{\sqrt{2}},-\frac{1}{\sqrt{2}}\right)=\frac{1}{2}-\frac{1}{2}=0$$

例 2.59　下列矩阵是正交的：

$$A=\frac{1}{3}\begin{pmatrix}2 & -2 & 1\\ 1 & 2 & 2\\ 2 & 1 & -2\end{pmatrix}$$

通过计算 AA^{T} 验证该矩阵的正交性：

$$AA^{\mathrm{T}}=\frac{1}{3}\begin{pmatrix}2 & -2 & 1\\ 1 & 2 & 2\\ 2 & 1 & -2\end{pmatrix}\frac{1}{3}\begin{pmatrix}2 & 1 & 2\\ -2 & 2 & 1\\ 1 & 2 & -2\end{pmatrix}=\frac{1}{9}\begin{pmatrix}9 & 0 & 0\\ 0 & 9 & 0\\ 0 & 0 & 9\end{pmatrix}=\begin{pmatrix}1 & 0 & 0\\ 0 & 1 & 0\\ 0 & 0 & 1\end{pmatrix}=I$$

下面验证正交矩阵的性质。行（列）元素的平方和等于 1，例如

$$a_{1,1}^2+a_{1,2}^2+a_{1,3}^2=\left(\frac{2}{3}\right)^2+\left(-\frac{2}{3}\right)^2+\left(\frac{1}{3}\right)^2=\frac{4}{9}+\frac{4}{9}+\frac{1}{9}=1$$

每对行（列）的标量积为零，例如

$$\boldsymbol{a}_1\cdot\boldsymbol{a}_2=a_{1,1}a_{2,1}+a_{1,2}a_{2,2}+a_{1,3}a_{2,3}=\left(\frac{2}{3},-\frac{2}{3},\frac{1}{3}\right)\cdot\left(\frac{1}{3},\frac{2}{3},\frac{2}{3}\right)=\frac{2}{9}-\frac{4}{9}+\frac{2}{9}=0$$

2.7 矩阵的秩

定义 2.36 令 $\boldsymbol{A}\in\mathbb{R}_{m,n}$，且 $\boldsymbol{A}$ 不是零矩阵。矩阵 $\boldsymbol{A}$ 的**秩**（rank），记为 ρ_A，是其非奇异子矩阵 $\boldsymbol{A}_\rho\subset\boldsymbol{A}$ 的最高阶数。若 $\boldsymbol{A}$ 为零矩阵，则其秩等于 0。

例 2.60 矩阵

$$\begin{pmatrix}1&-1&-2\\-1&1&0\end{pmatrix}$$

的秩为 2，因为其子矩阵

$$\begin{pmatrix}-1&-2\\1&0\end{pmatrix}$$

是非奇异的。

例 2.61 考虑矩阵

$$\boldsymbol{A}=\begin{pmatrix}-1&2&-1\\2&-3&2\\1&-1&1\end{pmatrix}$$

容易看到 $\det\boldsymbol{A}=0$，但至少存在一个非奇异子矩阵的阶数为 2。因此 $\rho_A=2$。

若矩阵 $\boldsymbol{A}\in\mathbb{R}_{m,n}$ 并用 min 表示查找一个（有限）集合的最小元素的函数，则求秩 ρ_A 的过程可参考算法 1 中的伪代码。

算法 1　秩的检测

```
对矩阵 A ∈ ℝ_{m,n}，求 s=min{m,n}
while s≥0 且 detA_s==0, do
    提取所有阶数为 s 的子矩阵 A_s
    for 所有子矩阵 A_s do
        计算 det(A_s)
    end for
    s=s-1
end while
秩 ρ_A=s
```

定理 2.9 令 $\boldsymbol{A}\in\mathbb{R}_{n,n}$ 且 ρ 为其秩。矩阵 $\boldsymbol{A}$ 有 ρ 个线性无关的行（列）。

证明 对行证明这一定理。对列的线性无关性的证明与此类似。将算法 1 应用于求矩阵 $\boldsymbol{A}$ 的秩。从 $s=n$ 开始，若行列式等于零，则检查阶数稍小的子矩阵的行列式。由命题 2.13，若

$\det \boldsymbol{A}_s = 0$，则其各行为线性相关的；若 $\det \boldsymbol{A}_s \neq 0$，则 $\boldsymbol{A}_s$ 的各行是线性无关的，且 $\boldsymbol{A}_s$ 的大小 s 就是矩阵 $\boldsymbol{A}$ 的秩 ρ。因此，矩阵 $\boldsymbol{A}$ 中有 ρ 个线性无关的行。 □

例 2.62 考虑矩阵

$$\boldsymbol{A} = \begin{pmatrix} 1 & 2 & 0 \\ 2 & 1 & 2 \\ 3 & 3 & 2 \end{pmatrix}$$

容易验证 $\det \boldsymbol{A} = 0$ 且矩阵的秩为 $\rho = 2$。一方面通过观察可知，第三行为其他两行的和：

$$\boldsymbol{a}_3 = \boldsymbol{a}_1 + \boldsymbol{a}_2$$

这表明各行是线性相关的。另一方面，任意两行都是线性无关的。

例 2.63 考虑矩阵

$$\boldsymbol{A} = \begin{pmatrix} 1 & 2 & 1 \\ 2 & 4 & 2 \\ 0 & 0 & 1 \end{pmatrix}$$

同样可以验证 $\det \boldsymbol{A} = 0$，且矩阵的秩 $\rho = 2$。而且，其各行是线性相关的，因为

$$\boldsymbol{a}_2 = 2\boldsymbol{a}_1 + 0\boldsymbol{a}_3$$

这种情况意味着有两行是线性无关的。但是，这一情形与前一个例子中的情形不同，因为线性无关的行不能任意选择。更准确地讲，$\boldsymbol{a}_1$ 和 $\boldsymbol{a}_3$ 是线性无关的，同样 $\boldsymbol{a}_2$ 和 $\boldsymbol{a}_3$ 也是线性无关的，但是 $\boldsymbol{a}_1$ 和 $\boldsymbol{a}_2$ 是线性相关的（$\boldsymbol{a}_2 = 2\boldsymbol{a}_1$）。

换言之，秩 ρ 表明有多少行（列）是线性无关的，但不是说任意 ρ 行（列）都是线性相关的。确定哪些行（列）是线性无关的是一项独立的任务，它可能并不平凡。

定义 2.37 令 $\boldsymbol{A} \in \mathbb{R}_{m,n}$ 并记 $\boldsymbol{M}_r$ 为矩阵 $\boldsymbol{A}$ 的一个 r 阶方形子矩阵。将一个包含 $\boldsymbol{M}_r$ 的 $r+1$ 阶方形子矩阵称为**加边子矩阵**（edged submatrix）。

例 2.64 考虑一个矩阵 $\boldsymbol{A} \in \mathbb{R}_{3,4}$。

$$\boldsymbol{A} = \begin{pmatrix} a_{1,1} & a_{1,2} & a_{1,3} & a_{1,4} \\ a_{2,1} & a_{2,2} & a_{2,3} & a_{2,4} \\ a_{3,1} & a_{3,2} & a_{3,3} & a_{3,4} \end{pmatrix}$$

从 $\boldsymbol{A}$ 中提取如下的子矩阵 $\boldsymbol{M}_r$，

$$\boldsymbol{M}_r = \begin{pmatrix} a_{1,1} & a_{1,3} \\ a_{3,1} & a_{3,3} \end{pmatrix}$$

加边子矩阵为

$$\begin{pmatrix} a_{1,1} & a_{1,2} & a_{1,3} \\ a_{2,1} & a_{2,2} & a_{2,3} \\ a_{3,1} & a_{3,2} & a_{3,3} \end{pmatrix}$$

和

$$\begin{pmatrix} a_{1,1} & a_{1,3} & a_{1,4} \\ a_{2,1} & a_{2,3} & a_{2,4} \\ a_{3,1} & a_{3,3} & a_{3,4} \end{pmatrix}$$

定理 2.10（克罗内克定理）　令 $\mathbf{A} \in \mathbb{R}_{m,n}$，$\mathbf{M}_r$ 为矩阵 $\mathbf{A}$ 的 r 阶方形子矩阵，其中 $1 \leqslant r \leqslant \min\{m,n\}$。若 $\mathbf{M}_r$ 为一个非奇异矩阵且 $\mathbf{M}_r$ 的所有加边子矩阵都是奇异的，则 $\mathbf{A}$ 的秩为 r。

例 2.65　考虑矩阵

$$\mathbf{A}=\begin{pmatrix}1 & 2 & 1 & 3\\ 1 & 0 & 1 & 1\\ 1 & 2 & 1 & 3\end{pmatrix}$$

子矩阵

$$\begin{pmatrix}1 & 2\\ 1 & 0\end{pmatrix}$$

是非奇异的，但其加边矩阵

$$\begin{pmatrix}1 & 2 & 1\\ 1 & 0 & 1\\ 1 & 2 & 1\end{pmatrix}$$

和

$$\begin{pmatrix}1 & 2 & 3\\ 1 & 0 & 1\\ 1 & 2 & 3\end{pmatrix}$$

都是奇异的。克罗内克定理表明，这足以得到矩阵 $\mathbf{A}$ 的秩为 2。这一事实可通过考虑其他的三阶子矩阵来验证，即

$$\begin{pmatrix}2 & 1 & 3\\ 0 & 1 & 1\\ 2 & 1 & 3\end{pmatrix}$$

和

$$\begin{pmatrix}1 & 1 & 3\\ 1 & 1 & 1\\ 1 & 1 & 3\end{pmatrix}$$

很容易看出这两个子矩阵都是奇异的，因此矩阵 $\mathbf{A}$ 的秩确实为 2。

引理 2.1　令 $\mathbf{A} \in \mathbb{R}_{n,n}$，$\mathbf{B} \in \mathbb{R}_{n,q}$。若 $\mathbf{A}$ 是非奇异的且 $\rho_{\mathbf{B}}$ 为矩阵 $\mathbf{B}$ 的秩则可以得到乘积矩阵 $\mathbf{AB}$ 的秩为 $\rho_{\mathbf{B}}$。

例 2.66　考虑矩阵

$$\mathbf{A}=\begin{pmatrix}2 & 1\\ 1 & 2\end{pmatrix}$$

和矩阵

$$\mathbf{B}=\begin{pmatrix}0 & 1 & 1\\ 1 & 1 & 1\end{pmatrix}$$

矩阵 $\mathbf{A}$ 为非奇异的，因此其秩 $\rho_{\mathbf{A}}=2$。矩阵 $\mathbf{B}$ 的秩也为 $\rho_{\mathbf{B}}=2$，因为子矩阵

$$\begin{pmatrix}0 & 1\\ 1 & 1\end{pmatrix}$$

显然是非奇异的。

乘积矩阵

$$AB=\begin{pmatrix}1&3&3\\2&3&3\end{pmatrix}$$

的秩 $\rho_{AB}=\rho_B=2$，这正是引理 2.1 给出的。

如果考虑秩为 1 的矩阵 B，

$$B=\begin{pmatrix}0&1&1\\0&1&1\end{pmatrix}$$

将 A 乘以 B 可得

$$AB=\begin{pmatrix}0&3&3\\0&3&3\end{pmatrix}$$

其秩 $\rho_{AB}=\rho_B=1$，这与引理 2.1 也是一致的。

定理 2.11（西尔维斯特零度定律）　令 $A\in\mathbb{R}_{m,n}$，$B\in\mathbb{R}_{n,q}$，ρ_A 和 ρ_B 分别为矩阵 A 和 B 的秩，ρ_{AB} 为乘积矩阵 AB 的秩。则有

$$\rho_{AB}\geqslant\rho_A+\rho_B-n$$

例 2.67　为验证西尔维斯特零度定律，考虑如下两个矩阵：

$$A=\begin{pmatrix}0&1\\1&1\end{pmatrix}$$

和

$$B=\begin{pmatrix}4&1\\0&0\end{pmatrix}$$

矩阵 A 为非奇异的，因此 $\rho_A=2$，而 B 是奇异的，因此 $\rho_B=1$。

计算乘积 AB：

$$AB=\begin{pmatrix}0&0\\4&1\end{pmatrix}$$

其秩为 $\rho_{AB}=1$。

可以验证 $\rho_A+\rho_B-n=2+1-2=1$ 等于 ρ_{AB}。

例 2.68　再次考虑矩阵 A 和下面的矩阵 B，已知秩 $\rho_A=2$ 和 $\rho_B=2$：

$$B=\begin{pmatrix}4&1\\0&1\end{pmatrix}$$

按照西尔维斯特零度定律，预计乘积 AB 的秩大于 1，因为 $\rho_A+\rho_B-n=2+2-2=2$。换言之，西尔维斯特零度定律能够在计算之前就指出 AB 是非奇异的。

下面验证这一事实：

$$AB=\begin{pmatrix}0&1\\4&2\end{pmatrix}$$

该乘积矩阵是非奇异的，即其秩 $\rho_{AB}=2$，这就验证了定理中的结论。

这些例子给出了下面的推论，即方阵的西尔维斯特零度定律。

推论 2.4　令 $A\in\mathbb{R}_{n,n}$，$B\in\mathbb{R}_{n,n}$，ρ_A 和 ρ_B 分别为矩阵 A 和 B 的秩，ρ_{AB} 为乘积矩阵 AB 的秩。可得

$$\rho_{AB}\geqslant\rho_A+\rho_B-n$$

例 2.69　考虑如下两个矩阵：

$$\boldsymbol{A}=\begin{pmatrix}1 & 3 & 1\\ 1 & 3 & 1\\ 1 & 3 & 1\end{pmatrix}$$

和

$$\boldsymbol{B}=\begin{pmatrix}2 & 1 & 2\\ 4 & 2 & 4\\ 1 & 1 & 1\end{pmatrix}$$

这两个矩阵的秩分别为 $\rho_A=1$ 和 $\rho_B=2$。

乘积矩阵

$$\boldsymbol{AB}=\begin{pmatrix}15 & 8 & 15\\ 15 & 8 & 15\\ 15 & 8 & 15\end{pmatrix}$$

的秩 $\rho_{AB}=1$。注意 $n=3$，$\rho_{AB}=1\geqslant\rho_A+\rho_B-n=1+2-3=0$。

例 2.70　在开始下一个定理及其证明之前，首先介绍矩阵**分块**（partitioning）的概念。考虑如下两个矩阵：

$$\boldsymbol{A}=\begin{pmatrix}2 & 1 & 0\\ 1 & 3 & 1\\ 1 & 1 & 0\end{pmatrix}\quad \boldsymbol{B}=\begin{pmatrix}1 & 1 & 1\\ 2 & 1 & 0\\ 0 & 1 & 3\end{pmatrix}$$

可以计算矩阵的乘积

$$\boldsymbol{AB}=\begin{pmatrix}4 & 3 & 2\\ 7 & 5 & 4\\ 3 & 2 & 1\end{pmatrix}$$

现将矩阵 $\boldsymbol{A}$ 改写为

$$\boldsymbol{A}=\begin{pmatrix}\boldsymbol{A}_{1,1} & \boldsymbol{A}_{1,2}\\ \boldsymbol{A}_{2,1} & \boldsymbol{A}_{2,2}\end{pmatrix}$$

其中

$$\boldsymbol{A}_{1,1}=\begin{pmatrix}2 & 1\\ 1 & 3\end{pmatrix},\quad \boldsymbol{A}_{1,2}=\begin{pmatrix}0\\ 1\end{pmatrix},\quad \boldsymbol{A}_{2,1}=(1\quad 1),\quad \boldsymbol{A}_{2,2}=(0)$$

类似地，矩阵 $\boldsymbol{B}$ 可改写为

$$\boldsymbol{B}=\begin{pmatrix}\boldsymbol{B}_{1,1}\\ \boldsymbol{B}_{2,1}\end{pmatrix}$$

其中

$$\boldsymbol{B}_{1,1}=\begin{pmatrix}1 & 1 & 1\\ 2 & 1 & 0\end{pmatrix},\quad \boldsymbol{B}_{2,1}=(0\quad 1\quad 3)$$

称这种变量替换为矩阵分块。现在可以将子矩阵看作矩阵的元素。这意味着为计算 $\boldsymbol{AB}$，可将其写为

$$\boldsymbol{AB}=\begin{pmatrix}\boldsymbol{A}_{1,1} & \boldsymbol{A}_{1,2}\\ \boldsymbol{A}_{2,1} & \boldsymbol{A}_{2,2}\end{pmatrix}\begin{pmatrix}\boldsymbol{B}_{1,1}\\ \boldsymbol{B}_{2,1}\end{pmatrix}=\begin{pmatrix}\boldsymbol{A}_{1,1}\boldsymbol{B}_{1,1}+\boldsymbol{A}_{1,2}\boldsymbol{B}_{2,1}\\ \boldsymbol{A}_{2,1}\boldsymbol{B}_{1,1}+\boldsymbol{A}_{2,2}\boldsymbol{B}_{2,1}\end{pmatrix}$$

通过计算下面两个矩阵表达式，很容易验证这一事实：

$$\boldsymbol{A}_{1,1}\boldsymbol{B}_{1,1}+\boldsymbol{A}_{1,2}\boldsymbol{B}_{2,1}=\begin{pmatrix}2&1\\1&3\end{pmatrix}\begin{pmatrix}1&1&1\\2&1&0\end{pmatrix}+\begin{pmatrix}0\\1\end{pmatrix}(0\quad 1\quad 3)$$

$$=\begin{pmatrix}4&3&2\\7&4&1\end{pmatrix}+\begin{pmatrix}0&0&0\\0&1&3\end{pmatrix}=\begin{pmatrix}4&3&2\\7&5&4\end{pmatrix}$$

$$\boldsymbol{A}_{2,1}\boldsymbol{B}_{1,1}+\boldsymbol{A}_{2,2}\boldsymbol{B}_{2,1}=(1\quad 1)\begin{pmatrix}1&1&1\\2&1&0\end{pmatrix}+(0)(0\quad 1\quad 3)$$

$$=(3\quad 2\quad 1)+(0\quad 0\quad 0)=(3\quad 2\quad 1)$$

这就得到了与前面不进行矩阵分块而直接用元素计算相同的矩阵 $\boldsymbol{AB}$：

$$\boldsymbol{AB}=\begin{pmatrix}\boldsymbol{A}_{1,1}&\boldsymbol{A}_{1,2}\\\boldsymbol{A}_{2,1}&\boldsymbol{A}_{2,2}\end{pmatrix}\begin{pmatrix}\boldsymbol{B}_{1,1}\\\boldsymbol{B}_{2,1}\end{pmatrix}=\begin{pmatrix}\boldsymbol{A}_{1,1}\boldsymbol{B}_{1,1}+\boldsymbol{A}_{1,2}\boldsymbol{B}_{2,1}\\\boldsymbol{A}_{2,1}\boldsymbol{B}_{1,1}+\boldsymbol{A}_{2,2}\boldsymbol{B}_{2,1}\end{pmatrix}=\begin{pmatrix}4&3&2\\7&5&4\\3&2&1\end{pmatrix}$$

引理 2.2 令 $\boldsymbol{A}\in\mathbb{R}_{m,n}$，其秩为 ρ_A。若交换 $r\leqslant m$ 行（$s\leqslant n$ 列），秩 ρ_A 不变。

证明 由命题 2.8，每一次交换行（列）都会使行列式的符号改变。因此，交换行不会使一个（方形）奇异子矩阵成为非奇异，反之亦然。故秩不变。 □

例 2.71 矩阵

$$\boldsymbol{A}=\begin{pmatrix}1&1&3\\0&0&0\\5&3&0\end{pmatrix}$$

为奇异的且 $\rho_A=2$，因为

$$\det\begin{pmatrix}1&1\\5&3\end{pmatrix}=-2\neq 0$$

如果交换第二行和第三行，可得

$$\boldsymbol{A}_s=\begin{pmatrix}1&1&3\\5&3&0\\0&0&0\end{pmatrix}$$

其秩 ρ_A 仍然为 2。

因此，在不改变矩阵秩的前提下，可以通过交换行（列）在矩阵的特定位置来得到其非奇异子矩阵。然后可利用矩阵分块的方法在前 ρ_A 行中得到非奇异子矩阵：

$$\boldsymbol{A}_s=\begin{pmatrix}\boldsymbol{A}_{1,1}&\boldsymbol{A}_{1,2}\\\boldsymbol{A}_{2,1}&\boldsymbol{A}_{2,2}\end{pmatrix}$$

其中

$$\boldsymbol{A}_{1,1}=\begin{pmatrix}1&1\\5&3\end{pmatrix},\quad \boldsymbol{A}_{1,2}=\begin{pmatrix}3\\0\end{pmatrix},\quad \boldsymbol{A}_{2,1}=(0\quad 0),\quad \boldsymbol{A}_{2,2}=(0)$$

引理 2.3 令 $\boldsymbol{A}\in\mathbb{R}_{m,r}$ 及 $\boldsymbol{B}\in\mathbb{R}_{r,n}$ 为两个相容矩阵，$\boldsymbol{C}\in\mathbb{R}_{m,n}$ 为乘积矩阵，$\boldsymbol{AB}=\boldsymbol{C}$。

若任意交换矩阵 $\boldsymbol{A}$ 的第 i 行和第 j 行，其结果矩阵 $\boldsymbol{A}_s$ 与矩阵 $\boldsymbol{B}$ 的乘积为 $\boldsymbol{A}_s\boldsymbol{B}=\boldsymbol{C}_s$，其中 $\boldsymbol{C}_s$ 为交换矩阵 $\boldsymbol{C}$ 的第 i 行和第 j 行得到的矩阵。

证明 将矩阵 $\boldsymbol{A}$ 和 $\boldsymbol{B}$ 分别写为行向量的向量和列向量的向量：

$$\boldsymbol{A}=\begin{pmatrix}\boldsymbol{a}_1\\ \boldsymbol{a}_2\\ \vdots\\ \boldsymbol{a}_i\\ \vdots\\ \boldsymbol{a}_j\\ \vdots\\ \boldsymbol{a}_m\end{pmatrix}$$

$$\boldsymbol{B}=(\boldsymbol{b}^1\quad \boldsymbol{b}^2\quad \cdots\quad \boldsymbol{b}^n)$$

可知乘积矩阵 $\boldsymbol{C}$ 为

$$\boldsymbol{C}=\begin{pmatrix}\boldsymbol{a}_1\boldsymbol{b}^1 & \boldsymbol{a}_1\boldsymbol{b}^2 & \cdots & \boldsymbol{a}_1\boldsymbol{b}^n\\ \boldsymbol{a}_2\boldsymbol{b}^1 & \boldsymbol{a}_2\boldsymbol{b}^2 & \cdots & \boldsymbol{a}_2\boldsymbol{b}^n\\ \vdots & \vdots & & \vdots\\ \boldsymbol{a}_i\boldsymbol{b}^1 & \boldsymbol{a}_i\boldsymbol{b}^2 & \cdots & \boldsymbol{a}_i\boldsymbol{b}^n\\ \vdots & \vdots & & \vdots\\ \boldsymbol{a}_j\boldsymbol{b}^1 & \boldsymbol{a}_j\boldsymbol{b}^2 & \cdots & \boldsymbol{a}_j\boldsymbol{b}^n\\ \vdots & \vdots & & \vdots\\ \boldsymbol{a}_m\boldsymbol{b}^1 & \boldsymbol{a}_m\boldsymbol{b}^2 & \cdots & \boldsymbol{a}_m\boldsymbol{b}^n\end{pmatrix}$$

若交换 $\boldsymbol{A}$ 的第 i 行和第 j 行可得

$$\boldsymbol{A}_s=\begin{pmatrix}\boldsymbol{a}_1\\ \boldsymbol{a}_2\\ \vdots\\ \boldsymbol{a}_j\\ \vdots\\ \boldsymbol{a}_i\\ \vdots\\ \boldsymbol{a}_m\end{pmatrix}$$

现计算乘积 $\boldsymbol{A}_s\boldsymbol{B}$：

$$\boldsymbol{A}_s\boldsymbol{B}=\begin{pmatrix}\boldsymbol{a}_1\boldsymbol{b}^1 & \boldsymbol{a}_1\boldsymbol{b}^2 & \cdots & \boldsymbol{a}_1\boldsymbol{b}^n\\ \boldsymbol{a}_2\boldsymbol{b}^1 & \boldsymbol{a}_2\boldsymbol{b}^2 & \cdots & \boldsymbol{a}_2\boldsymbol{b}^n\\ \vdots & \vdots & & \vdots\\ \boldsymbol{a}_j\boldsymbol{b}^1 & \boldsymbol{a}_j\boldsymbol{b}^2 & \cdots & \boldsymbol{a}_j\boldsymbol{b}^n\\ \vdots & \vdots & & \vdots\\ \boldsymbol{a}_i\boldsymbol{b}^1 & \boldsymbol{a}_i\boldsymbol{b}^2 & \cdots & \boldsymbol{a}_i\boldsymbol{b}^n\\ \vdots & \vdots & & \vdots\\ \boldsymbol{a}_m\boldsymbol{b}^1 & \boldsymbol{a}_m\boldsymbol{b}^2 & \cdots & \boldsymbol{a}_m\boldsymbol{b}^n\end{pmatrix}=\boldsymbol{C}_s$$ □

例 2.72　考虑矩阵

$$A=\begin{pmatrix}1&5&0\\4&2&1\\0&2&3\end{pmatrix}$$

和

$$B=\begin{pmatrix}0&2&5\\1&1&0\\5&0&2\end{pmatrix}$$

这两个矩阵的乘积为

$$AB=C=\begin{pmatrix}5&7&5\\7&10&22\\17&2&6\end{pmatrix}$$

现交换矩阵 $\boldsymbol{A}$ 的第二行和第三行，结果矩阵为

$$A_s=\begin{pmatrix}1&5&0\\0&2&3\\4&2&1\end{pmatrix}$$

计算 $\boldsymbol{A}_s\boldsymbol{B}$：

$$A_sB=C_s=\begin{pmatrix}5&7&5\\17&2&6\\7&10&22\end{pmatrix}$$

可以看出 $\boldsymbol{C}_s$ 为矩阵 $\boldsymbol{C}$ 交换了第二行和第三行得到的矩阵。

引理 2.4　令 $\boldsymbol{A}\in\mathbb{R}_{m,r}$，$\boldsymbol{B}\in\mathbb{R}_{r,n}$ 为两个相容矩阵，满足

$$AB=O$$

若任意交换矩阵 $\boldsymbol{A}$ 的第 i 行和第 j 行，则结果矩阵 $\boldsymbol{A}_s$ 与矩阵 $\boldsymbol{B}$ 的乘积为

$$A_sB=O$$

证明　由引理 2.3，结果 $\boldsymbol{A}_s\boldsymbol{B}$ 为交换零矩阵的两行。由于零矩阵的所有行都仅含有零元素，故 $\boldsymbol{A}_s\boldsymbol{B}=\boldsymbol{O}$。□

例 2.73　矩阵

$$A=\begin{pmatrix}5&1\\0&0\end{pmatrix}$$

和

$$B=\begin{pmatrix}0&-1\\0&5\end{pmatrix}$$

的乘积为零矩阵。

交换矩阵 $\boldsymbol{A}$ 的第一行和第二行得到

$$A_s=\begin{pmatrix}0&0\\5&1\end{pmatrix}$$

容易验证 $\boldsymbol{A}_s\boldsymbol{B}$ 也是零矩阵。

引理 2.5　令 $\boldsymbol{A}\in\mathbb{R}_{n,n}$,$\boldsymbol{B}\in\mathbb{R}_{n,n}$ 为两个相容矩阵，$\boldsymbol{C}\in\mathbb{R}_{n,n}$ 为乘积矩阵

$$\boldsymbol{AB}=\boldsymbol{C}$$

$\boldsymbol{A}_s$ 为交换矩阵 $\boldsymbol{A}$ 的第 i 列和第 j 列得到的矩阵，$\boldsymbol{B}_s$ 为交换矩阵 $\boldsymbol{B}$ 的第 i 行和第 j 行得到的矩阵。

我们可以得到，矩阵 $\boldsymbol{A}_s$ 乘以 $\boldsymbol{B}_s$ 的结果仍然为矩阵 $\boldsymbol{C}$：

$$\boldsymbol{A}_s\boldsymbol{B}_s=\boldsymbol{C}$$

证明　考虑矩阵

$$\boldsymbol{A}=\begin{pmatrix} a_{1,1} & a_{1,2} & \cdots & a_{1,n} \\ a_{2,1} & a_{2,2} & \cdots & a_{2,n} \\ \vdots & \vdots & & \vdots \\ a_{n,1} & a_{n,2} & \cdots & a_{n,n} \end{pmatrix}$$

和

$$\boldsymbol{B}=\begin{pmatrix} b_{1,1} & b_{1,2} & \cdots & b_{1,n} \\ b_{2,1} & b_{2,2} & \cdots & b_{2,n} \\ \vdots & \vdots & & \vdots \\ b_{n,1} & b_{n,2} & \cdots & b_{n,n} \end{pmatrix}$$

不失一般性，设 $i=1,j=2$，即交换矩阵 $\boldsymbol{A}$ 的第一列和第二列及矩阵 $\boldsymbol{B}$ 的第一行和第二行，结果矩阵为

$$\boldsymbol{A}_s=\begin{pmatrix} a_{1,2} & a_{1,1} & \cdots & a_{1,n} \\ a_{2,2} & a_{2,1} & \cdots & a_{2,n} \\ \vdots & \vdots & & \vdots \\ a_{n,2} & a_{n,1} & \cdots & a_{n,n} \end{pmatrix}$$

和

$$\boldsymbol{B}_s=\begin{pmatrix} b_{2,1} & b_{2,2} & \cdots & b_{2,n} \\ b_{1,1} & b_{1,2} & \cdots & b_{1,n} \\ \vdots & \vdots & & \vdots \\ b_{n,2} & b_{n,1} & \cdots & b_{n,n} \end{pmatrix}$$

下面计算 $\boldsymbol{A}_s\boldsymbol{B}_s$。第一个标量积是由 $\boldsymbol{A}_s$ 的第一行与 $\boldsymbol{B}_s$ 的第一列得到的

$$\boldsymbol{a}_{s1}\boldsymbol{b}_s^1=a_{1,2}b_{2,1}+a_{1,1}b_{1,1}+\sum_{k=3}^{n}a_{1,k}b_{k,1}=\sum_{k=1}^{n}a_{1,k}b_{k,1}=\boldsymbol{a}_1\boldsymbol{b}^1$$

类似地，可以验证 $\boldsymbol{a}_{s1}\boldsymbol{b}_s^2=\boldsymbol{a}_1\boldsymbol{b}^2$，且更为一般地有

$$\forall i,j\colon \boldsymbol{a}_{si}\boldsymbol{b}_s^j=\boldsymbol{a}_i\boldsymbol{b}^j$$

因此，$\boldsymbol{A}_s\boldsymbol{B}_s=\boldsymbol{AB}=\boldsymbol{C}$。 □

例 2.74　再次考虑矩阵

$$\boldsymbol{A}=\begin{pmatrix} 1 & 5 & 0 \\ 4 & 2 & 1 \\ 0 & 2 & 3 \end{pmatrix}$$

和

$$\boldsymbol{B}=\begin{pmatrix}0&2&5\\1&1&0\\5&0&2\end{pmatrix}$$

已知它们的乘积为

$$\boldsymbol{AB}=\boldsymbol{C}=\begin{pmatrix}5&7&5\\7&10&22\\17&2&6\end{pmatrix}$$

交换矩阵 $\boldsymbol{A}$ 的第一列和第二列，同时交换矩阵 $\boldsymbol{B}$ 的第一行和第二行，结果矩阵为

$$\boldsymbol{A}_{\mathrm{s}}=\begin{pmatrix}5&1&0\\2&4&1\\2&0&3\end{pmatrix}$$

和

$$\boldsymbol{B}_{\mathrm{s}}=\begin{pmatrix}1&1&0\\0&2&5\\5&0&2\end{pmatrix}$$

得到的乘积矩阵仍为

$$\boldsymbol{A}_{\mathrm{s}}\boldsymbol{B}_{\mathrm{s}}=\boldsymbol{C}=\begin{pmatrix}5&7&5\\7&10&22\\17&2&6\end{pmatrix}$$

引理 2.6 令 $\boldsymbol{A}\in\mathbb{R}_{n,n},\boldsymbol{B}\in\mathbb{R}_{n,n}$ 为两个相容矩阵，满足

$$\boldsymbol{AB}=\boldsymbol{O}$$

如果交换矩阵 $\boldsymbol{A}$ 的第 i 列和第 j 列及矩阵 $\boldsymbol{B}$ 的第 i 行和第 j 行，其结果矩阵 $\boldsymbol{A}_{\mathrm{s}}$ 和 $\boldsymbol{B}_{\mathrm{s}}$ 的乘积仍然是零矩阵

$$\boldsymbol{A}_{\mathrm{s}}\boldsymbol{B}_{\mathrm{s}}=\boldsymbol{O}$$

证明 由引理 2.5 可得，乘积是不会改变的，因此它仍然为零矩阵。 □

西尔维斯特零度定律也可以给出一个较弱的形式，这一形式常常用于应用科学和工程中。

定理 2.12（弱西尔维斯特零度定律） 令 $\boldsymbol{A}\in\mathbb{R}_{n,n},\boldsymbol{B}\in\mathbb{R}_{n,n}$ 满足 $\boldsymbol{AB}=\boldsymbol{O}$，$\rho_{\boldsymbol{A}}$ 和 $\rho_{\boldsymbol{B}}$ 分别为矩阵 $\boldsymbol{A}$ 和 $\boldsymbol{B}$ 的秩。可以得到

$$\rho_{\boldsymbol{A}}+\rho_{\boldsymbol{B}}\leqslant n$$

证明 通过交换矩阵 $\boldsymbol{A}$ 的行和列，在左上部分得到一个非奇异的 $\rho_{\boldsymbol{A}}\times\rho_{\boldsymbol{A}}$ 子矩阵。由引理 2.2，行列交换并不影响矩阵 $\boldsymbol{A}$ 的秩。将矩阵 $\boldsymbol{A}$ 行列交换后得到的结果矩阵用 $\boldsymbol{A}_{\mathrm{s}}$ 表示。

对 $\boldsymbol{A}$ 每次进行列交换，第 i 列与第 j 列进行交换，同时在 $\boldsymbol{B}$ 上进行一次行交换，第 i 行与第 j 行进行交换。用 $\boldsymbol{B}_{\mathrm{s}}$ 表示矩阵 $\boldsymbol{B}$ 经过这样的行交换后的结果矩阵。

由引理 2.4 和引理 2.6 可得

$$\boldsymbol{A}_{\mathrm{s}}\boldsymbol{B}_{\mathrm{s}}=\boldsymbol{O}$$

经过这样的行列整理后（经过这一变换），可以将矩阵 $\boldsymbol{A}_{\mathrm{s}}$ 按照如下方法分块：

$$\boldsymbol{A}_{\mathrm{s}}=\begin{pmatrix}\boldsymbol{A}_{1,1}&\boldsymbol{A}_{1,2}\\\boldsymbol{A}_{2,1}&\boldsymbol{A}_{2,2}\end{pmatrix}$$

其中 $\boldsymbol{A}_{1,1}$ 的秩为 ρ_A，大小为 $\rho_A\times\rho_A$。

类似地，将矩阵 $\boldsymbol{B}$ 进行如下的分块得到大小为 $\rho_A\times n$ 的矩阵 $\boldsymbol{B}_{1,1}$

$$\boldsymbol{B}_s=\begin{pmatrix}\boldsymbol{B}_{1,1}\\ \boldsymbol{B}_{2,1}\end{pmatrix}$$

由引理 2.2，$\boldsymbol{B}_s$ 与 $\boldsymbol{B}$ 有相同的秩：

$$\rho_{\boldsymbol{B}}=\rho_{\boldsymbol{B}_s}$$

由 $\boldsymbol{A}_s\boldsymbol{B}_s=\boldsymbol{O}$ 可得

$$\boldsymbol{A}_{1,1}\boldsymbol{B}_{1,1}+\boldsymbol{A}_{1,2}\boldsymbol{B}_{2,1}=\boldsymbol{O}$$
$$\boldsymbol{A}_{2,1}\boldsymbol{B}_{1,1}+\boldsymbol{A}_{2,2}\boldsymbol{B}_{2,1}=\boldsymbol{O}$$

由第一个方程得

$$\boldsymbol{B}_{1,1}=-\boldsymbol{A}_{1,1}^{-1}\boldsymbol{A}_{1,2}\boldsymbol{B}_{2,1}$$

考虑如下的非奇异矩阵

$$\boldsymbol{P}=\begin{pmatrix}\boldsymbol{I} & \boldsymbol{A}_{1,1}^{-1}\boldsymbol{A}_{1,2}\\ \boldsymbol{O} & \boldsymbol{I}\end{pmatrix}$$

计算 $\boldsymbol{PB}_s$ 可得

$$\boldsymbol{PB}_s=\begin{pmatrix}\boldsymbol{O}\\ \boldsymbol{B}_{2,1}\end{pmatrix}$$

由于矩阵 $\boldsymbol{P}$ 是非奇异的，由引理 2.1，矩阵 $\boldsymbol{PB}_s$ 的秩为

$$\rho_{\boldsymbol{PB}}=\rho_{\boldsymbol{B}}$$

由此可得 $\boldsymbol{B}_{2,1}$ 的秩为 $\rho_{\boldsymbol{B}}$：

$$\rho_{\boldsymbol{B}_{2,1}}=\rho_{\boldsymbol{B}}$$

$\boldsymbol{B}_{2,1}$ 的大小为 $(n-\rho_A)\times n$。因此 $\rho_{\boldsymbol{B}}$ 最大为 $n-\rho_A$。换言之，

$$\rho_{\boldsymbol{B}}\leqslant n-\rho_{\boldsymbol{A}}\Rightarrow\rho_{\boldsymbol{A}}+\rho_{\boldsymbol{B}}\leqslant n$$

□

例 2.75　用下面两个矩阵来验证定理：

$$\boldsymbol{A}=\begin{pmatrix}1&0&0\\5&1&0\\0&0&0\end{pmatrix}\quad\boldsymbol{B}=\begin{pmatrix}0&0&0\\0&0&0\\0&0&1\end{pmatrix}$$

两个矩阵的乘积为 $\boldsymbol{AB}=\boldsymbol{O}$。此外，$\rho_{\boldsymbol{A}}=2$ 且 $\rho_{\boldsymbol{B}}=1$。显然，$n=3$，即 $2+1$。

例 2.76　考虑矩阵

$$\boldsymbol{A}=\begin{pmatrix}5&2&1\\0&1&-2\\4&2&0\end{pmatrix}\quad\boldsymbol{B}=\begin{pmatrix}-1\\2\\1\end{pmatrix}$$

容易验证 $\boldsymbol{A}$ 是奇异的，其秩为 $\rho_{\boldsymbol{A}}=2$。显然，$\rho_{\boldsymbol{B}}=1$。此外，可以验证 $\boldsymbol{AB}=\boldsymbol{O}$。考虑 $n=3$，因为 $n=\rho_{\boldsymbol{A}}+\rho_{\boldsymbol{B}}$，弱西尔维斯特零度定律是成立的。

可以看到，若 $\boldsymbol{A}$ 为一个 n 阶非奇异矩阵，$\boldsymbol{B}$ 为一个大小为 n 的列向量，使得 $\boldsymbol{AB}=\boldsymbol{O}$ 的 $\boldsymbol{B}$ 只能是零向量。

习题

2.1　计算 $\lambda=3$ 与向量 $\boldsymbol{x}=(2,-3,0,5)$ 的积。

2.2 计算 $\boldsymbol{x}=(2,-3,1,1)$ 与 $\boldsymbol{y}=(3,3,4,-1)$ 的标量积。

2.3 计算下面两个矩阵的乘积：

$$\boldsymbol{A}=\begin{pmatrix} 2 & 1 & -1 \\ -2 & 3 & 4 \end{pmatrix}$$

$$\boldsymbol{B}=\begin{pmatrix} 1 & 1 & 2 & 2 \\ 2 & -3 & 1 & 3 \\ -1 & -1 & 5 & 2 \end{pmatrix}$$

2.4 计算下面两个矩阵的乘积：

$$\boldsymbol{A}=\begin{pmatrix} 7 & -1 & 2 \\ 2 & 3 & 0 \\ 0 & 4 & 1 \end{pmatrix}$$

$$\boldsymbol{B}=\begin{pmatrix} 0 & -3 & 2 \\ 4 & 1 & -1 \\ 15 & 0 & 1 \end{pmatrix}$$

2.5 计算下面两个矩阵的行列式：

$$\boldsymbol{A}=\begin{pmatrix} 2 & 4 & 1 \\ 0 & -1 & 0 \\ 1 & 8 & 0 \end{pmatrix}$$

$$\boldsymbol{B}=\begin{pmatrix} 0 & 8 & 1 \\ 1 & -1 & 0 \\ 1 & 7 & 1 \end{pmatrix}$$

2.6 对下列矩阵，求使得矩阵奇异的 k 值。

$$\boldsymbol{A}=\begin{pmatrix} 2 & -1 & 2 \\ 2 & 5 & 0 \\ k & 4 & k+1 \end{pmatrix}$$

$$\boldsymbol{B}=\begin{pmatrix} k & -2 & 2-k \\ k+4 & 1 & 0 \\ 3 & 2 & 0 \end{pmatrix}$$

$$\boldsymbol{C}=\begin{pmatrix} k & -2 & 2-k \\ k+4 & 1 & 0 \\ 2k+4 & -1 & 2-k \end{pmatrix}$$

2.7 求 $\mathrm{adj}(\boldsymbol{A})$，其中 $\boldsymbol{A}$ 为如下矩阵。

$$\boldsymbol{A}=\begin{pmatrix} 5 & 0 & 4 \\ 6 & 2 & -1 \\ 12 & 2 & 0 \end{pmatrix}$$

2.8 求下列矩阵的逆矩阵。

$$\boldsymbol{A}=\begin{pmatrix} 3 & -3 \\ 8 & 2 \end{pmatrix}$$

$$
\boldsymbol{B}=\begin{pmatrix} 2 & 0 & 2 \\ 1 & -2 & -5 \\ 0 & 1 & 1 \end{pmatrix}
$$

2.9 考虑矩阵 $\boldsymbol{A}$：

$$
\boldsymbol{A}=\begin{pmatrix} 3 & -1 & 2 \\ 0 & 1 & 2 \\ 0 & -2 & 3 \end{pmatrix}
$$

1. 验证 $\boldsymbol{A}$ 是可逆的。
2. 求矩阵的逆。
3. 验证 $\boldsymbol{A}\boldsymbol{A}^{-1}=\boldsymbol{I}$。

2.10 求下列矩阵的秩。

$$
\boldsymbol{A}=\begin{pmatrix} 2 & 1 & 3 \\ 0 & 1 & 1 \\ 1 & 3 & 4 \end{pmatrix}
$$

2.11 求矩阵 $\boldsymbol{A}$ 的秩，如果可能，求其逆。

$$
\boldsymbol{A}=\begin{pmatrix} 1 & 2 & 1 \\ 2 & 4 & 2 \\ 3 & 6 & 3 \end{pmatrix}
$$

第3章　线性方程组

3.1　线性方程组的解

定义 3.1　$\mathbb{R}$ 中变量 $x_1, x_2, \cdots, x_n$ 的**线性方程**（linear equation）形式如下：

$$a_1x_1+a_2x_2+\cdots+a_nx_n=b$$

其中，$\forall$ 下标 i，称 a_i 为方程的**系数**（coefficient），a_ix_i 为方程的第 i **项**（term），b 为**已知项**（known term）。系数及已知项都是常数且为 $\mathbb{R}$ 中的已知数，而变量为 $\mathbb{R}$ 中满足方程的未知数。

定义 3.2　考虑 n（其中 $n>1$）个变量 $x_1, x_2, \cdots, x_n$ 的 m 个线性方程。这些方程构成的**线性方程组**（system of linear equations）表示为：

$$\begin{cases} a_{1,1}x_1+a_{1,2}x_2+\cdots+a_{1,n}x_n=b_1 \\ a_{2,1}x_1+a_{2,2}x_2+\cdots+a_{2,n}x_n=b_2 \\ \quad\vdots \\ a_{m,1}x_1+a_{m,2}x_2+\cdots+a_{m,n}x_n=b_m \end{cases}$$

若每一个 n 元组 $y_1, y_2, \cdots, y_n$，使得

$$\begin{cases} a_{1,1}y_1+a_{1,2}y_2+\cdots+a_{1,n}y_n=b_1 \\ a_{2,1}y_1+a_{2,2}y_2+\cdots+a_{2,n}y_n=b_2 \\ \quad\vdots \\ a_{m,1}y_1+a_{m,2}y_2+\cdots+a_{m,n}y_n=b_m \end{cases}$$

成立，则称其为方程组的**解**（solution）。

一个方程组可写为矩阵方程 $\boldsymbol{Ax}=\boldsymbol{b}$ 的形式，其中

$$\boldsymbol{A}=\begin{pmatrix} a_{1,1} & a_{1,2} & \cdots & a_{1,n} \\ a_{2,1} & a_{2,2} & \cdots & a_{2,n} \\ \vdots & \vdots & & \vdots \\ a_{m,1} & a_{m,2} & \cdots & a_{m,n} \end{pmatrix}$$

$$\boldsymbol{x}=\begin{pmatrix} x_1 \\ x_2 \\ \vdots \\ x_n \end{pmatrix}$$

$$\boldsymbol{b}=\begin{pmatrix} b_1 \\ b_2 \\ \vdots \\ b_m \end{pmatrix}$$

称矩阵 $\boldsymbol{A}$ 为**系数矩阵**（incomplete matrix）[㊀]。若矩阵 $\boldsymbol{A}^c \in \mathbb{R}_{m,n+1}$ 的前 n 列为矩阵 $\boldsymbol{A}$，第 $n+1$ 列为向量 $\boldsymbol{b}$，则称其为**增广矩阵**（complete matrix）[㊁]：

$$\boldsymbol{A}^c=(\boldsymbol{A} \mid \boldsymbol{b})=\left(\begin{array}{cccc|c} a_{1,1} & a_{1,2} & \cdots & a_{1,n} & b_1 \\ a_{2,1} & a_{2,2} & \cdots & a_{2,n} & b_2 \\ \vdots & \vdots & & \vdots & \vdots \\ a_{m,1} & a_{m,2} & \cdots & a_{m,n} & b_m \end{array}\right)$$

如果两个线性方程组的解一样，则称它们是**等价的**（equivalent）。容易看到，如果交换一个方程组中的两个方程（矩阵 $\boldsymbol{A}^c$ 的两行），解不改变。

定理 3.1（克拉默定理）　*考虑 n 个变量的线性方程组 $\boldsymbol{Ax}=\boldsymbol{b}$。若 $\boldsymbol{A}$ 是非奇异的，只有一个解同时满足所有方程：若 $\det\boldsymbol{A}\neq 0$，则 $\exists!\boldsymbol{x}$ 使得 $\boldsymbol{Ax}=\boldsymbol{b}$。*

证明　考虑方程组 $\boldsymbol{Ax}=\boldsymbol{b}$。若 $\boldsymbol{A}$ 为非奇异的，由定理 2.6，矩阵 $\boldsymbol{A}$ 是可逆的，即 $\boldsymbol{A}^{-1}$ 存在。

将方程组的两边同乘以 $\boldsymbol{A}^{-1}$：

$$\begin{aligned} &\boldsymbol{A}^{-1}(\boldsymbol{Ax})=\boldsymbol{A}^{-1}\boldsymbol{b} \\ &\Rightarrow(\boldsymbol{A}^{-1}\boldsymbol{A})\boldsymbol{x}=\boldsymbol{A}^{-1}\boldsymbol{b} \\ &\Rightarrow \boldsymbol{Ix}=\boldsymbol{A}^{-1}\boldsymbol{b}\Rightarrow\boldsymbol{x}=\boldsymbol{A}^{-1}\boldsymbol{b} \end{aligned}$$

由定理 2.4，逆矩阵 $\boldsymbol{A}^{-1}$ 是唯一的，因此向量 $\boldsymbol{x}$ 也是唯一的，即方程组存在唯一解。　□

可以将 $\boldsymbol{A}^{-1}\boldsymbol{b}$ 代入 $\boldsymbol{Ax}=\boldsymbol{b}$ 来验证它为方程组的解。显然有

$$\boldsymbol{A}(\boldsymbol{A}^{-1}\boldsymbol{b})=(\boldsymbol{AA}^{-1})\boldsymbol{b}=\boldsymbol{Ib}=\boldsymbol{b}$$

即 $\boldsymbol{A}^{-1}\boldsymbol{b}$ 是该方程组的解。

因此，根据克拉默定理，为求解一个线性方程组，需要计算系数矩阵的逆矩阵，并将其乘以已知项向量。换言之，线性方程组 $\boldsymbol{Ax}=\boldsymbol{b}$ 的解为 $\boldsymbol{x}=\boldsymbol{A}^{-1}\boldsymbol{b}$。

定义 3.3　*一个满足克拉默定理的线性方程组称为***克拉默方程组**（Cramer system）。

例 3.1　用求系数矩阵逆矩阵的方法解下列方程组：

$$\begin{cases} 2x-y+z=3 \\ x+2z=3 \\ x-y=1 \end{cases}$$

该方程组可改写为矩阵方程 $\boldsymbol{Ax}=\boldsymbol{b}$ 的形式，其中

$$\boldsymbol{A}=\begin{pmatrix} 2 & -1 & 1 \\ 1 & 0 & 2 \\ 1 & -1 & 0 \end{pmatrix}$$

㊀ 直译为不完全矩阵，但这一术语并不通用。本书按国内通用术语翻译为“系数矩阵”。——译者注

㊁ 直译为完全矩阵，本书按国内通用术语翻译为“增广矩阵”，对应的英文为“augmented matrix”。——译者注

$$\boldsymbol{b}=\begin{pmatrix}3\\3\\1\end{pmatrix}$$

为验证非奇异性，需要计算 $\det\boldsymbol{A}$，容易得出 $\det\boldsymbol{A}=1$。因此，矩阵是非奇异且可逆的，其逆矩阵为 $\boldsymbol{A}^{-1}=\frac{1}{\det\boldsymbol{A}}\mathrm{adj}(\boldsymbol{A})$。

$\boldsymbol{A}$ 的转置为

$$\boldsymbol{A}^{\mathrm{T}}=\begin{pmatrix}2&1&1\\-1&0&-1\\1&2&0\end{pmatrix}$$

$\boldsymbol{A}$ 的逆矩阵为

$$\frac{1}{\det\boldsymbol{A}}\mathrm{adj}(\boldsymbol{A})=\frac{1}{1}\begin{pmatrix}2&-1&-2\\2&-1&-3\\-1&1&1\end{pmatrix}$$

因此 $\boldsymbol{x}=\boldsymbol{A}^{-1}\boldsymbol{b}=(6-3-2,6-3-3,-3+3+1)=(1,0,1)$。

定义 3.4　考虑一个线性方程组

$$\boldsymbol{Ax}=\boldsymbol{b}$$

其中

$$\boldsymbol{A}=\begin{pmatrix}a_{1,1}&a_{1,2}&\cdots&a_{1,n}\\a_{2,1}&a_{2,2}&\cdots&a_{2,n}\\\vdots&\vdots&&\vdots\\a_{n,1}&a_{n,2}&\cdots&a_{n,n}\end{pmatrix}$$

$$\boldsymbol{b}=\begin{pmatrix}b_1\\b_2\\\vdots\\b_n\end{pmatrix}$$

相应于第 i 列的**混合矩阵**（hybrid matrix）$\boldsymbol{A}_i$ 可通过将矩阵 $\boldsymbol{A}$ 的第 i 列用 $\boldsymbol{b}$ 替换得到：

$$\boldsymbol{A}_i=\begin{pmatrix}a_{1,1}&a_{1,2}&\cdots&b_1&\cdots&a_{1,n}\\a_{2,1}&a_{2,2}&\cdots&b_2&\cdots&a_{2,n}\\\vdots&\vdots&&\vdots&&\vdots\\a_{n,1}&a_{n,2}&\cdots&b_n&\cdots&a_{n,n}\end{pmatrix}$$

等价地，若将 $\boldsymbol{A}$ 表示为列向量的向量形式：

$$\boldsymbol{A}=(\boldsymbol{a}^1\quad\boldsymbol{a}^2\quad\cdots\quad\boldsymbol{a}^{i-1}\quad\boldsymbol{a}^i\quad\boldsymbol{a}^{i+1}\quad\cdots\quad\boldsymbol{a}^n)$$

其混合矩阵 $\boldsymbol{A}_i$ 应为

$$\boldsymbol{A}_i=(\boldsymbol{a}^1\quad\boldsymbol{a}^2\quad\cdots\quad\boldsymbol{a}^{i-1}\quad\boldsymbol{b}\quad\boldsymbol{a}^{i+1}\quad\cdots\quad\boldsymbol{a}^n)$$

定理 3.2（克拉默法则）　对给定的线性方程组 $\boldsymbol{Ax}=\boldsymbol{b}$，其中 $\boldsymbol{A}$ 为非奇异的，解 $\boldsymbol{x}$ 中的一般元素 x_i 可按下式计算，参见文献［2］：

$$x_i=\frac{\det \boldsymbol{A}_i}{\det \boldsymbol{A}}$$

其中 $\boldsymbol{A}_i$ 为相应于第 i 列的混合矩阵。

证明　考虑线性方程组

$$\begin{cases}a_{1,1}x_1+a_{1,2}x_2+\cdots+a_{1,n}x_n=b_1\\ a_{2,1}x_1+a_{2,2}x_2+\cdots+a_{2,n}x_n=b_2\\ \vdots\\ a_{n,1}x_1+a_{n,2}x_2+\cdots+a_{n,n}x_n=b_n\end{cases}$$

我们可以计算 $\boldsymbol{x}=\boldsymbol{A}^{-1}\boldsymbol{b}$：

$$\begin{pmatrix}x_1\\x_2\\\vdots\\x_n\end{pmatrix}=\frac{1}{\det \boldsymbol{A}}\begin{pmatrix}A_{1,1}&A_{2,1}&\cdots&A_{n,1}\\A_{1,2}&A_{2,2}&\cdots&A_{n,2}\\\vdots&\vdots&&\vdots\\A_{1,n}&A_{2,n}&\cdots&A_{n,n}\end{pmatrix}\begin{pmatrix}b_1\\b_2\\\vdots\\b_n\end{pmatrix}$$

即

$$\begin{pmatrix}x_1\\x_2\\\vdots\\x_n\end{pmatrix}=\frac{1}{\det \boldsymbol{A}}\begin{pmatrix}A_{1,1}b_1+A_{2,1}b_2+\cdots+A_{n,1}b_n\\A_{1,2}b_1+A_{2,2}b_2+\cdots+A_{n,2}b_n\\\vdots\\A_{1,n}b_1+A_{2,n}b_2+\cdots+A_{n,n}b_n\end{pmatrix}$$

由拉普拉斯定理Ⅰ，解向量可以写为

$$\begin{pmatrix}x_1\\x_2\\\vdots\\x_n\end{pmatrix}=\frac{1}{\det \boldsymbol{A}}\begin{pmatrix}\det \boldsymbol{A}_1\\\det \boldsymbol{A}_2\\\vdots\\\det \boldsymbol{A}_n\end{pmatrix}$$

□

例 3.2　考虑前面例子中的方程组，其中 $\det \boldsymbol{A}=1$，

$$x_1=\det\begin{pmatrix}3&-1&1\\3&0&2\\1&-1&0\end{pmatrix}=1$$

$$x_2=\det\begin{pmatrix}2&3&1\\1&3&2\\1&1&0\end{pmatrix}=0$$

$$x_3=\det\begin{pmatrix}2&-1&3\\1&0&3\\1&-1&1\end{pmatrix}=1$$

定义 3.5　如果 m 个方程的 n 元线性方程组至少存在一个解，则称其为**相容的**（compatible）：如果它只有唯一解，则称其为**适定的**（determined）；如果它有无穷多解，则称其为**欠定的**（undetermined）。如果无解，则称其为**不相容的**（incompatible）。

定理 3.3（Rouchè-Capelli 定理，Kronecker-Capeli 定理）　一个由 m 个 n 元线性方程构成的

方程组 $\boldsymbol{Ax}=\boldsymbol{b}$ 相容的充要条件是其系数矩阵和增广矩阵（分别为 $\boldsymbol{A}$ 和 $\boldsymbol{A}^c$）有相同的秩，即 $\rho_A=\rho_{A^c}=\rho$，这个秩称为方程组的秩，参见文献 [3]。

Rouchè-Capelli 定理的一个证明见附录 B。

阶数为 ρ 的非奇异子矩阵称为**基本子矩阵**（fundamental submatrix）。Rouchè-Capelli 定理的第一个实际应用：在考虑由 m 个 n 元线性方程构成的方程组的时候，其相容性可通过计算 ρ_A 和 ρ_{A^c} 而验证。

- 若 $\rho_A<\rho_{A^c}$，该方程组是不相容的，因此无解。
- 若 $\rho_A=\rho_{A^c}$，该方程组是相容的。在这一条件下，有三种情形。

  情形 1：若 $\rho_A=\rho_{A^c}=\rho=n=m$，该方程组为克拉默方程组，可用克拉默法则求解。

  情形 2：若 $\rho_A=\rho_{A^c}=\rho=n<m$，方程组中的 ρ 个方程构成克拉默方程组（且只有一个解），剩余的 $m-\rho$ 个方程为其他方程的线性组合，这些方程是冗余的，且方程组只有一个解。

算法 2　求通解

从增广矩阵 $\boldsymbol{A}^c$ 中选择 ρ 个线性无关的行；
选择（任意）$n-\rho$ 个变量并将其用参数替换；
求解剩余变量的线性方程组；
将求解线性方程组得到的参数向量表示为若干向量的和，其中每一个参数仅出现在一个向量中。

情形 3：若 $\rho_A=\rho_{A^c}=\rho\begin{cases}<n\\ \leqslant m\end{cases}$，该方程组为欠定的且有 $\infty^{n-\rho}$ 个解。

对欠定线性方程组，其一般的参数通解可通过执行算法 2 中给出的过程得到。

例 3.3　考虑下列线性方程组：

$$\begin{cases}3x_1+2x_2+x_3=1\\ x_1-x_2=2\\ 2x_1+x_3=4\end{cases}$$

该方程组对应的系数矩阵和增广矩阵为：

$$\boldsymbol{A}=\begin{pmatrix}3&2&1\\1&-1&0\\2&0&1\end{pmatrix}$$

和

$$\boldsymbol{A}^c=\begin{pmatrix}3&2&1&1\\1&-1&0&2\\2&0&1&4\end{pmatrix}$$

有 $\det\boldsymbol{A}=-3$。因此，秩 $\rho_A=3$。由此可得 $\rho_{A^c}=3$，因为可从 $\boldsymbol{A}$ 中提取一个非奇异 3×3 子矩阵，但不能提取 4×4 子矩阵，因为 $\boldsymbol{A}^c$ 的大小为 3×4。因此 $\rho_A=\rho_{A^c}=m=n=3$（情形 1）。该方程组可用克拉默法则求解。它仅存在一个解：

$$x_1=\frac{\det\begin{pmatrix}1&2&1\\2&-1&0\\4&0&1\end{pmatrix}}{-3}=\frac{1}{3}$$

$$x_2=\frac{\det\begin{pmatrix}3&1&1\\1&2&0\\2&4&1\end{pmatrix}}{-3}=-\frac{5}{3}$$

$$x_3=\frac{\det\begin{pmatrix}3&2&1\\1&-1&2\\2&0&4\end{pmatrix}}{-3}=\frac{10}{3}$$

例 3.4 考虑下列线性方程组：

$$\begin{cases}3x_1+2x_2+\ \ x_3=1\\ \ \ x_1-\ x_2\qquad\ =2\\ 2x_1+\qquad\ \ x_3=4\\ 6x_1+\ x_2+2x_3=7\end{cases}$$

此时，方程组有 $m=4$ 个方程和 $n=3$ 个变量。由前面的例子已经知道 $\rho_A=3$。其增广矩阵的秩也是 $\rho_{A^c}=3$，因为其第四行为前面三行的线性组合（第四行为前三行的和）。因此 $\rho_A=\rho_{A^c}=n=3\leqslant m=4$。这是情形 2，该方程组有唯一解，即可通过前面三个方程解得，第四个方程是冗余的（相同的解也满足最后一个方程）。

例 3.5 考虑下列线性方程组：

$$\begin{cases}3x_1+2x_2+5x_3=5\\ \ \ x_1-\ x_2\qquad\ =0\\ 2x_1+\qquad 2x_3=2\end{cases}$$

在此情形下，方程组有 $m=3$ 个方程和 $n=3$ 个变量。与该方程组对应的矩阵为

$$\boldsymbol{A}=\begin{pmatrix}3&2&5\\1&-1&0\\2&0&2\end{pmatrix}$$

可以看到，矩阵的第三列为其他两列的线性组合。因此，该矩阵是奇异的，不能用克拉默法则求解（或者不能用克拉默定理）。该矩阵的秩为 2，它的增广矩阵的秩也为 2。因此，$\rho_A=\rho_{A^c}=2<n=3$。由 Rouchè-Capelli 定理，该方程组有 $\infty^{n-\rho}=\infty^1$ 个解。这是情形 3。

可以看到，任何与 $(1,1,1)$ 成比例的向量都是上述方程组的解，例如，$(100,100,100)$ 是方程组的解。我们可以将解综合地表示为 $(\alpha,\alpha,\alpha)=\alpha(1,1,1)$，$\forall\alpha\in\mathbb{R}$。

例 3.6 考虑下列线性方程组：

$$\begin{cases}3x_1+2x_2+x_3=1\\ \ \ x_1-\ x_2\qquad =2\\ 2x_1+\qquad\ x_3=4\\ 6x_1+\ x_2+x_3=6\end{cases}$$

由上面的例子已经知道 $\rho_A=3$。此时 $\rho_{A^c}=4$，因为 $\det\boldsymbol{A}^c=-6\neq0$。故 $\rho_A\neq\rho_{A^c}$。该方程组是不相容的，即没有解可以满足该方程组。

例 3.7　考虑下列线性方程组：

$$\begin{cases} x_1+x_2-x_3=2 \\ 2x_1+x_3=1 \\ x_2+3x_3=-3 \\ 2x_1+x_2+4x_3=-2 \\ x_1+2x_2+2x_3=-1 \end{cases}$$

该方程组对应的系数矩阵和增广矩阵为：

$$\boldsymbol{A}=\begin{pmatrix} 1 & 1 & -1 \\ 2 & 0 & 1 \\ 0 & 1 & 3 \\ 2 & 1 & 4 \\ 1 & 2 & 2 \end{pmatrix}$$

和

$$\boldsymbol{A}^{\mathrm{c}}=\begin{pmatrix} 1 & 1 & -1 & 2 \\ 2 & 0 & 1 & 1 \\ 0 & 1 & 3 & -3 \\ 2 & 1 & 4 & -2 \\ 1 & 2 & 2 & -1 \end{pmatrix}$$

可以验证 $\rho_{\boldsymbol{A}}=\rho_{\boldsymbol{A}^{\mathrm{c}}}=3$。因此，由 Rouchè-Capelli 定理，该方程组为相容的。因为 $\rho=n<m$，此时为情形 2。$\boldsymbol{A}^{\mathrm{c}}$ 的第四行为第二行和第三行的线性组合（为这两行的和）。$\boldsymbol{A}^{\mathrm{c}}$ 的第五行为第一行和第三行的线性组合（为这两行的和）。因此，最后两个方程为冗余的，解（1,0,-1）满足这 5 个 3 变量方程的方程组。

例 3.8　考虑下列线性方程组：

$$\begin{cases} 5x+y+6z=6 \\ 2x-y+z=1 \\ 3x-2y+z=1 \end{cases}$$

该方程组对应的系数矩阵和增广矩阵为

$$\boldsymbol{A}=\begin{pmatrix} 5 & 1 & 6 \\ 2 & -1 & 1 \\ 3 & -2 & 1 \end{pmatrix}$$

和

$$\boldsymbol{A}^{\mathrm{c}}=\begin{pmatrix} 5 & 1 & 6 & 6 \\ 2 & -1 & 1 & 1 \\ 3 & -2 & 1 & 1 \end{pmatrix}$$

矩阵 $\boldsymbol{A}$ 的第三列为前两列的和，因此它是奇异的。可以看到 $\rho_{\boldsymbol{A}}=2=\rho_{\boldsymbol{A}^{\mathrm{c}}}$。因此该方程组是相容的。此外 $\rho_{\boldsymbol{A}}=\rho_{\boldsymbol{A}^{\mathrm{c}}}=2<n=3$。因此，该方程组为欠定的，其解有 ∞^1 个。

为求通解，首先去掉第一个方程并令 $x=\alpha$，其中 α 为一个实参数。问题转化为

$$\begin{cases}2\alpha-\ y+z=1\\3\alpha-2y+z=1\end{cases}\Rightarrow\begin{cases}2\alpha-\ y=1-z\\3\alpha-2y=1-z\end{cases}\Rightarrow 2\alpha-y=3\alpha-2y\Rightarrow y=\alpha$$

使用代入法得到 $z=1-\alpha$。因此，其通解为

$$(\alpha,\alpha,1-\alpha)=(\alpha,\alpha,-\alpha)+(0,0,1)=\alpha(1,1,-1)+(0,0,1)$$

例 3.9　考虑下列线性方程组：

$$\begin{cases}5x+\ y+6z=6\\2x-\ y+\ z=1\\3x-2y+\ z=0\end{cases}$$

容易看出 $\rho_{\boldsymbol{A}}=2$，$\rho_{\boldsymbol{A}^c}=3$。因此 $\rho_{\boldsymbol{A}}=2<\rho_{\boldsymbol{A}^c}=3$，即该方程组是不相容的。

3.2　齐次线性方程组

定义 3.6　*如果线性方程组 $\boldsymbol{Ax}=\boldsymbol{b}$ 的已知项 $\boldsymbol{b}$ 是由全零的元素构成的，记为 $\mathbf{0}$，则称该方程组为***齐次的***（homogeneous）：*

$$\begin{cases}a_{1,1}x_1+a_{1,2}x_2+\cdots+a_{1,n}x_n=0\\a_{2,1}x_1+a_{2,2}x_2+\cdots+a_{2,n}x_n=0\\\quad\vdots\\a_{m,1}x_1+a_{m,2}x_2+\cdots+a_{m,n}x_n=0\end{cases}$$

定理 3.4　*齐次线性方程组总是相容的，因为至少全部由零元素构成的向量总是它的解。*

证明　由矩阵乘积的性质有 $\boldsymbol{A}\mathbf{0}=\mathbf{0}$，$\forall$ 矩阵 $\boldsymbol{A}\in\mathbb{R}_{m,n}$ 及向量 $\mathbf{0}\in\mathbb{R}_{n,1}$。□

因此，由 Rouchè-Capelli 定理，若方程组的秩 ρ 等于 n，则方程组是适定的且只有一个解，即 $\mathbf{0}$。若 $\rho<n$，该方程组除 $\mathbf{0}$ 解外，还有 $\infty^{n-\rho}$ 个解。

例 3.10　齐次线性方程组

$$\begin{cases}x+\ y\qquad\ =0\\2x-3y+4z=0\\\qquad 2y+5z=0\end{cases}$$

对应的系数矩阵为

$$\boldsymbol{A}=\begin{pmatrix}1&1&0\\2&-3&4\\0&2&5\end{pmatrix}$$

该系数矩阵的行列式为 $-15-8-10=-33$。因此，该矩阵为非奇异的，故 $\rho_{\boldsymbol{A}}=3$。因此该方程组是适定的。如果使用克拉默法则，容易求得该方程组的唯一解（0,0,0）。

定理 3.5　*若 n 元组（$\alpha_1,\alpha_2,\cdots,\alpha_n$）为齐次方程组 $\boldsymbol{Ax}=\mathbf{0}$ 的解，则 $\forall\lambda\in\mathbb{R},(\lambda\alpha_1,\lambda\alpha_2,\cdots,\lambda\alpha_n)$ 也是方程组的解。*

证明　一般地，考虑矩阵 $\boldsymbol{A}$ 的第 i 行（$a_{i,1},a_{i,2},\cdots,a_{i,n}$）。（$\alpha_1,\alpha_2,\cdots,\alpha_n$）乘以标量 λ 得（$\lambda\alpha_1,\lambda\alpha_2,\cdots,\lambda\alpha_n$），将其代入方程的第 i 行，结果为

$$a_{i,1}\lambda\alpha_1+a_{i,2}\lambda\alpha_2+\cdots+a_{i,n}\lambda\alpha_n=\lambda(\alpha_1a_{i,1}+\alpha_2a_{i,2}+\cdots+\alpha_na_{i,n})=\lambda 0=0$$

这一操作可对 $\forall i$ 重复进行。因此 $\forall\lambda\in\mathbb{R},(\lambda\alpha_1,\lambda\alpha_2,\cdots,\lambda\alpha_n)$ 为方程组的解。□

例 3.11　线性齐次方程组

$$\begin{cases}3x+2y+\ z=0\\4x+\ y+3z=0\\3x+2y+\ z=0\end{cases}$$

有系数矩阵

$$\boldsymbol{A}=\begin{pmatrix}3 & 2 & 1\\4 & 1 & 3\\3 & 2 & 1\end{pmatrix}$$

该矩阵是奇异的。因此可得 $\rho_{\boldsymbol{A}}=\rho_{\boldsymbol{A}^c}=2$ 且方程组有 ∞ 个解。例如（1,-1,-1）为方程组的一个解，（2,-2,-2）也是一个解，（5,-5,-5）或（1000,-1000,-1000）都是解。一般地，$\forall\lambda\in\mathbb{R}$，$(\lambda,-\lambda,-\lambda)$ 都是方程组的解。

定理 3.6　考虑齐次方程组 $\boldsymbol{Ax}=\boldsymbol{0}$。若 $(\alpha_1,\alpha_2,\cdots,\alpha_n)$ 和 $(\beta_1,\beta_2,\cdots,\beta_n)$ 均为方程组的解，则这两个 n 元组的任意线性组合也是方程组的解：$\forall\lambda,\mu\in\mathbb{R}$，$(\lambda\alpha_1+\mu\beta_1,\lambda\alpha_2+\mu\beta_2,\cdots,\lambda\alpha_n+\mu\beta_n)$ 也是方程组的解。

证明　考虑矩阵 $\boldsymbol{A}$ 的第 i 行：$(a_{i,1},a_{i,2},\cdots,a_{i,n})$，将该行点乘 $(\lambda\alpha_1+\mu\beta_1,\lambda\alpha_2+\mu\beta_2,\cdots,\lambda\alpha_n+\mu\beta_n)$，结果为

$$\begin{aligned}&a_{i,1}(\lambda\alpha_1+\mu\beta_1)+a_{i,2}(\lambda\alpha_2+\mu\beta_2)+\cdots+a_{i,n}(\lambda\alpha_n+\mu\beta_n)\\&=\lambda(a_{i,1}\alpha_1+a_{i,2}\alpha_2+\cdots+a_{i,n}\alpha_n)+\mu(a_{i,1}\beta_1+a_{i,2}\beta_2+\cdots+a_{i,n}\beta_n)\\&=0+0=0\end{aligned}$$

□

例 3.12　再次考虑齐次线性方程组

$$\begin{cases}3x+2y+\ z=0\\4x+\ y+3z=0\\3x+2y+\ z=0\end{cases}$$

已知该方程组有 ∞ 多解，且（1,-1,-1）和（2,-2,-2）为它的两个解。选择任意两个实数 $\lambda=4$ 和 $\mu=5$，以 λ 和 μ 为系数的这两个解的线性组合

$$\begin{aligned}\lambda(1,-1,-1)+\mu(2,-2,-2)&=4(1,-1,-1)+5(2,-2,-2)\\&=(14,-14,-14)\end{aligned}$$

也是方程组的解。

定理 3.7　令 $\boldsymbol{Ax}=\boldsymbol{0}$ 是 n 个方程 $n+1$ 个变量的齐次方程组。设该方程组的秩 $\rho=n$。该方程组有 ∞^1 个解，与 n 元组 $(D_1,-D_2,\cdots,(-1)^{i+1}D_i,\cdots,(-1)^{n+2}D_{n+1})$ 成比例，其中 $\forall$ 下标 i，D_i 为从矩阵 $\boldsymbol{A}$ 中删除第 i 列后得到的矩阵的行列式。

证明　考虑矩阵 $\boldsymbol{A}$：

$$\boldsymbol{A}=\begin{pmatrix}a_{1,1} & a_{1,2} & \cdots & a_{1,n+1}\\a_{2,1} & a_{2,2} & \cdots & a_{2,n+1}\\\vdots & \vdots & & \vdots\\a_{n,1} & a_{n,2} & \cdots & a_{n,n+1}\end{pmatrix}$$

用 $\widetilde{\boldsymbol{A}}$ 表示 $\mathbb{R}_{n+1,n+1}$ 中的矩阵，它是由矩阵 $\boldsymbol{A}$ 添加一行构成的

$$\widetilde{A}=\begin{pmatrix} a_{1,1} & a_{1,2} & \cdots & a_{1,n+1} \\ a_{2,1} & a_{2,2} & \cdots & a_{2,n+1} \\ \vdots & \vdots & & \vdots \\ a_{n,1} & a_{n,2} & \cdots & a_{n,n+1} \\ a_{n+1,1} & a_{n+1,2} & \cdots & a_{n+1,n+1} \end{pmatrix}$$

n 元组（$D_1,-D_2,\cdots,(-1)^{n+2}D_{n+1}$）可看作矩阵 $\widetilde{\boldsymbol{A}}$ 中第 $n+1$ 行元素对应的代数余子式向量（$\widetilde{A}_{n+1,1},\widetilde{A}_{n+1,2},\cdots,\widetilde{A}_{n+1,n+1}$）。因此，若将矩阵 $\boldsymbol{A}$ 的第 i 行点乘（$D_1,-D_2,\cdots,(-1)^{n+2}D_{n+1}$）即可得到：

$$\begin{aligned} & a_{i,1}D_1-a_{i,2}D_2+\cdots+(-1)^{n+2}a_{i,n+1}D_{n+1} \\ =& a_{i,1}A_{n+1,1}+a_{i,2}A_{n+1,2}+\cdots+a_{i,n+1}A_{n+1,n+1} \end{aligned}$$

由拉普拉斯定理Ⅱ，该表达式等于 0。因此，（$D_1,-D_2,\cdots,(-1)^{n+2}D_{n+1}$）为方程组的解。□

例 3.13　考虑线性齐次方程组

$$\begin{cases} 2x+y+z=0 \\ x+0y+z=0 \end{cases}$$

其系数矩阵为

$$\boldsymbol{A}=\begin{pmatrix} 2 & 1 & 1 \\ 1 & 0 & 1 \end{pmatrix}$$

分别去掉第一列、第二列和第三列，并计算相对应的行列式，可以得到方程组的∞个解都是与（1,-1,-1）成比例的。

3.3　直接法

考虑克拉默方程组 $\boldsymbol{Ax}=\boldsymbol{b}$，其中 $\boldsymbol{A}\in\mathbb{R}_{n,n}$。使用克拉默定理（定理 3.1 中的矩阵形式）求解这一方程组事实上是非常困难的，它需要计算一个 n 阶矩阵的行列式和 n^2 个 $n-1$ 阶矩阵的行列式。应用克拉默法则（参见定理 3.2），将需要计算一个 n 阶行列式和 n 个 n 阶行列式。如第 2 章所示，一个行列式为 $n!$ 项的和，每一项都是一个乘积，参见文献［4］。

用数学运算来确定每一项，我们知道，如果忽略如转置这类简单运算，用矩阵求逆法和克拉默法则，线性方程组的求解至少分别需要 $n!+n^2((n-1)!)$ 和 $n!+n(n!)$ 次数学运算。容易验证，矩阵求逆的计算复杂度与克拉默法则一致。若 $n=6$，用矩阵求逆法或克拉默法则求解方程组需要 5040 次数学运算。因此，手工求解将会非常困难。然而，一台时钟频率为 2.8GHz 的现代计算机每秒钟可以进行 28 亿次数学运算，能够在不到一秒的时间内快速求解 6 个变量 6 个方程的方程组。若一个方程组有 50 个变量 50 个方程（这在很多工程问题中并不是一个较大的问题），使用克拉默法则，现代计算机将需要运行 1.55×10^{66} 次运算，故需要超过 1.75×10^{46} 千年来求解。考虑到估计的宇宙年龄大约为 13×10^6 千年，这么长的等待时间显然是不可接受的，参见文献［5］。

基于这样的考虑，20 世纪的数学家研究了能够显著减少求解线性方程组所需计算次数的方法。其中一类方法被称为**直接法**（direct methods），通过对矩阵进行一系列变换，将线性方程组改写为容易求解的新形式的方程组。

定义 3.7　令 $\boldsymbol{A}\in\mathbb{R}_{m,n}$。矩阵 $\boldsymbol{A}$ 如果满足下列条件，则称其为**阶梯形矩阵**（staircase matrix）（也称为**行阶梯形**（row echelon form））：

- 元素全为零的行放在矩阵的底部；
- 对每一个非零行，第一个非零元素不能位于其下任何各行非零元素所在列的右侧：∀下标 i，若 $a_{i,j}=0$，则 $a_{i+1,1}=0, a_{i+1,2}=0, \cdots, a_{i+1,j-1}=0$。

定义 3.8　令 $\boldsymbol{A}\in\mathbb{R}_{m,n}$ 为一个阶梯形矩阵。每一行的第一个非零元素称为该行的**主元**（pivot element）。

例 3.14　下列矩阵为阶梯形矩阵：

$$\begin{pmatrix} 2 & 6 & 1 & 7 \\ 0 & 0 & 1 & 3 \\ 0 & 0 & 2 & 3 \\ 0 & 0 & 0 & 0 \end{pmatrix}$$

$$\begin{pmatrix} 3 & 2 & 1 & 7 \\ 0 & 2 & 1 & 3 \\ 0 & 0 & 2 & 3 \\ 0 & 0 & 0 & 4 \end{pmatrix}$$

定义 3.9　令 $\boldsymbol{A}\in\mathbb{R}_{m,n}$。下面对矩阵 $\boldsymbol{A}$ 的运算称为**初等行变换**（elementary row operation）：

- E1：交换行 $\boldsymbol{a}_i$ 和行 $\boldsymbol{a}_j$

$$\boldsymbol{a}_i \leftarrow \boldsymbol{a}_j$$
$$\boldsymbol{a}_j \leftarrow \boldsymbol{a}_i$$

- E2：给行 $\boldsymbol{a}_i$ 乘以一个标量 $\lambda\in\mathbb{R}(\lambda\neq 0)$ [⊖]

$$\boldsymbol{a}_i \leftarrow \lambda\boldsymbol{a}_i$$

- E3：用行 $\boldsymbol{a}_i$ 与行 $\boldsymbol{a}_j$ 的和替换行 $\boldsymbol{a}_i$

$$\boldsymbol{a}_i \leftarrow \boldsymbol{a}_i+\boldsymbol{a}_j$$

结合 E2 和 E3，我们就得到了一个变换，即用行 $\boldsymbol{a}_i$ 与行 $\boldsymbol{a}_j$ 的 λ 倍之和替换行 $\boldsymbol{a}_i$：

$$\boldsymbol{a}_i \leftarrow \boldsymbol{a}_i+\lambda\boldsymbol{a}_j$$

容易看到，初等行变换并不影响方阵的奇异性，或更一般地说，不影响矩阵的秩。

定义 3.10（等价矩阵）　考虑矩阵 $\boldsymbol{A}\in\mathbb{R}_{m,n}$。若对 $\boldsymbol{A}$ 进行初等行变换得到矩阵 $\boldsymbol{C}\in\mathbb{R}_{m,n}$，则称矩阵 $\boldsymbol{C}$ 与矩阵 $\boldsymbol{A}$ **等价**（equivalent）。

定理 3.8　对每一个矩阵 $\boldsymbol{A}$ 都存在一个与其等价的阶梯形矩阵：$\forall \boldsymbol{A}\in\mathbb{R}_{m,n}$，存在一个阶梯形矩阵 $\boldsymbol{C}\in\mathbb{R}_{m,n}$ 与其等价。

例 3.15　考虑矩阵

$$\begin{pmatrix} 0 & 2 & -1 & 2 & 5 \\ 0 & 2 & 0 & 1 & 0 \\ 1 & 1 & 0 & 1 & 2 \\ 1 & 1 & 1 & -1 & 0 \end{pmatrix}$$

⊖ $\lambda\neq 0$。——译者加

交换其第一行和第三行，

$$\begin{pmatrix}1 & 1 & 0 & 1 & 2\\0 & 2 & 0 & 1 & 0\\0 & 2 & -1 & 2 & 5\\1 & 1 & 1 & -1 & 0\end{pmatrix}$$

然后将第一行乘以-1 加到第四行

$$\begin{pmatrix}1 & 1 & 0 & 1 & 2\\0 & 2 & 0 & 1 & 0\\0 & 2 & -1 & 2 & 5\\0 & 0 & 1 & -2 & -2\end{pmatrix}$$

再将第二行乘以-1 加到第三行

$$\begin{pmatrix}1 & 1 & 0 & 1 & 2\\0 & 2 & 0 & 1 & 0\\0 & 0 & -1 & 1 & 5\\0 & 0 & 1 & -2 & -2\end{pmatrix}$$

最后，将第三行加到第四行，

$$\begin{pmatrix}1 & 1 & 0 & 1 & 2\\0 & 2 & 0 & 1 & 0\\0 & 0 & -1 & 1 & 5\\0 & 0 & 0 & -1 & 3\end{pmatrix}$$

得到的矩阵就是一个阶梯形矩阵。

定义 3.11　考虑一个线性方程组 $\boldsymbol{Ax}=\boldsymbol{b}$。若增广矩阵 $\boldsymbol{A}^c$ 为一个阶梯形矩阵，则称该方程组为**阶梯形方程组**（staircase system）。

定义 3.12（等价方程组）　考虑两个变量数相同的线性方程组：$\boldsymbol{Ax}=\boldsymbol{b}$ 和 $\boldsymbol{Cx}=\boldsymbol{d}$。如果这两个方程组有相同的解，则称它们**等价**（equivalent）。

定理 3.9　考虑 n 个变量 m 个方程构成的方程组 $\boldsymbol{Ax}=\boldsymbol{b}$。设 $\boldsymbol{A}^c\in\mathbb{R}_{m,n+1}$ 为此方程组对应的增广矩阵。若另一个线性方程组对应的增广矩阵 $\widetilde{\boldsymbol{A}}^c\in\mathbb{R}_{m,n+1}$ 与 $\boldsymbol{A}^c$ 等价，则这两个方程组也等价。

证明　由等价矩阵的定义，若 $\widetilde{\boldsymbol{A}}^c$ 与 $\boldsymbol{A}^c$ 等价，则 $\widetilde{\boldsymbol{A}}^c$ 可由 $\boldsymbol{A}^c$ 通过初等行变换得到。对增广矩阵的每次运算显然都对应线性方程组的一个运算，故须分析作用在增广矩阵上的初等行变换。

- 当应用 E1 时，即交换两行，方程组中的方程也进行了交换。这一运算并不影响方程组的解。因此，E1 运算后，新方程组和原方程组是等价的。
- 当应用 E2 时，即某一行乘以一个非零的标量 λ，对应方程的每一项都乘这个标量。在这种情形下，方程 $a_{i,1}x_1+a_{i,2}x_2+\cdots+a_{i,n}x_n=b_i$ 被替换为
$$\lambda a_{i,1}x_1+\lambda a_{i,2}x_2+\cdots+\lambda a_{i,n}x_n=\lambda b_i$$
这两个方程有相同的解，因此 E2 运算后方程组与原方程组等价。
- 当应用 E3 时，即将某一行加到另一行上，方程 $a_{i,1}x_1+a_{i,2}x_2+\cdots+a_{i,n}x_n=b_i$ 替换为
$$(a_{i,1}+a_{j,1})x_1+(a_{i,2}+a_{j,2})x_2+\cdots+(a_{i,n}+a_{j,n})x_n=b_i+b_j$$

如果 n 元组 $(y_1, y_2, \cdots, y_n)$ 为原方程组的解，它显然是方程 $a_{i,1}x_1+a_{i,2}x_2+\cdots+a_{i,n}x_n=b_i$ 和 $a_{j,1}x_1+a_{j,2}x_2+\cdots+a_{j,n}x_n=b_j$ 的解。故 $(y_1, y_2, \cdots, y_n)$ 也是 $(a_{i,1}+a_{j,1})x_1+(a_{i,2}+a_{j,2})x_2+\cdots+(a_{i,n}+a_{j,n})x_n=b_i+b_j$ 的解。因此，E3 运算后新方程组和原方程组等价。 □

结合定理 3.8 和定理 3.9，容易证明下面的推论。

推论 3.1 每一个线性方程组都等价于一个阶梯形线性方程组。

这是直接法的理论基础，见参考文献［6］。我们考虑由 n 个变量的 n 个线性方程构成的方程组 $\boldsymbol{A}\boldsymbol{x}=\boldsymbol{b}$，其中 $\boldsymbol{A}\in\mathbb{R}_{n,n}$。通过初等行变换将增广矩阵 $\boldsymbol{A}^{c}$ 变换为一个阶梯形矩阵。这些操作的目的是得到一个三角形的系数矩阵。变换后的方程组可以用较少的计算来求解。若矩阵 $\boldsymbol{A}$ 为三角形的，其各个变量是不耦合的：对上三角形矩阵 $\boldsymbol{A}$，最后一个方程只有一个变量，因此可以独立求解；倒数第二个方程是两个变量的方程，但其中一个变量可以从最后一个方程得到，因此它也是一个变量的方程，依此类推。一个上三角形方程组形如

$$
\begin{cases}
a_{1,1}x_1+a_{1,2}x_2+\cdots+a_{1,n}x_n=b_1\\
\qquad\qquad a_{2,2}x_2+\cdots+a_{2,n}x_n=b_2\\
\qquad\qquad\qquad\vdots\\
\qquad\qquad\qquad\qquad a_{n,n}x_n=b_n
\end{cases}
$$

对该方程组逐行求解有

$$
\begin{cases}
x_n=\dfrac{b_n}{a_{n,n}}\\
x_{n-1}=\dfrac{b_{n-1}-a_{n-1,n}x_n}{a_{n-1,n-1}}\\
\vdots\\
x_i=\dfrac{b_i-\sum\limits_{j=i+1}^{n}a_{i,j}x_j}{a_{i,i}}\\
\vdots\\
x_1=\dfrac{b_1-\sum\limits_{j=2}^{n}a_{1,j}x_j}{a_{1,1}}
\end{cases}
$$

用类似的方法，若 $\boldsymbol{A}$ 为下三角形的，则第一个方程仅有一个变量，因此可以单独求解；第二个方程有两个变量，但其中一个可由第一个方程得到，因此也是一个单变量方程；依此类推。

3.3.1 高斯消元法

高斯消元法（参见文献［6］）是将任意线性方程组转换为一个等价的三角形方程组的过程。尽管这一过程以卡尔·弗里德里希·高斯（Carl Friedrich Gauss）的名字命名，但它更早是在公元 2 世纪由中国数学家提出的。高斯消元法从方程组 $\boldsymbol{A}\boldsymbol{x}=\boldsymbol{b}$ 开始，包括下面步骤：

- 构造增广矩阵 $\boldsymbol{A}^{c}$；
- 使用初等行变换得到一个阶梯形增广矩阵和三角形系数矩阵；
- 写下新的线性方程组；

- 求解方程组的第 n 个方程，并用其结果求解第 $n-1$ 个方程；
- 不断递归直到第一个方程。

例 3.16 用高斯消元法求解下面线性方程组：

$$\begin{cases} x_1 - x_2 + x_3 = 1 \\ x_1 + x_2 \qquad = 4 \\ 2x_1 + 2x_2 + 2x_3 = 9 \end{cases}$$

其相关的增广矩阵为

$$\boldsymbol{A}^{c} = (\boldsymbol{A} \mid \boldsymbol{b}) = \left(\begin{array}{ccc|c} 1 & -1 & 1 & 1 \\ 1 & 1 & 0 & 4 \\ 2 & 2 & 2 & 9 \end{array}\right)$$

使用初等行变换可得阶梯形矩阵

$$\widetilde{\boldsymbol{A}}^{c} = (\boldsymbol{A} \mid \boldsymbol{b}) = \left(\begin{array}{ccc|c} 1 & -1 & 1 & 1 \\ 0 & 2 & -1 & 3 \\ 0 & 0 & 2 & 1 \end{array}\right)$$

该矩阵对应的方程组为

$$\begin{cases} x_1 - x_2 + x_3 = 1 \\ \qquad 2x_2 - x_3 = 3 \\ \qquad\qquad 2x_3 = 1 \end{cases}$$

由最后一个方程可立刻求得：$x_3 = \dfrac{1}{2}$。然后将 x_3 代入第二个方程，得 $x_2 = \dfrac{7}{4}$。最后，将 x_2，x_3 代入第一个方程，得 $x_1 = \dfrac{9}{4}$。

下面给出高斯消元法的一般公式。一个线性方程组 $\boldsymbol{Ax} = \boldsymbol{b}$ 可改写为

$$\sum_{j=1}^{n} a_{i,j} x_j = b_i, \quad i = 1,2,\cdots,n$$

令 $a_{i,j}^{(1)} = a_{i,j}, b_i^{(1)} = b_i$。于是，第一步的矩阵 $\boldsymbol{A}$ 为

$$\boldsymbol{A}^{(1)} = \begin{pmatrix} a_{1,1}^{(1)} & a_{1,2}^{(1)} & \cdots & a_{1,n}^{(1)} \\ a_{2,1}^{(1)} & a_{2,2}^{(1)} & \cdots & a_{2,n}^{(1)} \\ \vdots & \vdots & & \vdots \\ a_{n,1}^{(1)} & a_{n,2}^{(1)} & \cdots & a_{n,n}^{(1)} \end{pmatrix}$$

方程组可改写为

$$\begin{cases} a_{1,1}^{(1)} x_1 + \sum\limits_{j=2}^{n} a_{1,j}^{(1)} x_j = b_1^{(1)} \\ a_{i,1}^{(1)} x_1 + \sum\limits_{j=2}^{n} a_{i,j}^{(1)} x_j = b_i^{(1)}, \quad i = 2,3,\cdots,n \end{cases}$$

考虑方程组的第一个方程。将方程两边同时除以 $a_{1,1}^{(1)}$：

$$x_1 + \sum_{j=2}^{n} \frac{a_{1,j}^{(1)}}{a_{1,1}^{(1)}} x_j = \frac{b_1^{(1)}}{a_{1,1}^{(1)}}$$

现通过给上一个方程分别乘以$-a_{2,1}^{(1)}, -a_{3,1}^{(1)}, \cdots, -a_{n,1}^{(1)}$来构造 $n-1$ 个方程：

$$-a_{i,1}^{(1)}x_1+\sum_{j=2}^{n}\frac{-a_{i,1}^{(1)}a_{1,j}^{(1)}}{a_{1,1}^{(1)}}x_j=\frac{-a_{i,1}^{(1)}}{a_{1,1}^{(1)}}b_1^{(1)},\quad i=2,3,\cdots,n$$

这 $n-1$ 个方程乘以一个标量后等于方程组的第一行。因此，若将这些方程中的第一个加到原方程组的第二个方程中，把这些方程中的第二个加到原方程组的第三个方程中……把这些方程中最后一个加到原方程组的第 n 个方程中，就得到了一个新的线性方程组，它与原方程组等价，就是

$$\begin{cases}a_{1,1}^{(1)}x_1+\sum_{j=2}^{n}a_{1,j}^{(1)}x_j=b_1^{(1)}\\ a_{i,1}^{(1)}x_1+\sum_{j=2}^{n}a_{i,j}^{(1)}x_j-a_{i,1}^{(1)}x_1+\sum_{j=2}^{n}\frac{-a_{i,1}^{(1)}a_{1,j}^{(1)}}{a_{1,1}^{(1)}}x_j=b_i^{(1)}-\frac{a_{i,1}^{(1)}}{a_{1,1}^{(1)}}b_1^{(1)},\quad i=2,3,\cdots,n\end{cases}\Rightarrow$$

$$\begin{cases}a_{1,1}^{(1)}x_1+\sum_{j=2}^{n}a_{1,j}^{(1)}x_j=b_1^{(1)}\\ \sum_{j=2}^{n}\left(a_{i,j}^{(1)}-\frac{a_{i,1}^{(1)}a_{1,j}^{(1)}}{a_{1,1}^{(1)}}\right)x_j=b_i^{(1)}-\frac{a_{i,1}^{(1)}}{a_{1,1}^{(1)}}b_1^{(1)},\quad i=2,3,\cdots,n\end{cases}\Rightarrow$$

$$\begin{cases}a_{1,1}^{(1)}x_1+\sum_{j=2}^{n}a_{1,j}^{(1)}x_j=b_1^{(1)}\\ \sum_{j=2}^{n}a_{i,j}^{(2)}x_j=b_i^{(2)},\quad i=2,3,\cdots,n\end{cases}$$

其中

$$\begin{cases}a_{i,j}^{(2)}=a_{i,j}^{(1)}-\frac{a_{i,1}^{(1)}a_{1,j}^{(1)}}{a_{1,1}^{(1)}}\\ b_i^{(2)}=b_i^{(1)}-\frac{a_{i,1}^{(1)}}{a_{1,1}^{(1)}}b_1^{(1)}\end{cases}$$

因此，第二步的矩阵 $\boldsymbol{A}$ 为

$$\boldsymbol{A}^{(2)}=\begin{pmatrix}a_{1,1}^{(1)} & a_{1,2}^{(1)} & \cdots & a_{1,n}^{(1)}\\ 0 & a_{2,2}^{(2)} & \cdots & a_{2,n}^{(2)}\\ \vdots & \vdots & & \vdots\\ 0 & a_{n,2}^{(2)} & \cdots & a_{n,n}^{(2)}\end{pmatrix}$$

现对含 $n-1$ 个未知量的 $n-1$ 个方程

$$\sum_{j=2}^{n}a_{i,j}^{(2)}x_j=b_i^{(2)},\quad i=2,3,\cdots,n$$

重复相同的步骤。将该方程组改写为

$$\begin{cases}a_{2,2}^{(2)}x_2+\sum_{j=3}^{n}a_{2,j}^{(2)}x_j=b_2^{(2)}\\ a_{i,2}^{(2)}x_2+\sum_{j=3}^{n}a_{i,j}^{(2)}x_j=b_i^{(2)},\quad i=3,4,\cdots,n\end{cases}$$

将第二个方程分别乘以$-\frac{a_{i,2}^{(2)}}{a_{2,2}^{(2)}}$，其中 $i=2,3,\cdots,n$，可得到 $n-2$ 个新方程

$$-a_{i,2}^{(2)}x_2+\sum_{j=3}^{n}\frac{-a_{i,2}^{(2)}a_{2,j}^{(2)}}{a_{2,2}^{(2)}}x_j=\frac{-a_{i,2}^{(2)}}{a_{2,2}^{(2)}}b_2^{(2)},\quad i=3,4,\cdots,n$$

在第二步中，将它们分别与方程组中其他的 $n-2$ 个方程相加

$$\begin{cases}a_{2,2}^{(2)}x_2+\sum_{j=3}^{n}a_{2,j}^{(2)}x_j=b_2^{(2)}\\ \sum_{j=3}^{n}\left(a_{i,j}^{(2)}-\frac{a_{i,2}^{(2)}a_{2,j}^{(2)}}{a_{2,2}^{(2)}}\right)x_j=b_i^{(2)}-\frac{a_{i,2}^{(2)}}{a_{2,2}^{(2)}}b_2^{(2)},\quad i=3,4,\cdots,n\end{cases}\Rightarrow$$

$$\begin{cases}a_{2,2}^{(2)}x_2+\sum_{j=3}^{n}a_{2,j}^{(2)}x_j=b_2^{(2)}\\ \sum_{j=3}^{n}a_{i,j}^{(3)}x_j=b_i^{(3)},\quad i=3,4,\cdots,n\end{cases}$$

其中

$$\begin{cases}a_{i,j}^{(3)}=a_{i,j}^{(2)}-\frac{a_{i,2}^{(2)}a_{2,j}^{(2)}}{a_{2,2}^{(2)}}\\ b_i^{(3)}=b_i^{(2)}-\frac{a_{i,2}^{(2)}}{a_{2,2}^{(2)}}b_2^{(2)}\end{cases}$$

第三步中对应的矩阵变为

$$\boldsymbol{A}^{(3)}=\begin{pmatrix}a_{1,1}^{(1)} & a_{1,2}^{(1)} & a_{1,3}^{(1)} & \cdots & a_{1,n}^{(1)}\\ 0 & a_{2,2}^{(2)} & a_{2,3}^{(2)} & \cdots & a_{2,n}^{(2)}\\ 0 & 0 & a_{3,3}^{(3)} & \cdots & a_{3,n}^{(3)}\\ \vdots & \vdots & \vdots & & \vdots\\ 0 & 0 & a_{n,3}^{(3)} & \cdots & a_{n,n}^{(3)}\end{pmatrix}$$

再次对剩下的 $n-2$ 行重复上述步骤，最终得到一个如下形式的方程组

$$\begin{pmatrix}a_{1,1}^{(1)} & a_{1,2}^{(1)} & a_{1,3}^{(1)} & \cdots & a_{1,n}^{(1)}\\ 0 & a_{2,2}^{(2)} & a_{2,3}^{(2)} & \cdots & a_{2,n}^{(2)}\\ 0 & 0 & a_{3,3}^{(3)} & \cdots & a_{3,n}^{(3)}\\ \vdots & \vdots & \vdots & & \vdots\\ 0 & 0 & 0 & \cdots & a_{n,n}^{(n)}\end{pmatrix}\begin{pmatrix}x_1\\ x_2\\ x_3\\ \vdots\\ x_n\end{pmatrix}=\begin{pmatrix}b_1^{(1)}\\ b_2^{(2)}\\ b_3^{(3)}\\ \vdots\\ b_n^{(n)}\end{pmatrix}$$

如上所述，该方程组是三角形的且很容易进行求解。

在第 k 步，一般的高斯变换公式可以写为：

$$a_{i,j}^{(k+1)}=a_{i,j}^{(k)}-\frac{a_{i,k}^{(k)}}{a_{k,k}^{(k)}}a_{k,j}^{(k)},\quad i,j=k+1,\cdots,n$$

$$b_i^{(k+1)}=b_i^{(k)}-\frac{a_{i,k}^{(k)}}{a_{k,k}^{(k)}}b_k^{(k)},\quad i=k+1,\cdots,n$$

高斯消元法的行向量表示法

现使用行向量表示法给出一个与高斯变换等价的公式。考虑矩阵形式的线性方程组

$$\boldsymbol{A}\boldsymbol{x}=\boldsymbol{b}$$

并将增广矩阵 $\boldsymbol{A}^{c}$ 用其行向量进行表示：

$$\boldsymbol{A}^{c}=\begin{pmatrix}\boldsymbol{r}_1\\\boldsymbol{r}_2\\\vdots\\\boldsymbol{r}_n\end{pmatrix}$$

为强调是在运算过程的步骤（1），可将增广矩阵写为

$$\boldsymbol{A}^{c(1)}=\begin{pmatrix}\boldsymbol{r}_1^{(1)}\\\boldsymbol{r}_2^{(1)}\\\vdots\\\boldsymbol{r}_n^{(1)}\end{pmatrix}$$

步骤（2）得到矩阵的高斯变换为

$$\boldsymbol{r}_1^{(2)}=\boldsymbol{r}_1^{(1)}$$

$$\boldsymbol{r}_2^{(2)}=\boldsymbol{r}_2^{(1)}+\left(\frac{-a_{2,1}^{(1)}}{a_{1,1}^{(1)}}\right)\boldsymbol{r}_1^{(1)}$$

$$\boldsymbol{r}_3^{(2)}=\boldsymbol{r}_3^{(1)}+\left(\frac{-a_{3,1}^{(1)}}{a_{1,1}^{(1)}}\right)\boldsymbol{r}_1^{(1)}$$

$$\vdots$$

$$\boldsymbol{r}_n^{(2)}=\boldsymbol{r}_n^{(1)}+\left(\frac{-a_{n,1}^{(1)}}{a_{1,1}^{(1)}}\right)\boldsymbol{r}_1^{(1)}$$

完成这些步骤后，增广矩阵可写为

$$\boldsymbol{A}^{c(2)}=\begin{pmatrix}a_{1,1}^{(2)} & a_{1,2}^{(2)} & \cdots & a_{1,n}^{(2)} & b_1^{(2)}\\0 & a_{2,2}^{(2)} & \cdots & a_{2,n}^{(2)} & b_2^{(2)}\\\vdots & \vdots & & \vdots & \vdots\\0 & a_{n,2}^{(2)} & \cdots & a_{n,n}^{(2)} & b_n^{(2)}\end{pmatrix}$$

步骤（3）得到矩阵的高斯变换为

$$\boldsymbol{r}_1^{(3)}=\boldsymbol{r}_1^{(2)}$$

$$\boldsymbol{r}_2^{(3)}=\boldsymbol{r}_2^{(2)}$$

$$\boldsymbol{r}_3^{(3)}=\boldsymbol{r}_3^{(2)}+\left(\frac{-a_{3,1}^{(2)}}{a_{2,2}^{(2)}}\right)\boldsymbol{r}_2^{(2)}$$

$$\vdots$$

$$\boldsymbol{r}_n^{(3)}=\boldsymbol{r}_n^{(2)}+\left(\frac{-a_{n,2}^{(2)}}{a_{2,2}^{(2)}}\right)\boldsymbol{r}_2^{(2)}$$

得到增广矩阵

$$A^{c(3)}=\begin{pmatrix} a_{1,1}^{(3)} & a_{1,2}^{(3)} & \cdots & a_{1,n}^{(3)} & b_1^{(3)} \\ 0 & a_{2,2}^{(3)} & \cdots & a_{2,n}^{(3)} & b_2^{(3)} \\ 0 & 0 & \cdots & a_{3,n}^{(3)} & b_3^{(3)} \\ \vdots & \vdots & & \vdots & \vdots \\ 0 & 0 & \cdots & a_{n,n}^{(2)} & b_n^{(2)} \end{pmatrix}$$

一般地，步骤（k+1）的高斯变换公式为

$$\begin{aligned} \boldsymbol{r}_1^{(k+1)} &= \boldsymbol{r}_1^{(k)} \\ \boldsymbol{r}_2^{(k+1)} &= \boldsymbol{r}_2^{(k)} \\ &\vdots \\ \boldsymbol{r}_k^{(k+1)} &= \boldsymbol{r}_k^{(k)} \\ \boldsymbol{r}_{k+1}^{(k+1)} &= \boldsymbol{r}_{k+1}^{(k)} + \left(\frac{-a_{k+1,k}^{(k)}}{a_{k,k}^{(k)}}\right)\boldsymbol{r}_k^{(k)} \\ \boldsymbol{r}_{k+2}^{(k+1)} &= \boldsymbol{r}_{k+2}^{(k)} + \left(\frac{-a_{k+2,k}^{(k)}}{a_{k,k}^{(k)}}\right)\boldsymbol{r}_k^{(k)} \\ &\vdots \\ \boldsymbol{r}_n^{(k+1)} &= \boldsymbol{r}_n^{(k)} + \left(\frac{-a_{n,k}^{(k)}}{a_{k,k}^{(k)}}\right)\boldsymbol{r}_k^{(k)} \end{aligned}$$

这就是该方法的完整过程。

等价地，高斯消元法也可以表示为一种检查矩阵的行和列的算法。对 n 个变量 n 个方程的方程组，用 $\boldsymbol{r}_k$ 表示增广矩阵 $\boldsymbol{A}^c$ 的一般行，高斯消元法的伪代码在算法 3 中给出。

算法 3　高斯消元法的伪代码

for k = 1 : n − 1 do

　for j = k + 1 : n do

$$\boldsymbol{r}_j^{(k+1)} = \boldsymbol{r}_j^{(k)} + \left(-\frac{a_{j,k}^{(k)}}{a_{k,k}^{(k)}}\right)\boldsymbol{r}_k^{(k)}$$

　end for

end for

例 3.17　用高斯消元法求解线性方程组

$$\begin{cases} x_1 - x_2 - x_3 + x_4 = 0 \\ 2x_1 + 2x_3 = 8 \\ -x_2 - 2x_3 = -8 \\ 3x_1 - 3x_2 - 2x_3 + 4x_4 = 7 \end{cases}$$

其对应的增广矩阵为

$$\boldsymbol{A}^{c(1)}=(\boldsymbol{A}\mid\boldsymbol{b})=\left(\begin{array}{cccc|c}1&-1&-1&1&0\\2&0&2&0&8\\0&-1&-2&0&-8\\3&-3&-2&4&7\end{array}\right)$$

步骤（2）使用的高斯变换为

$$\boldsymbol{r}_1^{(2)}=\boldsymbol{r}_1^{(1)}$$

$$\boldsymbol{r}_2^{(2)}=\boldsymbol{r}_2^{(1)}+\left(\frac{-a_{2,1}^{(1)}}{a_{1,1}^{(1)}}\right)\boldsymbol{r}_1^{(1)}=\boldsymbol{r}_2^{(1)}-2\boldsymbol{r}_1^{(1)}$$

$$\boldsymbol{r}_3^{(2)}=\boldsymbol{r}_3^{(1)}+\left(\frac{-a_{3,1}^{(1)}}{a_{1,1}^{(1)}}\right)\boldsymbol{r}_1^{(1)}=\boldsymbol{r}_3^{(1)}+0\boldsymbol{r}_1^{(1)}$$

$$\boldsymbol{r}_4^{(2)}=\boldsymbol{r}_4^{(1)}+\left(\frac{-a_{4,1}^{(1)}}{a_{1,1}^{(1)}}\right)\boldsymbol{r}_1^{(1)}=\boldsymbol{r}_4^{(1)}-3\boldsymbol{r}_1^{(1)}$$

故得到下列增广矩阵

$$\boldsymbol{A}^{c(2)}=\left(\begin{array}{cccc|c}1&-1&-1&1&0\\0&2&4&-2&8\\0&-1&-2&0&-8\\0&0&1&1&7\end{array}\right)$$

步骤（3）使用的高斯变换为

$$\boldsymbol{r}_1^{(3)}=\boldsymbol{r}_1^{(2)}$$

$$\boldsymbol{r}_2^{(3)}=\boldsymbol{r}_2^{(2)}$$

$$\boldsymbol{r}_3^{(3)}=\boldsymbol{r}_3^{(2)}+\left(\frac{-a_{3,2}^{(2)}}{a_{2,2}^{(2)}}\right)\boldsymbol{r}_2^{(2)}=\boldsymbol{r}_3^{(2)}+\frac{1}{2}\boldsymbol{r}_2^{(2)}$$

$$\boldsymbol{r}_4^{(3)}=\boldsymbol{r}_4^{(2)}+\left(\frac{-a_{4,2}^{(2)}}{a_{2,2}^{(2)}}\right)\boldsymbol{r}_2^{(2)}=\boldsymbol{r}_4^{(2)}+0\boldsymbol{r}_2^{(2)}$$

因此得到下列增广矩阵：

$$\boldsymbol{A}^{c(3)}=\left(\begin{array}{cccc|c}1&-1&-1&1&0\\0&2&4&-2&8\\0&0&0&-1&-4\\0&0&1&1&7\end{array}\right)$$

本来我们应当还需要一步来得到三角形矩阵，但是，两步运算后我们已经得到了三角形矩阵，只要将第三行和第四行交换就可以得到

$$\boldsymbol{A}^{c(4)}=\left(\begin{array}{cccc|c}1&-1&-1&1&0\\0&2&4&-2&8\\0&0&1&1&7\\0&0&0&-1&-4\end{array}\right)$$

由该矩阵对应的线性方程组很容易求得 $x_4=4, x_3=3, x_2=2, x_1=1$。

3.3.2 主元策略和计算量

由 3.3.1 节中的高斯变换公式可知，高斯消元法只有在 $a_{k,k}^{(k)}\neq 0$ 时才能使用，其中 $k=1, 2,\cdots,n$。这些元素被称为三角形矩阵的**主元**（pivotal element）。所有主元必须是非零的实际上不是一个限制条件。由定理 3.8，矩阵 $\boldsymbol{A}$ 可被变换为等价的阶梯形矩阵，其在方阵的情形时是三角形矩阵。若该矩阵是非奇异的，则方程组是适定的，其对角线元素的乘积，即行列式必然是非零的。因此，一个非奇异矩阵总是可以被重新整理为一个对角线元素非零的三角形矩阵。

这意味着线性方程组在应用高斯消元法之前可能需要一个预处理策略。此处给出两个简单的策略。第一个被称为**部分主元法**（partial pivoting），它在步骤（k）中交换矩阵的第 k 行与第 k 列 $a_{k,k}^{(k)}$ 下方绝对值最大的元素所在列。换言之，首先寻找元素 $a_{r,k}^{(k)}$

$$|a_{r,k}^{(k)}|=\max_{k\leqslant i\leqslant n}|a_{i,k}^{(k)}|$$

然后交换第 r 行和第 k 行。

例 3.18 考虑线性方程组

$$\begin{cases} x_2-x_3=4 \\ 2x_1+6x_3=10 \\ 50x_1-x_2-2x_3=-8 \end{cases}$$

步骤（1），其对应的增广矩阵为

$$\boldsymbol{A}^{c(1)}=(\boldsymbol{A}\mid\boldsymbol{b})=\left(\begin{array}{ccc|c} 0 & 1 & -1 & 4 \\ 2 & 0 & 6 & 10 \\ 50 & -1 & -2 & -8 \end{array}\right)$$

由于 $a_{1,1}^{(1)}=0$，不能做除以零的运算，故不能进行高斯变换。尽管如此，我们可以交换行以便能够应用高斯变换。部分主元法在步骤（1）中将第一行和第三行进行交换，第三行是第一列中系数绝对值最大的行。其结果矩阵为

$$\boldsymbol{A}^{c(1)}=\left(\begin{array}{ccc|c} 50 & -1 & -2 & -8 \\ 2 & 0 & 6 & 10 \\ 0 & 1 & -1 & 4 \end{array}\right)$$

现在可以进行高斯消元法的步骤（2）了，

$$\boldsymbol{r}_1^{(2)}=\boldsymbol{r}_1^{(1)}$$

$$\boldsymbol{r}_2^{(2)}=\boldsymbol{r}_2^{(1)}+\left(\frac{-a_{2,1}^{(1)}}{a_{1,1}^{(1)}}\right)\boldsymbol{r}_1^{(1)}$$

$$\boldsymbol{r}_3^{(2)}=\boldsymbol{r}_3^{(1)}+\left(\frac{-a_{3,1}^{(1)}}{a_{1,1}^{(1)}}\right)\boldsymbol{r}_1^{(1)}$$

另外一种做法是**全主元法**（total pivoting）。该策略首先寻找 r 和 s，使得

$$|a_{r,s}^{(k)}|=\max_{k\leqslant i,j\leqslant n}|a_{i,j}^{(k)}|$$

然后交换第 r 行和第 k 行，同时交换第 s 列和第 k 列。全主元法中的主元不是一个小的数字，因此其乘数不是一个大的数字。另外，全主元法交换了列，也就改变了变量的顺序。由此可得，

如果使用全主元法，解向量中的元素必须重新排列以得到原来的顺序。

作为高斯消元法概述的一个结论，可以提出的问题是："高斯消元法相比克拉默法则的优势是什么？"可以证明，高斯消元法需要大约 n^3 个算术运算来求解，参见文献［5］和［7］。更准确地说，若我们忽略主元策略，想从矩阵 $\boldsymbol{A}^{(k)}$ 得到 $\boldsymbol{A}^{(k+1)}$，需要 $3(n-k)^2$ 个算数运算，而由向量 $\boldsymbol{b}^{(k)}$ 得到 $\boldsymbol{b}^{(k+1)}$ 需要 $2(n-k)$ 个算数运算。因此，从 $\boldsymbol{A}$ 确定矩阵 $\boldsymbol{A}^{(n)}$ 并从 $\boldsymbol{b}$ 确定 $\boldsymbol{b}^{(n)}$，总共需要的算数运算量为

$$3\sum_{k=1}^{n-1}(n-k)^2+2\sum_{k=1}^{n-1}(n-k)$$

求解一个三角形方程组需要 n^2 次运算，容易证明，用高斯方法求解一个线性方程组需要的算术运算总次数为

$$2\left(\frac{n(n-1)(2n-1)}{6}\right)+3\,\frac{n(n-1)}{2}+n^2=\frac{2}{3}n^3+\frac{3}{2}n^2-\frac{7}{6}n$$

因此，对 50 个变量 50 个方程的线性方程组，求解它需要 8.4×10^4 次算数运算。这意味着现代计算机能够在千分之一秒内求解此问题。

3.3.3　LU 分解

与高斯消元法等价，LU 分解也是一种直接法，它将矩阵 $\boldsymbol{A}$ 转化为矩阵的乘积 $\boldsymbol{LU}$，其中 $\boldsymbol{L}$ 为一个对角元素全为 1 的下三角形矩阵，$\boldsymbol{U}$ 为一个上三角形矩阵。因此，如果我们的目的是求解线性方程组 $\boldsymbol{Ax}=\boldsymbol{b}$，可以得到

$$\boldsymbol{Ax}=\boldsymbol{b}\Rightarrow \boldsymbol{LUx}=\boldsymbol{b}$$

如果我们设 $\boldsymbol{Ux}=\boldsymbol{y}$，则可以首先求解三角形方程组 $\boldsymbol{Ly}=\boldsymbol{b}$，然后由三角形方程组 $\boldsymbol{Ux}=\boldsymbol{y}$ 解得 $\boldsymbol{x}$。

对于高斯消元法，将矩阵 $\boldsymbol{A}$ 分解为 $\boldsymbol{LU}$ 的主要优势是该方法不交换已知项向量 $\boldsymbol{b}$。在应用中，例如构建模型时，已知项向量是可能变化的（例如，如果它们来自测量），则必须求解一个新的方程组。如果用高斯消元法则需要整个计算过程重新进行，而 LU 分解只需要再次执行最后一步即可，因为分解自身不会改变。

在下列定理中给出 LU 分解的理论基础。

定理 3.10　令 $\boldsymbol{A}\in\mathbb{R}_{n,n}$ 为一个非奇异矩阵。用 $\boldsymbol{A}_k$ 表示矩阵 $\boldsymbol{A}$ 的前 k 行与前 k 列构成的 k 阶子矩阵。若 $\det\boldsymbol{A}_k\neq0$，$k=1,2,\cdots,n$，则存在唯一的对角元素都为 1 的下三角形矩阵 $\boldsymbol{L}$ 和唯一的上三角形元素 $\boldsymbol{U}$ 使得 $\boldsymbol{A}=\boldsymbol{LU}$。

在这一定理的假设下，每一个矩阵都可以分解为两个三角形矩阵。在开始讨论实现细节之前，考虑下面的例子对 LU 分解有一些直观的认识。

例 3.19　考虑线性方程组

$$\begin{cases}x+3y+6z=17\\2x+8y+16z=42\\5x+21y+45z=91\end{cases}$$

其对应的系数矩阵

$$\boldsymbol{A}=\begin{pmatrix}1&3&6\\2&8&16\\5&21&45\end{pmatrix}$$

进行 LU 分解 $\boldsymbol{A}=\boldsymbol{LU}$。这意味着

$$\boldsymbol{A}=\begin{pmatrix}1&3&6\\2&8&16\\5&21&45\end{pmatrix}=\begin{pmatrix}l_{1,1}&0&0\\l_{2,1}&l_{2,2}&0\\l_{3,1}&l_{3,2}&l_{3,3}\end{pmatrix}\begin{pmatrix}u_{1,1}&u_{1,2}&u_{1,3}\\0&u_{2,2}&u_{2,3}\\0&0&u_{3,3}\end{pmatrix}$$

如果将这两个矩阵相乘，可以得到如下的 12 个变量的 9 个方程。

$$\begin{cases}l_{1,1}u_{1,1}=1\\l_{1,1}u_{1,2}=3\\l_{1,1}u_{1,3}=6\\l_{2,1}u_{1,1}=2\\l_{2,1}u_{1,2}+l_{2,2}u_{2,2}=8\\l_{2,1}u_{1,3}+l_{2,2}u_{2,3}=16\\l_{3,1}u_{1,1}=5\\l_{3,1}u_{1,2}+l_{3,2}u_{2,2}=21\\l_{3,1}u_{1,3}+l_{3,2}u_{2,3}+l_{3,3}u_{3,3}=45\end{cases}$$

由于这个方程组有无穷多解，故我们可强加一些方程。令 $l_{1,1}=l_{2,2}=l_{3,3}=1$ 代入后可得

$$\begin{cases}u_{1,1}=1\\u_{1,2}=3\\u_{1,3}=6\\l_{2,1}=2\\u_{2,2}=2\\u_{2,3}=4\\l_{3,1}=5\\l_{3,2}=3\\u_{3,3}=3\end{cases}$$

于是 $\boldsymbol{A}=\boldsymbol{LU}$ 分解为

$$\begin{pmatrix}1&3&6\\2&8&16\\5&21&45\end{pmatrix}=\begin{pmatrix}1&0&0\\2&1&0\\5&3&1\end{pmatrix}\begin{pmatrix}1&3&6\\0&2&4\\0&0&3\end{pmatrix}$$

为了求解原线性方程组 $\boldsymbol{Ax}=\boldsymbol{b}$，我们可以有

$$\boldsymbol{Ax}=\boldsymbol{b}\Rightarrow\boldsymbol{LUx}=\boldsymbol{b}\Rightarrow\boldsymbol{Lw}=\boldsymbol{b}$$

其中 $\boldsymbol{Ux}=\boldsymbol{w}$。

首先考虑 $\boldsymbol{Lw}=\boldsymbol{b}$，即

$$\begin{pmatrix}1&0&0\\2&1&0\\5&3&1\end{pmatrix}\begin{pmatrix}w_1\\w_2\\w_3\end{pmatrix}=\begin{pmatrix}17\\42\\91\end{pmatrix}$$

由于该方程组为三角形的，我们可以使用代入法进行求解，其解为 $w_1=17, w_2=8, w_3=-18$。利

用这些结果，方程组 $\boldsymbol{Ux}=\boldsymbol{w}$ 很容易求解：

$$\begin{pmatrix} 1 & 3 & 6 \\ 0 & 2 & 4 \\ 0 & 0 & 3 \end{pmatrix}\begin{pmatrix} x \\ y \\ z \end{pmatrix}=\begin{pmatrix} 17 \\ 8 \\ -18 \end{pmatrix}$$

由代入法可得 $z=-6$，$y=16$，$x=5$，这就是用 LU 分解法求得的原方程组的解。

我们现在推导一般的变换公式。令

$$\boldsymbol{A}=\begin{pmatrix} a_{1,1} & a_{1,2} & \cdots & a_{1,n} \\ a_{2,1} & a_{2,2} & \cdots & a_{2,n} \\ \vdots & \vdots & & \vdots \\ a_{n,1} & a_{n,2} & \cdots & a_{n,n} \end{pmatrix}$$

相应的 $\boldsymbol{L}$ 和 $\boldsymbol{U}$ 分别为

$$\boldsymbol{L}=\begin{pmatrix} 1 & 0 & \cdots & 0 \\ l_{2,1} & 1 & \cdots & 0 \\ \vdots & \vdots & & \vdots \\ l_{n,1} & l_{n,2} & \cdots & 1 \end{pmatrix}$$

$$\boldsymbol{U}=\begin{pmatrix} u_{1,1} & u_{1,2} & \cdots & u_{1,n} \\ 0 & u_{2,2} & \cdots & u_{2,n} \\ \vdots & \vdots & & \vdots \\ 0 & 0 & \cdots & u_{n,n} \end{pmatrix}$$

如果令 $\boldsymbol{A}=\boldsymbol{LU}$，有

$$a_{i,j}=\sum_{k=1}^{n} l_{i,k}u_{k,j}=\sum_{k=1}^{\min(i,j)} l_{i,k}u_{k,j}$$

其中 $i,j=1,2,\cdots,n$。

当 $i\leqslant j$ 时，即对矩阵的上三角部分，有

$$a_{i,j}=\sum_{k=1}^{i} l_{i,k}u_{k,j}=\sum_{k=1}^{i-1} l_{i,k}u_{k,j}+l_{i,i}u_{i,j}=\sum_{k=1}^{i-1} l_{i,k}u_{k,j}+u_{i,j}$$

这个方程等价于

$$u_{i,j}=a_{i,j}-\sum_{k=1}^{i-1} l_{i,k}u_{k,j}$$

这就是确定 $\boldsymbol{U}$ 中元素的公式。

当 $j<i$ 时，即对矩阵的下三角部分，有

$$a_{i,j}=\sum_{k=1}^{j} l_{i,k}u_{k,j}=\sum_{k=1}^{j-1} l_{i,k}u_{k,j}+l_{i,j}u_{j,j}$$

这个方程等价于

$$l_{i,j}=\frac{1}{u_{j,j}}\left(a_{i,j}-\sum_{k=1}^{j-1} l_{i,k}u_{k,j}\right)$$

这就是确定 $\boldsymbol{L}$ 中元素的公式。

为构造矩阵 **L** 和 **U**，确定它们元素的公式应恰当地结合起来。此处考虑两种程序（算法）。第一种程序被称为克劳特算法（Crout's Algorithm），其步骤在算法 4 中给出。

算法 4　克劳特算法

计算 **U** 的第一行
计算 **L** 的第二行
计算 **U** 的第二行
计算 **L** 的第三行
计算 **U** 的第三行
计算 **L** 的第四行
计算 **U** 的第四行
……

换言之，克劳特算法交替地计算两个三角形矩阵的各行，直到矩阵被填满。另一种常用的填满矩阵 **L** 和 **U** 的方法被称为杜利特尔算法（Doolittle's Algorithm）。这一程序在算法 5 中给出，它包含交替填充 **U** 的行和 **L** 的列的过程。

算法 5　杜利特尔算法

计算 **U** 的第一行
计算 **L** 的第一列
计算 **U** 的第二行
计算 **L** 的第二列
计算 **U** 的第三行
计算 **L** 的第三列
计算 **U** 的第四行
……

例 3.20　用杜利特尔算法计算下列矩阵的 LU 分解：

$$\boldsymbol{A}=\begin{pmatrix}1 & -1 & 3 & -4\\ 2 & -3 & 9 & -9\\ 3 & 1 & -1 & -10\\ 1 & 2 & -4 & -1\end{pmatrix}$$

在第一步中，**U** 的第一行用下面的公式进行填充

$$u_{1,j}=a_{1,j},\quad j=1,2,3,4$$

这意味着

$$u_{1,1}=a_{1,1}=1$$
$$u_{1,2}=a_{1,2}=-1$$
$$u_{1,3}=a_{1,3}=3$$
$$u_{1,4}=a_{1,4}=-4$$

然后，$\boldsymbol{L}$ 的第一列用下列公式填充，

$$l_{i,1}=\frac{a_{i,1}}{u_{1,1}},\quad i=2,3,4$$

这意味着

$$l_{2,1}=\frac{a_{2,1}}{u_{1,1}}=2$$

$$l_{3,1}=\frac{a_{3,1}}{u_{1,1}}=3$$

$$l_{4,1}=\frac{a_{4,1}}{u_{1,1}}=1$$

因此，矩阵 $\boldsymbol{L}$ 和 $\boldsymbol{U}$ 此时为

$$\boldsymbol{L}=\begin{pmatrix}1&0&0&0\\2&1&0&0\\3&l_{3,2}&1&0\\1&l_{4,2}&l_{4,3}&1\end{pmatrix}$$

$$\boldsymbol{U}=\begin{pmatrix}1&-1&3&-4\\0&u_{2,2}&u_{2,3}&u_{2,4}\\0&0&u_{3,3}&u_{3,4}\\0&0&0&u_{4,4}\end{pmatrix}$$

于是，矩阵 $\boldsymbol{U}$ 的第二行可由下式给出，

$$u_{2,j}=a_{2,j}-\sum_{k=1}^{1}l_{2,k}u_{k,j}=a_{2,j}-l_{2,1}u_{1,j}$$

其中 $j=2,3,4$。这意味着

$$u_{2,2}=a_{2,2}-l_{2,1}u_{1,2}=-1$$
$$u_{2,3}=a_{2,3}-l_{2,1}u_{1,3}=3$$
$$u_{2,4}=a_{2,4}-l_{2,1}u_{1,4}=-1$$

$\boldsymbol{L}$ 的第二列为

$$l_{i,2}=\frac{1}{u_{2,2}}\left(a_{i,2}-\sum_{k=1}^{1}l_{i,k}u_{k,2}\right)=\frac{1}{u_{2,2}}(a_{i,2}-l_{i,1}u_{1,2})$$

其中 $i=3,4$。这意味着

$$l_{3,2}=\frac{a_{3,2}-l_{3,1}u_{1,2}}{u_{2,2}}=-4$$

$$l_{4,2}=\frac{a_{4,2}-l_{4,1}u_{1,2}}{u_{2,2}}=-3$$

矩阵 $\boldsymbol{U}$ 的第三行为

$$u_{3,j}=a_{3,j}-\sum_{k=1}^{2}l_{3,k}u_{k,j}=a_{3,j}-l_{3,1}u_{1,j}-l_{3,2}u_{2,j}$$

其中$j=3,4$。这意味着

$$u_{3,3}=2$$
$$u_{3,4}=-2$$

为了求出完整的矩阵$\boldsymbol{L}$，计算

$$l_{i,3}=\frac{1}{u_{3,3}}\left(a_{i,1}-\sum_{k=1}^{2}l_{i,k}u_{k,3}\right)$$

其中$i=4$，即$l_{4,3}=1$。

最后，矩阵$\boldsymbol{U}$可由下式计算，

$$u_{4,j}=a_{4,j}-\sum_{k=1}^{3}l_{4,k}u_{k,j}$$

其中$j=4$，即$u_{4,4}=2$。

因此，矩阵$\boldsymbol{L}$和$\boldsymbol{U}$为

$$\boldsymbol{L}=\begin{pmatrix}1&0&0&0\\2&1&0&0\\3&-4&1&0\\1&-3&1&1\end{pmatrix}$$
$$\boldsymbol{U}=\begin{pmatrix}1&-1&3&-4\\0&-1&3&-1\\0&0&2&-2\\0&0&0&2\end{pmatrix}$$

3.3.4 高斯消元法和LU分解的等价性

容易证明高斯消元法和LU分解本质上是同一种方法的不同实现。为说明这一事实，证明如何用高斯消元法得到一个LU分解即可。

令$\boldsymbol{Ax}=\boldsymbol{b}$为一个线性方程组，其中

$$\boldsymbol{A}=\begin{pmatrix}a_{1,1}&a_{1,2}&\cdots&a_{1,n}\\a_{2,1}&a_{2,2}&\cdots&a_{2,n}\\\vdots&\vdots&&\vdots\\a_{n,1}&a_{n,2}&\cdots&a_{n,n}\end{pmatrix}$$

对这个线性方程组应用高斯消元法。用$\boldsymbol{G}_t$表示由高斯消元法得到的三角形系数矩阵：

$$\boldsymbol{G}_t=\begin{pmatrix}g_{1,1}&g_{1,2}&\cdots&g_{1,n}\\0&g_{2,2}&\cdots&g_{2,n}\\\vdots&\vdots&&\vdots\\0&0&\cdots&g_{n,n}\end{pmatrix}$$

为了从矩阵$\boldsymbol{A}$得到矩阵$\boldsymbol{G}_t$，如3.3.1节所述，行向量的线性组合必须按照下列权值计算，

$$\frac{a_{2,1}^{(1)}}{a_{1,1}^{(1)}},\frac{a_{3,1}^{(1)}}{a_{1,1}^{(1)}},\cdots,\frac{a_{3,2}^{(2)}}{a_{2,2}^{(2)}},\cdots$$

将这些权值按照如下方式排列在矩阵中，

$$\boldsymbol{L}_{\mathrm{t}}=\begin{pmatrix} 1 & 0 & 0 & \cdots & 0 \\ \dfrac{a_{2,1}^{(1)}}{a_{1,1}^{(1)}} & 1 & 0 & \cdots & 0 \\ \dfrac{a_{3,1}^{(1)}}{a_{1,1}^{(1)}} & \dfrac{a_{3,2}^{(2)}}{a_{2,2}^{(2)}} & 1 & \cdots & 0 \\ \vdots & \vdots & \vdots & & \vdots \\ \dfrac{a_{n,1}^{(1)}}{a_{1,1}^{(1)}} & \dfrac{a_{n,2}^{(2)}}{a_{2,2}^{(2)}} & \dfrac{a_{n,3}^{(3)}}{a_{3,3}^{(3)}} & \cdots & 1 \end{pmatrix}$$

很容易验证

$$\boldsymbol{A}=\boldsymbol{L}_{\mathrm{t}}\boldsymbol{G}_{\mathrm{t}}$$

故高斯消元法隐含着执行 LU 分解，其中 $\boldsymbol{U}$ 为高斯三角形矩阵 $\boldsymbol{U}_{\mathrm{t}}$，$\boldsymbol{L}$ 为高斯乘子矩阵 $\boldsymbol{L}_{\mathrm{t}}$。

下面用例子来阐明这一事实。

例 3.21 再次考虑线性方程组

$$\begin{cases} x+3y+6z=17 \\ 2x+8y+16z=42 \\ 5x+21y+45z=91 \end{cases}$$

其对应的系数矩阵

$$\boldsymbol{A}=\begin{pmatrix} 1 & 3 & 6 \\ 2 & 8 & 16 \\ 5 & 21 & 45 \end{pmatrix}$$

下面使用高斯消元法得到一个三角形矩阵。

第一步：

$$\boldsymbol{r}_1^{(1)}=\boldsymbol{r}_1^{(0)}=(1,3,6)$$
$$\boldsymbol{r}_2^{(1)}=\boldsymbol{r}_2^{(0)}-2\boldsymbol{r}_1^{(0)}=(0,2,4)$$
$$\boldsymbol{r}_3^{(1)}=\boldsymbol{r}_3^{(0)}-5\boldsymbol{r}_1^{(0)}=(0,6,15)$$

由此可得

$$\boldsymbol{A}^{(1)}=\begin{pmatrix} 1 & 3 & 6 \\ 0 & 2 & 4 \\ 0 & 6 & 15 \end{pmatrix}$$

并初步得到矩阵

$$\boldsymbol{L}_{\mathrm{t}}=\begin{pmatrix} 1 & 0 & 0 \\ 2 & 1 & 0 \\ 5 & \# & 1 \end{pmatrix}$$

其中#表示一个待计算的非空的数值元素。

第二步：

$$\boldsymbol{r}_1^{(2)}=\boldsymbol{r}_1^{(1)}=(1,3,6)$$

$$r_2^{(2)} = r_2^{(1)} = (0,2,4)$$
$$r_3^{(2)} = r_3^{(1)} - 3r_2^{(1)} = (0,0,3)$$

由这一步得到下面的矩阵：

$$G_t = \begin{pmatrix} 1 & 3 & 6 \\ 0 & 2 & 4 \\ 0 & 0 & 3 \end{pmatrix}$$
$$L_t = \begin{pmatrix} 1 & 0 & 0 \\ 2 & 1 & 0 \\ 5 & 3 & 1 \end{pmatrix}$$

容易验证

$$L_t G_t = \begin{pmatrix} 1 & 0 & 0 \\ 2 & 1 & 0 \\ 5 & 3 & 1 \end{pmatrix} \begin{pmatrix} 1 & 3 & 6 \\ 0 & 2 & 4 \\ 0 & 0 & 3 \end{pmatrix} = \begin{pmatrix} 1 & 3 & 6 \\ 2 & 8 & 16 \\ 5 & 21 & 45 \end{pmatrix} = A$$

3.4 迭代法

一些方法从某个初始的猜测点 $x^{(0)}$ 开始，迭代地使用某些公式来确定方程组的解，这些方法通常称为**迭代法**（iterative methods）。与在有限时间内收敛到理论解的直接法不同，迭代法是**近似的**（approximate），因为在某些条件下它们**收敛**（converge）到线性方程组的精确解需要无限步。此外，必须强调，直接法和迭代法都通过执行一系列步骤来得到线性方程组的解。然而，直接法不断地对矩阵（增广矩阵或系数矩阵）进行操作，而迭代法则不断地处理候选解。

定义 3.13（迭代法的收敛性） *考虑线性方程组 $Ax=b$，初始解为 $x^{(0)}$，第 k 步的近似解为 $x^{(k)}$，方程组的解为 c，则一个近似方法收敛到方程组的解意味着*

$$\lim_{k\to\infty}(x^{(k)}-c)=\mathbf{0}$$

*反之，若 $\lim_{k\to\infty}(x^{(k)}-c)$ 不收敛到 $\mathbf{0}$，则称该方法**发散**（diverge）。*

所有的迭代法都可用相同的结构来刻画。若 $Ax=b$ 为一个线性方程组，它可表示为 $b-Ax=\mathbf{0}$。考虑非奇异矩阵 M 并给出下列方程：

$$\begin{aligned} b-Ax=\mathbf{0} &\Rightarrow Mx+(b-Ax)=Mx \\ &\Rightarrow M^{-1}(Mx+(b-Ax))=M^{-1}Mx \\ &\Rightarrow x=M^{-1}Mx+M^{-1}(b-Ax)=M^{-1}Mx+M^{-1}b-M^{-1}Ax \\ &\Rightarrow x=(I-M^{-1}A)x+M^{-1}b \end{aligned}$$

如果引入变量 $H=I-M^{-1}A$ 及 $t=M^{-1}b$，一个迭代法可用更新公式进行刻画，

$$x=Hx+t$$

如果要强调它是更新公式，可写为

$$x^{(k+1)}=Hx^{(k)}+t$$

在这一公式中，收敛条件很容易给出。一个迭代法对任意初始的猜测 $x^{(0)}$ 都收敛到线性方程组的解的充要条件是矩阵 H 的最大特征值的绝对值小于 1。有关特征值的含义和计算过程将

在第 10 章中给出。有关迭代法的更深入的研究不属于本书的范畴，本节只给出一些简单迭代法的例子。

3.4.1　雅可比法

雅可比法是本章的第一个，也是最简单的迭代法。该方法以卡尔・雅可比（Carl Gustav Jacob Jacobi，1804—1851）的名字命名。考虑线性方程组 $\boldsymbol{Ax}=\boldsymbol{b}$，其中 $\boldsymbol{A}$ 非奇异，$\boldsymbol{b}\neq\boldsymbol{0}$，且 $\boldsymbol{A}$ 的主对角线上没有零元素。记

$$\boldsymbol{x}^{(0)}=\begin{pmatrix} x_1^{(0)} \\ x_2^{(0)} \\ \vdots \\ x_n^{(0)} \end{pmatrix}$$

为初始猜测。第一步，将该方程组写为

$$\begin{cases} a_{1,1}x_1^{(1)}+a_{1,2}x_2^{(0)}+\cdots+a_{1,n}x_n^{(0)}=b_1 \\ a_{2,1}x_1^{(0)}+a_{2,2}x_2^{(1)}+\cdots+a_{2,n}x_n^{(0)}=b_2 \\ \qquad\vdots \\ a_{n,1}x_1^{(0)}+a_{n,2}x_2^{(0)}+\cdots+a_{n,n}x_n^{(1)}=b_n \end{cases}$$

在一般的第 k+1 步，该方程组可写为

$$\begin{cases} a_{1,1}x_1^{(k+1)}+a_{1,2}x_2^{(k)}+\cdots+a_{1,n}x_n^{(k)}=b_1 \\ a_{2,1}x_1^{(k)}+a_{2,2}x_2^{(k+1)}+\cdots+a_{2,n}x_n^{(k)}=b_2 \\ \qquad\vdots \\ a_{n,1}x_1^{(k)}+a_{n,2}x_2^{(k)}+\cdots+a_{n,n}x_n^{(k+1)}=b_n \end{cases}$$

该方程组可被重新整理为

$$\begin{cases} x_1^{(k+1)}=\left(b_1-\sum\limits_{j=1,j\neq 1}^{n}a_{1,j}x_j^{(k)}\right)\dfrac{1}{a_{1,1}} \\ x_2^{(k+1)}=\left(b_2-\sum\limits_{j=1,j\neq 2}^{n}a_{2,j}x_j^{(k)}\right)\dfrac{1}{a_{2,2}} \\ \qquad\vdots \\ x_n^{(k+1)}=\left(b_n-\sum\limits_{j=1,j\neq n}^{n}a_{n,j}x_j^{(k)}\right)\dfrac{1}{a_{n,n}} \end{cases}$$

雅可比法就是简单地使用这样的迭代来确定解。对第 i 个变量，一般的更新公式为

$$x_i^{(k+1)}=\left(b_i-\sum_{j=1,j\neq i}^{n}a_{i,j}x_j^{(k)}\right)\frac{1}{a_{i,i}}$$

雅可比法的原理非常简单且易于实现。下一个例子给出了该方法在实践中的实现。

例 3.22　线性方程组

$$\begin{cases} 10x+2y+z=1 \\ 10y-z=0 \\ x+y-10z=4 \end{cases}$$

为适定的，因为其对应的矩阵是非奇异的且行列式等于-1002。用克拉默法则求得其解为

$$\begin{cases} x=\dfrac{49}{334} \\ y=-\dfrac{13}{334} \\ z=-\dfrac{65}{167} \end{cases}$$

现用雅可比法求解该方程组。首先给出更新公式：

$$\begin{cases} x^{(k+1)}=\dfrac{1}{10}(1-2y^{(k)}-z^{(k)}) \\ y^{(k+1)}=\dfrac{1}{10}z^{(k)} \\ z^{(k+1)}=-\dfrac{1}{10}(4-x^{(k)}-y^{(k)}) \end{cases}$$

并取初始猜测为

$$\begin{cases} x^{(0)}=0 \\ y^{(0)}=0 \\ z^{(0)}=0 \end{cases}$$

现使用这一方法有，

$$\begin{cases} x^{(1)}=\dfrac{1}{10}(1-2y^{(0)}-z^{(0)})=0.1 \\ y^{(1)}=\dfrac{1}{10}z^{(0)}=0 \\ z^{(1)}=-\dfrac{1}{10}(4-x^{(0)}-y^{(0)})=-0.4 \end{cases}$$

这三个值被用于计算 $x^{(2)}, y^{(2)}, z^{(2)}$：

$$x^{(2)}=\frac{1}{10}(1-2y^{(1)}-z^{(1)})=0.14$$

$$y^{(2)}=\frac{1}{10}z^{(1)}=-0.04$$

$$z^{(2)}=-\frac{1}{10}(4-x^{(1)}-y^{(1)})=-0.39$$

迭代地应用雅可比法可得

$$\begin{cases} x^{(3)}=0.147 \\ y^{(3)}=-0.039 \\ z^{(3)}=-0.39 \end{cases}$$

$$\begin{cases} x^{(4)}=0.1468 \\ y^{(4)}=-0.039 \\ z^{(4)}=-0.3892 \end{cases}$$

$$\begin{cases}x^{(5)}=0.14672\\y^{(5)}=-0.03892\\z^{(5)}=-0.389220\end{cases}$$

步骤（5）近似地求解了方程组。我们可通过将这些数值代入方程组进行验证：

$$\begin{aligned}10x^{(5)}+\ 2y^{(5)}+\quad z^{(5)}&=1.0001\\10y^{(4)}-\quad z^{(4)}&=0.00002\\x^{(4)}+\quad y^{(4)}-10z^{(4)}&=4\end{aligned}$$

这个解已经给出了精确解的一个近似值。在步骤（10）中，可得

$$\begin{cases}x^{(10)}=0.146707\\y^{(10)}=-0.038922\\z^{(10)}=-0.389222\end{cases}$$

它与精确解之间的距离大概是 10^{-9}。

雅可比法也可以写成矩阵形式。若记

$$\boldsymbol{E}=\begin{pmatrix}0&0&\cdots&0\\a_{2,1}&0&\cdots&0\\\vdots&\vdots&&\vdots\\a_{n,1}&a_{n,2}&\cdots&0\end{pmatrix}$$

$$\boldsymbol{F}=\begin{pmatrix}0&a_{1,2}&\cdots&a_{1,n}\\0&0&\cdots&a_{2,n}\\\vdots&\vdots&&\vdots\\0&0&\cdots&0\end{pmatrix}$$

$$\boldsymbol{D}=\begin{pmatrix}a_{1,1}&0&\cdots&0\\0&a_{2,2}&\cdots&0\\\vdots&\vdots&&\vdots\\0&0&\cdots&a_{n,n}\end{pmatrix}$$

线性方程组可被写为

$$\boldsymbol{Ex}^{(k)}+\boldsymbol{Fx}^{(k)}+\boldsymbol{Dx}^{(k+1)}=\boldsymbol{b}$$

即

$$\boldsymbol{x}^{(k+1)}=-\boldsymbol{D}^{-1}(\boldsymbol{E}+\boldsymbol{F})\boldsymbol{x}^{(k)}+\boldsymbol{D}^{-1}\boldsymbol{b}$$

考虑到 $\boldsymbol{E}+\boldsymbol{F}=\boldsymbol{A}-\boldsymbol{D}$，方程可被写为

$$\boldsymbol{x}^{(k+1)}=(\boldsymbol{I}-\boldsymbol{D}^{-1}\boldsymbol{A})\boldsymbol{x}^{(k)}+\boldsymbol{D}^{-1}\boldsymbol{b}$$

因此，在雅可比法中 $\boldsymbol{H}=\boldsymbol{I}-\boldsymbol{D}^{-1}\boldsymbol{A}$ 和 $\boldsymbol{t}=\boldsymbol{D}^{-1}\boldsymbol{b}$。

例 3.23　与前面例子相关的线性方程组可写为矩阵形式 $\boldsymbol{Ax}=\boldsymbol{b}$。考虑

$$\boldsymbol{E}=\begin{pmatrix}0&0&0\\0&0&0\\1&1&0\end{pmatrix}$$

$$F=\begin{pmatrix}0 & 2 & 1\\ 0 & 0 & -1\\ 0 & 0 & 0\end{pmatrix}$$

$$D=\begin{pmatrix}10 & 0 & 0\\ 0 & 10 & 0\\ 0 & 0 & -10\end{pmatrix}$$

可以求得

$$D^{-1}=\begin{pmatrix}\frac{1}{10} & 0 & 0\\ 0 & \frac{1}{10} & 0\\ 0 & 0 & -\frac{1}{10}\end{pmatrix}$$

雅可比法的矩阵表示意味着向量形式的解通过下列公式进行更新，

$$\begin{pmatrix}x^{(k+1)}\\ y^{(k+1)}\\ z^{(k+1)}\end{pmatrix}=H\begin{pmatrix}x^{(k)}\\ y^{(k)}\\ z^{(k)}\end{pmatrix}+t$$

其中

$$H=I-D^{-1}A=\begin{pmatrix}1 & 0 & 0\\ 0 & 1 & 0\\ 0 & 0 & 1\end{pmatrix}-\begin{pmatrix}\frac{1}{10} & 0 & 0\\ 0 & \frac{1}{10} & 0\\ 0 & 0 & -\frac{1}{10}\end{pmatrix}\begin{pmatrix}10 & 2 & 1\\ 0 & 10 & -1\\ 1 & 1 & -10\end{pmatrix}$$

$$=\begin{pmatrix}0 & -\frac{1}{5} & -\frac{1}{10}\\ 0 & 0 & \frac{1}{10}\\ \frac{1}{10} & \frac{1}{10} & 0\end{pmatrix}$$

$$t=D^{-1}b=\begin{pmatrix}\frac{1}{10} & 0 & 0\\ 0 & \frac{1}{10} & 0\\ 0 & 0 & -\frac{1}{10}\end{pmatrix}\begin{pmatrix}1\\ 0\\ 4\end{pmatrix}=\begin{pmatrix}\frac{1}{10}\\ 0\\ -\frac{4}{10}\end{pmatrix}$$

可以证明，迭代应用矩阵乘法与求和可以得到近似解。考虑初始猜测

$$\begin{cases} x^{(0)}=0 \\ y^{(0)}=0 \\ z^{(0)}=0 \end{cases}$$

我们有

$$\begin{pmatrix} x^{(1)} \\ y^{(1)} \\ z^{(1)} \end{pmatrix}=\begin{pmatrix} 0 & -\frac{1}{5} & -\frac{1}{10} \\ 0 & 0 & \frac{1}{10} \\ \frac{1}{10} & \frac{1}{10} & 0 \end{pmatrix}\begin{pmatrix} 0 \\ 0 \\ 0 \end{pmatrix}+\begin{pmatrix} \frac{1}{10} \\ 0 \\ -\frac{4}{10} \end{pmatrix}=\begin{pmatrix} \frac{1}{10} \\ 0 \\ -\frac{4}{10} \end{pmatrix}$$

$$\begin{pmatrix} x^{(2)} \\ y^{(2)} \\ z^{(2)} \end{pmatrix}=\begin{pmatrix} 0 & -\frac{1}{5} & -\frac{1}{10} \\ 0 & 0 & \frac{1}{10} \\ \frac{1}{10} & \frac{1}{10} & 0 \end{pmatrix}\begin{pmatrix} \frac{1}{10} \\ 0 \\ -\frac{4}{10} \end{pmatrix}+\begin{pmatrix} \frac{1}{10} \\ 0 \\ -\frac{4}{10} \end{pmatrix}=\begin{pmatrix} 0.14 \\ -0.04 \\ -0.39 \end{pmatrix}$$

继续此迭代过程，在步骤（10）得到相同的解

$$\begin{cases} x^{(10)}=0.146707 \\ y^{(10)}=-0.038922 \\ z^{(10)}=-0.389222 \end{cases}$$

显然两种方式的雅可比法得到了相同的结果（因为它们是相同的）。

为清楚起见，雅可比法的伪代码在算法 6 中给出。

算法 6　雅可比法

```
输入 A 和 b
n 为 A 的阶
while 精度条件 do
    for i=1:n do
        s=0
        for j=1:n do
            if j≠i then
                s=s+a_{i,j}x_j
            end if
        end for
        y_i = (1/a_{i,i})(b_i-s)
    end for
    x=y
end while
```

3.4.2 高斯-赛德尔法

高斯-赛德尔法以卡尔·弗里德里希·高斯（Carl Friedrich Gauss，1777—1855）和菲利普·路德维希·冯·赛德尔（Philipp L. Seidel，1821—1896）的名字命名，它是雅可比法的变形。这一变形，尽管非常简单，通常（但不总是）能够更快地收敛到方程组的解。用雅可比法，$\boldsymbol{x}^{(k+1)}$ 的更新出现在所有变量 $x_i^{(k+1)}$ 都存在的时候。根据高斯-赛德尔法，只要 x_i 的值被计算出来，就更新原有的元素。因此，线性方程组的高斯-赛德尔法公式为

$$
\begin{cases}
x_1^{(k+1)} = \left(b_1 - \sum\limits_{j=2}^{n} a_{1,j} x_j^{(k)} \right) \dfrac{1}{a_{1,1}} \\
x_2^{(k+1)} = \left(b_2 - \sum\limits_{j=3}^{n} a_{2,j} x_j^{(k)} - a_{2,1} x_1^{(k+1)} \right) \dfrac{1}{a_{2,2}} \\
\quad\vdots \\
x_i^{(k+1)} = \left(b_i - \sum\limits_{j=i+1}^{n} a_{i,j} x_j^{(k)} - \sum\limits_{j=1}^{i-1} a_{i,j} x_j^{(k+1)} \right) \dfrac{1}{a_{i,i}} \\
x_n^{(k+1)} = \left(b_n - \sum\limits_{j=1}^{n-1} a_{i,j} x_i^{(k+1)} \right) \dfrac{1}{a_{n,n}}
\end{cases}
$$

例 3.24 用上面给出的高斯-赛德尔法求解例 3.22 中的线性方程组。该方程组为

$$
\begin{cases}
10x + 2y + z = 1 \\
10y - z = 0 \\
x + y - 10z = 4
\end{cases}
$$

首先给出高斯-赛德尔法的更新公式：

$$
\begin{cases}
x^{(k+1)} = \dfrac{1}{10}(1 - 2y^{(k)} - z^{(k)}) \\
y^{(k+1)} = \dfrac{1}{10} z^{(k)} \\
z^{(k+1)} = -\dfrac{1}{10}(4 - x^{(k+1)} - y^{(k+1)})
\end{cases}
$$

由初始的猜测

$$
\begin{cases}
x^{(0)} = 0 \\
y^{(0)} = 0 \\
z^{(0)} = 0
\end{cases}
$$

有

$$
\begin{cases}
x^{(1)} = \dfrac{1}{10}(1 - 2y^{(0)} - z^{(0)}) = 0.1 \\
y^{(1)} = \dfrac{1}{10} z^{(0)} = 0 \\
z^{(1)} = -\dfrac{1}{10}(4 - x^{(1)} - y^{(1)}) = -0.39
\end{cases}
$$

迭代使用该程序有

$$\begin{cases}x^{(2)}=\dfrac{1}{10}(1-2y^{(1)}-z^{(1)})=0.139\\ y^{(2)}=\dfrac{1}{10}z^{(1)}=-0.039\\ z^{(2)}=-\dfrac{1}{10}(4-x^{(2)}-y^{(2)})=-0.39\end{cases}$$

$$\begin{cases}x^{(3)}=\dfrac{1}{10}(1-2y^{(2)}-z^{(2)})=0.1468\\ y^{(3)}=\dfrac{1}{10}z^{(2)}=-0.039\\ z^{(3)}=-\dfrac{1}{10}(4-x^{(3)}-y^{(3)})=-0.38922\end{cases}$$

$$\begin{cases}x^{(4)}=\dfrac{1}{10}(1-2y^{(3)}-z^{(3)})=0.146722\\ y^{(4)}=\dfrac{1}{10}z^{(3)}=-0.038922\\ z^{(4)}=-\dfrac{1}{10}(4-x^{(4)}-y^{(4)})=-0.389220\end{cases}$$

步骤（10）的解为

$$\begin{cases}x^{(10)}=0.146707\\ y^{(10)}=-0.038922\\ z^{(10)}=-0.389222\end{cases}$$

它与精确解的距离至多为 10^{-12}。

下面将高斯-赛德尔法用矩阵进行改写。若记

$$\boldsymbol{G}=\begin{pmatrix}a_{1,1} & 0 & \cdots & 0\\ a_{2,1} & a_{2,2} & \cdots & 0\\ \vdots & \vdots & & \vdots\\ a_{n,1} & a_{n,2} & \cdots & a_{n,n}\end{pmatrix}$$

$$\boldsymbol{S}=\begin{pmatrix}0 & a_{1,2} & \cdots & a_{1,n}\\ 0 & 0 & \cdots & a_{2,n}\\ \vdots & \vdots & & \vdots\\ 0 & 0 & \cdots & 0\end{pmatrix}$$

则

$$\begin{aligned}\boldsymbol{Ax}=\boldsymbol{b}&\Rightarrow \boldsymbol{Gx}^{(k+1)}+\boldsymbol{Sx}^{(k)}=\boldsymbol{b}\\ &\Rightarrow \boldsymbol{x}^{(k+1)}=-\boldsymbol{G}^{-1}\boldsymbol{Sx}^{(k)}+\boldsymbol{G}^{-1}\boldsymbol{b}\end{aligned}$$

因此，高斯-赛德尔法写为迭代方法的一般形式可取 $\boldsymbol{H}=-\boldsymbol{G}^{-1}\boldsymbol{S}$ 及 $\boldsymbol{t}=\boldsymbol{G}^{-1}\boldsymbol{b}$。

例 3.25　下面用矩阵方法来求得前面方程组的相同解。该方法的矩阵为

$$G=\begin{pmatrix}10 & 0 & 0\\ 0 & 10 & 0\\ 1 & 1 & -10\end{pmatrix}$$

$$S=\begin{pmatrix}0 & 2 & 1\\ 0 & 0 & -1\\ 0 & 0 & 0\end{pmatrix}$$

可以求得 G 的逆矩阵为

$$G^{-1}=\begin{pmatrix}\frac{1}{10} & 0 & 0\\ 0 & \frac{1}{10} & 0\\ \frac{1}{10} & \frac{1}{10} & -\frac{1}{10}\end{pmatrix}$$

那么，更新公式可写为

$$\begin{pmatrix}x^{(k+1)}\\ y^{(k+1)}\\ z^{(k+1)}\end{pmatrix}=-\begin{pmatrix}\frac{1}{10} & 0 & 0\\ 0 & \frac{1}{10} & 0\\ \frac{1}{10} & \frac{1}{10} & -\frac{1}{10}\end{pmatrix}\begin{pmatrix}0 & 2 & 1\\ 0 & 0 & -1\\ 0 & 0 & 0\end{pmatrix}\begin{pmatrix}x^{(k)}\\ y^{(k)}\\ z^{(k)}\end{pmatrix}+\begin{pmatrix}\frac{1}{10} & 0 & 0\\ 0 & \frac{1}{10} & 0\\ \frac{1}{10} & \frac{1}{10} & -\frac{1}{10}\end{pmatrix}\begin{pmatrix}1\\ 0\\ 4\end{pmatrix}$$

即

$$\begin{pmatrix}x^{(k+1)}\\ y^{(k+1)}\\ z^{(k+1)}\end{pmatrix}=-\begin{pmatrix}0 & 0.2 & 0.1\\ 0 & 0 & -0.1\\ 0 & 0.02 & 0\end{pmatrix}\begin{pmatrix}x^{(k)}\\ y^{(k)}\\ z^{(k)}\end{pmatrix}+\begin{pmatrix}0.1\\ 0\\ -0.39\end{pmatrix}$$

如果迭代式地应用此公式，我们可以得到与前面相同的结果，即步骤（10）有

$$\begin{cases}x^{(10)}=0.146707\\ y^{(10)}=-0.038922\\ z^{(10)}=-0.389222\end{cases}$$

为清楚起见，高斯-赛德尔法的伪代码在算法 7 中给出。

算法 7　高斯-赛德尔法

```
输入 A 和 b
n 为 A 的阶数
while 精度条件 do
    for i=1: n do
        s=0
        for j=1: n do
            if j≠i then
```

```
            s=s+a_{i,j}x_j
         end if
      end for
      x_i = 1/a_{i,i} (b_i - s)
   end for
end while
```

3.4.3 超松弛法

超松弛法（Successive Over Relaxation，SOR）为高斯-赛德尔法的一个变形，其目的是得到一个比原始方法收敛速度更快的方法，参见文献［8］。SOR 法通过引入依赖于第 k 步暂时求得的解的更新公式，对高斯-赛德尔法进行修正。更详细地说，若 $\boldsymbol{x}^{(k)}$ 为在第 k 步得到的解，$\boldsymbol{x}_{\mathrm{GS}}^{(k+1)}$ 为第 $k+1$ 步高斯-赛德尔法的更新，则 SOR 法的更新公式为：

$$\boldsymbol{x}_{\mathrm{SOR}}^{(k+1)}=\omega\boldsymbol{x}_{\mathrm{GS}}^{(k+1)}+(1-\omega)\boldsymbol{x}^{(k)}$$

其中 ω 为一个需要设定的参数。显然，如果 $\omega=1$，SOR 法就退化为高斯-赛德尔法。SOR 法的显式更新公式可以通过在高斯-赛德尔法的基础上增加 $\boldsymbol{x}^{(k)}$ 的贡献而获得：

$$\begin{cases}x_1^{(k+1)}=\left(b_1-\sum_{j=2}^{n}a_{1,j}x_j^{(k)}\right)\dfrac{\omega}{a_{1,1}}+(1-\omega)x_1^{(k)}\\ x_2^{(k+1)}=\left(b_2-\sum_{j=3}^{n}a_{2,j}x_j^{(k)}-a_{2,1}x_1^{(k+1)}\right)\dfrac{\omega}{a_{2,2}}+(1-\omega)x_2^{(k)}\\ \quad\vdots\\ x_i^{(k+1)}=\left(b_i-\sum_{j=i+1}^{n}a_{i,j}x_j^{(k)}-\sum_{j=1}^{i-1}a_{i,j}x_j^{(k+1)}\right)\dfrac{\omega}{a_{i,i}}+(1-\omega)x_i^{(k)}\\ \quad\vdots\\ x_n^{(k+1)}=\left(b_n-\sum_{j=1}^{n-1}a_{i,j}x_j^{(k+1)}\right)\dfrac{\omega}{a_{n,n}}+(1-\omega)x_n^{(k)}\end{cases}$$

例 3.26　再次求解线性方程组

$$\begin{cases}10x+2y+z=1\\ 10y-z=0\\ x+y-10z=4\end{cases}$$

此次使用 SOR 法。取 $\omega=0.9$，更新方程为

$$\begin{cases}x^{(k+1)}=\dfrac{0.9}{10}(1-2y^{(k)}-z^{(k)})+0.1x^{(k)}\\ y^{(k+1)}=\dfrac{0.9}{10}z^{(k)}+0.1y^{(k)}\\ z^{(k+1)}=-\dfrac{0.9}{10}(4-x^{(k+1)}-y^{(k+1)})+0.1z^{(k)}\end{cases}$$

再次取初始猜测为

$$\begin{cases}x^{(0)}=0\\y^{(0)}=0\\z^{(0)}=0\end{cases}$$

并使用SOR法计算几次迭代：

$$\begin{cases}x^{(1)}=\dfrac{0.9}{10}(1-2y^{(0)}-z^{(0)})+0.1x^{(0)}=0.09\\y^{(1)}=\dfrac{0.9}{10}z^{(0)}+0.1y^{(0)}=0\\z^{(1)}=-\dfrac{0.9}{10}(4-x^{(1)}-y^{(1)})+0.1z^{(0)}=-0.3519\end{cases}$$

执行迭代过程得

$$\begin{cases}x^{(2)}=\dfrac{0.9}{10}(1-2y^{(1)}-z^{(1)})+0.1x^{(1)}=0.130671\\y^{(2)}=\dfrac{0.9}{10}z^{(1)}+0.1y^{(1)}=-0.031671\\z^{(2)}=-\dfrac{0.9}{10}(4-x^{(2)}-y^{(2)})+0.1z^{(1)}=-0.386280\end{cases}$$

$$\begin{cases}x^{(3)}=\dfrac{0.9}{10}(1-2y^{(2)}-z^{(2)})+0.1x^{(2)}=0.143533\\y^{(3)}=\dfrac{0.9}{10}z^{(2)}+0.1y^{(2)}=-0.037932\\z^{(3)}=-\dfrac{0.9}{10}(4-x^{(3)}-y^{(3)})+0.1z^{(2)}=-0.389124\end{cases}$$

$$\begin{cases}x^{(4)}=\dfrac{0.9}{10}(1-2y^{(3)}-z^{(3)})+0.1x^{(3)}=0.146202\\y^{(4)}=\dfrac{0.9}{10}z^{(3)}+0.1y^{(3)}=-0.038814\\z^{(4)}=-\dfrac{0.9}{10}(4-x^{(4)}-y^{(4)})+0.1z^{(3)}=-0.389247\end{cases}$$

在步骤（10），有

$$\begin{cases}x^{(10)}=0.146707\\y^{(10)}=-0.038922\\z^{(10)}=-0.389222\end{cases}$$

它的误差至多是 10^{-8} 阶。

可以看到，最好的结果（或者比收敛最快更好的结果）是由高斯-赛德尔法得到的。用SOR法的根本原因是参数 ω 的存在，使得我们可以容易地控制该方法的性能。这一主题，以及参数的选取将在下面的章节中讨论。

像雅可比方法一样，如果我们记

$$\boldsymbol{E}=\begin{pmatrix}0 & 0 & \cdots & 0\\ a_{2,1} & 0 & \cdots & 0\\ \vdots & \vdots & & \vdots\\ a_{n,1} & a_{n,2} & \cdots & 0\end{pmatrix}$$

$$\boldsymbol{F}=\begin{pmatrix}0 & a_{1,2} & \cdots & a_{1,n}\\ 0 & 0 & \cdots & a_{2,n}\\ \vdots & \vdots & & \vdots\\ 0 & 0 & \cdots & 0\end{pmatrix}$$

$$\boldsymbol{D}=\begin{pmatrix}a_{1,1} & 0 & \cdots & 0\\ 0 & a_{2,2} & \cdots & 0\\ \vdots & \vdots & & \vdots\\ 0 & 0 & \cdots & a_{n,n}\end{pmatrix}$$

则方程组 $\boldsymbol{Ax}=\boldsymbol{b}$ 可记为 $\boldsymbol{Ex}+\boldsymbol{Fx}+\boldsymbol{Dx}=\boldsymbol{b}$。若考虑根据高斯-赛德尔法更新上标，可记

$$\boldsymbol{Ex}^{(k+1)}+\boldsymbol{Fx}^{(k)}+\boldsymbol{Dx}^{(k+1)}=\boldsymbol{b}$$
$$\Rightarrow\boldsymbol{x}^{(k+1)}=\boldsymbol{D}^{-1}(-\boldsymbol{Ex}^{(k+1)}-\boldsymbol{Fx}^{(k)}+\boldsymbol{b})$$

SOR 法将上面的公式修正为

$$\boldsymbol{x}^{(k+1)}=\omega\boldsymbol{D}^{-1}(-\boldsymbol{Ex}^{(k+1)}-\boldsymbol{Fx}^{(k)}+\boldsymbol{b})+(1-\omega)\boldsymbol{x}^{(k)}$$

提取 $\boldsymbol{x}^{(k+1)}$，可得

$$\boldsymbol{Dx}^{(k+1)}=\omega(-\boldsymbol{Ex}^{(k+1)}-\boldsymbol{Fx}^{(k)}+\boldsymbol{b})+(1-\omega)\boldsymbol{Dx}^{(k)}$$
$$\Rightarrow(\boldsymbol{D}+\omega\boldsymbol{E})\boldsymbol{x}^{(k+1)}=\omega(-\boldsymbol{Fx}^{(k)}+\boldsymbol{b})+(1-\omega)\boldsymbol{Dx}^{(k)}=((1-\omega)\boldsymbol{D}-\omega\boldsymbol{F})\boldsymbol{x}^{(k)}+\omega\boldsymbol{b}$$
$$\Rightarrow\boldsymbol{x}^{(k+1)}=(\boldsymbol{D}+\omega\boldsymbol{E})^{-1}(((1-\omega)\boldsymbol{D}-\omega\boldsymbol{F})\boldsymbol{x}^{(k)}+\omega\boldsymbol{b})$$

可以记

$$\boldsymbol{H}=(\boldsymbol{D}+\omega\boldsymbol{E})^{-1}((1-\omega)\boldsymbol{D}-\omega\boldsymbol{F})$$
$$\boldsymbol{t}=(\boldsymbol{D}+\omega\boldsymbol{E})^{-1}\omega\boldsymbol{b}$$

因此，SOR 法也可用迭代法的一般形式表示。

例 3.27　下面给出求解上述线性方程组的 SOR 法的矩阵形式更新公式。考虑

$$\boldsymbol{E}=\begin{pmatrix}0 & 0 & 0\\ 0 & 0 & 0\\ 1 & 1 & 0\end{pmatrix}$$

$$\boldsymbol{F}=\begin{pmatrix}0 & 2 & 1\\ 0 & 0 & -1\\ 0 & 0 & 0\end{pmatrix}$$

$$\boldsymbol{D}=\begin{pmatrix}10 & 0 & 0\\ 0 & 10 & 0\\ 0 & 0 & -10\end{pmatrix}$$

显然，如果 $\omega=0.9$，有

$$\omega\boldsymbol{E}=\begin{pmatrix}0 & 0 & 0\\ 0 & 0 & 0\\ 0.9 & 0.9 & 0\end{pmatrix}$$

$$D+\omega E=\begin{pmatrix}10&0&0\\0&10&0\\0.9&0.9&-10\end{pmatrix}$$

该三角形矩阵的逆矩阵为

$$(D+\omega E)^{-1}=\begin{pmatrix}0.1&0&0\\0&0.1&0\\0.009&0.009&-0.1\end{pmatrix}$$

现计算

$$((1-\omega)D-\omega F)=\left(0.1\begin{pmatrix}10&0&0\\0&10&0\\0&0&-10\end{pmatrix}-0.9\begin{pmatrix}0&2&1\\0&0&-1\\0&0&0\end{pmatrix}\right)$$
$$=\begin{pmatrix}1&-1.8&-0.9\\0&1&0.9\\0&0&-1\end{pmatrix}$$

最后，通过将这两个矩阵做乘法得 H：

$$H=(D+\omega E)^{-1}((1-\omega)D-\omega F)$$
$$=\begin{pmatrix}0.1&-0.18&-0.09\\0&0.1&0.09\\0.009&-0.0072&0.1\end{pmatrix}$$

然后计算向量 t，可得

$$t=(D+\omega E)^{-1}\omega b$$
$$=\begin{pmatrix}0.1&0&0\\0&0.1&0\\0.009&0.009&-0.1\end{pmatrix}\begin{pmatrix}0.9\\0\\3.6\end{pmatrix}$$
$$=\begin{pmatrix}0.09\\0\\-0.3519\end{pmatrix}$$

为清楚起见，SOR 法的伪代码在算法 8 中给出。

算法 8　SOR 法

```
输入 A 和 b
输入 ω
n 为 A 的阶数
while 精度条件 do
    for i=1:n do
        s=0
        for j=1:n do
            if j≠i then
                s=s+a_{i,j}x_j
```

```
        end if
    end for
```
$$x_i=\frac{\omega}{a_{i,i}}(b_i-s)+(1-\omega)x_i$$
```
  end for
end while
```

3.4.4　各种方法的数值比较与收敛条件

为理解上一节中三种迭代法之间的不同和相对优势，给出下面的例子。

例 3.28　考虑线性方程组

$$\begin{cases}5x-2y+3z=-1\\3x+9y+z=2\\2x+y+7z=3\end{cases}$$

为了求解它，首先使用雅可比法。该方程组可改写为

$$\begin{cases}x=-\dfrac{1}{5}+\dfrac{2}{5}y-\dfrac{3}{5}z\\[2mm]y=\dfrac{2}{9}-\dfrac{3}{9}x-\dfrac{1}{9}z\\[2mm]z=\dfrac{3}{7}-\dfrac{2}{7}x-\dfrac{1}{7}y\end{cases}$$

从步骤（k）到步骤（$k+1$）的雅可比更新公式为

$$x^{(k+1)}=-\frac{1}{5}+\frac{2}{5}y^{(k)}-\frac{3}{5}z^{(k)}$$

$$y^{(k+1)}=\frac{2}{9}-\frac{3}{9}x^{(k)}-\frac{1}{9}z^{(k)}$$

$$z^{(k+1)}=\frac{3}{7}-\frac{2}{7}x^{(k)}-\frac{1}{7}y^{(k)}$$

若取 $\boldsymbol{x}^{(0)}=(0,0,0)$ 为初始猜测，可以得到 $\boldsymbol{x}^{(1)}=\left(-\frac{1}{5},\frac{2}{9},\frac{3}{7}\right)$。如果在迭代式中代入初始猜测解，可得

k	x	y	z
0	0	0	0
1	−0. 2000000	0. 2222222	0. 4285714
2	−0. 3682540	0. 2412698	0. 4539683
3	−0. 3758730	0. 2945326	0. 4993197
4	−0. 3817788	0. 2920333	0. 4938876
5	−0. 3795193	0. 2946054	0. 4959320

（续）

k	x	y	z
6	−0.3797171	0.2936251	0.4949190
7	−0.3795014	0.2938036	0.4951156
8	−0.3795479	0.2937098	0.4950285

经过八次迭代后，雅可比法返回解 $\boldsymbol{x}^{(8)}$ 满足

$$|\boldsymbol{A}\boldsymbol{x}^{(8)}-\boldsymbol{b}|=\begin{pmatrix}0.0000739\\0.0002267\\0.0001868\end{pmatrix}$$

然后使用高斯-赛德尔法求解相同的线性方程组。从步骤（k）到步骤（$k+1$）的高斯-赛德尔更新公式为

$$x^{(k+1)}=-\frac{1}{5}+\frac{2}{5}y^{(k)}-\frac{3}{5}z^{(k)}$$
$$y^{(k+1)}=\frac{2}{9}-\frac{3}{9}x^{(k+1)}-\frac{1}{9}z^{(k)}$$
$$z^{(k+1)}=\frac{3}{7}-\frac{2}{7}x^{(k+1)}-\frac{1}{7}y^{(k+1)}$$

若初始值 $\boldsymbol{x}^{(0)}=(0,0,0)$，首先有 $x^{(1)}=-0.2000000$，然后有 $y^{(1)}=\frac{2}{9}-\frac{3}{9}x^{(1)}-\frac{1}{9}z^{(0)}=0.2888889$ 和 $z^{(1)}=\frac{3}{7}-\frac{2}{7}x^{(1)}-\frac{1}{7}y^{(1)}=0.4444444$。使用高斯-赛德尔法可以得到如下的结果：

k	x	y	z
0	0	0	0
1	−0.2000000	0.2888889	0.4444444
2	−0.3511111	0.2898765	0.4874780
3	−0.3765362	0.2935701	0.4942146
4	−0.3791007	0.2936764	0.4949322
5	−0.3794887	0.293726	0.4950359
6	−0.3795312	0.2937286	0.4950477
7	−0.3795372	0.2937293	0.4950493
8	−0.3795378	0.2937294	0.4950495

可以证明雅可比法和高斯-赛德尔法收敛到非常相似的解。但对某些迭代，高斯-赛德尔法更为准确，因为

$$|\boldsymbol{A}\boldsymbol{x}^{(8)}-\boldsymbol{b}|=\begin{pmatrix}0.0000005\\0.0000002\\0\end{pmatrix}$$

最后，用 SOR 法求解上面的方程组。SOR 法从步骤（k）到步骤（$k+1$）的更新公式为

$$x^{(k+1)}=\omega\left(-\frac{1}{5}+\frac{2}{5}y^{(k)}-\frac{3}{5}z^{(k)}\right)+(1-\omega)x^{(k)}$$

$$y^{(k+1)}=\omega\left(\frac{2}{9}-\frac{3}{9}x^{(k+1)}-\frac{1}{9}z^{(k)}\right)+(1-\omega)y^{(k)}$$

$$z^{(k+1)}=\omega\left(\frac{3}{7}-\frac{2}{7}x^{(k+1)}-\frac{1}{7}y^{(k+1)}\right)+(1-\omega)z^{(k)}$$

取 $\omega=0.9$。若初始猜测值 $\boldsymbol{x}^{(0)}=(0,0,0)$，首先有

$$x^{(1)}=0.9\times(-0.200)+0.1\times0=-0.1800000$$

然后有

$$y^{(1)}=0.9\left(\frac{2}{9}-\frac{3}{9}x^{(1)}-\frac{1}{9}z^{(0)}\right)+0.1y^{(0)}=0.254000$$

$$z^{(1)}=0.9\left(\frac{3}{7}-\frac{2}{7}x^{(1)}-\frac{1}{7}y^{(1)}\right)+0.5z^{(0)}=0.3993429$$

k	x	y	z
0	0	0	0
1	−0.1800000	0.254000	0.3993429
2	−0.3222051	0.2821273	0.4722278
3	−0.3656577	0.2906873	0.4895893
4	−0.3762966	0.2929988	0.4937639
5	−0.3787826	0.2935583	0.4947487
6	−0.3793616	0.2936894	0.4949792
7	−0.3794967	0.2937200	0.4950331
8	−0.3795283	0.2937272	0.4950457

再一次，SOR 法得到了与雅可比法和高斯-赛德尔法非常相似的结果。八步后，解 $\boldsymbol{x}^{(8)}$ 满足

$$|\boldsymbol{A}\boldsymbol{x}^{(8)}-\boldsymbol{b}|=\begin{pmatrix}0.0000410\\0.0000054\\0.0000098\end{pmatrix}$$

它比高斯-赛德尔法得到的解略差。另外，SOR 法的优势在于该方法的收敛性可显式地通过调整 ω 得到。调整可能是一个困难的过程，但可能在某些情形下得到该方法的更高性能。一个错误的选择也可能使该方法发散，远离方程组的解。例如，给定前面的线性方程组，若 ω 取 8，八步后 $\boldsymbol{x}^{(8)}=(1.7332907\times10^{10},-5.9691761\times10^{10},3.7905479\times10^{10})$。该方法对应的误差阶数为 10^{11}，且随着迭代会持续增加。参数 ω 与 SOR 法收敛性的关系在下列定理中给出。

作为更进一步的讨论，尽管雅可比法看起来是这三个方法中表现最差的，但它隐藏着一个计算领域中非常珍贵的优势。在每次迭代中，每一行的计算与其他行的计算都是独立的。因此，迭代形式的雅可比法能够很容易地将每一行相关的计算分配到不同的中央处理器（CPU），

从而实现计算并行化。并行化对高斯-赛德尔法来说则并不容易，因为每一行都需要前面行的计算结果。显然，雅可比法的自然分配方式是：当必须处理大规模线性方程组（方程组的阶数 n 为一个较大的数），并存在一个簇可用时，这种方法更有吸引力。

定理 3.11　考虑 n 个变量 n 个方程的线性方程组 $\mathbf{Ax}=\mathbf{b}$。若对给定的矩阵及已知项，SOR 法收敛到方程组的解，则参数 ω 满足

$$|\omega-1|<1$$

ω 的选择并不是影响该方法收敛性的唯一问题。下面的例子很好地说明了这一点。

例 3.29　考虑线性方程组

$$\begin{cases}5x-2y\quad=4\\9x+3y+z=2\\8x+\ y+z=2\end{cases}$$

雅可比法和高斯-赛德尔法并不收敛到方程组的解。具体来说，经过 100 次迭代后，由雅可比法得到

$$|\mathbf{Ax}^{(100)}-\mathbf{b}|=\begin{pmatrix}93044.372\\116511.88\\95058.989\end{pmatrix}$$

由高斯-赛德尔法得到

$$|\mathbf{Ax}^{(100)}-\mathbf{b}|=\begin{pmatrix}22.988105\\7.2843257\\0\end{pmatrix}$$

换言之，上面的方程组既不能使用雅可比法也不能使用高斯-赛德尔法求解。然而，通过调整 ω 可以得到关于解的不错的近似。例如，若 ω 等于 0.5，可以得到

$$|\mathbf{Ax}^{(100)}-\mathbf{b}|=\begin{pmatrix}0\\0\\8.882\times10^{-16}\end{pmatrix}$$

这一例子表明，不是所有的线性方程组都是可以用迭代法求解的。下面的定义和定理说明了原因。

定义 3.14　令 $\mathbf{A}\in\mathbb{R}_{n,n}$ 为一个方阵。如果矩阵 $\mathbf{A}$ 主对角线上每一个元素的绝对值都大于它所在行其他元素的绝对值的和，即

$$\begin{gathered}|a_{1,1}|>|a_{1,2}|+|a_{1,3}|+\cdots+|a_{1,n}|\\|a_{2,2}|>|a_{2,1}|+|a_{2,3}|+\cdots+|a_{2,n}|\\\vdots\\|a_{n,n}|>|a_{n,1}|+|a_{n,2}|+\cdots+|a_{n,n-1}|\end{gathered}$$

则称它为**严格主对角占优的**（strictly diagonally dominant）。

定理 3.12　令 $\mathbf{Ax}=\mathbf{b}$ 为 n 个变量 n 个方程的线性方程组。若 $\mathbf{A}$ 为严格主对角占优的，则对任意初始近似的 $\mathbf{x}^{(0)}$，雅可比法和高斯-赛德尔法都将收敛到该方程组的解。

必须注意，这一定理表明严格对角占优保证了雅可比法和高斯-赛德尔法的收敛性。其逆命题并不成立，也就是说，尽管某些线性方程组相关的矩阵 $\mathbf{A}$ 不是严格对角占优的，这些方程

组也可以用雅可比法和高斯-赛德尔法求解。

此外，由于交换一行（初等行变换 E1）能够得到一个等价的线性方程组，若可通过重新排列增广矩阵 $\boldsymbol{A}^c$ 使得 $\boldsymbol{A}$ 转化为一个严格对角占优的矩阵 $\boldsymbol{C}$，则 $\boldsymbol{Ax}=\boldsymbol{b}$ 仍可用雅可比法和高斯-赛德尔法求解。

例 3.30　线性方程组

$$\begin{cases} x-10y+2z=-4 \\ 7x+\quad y+2z=\ 3 \\ x+\quad y+8z=-6 \end{cases}$$

对应的矩阵为

$$\boldsymbol{A}=\begin{pmatrix} 1 & -10 & 2 \\ 7 & 1 & 2 \\ 1 & 1 & 8 \end{pmatrix}$$

它不是严格对角占优的。尽管如此，如果交换第一个和第二个方程，可得方程组对应的系数矩阵为

$$\boldsymbol{C}=\begin{pmatrix} 7 & 1 & 2 \\ 1 & -10 & 2 \\ 1 & 1 & 8 \end{pmatrix}$$

显然，这一矩阵是严格对角占优的。因此，雅可比法和高斯-赛德尔法将收敛到其解。

表 3-1 中给出求解线性方程组的方法概要，其中符号 $\mathcal{O}$ 表示方法的复杂度，参见第 11 章。

表 3-1　求解线性方程组的方法概要

	克拉默法（Rouchè-Capelli）	直接法	迭代法
运算特征	行列式	处理矩阵	处理猜测解
结果	准确解	准确解	近似解
计算量	太高，无法接受，$\mathcal{O}(n!)$，参见第 11 章	高，$\mathcal{O}(n^3)$，参见第 11 章	对求得准确解来说是 ∞，但可在 k 步后终止，其复杂度为 $k\cdot\mathcal{O}(n^2)$，参见第 11 章
实践中的可用性	很小的矩阵（最大大约 10×10）	中等矩阵（最大大约 1000×1000）	大型矩阵
前提条件	无前提	$a_{k,k}^{(k)}\neq 0$（可用主元法求解）	对矩阵特征值的约束

习题

3.1　如果可以，请用克拉默法和 Rouchè-Capelli 矩阵理论求解齐次线性方程组

$$\begin{cases} x-2y+z=2 \\ x+5y\quad\ \ =1 \\ \quad -3y+z=1 \end{cases}$$

3.2　确定参数 k 的取值，使得下列方程组为适定的、欠定的和不相容的。

$$\begin{cases}(k+2)x+(k-1)y-z=k-2\\ kx-\quad ky\quad =2\\ 4x-\quad y\quad =1\end{cases}$$

3.3 如果可能，请用克拉默法和 Rouchè-Capelli 矩阵理论求解齐次线性方程组

$$\begin{cases}x+\ y-\ z=0\\ \quad y-\ z=0\\ x+2y-2z=0\end{cases}$$

如果可能，求出该方程组的唯一解或通解。

3.4 如果可能，请使用克拉默法和 Rouchè-Capelli 矩阵理论求解齐次线性方程组

$$\begin{cases}x+2y+3z=1\\ 4x+4y+8z=2\\ 3x-\ y+2z=1\end{cases}$$

如果可能，求出该方程组的唯一解或通解。

3.5 如果可能，请用克拉默法和 Rouchè-Capelli 矩阵理论求解齐次线性方程组

$$\begin{cases}x+2y+3z=1\\ 2x+4y+6z=2\\ 3x+6y+9z=3\end{cases}$$

如果可能，求出该方程组的唯一解或通解。

3.6 对下列线性方程组使用高斯消元法，求出其等价三角形矩阵和方程组（并不要求给出等价方程组的解）。

$$\begin{cases}x-\ y+\ z=1\\ x+\ y\quad =4\\ 2x+2y+2z=9\end{cases}$$

3.7 对下列矩阵 **A** 应用 LU 分解。

$$\boldsymbol{A}=\begin{pmatrix}5 & 0 & 5\\ 10 & 1 & 13\\ 15 & 2 & 23\end{pmatrix}$$

3.8 对线性方程组

$$\begin{cases}x+2y\quad =0\\ 2x-\ y+6z=2\\ \quad 4y+\ z=8\end{cases}$$

从 $x^{(0)}=0, y^{(0)}=0, z^{(0)}=0$ 开始，

1. 用雅可比法的第一步得到 $x^{(1)}, y^{(1)}, z^{(1)}$；
2. 用高斯-赛德尔法的第一步得到 $x^{(1)}, y^{(1)}, z^{(1)}$。

第 4 章　几何向量

4.1　基本概念

可以证明，ℝ 是一个连续集。因此，我们可以用图形的方式将它表示为一条无限长的连续直线，如图 4-1 所示，参见文献［1］。

图　4-1

设集合 $\mathbb{R}^2=\mathbb{R}\times\mathbb{R}$ 也是连续且无限的。因此，我们可以用图形的方式将它表示为一个平面。$\mathbb{R}^2$ 中的每一个元素则可被看作属于该平面的一个点 $P(x_1,x_2)$。不失一般性，我们可将一个笛卡儿参考系固定在该平面内，如图 4-2 所示，参见文献［9］。在一个笛卡儿参照系内，水平参照轴被称为**横轴**（abscissa's axis），垂直参照轴被称为**纵轴**（ordinate's axis）。

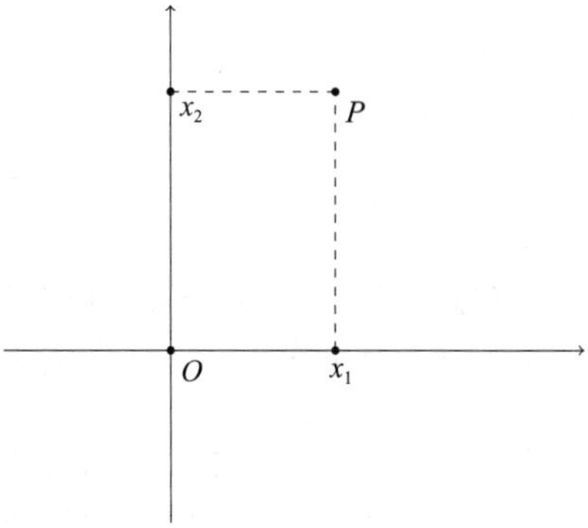

图　4-2

综上，由于直线与 ℝ 之间及平面与 $\mathbb{R}^2$ 之间存在双射，我们可将直线和平面的概念分别与一维和二维连续集合对应。

定义 4.1　如果两条属于同一个平面的直线没有公共点，则称它们**平行**（parallel）。

定义 4.2　一条直线的**方向**（direction）是另一条与其平行且通过笛卡儿坐标系原点的直线方向。

考虑属于同一平面的任意两点 $P(x_1,x_2)$ 和 $Q(y_1,y_2)$。按照简单的欧氏几何思想，只有一条直线经过 P 和 Q。这一直线确定了一个单一的方向。这一方向基于起点和终点，有两个方向。第一个是从点 P 到点 Q，第二个是从点 Q 到点 P。沿着这条直线，P 和 Q 之间的点构成一条**线段**（segment），以欧氏距离 $d_{PQ}=\sqrt{(y_1-x_1)^2+(y_2-x_2)^2}$ 刻画，参见文献［9］。

例 4.1　考虑平面上的两个点 $P(2,1)$ 和 $Q(2,2)$。其欧氏距离为

$$d_{PQ}=\sqrt{(2-2)^2+(2-1)^2}=1$$

定义 4.3　令 P 和 Q 为平面上的两点。平面内起点为 P、终点为 Q 的几何向量 $\vec{v}$ 为一个数学概念，如图 4-3 所示，其特征为：

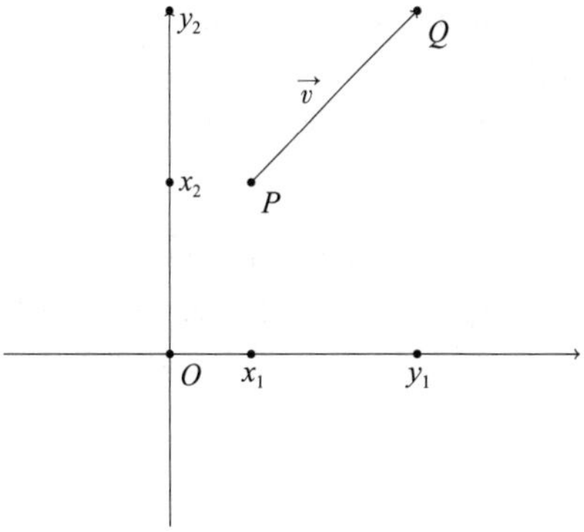

图　4-3

1. 其方向由 P 和 Q 确定；

2. 其模 $\|\vec{v}\|$ 就是 P 和 Q 之间的距离。

必须指出，虽然在上面已经定义了距离，但此处并没有正式定义方向的概念。更为清晰的有关方向的解释将在本章的最后给出，并在第 6 章中给出形式化的定义。

几何向量的概念与第 2 章定义的数值向量略微不同。可以看到，如果起点为原点 O，几何向量为数值向量的 $\mathbb{R}^2$ 的限制。考虑到参照系中的原点是任意的，这两个概念实际上是一致的。更为正式地说，平面上向量的集合与平面上的点集（即 $\mathbb{R}^2$）之间存在一种双射关系。

例 4.2 一个平面上的向量可以是（1,2），(6,5) 或（7,3）。

上面的定义可推广到空间中的向量。在空间中，$\mathbb{R}^3$ 中的两个点被表示为 $P(x_1,x_2,x_3)$ 和 $Q(y_1,y_2,y_3)$。从 P 到 Q 的线段是由两个点之间的距离来确定的，其方向由通过 P 和 Q 的直线所确定。

定义 4.4 令 P 和 Q 为空间中的两个点。起点为 P、终点为 Q 的空间几何向量 $\vec{v}$ 为一个数学概念，其特征为：

1. 它的方向由 P 和 Q 确定；
2. 其模 $\|\vec{v}\|$ 就是 P 和 Q 之间的距离。

平面上的一点属于无穷多条直线。类似地，一个向量在（三维）空间中属于无穷多个平面。若空间中的两个向量不是同一方向，它们就确定了一个包含它们的唯一平面。

定义 4.5 当空间中三个向量属于同一个平面时，称它们**共面**（coplanar）。

定义 4.6（两个向量的和） 令 $\vec{u}$ 和 $\vec{v}$ 为 $\mathbb{V}_3$ 中的两个向量。令 $\vec{u}=\overrightarrow{AB}=\boldsymbol{B}-\boldsymbol{A}$ ㊀ 且 $\vec{v}=\overrightarrow{BC}=\boldsymbol{C}-\boldsymbol{B}$。其和 $\vec{w}=\vec{u}+\vec{v}=(\boldsymbol{B}-\boldsymbol{A})+(\boldsymbol{C}-\boldsymbol{B})=\boldsymbol{C}-\boldsymbol{A}=\overrightarrow{AC}$，其中 $\vec{w}\in\mathbb{V}_3$ 且 $\vec{w}$ 属于 $\vec{u}$ 和 $\vec{v}$ 所在的平面，如图 4-4 所示。

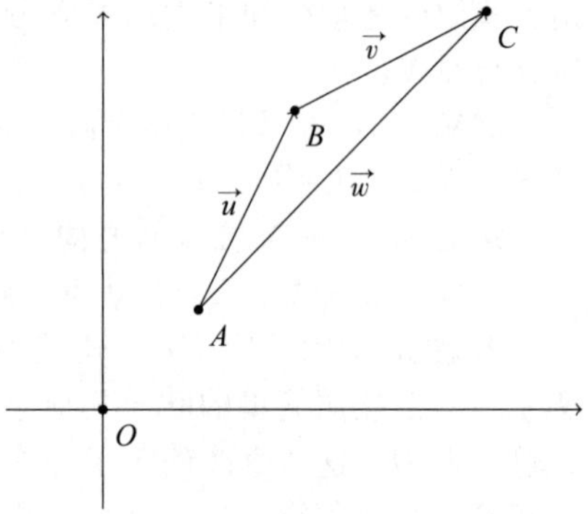

图 4-4

定义 4.7 一个特殊的空间向量为起点和终点都在参照系原点 O 的向量。该向量被称为**零向量**（null vector），用 $\vec{o}$ 表示。

空间中的零向量 $\vec{o}$ 与 $O(0,0,0)$ 重合。

可以看到，空间中向量的集合与空间中的点之间也存在双射。

本章将聚焦形如 $\overrightarrow{OP}$ 的向量，即起点为原点 O 的向量。

定义 4.8 用 $\mathbb{V}_3$ 表示空间中所有起点在原点 O 的几何向量集合。

例 4.3 一个向量 $\vec{v}\in\mathbb{V}_3$，例如（2,5,8），确定其方向的一个点为原点 O。

下面 $\mathbb{V}_3$ 中定义的向量加法为定义 4.6 中给出的向量加法的特殊情况。

定义 4.9（两个起点为 O 的向量的和） 令 B 和 C 为空间中的两点，

$$B=(b_1,b_2,b_3)$$

$$C=(c_1,c_2,c_3)$$

㊀ 表示点的字母的黑体表示以该点的坐标为分量的向量。——译者注

令 $\vec{u}$ 和 $\vec{v}$ 为 $\mathbb{V}_3$ 中的两个向量：

$$\vec{u}=\overrightarrow{OB}=\boldsymbol{B}-\boldsymbol{O}$$

$$\vec{v}=\overrightarrow{OC}=\boldsymbol{C}-\boldsymbol{O}$$

$\mathbb{V}_3$ 中向量的**和**（sum）为

$$\vec{w}=\vec{u}+\vec{v}=(\boldsymbol{B}-\boldsymbol{O})+(\boldsymbol{C}-\boldsymbol{O})=\boldsymbol{B}+\boldsymbol{C}=(b_1+c_1,b_2+c_2,b_3+c_3)$$

其中 $\vec{w}\in\mathbb{V}_3$ 且 $\vec{w}$ 属于 $\vec{u}$ 和 $\vec{v}$ 所在的平面。

下面的性质对两个向量的和是成立的。

- 交换律：$\forall\vec{u},\vec{v}\in\mathbb{V}_3:\vec{u}+\vec{v}=\vec{v}+\vec{u}$；
- 结合律：$\forall\vec{u},\vec{v},\vec{w}\in\mathbb{V}_3:(\vec{u}+\vec{v})+\vec{w}=\vec{u}+(\vec{v}+\vec{w})$；
- 中性元：$\forall\vec{v}:\exists!\,\vec{o}\mid\vec{v}+\vec{o}=\vec{o}+\vec{v}=\vec{v}$；
- 相反元：$\forall\vec{v}:\exists!-\vec{v}\mid-\vec{v}+\vec{v}=\vec{v}+(-\vec{v})=\vec{o}$。

由和的性质可以导出两个向量 $\vec{u}=\overrightarrow{AB}$ 和 $\vec{w}=\overrightarrow{AC}$ 的**差**（difference）：$\vec{u}-\vec{w}=(\boldsymbol{B}-\boldsymbol{A})-(\boldsymbol{C}-\boldsymbol{A})=\boldsymbol{B}-\boldsymbol{C}=\overrightarrow{CB}$。

例 4.4 考虑两个点 P，$Q\in\mathbb{R}^3$，其中 $P(1,3,4)$ 且 $Q(2,5,6)$。向量 $\overrightarrow{OP}$ 和 $\overrightarrow{OQ}$ 分别为

$$\overrightarrow{OP}=(1,3,4)$$

$$\overrightarrow{OQ}=(2,5,6)$$

这两个向量的和为

$$\overrightarrow{OP}+\overrightarrow{OQ}=(3,8,10)$$

例 4.5 考虑 $\mathbb{R}^2$ 中的点

$$A(1,1)$$

$$B(2,3)$$

$$C(4,4)$$

和向量

$$\overrightarrow{AB}=\boldsymbol{B}-\boldsymbol{A}=(1,2)$$

$$\overrightarrow{BC}=\boldsymbol{C}-\boldsymbol{B}=(2,1)$$

这两个向量的和为

$$\overrightarrow{AC}=\overrightarrow{AB}+\overrightarrow{BC}=(\boldsymbol{B}-\boldsymbol{A})+(\boldsymbol{C}-\boldsymbol{B})=\boldsymbol{C}-\boldsymbol{A}=(3,3) \tag{4.1}$$

可以看到，如果参照系的原点为 A，则向量 $\overrightarrow{AC}$ 应当就是点 C 的坐标。

定义 4.10（标量与向量的乘积） 令 $\vec{v}$ 为 $\mathbb{V}_3$ 中的一个向量，λ 为 $\mathbb{R}$ 中的标量。标量 λ 与向量 $\vec{v}$ 的**乘积**（product）为 $\mathbb{V}_3$ 中的一个新向量，$\lambda\vec{v}$ 的方向与 $\vec{v}$ 相同，模 $\|\lambda\vec{v}\|=|\lambda|\,\|\vec{v}\|$，且当 λ 为正数时，它与 $\vec{v}$ 同向，当 λ 为负数时，与 $\vec{v}$ 反向。

下列性质对标量与向量的乘积是成立的。

- 交换律：$\forall\lambda\in\mathbb{R}$ 且 $\forall\vec{v}\in\mathbb{V}_3:\lambda\vec{v}=\vec{v}\lambda$
- 结合律：$\forall\lambda,\mu\in\mathbb{R}$ 及 $\forall\vec{v}\in\mathbb{V}_3:\lambda(\mu\vec{v})=(\lambda\vec{v})\mu$
- 分配律 1：$\forall\lambda\in\mathbb{R}$ 及 $\forall\vec{u}$，$\vec{v}\in\mathbb{V}_3:\lambda(\vec{u}+\vec{v})=\lambda\vec{u}+\lambda\vec{v}$

- 分配律 2：$\forall \lambda,\mu \in \mathbb{R}$ 及 $\forall \vec{v} \in \mathbb{V}_3$：$(\lambda+\mu)\vec{v}=\lambda\vec{v}+\mu\vec{v}$
- 中性元：$\forall \vec{v}:1\vec{v}=\vec{v}$

例 4.6 若 $\lambda=2$ 及 $\vec{v}=(1,1,1)$，向量 $\lambda\vec{v}=(2,2,2)$。

命题 4.1 令 $\lambda \in \mathbb{R}$，$\forall \vec{v} \in \mathbb{V}_3$。则当 $\lambda=0$ 或 $\vec{v}=\vec{o}$ 时，$\lambda\vec{v}$ 等于零向量 $\vec{o}$。

证明 下面证明若 $\lambda=0$ 则 $\lambda\vec{v}=\vec{o}$。利用向量和的性质，有

$$\vec{o}=\lambda\vec{v}+(-\lambda\vec{v})$$

由于 $\lambda=0$，则用基本算数运算，$\lambda=0+0$。通过代入可得

$$\vec{o}=0\vec{v}+0\vec{v}+(-0\vec{v})=0\vec{v}+\vec{o}=0\vec{v}$$

下面证明若 $\vec{v}=\vec{o}$，则 $\lambda\vec{v}=\vec{o}$。考虑 $\vec{o}=\vec{o}+\vec{o}$，则

$$\lambda\vec{o}=\lambda(\vec{o}+\vec{o})=\lambda\vec{o}+\lambda\vec{o}$$

若将两边同加$-\lambda\vec{o}$，可得

$$\lambda\vec{o}+(-\lambda\vec{o})=\lambda(\vec{o}+\vec{o})+(-\lambda\vec{o})$$

由向量和的性质有 $\vec{o}=\lambda\vec{o}$。 □

4.2 线性相关性和线性无关性

定义 4.11 令 $\lambda_1,\lambda_2,\cdots,\lambda_n$ 为 $\mathbb{R}$ 中的 n 个标量，$\vec{v}_1,\vec{v}_2,\cdots,\vec{v}_n$ 为 $\mathbb{V}_3$ 中的 n 个向量。以 n 个标量为系数的这 n 个向量的**线性组合**（linear combination）为

$$\vec{w}=\lambda_1\vec{v}_1+\lambda_2\vec{v}_2+\cdots+\lambda_n\vec{v}_n$$

定义 4.12 令 $\vec{v}_1,\vec{v}_2,\cdots,\vec{v}_n$ 为 $\mathbb{V}_3$ 中的 n 个向量。如果零向量可以表示为这些向量的线性组合，并且系数是非零的 n 元组，则称这组向量为**线性相关的**（linear dependent）：

$$\exists \lambda_1,\lambda_2,\cdots,\lambda_n \in \mathbb{R}, \ni'$$
$$\vec{o}=\lambda_1\vec{v}_1+\lambda_2\vec{v}_2+\cdots+\lambda_n\vec{v}_n$$

其中 $(\lambda_1,\lambda_2,\cdots,\lambda_n)\neq(0,0,\cdots,0)$。

定义 4.13 令 $\vec{v}_1,\vec{v}_2,\cdots,\vec{v}_n$ 为 $\mathbb{V}_3$ 中的 n 个向量。如果将零向量表示为这些向量的线性组合时，其系数只能全为零，则称这组向量为**线性无关的**（linear independent）：

$$\nexists \lambda_1,\lambda_2,\cdots,\lambda_n \in \mathbb{R}, \ni'$$
$$\vec{o}=\lambda_1\vec{v}_1+\lambda_2\vec{v}_2+\cdots+\lambda_n\vec{v}_n$$

其中 $(\lambda_1,\lambda_2,\cdots,\lambda_n)\neq(0,0,\cdots,0)$。

例 4.7 考虑三个向量 $\vec{v}_1,\vec{v}_2,\vec{v}_3 \in \mathbb{V}_3$。如果至少存在一个 $\mathbb{R}$ 中的三元组 $(\lambda_1,\lambda_2,\lambda_3)\neq(0,0,0)$，使得 $\vec{o}=\lambda_1\vec{v}_1+\lambda_2\vec{v}_2+\lambda_3\vec{v}_3$ 成立，则这组向量是线性相关的。例如，如果三元组 $(-4,5,0)$ 满足 $\vec{o}=-4\vec{v}_1+5\vec{v}_2+0\vec{v}_3$，则这三个向量是线性相关的。

显然，如果 $(\lambda_1,\lambda_2,\lambda_3)=(0,0,0)$，则由命题 4.1，方程 $\vec{o}=\lambda_1\vec{v}_1+\lambda_2\vec{v}_2+\lambda_3\vec{v}_3$ 对线性相关及线性无关的向量都是成立的。如果得到零向量的线性组合，仅当系数全为零时成立，则这组向量是线性无关的。

例 4.8 考虑 $\mathbb{V}_3$ 中的向量

$$\vec{v}_1=(1,2,1)$$
$$\vec{v}_2=(1,1,1)$$
$$\vec{v}_3=(2,4,2)$$

现在我们判断这些向量是否线性相关。由定义，如果存在一个三元组 $(\lambda_1,\lambda_2,\lambda_3)\neq(0,0,0)$，使得

$$\vec{o}=\lambda_1\vec{v}_1+\lambda_2\vec{v}_2+\lambda_3\vec{v}_3$$

则这组向量是线性相关的。

在本例中，最后的方程为

$$(0,0,0)=\lambda_1(1,2,1)+\lambda_2(1,1,1)+\lambda_3(2,4,2)$$

它可被写为

$$\begin{cases}\lambda_1+\lambda_2+2\lambda_3=0\\2\lambda_1+\lambda_2+4\lambda_3=0\\\lambda_1+\lambda_2+2\lambda_3=0\end{cases}$$

这是一个齐次线性方程组。可以看到，与该方程组相关的矩阵的秩为 $\rho=2$。因此，该方程组有 ∞^1 个解。因此，不仅仅 $(\lambda_1,\lambda_2,\lambda_3)=(0,0,0)$ 为方程组的解。例如，$(\lambda_1,\lambda_2,\lambda_3)=(2,0,-1)$ 也是方程组的一个解。因此向量 $\vec{v}_1,\vec{v}_2,\vec{v}_3$ 是线性相关的。

例 4.9 判断下列向量的线性相关性。

$$\vec{v}_1=(1,0,0)$$
$$\vec{v}_2=(0,1,0)$$
$$\vec{v}_3=(0,0,2)$$

这意味着求标量 $\lambda_1,\lambda_2,\lambda_3$，使得

$$(0,0,0)=\lambda_1(1,0,0)+\lambda_2(0,1,0)+\lambda_3(0,0,2)$$

由此得到

$$\begin{cases}\lambda_1=0\\\lambda_2=0\\2\lambda_3=0\end{cases}$$

该方程组仅有解 $(\lambda_1,\lambda_2,\lambda_3)=(0,0,0)$。因此，向量 $\vec{v}_1,\vec{v}_2,\vec{v}_3$ 是线性无关的。

例 4.10 判断下列向量的线性相关性。

$$\vec{v}_1=(1,2,0)$$
$$\vec{v}_2=(3,1,0)$$
$$\vec{v}_3=(4,0,1)$$

这意味着求标量 $\lambda_1,\lambda_2,\lambda_3$，使得

$$(0,0,0)=\lambda_1(1,2,0)+\lambda_2(3,1,0)+\lambda_3(4,0,1)$$

由此得到

$$\begin{cases}\lambda_1+3\lambda_2+4\lambda_3=0\\2\lambda_1+\lambda_2=0\\\lambda_3=0\end{cases}$$

该方程组是适定的，且只有解 $(\lambda_1,\lambda_2,\lambda_3)=(0,0,0)$。因此，这组向量是线性无关的。

定理 4.1 令 $\vec{v}_1,\vec{v}_2,\cdots,\vec{v}_n$ 为 $\mathbb{V}_3$ 中的 n 个向量。这些向量线性相关的充要条件是其中至少一个向量可以表示为其他向量的线性组合。

证明　若这些向量是线性相关的，则

$$\exists(\lambda_1,\lambda_2,\cdots,\lambda_n)\neq(0,0,\cdots,0)$$
$$\vec{o}=\lambda_1\vec{v}_1+\lambda_2\vec{v}_2+\cdots+\lambda_n\vec{v}_n$$

不失一般性，设 $\lambda_1\neq 0$。因此，

$$\vec{o}=\lambda_1\vec{v}_1+\lambda_2\vec{v}_2+\cdots+\lambda_n\vec{v}_n$$
$$\Rightarrow -\lambda_1\vec{v}_1=\lambda_2\vec{v}_2+\cdots+\lambda_n\vec{v}_n$$
$$\Rightarrow \vec{v}_1=\frac{\lambda_2}{-\lambda_1}\vec{v}_2+\cdots+\frac{\lambda_n}{-\lambda_1}\vec{v}_n$$

此时，一个向量表示为其他向量的线性组合。

如果一个向量可以表示为其他向量的线性组合，则记为

$$\vec{v}_n=\lambda_1\vec{v}_1+\lambda_2\vec{v}_2+\cdots+\lambda_{n-1}\overrightarrow{v_{n-1}}$$

因此，

$$\vec{v}_n=\lambda_1\vec{v}_1+\lambda_2\vec{v}_2+\cdots+\lambda_{n-1}\overrightarrow{v_{n-1}}$$
$$\Rightarrow \vec{o}=\lambda_1\vec{v}_1+\lambda_2\vec{v}_2+\cdots+\lambda_{n-1}\overrightarrow{v_{n-1}}-\vec{v}_n$$

零向量 $\vec{o}$ 已经表示为 n 个向量的线性组合，其系数 $(\lambda_1,\lambda_2,\cdots,\lambda_{n-1},-1)\neq(0,0,\cdots,0)$。因此，这组向量是线性无关的。 □

例 4.11　已知向量

$$\vec{v}_1=(1,2,1)$$
$$\vec{v}_2=(1,1,1)$$
$$\vec{v}_3=(2,4,2)$$

线性相关。它们中有一个向量可以表示为其他两个向量的线性组合：

$$\vec{v}_3=\mu_1\vec{v}_1+\mu_2\vec{v}_2$$

其中 $(\mu_1,\mu_2)=(2,0)$。

下面尝试将 $\vec{v}_2$ 表示为 $\vec{v}_1$ 和 $\vec{v}_3$ 的一个线性组合：

$$\vec{v}_2=x_1\vec{v}_1+x_3\vec{v}_3$$

为求得 x_1 和 x_3，令

$$(1,1,1)=x_1(1,2,1)+x_3(2,4,2)$$

由此可得

$$\begin{cases}x_1+2x_3=1\\2x_1+4x_3=1\\x_1+2x_3=1\end{cases}$$

这是一个不相容的线性方程组。因此 $\vec{v}_2$ 不能表示为 $\vec{v}_1$ 和 $\vec{v}_3$ 的线性组合。

这个例子用来强调说明定理 4.1：在一组线性相关的向量中，至少有一个向量可以表示为其他向量的线性组合，但是，并不要求所有向量都可以表示为其他向量的线性组合。

命题 4.2　令 $\vec{v}_1,\vec{v}_2,\cdots,\vec{v}_n$ 为 $\mathbb{V}_3$ 中的 n 个向量。令 $h\in\mathbb{N}$，且 $0<h<n$。若有 h 个向量是线性相关的，则所有 n 个向量是线性相关的。

证明 若有 h 个向量线性相关，则

$$\vec{o}=\lambda_1\vec{v}_1+\lambda_2\vec{v}_2+\cdots+\lambda_h\vec{v}_h$$

其中 $(\lambda_1,\lambda_2,\cdots,\lambda_h)\neq(0,0,\cdots,0)$。

即使假设 $(\lambda_{h+1},\cdots,\lambda_n)=(0,\cdots,0)$，我们可以有

$$\vec{o}=\lambda_1\vec{v}_1+\lambda_2\vec{v}_2+\cdots+\lambda_h\vec{v}_h+\lambda_{h+1}\overrightarrow{v_{h+1}}+\cdots+\lambda_n\vec{v}_n$$

其中 $(\lambda_1,\lambda_2,\cdots,\lambda_h,\lambda_{h+1},\cdots,\lambda_n)\neq(0,0,\cdots,0)$。因此，这 n 个向量是线性相关的。 □

例 4.12 考虑向量

$$\vec{v}_1=(2,2,1)$$
$$\vec{v}_2=(1,1,1)$$
$$\vec{v}_3=(3,3,2)$$
$$\vec{v}_4=(5,1,2)$$

容易看出，$\vec{v}_3=\vec{v}_1+\vec{v}_2$，因此 $\vec{v}_1,\vec{v}_2,\vec{v}_3$ 是线性相关的。下面判断这四个向量是线性相关的。我们需要求出 $\lambda_1,\lambda_2,\lambda_3,\lambda_4$，使得

$$(0,0,0)=\lambda_1(2,2,1)+\lambda_2(1,1,1)+\lambda_3(3,3,2)+\lambda_4(5,1,2)$$

由此得到

$$\begin{cases}2\lambda_1+\lambda_2+3\lambda_3+5\lambda_4=0\\2\lambda_1+\lambda_2+3\lambda_3+\lambda_4=0\\\lambda_1+\lambda_2+2\lambda_3+2\lambda_4=0\end{cases}$$

该方程组有 ∞^1 个解。例如，$(\lambda_1,\lambda_2,\lambda_3,\lambda_4)=(1,1,-1,0)$ 就是方程组的一个解。因此 $\vec{v}_1,\vec{v}_2,\vec{v}_3,\vec{v}_4$ 是线性相关的。

命题 4.3 令 $\vec{v}_1,\vec{v}_2,\cdots,\vec{v}_n$ 为 $\mathbb{V}_3$ 中的 n 个向量。如果其中一个向量为零向量 $\vec{o}$，则这 n 个向量线性相关。

证明 设其中一个向量为零向量。不失一般性，设 $\vec{v}_1=\vec{o}$。因此，若考虑这些向量的线性组合

$$\lambda_1\vec{o}+\lambda_2\vec{v}_2+\cdots+\lambda_n\vec{v}_n$$

若 λ_1 选择为一个实的标量 $k\neq0$，则该线性组合将等于零向量 $\vec{o}$，其中

$$(\lambda_1,\lambda_2,\cdots,\lambda_n)=(k,0,\cdots,0)\neq(0,0,\cdots,0)$$

因此，这组向量是线性相关的。 □

例 4.13 考虑向量

$$\vec{v}_1=(0,0,0)$$
$$\vec{v}_2=(1,5,1)$$
$$\vec{v}_3=(8,3,2)$$

判断其线性相关性

$$(0,0,0)=\lambda_1(0,0,0)+\lambda_1(1,5,1)+\lambda_3(8,3,2)$$

对本例，$(\lambda_1,\lambda_2,\lambda_3)=(50,0,0)$ 满足方程。因此，这组向量是线性相关的。

定义 4.14 令 $\vec{u}$，$\vec{v}\in\mathbb{V}_3$。如果它们有相同的方向，则这两个向量是**平行的**（parallel）。

能够看出，平行关系满足如下性质。

- 自反性：一个向量（直线）与其自身是平行的；
- 对称性：若 $\vec{u}$ 平行于 $\vec{v}$，则 $\vec{v}$ 平行于 $\vec{u}$；
- 传递性：若 $\vec{u}$ 平行于 $\vec{v}$，$\vec{v}$ 平行于 $\vec{w}$，则 $\vec{u}$ 平行于 $\vec{w}$。

由于这三个性质同时成立，故平行是一个等价关系。若两个向量有相同的模、方向及指向，则称它们为**相等的**（equipollent）。可以证明，相等是一个等价关系。这意味着一个起点为 A 的向量，与有相同的模、方向和指向但起点不同的（例如 B）向量是相等的。

此外，可以看出，每一个向量都平行于零向量 $\vec{o}$。

引理 4.1　令 $\vec{u}$，$\vec{v}\in\mathbb{V}_3$。如果这两个向量是平行的，则它们可以表示为

$$\vec{u}=\lambda\vec{v}$$

其中 $\lambda\in\mathbb{R}$。

定理 4.2　令 $\vec{u}$，$\vec{v}\in\mathbb{V}_3$。这两个向量线性相关的充要条件是它们平行。

证明　若这两个向量是线性相关的，则零向量可表示为它们的线性组合，且系数不全为零：

$$\exists\lambda,\mu\in\mathbb{R}$$

其中 $(\lambda,\mu)\neq(0,0)$，使得

$$\vec{o}=\lambda\vec{u}+\mu\vec{v}$$

设 $\lambda\neq0$，则

$$\begin{aligned}&\vec{o}=\lambda\vec{u}+\mu\vec{v}\\ \Rightarrow&\lambda\vec{u}=-\mu\vec{v}\\ \Rightarrow&\vec{u}=-\frac{\mu}{\lambda}\vec{v}\end{aligned}$$

因此，这两个向量是平行的。

如果这两个向量是平行的，则

$$\exists\lambda\in\mathbb{R}$$
$$\vec{u}=\lambda\vec{v}$$

因此，

$$\vec{u}=\lambda\vec{v}\Rightarrow\vec{o}=\vec{u}-\lambda\vec{v}$$

零向量被表示为两个平行向量的线性组合，其系数为 $(1,-\lambda)\neq(0,0)$。因此，这两个向量是线性相关的。 □

例 4.14　向量

$$\vec{v}_1=(1,1,1)$$
$$\vec{v}_2=(2,2,2)$$

这两个向量是平行的，因为 $\vec{v}_2=2\vec{v}_1$。容易验证这些向量是线性相关的，因为

$$\vec{o}=\lambda_1\vec{v}_2+\lambda_2\vec{v}_1$$

其中 $(\lambda_1,\lambda_2)=(1,-2)$。

我们用 $\mathbb{V}_1$ 表示属于一条直线上的所有向量（一维向量）的集合。

定理 4.3　令 $\vec{u}$ 和 $\vec{v}$ 为 $\mathbb{V}_3$ 中的两个平行向量，其中 $\vec{u}\neq\vec{o}$ 且 $\vec{v}\neq\vec{o}$。向量 $\vec{u}$ 只能用一种方式表示为一个标量 λ 和向量 $\vec{v}$ 的乘积：

$$\exists ! \lambda \ni' \vec{u} = \lambda \vec{v}$$

证明　由条件，假设 $\exists \lambda, \mu \ni'$

$$\vec{u} = \lambda \vec{v}$$

且

$$\vec{u} = \mu \vec{v}$$

其中 $\lambda \neq \mu$。

因此，

$$\vec{o} = (\lambda - \mu) \vec{v}$$

由假设 $\vec{v} \neq \vec{o}$ 有

$$\lambda - \mu = 0 \Rightarrow \lambda = \mu$$

因为假设 $\lambda \neq \mu$，这就得到了矛盾。□

例 4.15　考虑向量 $\vec{v} \in \mathbb{V}_3$：

$$\vec{v} = (6,6,6)$$

上述定理表明，若一个向量 $\vec{u} \in \mathbb{V}_3$ 平行于 $\vec{v}$，则存在唯一的标量 λ，满足

$$\vec{v} = \lambda \vec{u}$$

若 $\vec{u} = (2,2,2)$，唯一使得 $\vec{v} = \lambda \vec{u}$ 的 λ 值为 $\lambda = 3$。

定理 4.4　令 $\vec{u}, \vec{v}, \vec{w} \in \mathbb{V}_3$ 且均非 $\vec{o}$。这三个向量共面的充要条件是 $\vec{u}, \vec{v}, \vec{w}$ 线性相关。

证明　若 $\vec{u}, \vec{v}, \vec{w}$ 是共面的，则它们都属于同一个平面。考虑三个共面且起点为 O、终点任意的向量，分别记为 $\boldsymbol{A}$，$\boldsymbol{b}$，$\boldsymbol{c}$，其中 $\vec{u} = \overrightarrow{OA}$。用 B 和 C 表示点 A 分别在 $\overrightarrow{Ob}$ 和 $\overrightarrow{Oc}$（或向量 $\vec{v}$ 和 $\vec{w}$）确定的方向上的投影。如图 4-5 所示。顶点 A，B，O，C 就构成了一个平行四边形。基于基本的几何构造，

$$\overrightarrow{OA} = \overrightarrow{OB} + \overrightarrow{OC}$$

其中 $\overrightarrow{OA} = \vec{u}$，$\overrightarrow{OB} = \lambda \vec{v}$ 及 $\overrightarrow{OC} = \mu \vec{w}$。因此，$\vec{u} = \lambda \vec{v} + \mu \vec{w}$。由定理 4.1，这些向量是线性相关的。

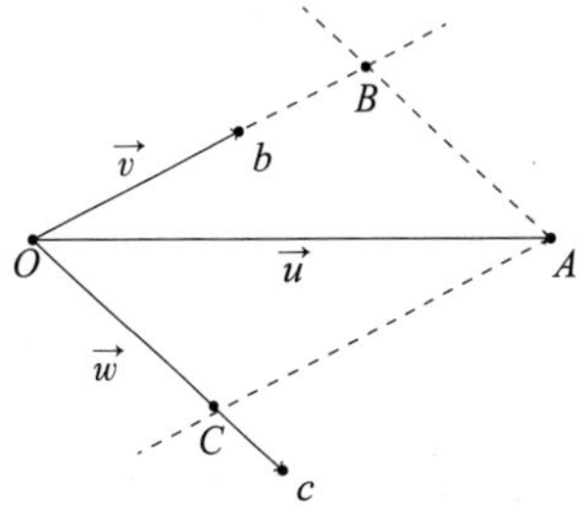

图　4-5

若向量是线性相关的，则可以表示为 $\vec{u} = \lambda \vec{v} + \mu \vec{w}$。

- 若 $\vec{v}$ 和 $\vec{w}$ 是平行的，则 $\vec{u}$ 与它们都平行。因此这三个向量确定了一个唯一的方向。由于无限平面包含了一条直线（方向），则至少有一个平面包含这三个向量。因此，这三个向量应当是共面的。
- 若 $\vec{v}$ 和 $\vec{w}$ 不平行，它们确定了包含这些向量的唯一平面。在这一平面内，$\vec{u} = \lambda \vec{v} + \mu \vec{w}$ 是成立的。向量 $\vec{u}$ 属于一个平面，且 $\lambda \vec{v}$ 和 $\mu \vec{w}$ 也在其中。这是成立的，因为一个平面中两个向量的和为一个属于相同平面的向量（和运算是一个封闭运算，参见文献[10]）。显然 $\lambda \vec{v}$ 平行于 $\vec{v}$ 且 $\mu \vec{w}$ 平行于 $\vec{w}$。因此 $\vec{u}, \vec{v}, \vec{w}$ 属于同一个平面。□

例 4.16　考虑 $\mathbb{V}_3$ 中的三个向量

$$\vec{u} = (1,2,1)$$
$$\vec{v} = (2,2,4)$$
$$\vec{w} = (4,6,6)$$

容易看出

$$(4,6,6)=2(1,2,1)+(2,2,4)$$

即

$$\vec{w}=\lambda\vec{u}+\mu\vec{v}$$

这意味着向量 $\vec{u},\vec{v},\vec{w}$ 是线性相关的。一个向量可以表示为其他两个向量的线性组合有另外一个含义。向量 $\vec{u}$ 和 $\vec{v}$ 确定了一个平面。向量 $\vec{w}$ 为两个向量的加权和，故它与 $\vec{u}$ 和 $\vec{v}$ 属于同一个平面。因此，$\vec{u},\vec{v},\vec{w}$ 共面。

例 4.17　$\mathbb{V}_3$ 中的三个向量

$$\vec{u}=(1,2,1)$$
$$\vec{v}=(2,4,2)$$
$$\vec{w}=(4,6,6)$$

容易看出，$\vec{u}$ 和 $\vec{v}$ 是平行的，故确定了一个方向。向量 $\vec{w}$ 确定了另一个方向。两个方向确定的平面包含了三个向量。因此，向量是共面的。下面验证它们的线性相关性。方程

$$\vec{o}=\lambda\vec{u}+\mu\vec{v}+\nu\vec{w}$$

对无穷多个 λ,μ,ν 的取值都成立，例如 $1,-\frac{1}{2},0$。

定理 4.5　令 $\vec{u},\vec{v},\vec{w}\in\mathbb{V}_3$ 且均非 $\vec{o}$。若这三个向量共面，且其中两个（$\vec{v}$ 和 $\vec{w}$）是线性无关的（$\vec{v}$ 和 $\vec{w}$ 相互不平行），第三个向量（$\vec{u}$）可用唯一一种方法表示为另外两个向量的线性组合（即仅有一组标量 λ,μ）：

$$\exists!(\lambda,\mu)\neq(0,0)\ni'$$
$$\vec{u}=\lambda\vec{v}+\mu\vec{w}$$

证明　用反证法，设 $\exists\lambda,\mu\in\mathbb{R}$，使得 $\vec{u}=\lambda\vec{v}+\mu\vec{w}$，且 $\exists\lambda',\mu'\in\mathbb{R}$ 使得 $\vec{u}=\lambda'\vec{v}+\mu'\vec{w}$，其中 $(\lambda,\mu)\neq(\lambda',\mu')$。因此，

$$\vec{o}=(\lambda-\lambda')\vec{v}+(\mu-\mu')\vec{w}$$

因为向量是线性无关的，所以 $\lambda-\lambda'=0$ 且 $\mu-\mu'=0$。因此，$\lambda=\lambda'$ 且 $\mu=\mu'$。　□

例 4.18　若考虑向量

$$\vec{u}=(1,2,1)$$
$$\vec{v}=(2,2,4)$$
$$\vec{w}=(4,6,6)$$

已知

$$\vec{w}=\lambda\vec{u}+\mu\vec{v}$$

其中 $(\lambda,\mu)=(2,1)$。

上述定理表明，二元组 $(\lambda,\mu)=(2,1)$ 是唯一的，下面验证。

$$(4,6,6)=\lambda(1,2,1)+\mu(2,2,4)$$

由此可得

$$\begin{cases}\lambda+2\mu=4\\2\lambda+2\mu=6\\\lambda+4\mu=6\end{cases}$$

该方程组是适定的且其唯一解为 $(\lambda,\mu)=(2,1)$。

定理 4.6 令 $\vec{u},\vec{v},\vec{w},\vec{t}\in\mathbb{V}_3$。这组向量总是线性相关的：$\forall\vec{u},\vec{v},\vec{w},\vec{t}\in\mathbb{V}_3$，

$$\exists(\lambda,\mu,\nu)\neq(0,0,0)$$
$$\vec{t}=\lambda\vec{u}+\mu\vec{v}+\nu\vec{w}$$

证明 如果一个向量为零向量 $\vec{o}$，或两个向量平行，或三个向量共面，由命题 4.3 和定理 4.2 及定理 4.4，这些向量是线性相关的。

考虑四个向量，任意三个都不共面的情形。不失一般性，假设所有向量的起点都是同一个点 O，如图 4-6 所示。

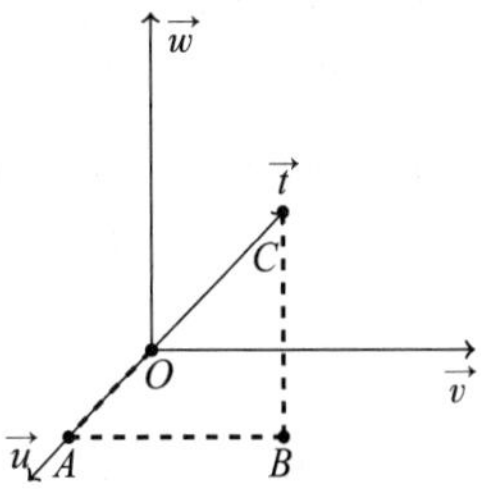

图 4-6

可以看到

$$\overrightarrow{OC}=\overrightarrow{OA}+\overrightarrow{AB}+\overrightarrow{BC}$$

这个方程可写为

$$\vec{t}=\lambda\vec{u}+\mu\vec{v}+\nu\vec{w}$$
$$\Rightarrow\vec{o}=\lambda\vec{u}+\mu\vec{v}+\nu\vec{w}-\vec{t}$$

零向量被表示为这四个向量的一个线性组合，其中系数 $(\lambda,\mu,\nu,-1)\neq(0,0,0,0)$。因此，这组向量是线性相关的。 □

例 4.19 上述定理说明，$\mathbb{V}_3$ 中的任意三个向量

$$\vec{u}=(0,1,1)$$
$$\vec{v}=(0,1,0)$$
$$\vec{w}=(1,0,0)$$
$$\vec{t}=(4,6,5)$$

必然是线性相关的。若记

$$\vec{t}=\lambda\vec{u}+\mu\vec{v}+\nu\vec{w}$$

即

$$(4,6,5)=\lambda(0,1,1)+\mu(0,1,0)+\nu(1,0,0)$$

由此得到线性方程组

$$\begin{cases}\nu=4\\\lambda+\mu=6\\\lambda=5\end{cases}$$

该方程组是适定的，且 $(\lambda,\mu,\nu)=(5,1,4)$ 为其解。

综上，两个平行向量、三个共面向量和空间中的四个向量都是线性相关的。考虑其几何含义，线性相关的概念可被解释为数学描述中的冗余信息。直观上容易理解，在一维空间中，一个数就可以完全表示一个对象，不需要用两个数字表示一维空间中的对象。类似地，空间中的两个平行向量仅能确定一个一维方向，事实上描述了一个一维问题，三维问题退化为一个一维问题。当这种情形出现时，这些向量是线性相关的。

如果两个向量不平行，它们就确定了一个平面，并能刻画其中的每一个点。这一点需要两个数字来刻画，第三个坐标是没必要的。类似地，空间中三个（或更多）共面的向量事实上是一个二维问题。此时的数学描述也存在冗余信息，这些向量是线性相关的。

最后，空间中的对象需要使用三个向量来刻画，任意四个向量都会给出冗余信息。这一事

实用数学语言表述就是空间中的四个（或更多）向量是线性相关的。

于是，空间中的每一个点都可用三个线性无关的向量刻画。等价地，$\mathbb{V}_3$ 中的每一个向量可被唯一地表示为三个线性无关向量的线性组合。因此，当固定三个线性无关向量 $\vec{u},\vec{v},\vec{w}$ 时，每一个 $\mathbb{V}_3$ 中的向量 $\vec{t}$ 可由三个系数 λ,μ,ν 唯一确定，满足

$$\vec{t}=\lambda\vec{u}+\mu\vec{v}+\nu\vec{w}$$

下面正式地给出这一论述的证明。

定理 4.7　令 $\vec{u},\vec{v},\vec{w}$ 为 $\mathbb{V}_3$ 中三个线性无关的向量，$(\lambda,\mu,\nu)\neq(0,0,0)$ 为一个由标量构成的三元组。令向量 $\vec{t}$ 为 $\mathbb{V}_3$ 中的另一个向量。我们可以得到，向量 $\vec{t}$ 可以唯一地表示为其他三个向量的线性组合（即标量 λ,μ,ν 是唯一的）：

$$\exists!(\lambda,\mu,\nu)\neq(0,0,0)$$
$$\vec{t}=\lambda\vec{u}+\mu\vec{v}+\nu\vec{w}$$

证明　反证法。若存在另外一个三元组 $(\lambda',\mu',\nu')\neq(0,0,0)$ 使得 $\vec{t}=\lambda'\vec{u}+\mu'\vec{v}+\nu'\vec{w}$，可得

$$\vec{t}=\lambda\vec{u}+\mu\vec{v}+\nu\vec{w}=\lambda'\vec{u}+\mu'\vec{v}+\nu'\vec{w}$$
$$\Rightarrow(\lambda-\lambda')\vec{u}+(\mu-\mu')\vec{v}+(\nu-\nu')\vec{w}=\vec{o}$$

根据假设，$\vec{u},\vec{v},\vec{w}$ 是线性无关的，故可得

$$\lambda-\lambda'=0\Rightarrow\lambda=\lambda'$$
$$\mu-\mu'=0\Rightarrow\mu=\mu'$$
$$\nu-\nu'=0\Rightarrow\nu=\nu'$$

□

例 4.20　考虑

$$\vec{u}=(0,1,1)$$
$$\vec{v}=(0,1,0)$$
$$\vec{w}=(1,0,0)$$
$$\vec{t}=(4,6,5)$$

已知

$$\vec{t}=\lambda\vec{u}+\mu\vec{v}+\nu\vec{w}$$

其中 $(\lambda,\mu,\nu)=(5,1,4)$。

容易验证，若 λ,μ,ν 和 $\vec{u},\vec{v},\vec{w}$ 是固定的，则 $\vec{t}$ 隐式地被确定了。

同时，若 $\vec{t},\vec{u},\vec{v},\vec{w}$ 是固定的，则标量 λ,μ,ν 也是唯一确定的（结果方程组是适定的）。

4.3 向量矩阵

命题 4.4　令 $\vec{u},\vec{v}\in\mathbb{V}_3$，其中

$$\vec{u}=(u_1,u_2,u_3)$$
$$\vec{v}=(v_1,v_2,v_3)$$

$\mathbf{A}$ 为一个 2×3 矩阵，其元素由 $\vec{u}$ 和 $\vec{v}$ 的分量构成

$$\mathbf{A}=\begin{pmatrix}u_1 & u_2 & u_3\\ v_1 & v_2 & v_3\end{pmatrix}$$

这两个向量平行的（因此是线性相关的）充要条件是矩阵 $\boldsymbol{A}$ 的秩小于 2：$\rho_A<2$。

证明　若 $\vec{u}$ 和 $\vec{v}$ 是平行的，它们可以表示为 $\vec{u}=\lambda\vec{v}$，其中 $\lambda\in\mathbb{R}$。因此，

$$\vec{u}=\lambda\vec{v}$$
$$\Rightarrow u_1\vec{e}_1+u_2\vec{e}_2+u_3\vec{e}_3=\lambda(\nu_1\vec{e}_1+\nu_2\vec{e}_2+\nu_3\vec{e}_3)$$

两个向量相等的充要条件是它们的分量相等，因此

$$u_1=\lambda\nu_1$$
$$u_2=\lambda\nu_2$$
$$u_3=\lambda\nu_3$$

由于这两个向量是成比例的，故不存在非奇异的 2 阶子矩阵。因此，$\rho_A<2$。

若 $\rho_A<2$，每一个二阶子矩阵的行列式都是零。这可能会有如下情形。

- 某一行的元素全为零。这意味着一个向量为零向量 $\vec{o}$，例如

$$\boldsymbol{A}=\begin{pmatrix}0 & 0 & 0\\ v_1 & v_2 & v_3\end{pmatrix}$$

因为每一个向量都是平行于 $\vec{o}$ 的，所以这些向量是平行的。

- 某两列是由全为零的元素构成的。这些向量形如

$$\vec{u}=(u_1,0,0)$$
$$\vec{v}=(v_1,0,0)$$

这些向量总是可以表示为

$$\vec{u}=\lambda\vec{v}$$

因此，这些向量是平行的。

- 两个向量是成比例的。

$$\vec{u}=(u_1,u_2,u_3)$$
$$\vec{v}=(\lambda u_1,\lambda u_2,\lambda u_3)$$

这些向量是平行的。

- 任意两列是成比例的。形如

$$\vec{u}=(u_1,\lambda u_2,\mu u_3)$$
$$\vec{v}=(\lambda v_1,\lambda v_2,\mu v_3)$$

如果记

$$\frac{v_1}{u_1}=k$$

则

$$\vec{v}=(ku_1,\lambda ku_1,\mu ku_1)\Rightarrow\vec{v}=(ku_1,ku_2,ku_3)=k\vec{u}$$

这些向量是平行的。　□

例 4.21　向量

$$\vec{u}=(1,3,6)$$
$$\vec{v}=(2,6,12)$$

是平行的，因为 $\vec{v}=2\vec{u}$。显然，矩阵

$$\begin{pmatrix} 1 & 3 & 6 \\ 2 & 6 & 12 \end{pmatrix}$$

的秩为 1，即小于 2。

例 4.22 向量

$$\vec{u}=(2,4,6)$$
$$\vec{v}=(3,6,9)$$

相关的矩阵为

$$\begin{pmatrix} 2 & 4 & 6 \\ 3 & 6 & 9 \end{pmatrix}=\begin{pmatrix} 2 & 2\lambda & 2\mu \\ 3 & 3\lambda & 3\mu \end{pmatrix}$$

其中 $(\lambda,\mu)=(2,3)$。任意两列都是成比例的。因此，这一矩阵的秩 $\rho<2$。

若记 $k=\frac{v_1}{u_1}=1.5$，我们可以将两个向量写为

$$\vec{u}=(2,4,6)$$
$$\vec{v}=k(2,4,6)$$

因此，这两个向量是平行的。

例 4.23 求 h 的值使得 $\vec{u}$ 平行于 $\vec{v}$。

$$\vec{u}=(h-1)\vec{e}_1+2h\vec{e}_2+\vec{e}_3$$
$$\vec{v}=\vec{e}_1+4\vec{e}_2+\vec{e}_3$$

这两个向量平行的充要条件是矩阵 $\boldsymbol{A}$ 的秩 $\rho_{\boldsymbol{A}}<2$。

$$\boldsymbol{A}=\begin{pmatrix} h-1 & 2h & 1 \\ 1 & 4 & 1 \end{pmatrix}$$

计算 $\det\begin{pmatrix} h-1 & 2h \\ 1 & 4 \end{pmatrix}=4h-4-2h=2h-4$。若 $2h-4=0\Rightarrow h=2$ 时，这些向量是平行的。此外，我们还需要 $\det\begin{pmatrix} 2h & 1 \\ 4 & 1 \end{pmatrix}=0\Rightarrow h=2$ 和 $\det\begin{pmatrix} h-1 & 1 \\ 1 & 1 \end{pmatrix}=h-1-1=0$ 成立。因此，当 $h=2$ 时向量是平行的。

命题 4.5 令 $\vec{u},\vec{v},\vec{w}\in\mathbb{V}_3$ 为

$$\vec{u}=(u_1,u_2,u_3)$$
$$\vec{v}=(v_1,v_2,v_3)$$
$$\vec{w}=(w_1,w_2,w_3)$$

$\boldsymbol{A}$ 为 $\vec{u},\vec{v},\vec{w}$ 的分量构成的矩阵：

$$\boldsymbol{A}=\begin{pmatrix} u_1 & u_2 & u_3 \\ v_1 & v_2 & v_3 \\ w_1 & w_2 & w_3 \end{pmatrix}$$

这三个向量共面（故线性相关）的充要条件是矩阵 $\boldsymbol{A}$ 的行列式等于 0：

$$\det\boldsymbol{A}=0$$

证明 若向量共面，则由定理 4.4，它们是线性相关的。由定理 4.1，它们中至少有一个可

以表示为其他向量的线性组合：

$$\begin{aligned}&\vec{u}=\lambda\vec{v}+\mu\vec{w}\\ \Rightarrow&(u_1,u_2,u_3)=\lambda(v_1,v_2,v_3)+\mu(w_1,w_2,w_3)\\ \Rightarrow&(u_1,u_2,u_3)=(\lambda v_1+\mu w_1,\lambda v_2+\mu w_2,\lambda v_3+\mu w_3)\end{aligned}$$

矩阵 $\boldsymbol{A}$ 的第一行被表示为其他两个向量的线性组合：

$$\boldsymbol{A}=\begin{pmatrix}\lambda v_1+\mu w_1 & \lambda v_2+\mu w_2 & \lambda v_3+\mu w_3\\ v_1 & v_2 & v_3\\ w_1 & w_2 & w_3\end{pmatrix}$$

因此

$$\det\boldsymbol{A}=0$$

如果 $\det\boldsymbol{A}=0$，可能会出现下列情况。

- 一行全为零，例如：

$$\boldsymbol{A}=\begin{pmatrix}0 & 0 & 0\\ v_1 & v_2 & v_3\\ w_1 & w_2 & w_3\end{pmatrix}$$

这意味着一个零向量和两个向量确定了一个平面。因此，这三个向量是共面的。

- 一列全为零，例如

$$\boldsymbol{A}=\begin{pmatrix}u_1 & u_2 & 0\\ v_1 & v_2 & 0\\ w_1 & w_2 & 0\end{pmatrix}$$

所有向量的同一个分量都是零，因此，这些向量都在 $\mathbb{V}_2$ 中，即这三个向量在（相同的）平面内。

- 某一列是其他两列的线性组合。这意味着三个向量可以表示为

$$\begin{aligned}\vec{u}&=(u_1,u_2,\lambda u_1+\mu u_2)\\ \vec{v}&=(v_1,v_2,\lambda v_1+\mu v_2)\\ \vec{w}&=(w_1,w_2,\lambda w_1+\mu w_2)\end{aligned}$$

即

$$\boldsymbol{A}=\begin{pmatrix}u_1 & u_2 & \lambda u_1+\mu u_2\\ v_1 & v_2 & \lambda v_1+\mu v_2\\ w_1 & w_2 & \lambda w_1+\mu w_2\end{pmatrix}$$

其中 $\lambda,\mu\in\mathbb{R}$。

由于一个分量不是独立的，因此这些向量在空间 $\mathbb{V}_2$ 中，即这三个向量在（相同的）平面中。换言之，由于向量是线性相关的，故它们是共面的。

- 某一行是其他两行的线性组合，即

$$\boldsymbol{A}=\begin{pmatrix}\lambda v_1+\mu w_1 & \lambda v_2+\mu w_2 & \lambda v_3+\mu w_3\\ v_1 & v_2 & v_3\\ w_1 & w_2 & w_3\end{pmatrix}$$

这些向量是线性相关的，因此是共面的。 □

命题 4.4 和命题 4.5 通过直接的几何表示，阐明了矩阵的行列式和秩的概念。一个 3×3 矩阵的行列式可看作由三个向量生成的立方体的体积。如果这三个向量共面，则体积为零，同时其对应的行列式也为零。当数学描述中出现冗余时，就会出现这种情况。类似地，如果仅考虑空间中的两个向量，就可以用几何观点解释矩阵秩的概念。若这两个向量不平行，它们就确定了一个平面且对应矩阵的秩为 2。若这两个向量平行，问题实际上就是一个一维问题且矩阵的秩为 1。换言之，一个矩阵的秩可以几何解释为一个数学描述的实际维数。

例 4.24　验证下列三个向量是否共面：

$$\vec{u}=(5,3,12)$$
$$\vec{v}=(2,8,4)$$
$$\vec{w}=(1,-13,4)$$

因为 $\det\begin{pmatrix}5 & 3 & 12\\2 & 8 & 4\\1 & -13 & 4\end{pmatrix}=160+12-312-96-24+260=0$，所以这些向量是共面的，并且有 $\vec{w}=\vec{u}-2\vec{v}$。

4.4　向量的基

定义 4.15　$\mathbb{V}_3$ 中的一个**向量基**（vector basis）是三个线性无关的向量且可表示为

$$B=\{\vec{e}_1,\vec{e}_2,\vec{e}_3\}$$

由定理 4.7，$\mathbb{V}_3$ 中的每一个向量可被唯一地表示为构成基的向量的线性组合。$\forall\vec{v}\in\mathbb{V}_3$，

$$\vec{v}=\nu_1\vec{e}_1+\nu_2\vec{e}_2+\nu_3\vec{e}_3$$

其中 $\nu_1,\nu_2,\nu_3\in\mathbb{R}$ 且有

$$\vec{v}=(\nu_1,\nu_2,\nu_3)$$

$\forall i$，每一个 v_i 被称为向量 $\vec{v}$ 的**分量**（component）。此时，向量 $\vec{v}$ 可由基 $B=\{\vec{e}_1,\vec{e}_2,\vec{e}_3\}$ 来表示。一般地，对固定的基 $B=\{\vec{e}_1,\vec{e}_2,\vec{e}_3\}$，每一个 $\mathbb{V}_3$ 中的向量可用其分量确定，因此，如果两个向量在相同基下的分量相同，则它们相等。

在本章前面各节中，向量都用 $\vec{v}=(x,y,z)$ 表示，这意味着

$$\vec{v}=x\vec{e}_1+y\vec{e}_2+z\vec{e}_3$$

其中 $\vec{e}_1,\vec{e}_2,\vec{e}_3$ 为模为 1 且方向为参考系坐标轴方向的向量，即

$$\vec{e}_1=(1,0,0)$$
$$\vec{e}_2=(0,1,0)$$
$$\vec{e}_3=(0,0,1)$$

例 4.25　容易验证，向量

$$\vec{e}_1=(0,1,2)$$
$$\vec{e}_2=(0,1,0)$$
$$\vec{e}_3=(4,0,0)$$

是线性无关的。因此，这些向量构成基 $B=\{\vec{e}_1,\vec{e}_2,\vec{e}_3\}$。由定理 4.7，$\mathbb{V}_3$ 中的任意向量可唯一

地表示为这些基向量的线性组合。

下面表示任意一个向量 $\vec{t}=(4,8,6)$:

$$\vec{t}=\lambda\vec{e}_1+\mu\vec{e}_2+\nu\vec{e}_3$$

其中 $(\lambda,\mu,\nu)=(3,5,1)$。

因此，在基 $B=\{\vec{e}_1,\vec{e}_2,\vec{e}_3\}$ 下，记为 $\vec{t}=(3,5,1)$。

$\mathbb{V}_3$ 的一组基可看作一组向量，用这组向量的线性组合可表示 $\mathbb{V}_3$ 中的任意向量。下面的推论给出了这一结论的形式化描述。

推论 4.1　任一个向量 $\vec{t}\in\mathbb{V}_3$，可被表示为 $\mathbb{V}_3$ 的一组基向量 $\vec{e}_1,\vec{e}_2,\vec{e}_3$ 的线性组合。

证明　考虑一个一般向量 $\vec{t}\in\mathbb{V}_3$。由定理 4.6，$\vec{t},\vec{e}_1,\vec{e}_2,\vec{e}_3$ 为线性相关的。由定理 4.7 可得

$$\vec{t}=\lambda\vec{e}_1+\mu\vec{e}_2+\nu\vec{e}_3$$

其中 λ,μ,ν 是唯一的。因此，在该基下向量 $\vec{t}$ 由三元组 (λ,μ,ν) 唯一确定。

如果考虑另一向量 $\vec{t}'\in\mathbb{V}_3$，$\vec{t}\neq\vec{t}'$，可由 $\vec{t}'$唯一确定另一个三元组 $(\lambda',\mu',\nu')\neq(\lambda,\mu,\nu)$。我们可以无限次重复这一运算，发现 $\mathbb{V}_3$ 中的任意向量都可表示为 $\vec{e}_1,\vec{e}_2,\vec{e}_3$ 的三个唯一标量的线性组合。 □

下面的推论重述了前面的结果并正式地用直观方法给出前面介绍的定义：空间 $\mathbb{V}_3$ 中的向量和空间中的点存在着等价关系。

推论 4.2　若给定基 $B=\{\vec{e}_1,\vec{e}_2,\vec{e}_3\}$，则空间 $\mathbb{V}_3$ 中的向量和 $\mathbb{R}^3$ 中的点之间存在双射。

证明　对给定的基 $B=\{\vec{e}_1,\vec{e}_2,\vec{e}_3\}$，考虑映射 ϕ: $\mathbb{V}_3\rightarrow\mathbb{R}^3$，其定义为

$$\vec{t}=(\lambda,\mu,\nu)$$

其中

$$\vec{t}=\lambda\vec{e}_1+\mu\vec{e}_2+\nu\vec{e}_3$$

该映射为单射，因为对 $\vec{t}\neq\vec{t}'$,

$$\vec{t}=(\lambda,\mu,\nu)$$
$$\vec{t}'=(\lambda',\mu',\nu')$$

由定理 4.6 可得 $(\lambda',\mu',\nu')\neq(\lambda,\mu,\nu)$。

这一映射是满射，因为由定理 4.7，一个向量总是可以表示为 $\vec{e}_1,\vec{e}_2,\vec{e}_3$ 的一个线性组合，因此，总可关联一个三元组 (λ,μ,ν)。

因此，该映射为一个双射。 □

定义 4.16　当 $\mathbb{V}_3$ 中的两个向量（或两条直线）构成的夹角为 90°时，称它们**垂直**（perpendicular）。

定义 4.17　$\mathbb{V}_3$ 中的三个向量，如果任意一个都与其他两个垂直，则称它们**正交**（orthogonal）。

必须指出垂直和正交的含义并不相同。但是，这两个概念是紧密相关的。垂直性指的是平面中的直线（或向量），且它们成 90°夹角，正交性则更为一般，指的是多维对象（例如空间中的平面）。这一概念将在第 8 章有更好的解释。直观上我们可以认为当两个多维对象相交的夹角为 90°时，这两个多维对象是正交的。例如，$\mathbb{V}_3$ 中的三个向量可理解为空间中的对象。上述

定义表明，如果这些向量的夹角都是 90°，则形成的对象是正交的。我们可以说垂直是平面中直线之间的正交。

定义 4.18 若 $\mathbb{V}_3$ 的一个基是由三个正交的单位向量 $\{\vec{i},\vec{j},\vec{k}\}$ 构成的，则称该基为**标准（规范）正交的**（orthonormal）。

定义 4.19 若构成正交基的向量的模都等于 1，则称构成这组基的向量为标准（规范）基**向量**（versor）。

在 $\mathbb{V}_3$ 中，由向量构成的一个标准正交基为

$$\vec{i}=(1,0,0)$$
$$\vec{j}=(0,1,0)$$
$$\vec{k}=(0,0,1)$$

向量一般可由一个标准正交基来表示，也可以通过简单的基向量的等价变形用另一组基表示。下面的例子说明了这一情况。

例 4.26 在标准正交基 $\{\vec{i},\vec{j},\vec{k}\}$ 中考虑向量

$$\vec{u}=(2,0,-1)$$
$$\vec{v}=(1,2,1)$$
$$\vec{w}=(1,0,3)$$
$$\vec{t}=(2,-1,-1)$$

下面验证 $\vec{u},\vec{v},\vec{w}$ 是线性无关的：

$$\det\begin{pmatrix}2 & 0 & -1\\ 1 & 2 & 1\\ 1 & 0 & 3\end{pmatrix}=12+2=14\neq 0$$

向量 $\vec{u},\vec{v},\vec{w}$ 是线性无关的。现在确定在新基 $\{\vec{u},\vec{v},\vec{w}\}$ 中 $\vec{t}$ 的分量。

$$\vec{t}=\lambda\vec{u}+\mu\vec{v}+\nu\vec{w}$$
$$\Rightarrow(2,-1,-1)=\lambda(2,0,-1)+\mu(1,2,1)+\nu(1,0,3)$$
$$\Rightarrow(2,-1,-1)=(2\lambda+\mu+\nu,2\mu,-\lambda+\mu+3\nu)$$

为求得 λ,μ,ν，必须求解下列线性方程组：

$$\begin{cases}2\lambda+\mu+\nu=2\\ 2\mu=-1\\ -\lambda+\mu+3\nu=-1\end{cases}$$

容易看出，与这一线性方程组相关的矩阵为向量 $\vec{u},\vec{v},\vec{w}$ 对应的矩阵 $\boldsymbol{A}$ 的转置。该方程组是适定的。方程组的解为 $\lambda=\frac{8}{7},\mu=-\frac{1}{2},\nu=\frac{3}{14}$。因此，$\vec{t}=\frac{8}{7}\vec{u}-\frac{1}{2}\vec{v}+\frac{3}{14}\vec{w}$。

例 4.27 在标准正交基 $\{\vec{i},\vec{j},\vec{k}\}$ 中考虑向量

$$\vec{u}=(2,0,-1)$$
$$\vec{v}=(1,2,1)$$
$$\vec{w}=(3,2,0)$$
$$\vec{t}=(2,-1,-1)$$

容易验证，$\vec{u},\vec{v},\vec{w}$ 是线性相关的，因为

$$\det\begin{pmatrix}2&0&-1\\1&2&1\\3&2&0\end{pmatrix}=0$$

如果尝试将 $\vec{t}$ 表示为 $\vec{u},\vec{v},\vec{w}$ 的一个线性组合，可得

$$\begin{aligned}&\vec{t}=\lambda\vec{u}+\mu\vec{v}+\nu\vec{w}\\ \Rightarrow&(2,-1,-1)=\lambda(2,0,-1)+\mu(1,2,1)+\nu(3,2,0)\\ \Rightarrow&(2,-1,-1)=(2\lambda+\mu+3\nu,2\mu+2\nu,-\lambda+\mu)\end{aligned}$$

为求得 λ,μ,ν，必须求解下列线性方程组：

$$\begin{cases}2\lambda+\mu+3\nu=2\\ 2\mu+2\nu=-1\\ -\lambda+\mu=-1\end{cases}$$

该方程组无解。因为其系数矩阵的秩为 2，而增广矩阵的秩为 3，故该方程组无解。这一事实可用几何方法表述：三个共面的向量是不可能生成一个空间向量的。三个共面的向量在二维空间中是有效的，但是它们的线性组合不能生成三维向量。

例 4.28　在标准正交基 $\{\vec{i},\vec{j},\vec{k}\}$ 中考虑向量

$$\vec{u}=(2,0,-1)$$
$$\vec{v}=(1,2,1)$$
$$\vec{w}=(3,2,0)$$
$$\vec{t}=(2,4,2)$$

已知 $\vec{u},\vec{v},\vec{w}$ 是共面的。如果我们尝试将 $\vec{t}$ 表示为它们的线性组合，就得到下面的线性方程组：

$$\begin{cases}2\lambda+\mu+3\nu=2\\ 2\mu+2\nu=4\\ -\lambda+\mu=2\end{cases}$$

其系数矩阵和增广矩阵的秩均为 2。该方程组是欠定的，因此有 ∞ 个解。可以看出 $\vec{t}$ 和 $\vec{v}$ 是平行的。因此 $\vec{t},\vec{u},\vec{v},\vec{w}$ 是共面的。在同一个平面内，一个向量可以表示为其他三个向量的无穷多种线性组合。

例 4.29　在标准正交基 $\{\vec{i},\vec{j},\vec{k}\}$ 中考虑向量

$$\vec{u}=(2,0,-1)$$
$$\vec{v}=(1,2,1)$$
$$\vec{w}=(1,0,3)$$
$$\vec{t}=(0,0,0)$$

已知 $\vec{u},\vec{v},\vec{w}$ 是线性无关的，因此可以构成一个基。下面将 $\vec{t}$ 用 $\vec{u},\vec{v},\vec{w}$ 构成的基进行表示：

$$\begin{aligned}&\vec{t}=\lambda\vec{u}+\mu\vec{v}+\nu\vec{w}\\ \Rightarrow&(0,0,0)=\lambda(2,0,-1)+\mu(1,2,1)+\nu(1,0,3)\\ \Rightarrow&(0,0,0)=(2\lambda+\mu+\nu,2\mu,-\lambda+\mu+3\nu)\end{aligned}$$

为了求 λ,μ,ν 的值，需求解线性方程组

$$\begin{cases}2\lambda+\mu+\nu=0\\2\mu=0\\-\lambda+\mu+3\nu=0\end{cases}$$

这是一个齐次线性方程组。该方程组是适定的，因为其对应的系数矩阵是非奇异的。该方程组的唯一解为 $(\lambda,\mu,\nu)=(0,0,0)$。可以看出 $\vec{t}$ 为一个零向量。因此，$\vec{u},\vec{v},\vec{w}$ 有唯一的线性组合得到零向量 $\vec{o}$，对应的三个系数为 $(\lambda,\mu,\nu)=(0,0,0)$。这就验证了向量 $\vec{u},\vec{v},\vec{w}$ 是线性无关的。

例 4.30　如果考虑三个线性相关的向量，例如

$$\vec{u}=(2,0,-1)$$
$$\vec{v}=(1,2,1)$$
$$\vec{w}=(3,2,0)$$

尝试将向量 $\vec{t}=(0,0,0)$ 表示为以标量 λ,μ,ν 为系数的 $\vec{u},\vec{v},\vec{w}$ 的线性组合，可以得到齐次线性方程组

$$\begin{cases}2\lambda+\mu+3\nu=0\\2\mu+2\nu=0\\-\lambda+\mu=0\end{cases}$$

它的系数矩阵的秩为 2，等于增广矩阵的秩。该方程组是欠定的，因此除了解 $(0,0,0)$ 外有 ∞ 多解。这意味着至少有一个解 $(\lambda,\mu,\nu)\neq(0,0,0)$，且满足 $\vec{o}=\lambda\vec{u}+\mu\vec{v}+\nu\vec{w}$。这是另外一种表示向量线性相关性的方法。

这些例子非常重要，因为它们将线性方程组与向量关联起来，并说明它们是相同概念的不同表述。

4.5　向量的乘积

定义 4.20　设 $\vec{u},\vec{v}\in\mathbb{V}_3$ 有相同的任意起点 O。这些向量形成的凸角 ϕ 被称为**向量的夹角**（angle of the vectors）。如图 4-7 所示。夹角的大小在 0 到 π 之间。

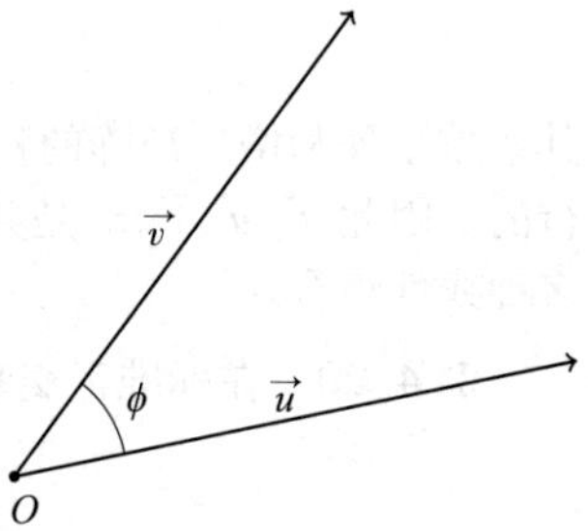

图　4-7

定义 4.21（标量积，点积）　设 $\vec{u},\vec{v}\in\mathbb{V}_3$ 有相同的任意起点 O，并记其夹角为 ϕ。**标量积**（scalar product）是一种运算，按照下面的公式关联起两个向量和一个标量（$\mathbb{V}_3\times\mathbb{V}_3\to\mathbb{R}$）：

$$\vec{u}\cdot\vec{v}=(\vec{u},\vec{v})=\|\vec{u}\|\|\vec{v}\|\cos\phi$$

命题 4.6　设 $\vec{u},\vec{v}\in\mathbb{V}_3$。这两个向量的标量积等于 0（$(\vec{u},\vec{v})=0$）的充要条件是它们垂直。

证明　若 $\vec{u}\cdot\vec{v}=0\Rightarrow\|\vec{u}\|\|\vec{v}\|\cos\phi=0$。这一等式成立的条件是，至少一个向量的模为 0，或者 $\cos\phi=0$。如果其中一个向量的模为 0，乘积向量为零向量 $\vec{o}$。由于零向量的方向不确定，每一个向量都与零向量垂直，故这些向量是垂直的。如果 $\cos\phi=0\Rightarrow\phi=\frac{\pi}{2}(+k\pi$，其中 $k\in\mathbb{N})$。因此，这些向量是垂直的。

若这些向量是垂直的，则它们的夹角 $\phi=\frac{\pi}{2}$。因此，$\cos\phi=0$ 且标量积为 0。 □

下列性质对 $\vec{u},\vec{v},\vec{w}\in\mathbb{V}_3$ 及 $\lambda\in\mathbb{R}$ 是成立的。

- 交换律：$\vec{u}\cdot\vec{v}=\vec{v}\cdot\vec{u}$；
- 齐次性：$\lambda(\vec{u}\cdot\vec{v})=(\lambda\vec{u})\cdot\vec{v}=\vec{u}\cdot(\lambda\vec{v})$；
- 结合律：$\vec{w}\cdot(\vec{u}\cdot\vec{v})=(\vec{w}\cdot\vec{u})\cdot\vec{v}$；
- 对向量加法的分配律：$\vec{w}\cdot(\vec{u}+\vec{v})=\vec{w}\cdot\vec{u}+\vec{w}\cdot\vec{v}$。

这是本书中第二次使用“标量积”这个术语。一个自然的问题是：“这里的定义和第 2 章中给出的定义之间有什么关系？”下面的命题回答了这一问题。

命题 4.7　令 $\vec{u},\vec{v}\in\mathbb{V}_3$，其中 $\vec{u}=u_1\vec{i}+u_2\vec{j}+u_3\vec{k}$，$\vec{v}=v_1\vec{i}+v_2\vec{j}+v_3\vec{k}$。它们的标量积为

$$\vec{u}\cdot\vec{v}=\|\vec{u}\|\|\vec{v}\|\cos\phi=u_1v_1+u_2v_2+u_3v_3$$

证明　标量积可用如下方式进行表示：

$$\begin{aligned}\vec{u}\cdot\vec{v}&=(u_1\vec{i}+u_2\vec{j}+u_3\vec{k})\cdot(v_1\vec{i}+v_2\vec{j}+v_3\vec{k})\\&=(u_1v_1)\vec{i}\cdot\vec{i}+(u_1v_2)\vec{i}\cdot\vec{j}+(u_1v_3)\vec{i}\cdot\vec{k}+\\&\quad(u_2v_1)\vec{j}\cdot\vec{i}+(u_2v_2)\vec{j}\cdot\vec{j}+(u_2v_3)\vec{j}\cdot\vec{k}+\\&\quad(u_3v_1)\vec{k}\cdot\vec{i}+(u_3v_2)\vec{k}\cdot\vec{j}+(u_3v_3)\vec{k}\cdot\vec{k}\end{aligned}$$

注意 $\{\vec{i},\vec{j},\vec{k}\}$ 是标准正交的，这些基向量与自身的标量积，例如 $\vec{i}\cdot\vec{i}$ 等于 1，因为它们是平行的（$\phi=0\Rightarrow\cos\phi=1$）且模是单位的，而与其他基向量的标量积，例如 $\vec{i}\cdot\vec{j}$ 则等于 0，因为它们是垂直的。

综上可得，

$$\vec{u}\cdot\vec{v}=u_1v_1+u_2v_2+u_3v_3$$ □

换言之，本书中定义的两个标量积是一样的，因为它们是相同概念的不同表述。

例 4.31　两个向量

$$\vec{u}=(1,5,-3)$$
$$\vec{v}=(0,6,1)$$

的标量积为

$$\vec{u}\cdot\vec{v}=1\times0+5\times6-3\times1=27$$

这两个向量不是垂直的。

例 4.32　两个向量

$$\vec{u}=(2,5,-3)$$
$$\vec{v}=(1,2,4)$$

的标量积为

$$\vec{u}\cdot\vec{v}=2\times1+5\times2-3\times4=0$$

这两个向量是垂直的。

定义 4.22（向量积，叉积）　设 $\vec{u},\vec{v}\in\mathbb{V}_3$ 有相同的任意起点 O，并用 ϕ 表示其夹角。**向量积**（vector product）是一种运算，将两个向量和一个向量进行关联（$\mathbb{V}_3\times\mathbb{V}_3\to\mathbb{V}_3$），记为 $\vec{u}\otimes\vec{v}$。结果

向量的模满足如下的公式：

$$\|\vec{u}\otimes\vec{v}\| = \|\vec{u}\|\,\|\vec{v}\|\sin\phi$$

$\vec{u}\otimes\vec{v}$ 的方向是垂直于向量 $\vec{u}$ 和 $\vec{v}$ 的。$\vec{u}\otimes\vec{v}$ 的方向由所谓的右手法则给出，如图 4-8 所示。

命题 4.8 令 $\vec{u},\vec{v}\in\mathbb{V}_3$，其夹角为 ϕ。$\vec{u},\vec{v}$ 的向量积为 $\vec{o}$ 的充要条件是它们平行。

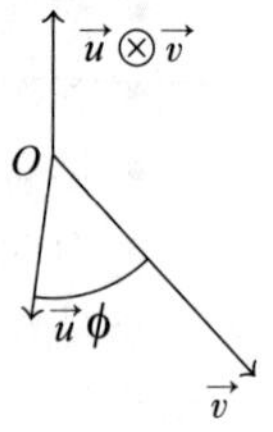

图 4-8

证明 向量积等于零向量 $\vec{o}$，要么其中一个向量为零向量，要么 $\sin\phi=0$。若其中一个向量为零向量 $\vec{o}$，则这些向量是平行的；若 $\sin\phi=0\Rightarrow\phi=0$ ㊀，则这些向量是平行的。

若向量是平行的，则 $\phi=0\Rightarrow\sin\phi=0$。因此，向量积等于 $\vec{o}$。 □

对向量积，下面的性质是成立的。

- 反交换律：$\vec{u}\otimes\vec{v}=-\vec{v}\otimes\vec{u}$；
- 齐次性：$(\lambda\vec{u})\otimes\vec{v}=\vec{u}\otimes(\lambda\vec{v})$；
- 对向量加法的分配律：$\vec{w}\otimes(\vec{u}+\vec{v})=\vec{w}\otimes\vec{u}+\vec{w}\otimes\vec{v}$。

可以看出，结合律对向量积是不成立的，即

$$(\vec{u}\otimes\vec{v})\otimes\vec{w}\neq\vec{u}\otimes(\vec{v}\otimes\vec{w})$$

命题 4.9 令 $\vec{u},\vec{v}\in\mathbb{V}_3$，其夹角为 ϕ。向量积 $\vec{u}\otimes\vec{v}$ 等于（符号）矩阵 $\boldsymbol{A}$ 的行列式，其中

$$\boldsymbol{A}=\begin{pmatrix}\vec{i} & \vec{j} & \vec{k}\\ u_1 & u_2 & u_3\\ v_1 & v_2 & v_3\end{pmatrix}$$

证明 $\vec{u}$ 和 $\vec{v}$ 的向量积可用下面的方法计算。

$$\begin{aligned}\vec{u}\otimes\vec{v}&=(u_1\vec{i}+u_2\vec{j}+u_3\vec{k})\otimes(v_1\vec{i}+v_2\vec{j}+v_3\vec{k})\\&=(u_1v_1)\vec{i}\otimes\vec{i}+(u_1v_2)\vec{i}\otimes\vec{j}+(u_1v_3)\vec{i}\otimes\vec{k}+\\&\quad(u_2v_1)\vec{j}\otimes\vec{i}+(u_2v_2)\vec{j}\otimes\vec{j}+(u_2v_3)\vec{j}\otimes\vec{k}+\\&\quad(u_3v_1)\vec{k}\otimes\vec{i}+(u_3v_2)\vec{k}\otimes\vec{j}+(u_3v_3)\vec{k}\otimes\vec{k}\end{aligned}$$

基向量自身与自身的向量积，如 $\vec{i}\otimes\vec{i}$ 等于 $\vec{o}$，因为向量是平行的。因为 $\{\vec{i},\vec{j},\vec{k}\}$ 是标准正交的，两个基向量的向量积就构成了第三个基向量。因此，我们有

$$\vec{i}\otimes\vec{j}=\vec{k}$$
$$\vec{j}\otimes\vec{k}=\vec{i}$$
$$\vec{k}\otimes\vec{i}=\vec{j}$$

且由反交换律有

$$\vec{j}\otimes\vec{i}=-\vec{k}$$
$$\vec{k}\otimes\vec{j}=-\vec{i}$$
$$\vec{i}\otimes\vec{k}=-\vec{j}$$

㊀ 实际上 $\sin\phi=0$ 可以得到 $\phi=0$ 或者 $\phi=\pi$。此时，可以得到这两个向量平行。——译者注

因此，方程转化为

$$\begin{aligned}\vec{u}\otimes\vec{v} &= (u_1v_2)\vec{k}-(u_1v_3)\vec{j}-(u_2v_1)\vec{k}+\\&\quad(u_2v_3)\vec{i}+(u_3v_1)\vec{j}-(u_3v_2)\vec{i}\\&=(u_2v_3)\vec{i}+(u_3v_1)\vec{j}+(u_1v_2)\vec{k}-\\&\quad(u_3v_2)\vec{i}-(u_1v_3)\vec{j}-(u_2v_1)\vec{k}\\&=\det\boldsymbol{A}\end{aligned}$$

□

$\det\boldsymbol{A}$ 是符号形式的，因为它是基于矩阵是由相同性质的元素给出的（而不是只由数字组成）。

例 4.33 考虑向量

$$\vec{u}=(2,5,1)$$
$$\vec{v}=(4,10,2)$$

这两个向量是平行的，因为 $\vec{v}=2\vec{u}$。下面利用叉积来检验它们的平行性

$$\vec{v}\otimes\vec{u}=\det\begin{pmatrix}\vec{i} & \vec{j} & \vec{k}\\ 2 & 5 & 1\\ 4 & 10 & 2\end{pmatrix}=10\vec{i}+4\vec{j}+20\vec{k}-20\vec{k}-4\vec{j}-10\vec{i}=\vec{o}$$

例 4.34 考虑向量

$$\vec{u}=(4,1,-2)$$
$$\vec{v}=(1,0,2)$$

这两个向量的标量积为

$$4\times1+1\times0+(-2)\times2=0$$

它们是垂直的。如果计算其向量积，可得

$$\det\begin{pmatrix}\vec{i} & \vec{j} & \vec{k}\\ 4 & 1 & -2\\ 1 & 0 & 2\end{pmatrix}=2\vec{i}-10\vec{j}-\vec{k}$$

定义 4.23（混合积，三重积） 令 $\vec{u},\vec{v},\vec{w}\in\mathbb{V}_3$ 有相同的任意起点 O。**混合积**（mixed product）为一种将三个向量和一个标量进行关联的运算（$\mathbb{V}_3\times\mathbb{V}_3\times\mathbb{V}_3\to\mathbb{R}$），它被定义为三个向量中的一个向量与另外两个向量的向量积的标量积：

$$(\vec{u}\otimes\vec{v})\vec{w}$$

命题 4.10 令 $\vec{u},\vec{v},\vec{w}\in\mathbb{V}_3$ 有相同的任意起点 O。这三个向量共面的充要条件是它们的混合积 $(\vec{u}\otimes\vec{v})\vec{w}$ 等于零。

证明 若这三个向量是共面的，则 $\vec{u}$ 和 $\vec{v}$ 也是共面的。因此，向量积 $\vec{u}\otimes\vec{v}$ 为一个向量，垂直于这两个向量和它们确定的平面。因为 $\vec{w}$ 与它们在同一平面内，故 $\vec{w}$ 和 $\vec{u}\otimes\vec{v}$ 是垂直的。因此，它们的标量积为 0，故混合积为 0。

若混合积 $(\vec{u}\otimes\vec{v})\vec{w}$ 等于 0，则 $\vec{w}$ 与 $\vec{u}\otimes\vec{v}$ 是垂直的。由向量积的定义，$\vec{u}\otimes\vec{v}$ 与 $\vec{u}$ 和 $\vec{v}$ 及它们确定的平面都垂直。由于 $\vec{u}\otimes\vec{v}$ 垂直于三个向量 $\vec{u},\vec{v},\vec{w}$，而只有一个平面包含所有向量，因此 $\vec{u},\vec{v},\vec{w}$ 是共面的。 □

命题 4.11　令 $B=\{\vec{i},\vec{j},\vec{k}\}$ 为一个标准正交基。令 $\vec{u},\vec{v},\vec{w}\in\mathbb{V}_3$ 在基 B 下的分量分别为 $\vec{u}=(u_1,u_2,u_3)$，$\vec{v}=(v_1,v_2,v_3)$，$\vec{w}=(w_1,w_2,w_3)$。混合积 $(\vec{u}\otimes\vec{v})\ \vec{w}=\det\boldsymbol{A}$，其中矩阵 $\boldsymbol{A}$ 为：

$$\boldsymbol{A}=\begin{pmatrix} u_1 & u_2 & u_3 \\ v_1 & v_2 & v_3 \\ w_1 & w_2 & w_3 \end{pmatrix}$$

证明　向量积

$$\vec{u}\otimes\vec{v}=\det\begin{pmatrix} \vec{i} & \vec{j} & \vec{k} \\ u_1 & u_2 & u_3 \\ v_1 & v_2 & v_3 \end{pmatrix}$$

$$=\det\begin{pmatrix} u_2 & u_3 \\ v_2 & v_3 \end{pmatrix}\vec{i}-\det\begin{pmatrix} u_1 & u_3 \\ v_1 & v_3 \end{pmatrix}\vec{j}+\det\begin{pmatrix} u_1 & u_2 \\ v_1 & v_2 \end{pmatrix}\vec{k}$$

这里利用了拉普拉斯定理Ⅰ。

于是，我们可通过计算 $\vec{w}$ 和 $\vec{u}\otimes\vec{v}$ 的标量积得到混合积：

$$(\vec{u}\otimes\vec{v})\vec{w}=\det\begin{pmatrix} u_2 & u_3 \\ v_2 & v_3 \end{pmatrix}w_1-\det\begin{pmatrix} u_1 & u_3 \\ v_1 & v_3 \end{pmatrix}w_2+\det\begin{pmatrix} u_1 & u_2 \\ v_1 & v_2 \end{pmatrix}w_3=\det\boldsymbol{A}$$

这里也利用了拉普拉斯定理Ⅰ。　□

例 4.35　下列向量是共面的，因为 $\vec{w}=2\vec{u}+3\vec{v}$。

$$(1,2,1)$$
$$(0,4,2)$$
$$(4,16,8)$$

下面通过验证与这些向量相关的矩阵为奇异的来验证这些向量是共面的，

$$\det\begin{pmatrix} 1 & 2 & 1 \\ 0 & 4 & 2 \\ 4 & 16 & 8 \end{pmatrix}=0$$

注意，第三行为前面两行的线性组合，我们可以立刻得到这一结果。

例 4.36　下列三个向量是共面的，因为其中两个向量是平行的（因此仅考虑两个方向）：

$$(2,2,1)$$
$$(6,6,3)$$
$$(5,1,2)$$

下面通过验证与这些向量相关的矩阵为奇异的方法来验证这些向量是共面的，

$$\det\begin{pmatrix} 2 & 2 & 1 \\ 6 & 6 & 3 \\ 5 & 1 & 2 \end{pmatrix}=0$$

注意，第二行为第一行乘以 3，我们可以立刻得到这一结果。

习题

4.1 考虑 $\mathbb{V}_3$ 中的两个用标准正交基表示的向量

$$\vec{u}=2\vec{e}_1+1\vec{e}_2-2\vec{e}_3$$

$$\vec{v}=-8\vec{e}_1-4\vec{e}_2+8\vec{e}_3$$

确定这两个向量是否平行。

4.2 考虑两个用标准正交基表示的向量

$$\vec{v}=(1,0,1-k)$$

$$\vec{w}=(2,0,1)$$

1. 确定 k，使这两个向量垂直；
2. 确定 k，使这两个向量平行。

4.3 考虑向量

$$\vec{u}=(2,-3,2)$$

$$\vec{v}=(3,0,-1)$$

$$\vec{w}=(1,0,2)$$

确定这些向量是否线性无关。

4.4 考虑三个用标准正交基向量表示的向量

$$\vec{u}=(6,2,3)$$

$$\vec{v}=(1,0,1)$$

$$\vec{w}=(0,0,1)$$

1. 验证这些向量是否线性无关；
2. 说明 $\vec{u},\vec{v},\vec{w}$ 是否为一个基（并验证答案），且如果可能，将向量 $\vec{t}=(1,1,1)$ 用 $\vec{u}$，$\vec{v},\vec{w}$ 进行表示。

4.5 考虑 $\mathbb{V}_3$ 中的用标准正交基表示的向量

$$\vec{u}=(1,0,1)$$

$$\vec{v}=(2,1,1)$$

$$\vec{w}=(3,1,2)$$

$$\vec{t}=(1,1,1)$$

1. 验证向量 $\vec{u},\vec{v},\vec{w}$ 是否为 $\mathbb{V}_3$ 的一个基；
2. 如果可能，将向量 $\vec{t}$ 用 $\vec{u},\vec{v},\vec{w}$ 表示。

4.6 验证向量 $\vec{u}=(4,2,12)$，$\vec{v}=(1,1,4)$，$\vec{w}=(2,2,8)$ 为线性相关且共面的。

4.7 是否存在 h 的值，使得 $\vec{u}$ 平行于 $\vec{v}$。如果存在，请确定 h 的值。

$$\vec{u}=(3h-5)\vec{e}_1+(2h-1)\vec{e}_2+3\vec{e}_3$$

$$\vec{v}=\vec{e}_1-\vec{e}_2+3\vec{e}_3$$

4.8 是否存在 h 的值，使得 $\vec{u},\vec{v}$ 和 $\vec{w}$ 共面。如果存在，请确定 h 的值。

$$\vec{u}=2\vec{e}_1-\vec{e}_2+3\vec{e}_3$$

$$\vec{v}=\vec{e}_1+\vec{e}_2-2\vec{e}_3$$

$$\vec{w}=h\vec{e}_1-\vec{e}_2+(h-1)\vec{e}_3$$

第 5 章　复数及多项式

5.1　复数

如第 1 章中所说，对一个给定的集合及应用于其元素上的一个运算，如果无论算子的输入是什么，运算的结果仍然为该集合中的一个元素，则称该集合对该运算封闭。例如，容易验证 $\mathbb{R}$ 对和运算是封闭的，因为两个实数的和当然仍为一个实数。然而，$\mathbb{R}$ 对平方根运算不是封闭的。更详细地说，如果必须要计算一个负数的平方根，则其结果是不确定的，且不是一个实数。为了能够表示这样的数，杰罗拉玛·卡达诺在 16 世纪通过定义虚数单位 j 为-1 的平方根，$\mathrm{j}=\sqrt{-1}$，引入了有关**虚数**（imaginary number）的概念，参见文献［11］。这意味着负数的平方根也可以被表示了。

例 5.1　$\sqrt{-9}=\mathrm{j}3$。

虚数构成的数集用符号 $\mathbb{I}$ 表示。基本的算术运算都可应用于虚数。

- 和：$\mathrm{j}a+\mathrm{j}b=\mathrm{j}(a+b)$；
- 差：$\mathrm{j}a-\mathrm{j}b=\mathrm{j}(a-b)$；
- 积：$\mathrm{j}a\mathrm{j}b=-ab$；
- 商：$\dfrac{\mathrm{j}a}{\mathrm{j}b}=\dfrac{a}{b}$。

例 5.2　考虑虚数 j2 和 j5。可以得到

$$\mathrm{j}2+\mathrm{j}5=\mathrm{j}7$$
$$\mathrm{j}2-\mathrm{j}5=-\mathrm{j}3$$
$$\mathrm{j}2\mathrm{j}5=-10$$
$$\frac{\mathrm{j}2}{\mathrm{j}5}=\frac{2}{5}$$

可以观察到，集合 $\mathbb{I}$ 对和与差运算是封闭的，但对积和商不是。例如，两个虚数的积为一个实数。

此外，零有着特殊的角色。因为 $0\mathrm{j}=\mathrm{j}0=0$，零既是实数也是虚数，可以看作两个集合的交集。

定义 5.1　一个**复数**（complex number）可表示为 $z=a+\mathrm{j}b$，其中 a 和 b 为实数，j 为虚数单位。而且，a 为该复数的**实部**（real part），b 为其**虚部**（imaginary part）。复数的集合表示为 $\mathbb{C}$。

例 5.3　数 $a+\mathrm{j}b=3+\mathrm{j}2$ 为一个复数。

复数可以在**高斯平面**（Gaussian plane）内用几何方法表示为一个点，其实部和虚部分别为

这个点在实轴和虚轴上的投影。如图 5-1 所示。

复数在高斯平面内的表示不能与 $\mathbb{R}^2$ 中点的表示相混淆。尽管在这两种情况下，都存在集合中的元素到平面上点之间的双射，但集合 $\mathbb{R}^2$ 为笛卡儿乘积 $\mathbb{R}\times\mathbb{R}$，复数的集合 $\mathbb{C}$ 则包含了由实部和虚部的和构成的所有数。

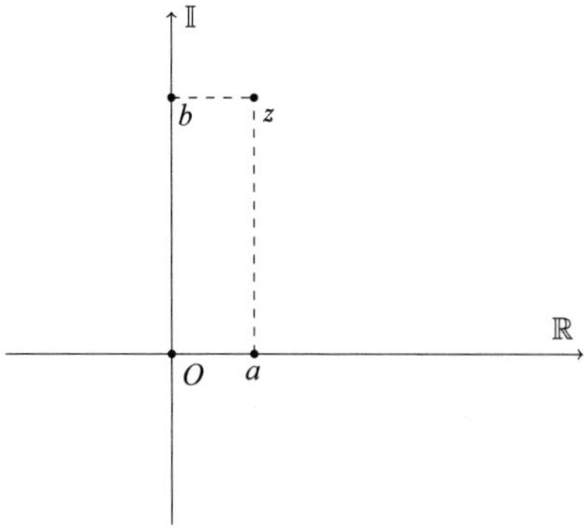

图　5-1

若 $z_1=a+\mathrm{j}b$ 且 $z_2=c+\mathrm{j}d$，基本的算术运算可被应用于复数。

- 和：$z_1+z_2=a+c+\mathrm{j}(b+d)$；
- 积：$z_1z_2=(a+\mathrm{j}b)(c+\mathrm{j}d)=ac+\mathrm{j}ad+\mathrm{j}bc-bd=(ac-bd)+\mathrm{j}(ad+bc)$；
- 商：$\dfrac{z_1}{z_2}=\dfrac{a+\mathrm{j}b}{c+\mathrm{j}d}=\dfrac{(a+\mathrm{j}b)(c-\mathrm{j}d)}{(c+\mathrm{j}d)(c-\mathrm{j}d)}=\dfrac{ac+bd+\mathrm{j}(bc-ad)}{c^2+d^2}$。

例 5.4　考虑复数 $z_1=4+\mathrm{j}3$ 和 $z_2=2-\mathrm{j}5$。下面计算它们的和、积和商。

$$z_1+z_2=6-\mathrm{j}2$$

$$z_1z_2=8-\mathrm{j}20+\mathrm{j}6+15=23-\mathrm{j}14$$

$$\frac{z_1}{z_2}=\frac{4+\mathrm{j}3}{2-\mathrm{j}5}=\frac{(4+\mathrm{j}3)(2+\mathrm{j}5)}{(2-\mathrm{j}5)(2+\mathrm{j}5)}=\frac{-7+\mathrm{j}26}{29}$$

通过复数的商，容易验证复数 $z=a+\mathrm{j}b$ 的倒数为

$$\frac{1}{z}=\frac{1}{a+\mathrm{j}b}=\frac{a-\mathrm{j}b}{(a+\mathrm{j}b)(a-\mathrm{j}b)}=\frac{a-\mathrm{j}b}{a^2+b^2}$$

例 5.5

$$\frac{1}{2+\mathrm{j}2}=\frac{2-\mathrm{j}2}{8}=\frac{1}{8}-\mathrm{j}\frac{1}{8}$$

定义 5.2　令 $z=a+\mathrm{j}b$ 为一个复数。复数 $a-\mathrm{j}b$ 被称为 z 的**共轭**（conjugate），并记为 $\dot{z}$。

对复数及其共轭，可以定义下列的基本算术运算。

- 和：$z+\dot{z}=a+\mathrm{j}b+a-\mathrm{j}b=2a$；
- 差：$z-\dot{z}=a+\mathrm{j}b-a+\mathrm{j}b=\mathrm{j}2b$；
- 积：$z\dot{z}=(a+\mathrm{j}b)(a-\mathrm{j}b)=a^2-\mathrm{j}ab+\mathrm{j}ab-\mathrm{j}^2b^2=a^2+b^2$。

例 5.6　考虑共轭复数 $z=3+\mathrm{j}2$ 和 $\dot{z}=3-\mathrm{j}2$。可以得到

$$z+\dot{z}=6$$

$$z-\dot{z}=\mathrm{j}4$$

$$z\dot{z}=9+4=13$$

由第一个基本算术运算，如果 $z=a+\mathrm{j}b$，我们可以得到，

- $a=\dfrac{z+\dot{z}}{2}$；
- $b=\dfrac{z-\dot{z}}{2}$。

命题 5.1　令 z_1 和 z_2 为两个复数 ($z_1, z_2 \in \mathbb{C}$)，其共轭复数分别为 $\dot{z}_1$ 和 $\dot{z}_2$。可以得到

$$z_1 \dot{z}_2 = \dot{z}_1 \dot{z}_2$$

证明　令 z_1，z_2 为两个复数，

$$z_1 = a + jb$$

$$z_2 = c + jd$$

其相应的共轭复数为

$$\dot{z}_1 = a - jb$$

$$\dot{z}_2 = c - jd$$

我们可以计算得到

$$z_1 z_2 = ac - bd + j(ad + bc)$$

和

$$\dot{z}_1 \dot{z}_2 = ac - bd - j(ad + bc)$$

现计算

$$\dot{z}_1 \dot{z}_2 = (a - jb)(c - jd) = ac - jad - jbc - bd = ac - bd - j(ad + bc)$$

□

例 5.7　考虑两个复数

$$z_1 = 1 + j2$$

$$z_2 = 4 + j3$$

下面计算

$$z_1 z_2 = 4 - 6 + j(3 + 8) = -2 + j11$$

于是直接有

$$z_1 \dot{z}_2 = -2 - j11$$

现计算

$$\dot{z}_1 \dot{z}_2 = (1 - j2)(4 - j3) = -2 - j11$$

复数的一个重要的性质是，它满足第 1 章中给出的有序集和域的基本定义。我们已经知道，实数域为集合 $\mathbb{R}$ 连同其上定义的和与积运算。此外，我们前面已经定义了复数集合 $\mathbb{C}$ 上的和与积运算。容易验证，对复数上定义的和与积运算，域的性质是成立的。我们可以用类似的方法定义虚数域。

实数域 $\mathbb{R}$ 是全序的，即下列性质成立。

- $\forall x_1, x_2 \in \mathbb{R}$，对 $x_1 \neq x_2$：要么 $x_1 \leqslant x_2$，要么 $x_2 \leqslant x_1$；
- $\forall x_1, x_2 \in \mathbb{R}$：若 $x_1 \leqslant x_2$ 且 $x_2 \leqslant x_1$，则 $x_1 = x_2$；
- $\forall x_1, x_2$，$x_3 \in \mathbb{R}$：若 $x_1 \leqslant x_2$ 且 $x_2 \leqslant x_3$，则 $x_1 \leqslant x_3$；
- $\forall x_1, x_2$，$c \in \mathbb{R}$，对 $c > 0$：若 $x_1 \leqslant x_2$，则 $x_1 + c \leqslant x_2 + c$；
- $\forall x_1, x_2 \in \mathbb{R}$，对 $x_1 > 0$ 及 $x_2 > 0$：$x_1 x_2 > 0$。

命题 5.2　虚数域 $\mathbb{I}$ 不是全序的。

证明　证明性质

$$\forall x_1 x_2 \in \mathbb{I}, \quad 对\ x_1 > 0\ 和\ x_2 > 0 : x_1 x_2 > 0$$

在虚数域内不成立。

考虑 $x_1, x_2 \in \mathbb{I}$。令 $x_1 = jb$，$x_2 = jd$，且 $b > 0$，$d > 0$，则 $x_1 x_2 = j^2 bd$，$bd > 0$。因此，$x_1 x_2 = -bd < 0$。

因为虚数域对全序集中的一个条件是不成立的，故虚数域不是全序的。 □

由此可得复数域不是全序的。对这一事实的直观解释是，因为没有明确的标准对平面上的两个点进行排序，故两个复数一般不能按照某一方法进行排序。

我们说复数的表示 $z=a+\mathrm{j}b$ 是用矩形坐标（rectangular coordinate）。一个复数有一个极坐标（polar coordinate）的等价表示。具体来说，对一个复数 $z=a+\mathrm{j}b$，我们可以用术语极径（或模）ρ 和辐角 θ 来表示，并将其记为 $(\rho,\angle\theta)$，如图 5-2 所示，其中

$$\rho=\sqrt{a^2+b^2}$$

$$\theta=\begin{cases}\arctan\left(\dfrac{b}{a}\right), & a>0\\ \arctan\left(\dfrac{b}{a}\right)+\pi, & a<0\end{cases}$$

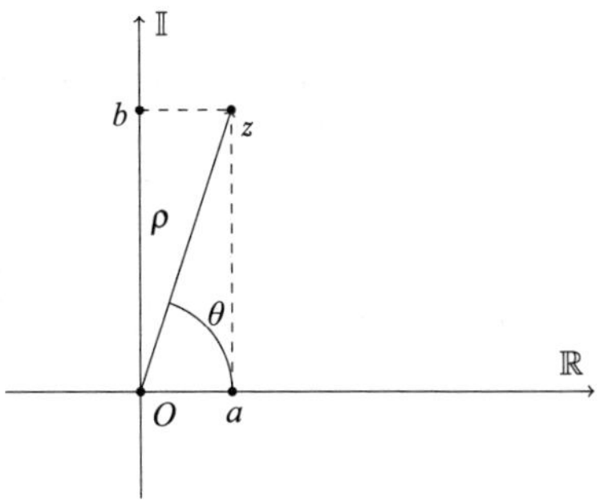

图 5-2

例 5.8 考虑两个复数 $z_1=2+\mathrm{j}3$ 和 $z_2=-4+\mathrm{j}8$。现将这两个数用极坐标表示。对 z_1，其半径 $\rho_1=\sqrt{2^2+3^2}=\sqrt{13}$，辐角 $\theta_1=\arctan\left(\dfrac{3}{2}\right)=56.3°$。对 z_2，其半径 $\rho_2=\sqrt{(-4)^2+8^2}=\sqrt{80}$，辐角 $\theta_2=\arctan\left(\dfrac{8}{-4}\right)+180°=116.6°$。

下面计算这两个复数的和与积。其和为 $z_1+z_2=-2+\mathrm{j}11$。积可用极坐标的形式表示为：$z_1z_2=(\sqrt{13}\sqrt{80},\angle 172.9°)$。

用三角几何学的复数的几何表示，可以得出

$$a=\rho\cos\theta$$
$$b=\rho\sin\theta$$

因此，我们可以将复数表示为

$$z=a+\mathrm{j}b=\rho(\cos\theta+\mathrm{j}\sin\theta)$$

考虑两个复数 $z_1=\rho_1(\cos\theta_1+\mathrm{j}\sin\theta_1)$，$z_2=\rho_2(\cos\theta_2+\mathrm{j}\sin\theta_2)$，并计算它们的乘积。

$$\begin{aligned}z_1z_2&=\rho_1(\cos\theta_1+\mathrm{j}\sin\theta_1)\rho_2(\cos\theta_2+\mathrm{j}\sin\theta_2)\\&=\rho_1\rho_2(\cos\theta_1+\mathrm{j}\sin\theta_1)(\cos\theta_2+\mathrm{j}\sin\theta_2)\\&=\rho_1\rho_2(\cos\theta_1\cos\theta_2+\mathrm{j}\cos\theta_1\sin\theta_2+\mathrm{j}\sin\theta_1\cos\theta_2-\sin\theta_1\sin\theta_2)\\&=\rho_1\rho_2(\cos(\theta_1+\theta_2)+\mathrm{j}\sin(\theta_1+\theta_2))\end{aligned}$$

这意味着，如果用极坐标表示两个复数，想要计算它们的乘积，只要计算它们模的乘积，并将它们的辐角相加即可。回顾一下，$\cos(\alpha-\beta)=\cos\alpha\cos\beta+\sin\alpha\sin\beta$ 且 $\sin(\alpha+\beta)=\sin\alpha\cos\beta+\cos\alpha\sin\beta$。

例 5.9 考虑复数 $z_1=(5,\angle 30°)$ 及 $z_2=(2,\angle 45°)$。我们可得

$$z_1z_2=(10,\angle 75°)=10(\cos 75°+\mathrm{j}\sin 75°)$$

由极坐标中两个复数的乘积，我们立刻得到复数的 n 次方可定义为

$$z^n=\rho^n(\cos n\theta+\mathrm{j}\sin n\theta)$$

例 5.10　考虑复数 $z=2+\mathrm{j}2$。复数 z 在极坐标下为

$$z=(\sqrt{8},\angle 45^\circ)$$

我们可以计算

$$z^4=64(\cos 180^\circ+\mathrm{j}\sin 180^\circ)=-64$$

利用这一公式，也可给出 n 次方根。具体来说，设 $z_1^n=z_2$。若 $z_1=\rho_1(\cos\theta_1+\mathrm{j}\sin\theta_1)$ 且 $z_2=\rho_2(\cos\theta_2+\mathrm{j}\sin\theta_2)$，则

$$\begin{aligned}z_2&=(\rho_1(\cos\theta_1+\mathrm{j}\sin\theta_1))^n\\&\Rightarrow\rho_2(\cos\theta_2+\mathrm{j}\sin\theta_2)=\rho_1^n(\cos n\theta_1+\mathrm{j}\sin n\theta_1)\end{aligned}$$

从这些公式中我们可以得出，

$$\begin{cases}\rho_2=\rho_1^n\\\cos\theta_2=\cos n\theta_1\\\sin\theta_2=\sin n\theta_1\end{cases}$$

$$\Rightarrow\begin{cases}\rho_1=\sqrt[n]{\rho_2}\\\theta_1=\dfrac{\theta_2+2k\pi}{n}\\\theta_1=\dfrac{\theta_2+2k\pi}{n}\end{cases}$$

其中 $k\in\mathbb{N}$。因此，n 次方根的公式为

$$\sqrt[n]{z}=\sqrt[n]{\rho_2}\left(\cos\frac{\theta_2+2k\pi}{n}+\mathrm{j}\sin\frac{\theta_2+2k\pi}{n}\right)$$

使用更简洁的方法并忽略 $2k\pi$，若 $z=\rho(\cos\theta+\mathrm{j}\sin\theta)$，则

$$\sqrt[n]{z}=\sqrt[n]{\rho}\left(\cos\frac{\theta}{n}+\mathrm{j}\sin\frac{\theta}{n}\right)$$

例 5.11　考虑复数 $z=(8,\angle 45^\circ)$ 并计算

$$\sqrt[3]{z}=(2,\angle 15^\circ)=2(\cos 15^\circ+\mathrm{j}\sin 15^\circ)$$

另一个（等价的）计算复数 n 次方根的公式称为棣莫弗（De Moivre）公式。

定理 5.1（棣莫弗公式）　对每一个实数 $\theta\in\mathbb{R}$ 和整数 $n\in\mathbb{N}$，

$$(\cos\theta+\mathrm{j}\sin\theta)^n=\cos n\theta+\mathrm{j}\sin n\theta$$

最后，下列定理将复数的概念进行了扩展。

定理 5.2（欧拉公式）　对每一个实数 $\theta\in\mathbb{R}$，

$$\mathrm{e}^{\mathrm{j}\theta}=\cos\theta+\mathrm{j}\sin\theta$$

其中 e 为欧拉常数 2.71828…，或自然对数的底。

欧拉公式是一个重要结果，它通过复数的极坐标表示将指数函数与正弦函数建立了关联，参见文献［12］。欧拉公式的一个证明在附录 B 中给出。

例 5.12　对 $\theta=45^\circ=\dfrac{\pi}{4}$，

$$\mathrm{e}^{\mathrm{j}\frac{\pi}{4}}=\cos 45^\circ+\sin 45^\circ=\frac{\sqrt{2}}{2}+\mathrm{j}\frac{\sqrt{2}}{2}$$

需要强调的是，棣莫弗公式的得出在欧拉公式之前，因此，这不是原始的证明。尽管如此，它可看作欧拉公式的一个推广，看成一个逻辑结论，参见文献［13］。

命题 5.3　令 $z=\rho e^{j\theta}=\rho(\cos\theta+j\sin\theta)$ 为一个复数。我们可得

$$jz=\rho(\cos(\theta+90°)+j\sin(\theta+90°))=\rho e^{j(\theta+90°)}$$

证明　若将 z 乘以 j 可得：

$$\begin{aligned}jz&=j\rho e^{j\theta}=j\rho(\cos\theta+j\sin\theta)\\&=\rho(j\cos\theta-\sin\theta)=\rho(-\sin\theta+j\cos\theta)\\&=\rho(\sin(-\theta)+j\cos\theta)=\rho(\cos(\theta+90°)+j\sin(\theta+90°))\\&=\rho e^{j(\theta+90°)}\end{aligned}$$

□

这意味着一个复数乘以虚数单位 j 可理解为将复数在高斯平面内旋转了 90°。

例 5.13　考虑复数 $z=2+j2$，将其乘以 j：

$$jz=j2-2=-2+j2$$

在高斯平面上，如图 5-3 所示。

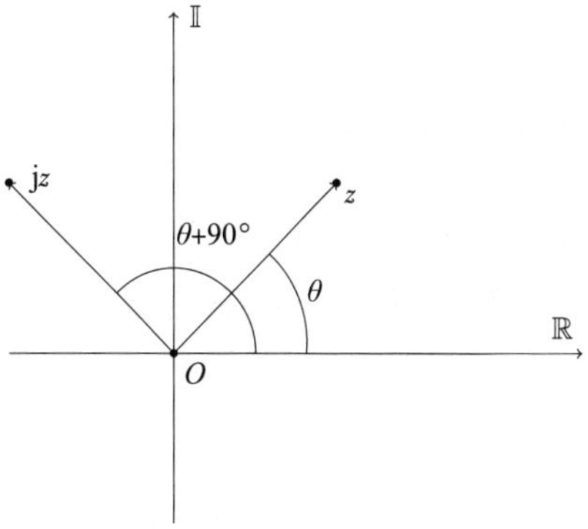

图　5-3

例 5.14　考虑复数 $z=(5,\angle 15°)$，它可以写为 $5(\cos 15°+j\sin 15°)$。将此数乘以 j：

$$\begin{aligned}jz&=j5(\cos 15°+j\sin 15°)=5(-\sin 15°+j\cos 15°)\\&=5(\sin(-15°)+j\cos 15°)=5(\cos 105°+j\sin 105°)\\&=5(\cos(90°+15°)+j\sin(90°+15°))=5e^{j(90°+15°)}\end{aligned}$$

最后，如果对 $\theta=\pi$ 用欧拉公式，可得：

$$e^{j\pi}+1=0,$$

我们称它为**欧拉等式**。这一方程一直被人们认为是最美的公式，因为它包含了数学中的基本常数 0,1,e,π,j，同时也有基本运算，例如加法、乘法和指数运算，而所有这些元素都在这个方程中仅出现了一次。

5.2　复向量、矩阵和线性方程组

前几章中所有的理论和例子都指的是实数。但是，需要指出，我们的代数分析进行到现在可以直接推广到复数的情形了。本节通过几个例子来阐述这一说法。

定义 5.3　令 $\mathbb{C}$ 为复数集合，$\mathbb{C}^n=\mathbb{C}\times\mathbb{C}\times\cdots\times\mathbb{C}$ 为复数集合进行 n 次笛卡儿积得到的集合。

一个一般元素 $\boldsymbol{u}\in\mathbb{C}^n$ 被称为**复向量**（complex vector），它是一个 n 元组

$$\boldsymbol{u}=(a_1+jb_1,a_2+jb_2,\cdots,a_n+jb_n)$$

其中每一个分量 a_k+jb_k 都是一个复数。

例 5.15　下列向量为 $\mathbb{C}^3$ 中的一个复向量：

$$\boldsymbol{u}=(3-j2,4,1+j7)$$

利用复数的和与积运算的定义，我们可以定义复向量的标量积。

定义 5.4　令 $\boldsymbol{u}=(u_1,u_2,\cdots,u_n)$ 和 $\boldsymbol{v}=(v_1,v_2,\cdots,v_n)$ 为 $\mathbb{C}^n$ 中的两个向量。其**标量积**（scalar product）$\boldsymbol{u}\cdot\boldsymbol{v}$ 为

$$\boldsymbol{u}\cdot\boldsymbol{v}=\sum_{j=1}^{n}u_jv_j \tag{5.1}$$

例 5.16　考虑 $\mathbb{C}^3$ 中的向量：

$$\boldsymbol{u}=(1,1+\mathrm{j}2,0)$$
$$\boldsymbol{v}=(3-\mathrm{j},\mathrm{j}5,6-\mathrm{j}2)$$

它们的标量积为

$$\boldsymbol{u}\cdot\boldsymbol{v}=3-\mathrm{j}+(-10)+\mathrm{j}5+0=-7+\mathrm{j}4$$

类似地，矩阵的元素也可以取为复数。

定义 5.5　一个 m 行 n 列的**复矩阵**（complex matrix）$\boldsymbol{C}$ 为一个如下的列表，

$$\boldsymbol{C}=\begin{pmatrix} c_{1,1} & c_{1,2} & \cdots & c_{1,n} \\ c_{2,1} & c_{2,2} & \cdots & c_{2,n} \\ \vdots & \vdots & & \vdots \\ c_{m,1} & c_{m,2} & \cdots & c_{m,n} \end{pmatrix}$$

其中 $c_{i,j}$ 为一个复数，

$$c_{i,j}=a_{i,j}+\mathrm{j}b_{i,j}$$

所有可能的 $m\times n$ 复矩阵的集合记为 $\mathbb{C}_{m,n}$。

例 5.17　下列矩阵为一个复矩阵

$$\boldsymbol{C}=\begin{pmatrix} 3 & -1+\mathrm{j}3 & \mathrm{j}5 \\ 1+\mathrm{j}8 & -9 & 0 \\ 0 & 2 & \mathrm{j}12 \end{pmatrix}$$

复矩阵可以像以实数为分量的矩阵一样一个分量一个分量地做加法。

例 5.18　考虑矩阵

$$\boldsymbol{C}=\begin{pmatrix} 3 & -1+\mathrm{j}3 & \mathrm{j}5 \\ 1+\mathrm{j}8 & -9 & 0 \\ 0 & 2 & \mathrm{j}12 \end{pmatrix}$$

和

$$\boldsymbol{D}=\begin{pmatrix} 1+\mathrm{j}2 & 0 & -\mathrm{j} \\ 4-\mathrm{j}8 & 4 & 0 \\ 0 & -2 & -\mathrm{j}3 \end{pmatrix}$$

这两个矩阵的和是

$$\boldsymbol{C}+\boldsymbol{D}=\begin{pmatrix} 4+\mathrm{j}2 & -1+\mathrm{j}3 & \mathrm{j}4 \\ 5 & -5 & 0 \\ 0 & 0 & -\mathrm{j}9 \end{pmatrix}$$

由标量积的定义，我们很容易将矩阵乘法推广到复矩阵。

定义 5.6　考虑复矩阵 $\boldsymbol{C}\in\mathbb{C}_{m,r}$ 和 $\boldsymbol{D}\in\mathbb{C}_{r,n}$。我们现将 $\boldsymbol{C}$ 表示为一个行向量的向量，$\boldsymbol{D}$ 表示为一个列向量的向量：

$$\boldsymbol{C}=\begin{pmatrix} \boldsymbol{c}_1 \\ \boldsymbol{c}_2 \\ \vdots \\ \boldsymbol{c}_m \end{pmatrix}$$

$$D=(d^1 \quad d^2 \quad \cdots \quad d^n)$$

乘积矩阵

$$CD=\begin{pmatrix} c_1d^1 & c_1d^2 & \cdots & c_1d^n \\ c_2d^1 & c_2d^2 & \cdots & c_2d^n \\ \vdots & \vdots & & \vdots \\ c_md^1 & c_md^2 & \cdots & c_md^n \end{pmatrix}$$

其中 c_id^j 为两个复向量的乘积。

例 5.19 考虑两个复矩阵

$$C=\begin{pmatrix} 2+j & 0 & 5-j3 \\ 1 & 1 & 0 \\ j5 & 3+j2 & 0 \end{pmatrix}$$

$$D=\begin{pmatrix} 1 & 0 & 1 \\ 0 & 1 & 0 \\ j5 & 3+j2 & 0 \end{pmatrix}$$

乘积矩阵

$$CD=\begin{pmatrix} 17+j26 & 21+j & 2+j \\ 1 & 1 & 1 \\ j5 & 3+j2 & j5 \end{pmatrix}$$

实数矩阵和与积的所有性质都可以直接推广到复数。类似地，我们可以将 2.4 节中描述的行列式的概念和 2.5 节中逆矩阵的概念推广到复数。

例 5.20 再次考虑复矩阵

$$C=\begin{pmatrix} 2+j & 0 & 5-j3 \\ 1 & 1 & 0 \\ j5 & 3+j2 & 0 \end{pmatrix}$$

矩阵的行列式 $\det C=6-j24\neq 0$。因此，矩阵 C 是可逆的。由逆矩阵的公式，

$$C^{-1}=\frac{1}{\det C}\text{adj}C$$

可以求得一个复矩阵的逆：

$$C^{-1}=\frac{1}{6-j24}\begin{pmatrix} 0 & 21+j & -5+j3 \\ 0 & -15-j25 & 5-j3 \\ 3-j3 & -4-j7 & 2+j \end{pmatrix}$$

例 5.21 复矩阵

$$C=\begin{pmatrix} 2+j & 0 & 2+j \\ 1 & 1 & 2 \\ j5 & 3+j2 & 3+j7 \end{pmatrix}$$

为奇异的。因为其第三列是前两列的和。该矩阵是不可逆的。

线性方程组的概念也可以推广到复数上。

定义 5.7 考虑 m（其中 $m>1$）个以 $x_1, x_2, \cdots, x_n$ 为变量的线性方程。这些方程构成一个复

线性方程组（system of complex linear equations），记为

$$\begin{cases} c_{1,1}x_1+c_{1,2}x_2+\cdots+c_{1,n}x_n=d_1 \\ c_{2,1}x_1+c_{2,2}x_2+\cdots+c_{2,n}x_n=d_2 \\ \vdots \\ c_{m,1}x_1+c_{m,2}x_2+\cdots+c_{m,n}x_n=d_m \end{cases}$$

其中 $\forall i, j$，$c_{i,j}\in\mathbb{C}$ 且 $d_i\in\mathbb{C}$。

对实线性方程组成立的定理对复线性方程组也是成立的。例如，克拉默法则和 Rouchè-Capelli 定理都是成立的，同时高斯消元法，LU 分解法和迭代法也成立。下面的例子阐明了这一事实。

例 5.22　用克拉默法则求解线性方程组

$$\begin{cases} 2x-4\mathrm{j}y=0 \\ (1+\mathrm{j})x+y=2 \end{cases}$$

相应的系数矩阵的行列式为 $-2+\mathrm{j}4$。下面应用克拉默法则，所求得的解为

$$\begin{cases} x=\dfrac{\det\begin{pmatrix} 0 & -\mathrm{j}4 \\ 2 & 1 \end{pmatrix}}{-2+\mathrm{j}4}=1.6-\mathrm{j}0.8 \\ y=\dfrac{\det\begin{pmatrix} 2 & 0 \\ 1+\mathrm{j} & 2 \end{pmatrix}}{-2+\mathrm{j}4}=-0.4-\mathrm{j}0.8 \end{cases}$$

例 5.23　考虑线性方程组

$$\begin{cases} 4x+3\mathrm{j}y+z=0 \\ (2+\mathrm{j})x-2y+z=0 \\ (6+\mathrm{j})x+(-2+\mathrm{j}3)y+2z=0 \end{cases}$$

容易看出，第三个方程为前面两个方程的和。因为方程组是齐次的，由 Rouchè-Capelli 定理，秩 $\rho_A=\rho_{A^c}=2<n=3$。因此，方程组有 ∞^1 个解。

下面令 $x=\alpha$ 来寻找方程组的通解。我们可以得到

$$z=-4\alpha-\mathrm{j}3y$$

且

$$(2+\mathrm{j})\alpha-2y-4\alpha-\mathrm{j}3y=0$$

由此得到

$$y=\frac{(-2+\mathrm{j})}{(2+\mathrm{j}3)}\alpha=\left(-\frac{1}{13}+\mathrm{j}\frac{8}{13}\right)\alpha$$

$$z=-4\alpha-\mathrm{j}3\frac{(-2+\mathrm{j})}{(2+\mathrm{j}3)}\alpha=\left(-\frac{28}{13}+\mathrm{j}\frac{3}{13}\right)\alpha$$

例 5.24　用高斯消元法求解线性方程组

$$\begin{cases} x-\mathrm{j}y+2z=1 \\ 4x-10y-z=2 \\ 2x+2y+10z=4 \end{cases}$$

从增广矩阵开始

$$A^{c}=\begin{pmatrix}1 & -j & 2 & 1\\ 4 & -10 & -1 & 2\\ 2 & 2 & 10 & 4\end{pmatrix}$$

用行变换

$$r_2=r_2-4r_1$$
$$r_3=r_3-2r_1$$

得到

$$A^{c}=\begin{pmatrix}1 & -j & 2 & 1\\ 0 & -10+j4 & -9 & -2\\ 0 & 2+j2 & 6 & 2\end{pmatrix}$$

用行变换

$$r_3=r_3-\frac{2+j2}{-10+j4}r_2=r_3-\left(-\frac{3}{29}-j\frac{7}{29}\right)r_2=r_3+\left(\frac{3}{29}+j\frac{7}{29}\right)r_2$$

可以得到

$$A^{c}=\begin{pmatrix}1 & -j & 2 & 1\\ 0 & -10+j4 & -9 & -2\\ 0 & 0 & 5.068-j2.172 & 1.793-j0.483\end{pmatrix}$$

该三角形线性方程组的解为

$$x=0.336-j0.006$$
$$y=-0.101+j0.002$$
$$z=0.333+j0.048$$

由最后的 A^{c} 可以得到矩阵 U，其中矩阵 L 为

$$L=\begin{pmatrix}1 & 0 & 0\\ 4 & 1 & 0\\ 2 & -\frac{3}{29}-j\frac{7}{29} & 1\end{pmatrix}$$

例 5.25　考虑矩阵

$$A=\begin{pmatrix}1 & 3j & 4+j\\ j2 & -6+j5 & -1+j8\\ 1+j & -3+j3 & 4+j5\end{pmatrix}$$

矩阵 A 可进行 LU 分解，

$$L=\begin{pmatrix}1 & 0 & 0\\ j2 & 1 & 0\\ 1+j & 0 & 1\end{pmatrix}$$

$$U=\begin{pmatrix}1 & j3 & 4+j\\ 0 & j5 & 1\\ 0 & 0 & 1\end{pmatrix}$$

5.3 复多项式

5.3.1 多项式运算

定义 5.8 令 $n\in\mathbb{N}$ 且 $a_0,a_1,\cdots,a_n\in\mathbb{C}$。复变量 $z\in\mathbb{C}$ 的函数 $p(z)$ 定义为

$$p(z)=a_0+a_1z+a_2z^2+\cdots+a_nz^n=\sum_{k=0}^{n}a_kz^k$$

称为系数 a_k 和复变量 z 的**复多项式**（complex polynomial）。该多项式的次数 n 为非零系数 a_k 对应的最大的 k。

例 5.26 函数

$$p(z)=4z^4-5z^3+z^2-6$$

为一个多项式。

定义 5.9 令 $p(z)=\sum_{k=0}^{n}a_kz^k$ 为一个多项式。若 $\forall k\in\mathbb{N}$，$k\leqslant n$，有 $a_k=0$，则该多项式称为**零多项式**（null polynomial）。

定义 5.10 令 $p(z)=\sum_{k=0}^{n}a_kz^k$ 为一个多项式。若 $\forall k\in\mathbb{N}$，其中 $0<k\leqslant n$，有 $a_k=0$ 且 $a_0\neq0$，则该多项式称为**常数多项式**（constant polynomial）。

定义 5.11（相等原理） 令 $p_1(z)=\sum_{k=0}^{n}a_kz^k$ 和 $p_2(z)=\sum_{k=0}^{n}b_kz^k$ 为两个复多项式。这两个多项式**相等**（identical）$p_1(z)=p_2(z)$ 的充要条件是下列两个条件都成立：

- 两个多项式的次数 n 相同；
- $\forall k\in\mathbb{N}$，$k\leqslant n$，有 $a_k=b_k$。

例 5.27 令 $p_1(z)=\sum_{k=0}^{n}a_kz^k$ 和 $p_2(z)=\sum_{k=0}^{m}b_kz^k$ 为两个复多项式，其中 $m<n$。这两个多项式相等的充要条件是

- $\forall k\in\mathbb{N}$，$k\leqslant n$，有 $a_k=b_k$；
- $\forall k\in\mathbb{N}$，$m<k\leqslant n$，有 $a_k=0$。

定义 5.12 令 $p_1(z)=\sum_{k=0}^{n}a_kz^k$ 和 $p_2(z)=\sum_{k=0}^{m}b_kz^k$ 为两个复多项式，其次数分别为 n 和 m。其**和多项式**（sum polynomial）为多项式 $p_3(z)=\sum_{k=0}^{n}a_kz^k+\sum_{k=0}^{m}b_kz^k$。

例 5.28 考虑多项式

$$p_1(z)=z^3-2z$$
$$p_2(z)=2z^3+4z^2+2z+2$$

其和多项式为

$$p_3(z)=3z^3+4z^2+2$$

命题 5.4 设 $p_1(z)=\sum_{k=0}^{n}a_kz^k$ 和 $p_2(z)=\sum_{k=0}^{m}b_kz^k$ 为两个复多项式，其次数分别为 n 和 m。

- 若 $m \neq n$，其和多项式 $p_3(z)=p_1(z)+p_2(z)$ 的次数为 n 和 m 中较大的。
- 若 $m=n$，其和多项式 $p_3(z)=p_1(z)+p_2(z)$ 的次数小于或等于 n。

例 5.29 为阐明上述命题的含义，考虑多项式 $p_1(z)=5z^3+3z-2$ 和 $p_2(z)=4z^2+z+8$。显然其和多项式的次数为这两个多项式中的较高次数，即 3 和 2 中较大的。因此，和多项式的次数为 3。

另外，若考虑两个次数相同的多项式，例如 $p_1(z)=5z^3+3z-2$ 和 $p_2(z)=-5z^3+z+8$，它们的和为一个一次多项式。和多项式的次数可能比原有的多项式的次数低。

定义 5.13 令 $p_1(z)=\sum_{k=0}^{n} a_k z^k$ 和 $p_2(z)=\sum_{k=0}^{m} b_k z^k$ 为两个复多项式，其次数分别为 n 和 m。其**乘积多项式**（product polynomial）为多项式 $p_3(z)=\left(\sum_{k=0}^{n} a_k z^k\right)\left(\sum_{k=0}^{m} b_k z^k\right)$。

命题 5.5 令 $p_1(z)=\sum_{k=0}^{n} a_k z^k$ 和 $p_2(z)=\sum_{k=0}^{m} b_k z^k$ 为两个复多项式，其次数分别为 n 和 m。其乘积多项式 $p_3(z)=p_1(z)p_2(z)$ 的次数为 $n+m$。

例 5.30 多项式

$$p_1(z)=z^2-2z$$

和

$$p_2(z)=2z+2$$

的次数分别为 2 和 1。

乘积多项式

$$p_3(z)=2z^3-4z^2+2z^2-4z=2z^3-2z^2-4z$$

的次数为 $2+1=3$。

定理 5.3（欧几里得除法） 令 $p_1(z)=\sum_{k=0}^{n} a_k z^k$ 和 $p_2(z)=\sum_{k=0}^{m} b_k z^k$ 为两个复多项式，其次数分别为 n 和 m，且 $p_2(z)\neq 0$。多项式 $p_1(z)$（被除数）和 $p_2(z)$（除数）做除法的结果为一个多项式，

$$p_3(z)=\frac{p_1(z)}{p_2(z)}=q(z)+d(z)$$

可将它改写为

$$p_1(z)=p_2(z)q(z)+r(z)$$

其中 $q(z)$ 称为**商式**（polynomial quotient），$r(z)$ 称为**余式**（polynomial remainder）。次数 r 或余式的次数是严格小于除数 $p_2(z)$ 的次数 m 的：

$$r<m$$

例 5.31 考虑多项式

$$p_1(z)=z^2-z+5$$
$$p_2(z)=z-4$$

我们可以得到

$$p_1(z)=p_2(z)q(z)+r(z)$$

其中

$$q(z)=z+3$$
$$r(z)=17$$

故 $p_1(z)$ 的次数 n 为 2，$p_2(z)$ 的次数 m 为 1，且余式的次数 r 是严格小于 m 的，它为零。

下列定理表明，对给定的一对多项式 $p_1(z)$ 和 $p_2(z)$，商式和余式是唯一的。

定理 5.4（商式和余式的唯一性）　令 $p_1(z)=\sum_{k=0}^{n} a_k z^k$ 和 $p_2(z)=\sum_{k=0}^{m} b_k z^k$ 为两个复多项式，且 $m<n$。$\exists!$ 复多项式 $q(z)$ 和 $r(z)$ 满足 $r<m \mid p_1(z)=p_2(z)q(z)+r(z)$。

证明　用反证法，设有两对复多项式 $q(z)$，$r(z)$ 和 $q_0(z)$，$r_0(z)$，使得

$$p_1(z)=p_2(z)q(z)+r(z)$$
$$p_1(z)=p_2(z)q_0(z)+r_0(z)$$

其中 $r(z)$ 的次数为 r，$r_0(z)$ 的次数为 r_0，都小于 m。

因此，下面的等式成立：

$$0=p_2(z)(q(z)-q_0(z))+(r(z)-r_0(z))$$
$$\Rightarrow r_0(z)-r(z)=p_2(z)(q(z)-q_0(z))$$

由假设可知 $p_2(z)$ 的次数为 m。设 $q(z)-q_0(z)$ 的次数为 l。$p_2(z)(q(z)-q_0(z))$ 的次数为 $m+l\geqslant m$。因为 $r_0(z)-r(z)$ 的阶数最大为 $m-1$，上述方程不满足两个多项式相等的规则。因此，我们得出矛盾，故商式和余式必然是唯一的。　□

例 5.32　考虑定理 5.4 的一个特殊情形，若 $p_1(z)$ 的次数为 n，$p_2(z)$ 的次数为 1。具体来说，$p_2(z)=z-\alpha$。

由定理 5.4 可知，$\exists!q(z)$ 及 $\exists!r(z)$ 使得 $p_1(z)=(z-\alpha)q(z)+r(z)$。

多项式 $r(z)$ 的次数 r 小于 $p_2(z)$ 的次数 1。因此，多项式 $r(z)$ 的次数为 0，即多项式 $r(z)$ 要么是常数。

定义 5.14　令 $p_1(z)=\sum_{k=0}^{n} a_k z^k$ 和 $p_2(z)=\sum_{k=0}^{m} b_k z^k$ 为两个复多项式。若 $\exists!$ 多项式 $q(z)$，使得 $p_1(z)=p_2(z)q(z)(r(z)=0,\forall z)$，则称 $p_1(z)$ 可被 $p_2(z)$ 整除。

当 $p_2(z)=z-\alpha$ 时，一个多项式 $p_1(z)$ 可被 $p_2(z)$ 整除的条件是 $\exists!$ 多项式 $q(z)$，满足 $p_1(z)=(z-\alpha)q(z)(r(z)=0,\forall z)$。

必须注意，零多项式可被任何多项式整除，且所有多项式都可被常数多项式整除。

定理 5.5（余式定理或小贝祖定理）　令 $p(z)=\sum_{k=0}^{n} a_k z^k$ 为一个次数 $n\geqslant 1$ 的复多项式。$p(z)$ 被 $z-\alpha$ 除的余式为 $r(z)=p(\alpha)$。

证明　由欧几里得除法定理 5.3，可知

$$p(z)=(z-\alpha)q(z)+r(z)$$

故 $r(z)$ 的次数是小于 $z-\alpha$ 的次数的。因此，余式 $r(z)$ 的次数为 0，即余式 $r(z)$ 为一个常数。为了强调余式为一个常数，将其记为 r。因此，其欧几里得除法写为

$$p(z)=(z-\alpha)q(z)+r$$

下面在 α 处计算多项式 $p(z)$，

$$p(\alpha)=(\alpha-\alpha)q(\alpha)+r=r$$

因此，$r=p(\alpha)$。　□

5.3.2　多项式的根

定义 5.15　令 $p(z)$ 为一个多项式。满足 $p(z)=0$ 的 z 值称为该多项式的**根**（root）或**解**（solution）。

推论 5.1（鲁菲尼定理）　令 $p(z)=\sum_{k=0}^{n} a_k z^k$ 为一个复多项式，其次数 $n \geqslant 1$。多项式 $p(z)$ 被 $z-\alpha$ 整除的充要条件为 $p(\alpha)=0$（α 为多项式的根）。

证明　若 $p(z)$ 可以被 $z-\alpha$ 整除，则可记

$$p(z)=(z-\alpha)q(z)$$

因此，对 $z=\alpha$，有

$$p(\alpha)=(\alpha-\alpha)q(\alpha)=0$$

若 α 为多项式的一个根，则 $p(\alpha)=0$。考虑

$$p(z)=(z-\alpha)q(z)+r(z)$$

由小贝祖定理可得 $p(\alpha)=r$，故可得 $r=0$，因此

$$p(z)=(z-\alpha)q(z)$$

即 $p(z)$ 可被 $z-\alpha$ 整除。　□

例 5.33　考虑多项式除式

$$\frac{-z^4+3z^2-5}{z+2}$$

容易验证，这一除式的余式为

$$r=p(-2)=-9$$

反之，在

$$\frac{-z^4+3z^2+4}{z+2}$$

的情形下，可得

$$r=p(-2)=0$$

此时，两个多项式是可整除的。

一个可用于实践的余式和鲁菲尼定理称为**鲁菲尼法则**（Ruffini's rule），它是一个计算多项式 $p(z)=\sum_{k=0}^{n} a_k z^k$ 除以一次多项式 $z-\alpha$ 的算法。显然，由欧几里得除法和多项式余式定理有

$$p(z)=(z-\alpha)q(z)+r$$

其中 r 为一个常数，且 $q(z)=\sum_{k=0}^{n-1} b_k z^k$。

该算法包括如下的步骤。开始时，将系数排列为

	a_n	a_{n-1}	$\cdots$	a_1	a_0
α					

对应于多项式中最高幂次的系数 a_n 初始化在第二行，将其重命名为 b_{n-1}，因为它是 $q(z)$ 最高幂次的系数：

α	a_n	a_{n-1}	$\cdots$	a_1	a_0
	$b_{n-1}=a_n$				

由此可得，$q(z)$ 的每一个系数可按照 $b_k=a_{k+1}+b_{k+1}\alpha$ 进行递归计算，其中 $k=n-1,n-2,\cdots,0$：

α	a_n	a_{n-1}	$\cdots$	a_1	a_0
	$b_{n-1}=a_n$	$b_{n-2}=a_{n-1}+b_{n-1}\alpha$	$\cdots$	$b_0=a_1+b_1\alpha$	

最终，余项 $r=a_0+b_0\alpha$。

例 5.34 考虑$-z^4+3z^2-5$ 除以 $z+2$ 的多项式除法。由鲁菲尼法则可得

-2	-1	0	3	0	-5
	-1	2	-1	2	

因此，商式为$-z^3+2z^2-z+2$，由余式定理得到的余式为 $r=a_0+b_0\alpha=-9$。

定理 5.6（代数基本定理） 若 $p(z)=\sum_{k=0}^{n}a_kz^k$ 为一个次数 $n\geqslant 1$ 的复多项式，则该多项式至少有一个根。

这一定理的证明在附录 B 中给出。显然，由鲁菲尼定理，若 $\alpha\in\mathbb{C}$ 为多项式的根，则 $p(z)$ 被 $z-\alpha$ 整除。

由于实数是复数的特殊情形，即虚部为零的复数，由代数基本定理可知，该定理对实数也是成立的。这意味着实多项式至少有一个根。这个根并不一定是实数，而有可能是一个复数，例如 x^2+1 的情形。

此外，下面给出代数基本定理的第二种解释。为得到它，考虑自然数集 $\mathbb{N}$。考虑下列自然多项式（所有系数都为自然数的多项式）：

$$8-x=9$$

尽管该多项式的所有系数都是自然数，但该多项式的根不是一个自然数。因此，需要“扩展”自然数集到整数集 $\mathbb{Z}$。这一陈述可写为：自然数集对减法运算不封闭。

现考虑下列整多项式（系数都是整数的多项式）：

$$-5x=3$$

采用类似的方法，尽管所有多项式的系数都是整数，但其根不是整数。为求得这个方程的根，需要扩展集合。因此引入了有理数集 $\mathbb{Q}$，并得到结论：整数对除法运算不封闭。

现考虑下列有理多项式（所有系数都是有理数的多项式）：

$$x^2=2$$

该多项式的根不是有理数，因此需要进一步扩展集合，故引入实数集 $\mathbb{R}$。我们可以得到结论：有理数对 n 次方根的运算不封闭。

最后，考虑实多项式

$$x^2=-1$$

该多项式的根不是实数。为求得这个方程的根，需要引入复数集。我们可以得出结论：实数集对 n 次方根的运算不封闭。具体来说，平方根运算对负数是不封闭的。

现在，代数基本定理可以保证，如果考虑一个复多项式，可以确定它至少有一个复根。这意味着我们可以得到这样一个结论：复数集对和（差）、积（商）、幂（n 次方根）运算都是封闭的。

回顾一下，一个域就是一个在其上定义了运算的集合，后面的陈述可被等价地重写为另一个代数基本定理。

定理 5.7（代数基本定理的另一形式）　复数域是代数封闭的。

一个代数封闭的域包含了每一个非常数多项式的根。

定义 5.16　令 $p(z)$ 为一个复多项式，α 为其根。若 $p(z)$ 能被 $z-\alpha$ 整除，但不能被 $(z-\alpha)^2$ 整除，则该根称为**单根**（single，simple）。

定义 5.17　若一个多项式可以表示为

$$p(z)=h(z-\alpha_1)(z-\alpha_2)\cdots(z-\alpha_n)$$

其中 h 为一个常数，$\alpha_1\neq\alpha_2\neq\cdots\neq\alpha_n$，称该多项式有 n 个相异根 $\alpha_1,\alpha_2,\cdots,\alpha_n$。

定理 5.8（多项式相异根定理）　若 $p(z)=\sum_{k=0}^{n}a_kz^k$ 为一个复多项式且次数 $n\geq1$，则该多项式最多有 n 个相异解。

证明　用反证法。设该多项式有 $n+1$ 个相异根 $\alpha_1,\alpha_2,\cdots,\alpha_{n+1}$。因此，$p(z)$ 可被 $z-\alpha_1,z-\alpha_2,\cdots,z-\alpha_{n+1}$ 整除。由于 $p(z)$ 可被 $z-\alpha_1$ 整除，则可记

$$p(z)=(z-\alpha_1)q(z)$$

考虑

$$p(\alpha_2)=(\alpha_2-\alpha_1)q(\alpha_2)$$

其中 $\alpha_1\neq\alpha_2$。由于 α_2 为多项式 $p(\alpha_2)=0$ 的根。可得 $q(\alpha_2)=0$。若 α_2 为 $q(\alpha_2)$ 的一个根，则 $q(z)$ 可被 $z-\alpha_2$ 整除，即有

$$q(z)=(z-\alpha_2)q_1(z)$$

因此，

$$p(z)=(z-\alpha_1)(z-\alpha_2)q_1(z)$$

考虑根 $\alpha_3\neq\alpha_2\neq\alpha_1$。由 $p(\alpha_3)=0$ 可得 $q_1(\alpha_3)=0$，有

$$q_1(z)=(z-\alpha_3)q_2(z)$$

因此，

$$p(z)=(z-\alpha_1)(z-\alpha_2)(z-\alpha_3)q_2(z)$$

迭代这一过程可得

$$p(z)=(z-\alpha_1)(z-\alpha_2)\cdots(z-\alpha_{n+1})q_n$$

其中 q_n 为一个常数。

我们给出了一个 n 次多项式［由假设 $p(z)$ 的次数为 n］和一个 $n+1$ 次多项式之间的等式，这违背了多项式相等的原理。由此我们得到矛盾。□

推论 5.2　若两个复多项式 $p_1(z)$ 和 $p_2(z)$ 的次数 $n\geq1$，且在 $n+1$ 个点上的取值相同，则这两个多项式是相等的。

例 5.35　考虑下列 2 次多项式：

$$z^2+5z+4$$

由多项式相异根定理，该多项式不会有多于两个的相异根。特别地，这一多项式的根为-1

和−4，且可写为

$$z^2+5z+4=(z+1)(z+4)$$

例 5.36　多项式

$$z^3+2z^2-11z-12$$

不会有多于三个的相异根。该多项式的根为−1，−4，3，且多项式可写为

$$z^3+2z^2-11z-12=(z+1)(x+4)(z-3)$$

例 5.37　多项式

$$z^2+2z+5$$

不会有多于两个的相异根。此时，根不是简单的实根，而是两个复根，即−1+2i 且−1−2i。多项式可写为

$$z^2+2z+5=(z+1-2i)(z+1+2i)$$

显然，一个多项式可以既有实根也有复根，例如 $z^3+z^2+3z-5=(z+1-2i)(z+1+2i)(z-1)$

例 5.38　多项式

$$z^4-z^3-17z^2+21z+36$$

的次数是 4，不会有多于四个的相异根。可以验证，该多项式有三个根，−1，−4，3，但根 3 重复了两次。因此，该多项式可写为

$$z^4-z^3-17z^2+21z+36=(z+1)(z+4)(z-3)(z-3)$$

该情形被解释为下列定义。

定义 5.18　令 $p(z)$ 为一个变量 z 的复多项式。如果 $p(z)$ 能够被 $(z-\alpha)^k$ 整除，而不能被 $(z-\alpha)^{k+1}$ 整除，则称该解的**代数重数**（multiple with algebraic multiplicity）为 $k\in\mathbb{N}$，其中 $k>1$。

例 5.39　在上面的例子中，3 为一个重数为 2 的解（或根），因为多项式 $z^4-z^3-17z^2+21z+36$ 能够被 $(z-3)^2$ 整除，但不能被 $(z-3)^3$ 整除。

定理 5.9　令 $p(z)=\sum_{k=0}^{n}a_kz^k$ 为一个次数 $n>1$ 的变量为 z 的复多项式。若根 $\alpha_1,\alpha_2,\cdots,\alpha_s$ 的代数重数为 $h_1,h_2,\cdots,h_s$，则

$$h_1+h_2+\cdots+h_s=n$$

且

$$p(z)=a_n(z-\alpha_1)^{h_1}(z-\alpha_2)^{h_2}\cdots(z-\alpha_s)^{h_s}$$

证明　由于多项式 $p(z)$ 的根为 $\alpha_1,\alpha_2,\cdots,\alpha_s$，对应的重数分别为 $h_1,h_2,\cdots,h_s$，则 $\exists!q(z)$，使得

$$p(z)=q(z)(z-\alpha_1)^{h_1}(z-\alpha_2)^{h_2}\cdots(z-\alpha_s)^{h_s}$$

我们首先证明 $q(z)$ 为一个常数。由反证法，设 $q(z)$ 的次数大于 1。由代数基本定理，该多项式至少有一个根 $\alpha\in\mathbb{C}$。因此，$\exists q_1(z)\mid q(z)=(z-\alpha)q_1(z)$。若将其代入 $p(z)$ 的表达式，可得

$$p(z)=(z-\alpha)q_1(z)(z-\alpha_1)^{h_1}(z-\alpha_2)^{h_2}\cdots(z-\alpha_s)^{h_s}$$

这意味着 α 也是 $p(z)$ 的一个根。由假设，$p(z)$ 的根为 $\alpha_1,\alpha_2,\cdots,\alpha_s$，$\alpha$ 必然等于其中一个。一般地，设下标 i 有 $\alpha=\alpha_i$。在此种情形，$p(z)$ 必然可被 $(z-\alpha_i)^{h_i+1}$ 整除。由于这与根的重数的定义相违背，故得到矛盾。由此可得 $q(z)$ 为一个常数 q 且多项式为

$$p(z)=q(z-\alpha_1)^{h_1}(z-\alpha_2)^{h_2}\cdots(z-\alpha_s)^{h_s}$$

将多项式 $p(z)$ 重新改写为

$$p(z)=a_nz^n+a_{n-1}z^{n-1}+\cdots+a_2z^2+a_1z+a_0$$

最终得到 n 次项为

$$a_nz^n=qz^{h_1+h_2+\cdots+h_s}$$

由多项式相等原理

$$h_1+h_2+\cdots+h_s=n$$

$$a_n=q$$

因此，多项式可写为

$$p(z)=a_n(z-\alpha_1)^{h_1}(z-\alpha_2)^{h_2}\cdots(z-\alpha_s)^{h_s}$$ □

例 5.40　前例中的多项式 $z^4-z^3-17z^2+21z+36$ 有三个根，其中的两个重数为 1，另一个重数为 2：$h_1=1$，$h_2=1$，$h_3=2$。由此得到 $h_1+h_2+h_3=4$，这就是多项式的次数。如前所示，该多项式可写为

$$(z+1)(z+4)(z-3)^2$$

利用定理 5.9，可得 $a_n=1$。

例 5.41　考虑多项式

$$2z^7-20z^6+70z^5-80z^4-90z^3+252z^2-30z+200$$

它可被改写为

$$2(z+1)^2(z-4)(z^2-4z+5)^2$$

其根 -1 的重数为 1，4 的重数为 2，2-i 的重数为 2，2+i 的重数为 2。因此，重数的和为 1+2+2+2=7，也就是多项式的次数，且 $a_7=2$。

定义 5.19　令 $p(z)=\sum_{k=0}^{n}a_kz^k$ 为一个次数 $n\geqslant1$ 的复多项式。其**共轭复多项式**（conjugate complex polynomial）$\dot{p}(z)$ 为系数是 $p(z)$ 系数的共轭的多项式：$\dot{p}(z)=\sum_{k=0}^{n}\dot{a}_kz^k$。

命题 5.6　令 $p(z)$ 是一个次数 $n\geqslant1$ 的复多项式。若 $\alpha_1,\alpha_2,\cdots,\alpha_s$ 是代数重数分别为 $h_1,h_2,\cdots,h_s$ 的根，则 $\dot{\alpha}_1,\dot{\alpha}_2,\cdots,\dot{\alpha}_s$ 是 $\dot{p}(z)$ 的代数重数分别为 $h_1,h_2,\cdots,h_s$ 的根。

命题 5.7　令 $p(z)=\sum_{k=0}^{n}a_kz^k$ 为一个次数 $n\geqslant1$ 的复多项式。若 $\alpha_1,\alpha_2,\cdots,\alpha_s$ 为其根，则有

- $\alpha_1+\alpha_2+\cdots+\alpha_s=-\dfrac{a_{n-1}}{a_n}$；
- $\alpha_1\alpha_2+\alpha_2\alpha_3+\cdots+\alpha_{s-1}\alpha_s=\dfrac{a_{n-2}}{a_n}$；
- $\alpha_1\alpha_2\cdots\alpha_s=(-1)^n\dfrac{a_0}{a_n}$。

如何确定一个多项式的根

前面章节中说明了根是什么，存在什么类型的根，以及一个多项式有多少个根，但没有说明如何得到这些根。为实现这个目标，考虑提高多项式的次数。

求一个次数为 1 的多项式 $az-b$ 的根是容易的问题：

$$az-b \Rightarrow \alpha=\frac{b}{a}$$

次数为 2 的多项式 az^2+bz+c 的根可解析地使用古印度、古巴比伦和中国数学家给出的常用公式：

$$\alpha_1=-\frac{b}{2a}+\frac{\sqrt{b^2-4ac}}{2a}$$

$$\alpha_2=-\frac{b}{2a}-\frac{\sqrt{b^2-4ac}}{2a}$$

下面证明这一公式。

证明　根为方程

$$az^2+bz+c=0 \Rightarrow az^2+bz=-c$$

的解。将该式两端同乘以 $4a$：

$$4a^2z^2+4abz=-4ac \Rightarrow (2az)^2+2(2az)b=-4ac$$

两端同加 b^2

$$(2az)^2+2(2az)b+b^2=-4ac+b^2 \Rightarrow (2az+b)^2=b^2-4ac \Rightarrow (2az+b)=\pm\sqrt{b^2-4ac}$$

由这一公式可得

$$\alpha_1=-\frac{b}{2a}+\frac{\sqrt{b^2-4ac}}{2a}$$

$$\alpha_2=-\frac{b}{2a}-\frac{\sqrt{b^2-4ac}}{2a}$$

□

求 3 次多项式 az^3+bz^2+cz+d 的根则要归功于十六世纪吉罗拉莫·卡尔达诺（Girolamo Cardano）和尼科洛·塔塔利亚（Niccoló Tartaglia）的工作。通过令 $x=y-\frac{b}{3a}$，从 $az^3+bz^2+cz+d=0$ 得到一个新的方程：

$$y^3+py+q=0$$

其中

$$p=\frac{c}{a}-\frac{b^2}{3a^2}$$

$$q=\frac{d}{a}-\frac{bc}{3a^2}+\frac{2b^3}{27a^3}$$

这个方程的解可由 $y=u+v$ 给出，其中

$$u=\sqrt[3]{-\frac{q}{2}+\sqrt{\frac{q^2}{4}+\frac{p^3}{27}}}$$

$$v=\sqrt[3]{-\frac{q}{2}-\sqrt{\frac{q^2}{4}+\frac{p^3}{27}}}$$

且两个解的取值依赖于 $\Delta=\frac{q^2}{4}+\frac{p^3}{27}$。若 $\Delta>0$，根为

$$\alpha_1=u+v$$

$$\alpha_2=u\left(-\frac{1}{2}+\frac{\sqrt{3}}{2}\mathrm{j}\right)+v\left(-\frac{1}{2}-\frac{\sqrt{3}}{2}\mathrm{j}\right)$$

$$\alpha_3=u\left(-\frac{1}{2}-\frac{\sqrt{3}}{2}\mathrm{j}\right)+v\left(-\frac{1}{2}+\frac{\sqrt{3}}{2}\mathrm{j}\right)$$

若 $\Delta<0$，为求得根，复数 $-\frac{q}{2}+\sqrt{-\Delta}\,\mathrm{j}$ 必须用极坐标（$\rho,\angle\theta$）的形式进行表示。求得的根为

$$\alpha_1=2\sqrt{-\frac{p}{3}}+\cos\frac{\theta}{3}$$

$$\alpha_2=2\sqrt{-\frac{p}{3}}+\cos\frac{\theta+2\pi}{3}$$

$$\alpha_3=2\sqrt{-\frac{p}{3}}+\cos\frac{\theta+4\pi}{3}$$

若 $\Delta=0$，其根为

$$\alpha_1=-2\sqrt[3]{-\frac{q}{2}}$$

$$\alpha_2=\alpha_3=\sqrt[3]{-\frac{q}{2}}$$

此处并不给出计算公式的证明，因为它们超过了本书的范围。

对 4 次多项式，即形如 $ax^4+bx^3+cx^2+dx+e$ 的多项式，其根由 16 世纪的洛多维科·费拉里（Lodovico Ferrari）和吉罗拉莫·卡尔达诺给出。该解可表示为

$$\alpha_1=-\frac{b}{4a}-S+\frac{1}{2}\sqrt{-4S^2-2p+\frac{q}{s}}$$

$$\alpha_2=-\frac{b}{4a}-S-\frac{1}{2}\sqrt{-4S^2-2p+\frac{q}{s}}$$

$$\alpha_3=-\frac{b}{4a}+S+\frac{1}{2}\sqrt{-4S^2-2p+\frac{q}{s}}$$

$$\alpha_4=-\frac{b}{4a}+S-\frac{1}{2}\sqrt{-4S^2-2p+\frac{q}{s}}$$

其中

$$p=\frac{8ac-3b^2}{8a^2}$$

$$q=\frac{b^3-4abc+8a^2d}{8a^3}$$

S 的值由下式给出，

$$S=\frac{1}{2}\sqrt{-\frac{2}{3}p+\frac{1}{3a}\left(Q+\frac{\Delta_0}{Q}\right)}$$

其中

$$Q=\sqrt[3]{\frac{\Delta_1+\sqrt{\Delta_1^2-\Delta_0^3}}{2}}$$

$$\Delta_0=c^2-3bd+12ae$$

$$\Delta_1=2c^3-9bcd+27b^2e+27ad^2-72ace$$

该解法的证明也不在本书中给出。但是显然，求一般多项式的根是一件困难的事情。更甚的是，五次或更高次数多项式的求根是不可能实现的。这一事实由阿贝尔-鲁菲尼定理给出证明。

定理 5.10（阿贝尔-鲁菲尼定理）　*任意系数的五次或五次以上的多项式方程没有通用的代数解。*

这意味着，如果要计算次数大于或等于 5 的多项式方程的根，必须使用数值方法给出问题的近似解，因为该问题没有解析解。对数值方法的描述不属于本书的范围。但是，有一些求解高次多项式根的二分法和割线法的例子，参见文献［14］。

5.4　部分分式

定义 5.20　*令 $p_1(z)=\sum_{k=0}^{m}a_kz^k$ 和 $p_2(z)=\sum_{k=0}^{n}b_kz^k$ 为两个复多项式。$p_1(z)$ 除以 $p_2(z)$ 得到函数 $Q(z)$，*

$$Q(z)=\frac{p_1(z)}{p_2(z)}$$

*称它为变量 z 的***有理分式**（rational fraction）。

令 $Q(z)=\dfrac{p_1(z)}{p_2(z)}$为变量 z 的有理分式。**部分分式分解**（partial fraction decomposition）（或部分分式展开）为一个数学过程，将分式表示为有理分式和，其中分母为比 $p_2(z)$ 的次数低的多项式：

$$Q(z)=\frac{p_1(z)}{p_2(z)}=\sum_{k=1}^{n}\frac{f_i(z)}{g_i(z)}$$

这种分解对将复杂问题分解为简单问题是非常有帮助的。例如，如果分式已经被分解了，逐项积分会变得较为容易，参见第 13 章。

下面考虑**真分式**（proper fraction）的情形，即 $p_1(z)$ 的次数小于或等于 $p_2(z)$ 的次数（$m\leqslant n$）。我们用**零点**（zero）表示使得 $p_1(\alpha_k)=0$ 的根 $\alpha_1,\alpha_2,\cdots,\alpha_m$，其中 $\forall k\in\mathbb{N}$，$1\leqslant k\leqslant m$，用**极点**（pole）表示使得 $p_2(\beta_k)=0$ 的根 $\beta_1,\beta_2,\cdots,\beta_n$，其中 $\forall k\in\mathbb{N}$，$1\leqslant k\leqslant n$。

我们将其分成三种情形：

- 有相异或单个实极点或复极点的有理分式；

- 有多重实极点或复极点的有理分式；
- 有共轭复极点的有理分式。

仅有相异极点的有理分式的分母特征如下：

$$p_2(z)=(z-\beta_1)(z-\beta_2)\cdots(z-\beta_n)$$

即极点的虚部为零（极点为实数）。

在第一种情形中，有理分式可写为

$$Q(z)=\frac{p_1(z)}{(z-\beta_1)(z-\beta_2)\cdots(z-\beta_n)}=\frac{A_1}{(z-\beta_1)}+\frac{A_2}{(z-\beta_2)}+\cdots+\frac{A_n}{(z-\beta_n)}$$

其中 $A_1,A_2,\cdots,A_n$ 为常系数。

如果有理分式包含重极点，分母上的每一个重极点都可表示为

$$p_2(z)=(z-\beta_k)^h$$

即某些极点为重数大于 1 的实数。

在第二种情形中，有理分式可写为

$$Q(z)=\frac{p_1(z)}{(z-\beta_k)^h}=\frac{A_k^1}{(z-\beta_k)}+\frac{A_k^2}{(z-\beta_k)^2}+\cdots+\frac{A_k^h}{(z-\beta_k)^h}$$

其中 $A_k^1,A_k^2,\cdots,A_k^h$ 为常系数。

分母中含有二次项的有理因式形式为

$$p_2(z)=z^2+\xi z+\zeta$$

即某些极点为共轭虚数或共轭复数。

此时，有理因式可写为

$$Q(z)=\frac{p_1(z)}{(z-\beta_2)\cdots(z-\beta_n)}=\frac{Bz+C}{z^2+\xi z+\zeta}$$

其中 B,C 为常系数。

显然，多项式可以含有单极点或重极点，同时也有实极点和复极点。在存在复重极点时，对应的常系数被表示为 B_k^j 和 C_k^j。

为求出这些系数，由方程

$$p_1(z)=\sum_{k=1}^{n}\frac{f_k(z)p_2(z)}{g_k(z)}$$

多项式 $p_1(z)$ 的系数 a_k 必然等于方程右端项对应的系数。这一运算能得到一个变量为 A_k，A_k^j，B_k，B_k^j 的线性方程组，其解完成了部分分式的分解。

例 5.42　考虑有理分式

$$\frac{8z-42}{z^2+3z-18}$$

这一有理分式有两个单极点，可将其写为

$$\frac{8z-42}{(z+6)(z-3)}=\frac{A_1}{z+6}+\frac{A_2}{z-3}$$

因此，可将分子写为

$$8z-42=A_1(z-3)+A_2(z+6)=A_1z-A_13+A_2z+A_26=(A_1+A_2)z-3A_1+6A_2$$

可得变量为 A_1 和 A_2 的线性方程组

$$\begin{cases} A_1 + A_2 = 8 \\ -3A_1 + 6A_2 = -42 \end{cases}$$

其解为 $A_1 = 10$，$A_2 = -2$。故部分分式分解为

$$\frac{8z-42}{z^2+3z-18} = \frac{10}{z+6} - \frac{2}{z-3}$$

例 5.43　考虑有理分式

$$\frac{4z^2}{z^3-5z^2+8z-4}$$

该有理分式有一个单极点和一个二重极点。分式可写为

$$\frac{4z^2}{(z-1)(z-2)^2} = \frac{A_1}{z-1} + \frac{A_2^1}{z-2} + \frac{A_2^2}{(z-2)^2}$$

分子可写为

$$\begin{aligned} 4z^2 &= A_1(z-2)^2 + A_2^1(z-2)(z-1) + A_2^2(z-1) \\ &= z^2A_1 + 4A_1 - 4zA_1 + z^2A_2^1 - 3zA_2^1 + 2A_2^1 + zA_2^2 - A_2^2 \\ &= z^2(A_1 + A_2^1) + z(A_2^2 - 3A_2^1 - 4A_1) + 4A_1 + 2A_2^1 - A_2^2 \end{aligned}$$

可得到线性方程组

$$\begin{cases} A_1 + A_2^1 = 4 \\ -4A_1 - 3A_2^1 + A_2^2 = 0 \\ 4A_1 + 2A_2^1 - A_2^2 = 0 \end{cases}$$

其解为 $A_1 = 4$，$A_2^1 = 0$，$A_2^2 = 16$。因此，部分分式分解为

$$\frac{4z^2}{z^3-5z^2+8z-4} = \frac{4}{z-1} + \frac{16}{(z-2)^2}$$

例 5.44　考虑有理分式

$$\frac{8z^2-12}{z^3+2z^2-6z}$$

该有理分式在原点存在一个极点和两个共轭复极点。该分式可写为

$$\frac{8z^2-12}{z(z^2+2z-6)} = \frac{A_1}{z} + \frac{B_1z+C_1}{z^2+2z-6}$$

其分子可被写为

$$\begin{aligned} 8z^2-12 &= A_1(z^2+2z-6) + (B_1z+C_1)z \\ &= z^2A_1 + 2zA_1 - 6A_1 + z^2B_1 + zC_1 \\ &= z^2(A_1+B_1) + z(2A_1+C_1) - 6A_1 \end{aligned}$$

可得到线性方程组

$$\begin{cases} A_1 + B_1 = 8 \\ 2A_1 + C_1 = 0 \\ -6A_1 = -12 \end{cases}$$

其解为 $A_1=2$，$B_1=6$，$C_1=-4$。因此，部分分式分解为

$$\frac{8z^2-12}{z^3+2z^2-6z}=\frac{2}{z}+\frac{6z-4}{z^2+2z-6}$$

考虑一个有理分式

$$Q(z)=\frac{p_1(z)}{p_2(z)}$$

其中 $p_1(z)$ 的次数 m 大于 $p_2(z)$ 的次数 n。该有理分式称为**假分式**（improper fraction）。

在这种情形下，也可以进行部分分式展开，但必须考虑一些因素。由定理 5.4 可知，每一个多项式 $p_1(z)$ 都可以表示为

$$p_1(z)=p_2(z)q(z)+r(z)$$

且多项式 $q(z)$ 和 $r(z)$ 是唯一的。我们也知道 $p_1(z)$ 的次数等于 $p_2(z)$ 和 $q(z)$ 的次数之和。因此，我们可以将假分式表示为

$$\frac{p_1(z)}{p_2(z)}=q(z)+\frac{r(z)}{p_2(z)}$$

多项式 $q(z)$ 的次数为 $m-n$，并可表示为

$$q(z)=E_0+E_1z+E_2z^2+\cdots+E_{m-n}z^{m-n}$$

且该假分式可展开为

$$\frac{p_1(z)}{p_2(z)}=E_0+E_1z+E_2z^2+\cdots+E_{m-n}z^{m-n}+\frac{r(z)}{p_2(z)}$$

对$\frac{r(z)}{p_2(z)}$进行部分分式展开，该式当然是真分式，因为由定理 5.4，$r(z)$ 的次数总是小于 $p_2(z)$ 的次数。系数 $E_0,E_1,\cdots,E_{m-n}$ 可在计算$\frac{r(z)}{p_2(z)}$的展开式，求解系数满足的线性方程组时，一并给出。

例 5.45　考虑假分式

$$\frac{4z^3+10z+4}{2z^2+z}$$

该有理分式可写为

$$\frac{4z^3+10z+4}{2z^2+z}=\frac{4z^3+10z+4}{z(2z+1)}=zE_1+E_0+\frac{A_1}{z}+\frac{A_2}{2z+1}$$

其分子可被表示为

$$\begin{aligned}4z^3+10z+4&=z^2(2z+1)E_1+z(2z+1)E_0+(2z+1)A_1+zA_2\\&=2z^3E_1+z^2E_1+2z^2E_0+zE_0+2zA_1+zA_2+A_1\\&=z^32E_1+z^2(E_1+2E_0)+z(2A_1+A_2+E_0)+A_1\end{aligned}$$

于是我们可以构造线性方程组

$$\begin{cases}2E_1=4\\E_1+2E_0=0\\2A_1+A_2+E_0=10\\A_1=4\end{cases}$$

其解为 $A_1=4$，$A_2=3$，$E_0=-1$，$E_1=2$。

因此，部分分式展开为

$$\frac{4z^3+10z+4}{2z^2+z}=2z-1+\frac{4}{z}+\frac{3}{2z+1}$$

习题

5.1　验证，若 $z=a+\mathrm{j}b$，则

$$\frac{1}{z}=\frac{a-\mathrm{j}b}{a^2+b^2}$$

5.2　将复数 $z=1-\mathrm{j}$ 用极坐标形式表示。

5.3　将复数 $z=(4;\angle 90°)$ 用直角坐标表示。

5.4　计算 $\sqrt[3]{5+\mathrm{j}5}$。

5.5　使用鲁菲尼定理验证 $z^3-3z^2-13z+15$ 是否可被 $z-1$ 整除。

5.6　如果矩阵 $\boldsymbol{A}$ 是可逆的，求其逆。

$$\boldsymbol{A}=\begin{pmatrix}1 & 6 & 1\\ 2 & \mathrm{j}2 & 2\\ 3 & 6+2\mathrm{j} & 3\end{pmatrix}$$

5.7　计算除式

$$\frac{z^3+2z^2+4z-8}{z-2\mathrm{j}}$$

的余式，其中 z 为复变量。

5.8　将下列有理分式展开为部分分式，

$$\frac{-9z+9}{2z^2+7z-4}$$

5.9　将下列有理分式展开为部分分式，

$$\frac{3z+1}{(z-1)^2(z+2)}$$

5.10　将下列有理分式展开为部分分式，

$$\frac{5z}{z^3-3z^2-3z-2}$$

第 6 章　几何代数学与二次曲线

6.1　基本概念：平面上的直线

本章介绍二次曲线，并从代数学的角度研究二次曲线的性质。本章虽然不包含有关二次曲线的高深几何内容，但是借此机会可以复习本书前几章介绍的一些内容，如矩阵和行列式，并介绍它们新的几何特征。

我们首先考虑三维空间。直观上，我们认为在这个空间中存在着点、直线和平面。

本书第 4 章中已经介绍过，集合 $\mathbb{R}$ 可由直线表示。若用平面表示 $\mathbb{R}^2$，一条直线便是 $\mathbb{R}^2$ 的一个无穷子集。第 4 章还介绍了点、两点间的距离、线段和直线方向的概念。从向量代数中我们也知道，直线的方向是由具有相同方向的向量分量来确定的，也就是说，一条直线可以用两个数来表示，在这里用 (l,m) 表示。

定义 6.1　设 P 和 Q 是平面上的两点，d_{PQ} 是这两点间的距离。若点 M 为线段 $\overline{PQ}$ 上的点且满足 $d_{PM}=d_{MQ}$，则称点 M 为该线段的**中点**（middle point）。

6.1.1　直线方程

假设 $\vec{v}\neq\vec{o}$ 是平面上分量为 (l,m) 的向量，$P_0(x_0,y_0)$ 是平面上的点。考虑过点 P_0 且方向为 (l,m) 的直线。如图 6-1 所示。

考虑平面上的任意一点 $P(x,y)$。线段 $\overline{P_0P}$ 可以认为是分量为 $(x-x_0,y-y_0)$ 的向量。从命题 4.4 可知，向量 $\vec{v}=(l,m)$ 和 $\overline{P_0P}=(x-x_0,y-y_0)$ 平行当且仅当

$$\det\begin{pmatrix} x-x_0 & y-y_0 \\ l & m \end{pmatrix}=0$$

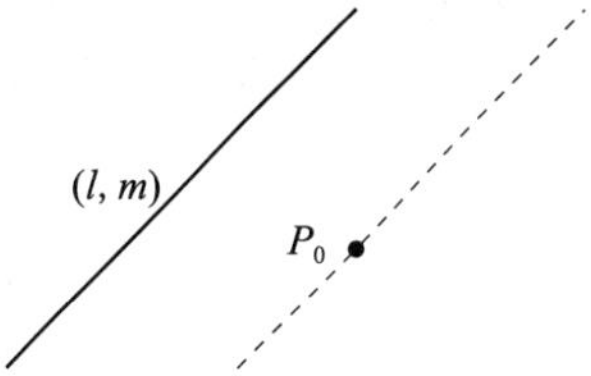

图　6-1

也就是需要满足

$$\begin{aligned} & (x-x_0)m-(y-y_0)l=0 \\ \Rightarrow\quad & mx-ly-mx_0+ly_0=0 \\ \Rightarrow\quad & ax+by+c=0 \end{aligned}$$

其中

$$\begin{aligned} a&=m \\ b&=-l \\ c&=-mx_0+ly_0 \end{aligned}$$

例 6.1　设点 $P_0(1,1)$，向量 $\vec{v}=(3,4)$，求过点 P_0 且方向为 $\vec{v}$ 的直线方程。

由于 $\vec{v}$ 和 $\overline{P_0P}$ 平行，则

$$\det\begin{pmatrix} x-1 & y-1 \\ 3 & 4 \end{pmatrix}=4(x-1)-3(y-1)=4x-4-3y+3=4x-3y-1=0$$

定义 6.2 满足 $ax+by+c=0$ 的点 $P(x,y)\in\mathbb{R}^2$ 构成的集合为平面上的直线，其中系数 a，b，c 均属于 $\mathbb{R}$。方程 $ax+by+c=0$ 称为直线的一般式方程。

由于 $(l,m)\neq(0,0)$，所以系数 a 和 b 不能同时为 0。经过简单的运算：

$$\begin{aligned}ax+by+c=0 &\Rightarrow by=-ax-c\\ &\Rightarrow y=-\frac{a}{b}x-\frac{c}{b}\\ &\Rightarrow y=kx+q\end{aligned}$$

该式称为直线的斜截式方程。

需要注意的是，若方向为 (l,m) 的直线的方程为 $ax+by+c=0$，则可取 $a=m$，$b=-l$；同理，方程为 $ax+by+c=0$ 的直线方向为 $(-b,a)$ 或 $(b,-a)$。

例 6.2 方程为

$$5x+4y-2=0$$

的直线的方向为 $(-4,5)$ 或 $(4,-5)$。

定义 6.3 若一个（非零）向量与一条直线平行，则该向量的分量称为**直线的方向数**（direction numbers of the line）。

考虑标量积 $(x-x_0,y-y_0)\cdot(a,b)$，假设其值为零，即

$$\begin{aligned}(x-x_0,y-y_0)\cdot(a,b)&=a(x-x_0)+b(y-y_0)\\ &=ax+by-ax_0-by_0=ax+by+c=0\end{aligned}$$

这个式子说明直线 $ax+by+c=0$ 垂直于 (a,b) 方向，换句话说，由直线方程的系数所确定的方向 (a,b) 与该直线垂直。

下面我们给出直线方程的另一种形式。前面的直线方程 $(x-x_0)m-(y-y_0)l=0$ 可以改写为

$$\frac{x-x_0}{l}=\frac{y-y_0}{m}$$

这个方程可以转化为如下线性方程组：

$$\begin{cases}x-x_0=lt\\ y-y_0=mt\end{cases}\Rightarrow\begin{cases}x(t)=lt+x_0\\ y(t)=mt+y_0\end{cases}$$

其中 t 是一个参数。当 t 变化时就确定了一条直线，上述方程组称为**直线的参数方程**。

例 6.3 设 $5x-4y-1=0$ 为平面上的一条直线，可知其方向数 $(l,m)=(4,5)$。因此，其对应的参数方程为

$$\begin{cases}x(t)=4t+x_0\\ y(t)=5t+y_0\end{cases}$$

为了求出 x_0 和 y_0，我们可以给 x_0 选择一个任意值，然后利用直线方程求出相应的 y_0 的值。例如，令 $x_0=1$，可得 $y_0=1$，相应的参数方程为

$$\begin{cases}x(t)=4t+1\\ y(t)=5t+1\end{cases}$$

下面换一种方式来表示直线。设 $P_1(x_1,y_1)$ 和 $P_2(x_2,y_2)$ 是平面上的两个点，我们要求出过这两点的直线方程。注意，若两线段有相同的方向且相互连接，则它们在同一条直线上。对于所求直线上的一般点 $P(x,y)$，线段 $\overline{P_1P_2}=(x_1-x_2,y_1-y_2)$ 平行于线段 $\overline{PP_2}=(x-x_2,y-y_2)$。如图 6-2 所示。

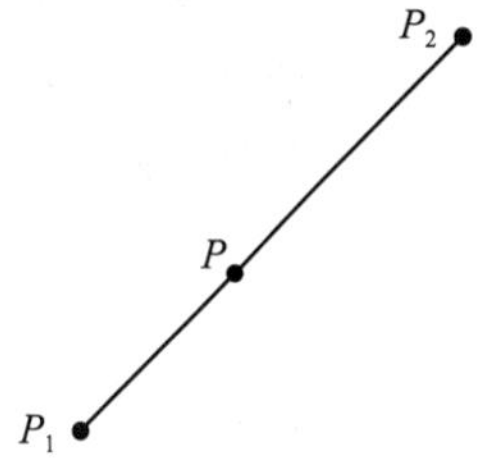

图　6-2

由平行的性质可知

$$\det\begin{pmatrix} x-x_2 & y-y_2 \\ x_1-x_2 & y_1-y_2 \end{pmatrix}=0 \Rightarrow \frac{x-x_2}{y-y_2}=\frac{x_1-x_2}{y_1-y_2}$$

该式称为**直线的两点式方程**。

例 6.4　过 $P_1(1,5)$ 和 $P_2(-2,8)$ 的直线方程为

$$\frac{x+2}{y-8}=\frac{1+2}{5-8}$$

还可以写成

$$(5-8)(x+2)-(1+2)(y-8)=0$$

6.1.2　相交直线

设 l_1 和 l_2 是平面上的两条直线，方程如下：

$$l_1: a_1x+b_1y+c_1=0$$
$$l_2: a_2x+b_2y+c_2=0$$

下面我们讨论这两条直线在平面中的相对位置。如果这两条直线相交于点 P_0，则点 P_0 同时属于这两条直线。等价地，点 P_0 的坐标 (x_0,y_0) 同时满足直线 l_1 和 l_2 的方程。也就是说，(x_0,y_0) 是下面线性方程组的解：

$$\begin{cases} a_1x+b_1y+c_1=0 \\ a_2x+b_2y+c_2=0 \end{cases}$$

我们可以看出线性方程组的新特性：一个线性方程组可以看作一组直线，如果方程组的解存在，则其解就是这些直线的交点。本章我们研究平面上的直线，因此，所讨论的方程组由含有两个变量的两个线性方程组成。3×3 的方程组可以看作空间中三条直线的方程。推广可知，一个 $n\times n$ 的线性方程组表示了 n 维空间中的直线。一般来说，即使不是所有的方程都是直线方程，方程组的解也可以理解为是它们的交点。[⊖]

我们关注平面上两条直线的情况，此时上述方程组对应系数矩阵

$$\boldsymbol{A}=\begin{pmatrix} a_1 & b_1 \\ a_2 & b_2 \end{pmatrix}$$

和增广矩阵

$$\boldsymbol{A}^{c}=\begin{pmatrix} a_1 & b_1 & -c_1 \\ a_2 & b_2 & -c_2 \end{pmatrix}$$

用 $\rho_{\boldsymbol{A}}$ 和 $\rho_{\boldsymbol{A}^c}$ 分别表示矩阵 $\boldsymbol{A}$ 和矩阵 $\boldsymbol{A}^c$ 的秩。利用 Rouchè-Capelli 定理，有以下几种情形：

⊖　这里高维情形的"直线"应理解为广义的直线，例如，三维空间中的直线应理解为平面。——译者注

- 情形 1：如果 $\rho_A=2$（此时也可以得到 $\rho_{A^c}=2$），则方程组是适定的，有唯一解。在几何上，这说明两条直线相交于一点。
- 情形 2：如果 $\rho_A=1$，$\rho_{A^c}=2$，则方程组不相容，无解。在几何上，两条直线是平行的，此时方程组形如

$$\begin{cases} ax+\ by+c_1=0 \\ \lambda ax+\lambda by+c_2=0 \end{cases}$$

  其中 $\lambda\in\mathbb{R}$。
- 情形 3：如果 $\rho_A=1$，$\rho_{A^c}=1$，则方程组是欠定的，有无穷多个解。在几何上，两条直线重合，方程组形如

$$\begin{cases} ax+\ by+\ c=0 \\ \lambda ax+\lambda by+\lambda c=0 \end{cases}$$

  其中 $\lambda\in\mathbb{R}$。

可以看出，如果 $\det\boldsymbol{A}\neq0$，则 $\rho_A=2$，$\rho_{A^c}=2$；如果 $\det\boldsymbol{A}=0$，则 $\rho_A=1$（$\rho_A=0$ 对应平面上无直线情形）。

例 6.5　判断方程为 $2x+y-1=0$ 和 $4x-y+2=0$ 的两条直线是否有交点，如果有，求出其坐标。

构造线性方程组

$$\begin{cases} 2x+y-1=0 \\ 4x-y+2=0 \end{cases}$$

其系数矩阵行列式的值为−6，即系数矩阵非奇异。因此，两直线相交。方程组的解为

$$\begin{cases} x=\dfrac{\det\begin{pmatrix} 1 & 1 \\ -2 & -1 \end{pmatrix}}{-6}=-\dfrac{1}{6} \\ y=\dfrac{\det\begin{pmatrix} 2 & 1 \\ 4 & -2 \end{pmatrix}}{-6}=\dfrac{4}{3} \end{cases}$$

交点坐标为 $\left(-\dfrac{1}{6},\dfrac{4}{3}\right)$。

例 6.6　判断方程为 $2x+y-1=0$ 和 $4x+2y+2=0$ 的两条直线是否有交点，如果有，求出其坐标。

由于其对应的系数矩阵

$$\begin{pmatrix} 2 & 1 \\ 4 & 2 \end{pmatrix}$$

是奇异的，此时 $\rho_A=1$，而对应的增广矩阵

$$\begin{pmatrix} 2 & 1 & 1 \\ 4 & 2 & -2 \end{pmatrix}$$

秩为 2。这说明该方程组是不相容的，无解，因此两直线平行。

例 6.7　判断方程为 $2x+y-1=0$ 和 $4x+2y-2=0$ 的两条直线是否有交点，如果有，求出其坐标。

容易看出，第二个方程是通过对第一个方程乘以 2 得到的，因此这两个方程表示同一条直

线。两直线重合，有无穷多个交点。

6.1.3　直线族

定义 6.4　平面上有一个公共交点的无穷多条直线的集合称为**相交直线族**。直线族中所有直线的公共交点称为直线族的中心。

定义 6.5　平面上具有相同方向的无穷多条直线的集合称为**平行直线族**。这些直线可以是平行的，也可以是重合的。

定理 6.1　设 l_1, l_2, l_3 是平面中的三条直线，方程分别为

$$l_1: a_1x+b_1y+c_1=0$$
$$l_2: a_2x+b_2y+c_2=0$$
$$l_3: a_3x+b_3y+c_3=0$$

则 l_1, l_2, l_3 属于同一个直线族当且仅当

$$\det\boldsymbol{A}=\begin{pmatrix} a_1 & b_1 & c_1 \\ a_2 & b_2 & c_2 \\ a_3 & b_3 & c_3 \end{pmatrix}=0$$

证明　如果 l_1, l_2, l_3 属于同一相交直线族，由于对应的线性方程组

$$\begin{cases} a_1x+b_1y+c_1=0 \\ a_2x+b_2y+c_2=0 \\ a_3x+b_3y+c_3=0 \end{cases}$$

含有两个变量，三个方程，且有唯一解，根据 Rouchè-Capelli 定理可得，矩阵 $\boldsymbol{A}$ 的秩为 2。这说明 $\det\boldsymbol{A}=0$。

如果 l_1, l_2, l_3 属于同一平行直线束，则矩阵 $\boldsymbol{A}$ 的秩为 1。因此，矩阵 $\boldsymbol{A}$ 的任意一个 2×2 的子矩阵都是奇异的，根据拉普拉斯定理 I 可得 $\det\boldsymbol{A}=0$。

综上所述，三条直线属于同一直线族，无论是相交直线族还是平行直线族，都有 $\det\boldsymbol{A}=0$。

反之，若 $\det\boldsymbol{A}=0$，则矩阵 $\boldsymbol{A}$ 的秩小于 3。

如果秩为 2，且方程组是相容的，即有解。方程组的解也就是直线族的交点，因此这三条直线属于同一相交直线族。若秩为 2，且方程组无解，则这三条直线属于同一平行直线族。（注：译者加）

如果秩为 1，那么三条直线中的任意两条方程都会形如

$$ax+by+c=0$$
$$\lambda ax+\lambda by+\lambda c=0$$

这说明所有直线都是平行的（方向相同），这三条直线属于同一平行直线族。

因此，若 $\det\boldsymbol{A}=0$，则这三条直线属于同一相交直线族或平行直线族。　□

如果 $\det\boldsymbol{A}=0$，那么矩阵 $\boldsymbol{A}$ 中至少有一行是另外两行的线性组合。不失一般性，设第三行为前两行的线性组合，即存在一组实标量 $(\lambda, \mu)\neq(0,0)$ 满足

$$a_3=\lambda a_1+\mu a_2$$
$$b_3=\lambda b_1+\mu b_2$$
$$c_3=\lambda c_1+\mu c_2$$

将其代入线性方程组的第三个方程中便可得到

$$(\lambda a_1+\mu a_2)x+(\lambda b_1+\mu b_2)y+(\lambda c_1+\mu c_2)=0$$

可将其改写为

$$\lambda(a_1x+b_1y+c_1)+\mu(a_2x+b_2y+c_2)=0$$

称它为**直线族方程**。当参数 (λ,μ) 变化时，就可以确定一个直线族。

由于 $(\lambda,\mu)\neq(0,0)$，不失一般性，设 $\lambda\neq0$，可得

$$\lambda(a_1x+b_1y+c_1)+\mu(a_2x+b_2y+c_2)=0$$
$$\Rightarrow(a_1x+b_1y+c_1)+k(a_2x+b_2y+c_2)=0$$

其中 $k=\dfrac{\mu}{\lambda}$。

上式中取定 k 的值就可确定一条直线。当 $k=0$ 时，得到直线 l_1；当 $k=\infty$ 时，得到直线 l_2。

若直线 l_1 和 l_2 平行，则两直线方程可改写为

$$ax+by+c_1=0$$
$$vax+vby+c_2=0$$

此时直线族方程改写为

$$(ax+by+c_1)+k(vax+vby+c_2)=0$$
$$\Rightarrow a(1+vk)x+b(1+vk)y+c_1+c_2k=0$$
$$\Rightarrow ax+by+h=0$$

其中

$$h=\frac{c_1+c_2k}{1+vk}$$

因此，若直线是平行的，那么直线族中所有直线都有相同的方向。

例 6.8　方程

$$(5x+3y-1)\lambda+(4x-2y+6)\mu=0$$

表示一个直线族。

例 6.9　直线族

$$(2x+2y+4)l+(2x-4y+8)m=0$$

的中心为线性方程组

$$\begin{cases}2x+2y+4=0\\2x-4y+8=0\end{cases}$$

的解，即 $x=-\dfrac{8}{3}$，$y=\dfrac{2}{3}$。

6.2　二次曲线的直观介绍

定义 6.6　对于空间中一点 P，若平面上的某点满足连接该点和点 P 的直线与该平面正交（与该平面上所有直线正交），则称该点为点 P 在平面上的**正交投影**。

根据点在平面上的正交投影的定义，将一条直线上所有点正交投影到平面上，便可得到直

线在平面上的正交投影。

定义 6.7　直线与其在平面上的正交投影所形成的（小于或等于 90°）的角称为直线与平面之间的夹角。

考虑两条不平行的直线。用 z 表示其中的一条，称其为轴，另一条则简单地称为线。线与轴的夹角用 θ 表示。在图 6-3 中，轴用带箭头的直线表示。想象将线绕着轴旋转 360°，旋转过程中线与轴的夹角保持不变，旋转后会产生一个旋转曲面，称为圆锥面。

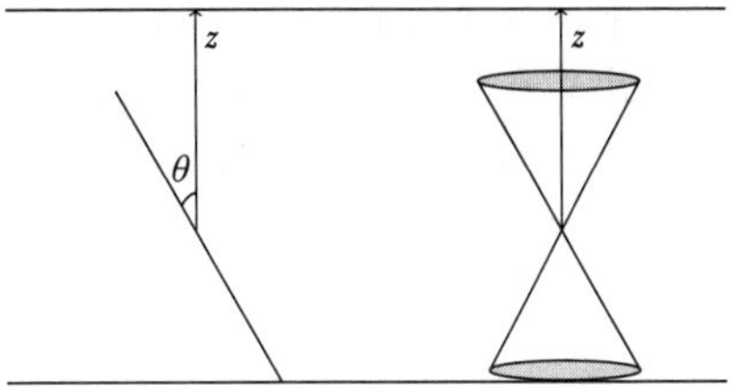

图 6-3　作为旋转曲面的圆锥面

考虑空间中的一个平面与圆锥面的交线，根据该平面与 z 轴的夹角 ϕ，有以下三种情况：

- 如果 $0\leqslant\phi<\theta$，相交所得的开曲线称为**双曲线**（hyperbola）；
- 如果 $\phi=\theta$，相交所得的开曲线称为**抛物线**（parabola）；
- 如果 $\theta<\phi\leqslant\frac{\pi}{2}$，相交所得的闭曲线称为**椭圆**（ellipse）。

当 $\phi=\frac{\pi}{2}$时，对应的椭圆成为圆。上述这些曲线都是由一个圆锥面与一个平面相交所得，这类曲线称为**二次曲线**（conics）。二次曲线的图形见图 6-4。

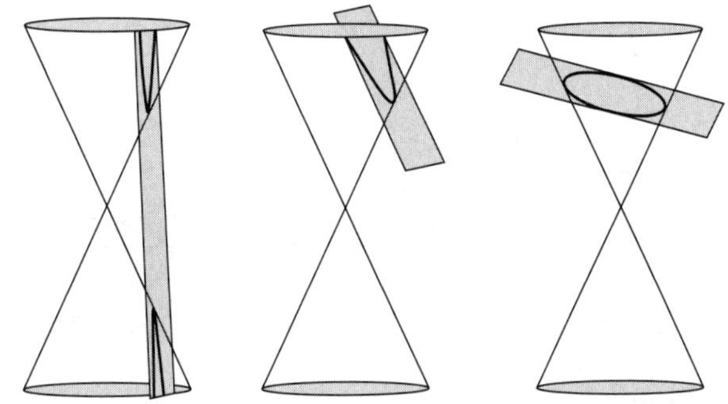

图 6-4　由圆锥截得的二次曲线

除了以上列举的情形外，还有另外三种情形：

- 平面与圆锥面相交，$0\leqslant\phi<\theta$，并且平面恰好过圆锥面的轴以及生成圆锥面的那条线，此时得到两条相交直线；
- 平面与圆锥相切，$\phi=\theta$，此时得到一条直线；
- 平面与圆锥面在圆锥面的轴线与生成圆锥的那条线的交点处相交，$\theta<\phi\leqslant\frac{\pi}{2}$，此时得到一个点。

这三种情形得到的点或直线，对应于特殊的双曲线、抛物线和椭圆。这些特殊的二次曲线称为**退化二次曲线**（degenerate conics）。

6.3　二次曲线的解析表示

前一节介绍了二次曲线，本节用另一种方式重新定义它们。

定义 6.8　由一个或多个特定条件确定坐标的点的集合，称为**点的轨迹**。

点的轨迹最简单的例子就是直线，它的条件由方程 $ax+by+c=0$ 给定。

考虑不在直线上的点 $Q(x_Q,y_Q)$，由基本几何知识可知，点 Q 与这条直线的距离为

$$\frac{|ax_Q+by_Q+c|}{\sqrt{a^2+b^2}}$$

定义 6.9（作为点的轨迹的二次曲线）　设 F 是平面上的一点，称为**焦点**（focus）。d 是同一平面上的一条直线，称为**准线**（directrix）。考虑平面中的一点 P，用 d_{PF} 表示 P 与 F 之间的距离，用 d_{Pd} 表示 P 到 d 之间的距离。二次曲线 $\mathscr{C}$ 是平面上满足 $\frac{d_{PF}}{d_{Pd}}$ 为常数的点 $P\in\mathbb{R}^2$ 的轨迹。

$$\mathscr{C}=\left\{P\ \middle|\ \frac{d_{PF}}{d_{Pd}}=e\right\}$$

其中 e 为常数，称为二次曲线的**离心率**。

如果焦点 F 的坐标为 (α,β)，准线方程为 $ax+by+c=0$，其中 x，y 为变量，a，b，c 为系数，则我们可将 $\frac{d_{PF}}{d_{Pd}}=e$ 改写为

$$\begin{aligned}&\frac{d_{PF}}{d_{Pd}}=e\Rightarrow d_{PF}=ed_{Pd}\Rightarrow d_{PF}^2=e^2d_{Pd}^2\\&\Rightarrow(x-\alpha)^2+(y-\beta)^2=e^2\ \frac{(ax+by+c)^2}{a^2+b^2}\end{aligned}\tag{6.1}$$

称其为**二次曲线方程**。这是一个二阶（二次）代数方程，包含 x，y 两个变量。

6.4　二次曲线的简化表示

本节对式（6.1）在特殊坐标系下给出二次曲线的简化方程。这种简化方程能帮助我们更好地理解二次曲线方程，并通过二次曲线的图形直观地理解二次曲线。

6.4.1　退化二次曲线的简化表示

首先考虑一种特殊情况，焦点在准线上，即 $F\in d$。不失一般性，选择以 F 为原点建立坐标系，则 $\alpha=\beta=0$，且准线与纵坐标轴重合。此时方程 $ax+by+c=0$ 变为 $x=0$（即 $a=1,b=0,c=0$）。在这种特殊情况下，二次曲线的方程改写为

$$d_{PF}^2=e^2d_{Pd}^2\Rightarrow(x-\alpha)^2+(y-\beta)^2=e^2\ \frac{(ax+by+c)^2}{a^2+b^2}$$

$$\Rightarrow x^2+y^2=e^2\ \frac{x^2}{1}\Rightarrow x^2+y^2=e^2x^2\Rightarrow(1-e^2)x^2+y^2=0$$

根据以上方程，由定义可得离心率只能取非负值，则可分为以下三种情形。

- **二次曲线为两条相交直线**。$1-e^2<0 \Rightarrow e>1$：此时二次曲线方程变为$-kx^2+y^2=0$，其中 $k=-(1-e^2)>0$。求解此方程得 $y=\pm\sqrt{k}x$，这是两条相交直线。
- **二次曲线为两条重合直线**。$1-e^2=0 \Rightarrow e=1$：此时二次曲线方程变为$0x^2+y^2=0 \Rightarrow y^2=0$。这是对横坐标轴（$y=0$）计数两次，几何意义是两条重合直线。
- **二次曲线为一个点**。$1-e^2>0 \Rightarrow 0 \leqslant e<1$：此时二次曲线方程变为 $kx^2+y^2=0$，其中 $k=(1-e^2)>0$。该方程在 $\mathbb{R}^2$ 中只有一个解（0,0）。这说明二次曲线图形是一个点，即焦点，也就是坐标系的原点。

这三种退化的二次曲线，分别对应退化的双曲线、退化的抛物线和退化的椭圆。

6.4.2　非退化二次曲线的简化表示

接下来考虑一般情况，即 $F \notin d$。不失一般性，选择坐标系，使得准线方程为 $x-h=0$，其中 $h \in \mathbb{R}$ 为常数，F 坐标为（F,0）。在这些条件下，二次曲线的方程表示可改写为

$$\begin{aligned} d_{PF}^2=e^2d_{Pd}^2 &\Rightarrow (x-\alpha)^2+(y-\beta)^2=e^2\frac{(ax+by+c)^2}{a^2+b^2} \\ &\Rightarrow (x-F)^2+y^2=e^2(x-h)^2 \\ &\Rightarrow x^2+F^2-2Fx+y^2=e^2(x^2+h^2-2hx) \\ &\Rightarrow x^2+F^2-2Fx+y^2-e^2x^2-e^2h^2+e^22hx=0 \\ &\Rightarrow (1-e^2)x^2+y^2-2(F-he^2)x+F^2-e^2h^2=0 \end{aligned} \tag{6.2}$$

考虑二次曲线与横坐标轴的交点，此时 $y=0$：

$$(1-e^2)x^2-2(F-he^2)x+F^2-e^2h^2=0$$

这是关于实变量 x 的二次多项式。由定理 5.8 知这个多项式至多有两个不相等的实根。

选取坐标系，使原点在二次曲线与直线 $y=0$ 的两个交点之间，这两个交点可以表示为（a,0）和（$-a$,0）。由命题 5.7，如果 $p(z)=\sum_{k=0}^{n}a_kz^k$ 是一个复多项式（实数是复数的特殊情况），其中次数 $n\geqslant 1$，设 $\alpha_1,\alpha_2,\cdots,\alpha_n$ 是该多项式的根，则有 $\alpha_1+\alpha_2+\cdots+\alpha_s=-\frac{a_{n-1}}{a_n}$。因此，此时两个根之和 $a-a$ 为

$$\frac{2(F-he^2)}{1-e^2}=a-a=0$$

根据此式，若 $1-e^2\neq 0 \Rightarrow e\neq 1$，可得

$$F-he^2=0 \Rightarrow h=\frac{F}{e^2} \tag{6.3}$$

此外，根据命题 5.7，还有 $\alpha_1\alpha_2\cdots\alpha_n=(-1)^n\frac{a_0}{a_n}$，这样便得

$$\frac{F^2-e^2h^2}{1-e^2}=-a^2$$

由此可得：

$$F^2-e^2h^2=a^2(e^2-1) \tag{6.4}$$

将式（6.3）代入式（6.4）可得

$$F^2-e^2\left(\frac{F}{e^2}\right)^2=a^2(e^2-1)\Rightarrow F^2-\frac{F^2}{e^2}=a^2(e^2-1)$$
$$\Rightarrow F^2(e^2-1)=e^2a^2(e^2-1)\Rightarrow F^2=e^2a^2\Rightarrow e^2=\frac{F^2}{a^2} \tag{6.5}$$

将式（6.5）代入式（6.3）可得

$$h=\frac{a^2}{F} \tag{6.6}$$

再将式（6.5）和式（6.6）代入二次曲线的一般方程式（6.2）中可得

$$\left(1-\frac{F^2}{a^2}\right)x^2+y^2-2\left(F-\frac{a^2}{F}\frac{F^2}{a^2}\right)x+F^2-\frac{F^2}{a^2}\left(\frac{a^2}{F}\right)^2=0$$
$$\Rightarrow\left(1-\frac{F^2}{a^2}\right)x^2+y^2-2(F-F)x+F^2-a^2=0 \tag{6.7}$$
$$\Rightarrow(a^2-F^2)x^2+a^2y^2+a^2(F^2-a^2)=0$$

上述等式是在 $e\neq1$ 的假设下推导得出的，根据式（6.5）可得 $a^2\neq F^2$。这说明式（6.7）只能在 $a^2<F^2(e>1)$ 或 $a^2>F^2(e<1)$ 两种情况下成立。

双曲线方程

若 $a^2<F^2$，则 $e>1$。令 $b^2=F^2-a^2>0$ 代入式（6.7）中的二次曲线方程得

$$-b^2x^2+a^2y^2+a^2b^2=0\Rightarrow-\frac{x^2}{a^2}+\frac{y^2}{b^2}+1=0\Rightarrow\frac{x^2}{a^2}-\frac{y^2}{b^2}-1=0$$

这是**双曲线方程**（equation of hyperbola）。容易看出，分式$\frac{x^2}{a^2}$总是非负的，因此无论 y 取何值，都有

$$\frac{y^2}{b^2}+1>0$$

这意味着 y 可以在 $[-\infty,+\infty]$ 内取值。

同理，由于$\frac{y^2}{b^2}$总是非负的，因此有

$$\frac{x^2}{a^2}-1\geqslant0$$

该式成立必须满足 $x\geqslant a$ 或 $x\leqslant-a$，换句话说，（简化方程的）双曲线的图形只能在图 6-5 中阴影区域内。

对于双曲线有 $F^2>a^2$，由此不难确定焦点的位置。由于 $F>a$ 或 $F<-a$，焦点位于图中阴影区域内，焦点的坐标分别为 $(\sqrt{a^2+b^2},0)$ 和 $(-\sqrt{a^2+b^2},0)$。为了确定准线的位置，我们只考虑图 6-5 的右半图像。

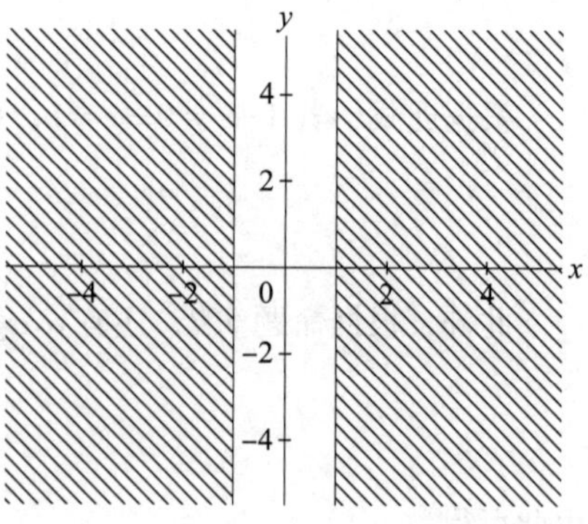

图　6-5

已知 $F>a$，因此 $Fa>a^2 \Rightarrow a>\frac{a^2}{F}$。通过式（6.6）可得准线方程为 $x=\frac{a^2}{F}$，则右半图像的准线落在右半阴影区域的左侧，容易验证，左半图形的准线与其对称。

下面考虑直线方程，由解析几何的结果知（参见文献［16］），在笛卡儿坐标系中过原点的直线方程为 $y=mx$，这里 x 为变量，m 为系数，称为**角系数**（angular coefficient）。考虑平面中过原点的无穷多条直线，每条直线都由它的角系数 m 唯一确定，显然，该方程等价于 $ax+by+c=0$。

为了缩小双曲线图像的绘制区域，需要计算出与双曲线相交的直线的 m 值。也就是说，我们要计算满足以下方程组的 m：

$$\begin{cases}\dfrac{x^2}{a^2}-\dfrac{y^2}{b^2}-1=0\\ y=mx\end{cases}$$

将第二个方程代入第一个方程得

$$\frac{x^2}{a^2}-\frac{m^2x^2}{b^2}=1 \Rightarrow \left(\frac{1}{a^2}-\frac{m^2}{b^2}\right)x^2=1$$

由于 x^2 非负（实际上它是正的，因为乘积结果为 1），因此 m 满足不等式

$$\frac{1}{a^2}-\frac{m^2}{b^2}>0$$

这些值确定了可以绘制双曲线的平面区域。求解关于 m 的不等式可得

$$\frac{1}{a^2}>\frac{m^2}{b^2} \Rightarrow m^2<\frac{b^2}{a^2} \Rightarrow -\frac{b}{a}<m<\frac{b}{a}$$

这说明（简化方程的）双曲线的图形被角系数分别为 $-\frac{b}{a}$ 和 $\frac{b}{a}$ 的两条直线所限制。相应的直线方程为 $y=-\frac{b}{a}x$ 和 $y=\frac{b}{a}x$，称其为双曲线的**渐近线**（asymptote）。

图 6-6 阴影区域表示允许绘制双曲线的区域。

利用化简的双曲线方程，可绘制出二次曲线，如图 6-7 所示。

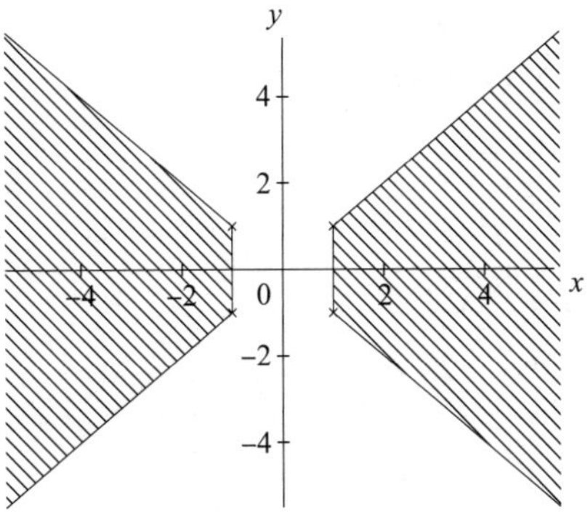

图　6-6

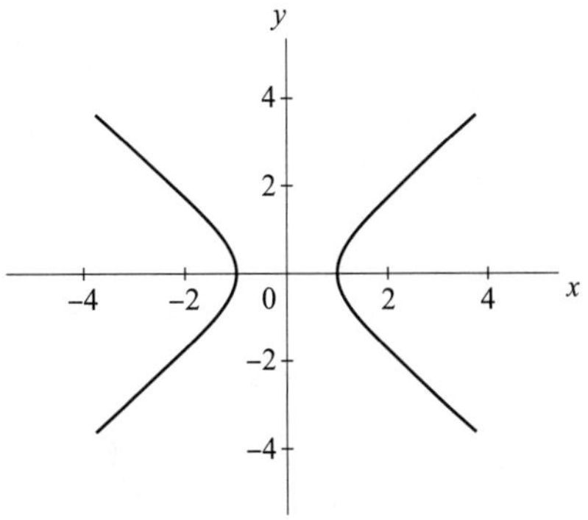

图　6-7

例 6.10　考虑方程

$$9x^2-16y^2-144=0$$

将其改写为

$$\frac{x^2}{a^2}-\frac{y^2}{b^2}=\frac{x^2}{4^2}-\frac{y^2}{3^2}=1$$

这就是前面的所讨论的双曲线的简化方程。焦点的坐标为（F,0）和（$-F$,0），其中

$$F=\sqrt{a^2+b^2}=5$$

两条准线方程分别为 $x=\frac{a^2}{F}$ 和 $x=-\frac{a^2}{F}$，其中

$$\frac{a^2}{F}=\frac{4^2}{5}=\frac{16}{5}$$

渐近线分别为 $y=\frac{b}{a}x$ 和 $y=-\frac{b}{a}x$，其中

$$\frac{b}{a}=\frac{3}{4}$$

接下来我们通过推导双曲线方程，从而给出双曲线的另一种定义。

定理 6.2　设 F 和 F' 为双曲线的两个焦点。满足 $|d_{PF'}-d_{PF}|$ 为常数 $2a$ 的点 P 的轨迹为双曲线。

证明　双曲线上一般点到焦点的距离由下式给出：

$$d_{PF}=\sqrt{(x-F)^2+y^2}$$

$$d_{PF'}=\sqrt{(x+F)^2+y^2}$$

对于双曲线的简化方程有

$$y^2=b^2\left(\frac{x^2}{a^2}-1\right)$$

且有

$$b^2=F^2-a^2 \Rightarrow F=\sqrt{a^2+b^2}$$

现在可将双曲线上点到焦点的距离写成

$$\begin{aligned}
d_{PF}&=\sqrt{(x-\sqrt{a^2+b^2})^2+b^2\left(\frac{x^2}{a^2}-1\right)}\\
&=\sqrt{(x^2+a^2+b^2-2\sqrt{a^2+b^2}x)-b^2+b^2\frac{x^2}{a^2}}\\
&=\sqrt{x^2+a^2-2\sqrt{a^2+b^2}x+b^2\frac{x^2}{a^2}}\\
&=\sqrt{a^2-2\sqrt{a^2+b^2}x+\frac{(a^2+b^2)x^2}{a^2}}\\
&=\sqrt{\left(a-\frac{\sqrt{a^2+b^2}x}{a}\right)^2}\\
&=\left|a-\frac{Fx}{a}\right|
\end{aligned}$$

类似地，

$$d_{PF'}=\sqrt{(x+\sqrt{a^2+b^2})^2+b^2\left(\frac{x^2}{a^2}-1\right)}=\left|a+\frac{Fx}{a}\right|$$

使用绝对值是为了强调上面的表达式具有几何意义，即它们是距离。当 $a-\frac{Fx}{a}$ 为正时，$d_{PF}=a-\frac{Fx}{a}$；当 $a-\frac{Fx}{a}$ 为负时，$d_{PF}=-a+\frac{Fx}{a}$。同样地，当 $a+\frac{Fx}{a}$ 为正时，$d_{PF'}=a+\frac{Fx}{a}$；当 $a+\frac{Fx}{a}$ 为负时，$d_{PF'}=-a-\frac{Fx}{a}$。

求解不等式 $a-\frac{Fx}{a}\geqslant 0$ 可得，当 $x<\frac{a^2}{F}$ 时，不等式成立。我们前面已经得到 $x=\frac{a^2}{F}$ 是准线方程，准线在右半双曲线的左侧，而不等式仅对左半双曲线成立，于此对称地有 $a+\frac{Fx}{a}>0\Rightarrow x>-\frac{a^2}{F}$（右半双曲线）。

综上，我们有两种可能的情况：

- 右半双曲线：$d_{PF}=-a+\frac{Fx}{a}$，$d_{PF'}=a+\frac{Fx}{a}$；
- 左半双曲线：$d_{PF}=a-\frac{Fx}{a}$，$d_{PF'}=-a-\frac{Fx}{a}$。

在这两种情况下均有

$$|d_{PF}-d_{PF'}|=2a \tag{6.8}$$

式（6.8）给出了双曲线的另一个特征。　□

抛物线方程

若 $e=1$，则不能使用式（6.7）。而将 $e=1$ 代入式（6.2）得

$$y^2-2(F-h)x+F^2-h^2=0$$

不妨选择坐标系使二次曲线通过原点。这样，$F^2-h^2=0$。于是 $F^2=h^2\Rightarrow h=\pm F$。但是，由于假设了点 $F\notin d$，这里点 F 的坐标为 $(F,0)$，直线 d 的方程为 $x-h=0$，于是 $h=F$ 是不可能的。而 $h=0$ 等同于点 $F\in d$，因此，h 唯一可能的值是 $-F$。将它代入上面的方程得

$$y^2-4Fx=0$$

这是**抛物线的解析方程**。

我们重复双曲线讨论中的步骤，来缩小允许绘制抛物线的区域。首先观察抛物线方程，将其写成 $y^2=4Fx$，这就要求焦点坐标 F 和变量 x 要么都是正的，要么都是负的。这说明（简化的方程）抛物线的图形位于右半平面 $x\geqslant 0$ 或者位于左半平面 $x\leqslant 0$。下面考虑 $F\geqslant 0$ 且 $x\geqslant 0$ 的情况。

此外，$\forall x>0$ 对应两个 y 值（一个正，一个负），这使得抛物线关于横坐标轴对称。最后，寻找使直线 $y=mx$ 与抛物线相交的 m 值，不难验证没有这样的 m 值。这说明抛物线没有渐近线。

图 6-8 为一个抛物线的图形。

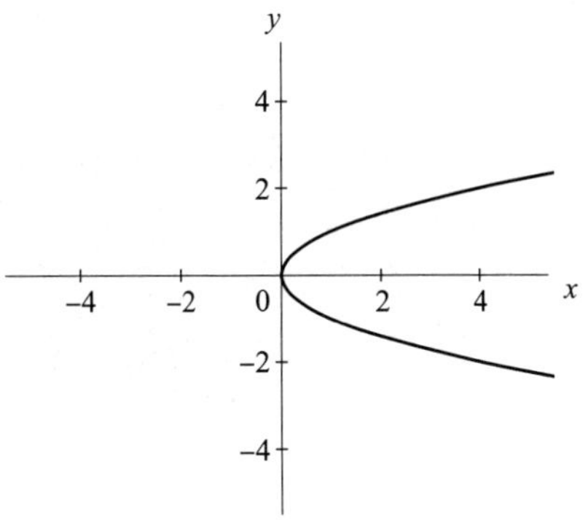

图　6-8

例 6.11 我们考虑方程

$$2y^2-16x=0$$

这是抛物线方程，可将其改写为

$$y^2-4Fx=y^2-8x=0$$

焦点坐标为（2,0），准线方程为 $x=-2$。

定理 6.3 *设 F 为焦点，d 为准线。使 $d_{PF}=d_{Pd}$ 的点 P 的轨迹是抛物线。*

证明 注意 $d_{PF}=ed_{Pd}$ 且 $e=1$，因此得到 $d_{PF}=d_{Pd}$，这是抛物线的另一种定义。

椭圆方程

若 $a^2>F^2$，则 $e<1$。令 $b^2=a^2-F^2>0$，将此式代入式（6.7）中的二次曲线方程，有

$$b^2x^2+a^2y^2-a^2b^2=0 \Rightarrow \frac{x^2}{a^2}+\frac{y^2}{b^2}-1=0$$

这是**椭圆的解析方程**。类似于我们对双曲线的讨论，当$\frac{x^2}{a^2}\geqslant 0$ 和$\frac{y^2}{b^2}\geqslant 0$ 时，此方程有意义。此外，还要求以下两个不等式成立，

$$1-\frac{y^2}{b^2}\geqslant 0\Rightarrow y^2\leqslant b^2\Rightarrow -b\leqslant y\leqslant b$$

和

$$1-\frac{x^2}{a^2}\geqslant 0\Rightarrow x^2\leqslant a^2\Rightarrow -a\leqslant x\leqslant a$$

这说明椭圆的图形在长方形区域 $a\times b$ 内，如图 6-9 所示。

由于 a 是该长方形的水平（半）长度，椭圆满足 $a^2-F^2>0\Rightarrow -a<F<a$，即焦点在长方形内。焦点坐标为（$F$,0）和（$-F$,0），其中 $F=\sqrt{a^2-b^2}$。

由于 $a>F$，故 $a^2>aF\Rightarrow\frac{a^2}{F}>a$。根据式（6.6），准线方程为 $x=\frac{a^2}{F}$，因此准线在矩形之外。

同样，不难验证，与我们对双曲线的证明类似，椭圆关于横坐标轴和纵坐标轴（$y=0$ 和 $x=0$）都对称。椭圆的两个焦点坐标为（F,0）和（$-F$,0），对应的两条准线方程为 $x=\frac{a^2}{F}$和 $x=-\frac{a^2}{F}$。每对焦点和准线与图 6-10 的半幅图（右半和左半）对应。

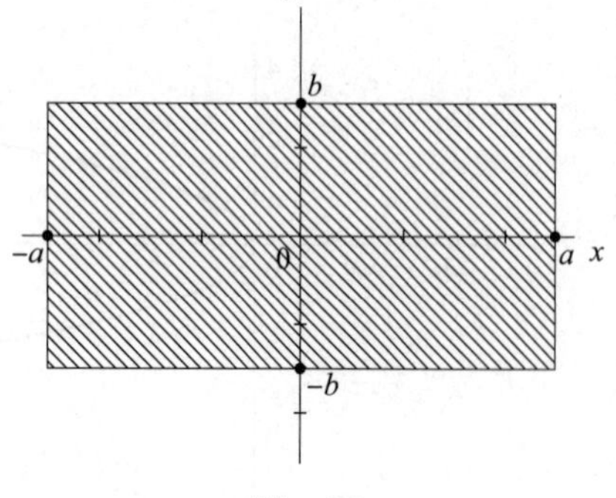

图 6-9

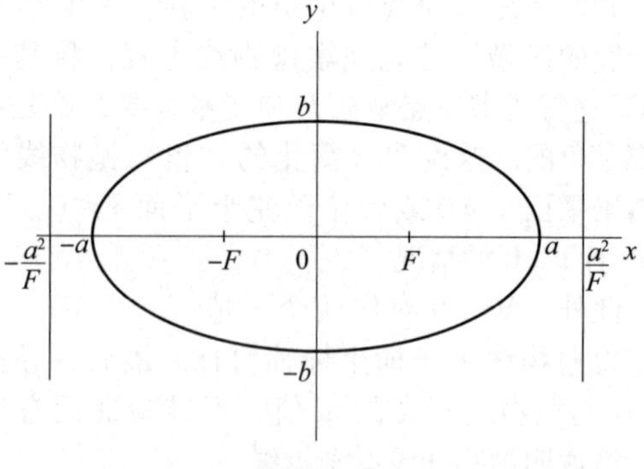

图 6-10

例 6.12　考虑方程

$$4x^2+9y^2-36=0$$

此方程可改写为

$$\frac{x^2}{a^2}+\frac{y^2}{b^2}=\frac{x^2}{3^2}+\frac{y^2}{2^2}=1$$

这是简化的椭圆方程，其中 $a=3$，$b=2$。焦点坐标分别为（F,0），（$-F$,0），其中 $F=\sqrt{a^2-b^2}=\sqrt{5}$。准线方程为 $x=\frac{a^2}{F}=\frac{9}{\sqrt{5}}$和 $x=-\frac{a^2}{F}=-\frac{9}{\sqrt{5}}$。

下面的定理通过求解方程给出椭圆的另一种定义。

定理 6.4　设 F 和 F' 为椭圆的两个焦点。满足 $d_{PF'}+d_{PF}$ 恒为常数 $2a$ 的点 P 的轨迹是椭圆。

证明　注意

$$d_{PF}=\sqrt{(x-F)^2+y^2}$$

$$d_{PF'}=\sqrt{(x+F)^2+y^2}$$

对于简化的椭圆方程，有

$$y^2=b^2\left(1-\frac{x^2}{a^2}\right)$$

故有

$$b^2=a^2-F^2\Rightarrow F=\sqrt{a^2-b^2}$$

将点到焦点（F,0）的距离写成

$$\begin{aligned}
d_{PF}&=\sqrt{(x-\sqrt{a^2-b^2})^2+b^2\left(1-\frac{x^2}{a^2}\right)}\\
&=\sqrt{(x^2+a^2-b^2-2x\sqrt{a^2-b^2})+b^2-b^2\ \frac{x^2}{a^2}}\\
&=\sqrt{a^2-2\sqrt{a^2-b^2}\,x+\frac{(a^2-b^2)x^2}{a^2}}\\
&=\sqrt{\left(a-\frac{\sqrt{a^2-b^2}}{a}x\right)^2}\\
&=\left(a-\frac{\sqrt{a^2-b^2}}{a}x\right)\\
&=a-\frac{Fx}{a}
\end{aligned}$$

类似地有

$$d_{PF'}=\sqrt{(x+\sqrt{a^2-b^2})^2+b^2\left(1-\frac{x^2}{a^2}\right)}=a+\frac{Fx}{a}$$

将这两个距离相加得

$$d_{PF'}+d_{PF}=2a \tag{6.9}$$

换句话说，这两个距离之和不依赖于任何变量，即它是一个常数，等于 $2a$。

式（6.9）可作为椭圆的另一种定义。

6.5　二次曲线的矩阵表示

一般来说，二次曲线可以相对于坐标系平移和旋转。在下面的几节中，我们给出二次曲线在一般情形下的表示。

我们再次考虑二次曲线方程，将式（6.1）展开并改写可得

$$(x^2+\alpha^2-2\alpha x+y^2+\beta^2-2\beta y)(a^2+b^2)=a^2x^2+b^2y^2+c^2+2abxy+2acx+2bcy$$
$$\Rightarrow b^2x^2+a^2y^2-2abxy-2(\alpha a^2+\alpha b^2+ac)x-2(\beta a^2+\beta b^2+bc)y+$$
$$(a^2\alpha^2+a^2\beta^2+b^2\alpha^2+b^2\beta^2-c^2)=0$$ ㊀

做以下代换：

$$a_{1,1}=b^2$$
$$a_{1,2}=-ab$$
$$a_{1,3}=-(\alpha a^2+\alpha b^2+ac)$$
$$a_{2,2}=a^2$$
$$a_{2,3}=-(\beta a^2+\beta b^2+bc)$$
$$a_{3,3}=a^2\alpha^2+a^2\beta^2+b^2\alpha^2+b^2\beta^2-c^2$$

可将二次曲线的方程写为

$$a_{1,1}x^2+2a_{1,2}xy+2a_{1,3}x+a_{2,2}y^2+2a_{2,3}y+a_{3,3}=0 \tag{6.10}$$

这是**二次曲线的矩阵表示**。

例 6.13　方程

$$5x^2+26xy+14x+8y^2+5y+9=0$$

表示一个二次曲线。然而，根据我们目前所掌握的知识，我们无法确定这个方程表示哪一种二次曲线，自然也无法确定它的其他特征，如焦点和准线的位置。下面的讨论将给出二次曲线一般描述方法。

6.5.1　二次曲线与直线相交

考虑平面上的两个点 T 和 R，它们在笛卡儿坐标系中的坐标分别为（x_t,y_t）和（x_r,y_r）。根据 6.1 节我们知道，过点 T 和 R 的直线方程为

$$\frac{x-x_t}{x_r-x_t}=\frac{y-y_t}{y_r-y_t}$$

其中 x 和 y 是变量。

由于 x_r-x_t 和 y_r-y_t 为常数，记 $l=x_r-x_t$ 和 $m=y_r-y_t$，则直线方程变成

$$\frac{x-x_t}{l}=\frac{y-y_t}{m} \tag{6.11}$$

l 和 m 均不为零。

㊀ 此处为 $e=1$ 情形，若 $e\neq1$ 可得类似的展开式。——译者注

令

$$\frac{y-y_t}{m}=t$$

其中 t 为参数。由此得

$$\begin{cases}\dfrac{y-y_t}{m}=t\\ \dfrac{x-x_t}{l}=t\end{cases}\Rightarrow\begin{cases}y=mt+y_t\\ x=lt+x_t\end{cases}$$

再次考虑式（6.10）中二次曲线的矩阵表示。我们要找出直线与二次曲线的交点。寻找一个交点就是寻找同时属于两个几何对象的点。这也说明一个交点可以理解为同时满足多个方程的解。直线与二次曲线的交点满足

$$\begin{cases}y=mt+y_t\\ x=lt+x_t\\ a_{1,1}x^2+2a_{1,2}xy+2a_{1,3}x+a_{2,2}y^2+2a_{2,3}y+a_{3,3}=0\end{cases}$$

因此有

$$\begin{aligned}&a_{1,1}(lt+x_t)^2+2a_{1,2}(lt+x_t)(mt+y_t)+2a_{1,3}(lt+x_t)+a_{2,2}(mt+y_t)^2+2a_{2,3}(mt+y_t)+a_{3,3}=0\\ \Rightarrow&(a_{1,1}l^2+2a_{1,2}lm+a_{2,2}m^2)t^2+\\ &2((a_{1,1}x_t+a_{1,2}y_t+a_{1,3})l+(a_{1,2}x_t+a_{2,2}y_t+a_{2,3})m)+\\ &(a_{1,1}x_t^2+a_{2,2}y_t^2+2a_{1,2}x_ty_t+2a_{1,2}x_ty_t+2a_{1,3}x_t+2a_{2,3}y_t+a_{3,3})=0\end{aligned}$$

也可以写成

$$\alpha t^2+2\beta t+\gamma=0 \tag{6.12}$$

其中

$$\begin{aligned}&\alpha=a_{1,1}l^2+2a_{1,2}lm+a_{2,2}m^2\\ &\beta=(a_{1,1}x_t+a_{1,2}y_t+a_{1,3})l+(a_{1,2}x_t+a_{2,2}y_t+a_{2,3})m\\ &\gamma=a_{1,1}{x_t}^2+a_{2,2}{y_t}^2+2a_{1,2}x_ty_t+2a_{1,2}x_ty_t+2a_{1,3}x_t+2a_{2,3}y_t+a_{3,3}\end{aligned}$$

必须注意，γ 是式（6.10）在点（x_t, y_t）的值。考虑式（6.12），它是关于 t 的二次多项式。因此，有如下三种情况：

- 如果方程有两个不等实根，则直线穿过二次曲线，即直线与二次曲线相交于平面上两个不同的点（**直线割二次曲线**）；
- 如果方程有两个相等的根，则直线与二次曲线相切；
- 如果方程有两个复数根，则直线不与二次曲线相交（**直线在二次曲线外**）。

6.5.2　二次曲线的切线

本节关注式（6.12）有两个相等的根的情形，即直线与二次曲线相切的情况，并求出二次曲线的切线方程。

式（6.12）的解对应于平面上同时属于直线和二次曲线的点 T。由于该点属于二次曲线，其坐标满足式（6.10），由上文知，可以写成 $\gamma=0$。由于 $\gamma=0$，式（6.12）可写为

$$\alpha t^2+\beta t=0$$

即

$$t(\alpha t+\beta)=0$$

求得 $t=0$ 为一个解。又因为两个根相等，故有

$$\beta=0\Rightarrow(a_{1,1}x_t+a_{1,2}y_t+a_{1,3})l+(a_{1,2}x_t+a_{2,2}y_t+a_{2,3})m=0$$

这是一个包含两个变量 l 和 m 的方程，显然，这个方程有无穷多个解。(0,0) 虽然满足方程，但由于它没有几何意义，见式（6.11），因此舍去。如果找到该方程的一个解，则无穷多个解中的其他解都与其成比例。而满足该方程的一个解为：

$$l=a_{1,2}x_t+a_{2,2}y_t+a_{2,3}$$
$$m=-(a_{1,1}x_t+a_{1,2}y_t+a_{1,3})$$

将 l 和 m 的值代入式（6.11）可得

$$\begin{aligned}&(a_{1,1}x_t+a_{1,2}y_t+a_{1,3})(x-x_t)+(a_{1,2}x_t+a_{2,2}y_t+a_{2,3})(y-y_t)=0\\ \Rightarrow&a_{1,1}x_tx+a_{1,2}y_tx+a_{1,3}x-a_{1,1}x_tx_t-a_{1,2}y_tx_t-a_{1,3}x_t+\\ &a_{1,2}x_ty+a_{2,2}y_ty+a_{2,3}y-a_{1,2}x_ty_t-a_{2,2}y_ty_t-a_{2,3}y_t=0\\ \Rightarrow&a_{1,1}x_tx+a_{1,2}y_tx+a_{1,3}x+a_{1,2}x_ty+a_{2,2}y_ty+a_{2,3}y-\\ &a_{1,1}x_tx_t-a_{1,2}x_ty_t-a_{1,3}x_t-a_{1,2}x_ty_t-a_{2,2}y_ty_t-a_{2,3}y_t=0\end{aligned}\tag{6.13}$$

再次考虑式（6.10），由于 T 是二次曲线上的点，因此，T 的坐标满足二次曲线的方程：

$$a_{1,1}x_t^2+2a_{1,2}x_ty_t+2a_{1,3}x_t+a_{2,2}y_t^2+2a_{2,3}y_t+a_{3,3}=0$$
$$\Rightarrow a_{1,3}x_t+a_{2,3}y_t+a_{3,3}=-a_{1,1}x_t^2-a_{2,2}y_t^2-2a_{1,2}x_ty_t-a_{2,3}y_t-a_{1,3}x_t$$

将此结果代入式（6.13）得

$$\begin{aligned}&a_{1,1}x_tx+a_{1,2}x_ty+a_{1,3}x+a_{1,2}y_tx+a_{2,2}y_ty+a_{2,3}y+a_{1,3}x_t+a_{2,3}y_t+a_{3,3}=0\\ \Rightarrow&(a_{1,1}x_t+a_{1,2}y_t+a_{1,3})x+(a_{1,2}x_t+a_{2,2}y_t+a_{2,3})y+(a_{1,3}x_t+a_{2,3}y_t+a_{3,3})=0\end{aligned}\tag{6.14}$$

这是坐标为 (x_t,y_t) 的点 T 处的**二次曲线的切线方程**。

6.5.3　退化和非退化二次曲线：作为矩阵的二次曲线

二次曲线的切线方程对于研究和理解二次曲线是非常重要的。为了看出这一点，考虑一种特殊情况，即当方程（6.14）对所有 x 和 y 的取值都成立，或者更严谨的说法是对 $\forall x$，y 直线都是二次曲线的切线。当 x 和 y 的系数和常数项都为零时，就是这种情况。换句话说，这种情况发生在

$$\begin{cases}a_{1,1}x_t+a_{1,2}y_t+a_{1,3}=0\\ a_{1,2}x_t+a_{2,2}y_t+a_{2,3}=0\\ a_{1,3}x_t+a_{2,3}y_t+a_{3,3}=0\end{cases}$$

成立时。

从代数上讲，这是一个含有两个变量三个方程的方程组。由 Rouchè-Capelli 定理可知，由于系数矩阵的秩至多为 2，如果增广矩阵的行列式非零，则方程组一定不相容。在我们的例子中，如果

$$\det\boldsymbol{A}^c=\det\begin{pmatrix}a_{1,1}&a_{1,2}&a_{1,3}\\ a_{1,2}&a_{2,2}&a_{2,3}\\ a_{1,3}&a_{2,3}&a_{3,3}\end{pmatrix}\neq0$$

则方程组一定无解，即不可能有二次曲线的切线满足所有 x 和 y 的值。相反，如果 $\det \boldsymbol{A}^{c}=0$，则方程组至少有一个解，即对 $\forall x,y$，直线都是二次曲线的切线。

几何上，只有当二次曲线是直线本身或者是直线上的一点时，直线可与二次曲线在所有 x 和 y 的取值下相切。这些情况对应于退化的二次曲线。基于上面的讨论，给定一个一般的方程为

$$a_{1,1}x^{2}+2a_{1,2}xy+2a_{1,3}x+a_{2,2}y^{2}+2a_{2,3}y+a_{3,3}=0$$

的二次曲线，可以将其与矩阵

$$\boldsymbol{A}^{c}=\begin{pmatrix} a_{1,1} & a_{1,2} & a_{1,3} \\ a_{1,2} & a_{2,2} & a_{2,3} \\ a_{1,3} & a_{2,3} & a_{3,3} \end{pmatrix}$$

对应。这个矩阵的行列式告诉我们二次曲线是否退化。更具体地说，有下列情况：

- $\det \boldsymbol{A}^{c}\neq 0$：二次曲线为非退化的；
- $\det \boldsymbol{A}^{c}=0$：二次曲线为退化的。

这个发现让我们看到二次曲线是如何被看作一个矩阵的。另外，我们也可以重新理解行列式：直线与二次曲线相切是指两个平面图形有一个公共点，或者两个集合的交点为单点集。若直线与二次曲线的唯一交点就是二次曲线本身，或者交点集就是整条直线，此时二次曲线的点集包含在这条直线的集合内。这可以理解为有关两个集合的初始问题退化为有关一个集合的问题。又一次得出，值为零的行列式中必含有冗余信息。

图 6-11 描述了两种情况。左图为非退化二次曲线切线，切点为 T。在右图中，直线在所有点处与二次曲线相切，即二次曲线是直线的一部分或与直线重合。图中，二次曲线与直线的重合部分用粗线表示。

$\det \boldsymbol{A}^{c}\neq 0$　　　　$\det \boldsymbol{A}^{c}=0$

图　6-11

例 6.14　方程为

$$5x^{2}+2xy+14x+8y^{2}+6y+9=0$$

的二次曲线，对应的矩阵

$$\begin{pmatrix} 5 & 1 & 7 \\ 1 & 8 & 3 \\ 7 & 3 & 9 \end{pmatrix}$$

的行列式为−44。因此，二次曲线是非退化的。

6.5.4　二次曲线的分类：二次曲线的渐近方向

再次观察式（6.12），它表示一条直线与一个一般二次曲线的交点。二次曲线方程是一个

二次多项式，若 $\alpha=0$，则该多项式变为一次的。

在代数上，条件 $\alpha=0$ 可写为

$$\alpha=a_{1,1}l^2+2a_{1,2}lm+a_{2,2}m^2=0$$

当 $(l,m)=(0,0)$ 时，上式成立。但是，注意式（6.11），这个解并不能对应直线，故不考虑此解。因此，我们需要找解 $(l,m)\neq(0,0)$。当这样的解存在时，这一对数称为二次曲线的渐近方向。

将方程 $\alpha=0$ 除以 l^2，记 $\mu=\dfrac{m}{l}$，方程变成

$$a_{2,2}\mu^2+2a_{1,2}\mu+a_{1,1}=0$$

这即是**渐近方向方程**。

求解上述以 μ 为变量的二次多项式方程，需要讨论根的判别式的符号，记

$$\Delta=a_{1,2}^2-a_{1,1}a_{2,2}$$

分为以下三种情况：

- $\Delta>0$：方程有两个不同的实根，即二次曲线有两个渐近方向；
- $\Delta=0$：方程有两个相等的实根，即二次曲线有一个渐近方向；
- $\Delta<0$：方程有两个复根，即二次曲线不存在渐近方向。

显然，解 μ 与渐近方向 (l,m) 之间的关系由下式给定：

$$(1,\mu)=\left(1,\frac{m}{l}\right)$$

渐近方向的个数是二次曲线的一个非常重要的特征，下面的定理描述了这一点。

定理 6.5 双曲线有两个渐近方向，抛物线有一个渐近方向，椭圆没有渐近方向。

此外，由于

$$\Delta=a_{1,2}^2-a_{1,1}a_{2,2}=-(a_{1,1}a_{2,2}-a_{1,2}^2)=-\det\begin{pmatrix}a_{1,1} & a_{1,2}\\ a_{1,2} & a_{2,2}\end{pmatrix}$$

我们可以直接研究二次曲线矩阵表示式（6.10）。

定理 6.6（分类定理） 给定二次曲线方程

$$a_{1,1}x^2+2a_{1,2}xy+a_{2,2}y^2+2a_{1,3}x+2a_{2,3}y+a_{3,3}=0$$

及其对应矩阵

$$\begin{pmatrix}a_{1,1} & a_{1,2} & a_{1,3}\\ a_{1,2} & a_{2,2} & a_{2,3}\\ a_{1,3} & a_{2,3} & a_{3,3}\end{pmatrix}$$

该二次曲线可由子矩阵

$$\boldsymbol{I}_{3,3}=\begin{pmatrix}a_{1,1} & a_{1,2}\\ a_{1,2} & a_{2,2}\end{pmatrix}$$

的行列式进行分类，有如下三种情况：

- 若 $\det\boldsymbol{I}_{3,3}<0$，则二次曲线为双曲线；
- 若 $\det\boldsymbol{I}_{3,3}=0$，则二次曲线为抛物线；
- 若 $\det\boldsymbol{I}_{3,3}>0$，则二次曲线为椭圆。

例 6.15　再次考察二次曲线

$$5x^2+2xy+14x+8y^2+6y+9=0$$

我们已经知道这个二次曲线是非退化的。下面通过计算 $\boldsymbol{I}_{3,3}$ 的行列式确定其类型：

$$\det \boldsymbol{I}_{3,3}=\det\begin{pmatrix}5 & 1\\ 1 & 8\end{pmatrix}=39>0$$

因此，这个二次曲线是椭圆。

例 6.16　方程为

$$\frac{x^2}{25}+\frac{y^2}{16}=1$$

的二次曲线为椭圆。下面用分类定理验证这一结果。首先，证明这个二次曲线是非退化的。为此，将方程改写为矩阵表示：

$$16x^2+25y^2-400=0$$

其对应的矩阵为

$$\boldsymbol{A}^c=\begin{pmatrix}16 & 0 & 0\\ 0 & 25 & 0\\ 0 & 0 & -400\end{pmatrix}$$

这是一个对角矩阵且非奇异，因此二次曲线非退化。而且，由于

$$\det \boldsymbol{I}_{3,3}=\det\begin{pmatrix}16 & 0\\ 0 & 25\end{pmatrix}=400>0$$

因此，该二次曲线是椭圆。

可以证明，椭圆及双曲线的所有简化方程都对应于对角矩阵。严格来说，二次曲线方程是通过选择一个使得方程对应的矩阵为对角阵的坐标系而得到简化的。考察下面双曲线的简化方程来说明这一点。

$$\frac{x^2}{25}-\frac{y^2}{16}=1$$

这个二次曲线的矩阵表示为

$$16x^2-25y^2-400=0$$

对应矩阵为

$$\boldsymbol{A}^c=\begin{pmatrix}16 & 0 & 0\\ 0 & -25 & 0\\ 0 & 0 & -400\end{pmatrix}$$

由于此矩阵非奇异的，所以该二次曲线非退化。应用分类定理，由于

$$\det \boldsymbol{I}_{3,3}=\det\begin{pmatrix}16 & 0\\ 0 & -25\end{pmatrix}=-400<0$$

所以该二次曲线为双曲线。

例 6.17　考察抛物线简化方程

$$2y^2-2x=0$$

其对应的矩阵为

$$\boldsymbol{A}^{c}=\begin{pmatrix}0&0&-1\\0&2&0\\-1&0&0\end{pmatrix}$$

该矩阵非奇异。因此，该二次曲线是非退化的。应用分类定理，由于

$$\det\boldsymbol{I}_{3,3}=\det\begin{pmatrix}0&0\\0&2\end{pmatrix}=0$$

所以该二次曲线是抛物线。

可以观察到，抛物线简化方程对应的矩阵中只有次对角上的元素是非零的。

例 6.18　给定的一般二次曲线方程为

$$6y^2-2x+12xy+12y+1=0$$

对其进行分类。

首先，其对应的矩阵为

$$\boldsymbol{A}^{c}=\begin{pmatrix}0&6&-1\\6&6&6\\-1&6&1\end{pmatrix}$$

其行列式不为 0，二次曲线非退化。现在我们来分类，

$$\det\boldsymbol{I}_{3,3}=\det\begin{pmatrix}0&6\\6&6\end{pmatrix}=-36<0$$

因此，该二次曲线是双曲线。

命题 6.1　双曲线的渐近方向垂直当且仅当对应的子矩阵 $\boldsymbol{I}_{3,3}$ 的迹等于 0。

证明　由于双曲线的渐近方向方程

$$a_{2,2}\mu^2+2a_{1,2}\mu+a_{1,1}=0$$

有两个不相等的实根 μ_1 和 μ_2，对应的渐近方向分别为 $(1,\mu_1)$ 和 $(1,\mu_2)$，这两个方向可以看成平面上的两个向量。

若这两个方向垂直，根据命题 4.6，则其标量积为 0：

$$1+\mu_1\mu_2=0$$

由命题 5.7，$\mu_1\mu_2=\dfrac{a_{1,1}}{a_{2,2}}$。因此，

$$1+\frac{a_{1,1}}{a_{2,2}}=0\Rightarrow a_{1,1}=-a_{2,2}$$

故 $\boldsymbol{I}_{3,3}$ 的迹为 $a_{1,1}+a_{2,2}=0$

若 $\operatorname{tr}(\boldsymbol{I}_{3,3})=0$，则 $a_{1,1}=-a_{2,2}$，即 $\dfrac{a_{1,1}}{a_{2,2}}=-1$。利用命题 5.7，$\mu_1\mu_2=-1\Rightarrow(1,\mu_1)\cdot(1,\mu_2)=0$，即两个渐近方向垂直。　□

例 6.19　方程 $-2x^2+2y^2-x+3xy+5y+1=0$ 对应的双曲线有两个垂直的渐近方向。这是由于 $a_{1,1}+a_{2,2}=2-2=0$。

下面求出其渐近线方向。为此，需求解其渐近方向方程

$$a_{2,2}\mu^2+2a_{1,2}\mu+a_{1,1}=2\mu^2+3\mu-2=0$$

该方程的解为 $\mu_1=-2$ 和 $\mu_2=\dfrac{1}{2}$。对应的渐近方向为 $(1,-2)$ 和 $\left(1,\dfrac{1}{2}\right)$

定义 6.10　渐近方向垂直的双曲线称为**等轴双曲线**。

下面举几个退化二次曲线的例子。

例 6.20　二次曲线

$$2x^2+4y^2+6xy=0$$

其对应的矩阵为

$$\boldsymbol{A}^{\mathrm{c}}=\begin{pmatrix}2 & 3 & 0\\ 3 & 4 & 0\\ 0 & 0 & 0\end{pmatrix}$$

这个矩阵的行列式为零，因此，该二次曲线退化。由于

$$\det \boldsymbol{I}_{3,3}=\det\begin{pmatrix}2 & 3\\ 3 & 4\end{pmatrix}=-1<0$$

所以该二次曲线为双曲线。具体来说，它是一个退化双曲线，即一对相交的直线。

通过改写原方程，得

$$2x^2+4y^2+6xy=0\Rightarrow 2(x^2+2y^2+3xy)=0\Rightarrow 2(x+y)(x+2y)=0$$

因此，该二次曲线是一对直线：

$$y=-x$$

$$y=-\frac{x}{2}$$

例 6.21　二次曲线

$$2x^2+4y^2+2xy=0$$

对应的矩阵为

$$\boldsymbol{A}^{\mathrm{c}}=\begin{pmatrix}2 & 1 & 0\\ 1 & 4 & 0\\ 0 & 0 & 0\end{pmatrix}$$

该矩阵是奇异的，根据二次曲线的分类定理，

$$\det \boldsymbol{I}_{3,3}=\det\begin{pmatrix}2 & 1\\ 1 & 4\end{pmatrix}=7>0$$

所以该二次曲线为椭圆。具体来说，$(0,0)$ 是满足二次曲线方程的唯一实数点（唯一具有几何意义的点），因此，该二次曲线是一个点。

例 6.22　二次曲线的方程为

$$y^2+x^2-2xy-9=0$$

其对应的矩阵为

$$\boldsymbol{A}^{\mathrm{c}}=\begin{pmatrix}1 & -1 & 0\\ -1 & 1 & 0\\ 0 & 0 & -9\end{pmatrix}$$

其行列式为零。该二次曲线是退化的，具体来说，由于

$$\det \boldsymbol{I}_{3,3} = \det \begin{pmatrix} 1 & -1 \\ -1 & 1 \end{pmatrix} = 0$$

它是退化的抛物线。

该二次曲线方程可改写为 $(x-y+3)(x-y-3)=0$，这是两条平行直线：

$$y=x+3$$
$$y=x-3$$

例 6.23　二次曲线的方程为

$$x^2+4y^2+4xy=0$$

其对应的矩阵为

$$\boldsymbol{A}^{c} = \begin{pmatrix} 1 & 2 & 0 \\ 2 & 4 & 0 \\ 0 & 0 & 0 \end{pmatrix}$$

该二次曲线是退化的。注意

$$\det \boldsymbol{I}_{3,3} = \det \begin{pmatrix} 1 & 2 \\ 2 & 4 \end{pmatrix} = 0$$

因此，该二次曲线是抛物线。其方程可改写为 $(x+2y)^2=0$，这是两条重合的直线。

上述两个例子说明退化抛物线可分为两类。在例 6.22 中，抛物线分裂为两条平行直线，然而，在例 6.23 中，两条平行直线重合。在第一种情况下，矩阵 $\boldsymbol{A}^{c}$ 的秩为 2，而在第二种情况下，矩阵 $\boldsymbol{A}^{c}$ 的秩为 1。第二种情况下的退化二次曲线称为**二阶退化二次曲线**。

6.5.5　二次曲线的直径、中心、渐近线和轴

定义 6.11　连接二次曲线上任意两点的线段称为二次曲线的**弦**。参见图 6-12。

显然，由于一条二次曲线上有无穷多个点，所以二次曲线有无穷多条弦。

定义 6.12　设 (l,m) 是任意方向。二次曲线上所有方向为 (l,m) 的弦的中心点轨迹称为与方向 (l,m) 共轭的**直径**（用 diam 表示）。方向 (l,m) 称为是该直径的**共轭方向**。参见图 6-13。

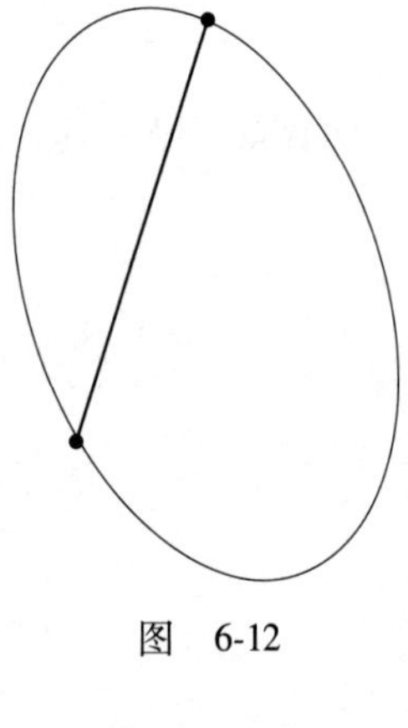

图　6-12

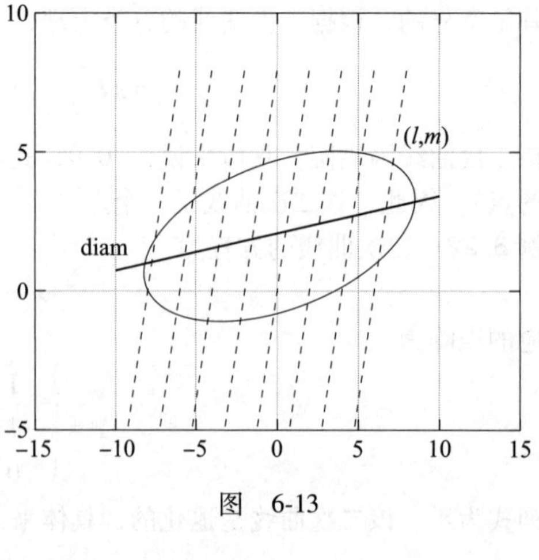

图　6-13

必须指出，共轭是相对于给定的二次曲线而言的。换句话说，直线的方向和直径相对于给定的二次曲线是共轭的。

定义 6.13 若一条直径的方向是另一条直径的方向的共轭方向，并且反之也是，则这两条直径称为共轭的。

图 6-14 中 diam 和 diam′表示两条共轭直径。

命题 6.2 设 diam 是与方向 (l,m) 共轭的直径。若该直径与二次曲线相交于点 P，则过点 P 且与方向 (l,m) 平行的直线与二次曲线在点 P 处相切。参见图 6-15。

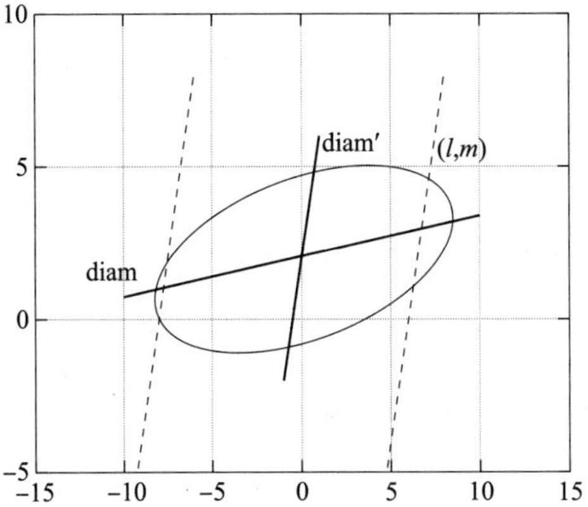

图 6-14

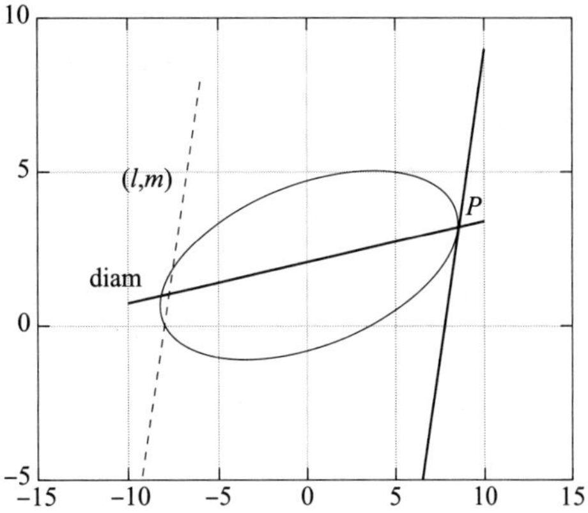

图 6-15

证明 由于 P 既是二次曲线上的点，也是直线上的点，因此这条直线不可能在二次曲线外，它必是二次曲线的切线或割线。

下面用反证法。假设这条直线为二次曲线的割线，则它与二次曲线相交于两点。我们知道其中一个点是 P，记第二个交点为 Q，于是弦 $\overline{PQ}$ 与 (l,m) 平行。根据直径的定义，弦的中点是直径 diam 的一点。由此可见，P 是弦 $\overline{PQ}$ 的中点（同时为起点和中点）。这只有在线段为一个点时才成立，与假设矛盾。所以该直线与二次曲线相切。 □

命题 6.3 考虑椭圆及非渐近方向 (l,m)。考虑方向为 (l,m) 且与二次曲线相切的两条直线，记切点分别为 A 和 B，如图 6-16 所示。则过 A 和 B 的直线是二次曲线的直径，与方向 (l,m) 共轭。

定理 6.7 给定二次曲线的任意非渐近方向 (l,m)，共轭于该方向的二次曲线的直径方程为

$$(a_{1,1}x+a_{1,2}y+a_{1,3})l+(a_{1,2}x+a_{2,2}y+a_{2,3})m=0 \quad (6.15)$$

从式 (6.15) 可以看出，对每个方向 (l,m)，都可以找到一个与之相对应的共轭直径。因此，当这些参数变化时，可确定一组相交直线。对于每个方向 (l,m) 都可确定一个共轭直径。由于平面上有无穷多个方向，二次曲线的直径也有无穷多条。

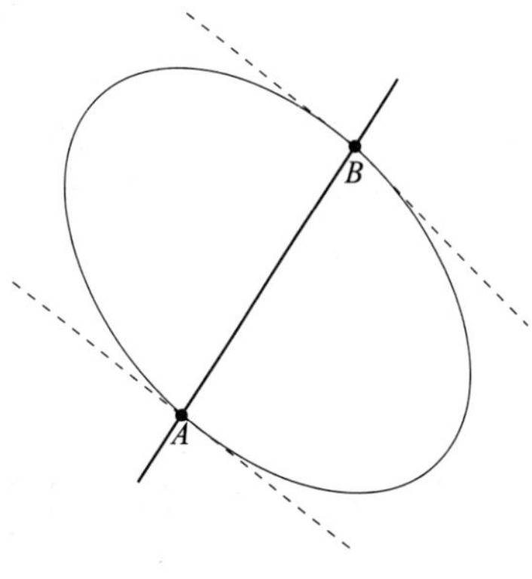

图 6-16

定义 6.14　二次曲线的直径的交点称为**中心**。

为了求出中心的坐标，在式（6.15）中分别取 $(l,m)=(1,0)$ 和 $(l,m)=(0,1)$，求出对应的两条直径的交点，即中心坐标满足线性方程组

$$\begin{cases} a_{1,1}x+a_{1,2}y+a_{1,3}=0 \\ a_{1,2}x+a_{2,2}y+a_{2,3}=0 \end{cases} \tag{6.16}$$

当

$$\det\begin{pmatrix} a_{1,1} & a_{1,2} \\ a_{1,2} & a_{2,2} \end{pmatrix}\neq 0$$

时，方程组是适定的。此时，二次曲线是双曲线或椭圆。这些二次曲线有一个中心和无穷多条直径（相交直线族）。

相反地，若

$$\det\begin{pmatrix} a_{1,1} & a_{1,2} \\ a_{1,2} & a_{2,2} \end{pmatrix}=0$$

二次曲线是抛物线，有下列两种情形：

- $\dfrac{a_{1,1}}{a_{1,2}}=\dfrac{a_{1,2}}{a_{2,2}}\neq\dfrac{a_{1,3}}{a_{2,3}}$：该方程组是不相容的，二次曲线在平面内没有中心；
- $\dfrac{a_{1,1}}{a_{1,2}}=\dfrac{a_{1,2}}{a_{2,2}}=\dfrac{a_{1,3}}{a_{2,3}}$：方程组是欠定的，有无穷多个中心。

在第一种情形下，方程组（6.16）中的两个方程可用两条平行直线表示（因此没有交点）。由于没有满足方程组的 x，y 值，因此也没有满足式（6.15）的。因此，二次曲线有无穷多条平行直径（平行直线族）。

在第二种情形下，该抛物线是退化的。方程的行成比例，即有 $a_{1,2}=\lambda a_{1,1}$，$a_{2,2}=\lambda a_{1,2}$，$a_{2,3}=\lambda a_{1,3}$，$\lambda\in\mathbb{R}$。方程组（6.16）的两个方程可表示为两条重合直线。于是有

$$\begin{aligned}
&(a_{1,1}x+a_{1,2}y+a_{1,3})l+(a_{1,2}x+a_{2,2}y+a_{2,3})m=0 \\
\Rightarrow&(a_{1,1}x+a_{1,2}y+a_{1,3})(l+\lambda m)=0 \\
\Rightarrow&a_{1,1}x+a_{1,2}y+a_{1,3}=0
\end{aligned}$$

在这种退化情况下，该抛物线只有一条直径（所有直径都重合于同一条直线），其方程为 $a_{1,1}x+a_{1,2}y+a_{1,3}=0$，该直线上的每个点都是中心。

例 6.24　再次考虑方程为

$$6y^2-2x+12xy+12y+1=0$$

的双曲线。直径方程为

$$(6y-1)l+(6x+6y+6)m=0$$

为了求出两条直径，在特殊情况 $(l,m)=(0,1)$ 和 $(l,m)=(1,0)$ 下考虑方程。对应的两直径为

$$6y-1=0$$
$$6x+6y+6=0$$

求解同时满足这两个方程的点，得到中心坐标为$\left(-\frac{7}{6},\ \frac{1}{6}\right)$。

例 6.25　考虑方程为

$$4y^2+2x+2y-4=0$$

的二次曲线。其对应的矩阵为

$$\boldsymbol{A}^c=\begin{pmatrix}0 & 0 & 1\\ 0 & 4 & 1\\ 1 & 1 & -4\end{pmatrix}$$

它的行列式为-4。该二次曲线非退化。具体来说，由于

$$\det\boldsymbol{I}_{3,3}=\det\begin{pmatrix}0 & 0\\ 0 & 4\end{pmatrix}=0$$

所以它是抛物线。

这个抛物线没有中心。如果我们试图寻找一个，需要求解线性方程组

$$\begin{cases}1=0\\ 4y+1=0\end{cases}$$

显然该方程组是不相容的。因此，抛物线有无穷多条平行于直线 $4y+1=0$ 即 $y=-\frac{1}{4}$的直径。

例 6.26　二次曲线方程为

$$x^2+4y^2+4xy=0$$

我们知道这个二次曲线是由两条重合直线组成的退化抛物线。为求出其中心坐标，考虑线性方程组

$$\begin{cases}x+2y=0\\ 2x+4y=0\end{cases}$$

这个方程组是欠定的，有无穷多个解。因此，该二次曲线在直径 $x+2y=0$ 上有无穷多个中心。

命题 6.4　椭圆或双曲线 C 的直径是一族相交直线，它们的交点是二次曲线 C 的对称中心。

证明　设 (l,m) 是非渐近方向，diam 是与 (l,m) 共轭的直径。用 (l',m') 表示直径 diam 的方向。直径 diam 与二次曲线相交于两点 A 和 B，因此线段 $\overline{AB}$ 是一条弦。考察平行于 $\overline{AB}$ 的无穷多条弦，可得到一条与方向 (l,m) 共轭的直径 diam′。设直径 diam′与二次曲线的交点分别为点 C 和点 D，直径 diam′与线段 $\overline{AB}$ 交于 $\overline{AB}$ 的中点 M（直径的定义）。而点 M 也是线段 $\overline{CD}$ 的中点。参见图 6-17。

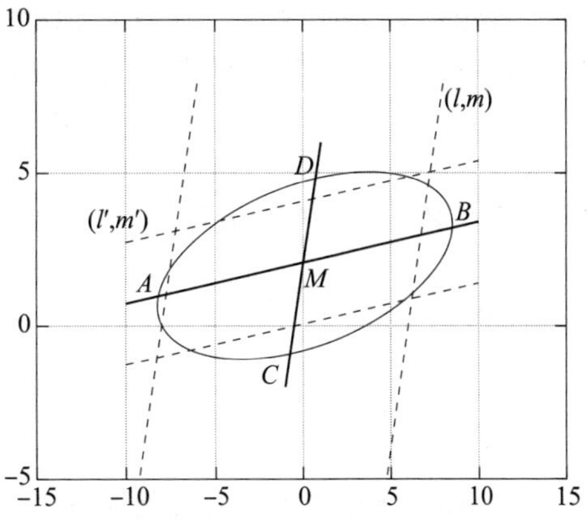

图　6-17

任意方向 (l,m) 都有同样的结果，即每条弦与共轭于 (l,m) 方向的弦相交于其中点。因此，直径是一族相交于对称中心 M 的直线族。 □

定义 6.15　二次曲线的垂直于其共轭方向的直径称为二次曲线的轴。等价地，若直径的方向

与其正交方向共轭，则为轴。

为了计算轴的方程，首先证明如下定理。

定理 6.8　椭圆或双曲线有两条相互垂直的轴。

证明　考虑方向 (l,m) 和式 (6.15)，

$$(a_{1,1}x+a_{1,2}y+a_{1,3})l+(a_{1,2}x+a_{2,2}y+a_{2,3})m=0$$
$$\Rightarrow(a_{1,1}lx+a_{1,2}ly+a_{1,3}l)+(a_{1,2}mx+a_{2,2}my+a_{2,3}m)=0$$
$$\Rightarrow(a_{1,1}l+a_{1,2}m)x+(a_{1,2}l+a_{2,2}m)y+(a_{1,3}l+a_{2,3}m)=0$$

直径的方向是 $(-(a_{1,2}l+a_{2,2}m),a_{1,1}l+a_{1,2}m)$。如果直径是轴，则它的方向垂直于 (l,m)，因此它们的标量积为零。

$$(a_{1,2}l+a_{2,2}m)l-(a_{1,1}l+a_{1,2}m)m=0$$
$$\Rightarrow a_{1,2}l^2+a_{2,2}ml-a_{1,1}lm-a_{1,2}m^2=0$$
$$\Rightarrow a_{1,2}l^2+(a_{2,2}-a_{1,1})lm-a_{1,2}m^2=0$$

我们对这个方程求解变量 l，我们发现判别式

$$((a_{2,2}-a_{1,1})m)^2+4a_{1,2}^2m^2$$

恒为正。因此，它总是有两个不同解，也就是两个轴的方向，分别为

$$l_1=\frac{-(a_{2,2}-a_{1,1})m+\sqrt{((a_{2,2}-a_{1,1})m)^2+4a_{1,2}^2m^2}}{2a_{1,2}}$$

$$l_2=\frac{-(a_{2,2}-a_{1,1})m-\sqrt{((a_{2,2}-a_{1,1})m)^2+4a_{1,2}^2m^2}}{2a_{1,2}}$$

于是椭圆和双曲线的轴有两个垂直的方向，因此有两个相互垂直的轴。□

轴的方向一旦确定，我们知道轴通过二次曲线的中心（即直径族的中心），因此便可得到轴的方程。设轴的方向为 (l,m)，C 为二次曲线的中心，坐标为 (x_c,y_c)，则对应的轴的方程为

$$\frac{x-x_c}{l}=\frac{y-y_c}{m}$$

推论 6.1　对于圆周，每一条直径都是轴。

证明　若二次曲线为圆周，方程为 $x^2+y^2=R$，因此 $a_{1,1}=a_{2,2}$，$a_{1,2}=0$。由此得出，方程

$$a_{1,2}l^2+(a_{2,2}-a_{1,1})lm-a_{1,2}m^2=0$$

恒成立。因此，每一条直径都是轴。

例 6.27　二次曲线方程为

$$9x^2+4xy+6y^2-10=0$$

对应的矩阵

$$\begin{pmatrix}9&2&0\\2&6&0\\0&0&-10\end{pmatrix}$$

是非奇异的。因此，该二次曲线非退化。

子矩阵

$$\begin{pmatrix} 9 & 2 \\ 2 & 6 \end{pmatrix}$$

行列式大于零。因此，该二次曲线是椭圆。

直径族的方程为

$$(9x+2y)l+(2x+6y)m=(9l+2m)x+(2l+6m)y=0$$

由直径族方程，求解下列线性方程组可得中心坐标，

$$\begin{cases} 9x+2y=0 \\ 2x+6y=0 \end{cases}$$

中心的坐标为（0,0）。为求出轴（l,m）的方向，考虑

$$-(2l+6m)l+(9l+2m)m=0 \Rightarrow -2l^2+3lm+2m^2=0$$

令 $\mu=\dfrac{m}{l}$，方程两端同时除以 l^2 得到

$$2\mu^2+3\mu-2=0$$

解得

$$\mu=\frac{1}{2}$$

$$\mu=-2$$

因此，轴的方向为$\left(1,\dfrac{1}{2}\right)$和（1,-2）。相应的轴方程，即具有这些方向且过二次曲线中心的直线方程为

$$x-2y=0$$

$$2x+y=0$$

定理 6.9　设 $\boldsymbol{A}$ 是与抛物线对应的矩阵，

$$(a_{1,1}x+a_{1,2}y+a_{1,3})l+(a_{1,2}x+a_{2,2}y+a_{2,3})m=0$$

为其平行直径族的方程。抛物线的轴只有一条，并且与它的直径平行。轴的方程 $ax+by+c=0$ 的系数等于以下矩阵的乘积

$$(a \quad b \quad c)=(a_{1,1} \quad a_{1,2} \quad 0)\boldsymbol{A}^c$$

推论 6.2　抛物线的轴方程的系数由下式决定，

$$(a \quad b \quad c)=(a_{2,1} \quad a_{2,2} \quad 0)\boldsymbol{A}^c$$

例 6.28　二次曲线的方程为

$$x^2+4xy+4y^2-6x+1=0$$

对应的矩阵

$$\begin{pmatrix} 1 & 2 & -3 \\ 2 & 4 & 0 \\ -3 & 0 & 1 \end{pmatrix}$$

是非奇异的。因此，该二次曲线非退化。

子矩阵

$$\begin{pmatrix} 1 & 2 \\ 2 & 4 \end{pmatrix}$$

是奇异的。因此，该二次曲线为抛物线。

直径族的方程为

$$(x+2y-3)l+(2x+4y)m=0$$

为求出该二次曲线的轴，计算

$$\begin{pmatrix}1 & 2 & 0\end{pmatrix}\begin{pmatrix}1 & 2 & -3\\ 2 & 4 & 0\\ -3 & 0 & 1\end{pmatrix}=\begin{pmatrix}5 & 10 & -3\end{pmatrix}$$

因此，轴方程为 $5x+10y-3=0$。

虽然对抛物线的轴的更深入理解超出了本书的范围，但回顾讨论的步骤也许是有用的。粗略地看，其讨论步骤与处理椭圆型和双曲型二次曲线时的步骤非常不同。然而，若假设抛物线的中心存在，其落在抛物线所在的平面外，这样，讨论步骤就完全相同了。这样的中心在射影几何中称为**无穷远点**，详见文献［17］。

定义 6.16　*二次曲线与其轴的交点称为二次曲线的***顶点**（vertex）。

例 6.29　求例 6.28 中抛物线的顶点。我们只须找到二次曲线与其轴的交点，即需要求解方程组

$$\begin{cases}x^2+4xy+4y^2-6x+1=0\\ 5x+10y-3=0\end{cases}$$

用代入法求解得到 $x=\frac{17}{75}$ 和 $y=\frac{14}{75}$。

定义 6.17　*过二次曲线的中心，以渐近方向为其方向的直线称为二次曲线的***渐近线**（asymptote）。

由于椭圆没有渐近方向，不存在渐近线。双曲线有两条渐近线，每个渐近方向各一条。抛物线虽然有一个渐近方向，但没有（明确定义的）中心，因此没有渐近线。

例 6.30　再次考虑双曲线

$$-2x^2+2y^2-x+3xy+5y+1=0$$

我们知道其渐近方向为 $(1,-2)$ 和 $\left(1,\frac{1}{2}\right)$。

该二次曲线的中心可通过求解下列线性方程组得到：

$$\begin{cases}-2x+\frac{3}{2}y-\frac{1}{2}=0\\ \frac{3}{2}x+\ 2y+\frac{5}{2}=0\end{cases}$$

解得 $x_c=-\frac{19}{25}$ 和 $y_c=-\frac{17}{25}$。

渐近线的方程为

$$\frac{x+\frac{19}{25}}{1}=\frac{y+\frac{17}{25}}{-2}$$

以及

$$\frac{x+\frac{19}{25}}{1}=\frac{y+\frac{17}{25}}{\frac{1}{2}}$$

例 6.31　考虑二次曲线

$$x^2-2y^2+4xy-8x+6=0$$

对应的矩阵

$$\begin{pmatrix} 1 & 2 & -4 \\ 2 & -2 & 0 \\ -4 & 0 & 6 \end{pmatrix}$$

是非奇异的。因此，该二次曲线非退化。矩阵

$$\begin{pmatrix} 1 & 2 \\ 2 & -2 \end{pmatrix}$$

的行列式为$-6<0$。因此，该二次曲线是双曲线。

解方程

$$-2\mu^2+4\mu+1=0$$

来寻找二次曲线的渐近方向，其解分别为 $1-\sqrt{\frac{3}{2}}$ 和 $1+\sqrt{\frac{3}{2}}$。因此渐近方向为$\left(1,1-\sqrt{\frac{3}{2}}\right)$和$\left(1,1+\sqrt{\frac{3}{2}}\right)$

下面求解中心的坐标，

$$\begin{cases} x+2y-4=0 \\ 2x-2y\quad=0 \end{cases}$$

得 $x_c=\frac{4}{3}$和 $y_c=\frac{4}{3}$。因此，渐近线方程为

$$\frac{x-\frac{4}{3}}{1}=\frac{y-\frac{4}{3}}{1-\sqrt{\frac{3}{2}}}$$

$$\frac{x-\frac{4}{3}}{1}=\frac{y-\frac{4}{3}}{1+\sqrt{\frac{3}{2}}}$$

6.5.6　二次曲线的标准形式

考虑二次曲线的一般方程

$$a_{1,1}x^2+2a_{1,2}xy+2a_{1,3}x+a_{2,2}y^2+2a_{2,3}y+a_{3,3}=0$$

及其对应的矩阵 $\boldsymbol{A}^c$ 和 $\boldsymbol{I}_{3,3}$。通过平移和旋转坐标系，可将二次曲线的一般方程变换为二次曲线的标准形式，从而可以直接使用 6.4 节中的简化方程。在一些情况下，将二次曲线变换为标准

形式是非常方便的，可以得到二次曲线的简化数学描述。而在另一些情况下，由于涉及非线性方程组的求解，变换本身的计算量很大。下面介绍两种不同的方法，第一种方法处理有中心的二次曲线，即椭圆和双曲线，第二种方法用于处理抛物线。

椭圆和双曲线的标准形式

对于有中心的椭圆或双曲线，我们可通过选择二次曲线的中心为坐标原点，二次曲线的轴为坐标轴的坐标系来得到标准形式。椭圆或双曲线的标准形式为

$$Lx^2+My^2+N=0$$

其中

$$\begin{cases} LMN=\det \boldsymbol{A}^{\mathrm{c}} \\ LM=\det \boldsymbol{I}_{3,3} \\ L+M=\operatorname{tr}(\boldsymbol{I}_{3,3}) \end{cases}$$

例 6.32 二次曲线的方程为

$$x^2-2xy+3y^2-2x+1=0$$

因为 $\det \boldsymbol{A}^{\mathrm{c}}=-1$ 和 $\det \boldsymbol{I}_{3,3}=2$，所以该二次曲线为非退化椭圆。$\boldsymbol{I}_{3,3}$ 的迹为 4。为了求解其标准形式，列出方程组

$$\begin{cases} LMN=-1 \\ LM=2 \\ L+M=4 \end{cases}$$

该方程组的解为

$$\begin{aligned} &L=2-\sqrt{2}, M=2+\sqrt{2}, N=-\frac{1}{2} \\ &L=2+\sqrt{2}, M=2-\sqrt{2}, N=-\frac{1}{2} \end{aligned} \tag{6.17}$$

这说明该椭圆有两种标准形式

$$(2-\sqrt{2})x^2+(2+\sqrt{2})y^2-\frac{1}{2}=0$$

和

$$(2+\sqrt{2})x^2+(2-\sqrt{2})y^2-\frac{1}{2}=0$$

这两个方程表示的椭圆显然是相同的：第一种标准形式对应着长轴在横坐标轴上的椭圆，而第二种标准形式对应着长轴在纵坐标轴上的椭圆。

抛物线的标准形式

抛物线在其所在平面上不存在中心。为得到其标准形式，选择抛物线的顶点为坐标原点，横坐标轴为轴所在的直线，纵坐标轴垂直于横坐标轴并且与抛物线在顶点处相切。抛物线的标准形式为

$$My^2+2Bx=0$$

其中

$$\begin{cases} -MB^2=\det \boldsymbol{A}^{\mathrm{c}} \\ M=\operatorname{tr}(\boldsymbol{I}_{3,3}) \end{cases}$$

例 6.33　抛物线方程为

$$x^2-2xy+y^2-2x+6y-1=0$$

有 $\det\boldsymbol{A}^{c}=-4$ 和 $\mathrm{tr}(\boldsymbol{I}_{3,3})=2$。为求 M 和 B，列出方程组

$$\begin{cases}-MB^2=-4\\ M=2\end{cases}$$

这个抛物线的标准形式为

$$2y^2+2\sqrt{2}x=0$$

$$2y^2-2\sqrt{2}x=0$$

这两个都是抛物线方程，分别对应于位于正（右）半平面和负（左）半平面的抛物线。

习题

6.1　求直线 $4x-3y+2=0$ 的方向。

6.2　判断下面两条直线是否相交，若相交求出交点：

$$3x-2y+4=0$$

$$4x+y+1=0$$

6.3　判断下面两条直线是否相交，若相交求出交点：

$$3x-2y+4=0$$

$$9x-6y+1=0$$

6.4　判断方程为

$$4x^2-2y^2+2xy-4y+8=0$$

的二次曲线是否退化，并求其分类。

6.5　判断方程为

$$4x^2+2y^2+2xy-4y-6=0$$

的二次曲线是否退化，并求其分类。

6.6　判断方程为

$$x^2+y^2+2xy-8x-6=0$$

的二次曲线是否退化，并求其分类。

6.7　判断方程为

$$x^2+2xy-7x-8y+12=0$$

的二次曲线是否退化，并求其分类。

6.8　判断方程为

$$x^2-16y^2+6xy+5x-40y+24=0$$

的二次曲线是否退化，并求其分类。

第Ⅱ部分
线性代数高级主题

第 7 章　代数结构概述

7.1　基本概念

本章对本书前面使用的概念进行了总结和形式化。此外，本章对第 1 章末尾提到的主题进行重新组织并深入描述，即抽象代数的结构及层次的正式刻画。因此，本章是对之前介绍和使用的概念的重新回顾总结，并为接下来的各章提供数学基础。

定义 7.1　设 A 为非空集，称函数（映射）$f: A\times A\to A$ 为**内二元运算**或**内合成律**。

例 7.1　加法运算是自然数集合 $\mathbb{N}$ 上的一个内合成律，即两个自然数的和总是一个自然数。

定义 7.2　设 A，B 为两个非空集，$B\neq A$。称函数（映射）$f: A\times B\to A$ 为**外二元运算**或**外合成律**。

例 7.2　一个标量与一个向量的乘积是集合 $\mathbb{R}$ 和 $\mathbb{V}_3$ 上的一种外合成律。显然，如果 $\lambda\in\mathbb{R}$，$\vec{v}$，$\vec{w}\in\mathbb{V}_3$，则 $\vec{w}+\lambda\vec{v}\in\mathbb{V}_3$。

首先研究内合成律。

定义 7.3　称集合 A 及其上定义的内合成律 $*$ 为**代数结构**。

如第 1 章所述，代数研究对象之间的联系。因此，一个代数结构是若干个通过合成律相互联系的对象（集合）。

7.2　半群和幺半群

用 $*$ 表示一般的运算符号，a 和 b 表示集合的元素，用 $a*b$ 表示 a 和 b 的内合成律。

定义 7.4　设 a，b，c 为 A 的三个元素，若内合成律 $*$ 满足

$$(a*b)*c=a*(b*c)$$

则称其具有**结合律**。

具有结合律的内合成律通常用 $\cdot$ 表示。

定义 7.5　集合 A 连同定义在其上的满足结合律的内合成律 $\cdot$ 称为**半群**，记为 $(A,\cdot)$。

容易看出，半群的三个元素 a，b，c 的合成律可以表示为 $a\cdot b\cdot c$，而不用括号。对于 $a\cdot b\cdot c$，可以选择先计算 $a\cdot b$，然后计算 $(a\cdot b)\cdot c$，或者，先计算 $b\cdot c$，然后计算 $a\cdot(b\cdot c)$。我们将得到同样的结果。

定义 7.6　设 a 和 b 是 A 的两个元素，若内合成律 $*$ 满足 $a*b=b*a$，则称其具有**交换律**。

定义 7.7　满足交换律的半群 $(A,\cdot)$ 称为**交换半群**。

例 7.3　对于实数 $\mathbb{R}$ 和乘法运算组成的代数结构，由于实数的乘法运算具有结合律和交换律，因此（$\mathbb{R}$,·）是一个交换半群。

例 7.4　方阵集合 $\mathbb{R}_{n,n}$ 和矩阵的乘法组成的代数结构（$\mathbb{R}_{n,n}$,·）是一个半群，这是因为矩阵乘法满足结合律（虽然它不满足交换律）。

例 7.5　实数集合 $\mathbb{R}$ 和除法运算组成的代数结构（$\mathbb{R}$,/）不是半群，因为数的除法不满足结合律。例如，

$$(6/2)/3 \neq 6/(2/3)$$

即

$$\frac{\frac{6}{2}}{3} \neq \frac{6}{\frac{2}{3}}$$

定义 7.8　设 $B \subset A$，若有

$$\forall b, b' \in B : b \cdot b' \in B$$

则称子集 B 关于合成律·**封闭**。

例 7.6　由代数基本定理可知，自然数集合 $\mathbb{N}$ 作为 $\mathbb{R}$ 的子集，关于加法运算封闭。

定义 7.9　半群（A,·）中的元素 $e \in A$，若满足 $\forall a \in A$：$a \cdot e = e \cdot a = a$ 则称 e 为**零元**。

例 7.7　$\mathbb{N}$ 关于加法运算的零元是 0。$\mathbb{N}$ 关于乘法运算的零元是 1。

命题 7.1　设（A,·）为半群，e 为其零元。零元是唯一的。

证明　用反证法。假设 e' 也是零元，则 $e \cdot e' = e' \cdot e = e$。又由于 e 也是零元，有 $e' \cdot e = e \cdot e' = e'$。因此 $e = e'$。　□

定义 7.10　具有零元的半群（A,·）称为**幺半群**，记为（M,·）。

例 7.8　半群（$\mathbb{R}$,+）是一个幺半群，其零元为 0。

例 7.9　方阵及矩阵的乘积构成的半群（$\mathbb{R}_{n,n}$,·）是一个幺半群，其零元为单位矩阵。

定义 7.11　设（M,·）为幺半群，e 为其零元。对于 $a \in M$，若存在 $b \in M$ 满足 $a \cdot b = e$，称 $b \in M$ 为 a 的**逆元**，记为 a^{-1}。

例 7.10　幺半群（$\mathbb{Q}$,·）具有零元 $e=1$。对于任意元素 $a \in \mathbb{Q}$，$a \neq 0$，总有 $a\frac{1}{a}=1$，因此 a 的逆元是 $\frac{1}{a}$。

命题 7.2　设（M,·）为幺半群，e 为其零元。设 $a \in M$，a 的逆元若存在，则唯一。

证明　用反证法。设 $b \in M$ 是 a 的逆元，c 也是 a 的逆元，则有

$$a \cdot b = e = a \cdot c$$

并且

$$b = b \cdot e = b \cdot (a \cdot c) = (b \cdot a) \cdot c = e \cdot c = c$$
□

例 7.11　考虑幺半群（$\mathbb{Q}$,·）及一个元素 $a \in \mathbb{Q}$，例如 $a=5$。a 唯一的逆元为 $\frac{1}{a}=\frac{1}{5}$。

定义 7.12　设 $(M,\cdot)$ 为幺半群，$a\in M$。若 a 的逆元存在，则称 a 为**可逆的**。

不难得到，幺半群的零元总是可逆的，它的逆元就是零元本身。

例 7.12　考虑幺半群 $(\mathbb{R},\cdot)$，零元为 $e=1$，它的逆元是 $\frac{1}{1}=1=e$。

命题 7.3　设 $(M,\cdot)$ 为幺半群，e 为其零元素。设 a 为这个幺半群的可逆元素，a^{-1} 为它的逆元。则 a^{-1} 可逆的，且

$$(a^{-1})^{-1}=a$$

证明　由于 a^{-1} 是 a 的逆元，因此得 $a\cdot a^{-1}=a^{-1}\cdot a=e$。于是，存在元素 i，使得 $i\cdot a^{-1}=a^{-1}\cdot i=e$，该元素为 $i=a$。这就说明 a^{-1} 可逆，它唯一的逆元是 a，即 $(a^{-1})^{-1}=a$。　□

例 7.13　考虑幺半群 $(\mathbb{R},\cdot)$ 及其元素 $a=5$。a 的逆元是 $a^{-1}=\frac{1}{5}$。

容易验证

$$(a^{-1})^{-1}=\left(\frac{1}{5}\right)^{-1}=5=a。$$

例 7.14　考虑幺半群 $(\mathbb{R}_{2,2},\cdot)$，不难证明每一个非奇异矩阵 $\boldsymbol{A}$ 的逆矩阵的逆元就是矩阵 $\boldsymbol{A}$ 本身。例如，

$$\boldsymbol{A}=\begin{pmatrix}1 & 1\\ 0 & 2\end{pmatrix}$$

非奇异，它的逆矩阵是

$$\boldsymbol{A}^{-1}=\begin{pmatrix}1 & -0.5\\ 0 & 0.5\end{pmatrix}$$

该逆元素的逆元为

$$(\boldsymbol{A}^{-1})^{-1}=\begin{pmatrix}1 & 1\\ 0 & 2\end{pmatrix}=\boldsymbol{A}$$

命题 7.4　设 $(M,\cdot)$ 为幺半群，e 为其零元。设 a 和 b 是这个幺半群的两个可逆元素，则 $a\cdot b$ 可逆，且其逆元为

$$(a\cdot b)^{-1}=b^{-1}\cdot a^{-1}$$

证明　由于 a 和 b 均可逆，直接计算得：

$$(b^{-1}\cdot a^{-1})\cdot(a\cdot b)=b^{-1}\cdot(a^{-1}\cdot a)\cdot b=b^{-1}\cdot b=e$$
$$(a\cdot b)\cdot(b^{-1}\cdot a^{-1})=a\cdot(b\cdot b^{-1})a^{-1}=a\cdot a^{-1}=e$$

因此 $a\cdot b$ 可逆，其逆元为 $b^{-1}\cdot a^{-1}$。　□

例 7.15　对于幺半群 $(\mathbb{Q},\cdot)$，由于数的乘法运算满足交换律，可直接验证命题 7.4。例如 $a=5$，$b=2$，

$$(a\cdot b)^{-1}=(5\cdot 2)^{-1}=\frac{1}{10}=\frac{1}{2}\cdot\frac{1}{5}=b^{-1}\cdot a^{-1}$$

例 7.16　再次考虑幺半群 $(\mathbb{R}_{2,2},\cdot)$ 及非奇异矩阵

$$\boldsymbol{A}=\begin{pmatrix}1 & 1\\ 0 & 2\end{pmatrix}$$

和

$$B=\begin{pmatrix}1 & 0\\ 4 & 1\end{pmatrix}$$

计算

$$AB=\begin{pmatrix}5 & 1\\ 8 & 2\end{pmatrix}$$

和

$$(AB)^{-1}=\begin{pmatrix}1 & -0.5\\ -4 & 2.5\end{pmatrix}$$

直接计算得

$$B^{-1}=\begin{pmatrix}1 & 0\\ -4 & 1\end{pmatrix}$$

和

$$A^{-1}=\begin{pmatrix}1 & -0.5\\ 0 & 0.5\end{pmatrix}$$

将这两个逆矩阵相乘从而验证命题 7.4，

$$B^{-1}A^{-1}=\begin{pmatrix}1 & -0.5\\ -4 & 2.5\end{pmatrix}$$

可以看出，$A^{-1}B^{-1}$ 与 $B^{-1}A^{-1}$ 并不相同。

例 7.17 这个例子将展示如何用非标准运算生成幺半群。在 $\mathbb{Z}$ 上定义运算 $*$。对任意两个元素 a，$b\in\mathbb{Z}$，运算 $*$ 如下：

$$a*b=a+b-ab$$

下面证明 $(\mathbb{Z},*)$ 是幺半群。为此，须验证 $(\mathbb{Z},*)$ 的结合律成立，且存在零元。结合律可以通过

$$(a*b)*c=a*(b*c)$$

直接验证。

$$\begin{aligned}a*(b*c)&=a+(b*c)-a(b*c)=a+(b+c-bc)-a(b+c-bc)\\&=a+b+c-bc-ab-ac+abc=(a+b-ab)+c-c(a+b-ab)\\&=(a*b)+c-c(a*b)=(a*b)*c\end{aligned}$$

因此，运算 $*$ 满足结合律。0 是零元，这是因为

$$a*0=a+0-a0=a=0*a$$

下面寻找 a 的逆元，也就是说，a^{-1} 是 $\mathbb{Z}$ 的元素，且满足

$$a*a^{-1}=0$$

计算得

$$a*a^{-1}=a+a^{-1}-aa^{-1}=0\Rightarrow a^{-1}=\frac{a}{a-1}$$

为了使 $a^{-1}\in\mathbb{Z}$，a 只能取 0 或 2。因此，幺半群 $(\mathbb{Z},*)$ 的可逆元素是 0 和 2。

这个例子说明，在一般情况下，幺半群中只有一些元素是可逆的。特别地，如果幺半群的所有元素都可逆，此时得到一种新的代数结构。

7.3　群与子群

定义 7.13　所有元素可逆的幺半群 $(G,\cdot)$ 称为**群**。

这说明群满足结合律，有零元且所有元素都有逆元。

例 7.18　幺半群 $(\mathbb{R},+)$ 是群，这是因为加法运算满足结合律，0 是零元，且对于每一个元素 a，都存在元素 $b=-a$ 满足 $a+b=0$。但是，幺半群 $(\mathbb{R},\cdot)$ 不是群，这是因为元素 $a=0$ 不可逆。

定义 7.14　若群 $(G,\cdot)$ 的运算 $\cdot$ 满足交换律，则群 $(G,\cdot)$ 称为**阿贝尔群**（或**交换群**）。

例 7.19　群 $(\mathbb{R},+)$ 是阿贝尔群，因为加法运算满足交换律。同样，$(\mathbb{V}_3,+)$ 也是阿贝尔群，因为向量的加法满足交换律和结合律，具有零元 $\vec{o}$，并且对于每个向量 $\vec{v}$，存在向量 $\vec{w}=-\vec{v}$，使得 $\vec{v}+\vec{w}=\vec{o}$。

命题 7.5　设 $(G,\cdot)$ 为群。若 $\forall g\in G$：$g=g^{-1}$，则群 $(G,\cdot)$ 是阿贝尔群。

证明　设 g，$h\in G$，则有 $g=g^{-1}$，$h=h^{-1}$。由此得

$$g\cdot h=g^{-1}\cdot h^{-1}=(h\cdot g)^{-1}=h\cdot g$$

因此，运算是可交换的。□

定义 7.15　设 $(G,\cdot)$ 为群。若 $g\in G$，$z\in\mathbb{Z}$，则**幂运算** g^z 定义为

$$g^z=g\cdot g\cdot\cdots\cdot g$$

其中运算 $\cdot$ 执行 $z-1$ 次（等式右边的 g 出现 z 次）。

命题 7.6　幂运算有下列性质

- $g^{m+n}=g^m\cdot g^n$；
- $g^{m\cdot n}=(g^m)^n$。

命题 7.7　设 $(G,\cdot)$ 为阿贝尔群。若 $g,h\in G$，则 $(gh)^z=g^z h^z$。

定义 7.16　设 $(S,\cdot)$ 为半群，$a,b,c\in S$，若有

$$a\cdot b=a\cdot c\Rightarrow b=c$$

$$b\cdot a=c\cdot a\Rightarrow b=c$$

则称该半群满足**消去律**。

例 7.20　半群 $(\mathbb{R},\cdot)$ 满足消去律。考虑方阵及矩阵乘法组成的幺半群 $(\mathbb{R}_{n,n},\cdot)$，可以看到，只有在 $\boldsymbol{A}$ 可逆的条件下，$\boldsymbol{AB}=\boldsymbol{AC}\Rightarrow\boldsymbol{B}=\boldsymbol{C}$ 成立。因此，这个推导式一般不成立。类似可考察半群 $(\mathbb{V}_3,\otimes)$。

命题 7.8　群 $(G,\cdot)$ 满足消去律。

证明　设 $a,b,c\in(G,\cdot)$。由于群中每个元素都存在逆元。由此可知，若 $a\cdot b=a\cdot c$，则

$$a^{-1}\cdot a\cdot b=a^{-1}\cdot a\cdot c\Rightarrow b=c$$

类似地，若 $b\cdot a=c\cdot a$，则

$$b\cdot a\cdot a^{-1}=c\cdot a\cdot a^{-1}\Rightarrow b=c$$

因此，对于所有的群，消去律均成立。□

例 7.21　考虑幺半群 $(\mathbb{R}_{2,2},\cdot)$。由于只有非奇异矩阵存在逆元，所以这个幺半群不是群。不难证明，消去律并不总成立。例如，考虑矩阵

$$A=\begin{pmatrix}0&5\\0&5\end{pmatrix}$$

$$B=\begin{pmatrix}0&4\\0&4\end{pmatrix}$$

$$C=\begin{pmatrix}5&0\\0&5\end{pmatrix}$$

矩阵乘积

$$AB=\begin{pmatrix}0&20\\0&20\end{pmatrix}$$

$$CB=\begin{pmatrix}0&20\\0&20\end{pmatrix}$$

有相同的结果。但是，$A\neq C$，因此不满足消去律。

定义 7.17　设（$G,\cdot$）为群，e 为它的零元，$H\subset G$ 且 H 非空。若满足下列条件：

- H 关于 · 封闭，即 $\forall x$，$y\in H$：$x\cdot y\in H$；
- （$G,\cdot$）的零元 $e\in H$；
- $\forall x\in H$：$x^{-1}\in H$。

则称（$H,\cdot$）为（$G,\cdot$）的**子群**。

换句话说，子群是一种由群衍生出（通过取子集）的代数结构，它仍然是群。平凡子群的例子，只由零元 e 组成的子群。当子群中含有除零元外的其他元素时，称其为**真子群**。

例 7.22　（$\mathbb{R},+$）是群，（$[-5,5],+$）不是真子群，因为该集合关于加法运算不封闭。

例 7.23　考虑群（$\mathbb{Z},+$），代数结构（$\mathbb{N}$，+）不是它的子群。因为逆元如$-1,-2,-3,\cdots$不是自然数。

例 7.24　考虑群（$Z_{12},+_{12}$），其中

$$Z_{12}=\{0,1,2,3,4,5,6,7,8,9,10,11\}$$

$+_{12}$ 为循环和，即若两个数的和比 12 大 δ，那么$+_{12}$ 的结果为 δ。例如 $11+1=0$，$10+7=5$，等等。

（$H,+_{12}$）为该群的一个子群，其中 $H=\{0,2,4,6,8,10\}$。不难看出，零元 $0\in H$ ，该集合关于$+_{12}$ 封闭，并且逆元也在该集合中，例如 10 的逆元为 2，8 的逆元为 4。

7.3.1　陪集

定义 7.18　设（$G,\cdot$）为群，（$H,\cdot$）为其子群。给定 $g\in G$，称集合

$$Hg=\{h\cdot g\mid h\in H\}$$

为 H 在 G 中的**右陪集**。

称集合

$$gH=\{g\cdot h\mid h\in H\}$$

为 H 在 G 中的**左陪集**。

显然，若群为阿贝尔群，根据运算的可交换性，左陪集与右陪集相等。

例 7.25　为了更好地阐明陪集的符号，设群（$G,\cdot$）的集合 G 为

$$G=\{g_1,g_2,\cdots,g_m\}$$

H 是 G 的子集（$H\subset G$），表示为

$$H=\{h_1,h_2,\cdots,h_m\}$$

取元素 $g\in G$，并将其与 H 中的所有元素进行运算，从而建立一个陪集。例如，选择 g_5，并将其与 H 中的所有元素结合，得到的右陪集为

$$Hg=\{h_1\cdot g_5,h_2\cdot g_5,\cdots,h_m\cdot g_5\}$$

例 7.26　考虑群（$\mathbb{Z}$,+）及其子群（$\mathbb{Z}5$,+），其中 $\mathbb{Z}5$ 是能被 5 整除的 $\mathbb{Z}$ 的元素构成的集合：

$$\mathbb{Z}5=\{\cdots,-20,-15,-10,-5,0,5,10,15,20,\cdots\}$$

必须注意，零元 0 在子群中。右陪集是形如 $h+g$ 的元素构成的集合，其中 $g\in G$ 取定，$\forall h\in H$。右陪集的集合的一个例子 $h+2$，$\forall h\in H$，

$$\{\cdots,-18,-13,-8,-3,2,7,12,17,22,\cdots\}$$

由于运算是可交换的（$2+h=h+2$），所以左陪集相同。

例 7.27　再次考虑群（$Z_{12},+_{12}$）及其子群（$H,+_{12}$），其中 $H=\{0,2,4,6,8,10\}$。考察 $1\in Z_{12}$，构造陪集 $H+1$：$\{1,3,5,7,9,11\}$。

必须指出，一般情况下，陪集不像此例中这样为子群。此外，如果我们计算陪集 $H+2$，则得到 H。因为 $2\in H$ 且 H 关于$+_{12}$ 封闭。所以我们得到相同的子群。同样的结论对 $H+0,H+4,H+6,H+8,H+10$ 也成立。运算 $H+1,H+3,H+5,H+7,H+9,H+11$ 也得到相同的集合 $\{1,3,5,7,9,11\}$。因此，从这个群和子群开始，只能生成两个陪集。这个结果我们可以表述为：H 在 Z_{12} 中的指标为 2。

7.3.2　等价关系和同余关系

在介绍同余关系的概念之前，先回顾一下等价关系≡的定义，见定义 1.20，等价类见定义 1.22。定义在集合 A 上的等价关系是满足如下性质的关系 $\mathcal{R}$（$A\times A=A^2$ 的一个子集）：

- 自反性：$\forall x\in A$ 有 $x\equiv x$；
- 对称性：$\forall x,\ y\in A$，如果 $x\equiv y$，则 $y\equiv x$；
- 传递性：$\forall x,\ y,\ z\in A$，如果 $x\equiv y$ 和 $y\equiv z$，则 $x\equiv z$。

元素 $a\in A$ 的等价类［a］是 A 中所有与 a 等价的元素的 A 的子集。更正式的表述为：等价类［a］$\subset A$ 为

$$[a]=\{x\in A\mid x\equiv a\}$$

例 7.28　向量之间的平行是一种等价关系，这是因为

- 每个向量都平行于自身；
- 如果 $\vec{u}$ 平行于 $\vec{v}$，则 $\vec{v}$ 平行于 $\vec{u}$；
- 如果 $\vec{u}$ 平行于 $\vec{v}$，且 $\vec{v}$ 平行于 $\vec{w}$，则 $\vec{u}$ 平行于 $\vec{w}$。

所有平行向量构成的集合是一个等价类。

下面引入一个定义。

定义 7.19　考虑一集合 A。A 的子集构成的集合

$$\mathcal{P}=\{P_1,P_2,\cdots,P_n\}$$

为集合 A 的一个**划分**，若具有下列性质：

- $\mathcal{P}$ 中的每个集合都非空，即对 $\forall i$ 有 $P_i\neq\varnothing$。
- 对于每个 $x\in A$，存在唯一的集合 $P_i\in\mathcal{P}$，使得 $x\in P_i$（组成划分的子集不会相交）。更规

范地说，$\forall x \in A$，$\exists ! i$ 使得 $x \in P_i$。等价地，$\forall i \neq j$，有 $P_i \cap P_j = \varnothing$。

- 划分的所有元素 P_i 的并集就是集合 A，即 $\mathcal{P}$ 中的集合覆盖集合 A。更规范地有，$\bigcup_{i=1}^{n} P_i = A$。

必须注意：虽然为了简单起见，这里将集合的划分表示为由 n 个集合 $P_1, P_2, \cdots, P_n$ 组成，但如果集合由无穷多个元素组成，那么划分也可以由无穷多个子集组成。

例 7.29　考虑集合

$$A = \{1, 2, 3, 4, 5\}$$

集合 A 的一个划分

$$\mathcal{P} = \{P_1, P_2, P_3\}$$

其中

$$P_1 = \{1, 4\}$$
$$P_2 = \{2, 3\}$$
$$P_3 = \{5\}$$

很容易看出，

- $P_1 \neq \varnothing$，$P_2 \neq \varnothing$，$P_3 \neq \varnothing$；
- $P_1 \cap P_2 = \varnothing$，$P_2 \cap P_3 = \varnothing$，$P_1 \cap P_3 = \varnothing$；（因为交集是可交换的，所以没有更多的组合。）
- $P_1 \cup P_2 \cup P_3 = A$。

图 7-1 表示一个由 16 个元素组成的集合的一个划分。该划分由含有 1 个、2 个、3 个、4 个和 6 个元素的 5 个子集组成。

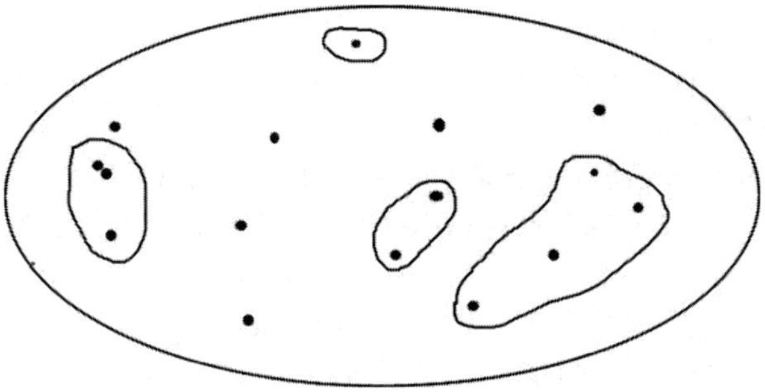

图 7-1　16 个元素的集合划分为 5 个子集

下列定理是关于等价类的一般结果。它对群论至关重要，因此在本节中介绍它。

定理 7.1　设集合 $A = \{a, b, c, d, \cdots\}$，$\equiv$ 为定义在 A 上的等价关系。设 $[a], [b], [c], [d], \cdots$ 是集合 A 上所有的对应等价类，则等价关系 $\equiv$ 划分集合 A，即 $\{[a], [b], [c], [d], \cdots\}$ 是 A 的一个划分。

这意味着下面两个条件同时满足：

- 任意给定两个元素 $a, b \in A$，必有 $[a]$ 与 $[b]$ 不相交或 $[a]$ 与 $[b]$ 重合，即 $\forall a, b \in A$，有 $[a] = [b]$ 或 $[a] \cap [b] = \varnothing$ 两者之一成立；
- A 是所有等价类的并集，即 $[a] \cup [b] \cup [c] \cup [d] \cup \cdots = A$。

证明　为证明第一个条件，分两种情况讨论：交集 $[a] \cap [b]$ 是空集或者为非空集。如果交集是空集，则它们自然不相交。在第二种情况下，存在元素 x 使得 $x \in [a] \cap [b]$，因此有 $x \in [a]$ 和 $x \in [b]$，即 $x \equiv a$ 和 $x \equiv b$。根据对称性有 $a \equiv x$。因为 $a \equiv x$ 和 $x \equiv b$，利用传递性，有 $a \equiv b$。

根据等价类的定义，因为 $a \equiv b$，则 $a \in [b]$。由于 $a \in [b]$，那么就可以得出 $[a] \subset [b]$。根据对称性有 $b \equiv a$，从而得到 $b \in [a]$ 和 $[b] \subset [a]$。因此 $[a] = [b]$。换句话说，如果两个等价类相交，那么它们重合。

令 $U_A = [a] \cup [b] \cup [c] \cup [d] \cdots$ 为 A 中元素的等价类的并集。为了证明第二个条件，考虑任一元素 $x \in A$，根据自反性（$x \equiv x$），它至少属于一个等价类。不失一般性，设 $x \in [a]$，故 A 的每个元素也是 U_A 的元素。因此，$A \subset U_A$。

根据等价类 $[a]$ 的定义，

$$[a] = \{x \in A \mid x \equiv a\}$$

因此，等价类 $[a]$ 是 A 的一个子集（$[a] \subset A$）。

因此，对于任一元素 $x \in U_A$，x 只属于一个等价类。（这是因为第一个条件所述，两个不同的等价类的交集为空集。）不妨设它属于 $[a]$。因此，x 也属于 A，即得 $U_A \subset A$。

故得 $A = U_A$，即 A 是所有等价类的并集：

$$[a] \cup [b] \cup [c] \cup [d] \cup \cdots = A$$

□

例 7.30　为了解释定理 7.1 的意义，想象一个装有几种颜色的球的盒子。每个球都是单色的，可以是蓝色、红色、绿色或黄色其中之一。

盒子可以看作一个集合，球是它的元素。这个集合记为 A。在这个集合上引入一个关系——“具有相同颜色”。不难验证，这个关系是等价关系。具体来说，这个关系满足：

- 自反性，这是因为每个球都与自己具有相同的颜色；
- 对称性，这是因为对于任何两个球——球 1 和球 2，如果球 1 的颜色与球 2 相同，则球 2 的颜色与球 1 的也相同；
- 传递性，这是因为对于任意三个球——球 1、球 2 和球 3，如果球 1 和球 2 具有相同的颜色（比如蓝色），球 2 和球 3 具有相同的颜色，那么球 1 和球 3 具有相同的颜色（仍然是蓝色）。

因此，“具有相同颜色”是集合 A 上的一个等价关系。

想象我们选择一个球并观察它的颜色。假设选择了一个红色的球。现在让我们从盒子中选择与它等价的球，也就是其他的红球。当我们把所有的红球放到一个红色的篮子里，盒子里就没有红球了。这个篮子就是红色球的等价类，我们用 $[r]$ 表示。然后，我们可以为每种颜色定义一个等价类（和一个篮子），即蓝色球的等价类 $[b]$、绿色球的等价类 $[g]$ 和黄色球的等价类 $[y]$。

定理 7.1 说明“具有相同颜色”这个关系是集合 A 的划分。这意味着下面两点。

- 没有球装在多个篮子里：一个球只有一种颜色，不可能同时既是绿色又是红色。换句话说，严格按照定理的证明过程，如果假设一个球在两个篮子里，那么它与第一个篮子具有相同的颜色并且与第二个篮子具有相同的颜色。只有当两个篮子是同一个时，这种情况才可能发生。不同颜色的球在不同的篮子中，无法让它们在同一个篮子中。（$[g]$ 和 $[r]$ 是不相交的。）
- 如果把所有篮子中的球放回盒子（即等价类的并集），就得到了装有球的盒子。这就是

原始的集合 A。这个结论的证明过程可解释为：从盒子里取出的球必然是属于某个篮子；反之，从任一篮子里取出的球也是属于盒子的。

定义 7.20 设 $(G,\cdot)$ 为群，$(H,\cdot)$ 是其子群，元素 x，$y\in G$。若 $\exists h\in H$ 使得 $y=h\cdot x$，则称 x，y 为对模 H 的**右同余关系**，记为 $x\sim y$（简称为右同余）。类似地，$y=x\cdot h$ 为左同余。

例 7.31 考虑群 $(\mathbb{R},+)$，并将它本身看作一个子群。考虑两个元素 x，$y\in\mathbb{R}$，列出方程

$$y=h+x$$

由于总能找到一个 $h\in\mathbb{R}$ 使得方程成立（选择 $h=y-x$），于是 $x\sim y$，即 x 和 y 同余。㊀

例 7.32 考虑群 $(\mathbb{Z},+)$ 及其子群 $(\mathbb{Z}5,+)$，这里

$$\mathbb{Z}5=\{\cdots,-15,-10,-5,0,5,10,15,\cdots\}$$

考虑元素 x，$y\in\mathbb{Z}$，$x=45$ 和 $y=50$。由于 $\exists$ 元素 $h\in\mathbb{Z}5$，即 $h=5$，使得 $y=h+x$，于是 $x\sim y$。这个同余关系也称为对模 5 的同余关系。类似地，可以定义对模 2，3，10 等的同余关系。更一般地，可定义对模 h 的同余关系。

相反地，若 $x=45$，$y=47$，由于不存在 $h\in\mathbb{Z}5$ 使得 $47=h+45$，所以 $x\nsim y$。

例 7.33 再次考虑群 $(Z_{12},+_{12})$ 及其子群 $(H,+_{12})$，其中 $H=\{0,2,4,6,8,10\}$。考虑元素 $x,y\in Z_{12}$，$x=4$，$y=2$。由于 $\exists h\in H$，即 $h=10$，使得 $2=h+_{12}4$，于是 $x\sim y$。

下面的命题给出了同余关系的一个重要性质，使得我们能够对群做更深入的分析。

命题 7.9 设 $\sim$ 是群 $(G,\cdot)$ 的对模 H 的同余关系，则同余是一种等价关系。

证明 为证明等价性，需要证明自反性、对称性和传递性。

1. 由于 H 中存在零元 e，满足 $x=e\cdot x\Rightarrow x\sim x$。因此同余关系满足自反性。

2. 若 $\exists h\in H$ 使得 $y=h\cdot x$，根据群的定义，存在逆元 $h^{-1}\in H$。因此，$x=h^{-1}\cdot y\Rightarrow x=\widetilde{h}\cdot y\Rightarrow y\sim x$。所以，同余关系具有对称性。

3. 若 $x\sim y$，则存在 h_1 使得 $y=h_1\cdot x$。若 $y\sim z$，则存在 h_2，使得 $z=h_2\cdot y$。因此，$z=h_1\cdot h_2\cdot x$。由于 H 是群，$k=h_1\cdot h_2\in H$。因此 $\exists k\in H$ 使得 $z=k\cdot x$，这说明 $x\sim z$。因此，同余关系具有传递性。

综上，同余是一种等价关系。 □

例 7.34 再次考虑群 $(\mathbb{Z},+)$，子群 $(\mathbb{Z}5,+)$，以及同余关系 $x\sim y$。可以证明同余满足下面性质。

- 自反性。这是因为 $\exists h\in\mathbb{Z}5$ 使得 $x=h+x$，即 $h=0$。
- 对称性。这是因为若 $\exists h\in\mathbb{Z}5$ 使得 $y=h+x$，那么 $x=-h+y$，其中 $-h\in\mathbb{Z}5$。
- 传递性。这是因为若 $\exists h\in\mathbb{Z}5$ 使得 $y=h+x$，$\exists k\in\mathbb{Z}5$ 使得 $z=k+y$，将前式代入得

$$z=k+h+x$$

注意 $k+h\in\mathbb{Z}5$。

综上，同余是一种等价关系。

7.3.3 拉格朗日定理

考虑群 $(G,\cdot)$ 及其子群 $(H,\cdot)$。给定元素 $g\in G$，则同余关系 $\sim$ 确定了一个等价类（G 中与 g 同余的所有元素）

㊀ 原书 $(\mathbb{R},\cdot)$ 并不是群，改为 $(\mathbb{R},+)$。——译者注

$$[g]=\{x\in G \mid x\sim g\}=\{x\in G \mid \exists h\in H \mid x=h\cdot g\}=\{h\cdot g\in G \mid h\in H\}$$

这就是 G 中 H 的（右）陪集的定义，即 $[g]=Hg$。

例 7.35　再次考虑群 $(\mathbb{Z},+)$ 及其子群 $(\mathbb{Z}5,+)$。从 $\mathbb{Z}$ 中任意选择一个元素，例如 $g=52$。关于同余关系的等价类 $[g]$ 包含 $-3,2,7,12,17,\cdots,52,57,\cdots$，等价类 $[g]$ 也是陪集 Hg，由 $\mathbb{Z}5$ 的所有元素加上 52 构成。

换句话说，陪集是关于同余关系的等价类。鉴于此，让我们在群论的背景下通过下列引理来回顾前面的结果。更具体地说，通过应用定理 7.1，根据同余是一种等价关系这一事实，直接得到下面的引理。

引理 7.1　设 $(G,\cdot)$ 为群，$(H,\cdot)$ 是其子群。G 中的 H 的两个右（左）陪集或者相等或者不相交。

证明　由于两个陪集是 G 的两个等价类，根据定理 7.1，它们或者相等或者不相交。　□

引理 7.2　设 $(G,\cdot)$ 为群，$(H,\cdot)$ 是其子群。集合 G 等于 H 的所有右（左）陪集的并集：

$$G=\bigcup_{i=1}^{n} Hg_i$$

证明　因为陪集是 G 的等价类，根据定理 7.1，它们的并集是 G。　□

例 7.36　再次考虑群 $(Z_{12},+_{12})$ 及其子群 $(H,+_{12})$，其中 $H=\{0,2,4,6,8,10\}$。

我们已经知道可以生成两个陪集

$$H+0=\{0,2,4,6,8,10\}$$
$$H+1=\{1,3,5,7,9,11\}$$

不难看出这两个陪集不相交，并且它们的并集是 Z_{12}。

定义 7.21　设 $(A,*)$ 为一个代数结构。称集合 A 的势为代数结构的**阶数**，记为 $|A|$。

定义 7.22　若代数结构 $(A,*)$ 的阶数是有限的，则称该代数结构有限。

为了方便表示，用 $|Hg|$ 表示陪集（它是一个集合而不是一个代数结构）的势。

引理 7.3　设 $(G,\cdot)$ 为有限群，$(H,\cdot)$ 为其子群。G 中 H 的所有右（左）陪集 Hg 的势等于 $(H,\cdot)$ 的阶数：

$$\forall j: |Hg_j|=|H|$$

证明　考虑子群 $(H,\cdot)$。由于 $(G,\cdot)$ 是有限的，且 $H\subset G$，则 $(H,\cdot)$ 也是有限的。因此，集合 H 具有有限势。用 n 表示 H 的势，即 $|H|=n$，且设

$$H=\{h_1,h_2,\cdots,h_n\}$$

设 Hg 为 G 中 H 的一个右陪集：

$$Hg=\{h_1\cdot g,h_2\cdot g,\cdots,h_n\cdot g\}$$

定义函数 ϕ: $H\to Hg$，

$$\phi(h)=h\cdot g$$

考虑元素 $h_1,h_2\in H$，$h_1\neq h_2$，函数 $\phi(h)$ 在 h_1 和 h_2 处的取值分别为

$$\phi(h_1)=h_1\cdot g$$
$$\phi(h_2)=h_2\cdot g$$

由于 $h_1\neq h_2$，所以

$$h_1 \cdot g \cdot g^{-1} \neq h_2 \cdot g \cdot g^{-1}$$

利用消去律，有

$$h_1 \cdot g \neq h_2 \cdot g$$

这说明 $\phi(h)$ 是单射。

考虑陪集的任一元素 y，即 $y \in Hg$，

$$y \in \{h_1 \cdot g, h_2 \cdot g, \cdots, h_n \cdot g\}$$

这说明 $\exists j$ 使得 $y = h_j \cdot g$，或者等价地，

$$\exists h \in H \text{ 使得 } y = h \cdot g$$

即

$$\exists h \in H \text{ 使得 } y = \phi(h)$$

这说明函数 $\phi(h)$ 也是满射。

既然单射和满射特性都成立，那么 ϕ 是双射。因此，对于命题 1.4，H 的势等于右陪集 Hg 的势。这个结果也可以叙述为：G 中 H 的右陪集的势等于 $(H,\cdot)$ 的阶数。

左陪集的证明类似。 □

例 7.37 对于例 7.36 中的群，可以立即得到 H 的势以及每个陪集的势都是 6。

定理 7.2（拉格朗日定理） 设 $(G,\cdot)$ 为有限群，$(H,\cdot)$ 为其子群，则 $(G,\cdot)$ 的阶数除以 $(H,\cdot)$ 的阶数，即 G 的势与 H 的势之比为非负整数：

$$\frac{|G|}{|H|} = k$$

其中，$k \in \mathbb{N}$ 且 $k \neq 0$。

证明 令 $Hg_1, Hg_2, \cdots, Hg_k$ 是 H 在 G 中的所有右陪集，由引理 7.2 得，

$$G = Hg_1 \cup Hg_2 \cup Hg_3 \cup \cdots \cup Hg_k$$

根据引理 7.1，组成这个并集的集合两两不相交。由此可得 G 的势等于每个陪集的势的和：

$$|G| = |Hg_1| + |Hg_2| + \cdots + |Hg_k|$$

根据引理 7.3，每个陪集的势等于对应子群的阶数。因此

$$|G| = k|H| \Rightarrow \frac{|G|}{|H|} = k$$ □

例 7.38 再次考虑群 $(Z_{12}, +_{12})$ 及其子群 $(H, +_{12})$，其中 $H = \{0,2,4,6,8,10\}$。我们已经知道有两个势为 6 的陪集，并且 6 也是 H 的势。Z_{12} 的势为 12。由于

$$\frac{|G|}{|H|} = \frac{12}{6} = 2$$

为非负整数，这便验证了拉格朗日定理。

7.4 环

由第 1 章我们知道，环是一个满足两种运算的集合。为了方便起见，我们回顾定义 1.34。

定义 7.23 **环** R 是一个满足加法和乘法两种运算的集合。用+表示加法运算，而省略了乘法运算的符号（x_1 与 x_2 的乘积表示为 x_1x_2）。集合 R 关于这两种运算封闭，并且关于加法运算和乘法运算都有零元，分别用 0_R 和 1_R 表示。此外，环满足下列条件。

- 交换律（加法）：$x_1+x_2=x_2+x_1$；
- 结合律（加法）：$(x_1+x_2)+x_3=x_1+(x_2+x_3)$；
- 零元（加法）：$x+0_R=x$；
- 逆元（加法）：$\forall x\in R:\exists(-x)\mid x+(-x)=0_R$；
- 结合律（乘法）：$(x_1x_2)x_3=x_1(x_2x_3)$；
- 分配律 1：$x_1(x_2+x_3)=x_1x_2+x_1x_3$；
- 分配律 2：$(x_2+x_3)x_1=x_2x_1+x_3x_1$；
- 零元（乘法）：$x1_R=1_Rx=x$。

例 7.39 代数结构（$\mathbb{Z},+,$），（$\mathbb{Q},+,$），（$\mathbb{R},+,$），（$\mathbb{C},+,$）是环。

例 7.40 代数结构（$\mathbb{R}_{n,n},+,$）关于方阵的加法运算和乘积运算构成环。加法运算的零元是零矩阵，乘积运算的零元为单位矩阵。

根据环的定义，我们可以做一些注释。首先，一个环有两个零元。其次，加法运算满足交换律，而乘法运算未必满足。尽管矩阵乘积不满足交换律，但（$\mathbb{R}_{n,n},+,$）仍构成环。此外，并不要求集合中的所有元素关于乘法运算存在逆元。因此，虽然并不是所有方阵都可逆，（$\mathbb{R}_{n,n},+,$）仍构成环。

最后，环可以看作一个群和一个幺半群的组合。

这些结果构成了以下命题的理论基础。

命题 7.10 设（$R,+,$）为环，则下列性质成立。

- 对于加法运算，存在唯一的零元 0_R；
- 对于每个元素 $a\in R$，存在唯一的元素 $-a$（这个元素被称为负元），使得 $a+(-a)=0_R$；
- 加法运算满足消去律：$a+b=c+b\Rightarrow a=c$；
- 对于乘法运算，存在唯一的零元 1_R。

证明 由于（$R,+$）可以看成一个群，所以前三个命题分别由命题 7.1、命题 7.2、命题 7.8 直接得到。

由于（$R,$）为幺半群，根据命题 7.1，乘法运算的零元唯一。 □

在更详细地讨论环论之前，需要定义 $a-b=a+(-b)$。

命题 7.11 设（$R,+,$）为环，则对 $\forall a\in R$

$$a0_R=0_Ra=0_R$$

证明 设 $c=a0_R$，则根据分配律有 $a(0_R+0_R)=a0_R+a0_R=c+c$。因此 $c=c+c$。注意，同时加上且减去一个元素，结果保持不变：$c=c+c-c$，我们可以写

$$c=c+c-c=c-c=0_R$$

因此，$a0_R$ 的结果总等于 0_R。命题得证。 □

命题 7.12 设（$R,+,$）为环，则对 $\forall a,\ b\in R$

$$a(-b)=-(ab)$$

证明 直接验证 $a(-b)+ab$ 的结果：

$$a(-b)+ab=a(-b+b)=a0_R=0_R$$ □

类似可证 $(-a)b=-(ab)$。

利用这个命题，我们很容易得到如下两个推论。

推论 7.1 设（$R,+,$）为环，则对 $\forall a\in R$

$$a(-1_R)=(-1_R)a=-a$$

推论 7.2　设 $(R,+,)$ 为环，则

$$(-1_R)(-1_R)=1_R$$

命题 7.13　设 $(R,+,)$ 为环，则对 $\forall a, b\in R$

$$(-a)(-b)=ab$$

证明　$(-a)(-b)=a(-1_R)b(-1_R)=a(-1_R)(-1_R)b=a1_Rb=ab$　□

定义 7.24　设 $(R,+,)$ 为环。若 $0_R=1_R$，则称该环为**退化的**。

例 7.41　考虑集合 $Z_{12}=\{0,1,2,3,4,5,6,7,8,9,10,11\}$ 以及其上的循环和 $+_{12}$。我们也可以引入另一个具有不同周期的循环和，如 $+_6$。例如 $4+_6 2=0$。

代数结构 $(Z_{12},+_{12},+_6)$ 为退化环，这是因为 0 对于这两种运算来说都是零元。

定义 7.25　设 $(R,+,)$ 为环，$a,b\in R$。若 $ab=ba$，则称该环为**交换环**。

例 7.42　$(\mathbb{Z},+,),(\mathbb{Q},+,)$ 以及 $(\mathbb{R},+,)$ 都是交换环，但是 $(\mathbb{R}_{n,n},+,)$ 不是交换环。

例 7.43　记 $\mathbb{R}^{\mathbb{R}}$ 为定义在 $\mathbb{R}$ 上的上域为 $\mathbb{R}$ 的所有函数的集合。通过验证环的条件可以证明，代数结构 $(\mathbb{R}^{\mathbb{R}},+,)$ 是一个交换环，且 $0_R=0$，$1_R=1$。

例 7.44　设 X 为非空集合，$P(X)$ 是其幂集。可以证明代数结构 $(P(X),\Delta,\cap)$ 是交换环，其中 Δ 为对称差。这种特殊的代数结构称为**布尔环**，构成了布尔代数的理论基础，参见附录 A。

定义 7.26　设 $(R,+,)$ 为环，且 $a\in R$。定义 a 的 ***n* 次幂**为对 a 计算 n 次乘积：

$$a^n=\underbrace{aa\cdots a}_{n\text{个}a}$$

命题 7.14　设 $(R,+,)$ 为环，且 $a\in R$，$n,m\in\mathbb{N}$，则

- $a^{n+m}=a^n a^m$；
- $a^{nm}=(a^n)^m$。

一般来说，若 $(R,+,)$ 为环，且 $a\in R$，$(ab)^n=a^n b^n$ 不一定成立。该等式只有在环是可交换的情况下才成立。

命题 7.15　设 $(R,+,)$ 为交换环，且 $a,b\in R$，则有 $(ab)^n=a^n b^n$。

证明　考虑 $(ab)^n$。根据幂的定义可得

$$(ab)^n=\underbrace{abab\cdots ab}_{n\text{个}ab}$$

由于环是可交换的，我们可以将上式改写为

$$(ab)^n=abbaabba\cdots=ab^2a^2b^2a^2b\cdots$$

反复应用交换律可得

$$(ab)^n=ab^{n-1}a^{n-1}b=a^nb^n$$　□

对于交换环，下列定理也成立。

定理 7.3（牛顿二项式定理）　设 $(R,+,)$ 为交换环，$a,b\in R$，则对任意 $n\in\mathbb{N}$，有

$$(a+b)^n=\sum_{i=0}^{n}\binom{n}{i}a^{n-i}b^i$$

其中 $\binom{n}{i}$ 称为**二项式系数**，其定义为

$$\binom{n}{i}=\frac{n!}{i!\ (n-i)!}$$

其初值或边值为

$$\binom{n}{0}=\binom{n}{n}=1$$

例 7.45　牛顿二项式定理是一个强大的公式，它可以将任意次幂的二项式表示为各个单项式相加的形式。例如，二项式 $(a+b)^2$ 可以改写为

$$(a+b)^2=\binom{2}{0}a^2b^0+\binom{2}{1}a^1b^1+\binom{2}{2}a^0b^2=\frac{2}{2}a^2+\frac{2}{1}ab+\frac{2}{2}b^2$$

这就是二项式的平方公式 $a^2+2ab+b^2$。

定义 7.27　设 $(R,+,)$ 为环，且 $S\subset R$，$S\neq\varnothing$。若 $(S,+,)$ 也是环，则称其为**子环**。

例 7.46　很容易看出 $(\mathbb{Z},+,)$ 是 $(\mathbb{Q},+,)$ 的子环，$(\mathbb{Q},+,)$ 是 $(\mathbb{R},+,)$ 的子环，$(\mathbb{R},+,)$ 是 $(\mathbb{C},+,)$ 的子环。

7.4.1　环的消去律

命题 7.10 描述了加法运算的消去律。然而，环的性质并不包括任何乘法运算的消去律。这是因为在一般情况下，关于乘法运算的消去律并不成立。

例 7.47　设 $(R,+,)$ 为环，$a,b,c\in R$，乘法运算的消去律表示为

$$ab=ac\Rightarrow b=c$$

对于 2 阶方阵构成的环 $(\mathbb{R}_{2,2},+,)$，取

$$a=\begin{pmatrix}0&1\\0&1\end{pmatrix}$$

$$b=\begin{pmatrix}0&1\\0&1\end{pmatrix}$$

$$c=\begin{pmatrix}1&0\\0&1\end{pmatrix}$$

则有

$$ab=\begin{pmatrix}0&1\\0&1\end{pmatrix}=ac$$

但是 $b\neq c$。

消去律在交换环的情况下也不一定成立。

例 7.48　考虑实函数构成的环 $(\mathbb{R}^{\mathbb{R}},+,)$ 以及 $\mathbb{R}^{\mathbb{R}}$ 中的两个函数

$$f(x)=\begin{cases}x, & x\geqslant 0\\0, & x\leqslant 0\end{cases}$$

和

$$g(x)=\begin{cases}x, & x\leqslant 0\\0 & x\geqslant 0\end{cases}$$

取 $a=0$，$b=f(x)$，$c=g(x)$，计算可得 $ca=0=cb$，然而 $a\neq b$。

这个例子表明，消去律失效与两个非零元素的乘积为零元（即 0_R）有关。

定义 7.28　若 $(R,+,)$ 为环，$a\in R$ 且 $a\neq 0_R$。若存在元素 b 且 $b\neq 0_R$ 使得

$$ab=0_R$$

则称元素 a 为**零因子**。

换句话说，如果一个环中含有零因子，那么乘法运算的消去律不成立。

例 7.49　考虑环 $(\mathbb{R}_{2,2},+,)$ 以及矩阵

$$\boldsymbol{a}=\begin{pmatrix}0 & 1\\ 0 & 5\end{pmatrix}$$

$$\boldsymbol{b}=\begin{pmatrix}7 & 10\\ 0 & 0\end{pmatrix}$$

显然，$\boldsymbol{a}$ 或 $\boldsymbol{b}$ 都不是零矩阵。当用 $\boldsymbol{a}$ 乘以 $\boldsymbol{b}$ 时，可得

$$\boldsymbol{ab}=\begin{pmatrix}0 & 0\\ 0 & 0\end{pmatrix}$$

这说明虽然 $\boldsymbol{a}\neq 0_R$，$\boldsymbol{b}\neq 0_R$，但是仍有 $\boldsymbol{ab}=0_R$。因此，$\boldsymbol{b}$ 是 $\boldsymbol{a}$ 的零因子，$(\mathbb{R}_{2,2},+,)$ 中乘法运算的消去律不成立。

不存在零因子的环是一类特殊的环，下面对其定义。

定义 7.29　不包含零因子的交换环称为**整环**。

命题 7.16　设 $(R,+,)$ 为整环，则消去律成立，即对所有的 $a,b,c\in R$，其中 $c\neq 0_R$，都有

$$ac=bc\Rightarrow a=b$$

证明　设元素 a，b，$c\in R$，其中 $c\neq 0_R$，且满足 $ac=bc$，则有

$$ac=bc\Rightarrow ac-bc=0_R\Rightarrow (a-b)c=0_R$$

由于 $(R,+,)$ 为整环（因此没有零因子），并且 $c\neq 0_R$，则必有 $a-b=0_R$，即

$$a=b$$

□

7.4.2　域

定义 7.30　设 $(R,+,)$ 为环，$a\in R$。若存在元素 $b\in R$，使得 $ab=1_R$，则称元素 a 为可逆的。元素 b 称为元素 a 的逆元。

命题 7.17　设 $(R,+,)$ 为环，$a\in R$。若 a 的逆元存在，则它是唯一的。

证明　用反证法。假设结论不成立，设 b 和 c 都是 a 的逆元，则

$$b=b1_R=b(ac)=(ba)c=1_Rc=c$$

□

例 7.50　环 $(\mathbb{Z},+,)$ 中可逆的元素只有-1 和 1。

例 7.51　环 $(\mathbb{R}_{n\times n},+,)$ 中的可逆元素是那些 n 阶的非奇异方阵。

例 7.52　对于环 $(\mathbb{Q},+,)$，$\mathbb{Q}$ 中除 0 以外的所有元素都可以表示为分数，因此，它的除 0 以外[㊀]的所有元素都是可逆的。

定义 7.31　对交换环 $(F,+,)$，若 F 中除零元 0_F 以外的所有元素都对乘法运算[㊁]可逆，则称该交换环为**域**。

换句话说，域可以看作两个群的组合（其中一个不含 0_F）。

㊀ “除 0 以外”为译者加。——译者注

㊁ 原文为“加法运算”，有误。——译者注

例 7.53 根据前面的例子易得，$(\mathbb{Q},+,)$ 是域，$(\mathbb{R},+,)$ 和 $(\mathbb{C},+,)$ 也是域。

命题 7.18 每个域都是整环。

证明 设 $(F,+,)$ 为域，$a\in F$，$a\neq 0_F$。根据定义，整环是不含零因子的交换环。考虑一般的元素 $b\in F$，满足 $ab=0_F$。由于域中的所有的非零元素都是可逆的，所以 a 也是可逆的，并且 $a^{-1}a=1_F$。由此可得

$$b=1_F b=(a^{-1}a)b=a^{-1}(ab)=a^{-1}0_F=0_F$$

因此，$b=0_F$，故 b 不是 a 的零因子。这就证明了不存在零因子。 □

关于代数结构的介绍到此结束，上述域的概念是下面章节的基本工具。

7.5 同态和同构

在对群和环的理论进行了基本介绍之后，本节介绍如何在代数结构上定义映射。特别地，本节主要讨论一类具有有趣性质以及实际意义的映射。

定义 7.32 设 $(G,\cdot)$ 和 $(G',*)$ 为两个群。若映射 ϕ：$G\rightarrow G'$ 满足对任意 x，$y\in G$，都有

$$\phi(x\cdot y)=\phi(x)*\phi(y)$$

则称其为从 G 到 G'[或从 $(G,\cdot)$ 到 $(G',*)$] 的**群同态**。

例 7.54 考虑群 $(\mathbb{Z},+)$ 和 $(2\mathbb{Z},+)$，其中 $2\mathbb{Z}$ 是偶数集合。映射 ϕ：$\mathbb{Z}\rightarrow 2\mathbb{Z}$ 为

$$\phi(x)=2x$$

下面证明此映射是同态。

$$\phi(x\cdot y)=\phi(x+y)=2(x+y)=2x+2y=\phi(x)+\phi(y)=\phi(x)*\phi(y)$$

类似地，我们也可以定义满足一种运算的其他代数结构的同态，如半群同态和幺半群同态。对于满足两个运算的代数结构，我们必须给出一个单独的定义。

定义 7.33 设 $(R,+,)$ 和 $(R',\oplus,*)$ 为两个环，若映射 f: $R\rightarrow R'$ 满足对任意 $x,y\in R$，都有

- $f(x+y)=f(x)\oplus f(y)$
- $f(xy)=f(x)*f(y)$
- $f(1_R)=1_{R'}$

则称其为从 R 到 R'[或从 $(R,+,)$ 到 $(R',\oplus,*)$] 的**环同态**。

同态，源自古希腊语“omos”和“morphé”，字面意思为“相同的形式”。同态是保持两个代数结构之间结构的变换。我们通过下面的例子更清晰地阐述这一事实。

例 7.55 考虑环 $(\mathbb{R},+,)$ 和 $(\mathbb{R}_{2,2},+,)$。映射 ϕ：$\mathbb{R}\rightarrow\mathbb{R}_{2,2}$ 定义为

$$\phi(x)=\begin{pmatrix} x & 0 \\ 0 & x \end{pmatrix}$$

其中 $x\in\mathbb{R}$。不难验证该映射是同态。下面验证 $\phi(x+y)=\phi(x)+\phi(y)$：

$$\phi(x+y)=\begin{pmatrix} x+y & 0 \\ 0 & x+y \end{pmatrix}=\begin{pmatrix} x & 0 \\ 0 & x \end{pmatrix}+\begin{pmatrix} y & 0 \\ 0 & y \end{pmatrix}=\phi(x)+\phi(y)$$

接下来验证 $\phi(xy)=\phi(x)\phi(y)$：

$$\phi(xy)=\begin{pmatrix} xy & 0 \\ 0 & xy \end{pmatrix}=\begin{pmatrix} x & 0 \\ 0 & x \end{pmatrix}\begin{pmatrix} y & 0 \\ 0 & y \end{pmatrix}=\phi(x)\phi(y)$$

最后，注意 $1_R=1$，

$$\phi(1)=\begin{pmatrix}1&0\\0&1\end{pmatrix}=1_{\mathbb{R}_{2,2}}$$

换句话说，同态的主要特征是，通过一个映射将群变换到群，将环变换到环等。然而，我们并不要求同态是双射。直觉上，我们可以将同态看作定义在一个代数结构 A 的元素上的变换，代数结构 A 中的元素变换后的结果是另一个代数结构 B 中的元素。一般来说，我们不能从代数结构 B 出发得到 A 的元素。我们来看下面的例子。

例 7.56　考虑群 $(\mathbb{R}^3,+)$ 和 $(\mathbb{R}^2,+)$，以及映射 ϕ：$\mathbb{R}^3\to\mathbb{R}^2$，

$$\phi(\boldsymbol{x})=\phi(x,y,z)=(x,y)$$

容易验证这个映射是同态的。考虑两个向量 $\boldsymbol{x}_1=(x_1,y_1,z_1)$ 和 $\boldsymbol{x}_2=(x_2,y_2,z_2)$，

$$\phi(\boldsymbol{x}_1+\boldsymbol{x}_2)=(x_1+x_2,y_1+y_2)=(x_1,y_1)+(x_2,y_2)=\phi(\boldsymbol{x}_1)+\phi(\boldsymbol{x}_2)$$

因此，这个映射是同态的。但是，如果我们从向量 (x,y) 出发，无法找到生成它的向量 (x,y,z)。例如，考虑向量 (1,1)，我们无法在 $\mathbb{R}^3$ 中找到生成它的点。这是因为这个点可能是 (1,1,1)，(1,1,2)，(1,1,8)，(1,1,3.56723) 等。也就是说，这个映射不是单射，因此自然也不是双射。

既是双射又是同态这种特殊情况将得到一个不同的概念。

定义 7.34　双射的同态称为**同构**。

引用数学家道格拉斯·霍夫斯塔特（Douglas Hofstadter）的如下表述可以直观地描述同构：

“同构”一词适用于可以相互映射的两个复杂结构，即一个结构的每个部分在另一个结构中也有对应的部分，而“对应”指的是两个部分在各自的结构中扮演相似的角色。

如果两个代数结构之间存在同构，则这两个代数结构称为**同构的**。同构是数学中一个极其重要的概念，为解决问题提供很多帮助。当一个问题在其代数结构内很难解决时，可以将其转化为一个同构问题，并在与同构的代数结构内解决，最后将同构的代数结构中的解变换到原问题的代数结构中。

同构的一个例子是在第 12 章图论中提出的。下面的例子说明什么是同构，以及它是如何成为几种计算技巧的理论基础的。

例 7.57　考虑群 $(\mathbb{N},+)$ 和 $(10^{\mathbb{N}},)$，其中 $10^{\mathbb{N}}$ 是 10 的自然数次幂的集合。映射 ϕ：$\mathbb{N}\to 10^{\mathbb{N}}$ 为

$$\phi(x)=10^x$$

该映射是同态，因为

$$\phi(x+y)=10^{x+y}=10^x10^y=\phi(x)\phi(y)$$

为了证明该同态是同构，须证明该映射既是单的又是满的。当 $x_1\neq x_2$ 时，$10^{x_1}\neq 10^{x_2}$，因此它是单射。它是满射，因为每一个可以表示为 10^x 的数的次幂都是自然数。综上，该映射是同构。

例 7.58　$\mathbb{R}^+$表示正实数的集合。考虑群 $(\mathbb{R}^+,)$ 和 $(\mathbb{R},+)$，以及映射 f: $\mathbb{R}^+\to\mathbb{R}$，$f(x)=\log x$，其中 log 为对数，参见文献 [18]。由于

$$f(xy)=\log xy=\log x+\log y=f(x)+f(y)$$

所以该映射是同态。

容易证得，如果 $x_1 \neq x_2$，则 $\log x_1 \neq \log x_2$，因此它是单射的。又因为每个实数都可以表示为一个正数的对数，即

$$\forall t \in \mathbb{R}, \exists x \in \mathbb{R}^+, t = \log x$$

因此这也是满射。因此该映射是同构。

显然，在同态是否同构以及映射是否可逆之间存在联系。如果我们考虑词根，前缀“iso”的比“homo”更强。“homo”意为“相同的，同类的”，“iso”意为“完全相同的”。因此，同态是将一个代数结构变换到具有同类结构的代数结构，而同构则是将代数结构对应到具有完全相同结构的代数结构。因此，同构与同态不同，同构是可逆的。

例 7.59 拉普拉斯变换是微分方程和复代数方程之间的同构，参见文献［19］。

习题

7.1 考虑集合 $A=\{0,1,2,4,6\}$，判断 $(A,+)$ 是否为代数结构：半群、幺半群或群。

7.2 考虑方阵的集合 $\mathbb{R}_{n,n}$ 以及矩阵的乘积 $\cdot$，判断 $(\mathbb{R}_{n,n},\cdot)$ 是否为代数结构：半群、幺半群或群。

7.3 设 Z_8 为 $\{0,1,2,3,4,5,6,7\}$，$+_8$ 为循环和，其定义为：

$$\begin{cases} a+_8 b=a+b, & a+b\leqslant 7, \forall a,b\in Z_8 \\ a+_8 b=a+b-8, & a+b>7, \forall a,b\in Z_8 \end{cases}$$

已知 $H=\{0,2,4,6\}$，判断 $(H,+_8)$ 是否为子群。表示陪集并在此情形下证明拉格朗日定理。

7.4 设 $(\mathbb{Q},*)$ 为代数结构，运算 $*$ 定义为：

$$a*b=a+5b$$

判断 $(\mathbb{Q},*)$ 是否为幺半群，是否有逆元。若该结构是幺半群，判断该幺半群是否为群。如果有逆元，求出其逆元。

7.5 考虑群 $(\mathbb{R},+)$ 和 $(\mathbb{R}^+,)$。判断映射 f：$\mathbb{R}\to\mathbb{R}^+$，$f(x)=e^x$ 是否为同态和同构。

第 8 章　向量空间

8.1　基本概念

本章回顾向量的概念，并从抽象的角度研究向量。在本章中，为了进行类比，我们将使用与数值向量相同的符号来表示向量。

定义 8.1（向量空间）　设 E 为非空集合（$E\neq\varnothing$），$\mathbb{K}$ 为**标量集**（在本章和第 10 章中，$\mathbb{K}$ 表示实数 $\mathbb{R}$ 的集合或复数 $\mathbb{C}$ 的集合）。我们称集合 E 的元素为**向量**。设“+”为内合成律，$E\times E\rightarrow E$。设“·”为外合成律，$\mathbb{K}\times E\rightarrow E$。若内合成律和外合成律满足以下十条规则（向量空间公理），则称三元组（E,+,·）为向量集合 E 在标量域（$\mathbb{K}$,+,）上的**向量空间**。与第 4 章中类似，当一个标量与一个向量乘积时，外合成律的符号·将被省略。

- E 关于内合成律封闭：$\forall \boldsymbol{u},\boldsymbol{v}\in E: \boldsymbol{u}+\boldsymbol{v}\in E$；
- E 关于外合成律封闭：$\forall \boldsymbol{u}\in E$ 和 $\forall \lambda\in\mathbb{K}: \lambda\boldsymbol{u}\in E$；
- 内合成律满足交换律：$\forall \boldsymbol{u},\boldsymbol{v}\in E: \boldsymbol{u}+\boldsymbol{v}=\boldsymbol{v}+\boldsymbol{u}$；
- 内合成律满足结合律：$\forall \boldsymbol{u},\boldsymbol{v},\boldsymbol{w}\in E\times E: \boldsymbol{u}+(\boldsymbol{v}+\boldsymbol{w})=(\boldsymbol{u}+\boldsymbol{v})+\boldsymbol{w}$；
- 存在关于内合成律的零元：$\forall \boldsymbol{u}\in E: \exists!\boldsymbol{0}\in E\mid \boldsymbol{u}+\boldsymbol{0}=\boldsymbol{u}$；
- 存在关于内合成律的负元：$\forall \boldsymbol{u}\in E: \exists!-\boldsymbol{u}\in E\mid \boldsymbol{u}+(-\boldsymbol{u})=\boldsymbol{0}$；
- 关于外合成律的结合律：$\forall \boldsymbol{u}\in E$ 和 $\forall \lambda,\mu\in\mathbb{K}: \lambda(\mu\boldsymbol{u})=\lambda\mu\boldsymbol{u}=\lambda\mu\boldsymbol{u}$；
- 分配律 1：$\forall \boldsymbol{u}$，$\boldsymbol{v}\in E$ 和 $\forall \lambda\in\mathbb{K}: \lambda(\boldsymbol{u}+\boldsymbol{v})=\lambda\boldsymbol{u}+\lambda\boldsymbol{v}$；
- 分配律 2：$\forall \boldsymbol{u}\in E$ 和 $\forall \lambda,\mu\in\mathbb{K}: (\lambda+\mu)\ \boldsymbol{u}=\lambda\boldsymbol{u}+\mu\boldsymbol{u}$；
- 存在关于外合成律的单位元素：$\forall \boldsymbol{u}\in E: \exists!1\in\mathbb{K}\mid 1\boldsymbol{u}=\boldsymbol{u}$；

其中 $\boldsymbol{0}$ 是零向量。

为了简化符号，在本章和第 10 章中，我们用 $\mathbb{K}$ 表示标量域（$\mathbb{K}$,+,）。

例 8.1　下列三元组均为向量空间。

- 几何向量的集合 $\mathbb{V}_3$，向量加法以及标量与几何向量的乘积，（$\mathbb{V}_3$,+,）。
- 矩阵集合 $\mathbb{R}_{m,n}$，矩阵加法以及标量与矩阵的乘积，（$\mathbb{R}_{m,n}$,+,）。
- 数值向量集合 $\mathbb{R}^n$，$n\in\mathbb{N}$，向量加法以及标量与数值向量的乘积，（$\mathbb{R}^n$,+,）。当 $n=1$ 时，数值向量的集合是实数的集合，它仍然是一个向量空间。

因此，数值向量的集合在加法和乘积下成为一个向量空间，而一般（抽象）的向量空间是一个具有满足上述十条规则的运算律的集合。

8.2　向量子空间

定义 8.2（向量子空间）　设（E,+,·）为向量空间，$U\subset E$ 且 $U\neq\varnothing$。若（U,+,·）是关于

两种合成律下同一数域 $\mathbb{K}$ 上的向量空间，则称三元组 $(U,+,\cdot)$ 是 $(E,+,\cdot)$ 的向量子空间。

命题 8.1　设 $(E,+,\cdot)$ 是向量空间，$U\subset E$，且 $U\neq\varnothing$。三元组 $(U,+,\cdot)$ 是 $(E,+,\cdot)$ 的向量子空间当且仅当 U 关于合成律+和·都是封闭的，即

- $\forall \boldsymbol{u},\boldsymbol{v}\in U: \boldsymbol{u}+\boldsymbol{v}\in U$;
- $\forall \lambda\in\mathbb{K}$ 和 $\forall \boldsymbol{u}\in U: \lambda\boldsymbol{u}\in U$。

证明　因为 U 的元素也是 E 的元素，所以它们是向量并且满足关于内和外合成律的八个运算规则。如果 U 对于合成律都封闭，那么 $(U,+,\cdot)$ 是一个向量空间，由于 $U\subset E$，U 是 $(E,+,\cdot)$ 的向量子空间。

如果 $(U,+,\cdot)$ 是 $(E,+,\cdot)$ 的向量子空间，那么它是一个向量空间。因此，这十个规则，包括关于合成律的封闭性，都成立。□

命题 8.2　设 $(E,+,\cdot)$ 是数域 $\mathbb{K}$ 上的向量空间。$(E,+,\cdot)$ 的每个向量子空间 $(U,+,\cdot)$ 都包含零向量。

证明　考虑到 $0\in\mathbb{K}$，则 $\forall \boldsymbol{u}\in U: \exists\lambda \mid \lambda\boldsymbol{u}=\boldsymbol{0}$。由于 $(U,+,\cdot)$ 是向量子空间，因此集合 U 对于外合成律封闭，$\boldsymbol{0}\in U$。□

命题 8.3　任意一个向量空间 $(E,+,\cdot)$，至少存在两个向量子空间，即 $(E,+,\cdot)$ 和 $(\{\boldsymbol{0}\},+,\cdot)$。

例 8.2　考虑向量空间 $(\mathbb{R}^3,+,\cdot)$ 及其子集 $U\subset\mathbb{R}^3$：

$$U=\{(x,y,z)\in\mathbb{R}^3 \mid 3x+4y-5z=0\}$$

证明 $(U,+,\cdot)$ 是 $(\mathbb{R}^3,+,\cdot)$ 的向量子空间。

我们需要证明关于两个合成律的封闭性。

1. 考虑属于 U 的任意两个向量 $\boldsymbol{u}_1=(x_1,y_1,z_1)$ 和 $\boldsymbol{u}_2=(x_2,y_2,z_2)$。这两个向量分别满足

$$3x_1+4y_1-5z_1=0$$

和

$$3x_2+4y_2-5z_2=0$$

计算

$$\boldsymbol{u}_1+\boldsymbol{u}_2=(x_1+x_2,y_1+y_2,z_1+z_2)$$

对于向量 $\boldsymbol{u}_1+\boldsymbol{u}_2$，

$$\begin{aligned}&3(x_1+x_2)+4(y_1+y_2)-5(z_1+z_2)\\&=3x_1+4y_1-5z_1+3x_2+4y_2-5z_2=0+0=0\end{aligned}$$

这就证明了 $\forall \boldsymbol{u}_1,\ \boldsymbol{u}_2\in U: \boldsymbol{u}_1+\boldsymbol{u}_2\in U$。

2. 考虑任意向量 $\boldsymbol{u}=(x,y,z)\in U$ 以及任意标量 $\lambda\in\mathbb{R}$。已知 $3x+4y-5z=0$。计算可得

$$\lambda\boldsymbol{u}=(\lambda x,\lambda y,\lambda z)$$

对于向量 $\lambda\boldsymbol{u}$，

$$\begin{aligned}&3\lambda x+4\lambda y-5\lambda z\\&=\lambda(3x+4y-5z)=\lambda 0=0\end{aligned}$$

这就证明了 $\forall\lambda\in\mathrm{K}$ 和 $\forall\boldsymbol{u}\in U: \lambda\boldsymbol{u}\in U$。

因此，$(U,+,\cdot)$ 是 $(\mathbb{R}^3,+,\cdot)$ 的向量子空间。

例 8.3　考虑向量空间 $(\mathbb{R}^3,+,\cdot)$ 及其子集 $U\subset\mathbb{R}^3$：

$$U=\{(x,y,z)\in\mathbb{R}^3 \mid 8x+4y-5z+1=0\}$$

由于零向量 $\mathbf{0} \notin U$，所以（$U,+,\cdot$）不是向量空间。

虽然这里并不必要，但接下来我们验证集合 U 关于内合成律并不封闭。为此，考虑向量（x_1,y_1,z_1）和（x_2,y_2,z_2）。和向量

$$\begin{aligned}&(x_1+x_2,y_1+y_2,z_1+z_2)\\&=8(x_1+x_2)+4(y_1+y_2)-5(z_1+z_2)+1\\&=8x_1+4y_1-5z_1+8x_2+4y_2-5z_2+1\end{aligned}$$

注意 $8x_2+4y_2-5z_2+1=0$，而 $8x_1+4y_1-5z_1 \neq 0$。因此，

$$8(x_1+x_2)+4(y_1+y_2)-5(z_1+z_2)+1 \neq 0$$

这意味着（x_1+x_2,y_1+y_2,z_1+z_2）$\notin U$。集合 U 关于内合成律不封闭。

类似地，如果（x,y,z）$\in U$，λ 为标量，则

$$8(\lambda x)+4(\lambda y)-5(\lambda z)+1$$

通常不为零。因此，（$\lambda x,\lambda y,\lambda z$）$\notin U$。

向量空间是一个一般概念，不仅仅适用于数值向量。

例 8.4 考虑区间 $[a,b]$ 上的连续实值函数构成的集合 $\mathcal{F}$。证明三元组（$\mathcal{F},+,\cdot$）是实数域 $\mathbb{R}$ 上的向量空间。

首先需要证明其关于两个合成律封闭。为此，考虑两个连续函数 $f(x)$，$g(x) \in \mathcal{F}$。这两个连续函数的和函数

$$f(x)+g(x)$$

仍是一个连续函数，因此集合 $\mathcal{F}$ 关于内合成律封闭。

由于 $\forall \lambda \in \mathbb{R}$ 有

$$\lambda f(x)$$

仍是连续函数，因此集合 $\mathcal{F}$ 关于外合成律也封闭。

其余的八条规则是容易证明的。因此，（$\mathcal{F},+,\cdot$）是向量空间。

定理 8.1 设（$E,+,\cdot$）为向量空间。如果（$U,+,\cdot$）和（$V,+,\cdot$）是（$E,+,\cdot$）的两个向量子空间，则（$U\cap V,+,\cdot$）也是（$E,+,\cdot$）的向量子空间。

证明 根据命题 8.1，要证（$U\cap V,+,\cdot$）是（$E,+,\cdot$）的向量子空间，只须证明集合 $U\cap V$ 关于合成律的封闭即可。

1. 任取 $\boldsymbol{u}$，$\boldsymbol{v} \in U\cap V$。如果 $\boldsymbol{u} \in U\cap V$，那么 $\boldsymbol{u} \in U$，$\boldsymbol{u} \in V$。类似地，如果 $\boldsymbol{v} \in U\cap V$ 那么 $\boldsymbol{v} \in U$，$\boldsymbol{v} \in V$。由于 $\boldsymbol{u}$，$\boldsymbol{v} \in U$ 且（$U,+,\cdot$）是向量空间，所以 $\boldsymbol{u}+\boldsymbol{v} \in U$。由于 $\boldsymbol{u}$，$\boldsymbol{v} \in V$ 且（$V,+,\cdot$）是向量空间，所以 $\boldsymbol{u}+\boldsymbol{v} \in V$。因此，$\boldsymbol{u}+\boldsymbol{v}$ 即属于 U 又属于 V，也就是说属于交集 $U\cap V$。这就证明了 $U\cap V$ 关于+运算封闭。

2. 任取向量 $\boldsymbol{u} \in U\cap V$，任取标量 $\lambda \in \mathbb{K}$。由于 $\boldsymbol{u} \in U\cap V$，所以 $\boldsymbol{u} \in U$ 且 $\boldsymbol{u} \in V$。由（$U,+,\cdot$）为向量空间，所以 $\lambda\boldsymbol{u} \in U$。由于（$V,+,\cdot$）为向量空间，所以 $\lambda\boldsymbol{u} \in V$。因此 $\lambda\boldsymbol{u} \in U\cap V$。这就证明了 $U\cap V$ 关于运算·也封闭。

因此，$U\cap V$ 关于两个合成律都封闭，（$U\cap V,+,\cdot$）是（$E,+,\cdot$）的向量子空间。 □

推论 8.1 设（$E,+,\cdot$）为向量空间。如果（$U,+,\cdot$）和（$V,+,\cdot$）是（$E,+,\cdot$）的两个向量子空间，则 $U\cap V$ 必然为非空集合，因为它至少包含零向量。

必须注意，如果 $(U,+,\cdot)$ 和 $(V,+,\cdot)$ 是 $(E,+,\cdot)$ 的两个向量子空间，则它们的并集一般而言不是 $(E,+,\cdot)$ 的子空间。反之，如果 $U\subset V$ 或 $V\subset U$，则不难证明 $(U\cup V,+,\cdot)$ 是 $(E,+,\cdot)$ 的向量子空间。

例 8.5　考虑向量空间 $(\mathbb{R}^2,+,\cdot)$ 及其子集 $U\subset\mathbb{R}^2$ 和 $V\subset\mathbb{R}^2$：

$$U=\{(x,y)\in\mathbb{R}^2 \mid -5x+y=0\}$$
$$V=\{(x,y)\in\mathbb{R}^2 \mid 3x+2y=0\}$$

不难证明，$(U,+,\cdot)$ 及 $(V,+,\cdot)$ 都是 $(\mathbb{R}^2,+,\cdot)$ 的向量子空间。交集 $U\cap V$ 由属于这两个集合的 $(x,\ y)$ 组成，即满足上述两个条件。这意味着 $U\cap V$ 是由满足以下线性方程组的 (x,y) 值组成：

$$\begin{cases}-5x+\ y=0\\ 3x+2y=0\end{cases}$$

这是一个适定的齐次线性方程组（该方程组的系数矩阵非奇异）。唯一的解是 $(0,0)$，也就是零向量 $\mathbf{0}$。上述方程组的几何解释是两条直线在坐标原点（零向量）处相交。由定理 8.1，$(U\cap V,+,\cdot)$ 是 $(\mathbb{R}^2,+,\cdot)$ 的向量子空间。这种情况下是一个特殊的向量子空间（$\{\mathbf{0}\},+,\cdot$）。

例 8.6　考虑向量空间 $(\mathbb{R}^2,+,\cdot)$ 及其子集 $U\subset\mathbb{R}^2$，$V\subset\mathbb{R}^2$：

$$U=\{(x,y)\in\mathbb{R}^2 \mid x-5y=0\}$$
$$V=\{(x,y)\in\mathbb{R}^2 \mid 3x+2y-2=0\}$$

容易证明，$(U,+,\cdot)$ 是 $(\mathbb{R}^2,+,\cdot)$ 的向量子空间，而 $(V,+,\cdot)$ 不是向量空间。先忽略这个结果，我们直接计算交集 $U\cap V$，它由满足以下线性方程组的解 $(x,\ y)$ 组成：

$$\begin{cases}x-5y=0\\ 3x+2y=2\end{cases}$$

即$\left(\frac{10}{17},\ \frac{2}{17}\right)$。由于 $U\cap V$ 不包含零向量，所以 $(U\cap V,+,\cdot)$ 不是一个向量空间。

例 8.7　考虑向量空间 $(\mathbb{R}^2,+,\cdot)$ 和它的子空间 $U\subset\mathbb{R}^2$ 和 $V\subset\mathbb{R}^2$：

$$U=\{(x,y)\in\mathbb{R}^2 \mid -5x+y=0\}$$
$$V=\{(x,y)\in\mathbb{R}^2 \mid -15x+3y=0\}$$

不难证明，$(U,+,\cdot)$ 和 $(V,+,\cdot)$ 都是 $(\mathbb{R}^2,+,\cdot)$ 的向量子空间。交集 $U\cap V$ 是由满足以下线性方程组的 $(x,\ y)$ 组成：

$$\begin{cases}-5x+\ y=0\\ -15x+3y=0\end{cases}$$

因为这是齐次线性方程组，方程组一定是相容的，至少零向量是它的解。利用 Rouchè-Capelli 定理，由于系数矩阵的秩小于变量的个数，方程组是欠定的，即方程组有无穷多个解。这个方程组可以理解为两条重合的直线。这说明 U 中所有的点也是 V 中的点，也就是说两个集合是相同的，$U=V$。因此，$U\cap V=U=V$，$(U\cap V,+,\cdot)$ 是 $(\mathbb{R}^2,+,\cdot)$ 的向量子空间。

例 8.8　考虑向量空间 $(\mathbb{R}^3,+,\cdot)$ 及其子集 $U\subset\mathbb{R}^2$ 和 $V\subset\mathbb{R}^3$：

$$U=\{(x,y,z)\in\mathbb{R}^3 \mid 3x+y+z=0\}$$
$$V=\{(x,y,z)\in\mathbb{R}^3 \mid x-z=0\}$$

容易证明，$(U,+,\cdot)$ 和 $(V,+,\cdot)$ 都是 $(\mathbb{R}^3,+,\cdot)$ 的向量子空间。

交集 $U\cap V$ 由下式给出：

$$\begin{cases}3x+y+z=0\\ x\quad -z=0\end{cases}$$

这是由 3 个变量的 2 个方程构成的齐次线性方程组。除零向量外，利用 Rouchè-Capelli 定理，由于系数矩阵的秩为 2，变量个数为 3 个，因此方程组有无穷多个解。上面的方程组可以理解为两个平面的交集。

第二个方程可以写成 $x=z$。将第二个方程代入第一个方程，可得

$$4x+y=0\Rightarrow y=-4x$$

因此，当取定 $x=a$ 时，向量 $(a,-4a,a)$ 满足线性方程组。这说明交集 $U\cap V$ 包含无穷多个元素，且

$$U\cap V=\{(a,-4a,a)\mid a\in\mathbb{R})\}$$

根据定理 8.1，三元组 $(U\cap V,+,\cdot)$ 是向量空间。

定义 8.3　设 $(E,+,\cdot)$ 为向量空间，$(U,+,\cdot)$ 和 $(V,+,\cdot)$ 是 $(E,+,\cdot)$ 两个向量子空间。定义集合

$$S=U+V=\{\boldsymbol{w}\in E\mid \exists\,\boldsymbol{u}\in U,\boldsymbol{v}\in V\mid \boldsymbol{w}=\boldsymbol{u}+\boldsymbol{v}\}$$

为**和子集** $S=U+V$。

定理 8.2　设 $(E,+,\cdot)$ 为向量空间。若 $(U,+,\cdot)$ 和 $(V,+,\cdot)$ 是 $(E,+,\cdot)$ 的两个向量子空间，则 $(S=U+V,+,\cdot)$ 是 $(E,+,\cdot)$ 的向量子空间。

证明　根据命题 8.1，要证 $(S,+,\cdot)$ 是 $(E,+,\cdot)$ 的向量子空间，只须证明集合 S 关于合成律封闭。

1. 设 $\boldsymbol{w}_1$，$\boldsymbol{w}_2$ 是 S 中的任意两个向量。根据和子集的定义可将其表示为

$$\exists\,\boldsymbol{u}_1\in U \text{ 和 } \boldsymbol{v}_1\in V\mid \boldsymbol{w}_1=\boldsymbol{u}_1+\boldsymbol{v}_1$$

$$\exists\,\boldsymbol{u}_2\in U \text{ 和 } \boldsymbol{v}_2\in V\mid \boldsymbol{w}_2=\boldsymbol{u}_2+\boldsymbol{v}_2$$

$\boldsymbol{w}_1$ 和 $\boldsymbol{w}_2$ 的和

$$\boldsymbol{w}_1+\boldsymbol{w}_2=\boldsymbol{u}_1+\boldsymbol{v}_1+\boldsymbol{u}_2+\boldsymbol{v}_2=(\boldsymbol{u}_1+\boldsymbol{u}_2)+(\boldsymbol{v}_1+\boldsymbol{v}_2)$$

因为 U 和 V 是向量空间，所以 $\boldsymbol{u}_1+\boldsymbol{u}_2\in U$ 且 $\boldsymbol{v}_1+\boldsymbol{v}_2\in V$。

于是，根据和子集的定义有 $\boldsymbol{w}_1+\boldsymbol{w}_2=(\boldsymbol{u}_1+\boldsymbol{u}_2)+(\boldsymbol{v}_1+\boldsymbol{v}_2)\in S$。

2. 设 $\boldsymbol{w}$ 为 S 中的任意向量，λ 是属于 $\mathbb{K}$ 的任意标量。根据和集的定义 $S=U+V=\{\boldsymbol{w}\in E\mid \exists\,\boldsymbol{u}\in U,\boldsymbol{v}\in V\mid \boldsymbol{w}=\boldsymbol{u}+\boldsymbol{v}\}$

计算 λ 与 $\boldsymbol{w}$ 的乘积

$$\lambda\boldsymbol{w}=\lambda(\boldsymbol{u}+\boldsymbol{v})=\lambda\boldsymbol{u}+\lambda\boldsymbol{v}$$

由于 U 和 V 是向量空间，所以 $\lambda\boldsymbol{u}\in U$ 和 $\lambda\boldsymbol{v}\in V$。因此，$\lambda\boldsymbol{w}=\lambda\boldsymbol{u}+\lambda\boldsymbol{v}\in S$。　□

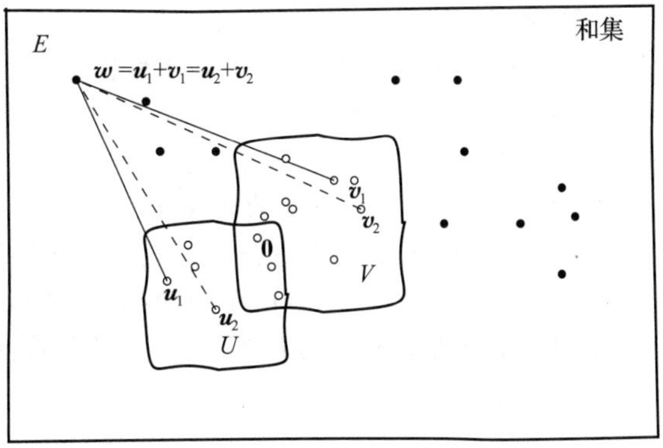

图　8-1

图 8-1 描述和集的概念。白色的圆圈表示向量子空间 $(U,+,\cdot)$ 和 $(V,+,\cdot)$ 中的向量，黑点表示属于和集 S 的向量。注意，一个向量 $\boldsymbol{w}\in S$ 可以是两个（或更

多）不同向量对的和，即图中 $\boldsymbol{w}=\boldsymbol{u}_1+\boldsymbol{v}_1$ 和 $\boldsymbol{w}=\boldsymbol{u}_2+\boldsymbol{v}_2$。此外，至少零向量 $\mathbf{0}$ 同时属于 U 和 V，因此至少 $\mathbf{0}\in U\cap V$，其他向量也可以属于这个交集。

例 8.9 考虑向量空间（$\mathbb{R}^2,+,\cdot$）及其子集 $U\subset\mathbb{R}^2$ 和 $V\subset\mathbb{R}^2$：

$$U=\{(x,y)\in\mathbb{R}^2 \mid y=0\}$$
$$V=\{(x,y)\in\mathbb{R}^2 \mid x=0\}$$

容易证明，（$U,+,\cdot$）和（$V,+,\cdot$）是向量子空间。这两个子集可以改写为

$$U=\{(a,0) \mid a\in\mathbb{R}\}$$
$$V=\{(0,b) \mid b\in\mathbb{R}\}$$

唯一的交点是零向量，即 $U\cap V=\{\mathbf{0}\}$。计算和子集 $S=U+V$ 得

$$S=U+V=\{(a,b) \mid a,b\in\mathbb{R}\}$$

它就整个 $\mathbb{R}^2$。根据定理 8.2，（$S,+,\cdot$）是（$\mathbb{R}^2,+,\cdot$）的向量子空间。在这个例子中向量子空间是（$\mathbb{R}^2,+,\cdot$），显然是向量空间。

例 8.10 考虑向量空间（$\mathbb{R}^2,+,\cdot$）及其子集 $U\subset\mathbb{R}^2$ 和 $V\subset\mathbb{R}^2$：

$$U=\{(x,y)\in\mathbb{R}^2 \mid -2x+y=0\}$$
$$V=\{(x,y)\in\mathbb{R}^2 \mid 3x+y=0\}$$

三元组（$U,+,\cdot$）和（$V,+,\cdot$）是向量子空间。这两个子集可以改写为

$$U=\{(a,2a) \mid a\in\mathbb{R}\}$$
$$V=\{(b,-3b) \mid b\in\mathbb{R}\}$$

这里 $U\cap V=\{\mathbf{0}\}$。计算和子集

$$S=U+V=\{a+b,2a-3b \mid a,b\in\mathbb{R}\}$$

根据定理 8.2，（$S,+,\cdot$）是（$\mathbb{R}^2,+,\cdot$）的向量子空间。通过（a,b）在 $\mathbb{R}^2$ 中变化，（$a+b$，$2a-3b$）就生成了整个 $\mathbb{R}^2$。因此，和向量子空间是（$\mathbb{R}^2,+,\cdot$）。

例 8.11 考虑向量空间（$\mathbb{R}^3,+,\cdot$）及其子空间 $U\subset\mathbb{R}^3$，$V\subset\mathbb{R}^3$：

$$U=\{(x,y,0)\in\mathbb{R}^3 \mid x,y\in\mathbb{R}\}$$
$$V=\{(x,0,z)\in\mathbb{R}^3 \mid x,z\in\mathbb{R}\}$$

三元组（$U,+,\cdot$）和（$V,+,\cdot$）是向量子空间。这两个子空间的交集 $U\cap V=\{(x,0,0)\in\mathbb{R}^3 \mid x\in\mathbb{R}\}$，也就是说，交集中不只有零向量。它们的和向量子空间是整个 $\mathbb{R}^3$。

定义 8.4 *设（$E,+,\cdot$）为向量空间，（$U,+,\cdot$）和（$V,+,\cdot$）是（$E,+,\cdot$）的两个子空间。若 $U\cap V=\{\mathbf{0}\}$，则和子集 $S=U+V$ 称为***直和***，记为 $S=U\oplus V$。*

作为（$S,+,\cdot$）的特殊情况，三元组（$S=U\oplus V,+,\cdot$）是（$E,+,\cdot$）的向量子空间，此时称子空间（$U,+,\cdot$）与（$V,+,\cdot$）为**互补的**。

定理 8.3 *设（$E,+,\cdot$）为向量空间，（$U,+,\cdot$）和（$V,+,\cdot$）是（$E,+,\cdot$）的两个向量子空间，则和向量子空间（$U+V,+,\cdot$）是直和（$U\oplus V,+,\cdot$）（$U\cap V=\{\mathbf{0}\}$）当且仅当*

$$S=U+V=\{\boldsymbol{w}\in E \mid \exists!\boldsymbol{u}\in U \text{ 和 } \boldsymbol{v}\in V \mid \boldsymbol{w}=\boldsymbol{u}+\boldsymbol{v}\}$$

证明 若 S 是直和，则 $U\cap V=\{\mathbf{0}\}$。用反证法。假设 $\exists\boldsymbol{u}_1,\boldsymbol{u}_2\in U$ 和 $\boldsymbol{v}_1$，$\boldsymbol{v}_2\in V$，且 $\boldsymbol{u}_1\neq\boldsymbol{u}_2$，$\boldsymbol{v}_1\neq\boldsymbol{v}_2$，满足

$$\begin{cases}\boldsymbol{w}=\boldsymbol{u}_1+\boldsymbol{v}_1\\ \boldsymbol{w}=\boldsymbol{u}_2+\boldsymbol{v}_2\end{cases}$$

在这一假设下，

$$\mathbf{0}=\boldsymbol{u}_1+\boldsymbol{v}_1-\boldsymbol{u}_2-\boldsymbol{v}_2=(\boldsymbol{u}_1-\boldsymbol{u}_2)+(\boldsymbol{v}_1-\boldsymbol{v}_2)$$

整理得方程

$$\boldsymbol{u}_1-\boldsymbol{u}_2=-(\boldsymbol{v}_1-\boldsymbol{v}_2)$$

满足下面三点：

- $\boldsymbol{u}_1-\boldsymbol{u}_2\in U$，$\boldsymbol{v}_1-\boldsymbol{v}_2\in V$，这是由于（$U,+,\cdot$）和（$V,+,\cdot$）是两个向量空间（对内合成律封闭）；
- $-(\boldsymbol{v}_1-\boldsymbol{v}_2)\in V$（负元规则）；
- $\boldsymbol{u}_1-\boldsymbol{u}_2\in V$ 和 $\boldsymbol{v}_1-\boldsymbol{v}_2\in U$，这是因为这两个向量是相同的。

因此，$\boldsymbol{u}_1-\boldsymbol{u}_2\in U\cap V$ 且 $\boldsymbol{v}_1-\boldsymbol{v}_2\in U\cap V$。

由于 $U\cap V=\{\mathbf{0}\}$，在相交集中不存在非零向量。因此

$$\begin{cases}\boldsymbol{u}_1-\boldsymbol{u}_2=\mathbf{0}\\ \boldsymbol{v}_1-\boldsymbol{v}_2=\mathbf{0}\end{cases}\Rightarrow\begin{cases}\boldsymbol{u}_1=\boldsymbol{u}_2\\ \boldsymbol{v}_1=\boldsymbol{v}_2\end{cases}$$ □

若 $S=\{\boldsymbol{w}\in E\mid\exists!\boldsymbol{u}\in U$ 和 $\exists!\boldsymbol{v}\in V\mid\boldsymbol{w}=\boldsymbol{u}+\boldsymbol{v}\}$。用反证法。假设 $U\cap V\neq\{\mathbf{0}\}$。则

$$\exists\boldsymbol{t}\in U\cap V$$

满足 $\boldsymbol{t}\neq\mathbf{0}$。

由于（$U,+,\cdot$）和（$V,+,\cdot$）是（$E,+,\cdot$）的两个向量子空间，由定理 8.1 得（$U\cap V,+,\cdot$）是（$E,+,\cdot$）的向量子空间。

由于（$U\cap V,+,\cdot$）是一个向量空间，如果 $\boldsymbol{t}\in U\cap V$，那么 $-\boldsymbol{t}\in U\cap V$。

采用如下的看法

$$\boldsymbol{t}\in U$$

$$-\boldsymbol{t}\in V$$

由于（$S,+,\cdot$）也是一个向量空间，$\mathbf{0}\in S$。因此，可将零向量 $\mathbf{0}\in S$ 表示为 U 的一个元素和 V 的一个元素的和（就如和集的定义中那样），

$$\mathbf{0}=\boldsymbol{t}+(-\boldsymbol{t})$$

另一方面，$\mathbf{0}$ 也可以表示为

$$\mathbf{0}=\mathbf{0}+\mathbf{0}$$

其中第一个 $\mathbf{0}$ 看成 U 的元素，第二个 $\mathbf{0}$ 看成 V 的元素。

根据反证法，假设 $\forall\boldsymbol{w}\in S:\mid\exists!\boldsymbol{u}\in U$ 和 $\exists!\boldsymbol{v}\in V\mid\boldsymbol{w}=\boldsymbol{u}+\boldsymbol{v}$。而我们将 S 的元素 $\mathbf{0}$ 用两种不同的向量对的和表示出来。这便得到矛盾。因此，$\boldsymbol{t}$ 一定等于 $\mathbf{0}$，换句话说，$U\cap V=\mathbf{0}$。 □

图 8-2 给出了直和的图形表示，由于 U 和 V 的交集只由零向量构成，每个直和中的向量的只能由唯一的 U 的元素和唯一的 V 的元素来相加表示。

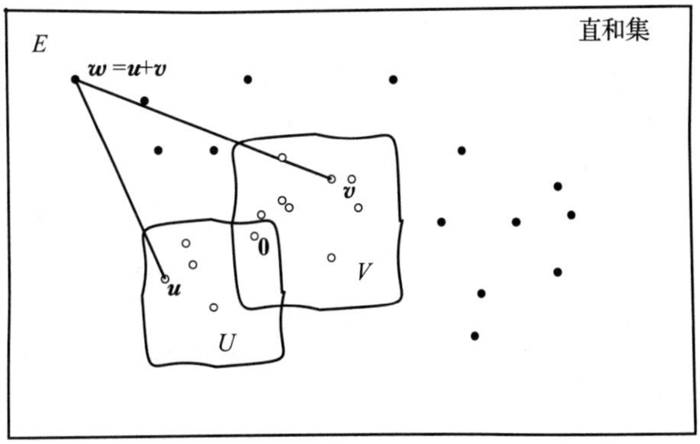

图 8-2

例 8.12 前文已证明 $U\cap V=\{\mathbf{0}\}$，因此，集合

$$U=\{(a,0)\mid a\in\mathbb{R}\}$$
$$V=\{(0,b)\mid b\in\mathbb{R}\}$$

的和集是直和。和集

$$S=U+V=\{(a,b)\mid a,b\in\mathbb{R}\}$$

为整个 $\mathbb{R}^2$。显然，只有一种方法可以从 $(a,0)$ 和 $(0,b)$ 获得 (a,b)。

但是，对于集合

$$U=\{(x,y,0)\in\mathbb{R}^3\mid x,y\in\mathbb{R}\}$$
$$V=\{(x,0,z)\mid x,z\in\mathbb{R}\}$$

其交集中不只有零向量，每个向量 (a,b,c) 可以用无穷多种方法得到。例如，向量 $(1,2,3)$ 可以表示为

$$(1,2,3)=(x_1,y,0)+(x_2,0,z)$$

由此得到线性方程组

$$\begin{cases}x_1+x_2=1\\y=2\\z=3\end{cases}$$

这个方程组关于 x_1 和 x_2 有无穷多个解。这个例子可以理解为两个平面的交集，这是一条通过坐标原点的直线（无穷多个点）。

8.3 *n* 个向量的线性相关

定义 8.5 设 $(E,+,\cdot)$ 为向量空间。向量 $\boldsymbol{v}_1$，$\boldsymbol{v}_2,\cdots,\boldsymbol{v}_n\in E$，标量 $\lambda_1,\lambda_2,\cdots,\lambda_n\in\mathbb{K}$。$n$ 个向量 $\boldsymbol{v}_1,\boldsymbol{v}_2,\cdots,\boldsymbol{v}_n$ 以 n 个标量 $\lambda_1,\lambda_2,\cdots,\lambda_n$ 为系数的**线性组合**为向量 $\lambda_1\boldsymbol{v}_1+\lambda_2\boldsymbol{v}_2+\cdots+\lambda_n\boldsymbol{v}_n$。

定义 8.6 设 $(E,+,\cdot)$ 为向量空间，向量 $\boldsymbol{v}_1$，$\boldsymbol{v}_2,\cdots,\boldsymbol{v}_n\in E$。如果零向量 $\mathbf{0}$ 可以表示为这 n 个向量以标量 n 元组 $(\lambda_1,\lambda_2,\cdots,\lambda_n)\neq(0,0,\cdots,0)$ 为系数的线性组合，则称这 n 个向量**线性相关**。

定义 8.7 设 $(E,+,\cdot)$ 为向量空间，向量 $\boldsymbol{v}_1,\boldsymbol{v}_2,\cdots,\boldsymbol{v}_n\in E$。如果零向量 $\mathbf{0}$ 仅可以表示为这 n 个向量以标量 n 元组 $(\lambda_1,\lambda_2,\cdots,\lambda_n)=(0,0,\cdots,0)$ 为系数的线性组合，则称这 n 个向量**线性无关**。

命题 8.4 设 $(E,+,\cdot)$ 为向量空间，向量 $\boldsymbol{v}_1,\boldsymbol{v}_2,\cdots,\boldsymbol{v}_n\in E$。向量 $\boldsymbol{v}_1,\boldsymbol{v}_2,\cdots,\boldsymbol{v}_n$ 线性相关，当且仅当其中至少有一个向量可以表示为其他向量的线性组合。

证明 如果这组向量是线性相关的，则有

$$(\lambda_1,\lambda_2,\cdots,\lambda_n)\neq(0,0,\cdots,0)$$
$$\mathbf{0}=\lambda_1\boldsymbol{v}_1+\lambda_2\boldsymbol{v}_2+\cdots+\lambda_n\boldsymbol{v}_n$$

假设 $\lambda_n\neq0$，将上式改写为

$$-\lambda_n\boldsymbol{v}_n=\lambda_1\boldsymbol{v}_1+\lambda_2\boldsymbol{v}_2+\cdots+\lambda_{n-1}\boldsymbol{v}_{n-1}$$

于是

$$\boldsymbol{v}_n=-\frac{\lambda_1}{\lambda_n}\boldsymbol{v}_1-\frac{\lambda_2}{\lambda_n}\boldsymbol{v}_2-\cdots-\frac{\lambda_{n-1}}{\lambda_n}\boldsymbol{v}_{n-1}$$

若其中有一个向量（不妨设为$\boldsymbol{v}_n$）可以表示为其他向量的线性组合，则

$$\boldsymbol{v}_n = k_1\boldsymbol{v}_1 + k_2\boldsymbol{v}_2 + \cdots + k_{n-1}\boldsymbol{v}_{n-1}$$

即

$$\boldsymbol{0} = k_1\boldsymbol{v}_1 + k_2\boldsymbol{v}_2 + \cdots + k_{n-1}\boldsymbol{v}_{n-1} - \boldsymbol{v}_n$$

这就将零向量用不全为零的系数

$$(k_1, k_2, \cdots, k_{n-1}, -1) \neq (0, 0, \cdots, 0)$$

的线性组合表示出来了。 □

例 8.13 考虑$\mathbb{R}^3$中的向量

$$\boldsymbol{v}_1 = (4,2,0)$$
$$\boldsymbol{v}_2 = (1,1,1)$$
$$\boldsymbol{v}_3 = (6,4,2)$$

由于

$$(0,0,0) = (4,2,0) + 2(1,1,1) - (6,4,2)$$

这些向量线性相关。也就是说，$\boldsymbol{v}_3$可以表示为$\boldsymbol{v}_1$和$\boldsymbol{v}_2$的线性组合，

$$(6,4,2) = (4,2,0) + 2(1,1,1)$$

命题 8.5 设$(E,+,\cdot)$为向量空间，向量$\boldsymbol{v}_1, \boldsymbol{v}_2, \cdots, \boldsymbol{v}_n \in E$。

若$\boldsymbol{v}_1 \neq \boldsymbol{0}$，

若$\boldsymbol{v}_2$不是$\boldsymbol{v}_1$的线性组合，

若$\boldsymbol{v}_3$不是$\boldsymbol{v}_1$和$\boldsymbol{v}_2$的线性组合，

⋮

若$\boldsymbol{v}_n$不是$\boldsymbol{v}_1, \boldsymbol{v}_2, \cdots, \boldsymbol{v}_{n-1}$的线性组合，

则$\boldsymbol{v}_1, \boldsymbol{v}_2, \cdots, \boldsymbol{v}_n$线性无关。

证明 用反证法。假设这些向量线性相关，即存在不全为零的n元数组$(\lambda_1, \lambda_2, \cdots, \lambda_n) \neq (0,0,\cdots,0)$使得$\boldsymbol{0} = \lambda_1\boldsymbol{v}_1 + \lambda_2\boldsymbol{v}_2 + \cdots + \lambda_n\boldsymbol{v}_n$。

在这样的假设下，若$\lambda_n \neq 0$，则有

$$\boldsymbol{v}_n = -\frac{\lambda_1}{\lambda_n}\boldsymbol{v}_1 - \frac{\lambda_2}{\lambda_n}\boldsymbol{v}_2 - \cdots - \frac{\lambda_{n-1}}{\lambda_n}\boldsymbol{v}_{n-1}$$

这与条件不符。因此$\lambda_n = 0$，于是$\boldsymbol{0} = \lambda_1\boldsymbol{v}_1 + \lambda_2\boldsymbol{v}_2 + \cdots + \lambda_{n-1}\boldsymbol{v}_{n-1}$。类似可知$\lambda_{n-1} = 0$。依次下去。

由于系数不全为零，总有一个向量可以表示为其前面的向量的线性组合，这就得到矛盾。

□

例 8.14 第4章介绍的$\mathbb{V}_3$中线性相关和线性无关的性质，在一般的向量空间中也是成立的。

考虑$\mathbb{R}^3$中的向量

$$\boldsymbol{v}_1 = (1,0,1)$$
$$\boldsymbol{v}_2 = (1,1,1)$$
$$\boldsymbol{v}_3 = (2,1,2)$$

取 $(\lambda_1,\lambda_2,\lambda_3)=(1,1,-1)$，可得

$$\mathbf{0}=\lambda_1\boldsymbol{v}_1+\lambda_2\boldsymbol{v}_2+\lambda_3\boldsymbol{v}_3$$

因此这些向量线性相关。

考虑向量

$$\boldsymbol{v}_1=(1,0,1)$$
$$\boldsymbol{v}_2=(1,1,1)$$
$$\boldsymbol{v}_3=(0,0,2)$$

由于无法将其中任何一个向量表示成其他两个向量的线性组合，因此这些向量线性无关。

定理 8.4　设 $(E,+,\cdot)$ 为向量空间，向量 $\boldsymbol{v}_1,\boldsymbol{v}_2,\cdots,\boldsymbol{v}_n\in E$。若这 n 个向量线性相关，且其中任意 $n-1$ 个向量线性无关，则其中任意一个向量都可唯一地表示为其他向量的线性组合：

$$\forall \boldsymbol{v}_k\in E,\exists!\ (\lambda_1,\lambda_2,\cdots,\lambda_{k-1},\lambda_{k+1},\cdots,\lambda_n)\neq(0,0,\cdots,0)$$
$$\boldsymbol{v}_k=\lambda_1\boldsymbol{v}_1+\lambda_2\boldsymbol{v}_2+\cdots+\lambda_{k-1}\boldsymbol{v}_{k-1}+\lambda_{k+1}\boldsymbol{v}_{k+1}+\cdots+\lambda_n\boldsymbol{v}_n$$

证明　用反证法。假设线性表示不唯一。

- $\exists(\lambda_1,\lambda_2,\cdots,\lambda_{k-1},\lambda_{k+1},\cdots,\lambda_n)\neq(0,0,\cdots,0)$ 使得
$$\boldsymbol{v}_k=\lambda_1\boldsymbol{v}_1+\lambda_2\boldsymbol{v}_2+\cdots+\lambda_{k-1}\boldsymbol{v}_{k-1}+\lambda_{k+1}\boldsymbol{v}_{k+1}+\cdots+\lambda_n\boldsymbol{v}_n$$
- $\exists(\mu_1,\mu_2,\cdots,\mu_{k-1},\mu_{k+1},\cdots,\mu_n)\neq(0,0,\cdots,0)$ 使得
$$\boldsymbol{v}_k=\mu_1\boldsymbol{v}_1+\mu_2\boldsymbol{v}_2+\cdots+\mu_{k-1}\boldsymbol{v}_{k-1}+\mu_{k+1}\boldsymbol{v}_{k+1}+\cdots+\mu_n\boldsymbol{v}_n$$

其中 $(\lambda_1,\lambda_2,\cdots,\lambda_{k-1},\lambda_{k+1},\cdots,\lambda_n)\neq(\mu_1,\mu_2,\cdots,\mu_{k-1},\mu_{k+1},\cdots,\mu_n)\neq(0,0,\cdots,0)$。

此时有

$$\mathbf{0}=(\lambda_1-\mu_1)\boldsymbol{v}_1+(\lambda_2-\mu_2)\boldsymbol{v}_2+\cdots+(\lambda_{k-1}-\mu_{k-1})\boldsymbol{v}_{k-1}+(\lambda_{k+1}-\mu_{k+1})\boldsymbol{v}_{k+1}+\cdots+(\lambda_n-\mu_n)\boldsymbol{v}_n$$

由于这 $n-1$ 个向量是线性无关的，于是有

$$\begin{cases}\lambda_1-\mu_1=0\\ \lambda_2-\mu_2=0\\ \quad\vdots\\ \lambda_{k-1}-\mu_{k-1}=0\\ \lambda_{k+1}-\mu_{k+1}=0\\ \quad\vdots\\ \lambda_n-\mu_n=0\end{cases}\Rightarrow\begin{cases}\lambda_1=\mu_1\\ \lambda_2=\mu_2\\ \quad\vdots\\ \lambda_{k-1}=\mu_{k-1}\\ \lambda_{k+1}=\mu_{k+1}\\ \quad\vdots\\ \lambda_n=\mu_n\end{cases}$$

因此，该线性表示唯一。□

例 8.15　再次考虑 $\mathbb{R}^3$ 中线性相关的向量

$$\boldsymbol{v}_1=(1,0,1)$$
$$\boldsymbol{v}_2=(1,1,1)$$
$$\boldsymbol{v}_3=(2,1,2)$$

其中任意两个都线性无关。我们把 $\boldsymbol{v}_3$ 表示为另外两个向量的线性组合，可以写为

$$(2,1,2)=\lambda_1(1,0,1)+\lambda_2(1,1,1)$$

即

$$\begin{cases}\lambda_1+\lambda_2=2\\ \qquad\ \lambda_2=1\\ \lambda_1+\lambda_2=2\end{cases}$$

其唯一解为 $(\lambda_1,\lambda_2)=(1,1)$。

例 8.16 考虑向量

$$\boldsymbol{v}_1=(1,0,1)$$
$$\boldsymbol{v}_2=(1,1,1)$$
$$\boldsymbol{v}_3=(2,0,2)$$

由于 $\boldsymbol{v}_3=2\boldsymbol{v}_1$，这组向量线性相关。如果试图将 $\boldsymbol{v}_2$ 表示为 $\boldsymbol{v}_1$ 和 $\boldsymbol{v}_3$ 的线性组合，则有

$$(1,1,1)=\lambda_1(1,0,1)+\lambda_2(2,0,2)$$

即

$$\begin{cases}\lambda_1+2\lambda_2=1\\ 0=1\\ \lambda_1+2\lambda_2=1\end{cases}$$

显然无解。这是由于剩余的 $n-1$ 个向量（这里指 $\boldsymbol{v}_1$ 和 $\boldsymbol{v}_3$）不是线性无关的。

可以从几何的角度解释这一结果，将 $\boldsymbol{v}_1$ 和 $\boldsymbol{v}_3$ 看作平行向量，而 $\boldsymbol{v}_2$ 的方向与它们不同。如果试图将向量 $\boldsymbol{v}_2$ 表示为两个平行向量的和，这显然是做不到的，除非这三个向量都是平行的。

命题 8.6 设 $(E,+,\cdot)$ 为向量空间，$\boldsymbol{v}_1,\boldsymbol{v}_2,\cdots,\boldsymbol{v}_n$ 是它的 n 个向量，若其中一个为零向量 $\boldsymbol{0}$，则这些向量线性相关。

证明 假设 $\boldsymbol{v}_n=\boldsymbol{0}$，令

$$\boldsymbol{0}=\lambda_1\boldsymbol{v}_1+\lambda_2\boldsymbol{v}_2+\cdots+\lambda_{n-1}\boldsymbol{v}_{n-1}+\lambda_n\boldsymbol{0}$$

即使 $(\lambda_1,\lambda_2,\cdots,\lambda_{n-1})=(0,0,\cdots,0)$，但是对任意的标量 $\lambda_n\neq 0\in\mathbb{K}$，上式都是成立的。因此这些向量线性相关。 □

例 8.17 考虑向量

$$\boldsymbol{v}_1=(0,0,3)$$
$$\boldsymbol{v}_2=(3,1,1)$$
$$\boldsymbol{v}_3=(0,0,0)$$

设

$$(0,0,0)=\lambda_1(0,0,3)+\lambda_2(3,1,1)+\lambda_3(0,0,0)$$

当 $(\lambda_1,\lambda_2,\lambda_3)=(0,0,5)$ 时，上述等式成立。

8.4 线性生成空间

定义 8.8 设 $(E,+,\cdot)$ 为向量空间。向量 $\boldsymbol{v}_1,\boldsymbol{v}_2,\cdots,\boldsymbol{v}_n\in E$ 的以 n 个标量为系数的所有可能的线性组合的集合称为**线性生成空间**（或简称**生成空间**），记为 $L(\boldsymbol{v}_1,\boldsymbol{v}_2,\cdots,\boldsymbol{v}_n)\subset E$ 或简记为 L：

$$L(\boldsymbol{v}_1,\boldsymbol{v}_2,\cdots,\boldsymbol{v}_n)=\{\lambda_1\boldsymbol{v}_1+\lambda_2\boldsymbol{v}_2+\cdots+\lambda_n\boldsymbol{v}_n\mid\lambda_1,\lambda_2,\cdots,\lambda_n\in\mathbb{K}\}$$

若

$$L(\boldsymbol{v}_1,\boldsymbol{v}_2,\cdots,\boldsymbol{v}_n)=E$$

则称这些向量生成了集合 E，或等价地，生成了向量空间 $(E,+,\cdot)$。

例 8.18 向量 $\boldsymbol{v}_1=(1,0)$，$\boldsymbol{v}_2=(0,2)$，$\boldsymbol{v}_3=(1,1)$ 生成了整个 $\mathbb{R}^2$ 空间。这是因为任意向量 $(x,y)\in\mathbb{R}^2$ 都可以表示为

$$\lambda_1\boldsymbol{v}_1+\lambda_2\boldsymbol{v}_2+\lambda_3\boldsymbol{v}_3$$

其中 $\lambda_1,\lambda_2,\lambda_3\in\mathbb{R}$。

定理 8.5　生成空间 $L(\boldsymbol{v}_1,\boldsymbol{v}_2,\cdots,\boldsymbol{v}_n)$ 关于合成律是 $(E,+,\cdot)$ 的向量子空间。

证明　为证明 $(L,+,\cdot)$ 是向量子空间，根据命题 8.1，只须证明 L 关于合成律封闭。

1. 设 $\boldsymbol{u}$ 和 $\boldsymbol{w}$ 是 L 中任意两个不同的向量，则

$$\boldsymbol{u}=\lambda_1\boldsymbol{v}_1+\lambda_2\boldsymbol{v}_2+\cdots+\lambda_n\boldsymbol{v}_n$$
$$\boldsymbol{w}=\mu_1\boldsymbol{v}_1+\mu_2\boldsymbol{v}_2+\cdots+\mu_n\boldsymbol{v}_n$$

计算

$$\begin{aligned}\boldsymbol{u}+\boldsymbol{w}&=\lambda_1\boldsymbol{v}_1+\lambda_2\boldsymbol{v}_2+\cdots+\lambda_n\boldsymbol{v}_n+\mu_1\boldsymbol{v}_1+\mu_2\boldsymbol{v}_2+\cdots+\mu_n\boldsymbol{v}_n\\&=(\lambda_1+\mu_1)\boldsymbol{v}_1+(\lambda_2+\mu_2)\boldsymbol{v}_2+\cdots+(\lambda_n+\mu_n)\boldsymbol{v}_n\end{aligned}$$

因此 $\boldsymbol{u}+\boldsymbol{w}\in L$。

2. 设 $\boldsymbol{u}$ 是 L 中的任意向量，μ 是属于 $\mathbb{K}$ 的任意标量，则

$$\boldsymbol{u}=\lambda_1\boldsymbol{v}_1+\lambda_2\boldsymbol{v}_2+\cdots+\lambda_n\boldsymbol{v}_n$$
$$\begin{aligned}\mu\boldsymbol{u}&=\mu(\lambda_1\boldsymbol{v}_1+\lambda_2\boldsymbol{v}_2+\cdots+\lambda_n\boldsymbol{v}_n)\\&=\mu\lambda_1\boldsymbol{v}_1+\mu\lambda_2\boldsymbol{v}_2+\cdots+\mu\lambda_n\boldsymbol{v}_n\end{aligned}$$

因此 $\mu\boldsymbol{u}\in L$。 □

例 8.19　考虑 $\mathbb{R}^3$ 中的向量

$$\boldsymbol{v}_1=(1,0,1)$$
$$\boldsymbol{v}_2=(1,1,1)$$
$$\boldsymbol{v}_3=(0,1,1)$$
$$\boldsymbol{v}_4=(2,0,0)$$

这些向量生成 $\mathbb{R}^3$，且

$$(L(\boldsymbol{v}_1,\boldsymbol{v}_2,\boldsymbol{v}_3,\boldsymbol{v}_4),+,\cdot)$$

是一个向量空间。

定理 8.6　设 $(L(\boldsymbol{v}_1,\boldsymbol{v}_2,\cdots,\boldsymbol{v}_n),+,\cdot)$ 是 $(E,+,\cdot)$ 的向量子空间，$s\in\mathbb{N}$，$s<n$。若 s 个向量 $\boldsymbol{v}_1,\boldsymbol{v}_2,\cdots,\boldsymbol{v}_s$ 线性无关，而剩余的 $n-s$ 个向量中的每一个都是这 s 个线性无关向量的线性组合，则 $L(\boldsymbol{v}_1,\boldsymbol{v}_2,\cdots,\boldsymbol{v}_n)=L(\boldsymbol{v}_1,\boldsymbol{v}_2,\cdots,\boldsymbol{v}_s)$（这两个生成空间相同）。

证明　不失一般性，假设 $\boldsymbol{v}_1,\boldsymbol{v}_2,\cdots,\boldsymbol{v}_n$ 中前 s 个向量线性无关。根据假设条件，我们可以用前 s 个向量的线性组合来表示剩余的向量，

$$\begin{cases}\boldsymbol{v}_{s+1}=h_{s+1,1}\boldsymbol{v}_1+h_{s+1,2}\boldsymbol{v}_2+\cdots+h_{s+1,s}\boldsymbol{v}_s\\\boldsymbol{v}_{s+2}=h_{s+2,1}\boldsymbol{v}_1+h_{s+2,2}\boldsymbol{v}_2+\cdots+h_{s+2,s}\boldsymbol{v}_s\\\quad\vdots\\\boldsymbol{v}_n=h_{n,1}\boldsymbol{v}_1+h_{n,2}\boldsymbol{v}_2+\cdots+h_{n,s}\boldsymbol{v}_s\end{cases}$$

根据定义 8.8，$\forall\boldsymbol{v}\in L(\boldsymbol{v}_1,\boldsymbol{v}_2,\cdots,\boldsymbol{v}_n)$，都有

$$\begin{aligned}\boldsymbol{v}&=\lambda_1\boldsymbol{v}_1+\lambda_2\boldsymbol{v}_2+\cdots+\lambda_s\boldsymbol{v}_s+\lambda_{s+1}\boldsymbol{v}_{s+1}+\cdots+\lambda_n\boldsymbol{v}_n\\&=\lambda_1\boldsymbol{v}_1+\lambda_2\boldsymbol{v}_2+\cdots+\lambda_s\boldsymbol{v}_s+\lambda_{s+1}(h_{s+1,1}\boldsymbol{v}_1+h_{s+1,2}\boldsymbol{v}_2+\cdots+h_{s+1,s}\boldsymbol{v}_s)+\cdots+\\&\quad\lambda_n(h_{n,1}\boldsymbol{v}_1+h_{n,2}\boldsymbol{v}_2+\cdots+h_{n,s}\boldsymbol{v}_s)\end{aligned}$$

$$=(\lambda_1+\lambda_{s+1}h_{s+1,1}+\cdots+\lambda_n h_{n,1})\boldsymbol{v}_1+(\lambda_2+\lambda_{s+1}h_{s+1,2}+\cdots+\lambda_n h_{n,2})\boldsymbol{v}_2+\cdots+(\lambda_s+\lambda_{s+1}h_{s+1,s}+\cdots+\lambda_n h_{n,s})\boldsymbol{v}_s$$

这意味着

$$\forall \boldsymbol{v}\in L(\boldsymbol{v}_1,\boldsymbol{v}_2,\cdots,\boldsymbol{v}_n):\boldsymbol{v}\in L(\boldsymbol{v}_1,\boldsymbol{v}_2,\cdots,\boldsymbol{v}_s)$$

即

$$L(\boldsymbol{v}_1,\boldsymbol{v}_2,\cdots,\boldsymbol{v}_n)\subset L(\boldsymbol{v}_1,\boldsymbol{v}_2,\cdots,\boldsymbol{v}_s)$$

再次根据定义 8.8，$\forall \boldsymbol{w}\in L(\boldsymbol{v}_1,\boldsymbol{v}_2,\cdots,\boldsymbol{v}_s)$，都有

$$\boldsymbol{w}=l_1\boldsymbol{v}_1+l_2\boldsymbol{v}_2+\cdots+l_s\boldsymbol{v}_s=l_1\boldsymbol{v}_1+l_2\boldsymbol{v}_2+\cdots+l_s\boldsymbol{v}_s+0\boldsymbol{v}_{s+1}+0\boldsymbol{v}_{s+2}+\cdots+0\boldsymbol{v}_n$$

这说明

$$\forall \boldsymbol{w}\in L(\boldsymbol{v}_1,\boldsymbol{v}_2,\cdots,\boldsymbol{v}_s):\boldsymbol{w}\in L(\boldsymbol{v}_1,\boldsymbol{v}_2,\cdots,\boldsymbol{v}_n)$$

即

$$L(\boldsymbol{v}_1,\boldsymbol{v}_2,\cdots,\boldsymbol{v}_s)\subset L(\boldsymbol{v}_1,\boldsymbol{v}_2,\cdots,\boldsymbol{v}_n)$$

由于 $L(\boldsymbol{v}_1,\boldsymbol{v}_2,\cdots,\boldsymbol{v}_n)\subset L(\boldsymbol{v}_1,\boldsymbol{v}_2,\cdots,\boldsymbol{v}_s)$ 且 $L(\boldsymbol{v}_1,\boldsymbol{v}_2,\cdots,\boldsymbol{v}_s)\subset L(\boldsymbol{v}_1,\boldsymbol{v}_2,\cdots,\boldsymbol{v}_n)$，所以 $L(\boldsymbol{v}_1,\boldsymbol{v}_2,\cdots,\boldsymbol{v}_n)=L(\boldsymbol{v}_1,\boldsymbol{v}_2,\cdots,\boldsymbol{v}_s)$。 □

例 8.20 向量

$$\boldsymbol{v}_1=(0,0,1)$$
$$\boldsymbol{v}_2=(0,1,0)$$
$$\boldsymbol{v}_3=(1,0,0)$$

为线性无关的，且生成空间 $\mathbb{R}^3$，即 $\mathbb{R}^3$ 中的任意向量 $\boldsymbol{w}$ 可通过线性组合

$$\boldsymbol{w}=\lambda_1\boldsymbol{v}_1+\lambda_2\boldsymbol{v}_2+\lambda_3\boldsymbol{v}_3$$

生成，其中 $\lambda_1,\lambda_2,\lambda_3\in\mathbb{R}$。

如果再加入向量 $\boldsymbol{v}_4=(1,1,1)$，我们会发现它是 $\boldsymbol{v}_1,\boldsymbol{v}_2,\boldsymbol{v}_3$ 的线性组合（刚好是这三个向量的和向量）。

于是，任意的向量 $\boldsymbol{w}\in\mathbb{R}^3$ 都可以通过线性组合

$$\boldsymbol{w}=\lambda_1\boldsymbol{v}_1+\lambda_2\boldsymbol{v}_2+\lambda_3\boldsymbol{v}_3+\lambda_4\boldsymbol{v}_4$$

得到，其中 $\lambda_1,\lambda_2,\lambda_3,\lambda_4\in\mathbb{R}$。取 $\lambda_4=0$ 就能证明这一点。

这个结果可以表示为 $L(\boldsymbol{v}_1,\boldsymbol{v}_2,\boldsymbol{v}_3,\boldsymbol{v}_4)=L(\boldsymbol{v}_1,\boldsymbol{v}_2,\boldsymbol{v}_3)=\mathbb{R}^3$。

定理 8.7 *设 $1-2-\cdots-n$ 为前 n 个自然数的基本排列，$\sigma(1)-\sigma(2)-\cdots-\sigma(n)$ 为前 n 个自然数的另一种排列，其中 $n\in\mathbb{N}$，则线性无关的向量的如下生成空间相等：*

$$L(\boldsymbol{v}_1,\boldsymbol{v}_2,\cdots,\boldsymbol{v}_n)=L(\boldsymbol{v}_{\sigma(1)},\boldsymbol{v}_{\sigma(2)},\cdots,\boldsymbol{v}_{\sigma(n)})$$

证明 由定义 8.8 可知，$\forall \boldsymbol{v}\in L(\boldsymbol{v}_1,\boldsymbol{v}_2,\cdots,\boldsymbol{v}_n):\boldsymbol{v}=\lambda_1\boldsymbol{v}_1+\lambda_2\boldsymbol{v}_2+\cdots+\lambda_n\boldsymbol{v}_n$。根据交换律，我们可以重新排列和式中的各项，使 $\boldsymbol{v}=\lambda_{\sigma(1)}\boldsymbol{v}_{\sigma(1)}+\lambda_{\sigma(2)}\boldsymbol{v}_{\sigma(2)}+\cdots+\lambda_{\sigma(n)}\boldsymbol{v}_{\sigma(n)}$。这便得到

$$\forall \boldsymbol{v}\in L(\boldsymbol{v}_1,\boldsymbol{v}_2,\cdots,\boldsymbol{v}_n):\boldsymbol{v}\in L(\boldsymbol{v}_{\sigma(1)},\boldsymbol{v}_{\sigma(2)},\cdots,\boldsymbol{v}_{\sigma(n)})$$

因此，$L(\boldsymbol{v}_1,\boldsymbol{v}_2,\cdots,\boldsymbol{v}_n)\subset L(\boldsymbol{v}_{\sigma(1)},\boldsymbol{v}_{\sigma(2)},\cdots,\boldsymbol{v}_{\sigma(n)})$。

由定义 8.8 同理可得

$$\forall \boldsymbol{w}\in L(\boldsymbol{v}_{\sigma(1)},\boldsymbol{v}_{\sigma(2)},\cdots,\boldsymbol{v}_{\sigma(n)}):\boldsymbol{w}=\mu_{\sigma(1)}\boldsymbol{v}_{\sigma(1)}+\mu_{\sigma(2)}\boldsymbol{v}_{\sigma(2)}+\cdots+\mu_{\sigma(n)}\boldsymbol{v}_{\sigma(n)}$$

根据交换律，我们重新排列和式中的各项，使 $\boldsymbol{w}=\mu_1\boldsymbol{v}_1+\mu_2\boldsymbol{v}_2+\cdots+\mu_n\boldsymbol{v}_n$。这便得到

$$\forall \boldsymbol{w}\in L(\boldsymbol{v}_{\sigma(1)},\boldsymbol{v}_{\sigma(2)},\cdots,\boldsymbol{v}_{\sigma(n)}):\boldsymbol{w}\in L(\boldsymbol{v}_1,\boldsymbol{v}_2,\cdots,\boldsymbol{v}_n)$$

因此，$L(\boldsymbol{v}_{\sigma(1)},\boldsymbol{v}_{\sigma(2)},\cdots,\boldsymbol{v}_{\sigma(n)})\subset L(\boldsymbol{v}_1,\boldsymbol{v}_2,\cdots,\boldsymbol{v}_n)$。

综上所述，$L(\boldsymbol{v}_1,\boldsymbol{v}_2,\cdots,\boldsymbol{v}_n)=L(\boldsymbol{v}_{\sigma(1)},\boldsymbol{v}_{\sigma(2)},\cdots,\boldsymbol{v}_{\sigma(n)})$。 □

例 8.21　上述定理说明由

$$\boldsymbol{v}_1=(0,0,1)$$
$$\boldsymbol{v}_2=(0,1,0)$$
$$\boldsymbol{v}_3=(1,0,0)$$

和

$$\boldsymbol{v}_1=(1,0,0)$$
$$\boldsymbol{v}_2=(0,1,0)$$
$$\boldsymbol{v}_3=(0,0,1)$$

生成的空间是同一个，即 $\mathbb{R}^3$。

命题 8.7　设 $L(\boldsymbol{v}_1,\boldsymbol{v}_2,\cdots,\boldsymbol{v}_n)$ 为生成空间。若 $\boldsymbol{w}\in L(\boldsymbol{v}_1,\boldsymbol{v}_2,\cdots,\boldsymbol{v}_n)$ 且

$$\boldsymbol{w}=\lambda_1\boldsymbol{v}_1+\lambda_2\boldsymbol{v}_2+\cdots+\lambda_i\boldsymbol{v}_i+\cdots+\lambda_n\boldsymbol{v}_n$$

其中 $\lambda_i\neq0$，则

$$L(\boldsymbol{v}_1,\boldsymbol{v}_2,\cdots,\boldsymbol{v}_i,\cdots,\boldsymbol{v}_n)=L(\boldsymbol{v}_1,\boldsymbol{v}_2,\cdots,\boldsymbol{w},\cdots,\boldsymbol{v}_n)$$

证明　由于 $\boldsymbol{w}=\lambda_1\boldsymbol{v}_1+\lambda_2\boldsymbol{v}_2+\cdots+\lambda_i\boldsymbol{v}_i+\cdots+\lambda_n\boldsymbol{v}_n$ 且 $\lambda_i\neq0$，则

$$\boldsymbol{v}_i=\frac{1}{\lambda_i}\boldsymbol{w}-\frac{\lambda_1}{\lambda_i}\boldsymbol{v}_1-\frac{\lambda_2}{\lambda_i}\boldsymbol{v}_2-\cdots-\frac{\lambda_{i-1}}{\lambda_i}\boldsymbol{v}_{i-1}-\frac{\lambda_{i+1}}{\lambda_i}\boldsymbol{v}_{i+1}-\cdots-\frac{\lambda_n}{\lambda_i}\boldsymbol{v}_n$$

$\forall\boldsymbol{v}\in L(\boldsymbol{v}_1,\boldsymbol{v}_2,\cdots,\boldsymbol{v}_n)$，存在标量 $\mu_1,\mu_2,\cdots,\mu_n$，使得 $\boldsymbol{v}$ 可被写为

$$\boldsymbol{v}=\mu_1\boldsymbol{v}_1+\mu_2\boldsymbol{v}_2+\cdots+\mu_i\boldsymbol{v}_i+\cdots+\mu_n\boldsymbol{v}_n$$

如果将上面 $\boldsymbol{v}_i$ 的表达式代入，则任意向量 $\boldsymbol{v}$ 都可以表示为 $\boldsymbol{v}_1,\boldsymbol{v}_2,\cdots,\boldsymbol{w},\cdots,\boldsymbol{v}_n$ 的线性组合：

$$\boldsymbol{v}=k_1\boldsymbol{v}_1+k_2\boldsymbol{v}_2+\cdots+k_{i-1}\boldsymbol{v}_{i-1}+k_{i+1}\boldsymbol{v}_{i+1}+\cdots+k_n\boldsymbol{v}_n+k_w\boldsymbol{w}$$

其中 $k_j=\mu_j-\frac{\lambda_j}{\lambda_i}$，$j=1,2,\cdots,n,j\neq i$。此外，$k_w=\frac{1}{\lambda_i}$。

因此 $\boldsymbol{v}\in L(\boldsymbol{v}_1,\boldsymbol{v}_2,\cdots,\boldsymbol{w},\cdots,\boldsymbol{v}_n)$，于是

$$L(\boldsymbol{v}_1,\boldsymbol{v}_2,\cdots,\boldsymbol{v}_n)\subset L(\boldsymbol{v}_1,\boldsymbol{v}_2,\cdots,\boldsymbol{w},\cdots,\boldsymbol{v}_n)$$

同理，$\forall\boldsymbol{v}\in L(\boldsymbol{v}_1,\boldsymbol{v}_2,\cdots,\boldsymbol{w},\cdots,\boldsymbol{v}_n)$，存在标量

$$\mu_1,\mu_2,\cdots,\mu_{i-1},\mu_w,\mu_{i+1},\cdots,\mu_n$$

使得 $\boldsymbol{v}$ 可被写为

$$\boldsymbol{v}=\mu_1\boldsymbol{v}_1+\mu_2\boldsymbol{v}_2+\cdots+\mu_w\boldsymbol{w}+\cdots+\mu_n\boldsymbol{v}_n$$

将上面 $\boldsymbol{w}$ 的表达式代入上式，则任意向量 $\boldsymbol{v}$ 都可以表示为 $\boldsymbol{v}_1,\boldsymbol{v}_2,\cdots,\boldsymbol{v}_i,\cdots,\boldsymbol{v}_n$ 的线性组合：

$$\boldsymbol{v}=k_1\boldsymbol{v}_1+k_2\boldsymbol{v}_2+\cdots+k_i\boldsymbol{v}_i+k_n\boldsymbol{v}_n$$

其中 $k_j=\mu_j+\mu_w\lambda_j$，$j=1,2,\cdots,n,j\neq i$。此外，$k_i=\mu_w\lambda_i$。

因此，$\boldsymbol{v}\in L(\boldsymbol{v}_1,\boldsymbol{v}_2,\cdots,\boldsymbol{v}_i,\cdots,\boldsymbol{v}_n)$，即

$$L(\boldsymbol{v}_1,\boldsymbol{v}_2,\cdots,\boldsymbol{w},\cdots,\boldsymbol{v}_n)\subset L(\boldsymbol{v}_1,\boldsymbol{v}_2,\cdots,\boldsymbol{v}_n)$$

综上所述，$L(\boldsymbol{v}_1,\boldsymbol{v}_2,\cdots,\boldsymbol{v}_i,\cdots,\boldsymbol{v}_n)=L(\boldsymbol{v}_1,\boldsymbol{v}_2,\cdots,\boldsymbol{w},\cdots,\boldsymbol{v}_n)$。 □

例 8.22　考虑向量

$$\boldsymbol{v}_1=(0,0,1)$$

$$v_2=(0,1,0)$$
$$v_3=(1,0,0)$$

以及

$$w=(1,1,1)$$

则有

$$L(v_1,v_2,v_3)=\mathbb{R}^3$$

且

$$w=\lambda_1 v_1+\lambda_2 v_2+\lambda_3 v_3$$

其中 $(\lambda_1,\lambda_2,\lambda_3)=(1,1,1)$。

我们可以直接证明 $L(v_1,v_2,w)=\mathbb{R}^3$。

为此，我们考虑向量 $u=(3,4,5)$，可用 v_1,v_2,v_3 的线性组合来得到 u，此时 $(\lambda_1,\lambda_2,\lambda_3)=(5,4,3)$。

向量 u 还可以通过 v_1,v_2,w 来得到，此时有

$$(3,4,5)=\mu_1(0,0,1)+\mu_2(0,1,0)+\mu_3(1,1,1)$$

也就是求解线性方程组

$$\begin{cases} \mu_3=3 \\ \mu_2+\mu_3=4 \\ \mu_1+\mu_3=5 \end{cases}$$

其解为 $(\mu_1,\mu_2,\mu_3)=(2,1,3)$。

例 8.23　考虑向量

$$v_1=(0,1)$$
$$v_2=(1,0)$$

它们的生成空间 $L(v_1,v_2)=\mathbb{R}^2$。考虑向量

$$w=(5,0)$$

可以将其写为

$$w=\lambda_1 v_1+\lambda_2 v_2$$

得出 $\lambda_1=0$，$\lambda_2=5$。

命题 8.7 告诉我们，$L((0,1),(1,0))=L((0,1),(5,0))=\mathbb{R}^2$，所以 $L(v_1,v_2)=L(v_1,w)$。

反之，由于 $\lambda_1=0$，所以 $L(v_1,v_2)\neq L(w,v_2)$。这一点可以通过证明

$$L((5,0),(1,0))\neq\mathbb{R}^2$$

来验证。

$L((5,0),(1,0))$ 是第二个坐标分量为 0 的平面上的直线。(水平线的直线，方程为 $y=0$。)

引理 8.1（第一线性相关引理）　设 $v_1,v_2,\cdots,v_n$ 为 n 个线性相关的向量，且 $v_1\neq\mathbf{0}$，则存在下标 $j\in\{2,3,\cdots,n\}$，使得

$$v_j\in L(v_1,v_2,\cdots,v_{j-1})$$

证明　由于 $v_1,v_2,\cdots,v_n$ 是 n 个线性相关的向量，则

$$\exists(\lambda_1,\lambda_2,\cdots,\lambda_n)\neq(0,0,\cdots,0)$$
$$\mathbf{0}=\lambda_1 v_1+\lambda_2 v_2+\cdots+\lambda_n v_n$$

因为 $\boldsymbol{v}_1 \neq \boldsymbol{0}$ 且 $(\lambda_1,\lambda_2,\cdots,\lambda_n) \neq (0,0,\cdots,0)$，则 $\lambda_2,\cdots,\lambda_n$ 中至少有一个标量 λ_k 不为 0。

设 j 是非零系数对应的最大下标，则所有下标大于 j 的系数都是零，因此

$$\boldsymbol{v}_j = -\frac{\lambda_1}{\lambda_j}\boldsymbol{v}_1 - \frac{\lambda_2}{\lambda_j}\boldsymbol{v}_2 - \cdots - \frac{\lambda_{j-1}}{\lambda_j}\boldsymbol{v}_{j-1}$$

即 $\boldsymbol{v}_j \in L(\boldsymbol{v}_1,\boldsymbol{v}_2,\cdots,\boldsymbol{v}_{j-1})$。 □

例 8.24　考虑线性相关向量

$$\boldsymbol{v}_1 = (0,1)$$
$$\boldsymbol{v}_2 = (1,0)$$
$$\boldsymbol{v}_3 = (1,1)$$

很容易看出，

$$\boldsymbol{v}_3 \in L(\boldsymbol{v}_1,\boldsymbol{v}_2)$$

例 8.25　为了更好地理解引理 8.1 中 $\boldsymbol{v}_1 \neq \boldsymbol{0}$ 的假设条件，考虑线性相关向量

$$\boldsymbol{v}_1 = (0,0)$$
$$\boldsymbol{v}_2 = (1,0)$$
$$\boldsymbol{v}_3 = (0,1)$$

此时

$$\boldsymbol{v}_3 \notin L(\boldsymbol{v}_1,\boldsymbol{v}_2)$$

引理 8.2（第二线性相关引理）　*设 $\boldsymbol{v}_1,\boldsymbol{v}_2,\cdots,\boldsymbol{v}_n$ 为 n 个线性相关向量，且 $\boldsymbol{v}_1 \neq \boldsymbol{0}$，则可以移除一个向量而不改变生成空间，即存在指标 $j \in \{2,3,\cdots,n\}$，使得*

$$L(\boldsymbol{v}_1,\boldsymbol{v}_2,\cdots,\boldsymbol{v}_j,\cdots,\boldsymbol{v}_n) = L(\boldsymbol{v}_1,\boldsymbol{v}_2,\cdots,\boldsymbol{v}_{j-1},\boldsymbol{v}_{j+1},\cdots,\boldsymbol{v}_n)$$

证明　$\forall \boldsymbol{v} \in L(\boldsymbol{v}_1,\boldsymbol{v}_2,\cdots,\boldsymbol{v}_n)$，则存在标量 $\mu_1,\mu_2,\cdots,\mu_n$，使得

$$\boldsymbol{v} = \mu_1\boldsymbol{v}_1 + \mu_2\boldsymbol{v}_2 + \cdots + \mu_j\boldsymbol{v}_j + \cdots + \mu_n\boldsymbol{v}_n$$

设 $\boldsymbol{v}_j$ 为第一线性相关引理中所得向量，将 $\boldsymbol{v}_j$ 的表达式代入上式，我们知道，当去除掉 $\boldsymbol{v}_j$ 后，向量 $\boldsymbol{v}_1,\boldsymbol{v}_2,\cdots,\boldsymbol{v}_{j-1},\boldsymbol{v}_{j+1},\cdots,\boldsymbol{v}_n$ 仍然生成这个向量空间，即

$$\boldsymbol{v} = k_1\boldsymbol{v}_1 + k_2\boldsymbol{v}_2 + \cdots + k_{j-1}\boldsymbol{v}_{j-1} + \mu_{j+1}\boldsymbol{v}_{j+1} + \cdots + \mu_n\boldsymbol{v}_n$$

其中 $k_i = \mu_i - \mu_j\dfrac{\lambda_i}{\lambda_j}$，$i = 1,2,\cdots,j-1$。

这说明 $\boldsymbol{v} \in L(\boldsymbol{v}_1,\boldsymbol{v}_2,\cdots,\boldsymbol{v}_{j-1},\boldsymbol{v}_{j+1},\cdots,\boldsymbol{v}_n)$，则有

$$L(\boldsymbol{v}_1,\boldsymbol{v}_2,\cdots,\boldsymbol{v}_j,\cdots,\boldsymbol{v}_n) \subset L(\boldsymbol{v}_1,\boldsymbol{v}_2,\cdots,\boldsymbol{v}_{j-1},\boldsymbol{v}_{j+1},\cdots,\boldsymbol{v}_n)$$

类似地，$\forall \boldsymbol{v} \in L(\boldsymbol{v}_1,\boldsymbol{v}_2,\cdots,\boldsymbol{v}_{j-1},\boldsymbol{v}_{j+1},\cdots,\boldsymbol{v}_n)$，有

$$\boldsymbol{v} = \mu_1\boldsymbol{v}_1 + \mu_2\boldsymbol{v}_2 + \cdots + \mu_{j-1}\boldsymbol{v}_{j-1} + \mu_{j+1}\boldsymbol{v}_{j+1} \cdots + \mu_n\boldsymbol{v}_n$$

可以将其改写为

$$\boldsymbol{v} = \mu_1\boldsymbol{v}_1 + \mu_2\boldsymbol{v}_2 + \cdots + \mu_{j-1}\boldsymbol{v}_{j-1} + 0\boldsymbol{v}_j + \mu_{j+1}\boldsymbol{v}_{j+1} \cdots + \mu_n\boldsymbol{v}_n$$

因此 $\boldsymbol{v} \in L(\boldsymbol{v}_1,\boldsymbol{v}_2,\cdots,\boldsymbol{v}_j,\cdots,\boldsymbol{v}_n)$。于是有

$$L(\boldsymbol{v}_1,\boldsymbol{v}_2,\cdots,\boldsymbol{v}_{j-1},\boldsymbol{v}_{j+1},\cdots,\boldsymbol{v}_n) \subset L(\boldsymbol{v}_1,\boldsymbol{v}_2,\cdots,\boldsymbol{v}_j,\cdots,\boldsymbol{v}_n)$$

综上所述，这两个生成空间相同：

$$L(\boldsymbol{v}_1,\boldsymbol{v}_2,\cdots,\boldsymbol{v}_j,\cdots,\boldsymbol{v}_n) = L(\boldsymbol{v}_1,\boldsymbol{v}_2,\cdots,\boldsymbol{v}_{j-1},\boldsymbol{v}_{j+1},\cdots,\boldsymbol{v}_n)$$ □

例 8.26　再次考虑向量

$$\boldsymbol{v}_1=(0,0,1)$$
$$\boldsymbol{v}_2=(0,1,0)$$
$$\boldsymbol{v}_3=(1,0,0)$$
$$\boldsymbol{v}_4=(1,1,1)$$

这些向量线性相关。

我们知道 $\boldsymbol{v}_4$ 可以表示为其他向量的线性组合，这说明

$$\boldsymbol{v}_4 \in L(\boldsymbol{v}_1,\boldsymbol{v}_2,\boldsymbol{v}_3)$$

这是第一线性相关引理。

此外，如前所述

$$L(\boldsymbol{v}_1,\boldsymbol{v}_2,\boldsymbol{v}_3)=L(\boldsymbol{v}_1,\boldsymbol{v}_2,\boldsymbol{v}_3,\boldsymbol{v}_4)=\mathbb{R}^3$$

这是第二线性相关引理。

8.5　向量空间的基和维数

定义 8.9　设 $(E,+,\cdot)$ 为向量空间。若存在有限个向量 $\boldsymbol{v}_1,\boldsymbol{v}_2,\cdots,\boldsymbol{v}_n$，使得向量空间 $(L,+,\cdot)=(E,+,\cdot)$，其中 L 为生成空间 $L(\boldsymbol{v}_1,\boldsymbol{v}_2,\cdots,\boldsymbol{v}_n)$，则称 $(E,+,\cdot)$ 为**有限维**向量空间。此时，称 $\boldsymbol{v}_1,\boldsymbol{v}_2,\cdots,\boldsymbol{v}_n$ 生成了该向量空间。

例 8.27　$(L((1,0,0),(0,1,0),(0,0,1)),+,\cdot)$ 是有限维向量空间。这个向量空间可以生成 $\mathbb{R}^3$ 中任意向量。尽管本书并不讨论无限维集合和向量空间，但将集合 $\mathbb{R}^\infty$ 定义为对 $\mathbb{R}$ 的无穷多次笛卡儿积仍然很重要。

定义 8.10　设 $(E,+,\cdot)$ 为有限维向量空间，$B=\{\boldsymbol{v}_1,\boldsymbol{v}_2,\cdots,\boldsymbol{v}_n\}$ 为 E 中的一组向量，若其满足性质：

- $\boldsymbol{v}_1,\boldsymbol{v}_2,\cdots,\boldsymbol{v}_n$ 是线性无关的，
- $\boldsymbol{v}_1,\boldsymbol{v}_2,\cdots,\boldsymbol{v}_n$ 生成 E，即 $E=L(\boldsymbol{v}_1,\boldsymbol{v}_2,\cdots,\boldsymbol{v}_n)$，

则称 $B=\{\boldsymbol{v}_1,\boldsymbol{v}_2,\cdots,\boldsymbol{v}_n\}$ 为 $(E,+,\cdot)$ 的一组**基**。

例 8.28　考虑向量空间 $\mathbb{R}^3$。$\mathbb{R}^3$ 中的一组基 B 为

$$(0,0,1)$$
$$(0,1,0)$$
$$(1,0,0)$$

由于它们线性无关，并且 $\mathbb{R}^3$ 中所有向量都可以用它们的线性组合表示。

向量组

$$(0,0,1)$$
$$(0,1,0)$$
$$(1,0,0)$$
$$(1,2,3)$$

生成 $\mathbb{R}^3$，即 $\mathbb{R}$ 为其生成空间。这是由于这组向量可以生成 $\mathbb{R}^3$ 中所有向量，但是它们不是线性无关的。因此，一组基可以生成一个向量空间，而一组生成向量空间的向量不一定是基。

引理 8.3（Steinitz 引理）　设 $(E,+,\cdot)$ 为有限维向量空间，且 $L(\boldsymbol{v}_1,\boldsymbol{v}_2,\cdots,\boldsymbol{v}_n)=E$。设

$\boldsymbol{w}_1,\boldsymbol{w}_2,\cdots,\boldsymbol{w}_s\in E$ 线性无关，则有 $s\leqslant n$，即线性无关向量组中所含向量的个数不能大于生成向量空间的向量个数。

证明　用反证法。假设 $s>n$。由于 $\boldsymbol{w}_1,\boldsymbol{w}_2,\cdots,\boldsymbol{w}_s$ 线性无关，根据命题 8.6，它们全不是 $\mathbf{0}$，即 $\boldsymbol{w}_1\neq\mathbf{0}$。

由于 $L(\boldsymbol{v}_1,\boldsymbol{v}_2,\cdots,\boldsymbol{v}_n)$ 生成 E，且 $\boldsymbol{w}_1\in E$，因此存在一组数 $\lambda_1,\lambda_2,\cdots,\lambda_n$ 使得

$$\boldsymbol{w}_1=\lambda_1\boldsymbol{v}_1+\lambda_2\boldsymbol{v}_2+\cdots+\lambda_n\boldsymbol{v}_n$$

因为 $\boldsymbol{w}_1\neq\mathbf{0}$，所以 $(\lambda_1,\lambda_2,\cdots,\lambda_n)\neq(0,0,\cdots,0)$。

不失一般性，假设 $\lambda_1\neq 0$，则

$$\boldsymbol{v}_1=\frac{1}{\lambda_1}(\boldsymbol{w}_1-\lambda_2\boldsymbol{v}_2-\cdots-\lambda_n\boldsymbol{v}_n)$$

因此，任意向量 $\boldsymbol{u}\in E$ 都可以表示为

$$\begin{aligned}\boldsymbol{u}&=a_1\boldsymbol{v}_1+a_2\boldsymbol{v}_2+\cdots+a_n\boldsymbol{v}_n\\&=\frac{a_1}{\lambda_1}(\boldsymbol{w}_1-\lambda_2\boldsymbol{v}_2-\cdots-\lambda_n\boldsymbol{v}_n)+a_2\boldsymbol{v}_2+\cdots+a_n\boldsymbol{v}_n\\&=k_1\boldsymbol{w}_1+k_2\boldsymbol{v}_2+\cdots+k_n\boldsymbol{v}_n\end{aligned}$$

这说明任意向量 $\boldsymbol{u}\in E$ 都可以表示为 $\boldsymbol{w}_1,\boldsymbol{v}_2,\cdots,\boldsymbol{v}_n$ 的线性组合，即

$$L(\boldsymbol{w}_1,\boldsymbol{v}_2,\cdots,\boldsymbol{v}_n)=E$$

现在可以将 E 中的向量 $\boldsymbol{w}_2$ 表示为

$$\boldsymbol{w}_2=\mu_1\boldsymbol{w}_1+\mu_2\boldsymbol{v}_2+\cdots+\mu_n\boldsymbol{v}_n$$

其中 $(\mu_1,\mu_2,\cdots,\mu_n)\neq(0,0,\cdots,0)$。（注意，若 $\boldsymbol{w}_2=\mathbf{0}$，由命题 8.6 知向量组 $\boldsymbol{w}_1,\boldsymbol{w}_2,\cdots,\boldsymbol{w}_s$ 线性相关。）此外，$\boldsymbol{w}_2$ 不能表示为 $\boldsymbol{w}_2=\mu_1\boldsymbol{w}_1$（它们线性无关）。因此，存在 $j\in\{2,3,\cdots,n\}$，$\mu_j\neq 0$。可以假设 $\mu_2\neq 0$，则任意向量 $\boldsymbol{u}\in E$ 可以表示为

$$\boldsymbol{u}=l_1\boldsymbol{w}_1+l_2\boldsymbol{w}_2+l_3\boldsymbol{v}_3+\cdots+l_n\boldsymbol{v}_n$$

这说明

$$L(\boldsymbol{w}_1,\boldsymbol{w}_2,\cdots,\boldsymbol{v}_n)=E$$

重复上述过程，第 k 步将会得到

$$\boldsymbol{w}_k=\gamma_1\boldsymbol{w}_1+\gamma_2\boldsymbol{w}_2+\cdots+\gamma_{k-1}\boldsymbol{w}_{k-1}+\gamma_k\boldsymbol{v}_k+\cdots+\gamma_n\boldsymbol{v}_n$$

由于 $\boldsymbol{w}_k$ 不能表示为 $\boldsymbol{w}_1,\boldsymbol{w}_2,\cdots,\boldsymbol{w}_{k-1}$ 的线性组合，那么存在 $j\in\{k,k+1,\cdots,n\},\gamma_j\neq 0$。假设 $\gamma_j=\gamma_k$，则

$$L(\boldsymbol{w}_1,\boldsymbol{w}_2,\cdots,\boldsymbol{w}_k,\cdots,\boldsymbol{v}_n)=E$$

重复到第 n 步时，则任意向量 $\boldsymbol{u}\in E$ 都可以表示为

$$\boldsymbol{u}=h_1\boldsymbol{w}_1+h_2\boldsymbol{w}_2+h_3\boldsymbol{w}_3+\cdots+h_n\boldsymbol{w}_n$$

这意味着

$$L(\boldsymbol{w}_1,\boldsymbol{w}_2,\cdots,\boldsymbol{w}_n)=E$$

根据矛盾假设 $s>n$，没有更多的 $\boldsymbol{v}$ 向量，但是仍然有 $s-n$ 个剩余的 $\boldsymbol{w}$ 向量。

特别地，$\boldsymbol{w}_{n+1}\in E$，因此可以改写为

$$\boldsymbol{w}_{n+1}=\delta_1\boldsymbol{w}_1+\delta_2\boldsymbol{w}_2+\delta_3\boldsymbol{w}_3+\cdots+\delta_n\boldsymbol{w}_n$$

由于 $\boldsymbol{w}_{n+1}$ 可以表示为其他向量的线性组合，根据定理 8.4，向量组 $\boldsymbol{w}_1,\boldsymbol{w}_2,\cdots,\boldsymbol{w}_s$ 线性相关，这与假设相矛盾。 □

例 8.29 如上所述，向量组

$$\boldsymbol{v}_1=(0,0,1)$$
$$\boldsymbol{v}_2=(0,1,0)$$
$$\boldsymbol{v}_3=(1,0,0)$$
$$\boldsymbol{v}_4=(1,2,3)$$

生成 $\mathbb{R}^3$。

考虑 $\mathbb{R}^3$ 中一组线性无关的向量

$$\boldsymbol{w}_1=(1,4,0)$$
$$\boldsymbol{w}_2=(0,5,0)$$
$$\boldsymbol{w}_3=(0,2,1)$$

可以证明这组向量线性无关，且所含向量个数不多于生成 $\mathbb{R}^3$ 的向量组中的向量个数。这就是 Steinitz 引理的含义。

以 $\mathbb{R}^3$ 为例，由定理 4.6 可得任意四个向量总线性相关。因此，$\mathbb{R}^3$ 中至多存在三个线性无关的向量。反之，生成 $\mathbb{R}^3$ 至少需要三个向量。如果仅考虑 $\boldsymbol{w}_1$ 和 $\boldsymbol{w}_3$，则不足以生成 $\mathbb{R}^3$ 中的所有向量。例如，向量 $\boldsymbol{t}=(50,0,20)$ 不能用 $\boldsymbol{w}_1$ 和 $\boldsymbol{w}_3$ 的线性组合表示，下面进行验证。设

$$(50,0,20)=\lambda_1(1,4,0)+\lambda_3(0,2,1)$$

即

$$\begin{cases}\lambda_1 = 50\\ 4\lambda_1+2\lambda_3=0\\ \lambda_3=20\end{cases}$$

该方程组无解，即无法用 $\boldsymbol{w}_1$ 和 $\boldsymbol{w}_3$ 生成 $\boldsymbol{t}$。因此，$\boldsymbol{w}_1$ 和 $\boldsymbol{w}_3$ 不能生成 $\mathbb{R}^3$。

定理 8.8 设 $(E,+,\cdot)$ 为有限维向量空间，且 $L(\boldsymbol{v}_1,\boldsymbol{v}_2,\cdots,\boldsymbol{v}_n)=E$，$B=\{\boldsymbol{w}_1,\boldsymbol{w}_2,\cdots,\boldsymbol{w}_s\}$ 是它的一组基，则有 $s\leqslant n$。

证明 由于基是线性无关向量组，根据 Steinitz 引理可以立刻得到 $s\leqslant n$。 □

例 8.30 根据前面的例子可得 $B=\{\boldsymbol{w}_1,\boldsymbol{w}_2,\boldsymbol{w}_3\}$ 是一组基，因为这组向量线性无关且可生成 $\mathbb{R}^3$。这组基一共包含三个向量，少于生成 $\mathbb{R}^3$ 的向量组 $\boldsymbol{v}_1,\boldsymbol{v}_2,\boldsymbol{v}_3,\boldsymbol{v}_4$ 中所含向量个数。

定义 8.11 构成基的向量个数称为这组基的阶数。

定理 8.9 设 $(E,+,\cdot)$ 为有限维线性空间，该向量空间的所有基都有相同的阶数。

证明 设 $B_1=\{\boldsymbol{v}_1,\boldsymbol{v}_2,\cdots,\boldsymbol{v}_n\}$ 和 $B_2=\{\boldsymbol{w}_1,\boldsymbol{w}_2,\cdots,\boldsymbol{w}_s\}$ 是空间 $(E,+,\cdot)$ 中任意两组基。

因为 B_1 是 $(E,+,\cdot)$ 的一组基，所以 $L(\boldsymbol{v}_1,\boldsymbol{v}_2,\cdots,\boldsymbol{v}_n)=E$。又因为 $\boldsymbol{w}_1,\boldsymbol{w}_2,\cdots,\boldsymbol{w}_s$ 是 E 中线性无关的向量组，因此 $\boldsymbol{w}_1,\boldsymbol{w}_2,\cdots,\boldsymbol{w}_s\in L(\boldsymbol{v}_1,\boldsymbol{v}_2,\cdots,\boldsymbol{v}_n)$。根据引理 8.3 可得，$s\leqslant n$。

同理，因为 B_2 是 $(E,+,\cdot)$ 的一组基，所以 $L(\boldsymbol{w}_1,\boldsymbol{w}_2,\cdots,\boldsymbol{w}_s)=E$。又因为 $\boldsymbol{v}_1,\boldsymbol{v}_2,\cdots,\boldsymbol{v}_n$ 是 E 中线性无关的向量组，因此 $\boldsymbol{v}_1,\boldsymbol{v}_2,\cdots,\boldsymbol{v}_n\in L(\boldsymbol{w}_1,\boldsymbol{w}_2,\cdots,\boldsymbol{w}_s)$。根据引理 8.3 可得，$n\leqslant s$。

综上所述，两组基有相同的阶数，即 $s=n$。 □

例 8.31 $\mathbb{R}^3$ 中的两组基的阶数相等。我们知道在 $\mathbb{R}^3$ 中至多有三个线性无关的向量，因此 $\mathbb{R}^3$ 中的每组基至多可以由三个向量组成。我们又知道至少需要三个向量来生成空间 $\mathbb{R}^3$。因此每一组基都必须含有三个向量。

定义 8.12　设 $(E,+,\cdot)$ 为有限维线性空间，称 $(E,+,\cdot)$ 基的阶数为空间 $(E,+,\cdot)$ 的**维数**，记为 $\dim(E,+,\cdot)$ 或者简写为 $\dim(E)$。

定理 8.10　设 $(E,+,\cdot)$ 为有限维向量空间，向量空间的维数 $\dim(E,+,\cdot)=n$ 为：

- E 中线性无关向量组所含向量的最多个数；
- 生成 E 的向量组中所含向量的最少个数。

证明　如果 $\dim(E,+,\cdot)=n$，则存在一组基

$$B=\{\boldsymbol{v}_1,\boldsymbol{v}_2,\cdots,\boldsymbol{v}_n\}$$

根据基的定义，这组基包含 n 个线性无关向量，且生成 E。这组基的阶数，就是其所含向量的个数 n。

用反证法。假设 n 不是线性无关向量组中所含向量的最多个数。假设 E 中存在 $n+1$ 个线性无关的向量

$$\boldsymbol{w}_1,\boldsymbol{w}_2,\cdots,\boldsymbol{w}_n,\boldsymbol{w}_{n+1}$$

由于 E 是一组基，它的元素生成了向量空间 $(E,+,\cdot)$，即

$$L(\boldsymbol{v}_1,\boldsymbol{v}_2,\cdots,\boldsymbol{v}_n)=E$$

根据 Steinitz 引理可得，线性无关的向量数 $n+1$ 不能大于生成向量空间的向量数 n，因此，

$$n+1\leqslant n$$

显然与事实矛盾。这说明线性无关向量组所含向量数最多为 n　□

为证明生成 E 的向量的最小数目也是 n，假设存在 $n-1$ 个向量生成空间 $(E,+,\cdot)$，即

$$L(\boldsymbol{u}_1,\boldsymbol{u}_2,\cdots,\boldsymbol{u}_{n-1})=E$$

已知 $\dim(E,+,\cdot)=n$，一组基的阶为 n，则存在 n 个线性无关的向量

$$\boldsymbol{v}_1,\boldsymbol{v}_2,\cdots,\boldsymbol{v}_n$$

由引理 8.3，线性无关的向量个数 n 不能大于生成向量空间的向量的数目 $n-1$，因此

$$n\leqslant n-1$$

显然与事实矛盾。这说明生成 E 的向量组中所含向量最少个数为 n。　□

例 8.32　在 $\mathbb{R}^3$ 中，每一组基由三个向量组成。根据维数的定义知 $\dim(\mathbb{R}^3)=3$。我们已经知道在 $\mathbb{R}^3$ 中最多存在三个线性无关的向量并且至少需要三个向量来生成向量空间。因此，向量空间的维数为线性无关向量组所含向量最多个数和生成向量空间的向量组中所含向量最少个数。

定理 8.11　设 $(E,+,\cdot)$ 为有限维向量空间，$\dim(E,+,\cdot)=n$，$\boldsymbol{v}_1,\boldsymbol{v}_2,\cdots,\boldsymbol{v}_n\in E$，则向量 $\boldsymbol{v}_1,\boldsymbol{v}_2,\cdots,\boldsymbol{v}_n$ 生成向量空间，即 $L(\boldsymbol{v}_1,\boldsymbol{v}_2,\cdots,\boldsymbol{v}_n)=E$，当且仅当 $\boldsymbol{v}_1,\boldsymbol{v}_2,\cdots,\boldsymbol{v}_n$ 线性无关。

证明　若 $\boldsymbol{v}_1,\boldsymbol{v}_2,\cdots,\boldsymbol{v}_n$ 生成向量空间，则 $L(\boldsymbol{v}_1,\boldsymbol{v}_2,\cdots,\boldsymbol{v}_n)=E$。用反正法。假设 $\boldsymbol{v}_1,\boldsymbol{v}_2,\cdots,\boldsymbol{v}_n$ 线性相关。在这 n 个线性相关的向量中，一定存在 $r<n$ 个线性无关的向量，记为 $\boldsymbol{v}_{\sigma(1)},\boldsymbol{v}_{\sigma(2)},\cdots,\boldsymbol{v}_{\sigma(r)}$。根据第二线性相关引理，从 $\boldsymbol{v}_1,\boldsymbol{v}_2,\cdots,\boldsymbol{v}_n$ 中去掉一个向量，生成空间仍相等。反复使用上述引理，直到由线性无关向量组生成：

$$L(\boldsymbol{v}_{\sigma(1)},\boldsymbol{v}_{\sigma(2)},\cdots,\boldsymbol{v}_{\sigma(r)})=L(\boldsymbol{v}_1,\boldsymbol{v}_2,\cdots,\boldsymbol{v}_n)$$

这也意味着 r 个向量 $\boldsymbol{v}_{\sigma(1)},\boldsymbol{v}_{\sigma(2)},\cdots,\boldsymbol{v}_{\sigma(r)}$ 生成 E：

$$L(\boldsymbol{v}_{\sigma(1)},\boldsymbol{v}_{\sigma(2)},\cdots,\boldsymbol{v}_{\sigma(r)})=E$$

另一方面，由于 $\dim(E,+,\cdot)=n$，根据定理 8.10，生成向量空间的最少向量数为 n，因此，不可能有 $r<n$。

设 $\boldsymbol{v}_1, \boldsymbol{v}_2, \cdots, \boldsymbol{v}_n$ 线性无关。用反证法。假设向量组 $\boldsymbol{v}_1, \boldsymbol{v}_2, \cdots, \boldsymbol{v}_n$ 不能生成 E，即 $L(\boldsymbol{v}_1, \boldsymbol{v}_2, \cdots, \boldsymbol{v}_n) \neq E$。这说明向量 $\boldsymbol{v}_1, \boldsymbol{v}_2, \cdots, \boldsymbol{v}_n$ 不足以生成 E，需要更多向量（至少还需要一个向量）。因此，假设添加一个向量 $\boldsymbol{u} \in E$，可生成向量空间：

$$L(\boldsymbol{v}_1, \boldsymbol{v}_2, \cdots, \boldsymbol{v}_n, \boldsymbol{u}) = E$$

此时由 $n+1$ 个向量生成 E。这些向量一定线性无关，这是因为如果 $\boldsymbol{u}$ 是其他向量的线性组合，根据第二线性相关引理，它可以从生成空间中移除：

$$L(\boldsymbol{v}_1, \boldsymbol{v}_2, \cdots, \boldsymbol{v}_n, \boldsymbol{u}) = L(\boldsymbol{v}_1, \boldsymbol{v}_2, \cdots, \boldsymbol{v}_n)$$

由于 $\dim(E, +, \cdot) = n$，利用定理 8.10，E 中线性无关向量组中所含向量数最多为 n，因此不可能存在 $n+1$ 个线性无关向量，假设不成立。　□

例 8.33　考虑 $\mathbb{R}^3$ 中的线性无关向量

$$\boldsymbol{v}_1 = (1, 0, 1)$$
$$\boldsymbol{v}_2 = (0, 2, 0)$$
$$\boldsymbol{v}_3 = (1, 0, 2)$$

$\mathbb{R}^3$ 中的任意向量都由 $\boldsymbol{v}_1, \boldsymbol{v}_2, \boldsymbol{v}_3$ 的线性组合生成。例如，向量 $\boldsymbol{t} = (21, 8, 2)$ 可以表示为

$$(21, 8, 2) = \lambda_1(1, 0, 1) + \lambda_2(0, 2, 0) + \lambda_3(1, 0, 2)$$

可以写成方程组

$$\begin{cases} \lambda_1 + \quad \lambda_3 = 21 \\ \lambda_2 \qquad\quad = 8 \\ \lambda_1 + 2\lambda_3 = 2 \end{cases}$$

其解为 $(\lambda_1, \lambda_2, \lambda_3) = (40, 8, -19)$。因为 $\boldsymbol{v}_1, \boldsymbol{v}_2, \boldsymbol{v}_3$ 线性无关，所以 $\mathbb{R}^3$ 中的向量都可用它们表示。

考虑线性相关向量组

$$\boldsymbol{w}_1 = (1, 0, 1)$$
$$\boldsymbol{w}_2 = (0, 2, 0)$$
$$\boldsymbol{w}_3 = (1, 2, 1)$$

我们尝试用其线性表示 $\boldsymbol{t} = (21, 8, 2)$，设

$$(21, 8, 2) = \lambda_1(1, 0, 1) + \lambda_2(0, 2, 0) + \lambda_3(1, 2, 1)$$

可写成方程组

$$\begin{cases} \lambda_1 + \lambda_3 = 21 \\ \lambda_2 + \lambda_3 = 8 \\ \lambda_1 + \lambda_3 = 2 \end{cases}$$

该方程组无解，因此 $\boldsymbol{w}_1, \boldsymbol{w}_2, \boldsymbol{w}_3$ 无法线性表示向量 $\boldsymbol{t} = (21, 8, 2)$。三个线性相关的向量不能生成 $\mathbb{R}^3$。

例 8.34　考虑向量空间 $(E, +, \cdot)$，其中

$$E = \{(x, y, z) \in \mathbb{R}^3 \mid x - 3y - 7z = 0\}$$

为了确定生成的向量空间和相应的基。设 $y = \alpha$，$z = \beta$，求解关于 x 的方程：$x = 3\alpha + 7\beta$。该方程有 ∞^2 个形如 $(3\alpha + 7\beta, \alpha, \beta)$ 的解。解的表达式可以写成

$$(3\alpha+7\beta,\alpha,\beta)=(3\alpha,\alpha,0)+(7\beta,0,\beta)$$
$$=\alpha(3,1,0)+\beta(7,0,1)$$

因此，$E=L((3,1,0),(7,0,1))$。

利用命题 8.5，$(3,1,0)\neq\mathbf{0}$，故线性无关。另外，$(7,0,1)$ 也不是 $(3,1,0)$ 的线性组合。因此，这两个向量是线性无关的，构成基 $B=\{(3,1,0),(7,0,1)\}$。因此，$\dim(E,+,\cdot)=2$。

例 8.35　考虑向量空间 $(E,+,\cdot)$，其中

$$E=\left\{(x,y,z)\in\mathbb{R}^3 \mid \begin{cases}x-3y+2z=0\\x+y-z=0\end{cases}\right\}$$

由于方程组的秩为 2，因此有无穷多个解。一个解是：

$$\left(\det\begin{pmatrix}-3 & 2\\1 & -1\end{pmatrix},-\det\begin{pmatrix}1 & 2\\1 & -1\end{pmatrix},\det\begin{pmatrix}1 & -3\\1 & 1\end{pmatrix}\right)=(1,3,4)$$

因此，$L((1,3,4))=E$，$B=\{(1,3,4)\}$，$\dim(E,+,\cdot)=1$。

例 8.36　考虑向量空间 $(E,+,\cdot)$，其中

$$E=\left\{(x,y,z)\in\mathbb{R}^3 \mid \begin{cases}x-y=0\\y+z=0\\3x+z=0\end{cases}\right\}$$

由于该方程组的系数矩阵非奇异，方程组有唯一解 $(0,0,0)$。因此，$L((0,0,0))=E$。在这种特殊情况下，向量空间仅由零向量组成。由于没有线性无关的向量，$\dim(E,+,\cdot)=0$。

更一般地，如果 $\mathbb{R}^3$ 的子空间由一个含有三个变量三个方程的线性方程组的解确定，则有下面三种情况。

- 如果方程组的秩为 3，则 $\dim(E,+,\cdot)=0$。这个向量子空间的几何解释是三维空间中坐标系的原点（只有一个点）。
- 如果方程组的秩为 2，则方程组有 ∞^1 个解，且 $\dim(E,+,\cdot)=1$。这个向量子空间的几何解释是一条过原点的直线。
- 如果方程组的秩为 1，则方程组有 ∞^2 个解，且 $\dim(E,+,\cdot)=2$。这个向量子空间的几何解释是一个过原点的平面。

如前文在命题 8.2 中看到的，如果原点（即零向量）不在向量子空间中，那么向量空间规则就不能成立。

例 8.37　考虑向量空间 $(E,+,\cdot)$，其中

$$E=\left\{(x,y,z)\in\mathbb{R}^3 \mid \begin{cases}x+2y+3z=0\\x+y+3z=0\\x-y=0\end{cases}\right\}$$

该线性方程组对应矩阵

$$\begin{pmatrix}1 & 2 & 3\\1 & 1 & 3\\1 & -1 & 0\end{pmatrix}$$

它的行列式为零。矩阵的秩为 2。因此方程组有 ∞^1 个解。为了求通解，最后一个方程可以写为 $x=y=\alpha$。将其代入第一个方程有

$$\alpha+2\alpha+3z=0\Rightarrow z=-\alpha$$

该方程组的无穷多个解与 $(\alpha,\alpha,-\alpha)=\alpha(1,1,-1)$ 成比例。这说明 $L((1,1,-1))=E$，而这个向量空间的一组基为 $B=\{(1,1,-1)\}$。这是因为，这个向量不是零向量（因此线性无关）。这个向量空间的维数为 $\dim(E,+,\cdot)=1$。

例 8.38 考虑向量空间 $(E,+,\cdot)$，

$$E=\left\{(x,y,z)\in\mathbb{R}^3 \mid \begin{cases} x+2y+3z=0 \\ 2x+4y+6z=0 \\ 3x+6y+9z=0 \end{cases}\right\}$$

此线性方程组对应矩阵

$$\begin{pmatrix} 1 & 2 & 3 \\ 2 & 4 & 6 \\ 3 & 6 & 9 \end{pmatrix}$$

该矩阵以及它所有的 2 阶子矩阵都是奇异的。因此矩阵的秩为 1，方程组有 ∞^2 个解。若取 $y=\alpha$，$z=\beta$，则有 $x=-2\alpha-3\beta$。因此，解与

$$(-2\alpha-3\beta,\alpha,\beta)$$

成比例。通解表示为

$$(-2\alpha-3\beta,\alpha,\beta)=(-2\alpha,\alpha,0)+(-3\beta,0,\beta)=\alpha(-2,1,0)+\beta(-3,0,1)$$

为了证明这两个向量构成一组基，需要证明它们线性无关。根据线性无关的定义，等式

$$\lambda_1\boldsymbol{v}_1+\lambda_2\boldsymbol{v}_2=\mathbf{0}$$

只在 $(\lambda_1,\lambda_2)=(0,0)$ 时成立。

在本例中，即等式

$$\lambda_1(-2,1,0)+\lambda_2(-3,0,1)=\mathbf{0}$$

仅在 $(\lambda_1,\lambda_2)=(0,0)$ 时成立。这等价于线性方程组

$$\begin{cases} -2\lambda_1-3\lambda_2=0 \\ \lambda_2=0 \\ \lambda_1=0 \end{cases}$$

是适定的。满足方程组的唯一解是 $(\lambda_1,\lambda_2)=(0,0)$。这说明向量组 $(-2,1,0)$，$(-3,0,1)$ 线性无关，因此构成一组基 $B=\{(-2,1,0),(-3,0,1)\}$。维数 $\dim(E,+,\cdot)=2$。

例 8.39 考虑 $\mathbb{R}^3$ 中的向量

$$\boldsymbol{u}=(2,-1,1),\quad \boldsymbol{v}=(3,1,2)$$

对应矩阵 $\boldsymbol{A}$ 的秩是 2。因此，这两个向量线性无关。这两个向量可以组成一个基 $B=\{\boldsymbol{u},\boldsymbol{v}\}$，可生成维数为 2 的向量空间。这些向量不能生成 $\mathbb{R}^3$。

例 8.40 考虑 $\mathbb{R}^3$ 中的向量

$$\boldsymbol{u}=(2,-1,3)$$
$$\boldsymbol{v}=(1,0,-1)$$
$$\boldsymbol{w}=(2,1,-2)$$

对应的矩阵为

$$\boldsymbol{A}=\begin{pmatrix} 2 & -1 & 3 \\ 1 & 0 & -1 \\ 2 & 1 & -2 \end{pmatrix}$$

它的秩为3。因此，这些向量线性无关且构成了一个基 B。

考虑向量 $\boldsymbol{t}=(0,2,0)$。将 $\boldsymbol{t}$ 用基 B 线性表示。这意味着我们需要找到系数 λ,μ,ν，使

$$\begin{aligned}\boldsymbol{t}&=\lambda\boldsymbol{u}+\mu\boldsymbol{v}+\nu\boldsymbol{w}\\&=\lambda(2,-1,3)+\mu(1,0,-1)+\nu(2,1,-2)\\&=(2\lambda+\mu+2\nu,-\lambda+\nu,3\lambda-\mu-2\nu)\end{aligned}$$

于是，我们有线性方程组

$$\begin{cases}2\lambda+\mu+2\nu=0\\-\lambda\quad+\ \nu=2\\3\lambda-\mu-2\nu=0\end{cases}$$

方程组对应的矩阵非奇异。因此，该方程组有唯一的解 λ，μ，ν 可将 $\boldsymbol{t}$ 用基 B 线性表示。

定理 8.12（基约化定理）　设 $(E,+,\cdot)$ 是有限维向量空间，向量组 $\boldsymbol{v}_1,\boldsymbol{v}_2,\cdots,\boldsymbol{v}_m$ 的生成空间为 E，即 $L(\boldsymbol{v}_1,\boldsymbol{v}_2,\cdots,\boldsymbol{v}_m)=E$，则可通过剔除 $\boldsymbol{v}_1,\boldsymbol{v}_2,\cdots,\boldsymbol{v}_m$ 中的一些向量得到 $(E,+,\cdot)$ 的一组基。

证明　考虑向量空间 $L(\boldsymbol{v}_1,\boldsymbol{v}_2,\cdots,\boldsymbol{v}_m)$ 并使用以下迭代过程。

- 步骤1：若 $\boldsymbol{v}_1=\boldsymbol{0}$，则剔除它，否则保留它；
- 步骤 k：若 $\boldsymbol{v}_k\in L(\boldsymbol{v}_1,\boldsymbol{v}_2,\cdots,\boldsymbol{v}_{k-1})$，则剔除它，否则保留它。

若有多余的向量，则继续这个过程。根据第一线性相关引理，剩余的 n 个向量生成向量空间，即 $L(\boldsymbol{v}_1,\boldsymbol{v}_2,\cdots,\boldsymbol{v}_n)=E$。根据命题8.5，这组向量线性无关。因此，它们构成一组基。　□

例 8.41　考虑 $\mathbb{R}^4$ 中的向量

$$\begin{aligned}\boldsymbol{u}&=(2,-1,1,3)\\\boldsymbol{v}&=(0,2,1,-1)\\\boldsymbol{w}&=(1,2,0,1)\\\boldsymbol{a}&=(3,4,2,3)\\\boldsymbol{b}&=(2,4,0,2)\end{aligned}$$

考虑生成空间 $L(\boldsymbol{u},\boldsymbol{v},\boldsymbol{w},\boldsymbol{a},\boldsymbol{b})$。第一个向量 $\boldsymbol{u}\neq\boldsymbol{0}$，因此将它保留。第二个向量 $\boldsymbol{v}$ 不是 $\boldsymbol{u}$ 的线性组合，也就是说，$\boldsymbol{v}\notin L(\boldsymbol{u})$。因此，将 $\boldsymbol{v}$ 保留。可以证明 $\boldsymbol{w}$ 不是 $\boldsymbol{u}$ 和 $\boldsymbol{v}$ 的线性组合，$\boldsymbol{a}$ 不是 $\boldsymbol{u}$，$\boldsymbol{v}$，$\boldsymbol{w}$ 的线性组合。

但是，我们发现 $\boldsymbol{b}$ 是其他四个向量的线性组合：

$$\boldsymbol{b}=\lambda_1\boldsymbol{u}+\lambda_2\boldsymbol{v}+\lambda_3\boldsymbol{w}+\lambda_4\boldsymbol{a}$$

其中 $\lambda_1=\lambda_2=\lambda_4=0$，$\lambda_3=2$。因此将 $\boldsymbol{b}$ 剔除。生成空间的表示更新为

$$L(\boldsymbol{u},\boldsymbol{v},\boldsymbol{w},\boldsymbol{a})=\mathbb{R}^4$$

这些向量线性无关，因此构成 $\mathbb{R}^4$ 中的一组基 $B=\{\boldsymbol{u},\boldsymbol{v},\boldsymbol{w},\boldsymbol{a}\}$。

定理 8.13（基扩张定理）　设 $(E,+,\cdot)$ 为有限维向量空间，$\boldsymbol{w}_1,\boldsymbol{w}_2,\cdots,\boldsymbol{w}_s$ 为向量空间的 s 个线性无关向量。若 $\boldsymbol{w}_1,\boldsymbol{w}_2,\cdots,\boldsymbol{w}_s$ 不是一组基，则它们可以扩张成一组基（通过添加其他线性无关的向量）。

证明　考虑线性无关向量组 $\boldsymbol{w}_1,\boldsymbol{w}_2,\cdots,\boldsymbol{w}_s$。由于 $(E,+,\cdot)$ 为有限维向量空间，存在一组向量 $\boldsymbol{v}_1,\boldsymbol{v}_2,\cdots,\boldsymbol{v}_n$，其生成空间为 E，即 $\exists\,\boldsymbol{v}_1,\boldsymbol{v}_2,\cdots,\boldsymbol{v}_n$ 使得 $L(\boldsymbol{v}_1,\boldsymbol{v}_2,\cdots,\boldsymbol{v}_n)=E$。应用如下迭代过程。

- 步骤 1：如果 $\boldsymbol{v}_1 \in L(\boldsymbol{w}_1, \boldsymbol{w}_2, \cdots, \boldsymbol{w}_s)$，则保持生成空间不变，否则将生成空间更新为 $L(\boldsymbol{w}_1, \boldsymbol{w}_2, \cdots, \boldsymbol{w}_s, \boldsymbol{v}_1)$；
- 步骤 k：如果 $\boldsymbol{v}_k \in L(\boldsymbol{w}_1, \boldsymbol{w}_2, \cdots, \boldsymbol{w}_s, \boldsymbol{v}_1, \boldsymbol{v}_2, \cdots, \boldsymbol{v}_{k-1})$（下标重排后），则生成空间保持不变，否则将生成空间更新为 $L(\boldsymbol{w}_1, \boldsymbol{w}_2, \cdots, \boldsymbol{w}_s, \boldsymbol{v}_1, \boldsymbol{v}_2, \cdots, \boldsymbol{v}_{k-1}, \boldsymbol{v}_k)$。

回顾生成空间的构造方式，新的空间是由线性无关的向量组成的。由于 $L(\boldsymbol{v}_1, \boldsymbol{v}_2, \cdots, \boldsymbol{v}_n) = E$（向量已经生成了 E），从构造过程中，新的向量组也生成 $E, L(\boldsymbol{w}_1, \boldsymbol{w}_2, \cdots, \boldsymbol{w}_s, \boldsymbol{v}_1, \boldsymbol{v}_2, \cdots, \boldsymbol{v}_{k-1}, \boldsymbol{v}_k) = E$（下标重排后）。因此，我们找到了一组新基。 □

例 8.42 考虑 $\mathbb{R}^4$ 的向量

$$\boldsymbol{v}_1 = (1,0,0,0)$$
$$\boldsymbol{v}_2 = (0,1,0,0)$$
$$\boldsymbol{v}_3 = (0,0,1,0)$$
$$\boldsymbol{v}_4 = (0,0,0,1)$$

容易证明，这些向量线性无关，并构成 $\mathbb{R}^4$ 的一组基。再考虑 $\mathbb{R}^4$ 的向量

$$\boldsymbol{w}_1 = (5,2,0,0)$$
$$\boldsymbol{w}_2 = (0,6,0,0)$$

这两个向量是线性无关的。下面应用基扩张定理来寻找另一组基。验证 $\boldsymbol{v}_1 \in L(\boldsymbol{w}_1, \boldsymbol{w}_2)$ 是否成立。由于 $\exists \lambda_1, \lambda_2 \in \mathbb{R}$，使得 $\boldsymbol{v}_1 = \lambda_1 \boldsymbol{w}_1 + \lambda_2 \boldsymbol{w}_2$，比如，令 $(\lambda_1, \lambda_2) = \left(\frac{1}{5}, -\frac{1}{15}\right)$，因此，向量 $\boldsymbol{v}_1 \in L(\boldsymbol{w}_1, \boldsymbol{w}_2)$。

这个结果是通过假设

$$(1,0,0,0) = \lambda_1(5,2,0,0) + \lambda_2(0,6,0,0)$$

从而根据线性方程组

$$\begin{cases} 5\lambda_1 + 0\lambda_2 = 1 \\ 2\lambda_1 + 6\lambda_2 = 0 \\ 0\lambda_1 + 0\lambda_2 = 0 \\ 0\lambda_1 + 0\lambda_2 = 0 \end{cases}$$

求得的。

后两个方程总成立。因此，这是含有两个变量两个方程的线性方程组，其解为 $(\lambda_1, \lambda_2) = \left(\frac{1}{5}, -\frac{1}{15}\right)$。

因此，我们不将 $\boldsymbol{v}_1$ 添加到生成空间的向量组中。

下面验证 $\boldsymbol{v}_2 \in L(\boldsymbol{w}_1, \boldsymbol{w}_2)$ 是否成立。当 $(\lambda_1, \lambda_2) = \left(0, \frac{1}{6}\right)$ 时，有 $\boldsymbol{v}_2 = \lambda_1 \boldsymbol{w}_1 + \lambda_2 \boldsymbol{w}_2$。因此，我们不将 $\boldsymbol{v}_2$ 添加到生成空间的向量组中。

下面验证 $\boldsymbol{v}_3 \in L(\boldsymbol{w}_1, \boldsymbol{w}_2)$ 是否成立。为此，我们需要考虑是否存在 $\lambda_1, \lambda_2 \in \mathbb{R}$ 使得 $\boldsymbol{v}_3 = \lambda_1 \boldsymbol{w}_1 + \lambda_2 \boldsymbol{w}_2$ 即

$$(0,0,1,0) = \lambda_1(5,2,0,0) + \lambda_2(0,6,0,0)$$

得到线性方程组

$$\begin{cases}5\lambda_1+0\lambda_2=0\\2\lambda_1+6\lambda_2=0\\0\lambda_1+0\lambda_2=1\\0\lambda_1+0\lambda_2=0\end{cases}$$

最后一个方程恒成立，第三个方程不成立。因此，这个方程组无解，不存在满足要求的 λ_1,λ_2。这说明 $\boldsymbol{w}_1,\boldsymbol{w}_2,\boldsymbol{v}_3$ 线性无关。我们将向量 $\boldsymbol{v}_3$ 添加生成空间的向量组中。

$$\boldsymbol{w}_1=(5,2,0,0)$$
$$\boldsymbol{w}_2=(0,6,0,0)$$
$$\boldsymbol{v}_3=(0,0,1,0)$$

通过类似的推导过程，不难发现 $\boldsymbol{w}_1,\boldsymbol{w}_2,\boldsymbol{v}_3,\boldsymbol{v}_4$ 也线性无关，将 $\boldsymbol{v}_4$ 添加到生成空间的向量组中。由于已将生成空间中所有向量都考虑过了（除非作为其他向量的线性组合已经含在生成空间中了），所以 $L(\boldsymbol{w}_1,\boldsymbol{w}_2,\boldsymbol{v}_3,\boldsymbol{v}_4)=E$。因此，找到了一组新基，即 $B=\{\boldsymbol{w}_1,\boldsymbol{w}_2,\boldsymbol{v}_3,\boldsymbol{v}_4\}$。

定理 8.14（格拉斯曼公式）　设 $(E,+,\cdot)$ 为有限维向量空间，$(U,+,\cdot)$ 和 $(V,+,\cdot)$ 为 $(E,+,\cdot)$ 中的向量子空间，则有

$$\dim(U+V)+\dim(U\cap V)=\dim(U)+\dim(V)$$

证明　设 $\dim(U)=r$，$\dim(V)=s$，即存在 $(U,+,\cdot)$ 和 $(V,+,\cdot)$ 的两组基：

$$B_U=\{\boldsymbol{u}_1,\boldsymbol{u}_2,\cdots,\boldsymbol{u}_r\}$$
$$B_V=\{\boldsymbol{v}_1,\boldsymbol{v}_2,\cdots,\boldsymbol{v}_s\}$$

根据定理 8.1，$(U\cap V,+,\cdot)$ 是 $(E,+,\cdot)$ 的向量子空间。假设它的一组基为 $B_{U\cap V}=\{\boldsymbol{t}_1,\boldsymbol{t}_2,\cdots,\boldsymbol{t}_l\}$。

由于 $B_{U\cap V}$ 中的所有向量都是 U 中的向量，根据基扩张定理，可以由 $B_{U\cap V}$ 扩张得到 B_U，只须逐个验证 B_U 中的向量是否加入基中，从而得到：

$$B_U=\{\boldsymbol{t}_1,\boldsymbol{t}_2,\cdots,\boldsymbol{t}_l,\boldsymbol{u}_{l+1},\boldsymbol{u}_{l+2},\cdots,\boldsymbol{u}_r\}$$

其中，$\boldsymbol{u}_{l+1},\boldsymbol{u}_{l+2},\cdots,\boldsymbol{u}_r$ 是 B_U 中的向量，对其下标进行了排序。

由于 $B_{U\cap V}$ 中的所有向量也都是 V 中的向量，根据基扩张定理，同样可以由 $B_{U\cap V}$ 得到 B_V 得到

$$B_V=\{\boldsymbol{t}_1,\boldsymbol{t}_2,\cdots,\boldsymbol{t}_l,\boldsymbol{v}_{l+1},\boldsymbol{v}_{l+2},\cdots,\boldsymbol{v}_s\}$$

其中，$\boldsymbol{v}_{l+1},\boldsymbol{v}_{l+2},\cdots,\boldsymbol{v}_s$ 是 B_V 中的向量，对其下标进行了排序。

根据定义 8.3，

$$S=U+V=\{\boldsymbol{w}\in E\mid\exists\boldsymbol{u}\in U,\boldsymbol{v}\in V\mid\boldsymbol{w}=\boldsymbol{u}+\boldsymbol{v}\}$$

因此，我们可以如下表示一般的 $\boldsymbol{w}=\boldsymbol{u}+\boldsymbol{v}$，

$$\begin{aligned}\boldsymbol{w}=\boldsymbol{u}+\boldsymbol{v}=&\lambda_1\boldsymbol{t}_1+\lambda_2\boldsymbol{t}_2+\cdots+\lambda_l\boldsymbol{t}_l+a_{l+1}\boldsymbol{u}_{l+1}+a_{l+2}\boldsymbol{u}_{l+2}+\cdots+a_r\boldsymbol{u}_r+\\&\mu_1\boldsymbol{t}_1+\mu_2\boldsymbol{t}_2+\cdots+\mu_l\boldsymbol{t}_l+b_{l+1}\boldsymbol{v}_{l+1}+b_{l+2}\boldsymbol{v}_{l+2}+\cdots+b_s\boldsymbol{v}_s\\=&(\lambda_1+\mu_1)\boldsymbol{t}_1+(\lambda_2+\mu_2)\boldsymbol{t}_2+\cdots+(\lambda_l+\mu_l)\boldsymbol{t}_l+a_{l+1}\boldsymbol{u}_{l+1}+a_{l+2}\boldsymbol{u}_{l+2}+\cdots+a_r\boldsymbol{u}_r+\\&b_{l+1}\boldsymbol{v}_{l+1}+b_{l+2}\boldsymbol{v}_{l+2}+\cdots+b_s\boldsymbol{v}_s\end{aligned}$$

所以，通过线性组合，我们可表示所有的向量 $\boldsymbol{w}\in U+V$。也就是说，$r+s-l$ 个向量 $\boldsymbol{t}_1,\boldsymbol{t}_2,\cdots,\boldsymbol{t}_l,\boldsymbol{u}_{l+1},\boldsymbol{u}_{l+2},\cdots,\boldsymbol{u}_r,\boldsymbol{v}_{l+1},\boldsymbol{v}_{l+2},\cdots,\boldsymbol{v}_s$ 生成空间 $(U+V,+,\cdot)$，

$$L(\boldsymbol{t}_1,\boldsymbol{t}_2,\cdots,\boldsymbol{t}_l,\boldsymbol{u}_{l+1},\boldsymbol{u}_{l+2},\cdots,\boldsymbol{u}_r,\boldsymbol{v}_{l+1},\boldsymbol{v}_{l+2},\cdots,\boldsymbol{v}_s)=U+V$$

下面只须验证这 $r+s-l$ 个向量是线性无关的。设

$$
\begin{aligned}
&\alpha_1 \boldsymbol{t}_1+\alpha_2 \boldsymbol{t}_2+\cdots+\alpha_l \boldsymbol{t}_l+\\
&\beta_{l+1} \boldsymbol{u}_{l+1}+\beta_{l+2} \boldsymbol{u}_{l+2}+\cdots+\beta_r \boldsymbol{u}_r+\\
&\gamma_{l+1} \boldsymbol{v}_{l+1}+\gamma_{l+2} \boldsymbol{v}_{l+2}+\cdots+\gamma_s \boldsymbol{v}_s=\mathbf{0}
\end{aligned}
$$

得到

$$
\begin{aligned}
&\alpha_1 \boldsymbol{t}_1+\alpha_2 \boldsymbol{t}_2+\cdots+\alpha_l \boldsymbol{t}_l+\beta_{l+1} \boldsymbol{u}_{l+1}+\beta_{l+2} \boldsymbol{u}_{l+2}+\cdots+\beta_r \boldsymbol{u}_r\\
=&\boldsymbol{d}\\
=&-(\gamma_{l+1} \boldsymbol{v}_{l+1}+\gamma_{l+2} \boldsymbol{v}_{l+2}+\cdots+\gamma_s \boldsymbol{v}_s)
\end{aligned}
$$

由于 $\boldsymbol{d}$ 可以表示为 $\boldsymbol{v}_{l+1}, \boldsymbol{v}_{l+2}, \cdots, \boldsymbol{v}_s$ 的线性组合，所以 $\boldsymbol{d} \in V$。又由于 $\boldsymbol{d}$ 可以表示为 U 的一组基的线性组合，所以 $\boldsymbol{d} \in U$。于是 $\boldsymbol{d} \in V \cap U$。这说明 $\boldsymbol{d}$ 可表示为 $\boldsymbol{t}_1, \boldsymbol{t}_2, \cdots, \boldsymbol{t}_l$ 的线性组合：

$$\boldsymbol{d}=\alpha_1' \boldsymbol{t}_1+\alpha_2' \boldsymbol{t}_2+\cdots+\alpha_l' \boldsymbol{t}_l$$

根据定理 8.4，由于 $\boldsymbol{t}_1, \boldsymbol{t}_2, \cdots, \boldsymbol{t}_l$ 线性无关，将 $\boldsymbol{d}$ 表示为它们的线性组合的方法唯一。因此，$\beta_{l+1}=\beta_{l+2}=\cdots=\beta_r=0, \alpha_1=\alpha_1', \alpha_2=\alpha_2', \cdots, \alpha_l=\alpha_l'$。

于是，上面的表达式可改写为

$$\alpha_1 \boldsymbol{t}_1+\alpha_2 \boldsymbol{t}_2+\cdots+\alpha_l \boldsymbol{t}_l+\gamma_{l+1} \boldsymbol{v}_{l+1}+\gamma_{l+2} \boldsymbol{v}_{l+2}+\cdots+\gamma_s \boldsymbol{v}_s=\mathbf{0}$$

因为 $\boldsymbol{t}_1, \boldsymbol{t}_2, \cdots, \boldsymbol{t}_l, \boldsymbol{v}_{l+1}, \boldsymbol{v}_{l+2}, \cdots, \boldsymbol{v}_s$ 为一组基，所以它们线性无关。因此，$\alpha_1=\alpha_2=\cdots=\alpha_l=\gamma_{l+1}=\gamma_{l+2}=\cdots=\gamma_s=0$。

由于将零向量 $\mathbf{0}$ 表示为向量组 $\boldsymbol{t}_1, \boldsymbol{t}_2, \cdots, \boldsymbol{t}_l, \boldsymbol{u}_{l+1}, \boldsymbol{u}_{l+2}, \cdots, \boldsymbol{u}_r, \boldsymbol{v}_{l+1}, \boldsymbol{v}_{l+2}, \cdots, \boldsymbol{v}_s$ 的线性组合时，线性表示的系数都为 0，所以上述 $r+s-l$ 个向量线性无关。因此，这些向量组成一组基 B_{U+V}：

$$B_{U+V}=\{\boldsymbol{t}_1, \boldsymbol{t}_2, \cdots, \boldsymbol{t}_l, \boldsymbol{u}_{l+1}, \boldsymbol{u}_{l+2}, \cdots, \boldsymbol{u}_r, \boldsymbol{v}_{l+1}, \boldsymbol{v}_{l+2}, \cdots, \boldsymbol{v}_s\}$$

由此可得，

$$\dim(U+V)=r+s-l$$

其中，$r=\dim(U)$，$s=\dim(V)$，$l=\dim(U\cap V)$，即

$$\dim(U+V)=\dim(U)+\dim(V)-\dim(U\cap V)$$

□

例 8.43　考虑向量空间 $(\mathbb{R}^3,+,\cdot)$ 及其两个向量子空间 $(U,+,\cdot)$ 和 $(V,+,\cdot)$。

下面通过例子验证或解释格拉斯曼公式。

- 若 $U=\{(0,0,0)\}$，$V=\mathbb{R}^3$，则 $\dim(U)=0$，$\dim(V)=3$。此时，$U\cap V=(0,0,0)=U$，$U+V=\mathbb{R}^3=V$。由此可得

  $$\dim(U+V)+\dim(U\cap V)=3+0=\dim(U)+\dim(V)=0+3$$

- 若 U 和 V 的维数都为 1，即都只含有一个线性无关的向量，对应一条直线，有以下两种情形：
  - U 和 V 中的向量分别表示两条过原点的直线。交集为坐标原点 $U\cap V=(0,0,0)$，而 $U+V$ 表示这两条直线确定的平面。由此可得

    $$\dim(U+V)+\dim(U\cap V)=2+0=\dim(U)+\dim(V)=1+1$$

  - U 和 V 中的向量表示两条重合的直线。交集以及和空间都与该直线重合，即 $U\cap V=U+V=U=V$。由此可得

    $$\dim(U+V)+\dim(U\cap V)=1+1=\dim(U)+\dim(V)=1+1$$

- 若 U 的维数为 1，V 的维数为 2，即一条过原点的直线和一个过原点的平面。有以下两种情形：

- 直线不在平面上。于是，$U\cap V=(0,0,0)$ 和 $U+V=\mathbb{R}^3$。因此，

$$\dim(U+V)+\dim(U\cap V)=3+0=\dim(U)+\dim(V)=1+2$$

- 直线在平面上。于是，$U\cap V=U$，$U+V=V$。因此，

$$\dim(U+V)+\dim(U\cap V)=2+1=\dim(U)+\dim(V)=1+2$$

- 若 U 和 V 的维数都是 2，即各存在两个线性无关的向量，从而对应两个过原点的平面，有以下两种情形：
  - 两个平面不重合。于是，$U\cap V$ 是一条直线，而 $U+V=\mathbb{R}^3$。因此，

$$\dim(U+V)+\dim(U\cap V)=3+1=\dim(U)+\dim(V)=2+2$$

  - 两个平面重合。于是，$U\cap V=U+V$，$U+V=U=V$，即交集与和空间是同一个平面。因此，

$$\dim(U+V)+\dim(U\cap V)=2+2=\dim(U)+\dim(V)=2+2$$

8.6 行空间和列空间

考虑矩阵 $\boldsymbol{A}\in\mathbb{K}_{m,n}$，

$$\boldsymbol{A}=\begin{pmatrix} a_{1,1} & a_{1,2} & \cdots & a_{1,n} \\ a_{2,1} & a_{2,2} & \cdots & a_{2,n} \\ \vdots & \vdots & & \vdots \\ a_{m,1} & a_{m,2} & \cdots & a_{m,n} \end{pmatrix}$$

这个矩阵包含 m 个行向量 $\boldsymbol{r}_1,\boldsymbol{r}_2,\cdots,\boldsymbol{r}_m\in\mathbb{K}^n$

$$\boldsymbol{r}_1=(a_{1,1},a_{1,2},\cdots,a_{1,n})$$
$$\boldsymbol{r}_2=(a_{2,1},a_{2,2},\cdots,a_{2,n})$$
$$\vdots$$
$$\boldsymbol{r}_m=(a_{m,1},a_{m,2},\cdots,a_{m,n})$$

和 n 个列向量 $\boldsymbol{c}^1,\boldsymbol{c}^2,\cdots,\boldsymbol{c}^n\in\mathbb{K}^m$

$$\boldsymbol{c}^1=(a_{1,1},a_{2,1},\cdots,a_{m,1})$$
$$\boldsymbol{c}^2=(a_{1,2},a_{2,2},\cdots,a_{m,2})$$
$$\vdots$$
$$\boldsymbol{c}^n=(a_{1,n},a_{2,n},\cdots,a_{m,n})$$

定义 8.13　矩阵 $\boldsymbol{A}\in\mathbb{K}_{m,n}$ 的行向量和列向量所生成的向量空间称为该矩阵的**行空间**和**列空间**，分别记为 $(\mathbb{K}^n,+,\cdot)$ 和 $(\mathbb{K}^m,+,\cdot)$。

定理 8.15　设矩阵 $\boldsymbol{A}\in\mathbb{K}_{m,n}$。线性无关的行向量的最大数量 p 至多等于线性无关的列向量的最大数量 q。

证明　不失一般性，不妨假设矩阵 $\boldsymbol{A}\in\mathbb{K}_{4,3}$

$$\boldsymbol{A}=\begin{pmatrix} a_{1,1} & a_{1,2} & a_{1,3} \\ a_{2,1} & a_{2,2} & a_{2,3} \\ a_{3,1} & a_{3,2} & a_{3,3} \\ a_{4,1} & a_{4,2} & a_{4,3} \end{pmatrix}$$

并且假设线性无关的列向量的最大个数 $q=2$，第三个列向量是其他两个的线性组合。设 $\boldsymbol{c}^1$ 和 $\boldsymbol{c}^2$ 线性无关，而 $\boldsymbol{c}^3$ 是它们的线性组合：

$$\boldsymbol{c}^3=\lambda\boldsymbol{c}^1+\mu\boldsymbol{c}^2$$

$$\Rightarrow\begin{pmatrix}a_{1,3}\\a_{2,3}\\a_{3,3}\\a_{4,3}\end{pmatrix}=\lambda\begin{pmatrix}a_{1,1}\\a_{2,1}\\a_{3,1}\\a_{4,1}\end{pmatrix}+\mu\begin{pmatrix}a_{1,2}\\a_{2,2}\\a_{3,2}\\a_{4,2}\end{pmatrix}$$

上述方程可改写为

$$\begin{cases}a_{1,3}=\lambda a_{1,1}+\mu a_{1,2}\\a_{2,3}=\lambda a_{2,1}+\mu a_{2,2}\\a_{3,3}=\lambda a_{3,1}+\mu a_{3,2}\\a_{4,3}=\lambda a_{4,1}+\mu a_{4,2}\end{cases}$$

可将行向量写为

$$\boldsymbol{r}_1=(a_{1,1},a_{1,2},\lambda a_{1,1}+\mu a_{1,2})=(a_{1,1},0,\lambda a_{1,1})+(0,a_{1,2},\mu a_{1,2})$$
$$\boldsymbol{r}_2=(a_{2,1},a_{2,2},\lambda a_{2,1}+\mu a_{2,2})=(a_{2,1},0,\lambda a_{2,1})+(0,a_{2,2},\mu a_{2,2})$$
$$\boldsymbol{r}_3=(a_{3,1},a_{3,2},\lambda a_{3,1}+\mu a_{3,2})=(a_{3,1},0,\lambda a_{3,1})+(0,a_{3,2},\mu a_{3,2})$$
$$\boldsymbol{r}_4=(a_{4,1},a_{4,2},\lambda a_{4,1}+\mu a_{4,2})=(a_{4,1},0,\lambda a_{4,1})+(0,a_{4,2},\mu a_{4,2})$$

这些行向量可写为

$$\boldsymbol{r}_1=a_{1,1}(1,0,\lambda)+a_{1,2}(0,1,\mu)$$
$$\boldsymbol{r}_2=a_{2,1}(1,0,\lambda)+a_{2,2}(0,1,\mu)$$
$$\boldsymbol{r}_3=a_{3,1}(1,0,\lambda)+a_{3,2}(0,1,\mu)$$
$$\boldsymbol{r}_4=a_{4,1}(1,0,\lambda)+a_{4,2}(0,1,\mu)$$

因此，行向量均为 $(1,0,\lambda)$ 和 $(0,1,\mu)$ 的线性组合。这是因为其中一个列向量是另外两个列向量的线性组合。于是得 $p\leqslant q=2$。 □

定理 8.16 设矩阵 $\boldsymbol{A}\in\mathbb{K}_{m,n}$。线性无关的列向量的最大数量 q 至多等于线性无关的行向量的最大数量 p。

推论 8.2 行（列）空间的维数等于对应矩阵的秩。

例 8.44 考虑矩阵

$$\boldsymbol{A}=\begin{pmatrix}3&2&5\\1&1&2\\0&1&1\\1&0&1\end{pmatrix}$$

其中第三列是前两列的和（因此为线性组合）。

矩阵的行可以写成

$$A=\begin{pmatrix}3 & 2 & 3+2\\1 & 1 & 1+1\\0 & 1 & 0+1\\1 & 0 & 1+0\end{pmatrix}$$

即

$$A=\begin{pmatrix}3 & 0 & 3\\1 & 0 & 1\\0 & 0 & 0\\1 & 0 & 1\end{pmatrix}+\begin{pmatrix}0 & 2 & 2\\0 & 1 & 1\\0 & 1 & 1\\0 & 0 & 0\end{pmatrix}$$

可改写为

$$A=\begin{pmatrix}3(1,0,1)\\1(1,0,1)\\0(1,0,1)\\1(1,0,1)\end{pmatrix}+\begin{pmatrix}2(0,1,1)\\1(0,1,1)\\1(0,1,1)\\0(0,1,1)\end{pmatrix}$$

这说明所有的行都可以表示为两个向量（1,0,1）和（0,1,1）的线性组合。因此，该矩阵有两个线性无关的列向量和两个线性无关的行向量。可以看出，矩阵 $\boldsymbol{A}$ 的秩也为 2。

习题

8.1　判断 $(U,+,\cdot)$ $(V,+,\cdot)$ 和 $(U\cap V,+,\cdot)$ 是否为向量空间，其中

$$U=\{(x,y,z)\in\mathbb{R}^3 \mid 5x+5y+5z=0\}$$
$$V=\{(x,y,z)\in\mathbb{R}^3 \mid 5x+5y+5z+5=0\}$$

8.2　设 $(U,+,\cdot)(V,+,\cdot)$ 为 $(E,+,\cdot)$ 的两个向量子空间。证明：若 $U\subset V$ 或 $V\subset U$，则 $(U\cup V,+,\cdot)$ 是 $(E,+,\cdot)$ 的向量子空间。

8.3　考虑向量空间 $(U,+,\cdot)$，$(V,+,\cdot)$，其中

$$U=\{(x,y,z)\in\mathbb{R}^3 \mid x-y+4z=0\}$$
$$V=\{(x,y,z)\in\mathbb{R}^3 \mid y-z=0\}$$

其中+和·分别为向量的和以及向量与标量的乘积。

1. 求交集 $U\cap V$ 向量空间 $(U\cap V,+,\cdot)$。
2. 求和集 $S=U+V$ 向量空间 $(S,+,\cdot)$。
3. 判断向量空间 $(S,+,\cdot)$ 是否为直和 $(S,\oplus,\cdot)$。
4. 对向量空间 $(U,+,\cdot)$ 和 $(V,+,\cdot)$ 验证格拉斯曼公式。

8.4　考虑向量空间 $(E,+,\cdot)$，其中

$$E=\left\{(x,y,z)\in\mathbb{R}^3 \mid \begin{cases}x+2y+3z=0\\2x+4y+6z=0\\3x+6y+9z=0\end{cases}\right\}$$

确定该向量空间的一组基，并求该向量空间的维数。

8.5　求向量空间（$U,+,\cdot$）的基和维数，其中

$$U=\left\{(x,y,z)\in\mathbb{R}^3 \;\middle|\; \begin{cases} x+2y+3z=0 \\ 2x+y+3z=0 \\ y+z=0 \end{cases}\right\}$$

其中+和·分别为向量的和以及向量与标量的乘积。

8.6　考虑向量空间（$E,+,\cdot$），其中

$$E=\left\{(x,y,z)\in\mathbb{R}^3 \;\middle|\; \begin{cases} 5x+2y+z=0 \\ 15x+6y+3z=0 \\ 10x+4y+2z=0 \end{cases}\right\}$$

求该向量空间的一组基，并证明其线性无关性，求该向量空间的维数。

8.7　考虑 $\mathbb{R}^4$ 中的向量

$$\boldsymbol{u}=(2,2,1,3)$$
$$\boldsymbol{v}=(0,2,1,-1)$$
$$\boldsymbol{w}=(2,4,2,2)$$
$$\boldsymbol{a}=(3,1,2,1)$$
$$\boldsymbol{b}=(0,5,0,2)$$

通过剔除线性相关的向量找出一组基。

第 9 章　内积空间入门：欧氏空间

9.1　内积的概念

定义 9.1（内积）　设（$E,+,\cdot$）是数域 $\mathbb{K}$ 上的有限维向量空间，若映射

$$\phi: E\times E\to\mathbb{K}$$

对于任意向量 $\boldsymbol{x},\boldsymbol{y},\boldsymbol{z}$，满足下列性质：

- 对称性：$\langle\boldsymbol{x},\boldsymbol{y}\rangle=\langle\boldsymbol{y},\boldsymbol{x}\rangle$；
- 分配律：$\langle\boldsymbol{x}+\boldsymbol{z},\boldsymbol{y}\rangle=\langle\boldsymbol{x},\boldsymbol{y}\rangle+\langle\boldsymbol{z},\boldsymbol{y}\rangle$；
- 齐次性：$\forall\lambda\in\mathbb{K}$，$\lambda\langle\boldsymbol{x},\boldsymbol{y}\rangle=\langle\lambda\boldsymbol{x},\boldsymbol{y}\rangle$；
- 非负性：$\langle\boldsymbol{x},\boldsymbol{x}\rangle\geqslant 0$；
- 定性：$\langle\boldsymbol{x},\boldsymbol{x}\rangle=0$ 当且仅当 $\boldsymbol{x}=\boldsymbol{0}$。

我们称其为**内积**，记作

$$\langle\boldsymbol{x},\boldsymbol{y}\rangle$$

内积是一个一般概念，它包括但不限于数值向量。

例 9.1　考虑由区间 $[-1,1]$ 上的实值连续函数所构成的向量空间（$\mathcal{F},+,\cdot$）。对于区间 $[-1,1]$ 上的两个连续函数 $f(x),g(x)$ 可定义内积

$$\langle f,g\rangle=\int_{-1}^{1}f(x)g(x)\,\mathrm{d}x$$

定义 9.2（埃尔米特积）　令（$E,+,\cdot$）为复数域 $\mathbb{C}$ 上的有限维向量空间，其中 $E\subseteq\mathbb{C}^n$。埃尔米特积是内积

$$\phi: E\times E\to\mathbb{C}$$

定义为

$$\langle\boldsymbol{x},\boldsymbol{y}\rangle=\dot{\boldsymbol{x}}^{\mathrm{T}}\boldsymbol{y}=\sum_{i=1}^{n}\dot{x}_i y_i$$

其中 $\boldsymbol{x},\boldsymbol{y}\in E$。

例 9.2　考虑两个向量

$$\boldsymbol{x}=\begin{pmatrix}2\\1+\mathrm{i}\\5-7\mathrm{i}\end{pmatrix}$$

和

$$\boldsymbol{y}=\begin{pmatrix}-3\\1\\0\end{pmatrix}$$

埃尔米特积为

$$\langle \boldsymbol{x},\boldsymbol{y}\rangle=\dot{\boldsymbol{x}}^{\mathrm{T}}\boldsymbol{y}=(2\quad 1-\mathrm{i}\quad 5+7\mathrm{i})\begin{pmatrix}-3\\1\\0\end{pmatrix}=-6+1-\mathrm{i}+0=-5-\mathrm{i}$$

9.2 欧氏空间

埃尔米特积是一种内积。将埃尔米特积限制到实数上得到的标量积是一种特殊的内积。

定义 9.3（标量积，点积）　设 $(E,+,\cdot)$ 为数域 $\mathbb{R}$ 上的有限维向量空间。**标量积**是内积

$$\phi: E\times E\to\mathbb{R}$$

定义为

$$\langle \boldsymbol{x},\boldsymbol{y}\rangle=\boldsymbol{x}^{\mathrm{T}}\boldsymbol{y}=\boldsymbol{x}\cdot\boldsymbol{y}=\sum_{i=1}^{n}x_iy_i$$

以标量积表示的特殊形式的内积所满足的性质可写为：

- 交换律：$\forall \boldsymbol{x},\boldsymbol{y}\in E: \boldsymbol{x}\cdot\boldsymbol{y}=\boldsymbol{y}\cdot\boldsymbol{x}$；
- 分配律：$\forall \boldsymbol{x},\boldsymbol{y},\boldsymbol{z}\in E: \boldsymbol{x}\cdot(\boldsymbol{y}+\boldsymbol{z})=\boldsymbol{x}\cdot\boldsymbol{y}+\boldsymbol{y}\cdot\boldsymbol{z}$；
- 齐次性：$\forall \boldsymbol{x},\boldsymbol{y}\in E$ 和 $\forall\lambda\in\mathbb{R}: (\lambda\boldsymbol{x})\cdot\boldsymbol{y}=\boldsymbol{x}\cdot(\lambda\boldsymbol{y})=\lambda\boldsymbol{x}\cdot\boldsymbol{y}$；
- 正定性：$\forall \boldsymbol{x}\in E: \boldsymbol{x}\cdot\boldsymbol{x}\geqslant 0$，并且当且仅当 $\boldsymbol{x}=\boldsymbol{0}$ 时 $\boldsymbol{x}\cdot\boldsymbol{x}=0$。

标量积可以看作埃尔米特积的一种特殊情况，其中所有的复数虚部都为零。用 · 表示标量积。

定义 9.4　称三元组 $(E_n,+,\cdot)$ 为欧氏空间。

需要注意的是，由于标量积不是一个外合成律，因此欧氏空间不是一个向量空间。在向量空间中，外合成律的结果是一个向量，即集合 E 的一个元素，但是在欧氏空间中，一个标量积的结果是一个标量，因此不是一个向量（不是 E 的一个元素）。

例 9.3　三元组 $(\mathbb{V}_3,+,)$ 是欧氏空间。这里 $\mathbb{V}_3$ 为几何向量集，运算为向量加法和几何向量的标量积。

类似地，$(\mathbb{R}^2,+,\cdot)$ 和 $(\mathbb{R}^3,+,\cdot)$ 也是欧氏空间。

定义 9.5　设 E_n 为一个欧氏空间，$\boldsymbol{x},\boldsymbol{y}\in E_n$。若 $\boldsymbol{x}\cdot\boldsymbol{y}=0$，则称这两个向量正交。

命题 9.1　设 $(E_n,+,\cdot)$ 为欧氏空间。欧氏空间中的每个向量都与零向量正交：$\forall \boldsymbol{x}\in E_n$：$\boldsymbol{x}\cdot\boldsymbol{0}=0$。

证明　由于 $\boldsymbol{0}=\boldsymbol{0}-\boldsymbol{0}$，于是有

$$\boldsymbol{x}\cdot\boldsymbol{0}=\boldsymbol{x}\cdot(\boldsymbol{0}-\boldsymbol{0})=\boldsymbol{x}\cdot\boldsymbol{0}-\boldsymbol{x}\cdot\boldsymbol{0}=0$$

□

命题 9.2　设 $(E_n,+,\cdot)$ 为欧氏空间，$\boldsymbol{x}_1,\boldsymbol{x}_2,\cdots,\boldsymbol{x}_n$ 是其中 n 个非零向量。若向量 $\boldsymbol{x}_1,\boldsymbol{x}_2,\cdots,\boldsymbol{x}_n$ 两两正交，即 $\forall i,j: \boldsymbol{x}_i$ 正交于 $\boldsymbol{x}_j$，则向量 $\boldsymbol{x}_1,\boldsymbol{x}_2,\cdots,\boldsymbol{x}_n$ 线性无关。

证明　考虑向量 $\boldsymbol{x}_1,\boldsymbol{x}_2,\cdots,\boldsymbol{x}_n$ 以标量 $\lambda_1,\lambda_2,\cdots,\lambda_n\in\mathbb{R}$ 为系数的线性组合，并设

$$\lambda_1\boldsymbol{x}_1+\lambda_2\boldsymbol{x}_2+\cdots+\lambda_n\boldsymbol{x}_n=\boldsymbol{0}$$

用 $\boldsymbol{x}_1$ 乘以（标量积）这个线性组合，得

$$\boldsymbol{x}_1\cdot(\lambda_1\boldsymbol{x}_1+\lambda_2\boldsymbol{x}_2+\cdots+\lambda_n\boldsymbol{x}_n)=0$$

根据正交性有

$$\lambda_1 \boldsymbol{x}_1 \cdot \boldsymbol{x}_1 = 0$$

根据条件 $\boldsymbol{x}_1 \neq \boldsymbol{0}$。于是只有当 $\lambda_1 = 0$ 时，这个表达式才等于 0。用 $\boldsymbol{x}_2$ 乘这个线性组合，可得仅当 $\lambda_2 = 0$ 时，表达式等于 0，依此类推，$\lambda_2 = \lambda_3 = \cdots = \lambda_n = 0$。当我们假设线性组合等于零向量时，我们发现所有的系数都是零。因此，这些向量线性无关。□

例 9.4　欧氏空间（$\mathbb{R}^2,+,\cdot$）中的下列向量正交：

$$\boldsymbol{v}_1 = (1,5)$$
$$\boldsymbol{v}_2 = (-5,1)$$

下面验证线性相关性，设

$$(0,0) = \lambda_1(1,5) + \lambda_2(-5,1)$$

则

$$\begin{cases} \lambda_1 - 5\lambda_2 = 0 \\ 5\lambda_1 + \lambda_2 = 0 \end{cases}$$

该方程组是适定的，因此向量组线性无关。

例 9.5　欧氏空间（$\mathbb{R}^3,+,\cdot$）的向量组

$$\boldsymbol{v}_1 = (1,0,0)$$
$$\boldsymbol{v}_2 = (0,1,0)$$
$$\boldsymbol{v}_3 = (0,0,1)$$

两两正交（任意两个向量都正交）且线性无关。若加上任意向量 $\boldsymbol{v}_4$，将得到线性相关的向量组且并不满足任意两个向量都正交。

定义 9.6　设（$E_n,+,\cdot$）为欧氏空间，$U \subset E_n$ 且 $U \neq \varnothing$。若（$U,+,\cdot$）也是欧氏空间，称其为（$E_n,+,\cdot$）的欧氏子空间。

定义 9.7　设（$E_n,+,\cdot$）为欧氏空间，（$U,+,\cdot$）是它的子空间。$\boldsymbol{u}$ 为 U 中的一般元素（向量）。与 U 中所有向量都正交的向量构成的向量集合

$$U^{o} = \{\boldsymbol{x} \in E_n \mid \boldsymbol{x} \cdot \boldsymbol{u} = 0, \forall \boldsymbol{u} \in U\}$$

称为 U 的**正交集**。

命题 9.3　设（$E_n,+,\cdot$）为欧氏空间，（$U,+,\cdot$）为其子空间。正交集 U^{o} 关于向量加法及标量与向量的乘法构成向量空间（$U^{o},+,\cdot$），称为（$U^{o},+,\cdot$）的正交空间。

证明　为了证明（$U^{o},+,\cdot$）是向量空间，需要证明集合 U^{o} 对于向量的加法以及标量与向量的乘法封闭。

考虑两个向量 $\boldsymbol{x}_1,\boldsymbol{x}_2 \in U^{o}$。计算（$\boldsymbol{x}_1+\boldsymbol{x}_2$）$\cdot \boldsymbol{u} = 0+0 = 0$，$\forall \boldsymbol{u} \in U$。这说明 $\boldsymbol{x}_1+\boldsymbol{x}_2 \in U^{o}$。

设 $\lambda \in \mathbb{R}$，$\boldsymbol{x} \in U^{o}$。计算 $\lambda \boldsymbol{x} \cdot \boldsymbol{u} = 0$，$\forall \boldsymbol{u} \in U$，这说明 $\lambda \boldsymbol{u} \in U^{o}$。

因此（$U^{o},+,\cdot$）是向量空间。□

例 9.6　考虑向量

$$\boldsymbol{u}_1 = (1,0,0)$$
$$\boldsymbol{u}_2 = (0,1,0)$$

以及它们的生成空间

$$U = L(\boldsymbol{u}_1, \boldsymbol{u}_2)$$

集合 U 可以理解为空间中的一个平面。考虑由所有正交于 U 的向量组成的集合 U^o，即正交于由 $\boldsymbol{u}_1$ 和 $\boldsymbol{u}_2$ 生成的平面。集合 U^o 为

$$U^o = \alpha(0,0,1)$$

其中 $\alpha \in \mathbb{R}$。

不难验证（$U^o,+,\cdot$）为向量空间。

定义 9.8　设向量 $\boldsymbol{x} \in E_n$，定义 $\sqrt{\boldsymbol{x} \cdot \boldsymbol{x}}$ 为向量 $\boldsymbol{x}$ 的模，记为 $\|\boldsymbol{x}\|$。

例 9.7　（$\mathbb{R}^2,+,\cdot$）中的向量（1,2）的模为

$$\sqrt{1+4} = \sqrt{5}$$

9.3　二维欧氏空间

本节涉及特殊的欧氏空间（$\mathbb{R}^2,+,\cdot$）。

引理 9.1　考虑两个正交的向量 $\boldsymbol{e},\boldsymbol{y} \in \mathbb{R}^2$，其中

$$\boldsymbol{e} \neq \boldsymbol{0}, \quad \boldsymbol{y} \neq \boldsymbol{0}$$

对于每个向量 $\boldsymbol{x} \in \mathbb{R}^2$，存在两个标量 $\alpha,\beta \in \mathbb{R}$，使得

$$\boldsymbol{x} = \alpha\boldsymbol{e} + \beta\boldsymbol{y}$$

证明　将方程 $\boldsymbol{x} = \alpha\boldsymbol{e} + \beta\boldsymbol{y}$ 写成

$$\boldsymbol{x} - \alpha\boldsymbol{e} = \beta\boldsymbol{y}$$

将方程两边点乘 $\boldsymbol{e}$，由于 $\boldsymbol{y}$ 正交于 $\boldsymbol{e}$，得

$$\boldsymbol{x} \cdot \boldsymbol{e} - \alpha\boldsymbol{e} \cdot \boldsymbol{e} = \beta\boldsymbol{y} \cdot \boldsymbol{e} = 0$$

于是，

$$\boldsymbol{x} \cdot \boldsymbol{e} = \alpha\|\boldsymbol{e}\|^2$$

故

$$\alpha = \frac{\boldsymbol{x} \cdot \boldsymbol{e}}{\|\boldsymbol{e}\|^2}$$

由于 $\boldsymbol{e} \neq \boldsymbol{0}$，于是 $\boldsymbol{e} \cdot \boldsymbol{e} = \|\boldsymbol{e}\|^2 \neq 0$。因此，$\alpha$ 存在。

再次利用方程

$$\boldsymbol{x} = \alpha\boldsymbol{e} + \beta\boldsymbol{y}$$

将其改写为

$$\boldsymbol{x} - \beta\boldsymbol{y} = \alpha\boldsymbol{e}$$

方程两边点乘 $\boldsymbol{y}$，由于 $\boldsymbol{e}$ 和 $\boldsymbol{y}$ 正交，得

$$\boldsymbol{x} \cdot \boldsymbol{y} - \beta\boldsymbol{y} \cdot \boldsymbol{y} = \alpha\boldsymbol{e} \cdot \boldsymbol{y} = 0$$

于是，

$$\boldsymbol{x} \cdot \boldsymbol{y} = \beta\|\boldsymbol{y}\|^2$$

故

$$\beta = \frac{\boldsymbol{x} \cdot \boldsymbol{y}}{\|\boldsymbol{y}\|^2}$$

因为 $\boldsymbol{y} \neq \boldsymbol{0}$，$\boldsymbol{y} \cdot \boldsymbol{y} = \|\boldsymbol{y}\|^2 \neq 0$，所以标量 β 也存在。

综上，存在两个标量 α，β，使得 $\boldsymbol{x}=\alpha\boldsymbol{e}+\beta\boldsymbol{y}$。 □

引理 9.1 说明，任意一个向量总可以沿着两个正交的方向分解。

定义 9.9　对于欧氏空间 $(\mathbb{R}^2,+,\cdot)$ 及向量 $\boldsymbol{x}\in\mathbb{R}^2$。等式

$$\boldsymbol{x}=\alpha\boldsymbol{e}+\beta\boldsymbol{y}$$

称为向量 $\boldsymbol{x}$ 沿正交方向 $\boldsymbol{e}$ 和 $\boldsymbol{y}$ 的分解。

例 9.8　考虑欧氏空间 $(\mathbb{R}^2,+,\cdot)$ 中的向量 $\boldsymbol{x}=(5,2)$。

我们希望将这个向量沿着正交方向 $\boldsymbol{e}=(1,1)$，$\boldsymbol{y}=(-1,1)$ 做分解，需要求出

$$\alpha=\frac{\boldsymbol{x}\cdot\boldsymbol{e}}{\|\boldsymbol{e}\|^2}=\frac{7}{2}$$

和

$$\beta=\frac{\boldsymbol{x}\cdot\boldsymbol{y}}{\|\boldsymbol{y}\|^2}=-\frac{3}{2}$$

于是

$$(5,2)=\frac{7}{2}(1,1)-\frac{3}{2}(-1,1)$$

定义 9.10　对于欧氏空间 $(\mathbb{R}^2,+,\cdot)$ 及向量 $\boldsymbol{x}\in\mathbb{R}^2$。向量 $\boldsymbol{x}$ 沿正交方向 $\boldsymbol{e}$ 和 $\boldsymbol{y}$ 的分解为：

$$\boldsymbol{x}=\alpha\boldsymbol{e}+\beta\boldsymbol{y} \tag{9.1}$$

向量 $\alpha\boldsymbol{e}$ 称为向量 $\boldsymbol{x}$ 在 $\boldsymbol{e}$ 方向的正交投影。

注 9.1　n 维向量的正交分解为

$$\boldsymbol{x}=\sum_{i=1}^{n}\alpha_i\boldsymbol{e}_i$$

$\boldsymbol{e}_1,\boldsymbol{e}_2,\cdots,\boldsymbol{e}_n$ 中任意两个向量都正交，即 $\boldsymbol{e}_i^{\mathrm{T}}\boldsymbol{e}_j=0$，$\forall i,j$。

命题 9.4　向量 $\boldsymbol{x}$ 的正交投影的最大长度等于它的模 $\|\boldsymbol{x}\|$，即

$$\|\alpha\boldsymbol{e}\|\leqslant\|\boldsymbol{x}\|$$

证明　由 $\boldsymbol{x}=\alpha\boldsymbol{e}+\beta\boldsymbol{y}$，$\boldsymbol{e}\cdot\boldsymbol{y}=0$ 可得，

$$\|\boldsymbol{x}\|^2=\boldsymbol{x}\cdot\boldsymbol{x}=(\alpha\boldsymbol{e}+\beta\boldsymbol{y})\cdot(\alpha\boldsymbol{e}+\beta\boldsymbol{y})=\|\alpha\boldsymbol{e}\|^2+\|\beta\boldsymbol{y}\|^2\geqslant\|\alpha\boldsymbol{e}\|^2$$

由此不等式可知

$$\|\alpha\boldsymbol{e}\|\leqslant\|\boldsymbol{x}\|$$

□

例 9.9　再次考虑向量 $\boldsymbol{x}=(5,2)$ 及其正交投影 $\alpha\boldsymbol{e}=\frac{7}{2}(1,1)$。这两个向量的模满足

$$\sqrt{5^2+2^2}=\sqrt{29}\geqslant\sqrt{\left(\frac{7}{2}\right)^2+\left(\frac{7}{2}\right)^2}=\sqrt{\frac{49}{2}}=\sqrt{24.5}$$

定理 9.1（柯西–施瓦茨不等式）　设 $(E_n,+,\cdot)$ 为欧氏空间，对所有 $\boldsymbol{x},\boldsymbol{y}\in E_n$，有如下不等式：

$$\|\boldsymbol{x}\cdot\boldsymbol{y}\|\leqslant\|\boldsymbol{x}\|\,\|\boldsymbol{y}\|$$

证明　若 $\boldsymbol{x}$ 和 $\boldsymbol{y}$ 中有一个为零向量，则柯西–施瓦茨不等式变为 $0=0$，总成立。

一般情况下，假设 $\boldsymbol{x}$ 和 $\boldsymbol{y}$ 都不是零向量。用向量 $\alpha\boldsymbol{y}$ 表示向量 $\boldsymbol{x}$ 在 $\boldsymbol{y}$ 方向的正交投影。根据引理 9.1，总有 $\boldsymbol{x}=\alpha\boldsymbol{y}+\boldsymbol{z}$，其中 $\boldsymbol{y}\cdot\boldsymbol{z}=0$。由此可得

$$\boldsymbol{x}\cdot\boldsymbol{y}=(\alpha\boldsymbol{y}+\boldsymbol{z})\boldsymbol{y}=\alpha\boldsymbol{y}\cdot\boldsymbol{y}=\alpha\|\boldsymbol{y}\|^2=\alpha\|\boldsymbol{y}\|\,\|\boldsymbol{y}\|$$

计算等式两边取模，得到

$$\| x \cdot y \| = \| \alpha \| \, \| y \| \, \| y \|$$

其中标量的模是标量本身的绝对值，即

$$\| \alpha \| = | \alpha | , \| x \cdot y \| = | x \cdot y |$$

此外，由于 α 是标量，满足

$$\| \alpha \| \, \| y \| \, \| y \| = \| \alpha y \| \, \| y \|$$

根据命题 9.4，$\| \alpha y \| \leqslant \| x \|$，因此，

$$\| x \cdot y \| \leqslant \| x \| \, \| y \|$$

□

柯西-施瓦茨不等式对于任意维数的向量都成立，但上面给出的证明利用了正交分解，因此只针对二维情形。

例 9.10　对于向量：$x=(3,2,1)$，$y=(1,1,0)$，模分别为

$$\| x \| = \sqrt{14} , \| y \| = \sqrt{2}$$

标量积为 $x \cdot y=5$。由于 $\| 5 \| =5$，得 $5 \leqslant \sqrt{2}\sqrt{14} \approx 5.29$。

定理 9.2（闵可夫斯基不等式）　设 $(E_n,+,\cdot)$ 为欧氏空间，对任意 $x,y \in E_n$，下面不等式成立：

$$\| x+y \| \leqslant \| x \| + \| y \|$$

证明　根据模的定义

$$\begin{aligned} \| x+y \|^2 &= (x+y) \cdot (x+y) = x \cdot x + x \cdot y + y \cdot x + y \cdot y \\ &= \| x \|^2 + \| y \|^2 + 2x \cdot y \end{aligned}$$

标量的模是它的绝对值，故

$$\| x \cdot y \| = | x \cdot y | = \begin{cases} x \cdot y, & x \cdot y \geqslant 0 \\ -x \cdot y, & x \cdot y < 0 \end{cases}$$

换句话说

$$x \cdot y \leqslant | x \cdot y | = \| x \cdot y \|$$

因此，

$$\| x+y \|^2 = \| x \|^2 + \| y \|^2 + 2x \cdot y \leqslant \| x \|^2 + \| y \|^2 + 2 \| x \cdot y \|$$

根据柯西-施瓦茨不等式 $2 \| x \cdot y \| \leqslant 2 \| x \| \, \| y \|$。因此，

$$\begin{aligned} & \| x+y \|^2 \leqslant \| x \|^2 + \| y \|^2 + 2 \| x \cdot y \| = (\| x \| + \| y \|)^2 \\ & \Rightarrow \| x+y \| \leqslant \| x \| + \| y \| \end{aligned}$$

□

例 9.11　再次考察向量 $x=(3,2,1)$，$y=(1,1,0)$。如上所示，$\| x \| = \sqrt{14}$，$\| y \| = \sqrt{2}$。和向量 $x+y=(4,3,1)$ 的模为 $\sqrt{26}$。由此得 $\sqrt{26} \approx 5.10 \leqslant \sqrt{2} + \sqrt{14} \approx 5.15$。

定理 9.3（毕达哥拉斯公式）　设 $(E_n,+,\cdot)$ 为欧氏空间，对任意 $x,y \in E_n$，且 x,y 正交，有

$$\| x+y \|^2 = \| x \|^2 + \| y \|^2$$

证明　根据模的定义知

$$\begin{aligned} \| x+y \|^2 &= (x+y) \cdot (x+y) = x \cdot x + x \cdot y + y \cdot x + y \cdot y \\ &= \| x \|^2 + \| y \|^2 \end{aligned}$$

□

这里利用了正交性 $x \cdot y=0$。

例 9.12　考察向量 $\boldsymbol{x}=(2,-1,1)$,$\boldsymbol{y}=(1,2,0)$。易证标量积 $\boldsymbol{x}\cdot\boldsymbol{y}=0$，即两向量正交。我们计算这些向量的模，可得 $\|\boldsymbol{x}\|^2=6$, $\|\boldsymbol{y}\|^2=5$。

和向量 $\boldsymbol{x}+\boldsymbol{y}=(3,1,1)$，其模的平方为 $\|\boldsymbol{x}+\boldsymbol{y}\|^2=11$，显然等于 6+5。

9.4 格拉姆-施密特正交化

定义 9.11　设 $\boldsymbol{a}_1,\boldsymbol{a}_2,\cdots,\boldsymbol{a}_n$ 是欧氏空间中的 n 个向量。矩阵

$$\begin{pmatrix} \boldsymbol{a}_1\cdot\boldsymbol{a}_1 & \boldsymbol{a}_1\cdot\boldsymbol{a}_2 & \cdots & \boldsymbol{a}_1\cdot\boldsymbol{a}_n \\ \boldsymbol{a}_2\cdot\boldsymbol{a}_1 & \boldsymbol{a}_2\cdot\boldsymbol{a}_2 & \cdots & \boldsymbol{a}_2\cdot\boldsymbol{a}_n \\ \vdots & \vdots & & \vdots \\ \boldsymbol{a}_n\cdot\boldsymbol{a}_1 & \boldsymbol{a}_n\cdot\boldsymbol{a}_2 & \cdots & \boldsymbol{a}_n\cdot\boldsymbol{a}_n \end{pmatrix}$$

称为**格拉姆矩阵**，其行列式称为格拉姆行列式，记为 $G(\boldsymbol{a}_1,\boldsymbol{a}_2,\cdots,\boldsymbol{a}_n)$。

定理 9.4　若向量 $\boldsymbol{a}_1,\boldsymbol{a}_2,\cdots,\boldsymbol{a}_n$ 线性相关，则格拉姆行列式 $G(\boldsymbol{a}_1,\boldsymbol{a}_2,\cdots,\boldsymbol{a}_n)$ 的值为 0。

证明　若向量线性相关，根据命题 8.4 可得，至少有一个向量可以表示为其他向量的线性组合，设

$$\boldsymbol{a}_n=\lambda_1\boldsymbol{a}_1+\lambda_2\boldsymbol{a}_2+\cdots+\lambda_{n-1}\boldsymbol{a}_{n-1}$$

其中 $\lambda_1,\lambda_2,\cdots,\lambda_{n-1}\in\mathbb{R}$。

用 $\boldsymbol{a}_n$ 点乘 $\boldsymbol{a}_i$，其中 $i=1,2,\cdots,n-1$，得

$$\boldsymbol{a}_n\cdot\boldsymbol{a}_i=\lambda_1\boldsymbol{a}_1\cdot\boldsymbol{a}_i+\lambda_2\boldsymbol{a}_2\cdot\boldsymbol{a}_i+\cdots+\lambda_{n-1}\boldsymbol{a}_{n-1}\cdot\boldsymbol{a}_i$$

因此，若将这个线性组合代入格拉姆矩阵的最后一行元素，则第 n 行可以表示为以标量 $\lambda_1,\lambda_2,\cdots,\lambda_{n-1}$ 为系数的其他所有行的线性组合。因此，格拉姆行列式的值为 0。　□

例 9.13　考虑向量

$$\boldsymbol{v}_1=(0,0,1)$$
$$\boldsymbol{v}_2=(0,1,0)$$
$$\boldsymbol{v}_3=(0,2,2)$$

由于

$$\boldsymbol{v}_3=\lambda_1\boldsymbol{v}_1+\lambda_2\boldsymbol{v}_2$$

其中 $(\lambda_1,\lambda_2)=(2,2)$，因此这些向量线性相关。

计算格拉姆矩阵

$$\begin{pmatrix} \boldsymbol{v}_1\cdot\boldsymbol{v}_1 & \boldsymbol{v}_1\cdot\boldsymbol{v}_2 & \boldsymbol{v}_1\cdot\boldsymbol{v}_3 \\ \boldsymbol{v}_2\cdot\boldsymbol{v}_1 & \boldsymbol{v}_2\cdot\boldsymbol{v}_2 & \boldsymbol{v}_2\cdot\boldsymbol{v}_3 \\ \boldsymbol{v}_3\cdot\boldsymbol{v}_1 & \boldsymbol{v}_3\cdot\boldsymbol{v}_2 & \boldsymbol{v}_3\cdot\boldsymbol{v}_3 \end{pmatrix}=\begin{pmatrix} 1 & 0 & 2 \\ 0 & 1 & 2 \\ 2 & 2 & 8 \end{pmatrix}$$

格拉姆行列式为

$$G(\boldsymbol{v}_1,\boldsymbol{v}_2,\boldsymbol{v}_3)=8+0+0-4-4-0=0$$

因此，满足定理 9.4，线性相关的向量构成的矩阵的格拉姆行列式为 0。

定理 9.5　若向量 $\boldsymbol{a}_1,\boldsymbol{a}_2,\cdots,\boldsymbol{a}_n$ 线性无关，则格拉姆行列式 $G(\boldsymbol{a}_1,\boldsymbol{a}_2,\cdots,\boldsymbol{a}_n)>0$。

该定理的证明过程见附录 B。

例 9.14　考虑线性无关的向量

$$v_1=(0,0,1)$$
$$v_2=(0,1,0)$$
$$v_3=(1,0,0)$$

其格拉姆矩阵为

$$\begin{pmatrix} v_1\cdot v_1 & v_1\cdot v_2 & v_1\cdot v_3 \\ v_2\cdot v_1 & v_2\cdot v_2 & v_2\cdot v_3 \\ v_3\cdot v_1 & v_3\cdot v_2 & v_3\cdot v_3 \end{pmatrix}=\begin{pmatrix} 1 & 0 & 0 \\ 0 & 1 & 0 \\ 0 & 0 & 1 \end{pmatrix}$$

对应的行列式值为 1>0。

注 9.2　注意上述两个定理给出了柯西-施瓦茨不等式的推广。由两个向量 $\boldsymbol{x}$ 和 $\boldsymbol{y}$ 构成的格拉姆行列式为：

$$\det\begin{pmatrix} \boldsymbol{x}\cdot\boldsymbol{x} & \boldsymbol{x}\cdot\boldsymbol{y} \\ \boldsymbol{y}\cdot\boldsymbol{x} & \boldsymbol{y}\cdot\boldsymbol{y} \end{pmatrix}=\|\boldsymbol{x}\|^2\|\boldsymbol{y}\|^2-\|\boldsymbol{x}\cdot\boldsymbol{y}\|^2\geqslant 0\Rightarrow\|\boldsymbol{x}\cdot\boldsymbol{y}\|\leqslant\|\boldsymbol{x}\|\|\boldsymbol{y}\|$$

定义 9.12　设向量 $\boldsymbol{x}\in E_n$，

$$\hat{\boldsymbol{x}}=\frac{\boldsymbol{x}}{\|\boldsymbol{x}\|}$$

称为 $\boldsymbol{x}$ 的单位向量。

定义 9.13　欧氏空间 $(E_n,+,\cdot)$ 中两两正交的单位向量构成的基称为**标准正交基**。

显然，由标准正交基构成的格拉姆矩阵为单位矩阵，因此其格拉姆行列式为 1。

定理 9.6　每一个欧氏空间都有一组标准正交基。

格拉姆-施密特标准正交化算法

在 n 维欧氏空间中，每一组基 $B=\{\boldsymbol{x}_1,\boldsymbol{x}_2,\cdots,\boldsymbol{x}_n\}$ 都可以用格拉姆-施密特方法变换为一组标准正交基 $B_e=\{\boldsymbol{e}_1,\boldsymbol{e}_2,\cdots,\boldsymbol{e}_n\}$。该方法包含下面几个步骤。

- 第一个单位向量为

$$\boldsymbol{e}_1=\frac{\boldsymbol{x}_1}{\|\boldsymbol{x}_1\|}$$

- 第二个单位向量的方向为

$$\boldsymbol{y}_2=\boldsymbol{x}_2+\lambda_1\boldsymbol{e}_1$$

利用正交性得

$$0=\boldsymbol{e}_1\cdot\boldsymbol{y}_2=\boldsymbol{e}_1\cdot\boldsymbol{x}_2+\lambda_1\boldsymbol{e}_1\cdot\boldsymbol{e}_1=\boldsymbol{e}_1\cdot\boldsymbol{x}_2+\lambda_1\|\boldsymbol{e}_1\|^2$$

考虑到 $\|\boldsymbol{e}_1\|=1$，可得

$$\lambda_1=-\boldsymbol{e}_1\cdot\boldsymbol{x}_2$$

且

$$\boldsymbol{y}_2=\boldsymbol{x}_2-\boldsymbol{e}_1\cdot\boldsymbol{x}_2\boldsymbol{e}_1$$

因此

$$\boldsymbol{e}_2=\frac{\boldsymbol{y}_2}{\|\boldsymbol{y}_2\|}$$

- 第三个单位向量的方向为

$$\boldsymbol{y}_3=\boldsymbol{x}_3+\lambda_1\boldsymbol{e}_1+\lambda_2\boldsymbol{e}_2$$

利用正交性得

$$0=\boldsymbol{y}_3\cdot\boldsymbol{e}_2=\boldsymbol{x}_3\cdot\boldsymbol{e}_2+\lambda_1\boldsymbol{e}_1\cdot\boldsymbol{e}_2+\lambda_2\boldsymbol{e}_2\cdot\boldsymbol{e}_2=\boldsymbol{e}_2\cdot\boldsymbol{x}_3+\lambda_2 \tag{9.2}$$

此时

$$\lambda_2=-\boldsymbol{e}_2\cdot\boldsymbol{x}_3$$

且

$$\boldsymbol{y}_3=\boldsymbol{x}_3+\lambda_1\boldsymbol{e}_1-\boldsymbol{e}_2\cdot\boldsymbol{x}_3\boldsymbol{e}_2$$

因此

$$\boldsymbol{e}_3=\frac{\boldsymbol{y}_3}{\|\boldsymbol{y}_3\|}$$

- 第 i 个单位向量的方向为

$$\boldsymbol{y}_i=\boldsymbol{x}_i+\lambda_1\boldsymbol{e}_1+\lambda_2\boldsymbol{e}_2+\cdots+\lambda_{n-1}\boldsymbol{e}_{i-1}-\boldsymbol{e}_{i-1}\cdot\boldsymbol{x}_i\boldsymbol{e}_{i-1}$$

$i=3,4,\cdots,n$，利用正交性得

$$\lambda_{i-1}=-\boldsymbol{e}_{i-1}\cdot\boldsymbol{x}_i$$

于是，

$$\boldsymbol{e}_i=\frac{\boldsymbol{y}_i}{\|\boldsymbol{y}_i\|}$$

由于正交基通常更便于处理，使数学模型变得简单，因此这种方法是一种既简单又实用的工具（任意两个坐标轴间的夹角相等，标量积为零），同时并不会降低精度。

算法 9 给出了格拉姆-施密特标准正交化的伪代码。

算法 9 格拉姆-施密特标准正交化

输入 $\boldsymbol{x}_1,\boldsymbol{x}_2,\cdots,\boldsymbol{x}_n$

$\boldsymbol{e}_1=\dfrac{\boldsymbol{x}_1}{\|\boldsymbol{x}_1\|}$

for $j=2:n$ do

  $\lambda_{j-1}=-\boldsymbol{e}_{j-1}\cdot\boldsymbol{x}_j$

  $\sum_k=0$

  for $k=1:j-1$ do

    $\sum_k=\sum_k+\lambda_k\boldsymbol{e}_k$

  end for

  $\boldsymbol{y}_j=\boldsymbol{x}_j+\sum_k$

end for

例 9.15 考虑 $\mathbb{R}^2$ 中的两个向量 $\boldsymbol{x}_1=(3,1),\boldsymbol{x}_2=(2,2)$。容易证明，这两个向量生成了整个 $\mathbb{R}^2$ 且它们线性无关。线性无关性可以通过验证

$$\boldsymbol{x}_1=\lambda_1(3,1)+\lambda_2(2,2)=\boldsymbol{0}$$

当且仅当 $(\lambda_1,\lambda_2)=(0,0)$ 时成立来证明。这等价于齐次线性方程组

$$\begin{cases}3\lambda_1+2\lambda_2=0\\ \lambda_1+2\lambda_2=0\end{cases}$$

是适定的。

因此，$B=\{\boldsymbol{x}_1,\boldsymbol{x}_2\}$ 是向量空间（$\mathbb{R}^2,+,\cdot$）的一组基。

此外，在 $\mathbb{R}^2$ 中可以定义标量积（向量的标量积），因此，（$\mathbb{R}^2,+,\cdot$）是欧氏空间。

下面应用格拉姆-施密特方法寻找一组标准正交基 $B_U=\{\boldsymbol{e}_1,\boldsymbol{e}_2\}$。第一个单位向量为

$$\boldsymbol{e}_1=\frac{\boldsymbol{x}_1}{\|\boldsymbol{x}_1\|}=\frac{(3,1)}{\sqrt{10}}=\left(\frac{3}{\sqrt{10}},\frac{1}{\sqrt{10}}\right)$$

为了计算第二个向量，首先求其方向，设方向为

$$\boldsymbol{y}_2=\boldsymbol{x}_2+\lambda_1\boldsymbol{e}_1=(2,2)+\lambda_1\left(\frac{3}{\sqrt{10}},\frac{1}{\sqrt{10}}\right)$$

为求出正交方向，令 $\boldsymbol{y}_2\cdot\boldsymbol{e}_1=0$，可得

$$\boldsymbol{y}_2\cdot\boldsymbol{e}_1=0=\boldsymbol{x}_2\cdot\boldsymbol{e}_1+\lambda_1\boldsymbol{e}_1\cdot\boldsymbol{e}_1=(2,2)\left(\frac{3}{\sqrt{10}},\frac{1}{\sqrt{10}}\right)+\lambda_1$$

由此可得

$$\lambda_1=-\frac{6}{\sqrt{10}}-\frac{2}{\sqrt{10}}=-\frac{8}{\sqrt{10}}$$

因此

$$\begin{aligned}\boldsymbol{y}_2=\boldsymbol{x}_2+\lambda_1\boldsymbol{e}_1&=(2,2)+\left(-\frac{8}{\sqrt{10}}\right)\left(\frac{3}{\sqrt{10}},\frac{1}{\sqrt{10}}\right)\\&=(2,2)+\left(-\frac{24}{10},-\frac{8}{10}\right)=\left(-\frac{2}{5},\frac{6}{5}\right)\end{aligned}$$

最后，计算单位向量

$$\boldsymbol{e}_2=\frac{\boldsymbol{y}_2}{\|\boldsymbol{y}_2\|}=\frac{\left(-\frac{2}{5},\frac{6}{5}\right)}{\frac{2\sqrt{10}}{5}}=\left(-\frac{1}{\sqrt{10}},\frac{3}{\sqrt{10}}\right)$$

向量 $\boldsymbol{e}_1,\boldsymbol{e}_2$ 是（$\mathbb{R}^2,+,\cdot$）的一组标准正交基。

习题

9.1　对于向量

$$\boldsymbol{x}=(2,5,7)$$
$$\boldsymbol{y}=(-4,0,12)$$

验证柯西-施瓦茨不等式和闵可夫斯基不等式。

9.2　考虑 $\mathbb{R}^2$ 中的两个线性无关的向量 $\boldsymbol{x}_1=(2,1),\boldsymbol{x}_2=(0,2)$。应用格拉姆-施密特正交化方法计算 $\mathbb{R}^2$ 的一组标准正交基。

第 10 章　线性映射

10.1　介绍性概念

虽然此书的大部分内容（除了复多项式的其余部分）与线性代数有关，但是“线性代数”这一主题在前几章中却从未介绍过。更特别的是，虽然第 1 章提及了代数的术语起源，但是前面的形容词线性却没有被讨论。在进入线性的正式定义之前，我们先直观地介绍线性的定义。线性代数可以看作一门研究向量的学科。如果我们将向量空间看作赋予了合成律的向量集合，矩阵可以看作行向量（或列向量）的集合，线性方程可以看作向量方程，线性方程未知数的系数可以看作向量中的一个元素，可以看出向量是线性代数的基本实体。从第 4 章可以看出，向量是由线段产生的。因此，线性代数是研究线的“部分”和它们之间的相互作用，这就是“线性”的意思。

在正式进入该主题之前，我们先用向量和向量空间的概念重新定义第 1 章中映射的概念。

定义 10.1　令 $(E,+,\cdot)$ 和 $(F,+,\cdot)$ 为两个定义在数域 $\mathbb{K}$ 上的向量空间，$f: E\to F$ 为一个关系，U 为一个集合且 $U\subset E$。若

$$\forall \boldsymbol{u}\in U, \exists!\ \boldsymbol{w}\in F, \text{满足} f(\boldsymbol{u})=\boldsymbol{w}$$

则称关系 f 为**映射**。集合 U 称为**定义域**，常用 $\mathrm{dom}(f)$ 来表示。

向量 $\boldsymbol{w}$

$$\boldsymbol{w}=f(\boldsymbol{u})$$

表示 $\boldsymbol{u}$ 通过映射 f 形成的**象**。

定义 10.2　令 f 表示 $E\to F$ 的映射，E 和 F 是与向量空间 $(E,+,\cdot)$ 和 $(F,+,\cdot)$ 有关的集合。f 的**象集**用 $\mathrm{Im}(f)$ 表示，

$$\mathrm{Im}(f)=\{\boldsymbol{w}\in F \mid \exists \boldsymbol{u}\in E, \text{满足} f(\boldsymbol{u})=\boldsymbol{w}\}$$

例 10.1　设 $(\mathbb{R},+,\cdot)$ 为一个向量空间。函数 $f(x)=2x+2$ 是映射的一个例子。映射的定义域 $\mathrm{dom}(f)=\mathbb{R}$，$f$ 的象 $\mathrm{Im}(f)=\mathbb{R}$。$\mathbb{R}$ 通过 f 的逆象为 $\mathbb{R}$。

例 10.2　设 $(\mathbb{R},+,\cdot)$ 为一个向量空间。函数 $f(x)=e^x$ 是 $\mathbb{R}\to\mathbb{R}$ 的一个映射。映射的定义域 $\mathrm{dom}(f)=\mathbb{R}$，象 $\mathrm{Im}(f)=[0,\infty]$。$[0,\infty]$ 通过 f 的逆象为 $\mathbb{R}$。

例 10.3　设 $(\mathbb{R},+,\cdot)$ 为一个向量空间。函数 $f(x)=x^2+2x+2$ 是 $\mathbb{R}\to\mathbb{R}$ 的一个映射。映射的定义域 $\mathrm{dom}(f)=\mathbb{R}$，象 $\mathrm{Im}(f)=[1,\infty]$。$[1,\infty]$ 通过 f 的逆象为 $\mathbb{R}$。

例 10.4　设 $(\mathbb{R},+,\cdot)$ 和 $(\mathbb{R}^2,+,\cdot)$ 为两个向量空间。函数 $f(x,y)=x+2y+2$ 是 $\mathbb{R}^2\to\mathbb{R}$ 的一个映射。映射的定义域 $\mathrm{dom}(f)=\mathbb{R}^2$，象 $\mathrm{Im}(f)=\mathbb{R}$。$\mathbb{R}$ 通过 f 的逆象为 $\mathbb{R}^2$。

例 10.5　在向量空间 $(\mathbb{R}^2,+,\cdot)$ 中。函数 $f(x,y)=(x+2y+2,8y-3)$ 是 $\mathbb{R}^2\to\mathbb{R}^2$ 的一个映射。

例 10.6 设 $(\mathbb{R}^2,+,\cdot)$ 和 $(\mathbb{R}^3,+,\cdot)$ 为向量空间，函数 $f(x,y,z)=(x+2y-z+2,6y-4z+2)$ 是 $\mathbb{R}^3\to\mathbb{R}^2$ 的一个映射。

例 10.7 设 $(\mathbb{R}^2,+,\cdot)$ 和 $(\mathbb{R}^3,+,\cdot)$ 为向量空间，函数 $f(x,y)=(6x-2y+9,-4x+6y+8,x-y)$ 是 $\mathbb{R}^2\to\mathbb{R}^3$ 的一个映射。

定义 10.3 当 f 的象与 F 重合时，映射 f 被称为**满射**：

$$\mathrm{Im}(f)=F$$

例 10.8 $\mathbb{R}\to\mathbb{R}$ 的映射 $f(x)=2x+2$ 是满射，因为 $\mathrm{Im}(f)=\mathbb{R}$，也就是说，它的象是向量空间的全集。

例 10.9 $\mathbb{R}\to\mathbb{R}$ 的映射 $f(x)=e^x$ 不是满射，因为 $\mathrm{Im}(f)=[0,\infty]$，也就是说，函数的象不是向量空间的全集。

定义 10.4 映射 f 称为**单射**，如果

$$\forall \boldsymbol{u},\boldsymbol{v}\in E,\boldsymbol{u}\neq\boldsymbol{v}\Rightarrow f(\boldsymbol{u})\neq f(\boldsymbol{v})$$

另一种等价的定义是：映射 f 称为单射，如果

$$\forall \boldsymbol{u},\boldsymbol{v}\in E,f(\boldsymbol{u})=f(\boldsymbol{v})\Rightarrow\boldsymbol{u}=\boldsymbol{v}$$

例 10.10 $\mathbb{R}\to\mathbb{R}$ 的映射 $f(x)=e^x$ 是单射，因为 $\forall x_1,x_2$ 且 $x_1\neq x_2$，有 $e^{x_1}\neq e^{x_2}$。

例 10.11 $\mathbb{R}\to\mathbb{R}$ 的映射 $f(x)=x^2$ 不是单射，因为 $\forall x_1,x_2$ 且 $x_1\neq x_2$，可能有 $x_1^2=x_2^2$。例如当 $x_1=3,x_2=-3$ 时，$x_1\neq x_2$，但是 $x_1^2=x_2^2=9$。

例 10.12 $\mathbb{R}\to\mathbb{R}$ 的映射 $f(x)=x^3$ 是单射，因为 $\forall x_1,x_2$ 且 $x_1\neq x_2,x_1^3\neq x_2^3$。

定义 10.5 映射 f 称为**双射**，如果 f 是单射也是满射。

例 10.13 $\mathbb{R}\to\mathbb{R}$ 的映射 $f(x)=e^x$ 是单射但不是满射，所以不是双射。

例 10.14 $\mathbb{R}\to\mathbb{R}$ 的映射 $f(x)=2x+2$ 是单射也是满射，所以是双射。

例 10.15 $\mathbb{R}\to\mathbb{R}$ 的映射 $f(x)=x^3$ 是单射也是满射，所以是双射。

定义 10.6 令 f 表示 $E\to F$ 的映射，E 和 F 是与向量空间 $(E,+,\cdot)$ 和 $(F,+,\cdot)$ 有关的集合。映射 f 称为**线性映射**，如果它满足以下性质：

- 可加性：$\forall \boldsymbol{u},\boldsymbol{v}\in E:f(\boldsymbol{u}+\boldsymbol{v})=f(\boldsymbol{u})+f(\boldsymbol{v})$；
- 齐次性：$\forall\lambda\in\mathbb{K}$ 且 $\forall\boldsymbol{v}\in E:f(\lambda\boldsymbol{v})=\lambda f(\boldsymbol{v})$。

这两条线性性质可以综合写成以下更紧凑的形式：

$$\forall\lambda_1,\lambda_2\in\mathbb{K};\forall\boldsymbol{u},\boldsymbol{v}\in E:f(\lambda_1\boldsymbol{u}+\lambda_2\boldsymbol{v})=\lambda_1 f(\boldsymbol{u})+\lambda_2 f(\boldsymbol{v})$$

或扩展为以下形式：

$$\begin{gathered}\forall\lambda_1,\lambda_2,\cdots,\lambda_n\in\mathbb{K}\\ \forall\boldsymbol{v}_1,\boldsymbol{v}_2,\cdots,\boldsymbol{v}_n\in E:\\ f(\lambda_1\boldsymbol{v}_1+\lambda_2\boldsymbol{v}_2+\cdots+\lambda_n\boldsymbol{v}_n)\\ =\lambda_1 f(\boldsymbol{v}_1)+\lambda_2 f(\boldsymbol{v}_2)+\cdots+\lambda_n f(\boldsymbol{v}_n)\end{gathered}$$

例 10.16 考虑映射 $f:\mathbb{R}\to\mathbb{R}$

$$\forall x:f(x)=e^x$$

验证它的线性性质。

考虑两个向量（此时就是数）x_1 和 x_2。计算 $f(x_1+x_2)=e^{x_1+x_2}$。我们知道

$$e^{x_1+x_2}\neq e^{x_1}+e^{x_2}$$

可加性不成立，因此该映射不是线性的。通过计算得，指数函数不是线性的。

例 10.17　考虑映射 $f: \mathbb{R} \to \mathbb{R}$

$$\forall x: f(x) = 2x$$

验证它的线性性质。

考虑两个向量（此时就是数）x_1 和 x_2。我们知道

$$f(x_1+x_2) = 2(x_1+x_2)$$
$$f(x_1)+f(x_2) = 2x_1+2x_2$$

满足 $f(x_1+x_2)=f(x_1)+f(x_2)$。因此，该映射是可加的。通过运用一般标量 λ 验证齐次性。我们有

$$f(\lambda x) = 2\lambda x$$
$$\lambda f(x) = \lambda 2x$$

满足 $f(\lambda x)=\lambda f(x)$。因此，该映射满足齐次性，也是线性的。

定义 10.7　令 f 表示 $E \to F$ 的映射，E 和 F 是与向量空间 $(E,+,\cdot)$ 和 $(F,+,\cdot)$ 有关的集合。如果映射

$$g(\boldsymbol{v}) = f(\boldsymbol{v}) - f(0)$$

是线性的，则称映射 f 为**仿射映射**。

例 10.18　考虑映射 $f: \mathbb{R} \to \mathbb{R}$

$$\forall x: f(x) = x+2$$

验证它的线性性质。

考虑两个向量（此时就是数）x_1 和 x_2。我们知道

$$f(x_1+x_2) = x_1+x_2+2$$
$$f(x_1)+f(x_2) = x_1+2+x_2+2 = x_1+x_2+4$$

得出 $f(x_1+x_2) \neq f(x_1)+f(x_2)$。因此，该映射不是线性的。

然而，$f(0)=2$ 且

$$g(x) = f(x) - f(0) = x$$

是线性映射。也就是说，$f(x)$ 是仿射映射。

例 10.19　考虑映射 $f: \mathbb{R}^3 \to \mathbb{R}^2$

$$\forall x,y,z: f(x,y,z) = (2x-5z, 4y-5z)$$

验证它的线性性质。

如果该映射是线性的，则满足可加性和齐次性。设两个向量 $\boldsymbol{v}=(x,y,z)$ 和 $\boldsymbol{v}'=(x',y',z')$，则有

$$\begin{aligned} f(\boldsymbol{v}+\boldsymbol{v}') &= f(x+x', y+y', z+z') = (2(x+x')-5(z+z'), 4(y+y')-5(z+z')) \\ &= (2x-5z, 4y-5z)+(2x'-5z', 4y'-5z') = f(\boldsymbol{v})+f(\boldsymbol{v}') \end{aligned}$$

$$f(\lambda \boldsymbol{v}) = f(\lambda x, \lambda y, \lambda z) = (\lambda 2x - \lambda 5z, \lambda 4y - \lambda 5z) = \lambda(2x-5z, 4y-5z) = \lambda f(\boldsymbol{v})$$

因此，该映射是线性的。

例 10.20　考虑映射 $f: \mathbb{V}^3 \to \mathbb{R}$

$$\forall \vec{v}: f(\vec{v}) = (\vec{u}, \vec{v})$$

验证它的线性性质。

$$f(\vec{v}+\vec{v}') = (\vec{u}, \vec{v}+\vec{v}') = (\vec{u}, \vec{v})+(\vec{u}, \vec{v}') = f(\vec{v})+f(\vec{v}')$$

$$f(\lambda\vec{v})=(\vec{u},\lambda\vec{v})=\lambda(\vec{u},\vec{v})=\lambda f(\vec{v})$$

因此，该映射是线性的。

命题 10.1 令 f 表示 $E\to F$ 的线性映射。用 $\mathbf{0}_E$ 和 $\mathbf{0}_F$ 表示向量空间 $(E,+,\cdot)$ 和 $(F,+,\cdot)$ 中的零向量，则有

$$f(\mathbf{0}_E)=\mathbf{0}_F$$

证明 $f(\mathbf{0}_E)=f(0\mathbf{0}_E)=0f(\mathbf{0}_E)=\mathbf{0}_F$。 □

例 10.21 考虑映射 $f:\mathbb{R}^3\to\mathbb{R}^4$

$$\forall x,y,z: f(x,y,z)=(23x-51z,3x+4y-5z,32x+5y-6z+1,5x+5y+5z)$$

验证它的线性性质。

计算

$$f(0,0,0)=(0,0,1,0)\neq\mathbf{0}_{\mathbb{R}^4}$$

与命题 10.1 不符，因此该映射不是线性的。

尽管如此，

$$\begin{aligned}g(x,y,z)&=f(x,y,z)-f(0,0,0)\\&=(23x-51z,3x+4y-5z,32x+5y-6z+1,5x+5y+5z)-(0,0,1,0)\\&=(23x-51z,3x+4y-5z,32x+5y-6z,5x+5y+5z)\end{aligned}$$

是线性的。因此，该映射是仿射映射。

命题 10.2 令 f 表示 $E\to F$ 的线性映射，则有

$$f(-\boldsymbol{v})=-f(\boldsymbol{v})$$

证明 $f(-\boldsymbol{v})=-f(1\boldsymbol{v})=-1f(\boldsymbol{v})=-f(\boldsymbol{v})$。

例 10.22 考虑映射 $f:\mathbb{R}\to\mathbb{R}$，$f(x)=2x$。借助命题 10.1 中的符号，可以得到 $\mathbf{0}_E=0$，$\mathbf{0}_F=0$，计算

$$f(\mathbf{0}_E)=f(0)=2\times0=0=\mathbf{0}_F$$

另外，考虑向量 $\boldsymbol{v}=x$，$\boldsymbol{v}$ 在这种情况下是一个数，

$$f(-\boldsymbol{v})=-f(-x)=(2)(-x)=-2x=-f(\boldsymbol{v})$$

例 10.23 考虑映射 $f:\mathbb{R}^2\to\mathbb{R}$，$f(x,y)=2x+y$。设 $\mathbf{0}_E=(0,0)$，$\mathbf{0}_F=0$，$\boldsymbol{v}=(x,y)$，验证上述两个命题：

$$f(\mathbf{0}_E)=f(0,0)=2\times0+0=0=\mathbf{0}_F$$
$$f(-\boldsymbol{v})=-f(-x,-y)=2\times(-x)-y=-2x-y=-(2x+y)=-f(\boldsymbol{v})$$

10.2 线性映射和向量空间

定义 10.8 令 f 表示 $U\subset E\to F$ 的映射，U 通过 f 形成的象用 $f(U)$ 表示，

$$f(U)=\{\boldsymbol{w}\in F\mid\exists\boldsymbol{u}\in U,\text{满足}f(\boldsymbol{u})=\boldsymbol{w}\}$$

定理 10.1 设 $f:E\to F$ 是线性映射，$(U,+,\cdot)$ 是 $(E,+,\cdot)$ 的一个向量子空间。设 $f(U)$ 是 U 的所有变换向量的集合，则三元组 $(f(U),+,\cdot)$ 是 $(F,+,\cdot)$ 的一个向量子空间。

证明 要证明 $(f(U),+,\cdot)$ 是 $(F,+,\cdot)$ 的一个向量子空间，则要证明集合 $f(U)$ 满足两条合成律。通过定义可知，向量 $\boldsymbol{w}\in f(U)$ 表示 $\exists\boldsymbol{v}\in U$，使得 $f(\boldsymbol{v})=\boldsymbol{w}$。

因此，如果我们考虑两个向量 $\boldsymbol{w}$，$\boldsymbol{w}'\in f(U)$，则有

$$\boldsymbol{w}+\boldsymbol{w}'=f(\boldsymbol{v})+f(\boldsymbol{v}')=f(\boldsymbol{v}+\boldsymbol{v}')$$

由于 $(U,+,\cdot)$ 是一个向量空间，那么 $\boldsymbol{v}+\boldsymbol{v}'\in U$，则 $f(\boldsymbol{v}+\boldsymbol{v}')\in f(U)$，集合 $f(U)$ 关于内合成律封闭。

考虑标量 $\lambda\in\mathbb{K}$，计算

$$\lambda\boldsymbol{w}=\lambda f(\boldsymbol{v})=f(\lambda\boldsymbol{v})$$

由于 $(U,+,\cdot)$ 是一个向量空间，$\lambda\boldsymbol{v}\in U$，则 $f(\lambda\boldsymbol{v})\in f(U)$，集合 $f(U)$ 关于外合成律封闭。

由于集合 $f(U)$ 满足两条合成律，因此，三元组 $(f(U),+,\cdot)$ 是 $(F,+,\cdot)$ 的一个向量子空间。□

例 10.24　考虑向量空间 $(\mathbb{R},+,\cdot)$ 和线性映射 $f:\mathbb{R}\to\mathbb{R}$，$f(x)=5x$。

上述定理说明 $(f(R),+,\cdot)$ 也是一个向量空间。因为 $f(\mathbb{R})=\mathbb{R}$，$(\mathbb{R},+,\cdot)$ 是向量空间，定理可以直接应用。

例 10.25　考虑向量空间 $(\mathbb{R}^2,+,\cdot)$ 和线性映射 $f:\mathbb{R}^2\to\mathbb{R}$，$f(x)=6x+4y$。

此时，$f(\mathbb{R}^2)=\mathbb{R}$，$(\mathbb{R},+,\cdot)$ 是向量空间。

例 10.26　考虑向量空间 $(U,+,\cdot)$

$$U=\{(x,y,z)\in\mathbb{R}^3 \mid x+2y+z=0\}$$

和线性映射 $f:\mathbb{R}^3\to\mathbb{R}^2$，

$$f(x,y,z)=(3x+2y,4y+5z)$$

由第 8 章知，集合 U 是通过参照系原点的空间平面。线性映射 f 将一个空间平面的点投影到另一个平面，即一个二维空间 $\mathbb{R}^2$。因此，$f(U)$ 是一个过原点 $(0,0,0)$ 的向量空间平面。

例 10.27　考虑线性映射 $f:\mathbb{R}^2\to\mathbb{R}^2$，

$$f(x,y)=(x+y,x-y)$$

和集合

$$U=\{(x,y)\in\mathbb{R}^2 \mid 2x-y=0\}$$

U 是过原点的直线，$(U,+,\cdot)$ 是一个向量空间。

该集合可以表示为向量的形式，

$$U=\alpha(1,2),\alpha\in\mathbb{R}$$

用 $(\alpha,2\alpha)$ 替换 (x,y) 来计算 $f(U)$

$$f(U)=(\alpha+2\alpha,\alpha-2\alpha)=(3\alpha,-\alpha)=\alpha(3,-1)$$

这是一条通过原点的直线，因此 $(f(U),+,\cdot)$ 是一个向量空间。

推论 10.1　设 $f:E\to F$ 是线性映射。如果 $f(E)=\mathrm{Im}(f)$，则 $\mathrm{Im}(f)$ 是 $(F,+,\cdot)$ 的一个线性子空间。

定义 10.9　设 $f:E\to W\subset F$ 是映射。W 通过 f 的原象用 $f^{-1}(W)$ 表示，则

$$f^{-1}(W)=\{\boldsymbol{u}\in E \mid f(\boldsymbol{u})\in W\}$$

定理 10.2　设 $f:E\to F$ 是线性映射。如果 $(W,+,\cdot)$ 是 $(F,+,\cdot)$ 的向量子空间，则 $(f^{-1}(W),+,\cdot)$ 是 $(E,+,\cdot)$ 的一个线性子空间。

证明　要证明 $(f^{-1}(W),+,\cdot)$ 是 $(E,+,\cdot)$ 的一个线性子空间，则要证明 $f^{-1}(W)$ 对两条合成律是封闭的。若向量 $\boldsymbol{v}\in f^{-1}(W)$，则 $f(\boldsymbol{v})\in W$。

可以证明 f 的线性性质，

$$f(\boldsymbol{v}+\boldsymbol{v}')=f(\boldsymbol{v})+f(\boldsymbol{v}')$$

由于 $(W,+,\cdot)$ 是一个向量空间，$f(\boldsymbol{v})+f(\boldsymbol{v}')\in W$，则 $f(\boldsymbol{v}+\boldsymbol{v}')\in W$，$\boldsymbol{v}+\boldsymbol{v}'\in f^{-1}(W)$。集合 $f^{-1}(W)$ 对内合成律是封闭的。

考虑标量 $\lambda\in\mathbb{K}$，计算

$$f(\lambda\boldsymbol{v})=\lambda f(\boldsymbol{v})$$

由于 $(W,+,\cdot)$ 是一个向量空间，$\lambda f(\boldsymbol{v})\in W$，由于 $f(\lambda\boldsymbol{v})\in W$，$\lambda\boldsymbol{v}\in f^{-1}(W)$，因此，集合 $f^{-1}(W)$ 对外合成律封闭。

因此，$(f^{-1}(W),+,\cdot)$ 是 $(E,+,\cdot)$ 的一个线性子空间。□

10.3　自同态与核

定义 10.10　设 $f: E\to F$ 是线性映射。若 $E=F$，即 $f: E\to E$，则称该线性映射为**自同态**的。

例 10.28　线性映射 $f:\mathbb{R}\to\mathbb{R}$，$f(x)=2x$ 是自同态的，因为所有集合都是 $\mathbb{R}$。

例 10.29　线性映射 $f:\mathbb{R}^2\to\mathbb{R}$，$f(x,y)=2x-4y$ 不是自同态的，因为 $\mathbb{R}^2\neq\mathbb{R}$。

例 10.30　线性映射 $f:\mathbb{R}^2\to\mathbb{R}^2$，$f(x,y)=(2x+3y,9x-2y)$ 是自同态的。

定义 10.11　**零映射** $O: E\to F$ 满足

$$\forall\boldsymbol{v}\in E: O(\boldsymbol{v})=\boldsymbol{0}_F$$

很容易证明该映射是线性的。

例 10.31　线性映射 $f:\mathbb{R}\to\mathbb{R}$，$f(x)=0$ 是零映射。

例 10.32　线性映射 $f:\mathbb{R}^2\to\mathbb{R}$，$f(x,y)=0$ 是零映射。

例 10.33　线性映射 $f:\mathbb{R}^2\to\mathbb{R}^2$，$f(x,y)=(0,0)$ 是零映射。

定义 10.12　**恒等映射** $I: E\to E$ 满足

$$\forall\boldsymbol{v}\in E: I(\boldsymbol{v})=\boldsymbol{v}$$

很容易证明该映射是线性的并且是自同态的。

例 10.34　线性映射 $f:\mathbb{R}\to\mathbb{R}$，$f(x)=x$ 是恒等映射。

例 10.35　线性映射 $f:\mathbb{R}^2\to\mathbb{R}^2$，$f(x,y)=(x,y)$ 是恒等映射。

例 10.36　如果我们考虑线性映射 $f:\mathbb{R}^2\to\mathbb{R}$，不能定义恒等映射。显然，对于向量 $(x,y)\in\mathbb{R}^2$，不可能有 $f(x,y)=(x,y)$ 成立。这说明了为什么恒等映射只对自同态有意义。

命题 10.3　设 $f: E\to E$ 是自同态的。如果 $\boldsymbol{v}_1,\boldsymbol{v}_2,\cdots,\boldsymbol{v}_n\in E$ 是线性相关的，则 $f(\boldsymbol{v}_1),f(\boldsymbol{v}_2),\cdots,f(\boldsymbol{v}_n)\in F$ 也是线性相关的。

证明　如果 $\boldsymbol{v}_1,\boldsymbol{v}_2,\cdots,\boldsymbol{v}_n\in E$ 是线性相关的，则 $\exists$ 标量 n 元组 $(\lambda_1,\lambda_2,\cdots,\lambda_n)\neq(0,0,\cdots,0)$ 使得

$$\boldsymbol{0}_E=\lambda_1\boldsymbol{v}_1+\lambda_2\boldsymbol{v}_2+\cdots+\lambda_n\boldsymbol{v}_n$$

对方程作用映射得：

$$f(\boldsymbol{0}_E)=f(\lambda_1\boldsymbol{v}_1+\lambda_2\boldsymbol{v}_2+\cdots+\lambda_n\boldsymbol{v}_n)$$

由映射的线性性质，

$$\begin{aligned}&f(\lambda_1\boldsymbol{v}_1+\lambda_2\boldsymbol{v}_2+\cdots+\lambda_n\boldsymbol{v}_n)\\&=f(\lambda_1\boldsymbol{v}_1)+f(\lambda_2\boldsymbol{v}_2)+\cdots+f(\lambda_n\boldsymbol{v}_n)\\&=\lambda_1 f(\boldsymbol{v}_1)+\lambda_2 f(\boldsymbol{v}_2)+\cdots+\lambda_n f(\boldsymbol{v}_n)\\&=f(\boldsymbol{0}_E)\end{aligned}$$

由命题 10. 1，$f(\mathbf{0}_E)=\mathbf{0}_F$，

$$\mathbf{0}_F=\lambda_1 f(\boldsymbol{v}_1)+\lambda_2 f(\boldsymbol{v}_2)+\cdots+\lambda_n f(\boldsymbol{v}_n)$$

因为 $(\lambda_1,\lambda_2,\cdots,\lambda_n)\neq(0,0,\cdots,0)$，即 $f(\boldsymbol{v}_1),f(\boldsymbol{v}_2),\cdots,f(\boldsymbol{v}_n)$ 是线性相关的。 □

例 10. 37　为了理解上述命题的意思，考虑 $\mathbb{R}^2$ 上的向量

$$\boldsymbol{v}_1=(0,1)$$

$$\boldsymbol{v}_2=(0,4)$$

考虑线性映射 $f:\mathbb{R}^2\to\mathbb{R}^2$，$f(x,y)=(x+y,x+2y)$，上述两个向量线性相关 $\boldsymbol{v}_2=4\boldsymbol{v}_1$，验证映射后的向量的线性相关性：

$$f(\boldsymbol{v}_1)=(1,2)$$

$$f(\boldsymbol{v}_2)=(4,8)$$

因为 $f(\boldsymbol{v}_2)=4f(\boldsymbol{v}_1)$，所以这两个向量也是线性相关的。

注 10. 1　*上述命题反之不一定成立，即如果 $\boldsymbol{v}_1,\boldsymbol{v}_2,\cdots,\boldsymbol{v}_n\in E$ 是线性无关的，不能确定 $f(\boldsymbol{v}_1),f(\boldsymbol{v}_2),\cdots,f(\boldsymbol{v}_n)\in F$ 的线性相关性。*

例 10. 38　考虑 $\mathbb{R}^2$ 上的向量

$$\boldsymbol{v}_1=(0,1)$$

$$\boldsymbol{v}_2=(1,0)$$

考虑线性映射 $f:\mathbb{R}^2\to\mathbb{R}^2$，$f(x,y)=(x+y,2x+2y)$，我们可以得到

$$f(\boldsymbol{v}_1)=(1,2)$$

$$f(\boldsymbol{v}_2)=(1,2)$$

因此，线性无关向量通过映射后也可以是线性相关的。

定义 10. 13　*设 $f:E\to F$ 是线性映射。f 的***核***是集合*

$$\ker(f)=\{\boldsymbol{v}\in E\,|\,f(\boldsymbol{v})=\mathbf{0}_F\}$$

接下来的例子可以更好地阐明核的概念。

例 10. 39　求线性映射 $f:\mathbb{R}\to\mathbb{R}$，$f(x)=5x$ 的核，此时核 $\ker=\{0\}$。我们可以通过令 $f(x)=0$，即 $5x=0$ 求得。

例 10. 40　考虑线性映射 $f:\mathbb{R}^2\to\mathbb{R}$，$f(x,y)=5x-y$。求核就是求使得 $f(x,y)=0$ 的 (x,y) 的值，即这些 (x,y) 满足方程式

$$5x-y=0$$

这是一个二元方程，根据 Rouché-Capelli 定理，这个方程有 ∞^1 个解。这些解满足 $(\alpha,5\alpha)$，$\forall\alpha\in\mathbb{R}$ 的形式，也就是说，这个线性映射的核是由 $\mathbb{R}^2$ 上满足这个形式的一系列点组成的过原点的直线。

更正式地，核是

$$\ker(f)=\{(\alpha,5\alpha),\alpha\in\mathbb{R}\}$$

例 10. 41　考虑线性映射 $f:\mathbb{R}^3\to\mathbb{R}^3$，

$$f(x,y,z)=(x+y+z,x-y-z,x+y+2z)$$

该映射的核是使该映射与 $\mathbf{0}_F$ 相等的 (x,y,z) 的集合。也就是说，该线性映射的核是满足

$$\begin{cases} x+y+z=0 \\ x-y-z=0 \\ x+y+2z=0 \end{cases}$$

的 (x,y,z) 的集合。

可以证明该齐次线性方程组有唯一解。因此

$$\ker(f)=\{(0,0,0)\}=\{\mathbf{0}_E\}$$

例 10.42 考虑线性映射 $f:\mathbb{R}^3\to\mathbb{R}^3$,

$$f(x,y,z)=(x+y+z,x-y-z,2x+2y+2z)$$

求该映射的核就是求解线性方程组

$$\begin{cases} x+y+z=0 \\ x-y-z=0 \\ 2x+2y+2z=0 \end{cases}$$

可以求得

$$\det\begin{pmatrix} 1 & 1 & 1 \\ 1 & -1 & -1 \\ 2 & 2 & 2 \end{pmatrix}=0$$

矩阵的秩为 $\rho=2$。因此该线性方程组的解不唯一，有 ∞^1 个解。若令 $x=\alpha$，则可以求得该线性方程组的解是 $\alpha(0,-1,1),\forall\alpha\in\mathbb{R}$，因此，该映射的核为

$$\ker(f)=\{\alpha(0,1,-1),\alpha\in\mathbb{R}\}$$

定理 10.3 设 $f:E\to F$ 是线性映射。三元组 $(\ker(f),+,\cdot)$ 是 $(E,+,\cdot)$ 的一个向量子空间。

证明 考虑两个向量 $\boldsymbol{v}$, $\boldsymbol{v}'\in\ker(f)$，如果向量 $\boldsymbol{v}\in\ker(f)$ 则 $f(\boldsymbol{v})=\mathbf{0}_F$。因此，

$$f(\boldsymbol{v}+\boldsymbol{v}')=f(\boldsymbol{v})+f(\boldsymbol{v}')=\mathbf{0}_F+\mathbf{0}_F=\mathbf{0}_F$$

$f(\boldsymbol{v}+\boldsymbol{v}')\in\ker(f)$。因此，$\ker(f)$ 关于内合成律封闭。考虑标量 $\lambda\in\mathbb{K}$，计算

$$f(\lambda\boldsymbol{v})=\lambda f(\boldsymbol{v})=\lambda\mathbf{0}_F=\mathbf{0}_F$$

因此，$f(\lambda\boldsymbol{v})\in\ker(f)$，$\ker(f)$ 关于外合成律封闭。

因此，$(\ker(f),+,\cdot)$ 是 $(E,+,\cdot)$ 的一个向量子空间。 □

通过上面的例子可以看出，计算 $\ker(f)$ 也就是求解齐次线性方程组。因此，$\ker(f)$ 通常包含零向量。下面的例子能更清晰地说明这个问题。

例 10.43 考虑线性映射 $f:\mathbb{R}^3\to\mathbb{R}^3$,

$$f(x,y,z)=(x+y+z,x-y-z,2x+2y+2z)$$

$$\ker(f)=\{\alpha(0,1,-1),\alpha\in\mathbb{R}\}$$

也就是说，$\ker(f)\subset\mathbb{R}^3$，而且可以看成穿过参照系原点的一条空间直线。从它的形式可以看出，$(\ker(f),+,\cdot)$ 是一维向量空间。

定理 10.4 设 $f:E\to F$ 是线性映射。$\boldsymbol{u},\boldsymbol{v}\in E$ 满足

$$f(\boldsymbol{u})=f(\boldsymbol{v})$$

当且仅当

$$\boldsymbol{u}-\boldsymbol{v}\in\ker(f)$$

证明 若 $f(\boldsymbol{u})=f(\boldsymbol{v})$，则

$$f(\boldsymbol{u})-f(\boldsymbol{v})=\mathbf{0}_F \Rightarrow f(\boldsymbol{u})+f(-\boldsymbol{v})=\mathbf{0}_F \Rightarrow f(\boldsymbol{u}-\boldsymbol{v})=\mathbf{0}_F$$

由核的定义 $\boldsymbol{u}-\boldsymbol{v}\in\ker(f)$。

若 $\boldsymbol{u}-\boldsymbol{v}\in\ker(f)$，则

$$f(\boldsymbol{u}-\boldsymbol{v})=\mathbf{0}_F \Rightarrow f(\boldsymbol{u})-f(\boldsymbol{v})=\mathbf{0}_F \Rightarrow f(\boldsymbol{u})=f(\boldsymbol{v})$$

□

例 10.44　再次考虑线性映射 $f:\mathbb{R}^3\to\mathbb{R}^3$，

$$f(x,y,z)=(x+y+z,x-y-z,2x+2y+2z)$$

考虑向量 $\boldsymbol{u},\boldsymbol{v}$

$$\boldsymbol{u}=(6,4,-7)$$
$$\boldsymbol{v}=(6,5,-8)$$

计算两者之差

$$\boldsymbol{u}-\boldsymbol{v}=(6,4,-7)-(6,5,-8)=(0,-1,1)$$

$\boldsymbol{u}-\boldsymbol{v}\in\ker(f)$。

计算这两个向量的映射：

$$f(\boldsymbol{v})=(6+4-7,6-4+7,12+8-14)=(3,9,6)$$
$$f(\boldsymbol{v}')=(6+5-8,6-5+8,12+10-16)=(3,9,6)$$

如定理所述，映射后的值相等。

定理 10.5　设 $f:E\to F$ 是线性映射。映射 f 是单射，当且仅当

$$\ker(f)=\{\mathbf{0}_E\}$$

证明　若 f 是单射，用反证法，假设 $\exists\boldsymbol{v}\in\ker(f)$，$\boldsymbol{v}\neq\mathbf{0}_E$。由核的定义

$$\forall\boldsymbol{v}\in\ker(f):f(\boldsymbol{v})=\mathbf{0}_F$$

另一方面，由命题 10.1，$f(\mathbf{0}_E)=\mathbf{0}_F$，因此，

$$f(\boldsymbol{v})=\mathbf{0}_E$$

因为 f 是单射，由单射的定义，$\boldsymbol{v}=\mathbf{0}_E$，与假设矛盾。

因此，核中的每一个向量 $\boldsymbol{v}$ 都是 $\mathbf{0}_E$，即

$$\ker(f)=\{\mathbf{0}_E\}$$

若设 $\ker(f)=\{\mathbf{0}_E\}$。考虑两个向量 $\boldsymbol{u},\boldsymbol{v}\in E$ 满足 $f(\boldsymbol{u})=f(\boldsymbol{v})$，有

$$f(\boldsymbol{u})=f(\boldsymbol{v})\Rightarrow f(\boldsymbol{u})-f(\boldsymbol{v})=\mathbf{0}_F$$

由 f 的线性性质，

$$f(\boldsymbol{u}-\boldsymbol{v})=\mathbf{0}_F$$

由核的定义，

$$\boldsymbol{u}-\boldsymbol{v}\in\ker(f)$$

但是，因为假设

$$\ker(f)=\{\mathbf{0}_E\}$$

那么

$$\boldsymbol{u}-\boldsymbol{v}=\mathbf{0}_E$$

因此，$\boldsymbol{u}=\boldsymbol{v}$。

因为，$\forall\boldsymbol{u},\boldsymbol{v}\in E$，$f(\boldsymbol{u})=f(\boldsymbol{v})$ 可得 $\boldsymbol{u}=\boldsymbol{v}$，则 f 是单射。

□

例 10.45　再次考虑线性映射 $f:\mathbb{R}^3\to\mathbb{R}^3$，

$$f(x,y,z)=(x+y+z,x-y-z,2x+2y+2z)$$

已知

$$\ker(f)=\{\alpha(0,1,-1)\}\neq\mathbf{0}_E=(0,0,0)$$

由上述定理知这个映射不是单射。如果一个映射将不同的向量映射成不同的向量，则这个映射是单射。

考虑向量

$$\boldsymbol{u}=(0,8,-8)$$
$$\boldsymbol{v}=(0,9,-9)$$

显然 $\boldsymbol{u}\neq\boldsymbol{v}$。映射后的向量是

$$f(\boldsymbol{u})=(0,0,0)$$
$$f(\boldsymbol{v})=(0,0,0)$$

因此，$\boldsymbol{u}\neq\boldsymbol{v}$，但 $f(\boldsymbol{u})=f(\boldsymbol{v})$，也就是说，该映射不是单射。

例 10.46 再次考虑线性映射 $f:\mathbb{R}^3\to\mathbb{R}^3$，

$$f(x,y,z)=(x+y+z,x-y-z,x+y+2z)$$

已知 $\ker(f)=\mathbf{0}_E$。我们知道，如果取两个不同的向量，计算它们映射后的向量，我们永远不会得到相同的向量。这个映射是单射。

拓展来看，如果一个映射得到的齐次线性方程组有唯一解（唯一解是零向量），则该映射的核是唯一的零向量，且该映射是单射。

例 10.47 考虑线性映射 $f:\mathbb{R}\to\mathbb{R}$，$f(x)=mx$，$m$ 有限且 $m\neq0$，该映射是单射。可以证明它的核是

$$\ker(f)=\{0\}$$

当 $m=\infty$ 时，f 不是映射。当 $m=0$ 时，f 是线性映射但不是单射，它的核是

$$\ker(f)=\{\alpha(1),\alpha\in\mathbb{R}\}$$

即整个 $\mathbb{R}$。

将方程 $mx=0$ 看作只有一个方程的方程组求解可以得到这个结果。若 $m=0$，该矩阵是奇异矩阵，秩为 0。因此，该线性方程组有 ∞^1 个解。

更直观地，我们可以看出，当 $m\neq0$ 时，该映射将一条直线转换成一条直线，而当 $m=0$ 时，该映射将一条直线转换为一个点。因此，可以看出在核和映射的更深的意义之间有一种关系。下面将深入讨论这种关系。

定理 10.6 *设 $f:E\to F$ 是线性映射，$\boldsymbol{v}_1,\boldsymbol{v}_2,\cdots,\boldsymbol{v}_n\in E$ 是线性无关的向量。若 f 是单射，则 $f(\boldsymbol{v}_1),f(\boldsymbol{v}_2),\cdots,f(\boldsymbol{v}_n)\in F$ 也是线性无关的向量。*

证明 用反证法。假设存在一组标量 $(\lambda_1,\lambda_2,\cdots,\lambda_n)\neq(0,0,\cdots,0)$ 使得

$$\mathbf{0}_F=\lambda_1 f(\boldsymbol{v}_1)+\lambda_2 f(\boldsymbol{v}_2)+\cdots+\lambda_n f(\boldsymbol{v}_n)$$

由命题 10.1 和 f 的线性性质得：

$$f(\mathbf{0}_E)=f(\lambda_1\boldsymbol{v}_1+\lambda_2\boldsymbol{v}_2+\cdots+\lambda_n\boldsymbol{v}_n)$$

因为假设 f 是单射，所以

$$\mathbf{0}_E=\lambda_1\boldsymbol{v}_1+\lambda_2\boldsymbol{v}_2+\cdots+\lambda_n\boldsymbol{v}_n$$
$$(\lambda_1,\lambda_2,\cdots,\lambda_n)\neq(0,0,\cdots,0)$$

这是不可能的，因为 $\boldsymbol{v}_1,\boldsymbol{v}_2,\cdots,\boldsymbol{v}_n\in E$ 是线性无关的。因此我们得出矛盾，所以 $f(\boldsymbol{v}_1)$，$f(\boldsymbol{v}_2),\cdots,f(\boldsymbol{v}_n)\in F$ 必须是线性无关的。 □

例 10.48　再次考虑单射 $f: \mathbb{R}^3 \to \mathbb{R}^3$，

$$f(x,y,z) = (x+y+z, x-y-z, x+y+2z)$$

考虑 $\mathbb{R}^3$ 上的向量：

$$\boldsymbol{u} = (1,0,0)$$
$$\boldsymbol{v} = (0,1,0)$$
$$\boldsymbol{w} = (0,0,1)$$

映射后得到向量

$$f(\boldsymbol{u}) = (1,1,1)$$
$$f(\boldsymbol{v}) = (1,-1,1)$$
$$f(\boldsymbol{w}) = (1,-1,2)$$

检查它们的线性相关性，如果存在 λ, μ, ν 满足

$$\mathbf{0} = \lambda f(\boldsymbol{u}) + \mu f(\boldsymbol{v}) + \nu f(\boldsymbol{w})$$

这等价于求解下面的齐次线性方程组

$$\begin{cases} \lambda+\mu+\nu=0 \\ \lambda-\mu-\nu=0 \\ \lambda+\mu+2\nu=0 \end{cases}$$

该方程组有唯一解（0,0,0）。因此，向量是线性无关的。

我们可以对命题 10.3 和定理 10.6 建立起关系：线性映射通常能保持线性相关性，只有单射能保持线性无关性，也就是说，核为零空间的映射能保持线性无关性。

10.4　线性映射的秩和零度

定义 10.14　设 $f: E \to F$ 是线性映射，$\mathrm{Im}(f)$ 是象。象的维数 $\dim(\mathrm{Im}(f))$ 称为映射的秩。

定义 10.15　设 $f: E \to F$ 是线性映射，$\ker(f)$ 是核。核的维数 $\dim(\ker(f))$ 称为映射的零度。

例 10.49　再次考虑线性映射 $f: \mathbb{R}^3 \to \mathbb{R}^3$，

$$f(x,y,z) = (x+y+z, x-y-z, 2x+2y+2z)$$
$$\ker(f) = \{\alpha(0,1,-1), \alpha \in \mathbb{R}\}$$

$(\ker(f), +, \cdot)$ 是维数为 1 的向量空间。因此，映射的零度是 1。

为了得到象的计算，直观地考虑该映射把 $\mathbb{R}^3$ 上的向量转换为线性相关的且第三个分量总是第一个分量值的两倍。也就是说，该映射把空间内的点转换为平面内的点，即 $(\mathrm{Im}(f), +, \cdot)$ 是二维向量空间。该映射的秩是 2。

定理 10.7（秩-零度定理）　设 $f: E \to F$ 是线性映射，$(E, +, \cdot)$ 和 $(F, +, \cdot)$ 为两个定义在数域 $\mathbb{K}$ 上的向量空间。设 $(E, +, \cdot)$ 为有限维向量空间，维数 $\dim(E) = n$。在这种假设下，映射的秩与零度的和与向量空间 $(E, +, \cdot)$ 的维数相等：

$$\dim(\ker(f)) + \dim(\mathrm{Im}(f)) = \dim(E)$$

证明　证明分为三个部分：

- 等式适定性
- 特殊（退化）情况

- 一般情况

等式适定性

首先证明等式中只出现有限数。要证明这一点，因为

$$\dim(E)=n$$

是一个有限数，所以我们必须证明 $\dim(\ker(f))$ 和 $\mathrm{Im}(f)$ 是有限数。

根据核的定义，$\ker(f)$ 是 E 的一个子集，所以

$$\dim(\ker(f))\leqslant\dim(E)=n$$

因此，$\dim(\ker(f))$是有限数。

因为 $(E,+,\cdot)$ 是有限维的，

$$\exists\ 一组基向量\ B=\{\boldsymbol{e}_1,\boldsymbol{e}_2,\cdots,\boldsymbol{e}_n\}$$

且每一个向量 $\boldsymbol{v}\in E$ 都可表示为

$$\boldsymbol{v}=\boldsymbol{\lambda}_1\boldsymbol{e}_1+\boldsymbol{\lambda}_2\boldsymbol{e}_2+\cdots+\boldsymbol{\lambda}_n\boldsymbol{e}_n$$

代入线性变换 f，得

$$f(\boldsymbol{v})=f(\boldsymbol{\lambda}_1\boldsymbol{e}_1+\boldsymbol{\lambda}_2\boldsymbol{e}_2+\cdots+\boldsymbol{\lambda}_n\boldsymbol{e}_n)=\boldsymbol{\lambda}_1 f(\boldsymbol{e}_1)+\boldsymbol{\lambda}_2 f(\boldsymbol{e}_2)+\cdots+\boldsymbol{\lambda}_n f(\boldsymbol{e}_n)$$

因此，

$$\mathrm{Im}(f)=L(f(\boldsymbol{e}_1),f(\boldsymbol{e}_2),\cdots,f(\boldsymbol{e}_n))$$

满足

$$\dim(\mathrm{Im}(f))\leqslant n$$

因此，等式中只出现有限数。

特殊（退化）情况

考虑两种特殊情况：

1. $\dim(\ker(f))=0$
2. $\dim(\ker(f))=n$

若 $\dim(\ker(f))=0$，即 $\ker(f)=\{\mathbf{0}_E\}$，则 f 是单射。因此，若 $(E,+,\cdot)$ 的一组基向量为

$$B=\{\boldsymbol{e}_1,\boldsymbol{e}_2,\cdots,\boldsymbol{e}_n\}$$

由定理10.6得，向量

$$f(\boldsymbol{e}_1),f(\boldsymbol{e}_2),\cdots,f(\boldsymbol{e}_n)\in\mathrm{Im}(f)$$

是线性无关的。因为这些向量生成 $(\mathrm{Im}(f),+,\cdot)$，所以它们构成一组基向量。

于是得出

$$\dim(\mathrm{Im}(f))=n$$

且 $\dim(\ker(f))+\dim(\mathrm{Im}(f))=\dim(E)$。

若 $\dim(\ker(f))=n$，即 $\ker(f)=E$，则

$$\forall\boldsymbol{v}\in E: f(\boldsymbol{v})=\mathbf{0}_F$$

且

$$\mathrm{Im}(f)=\{\mathbf{0}_F\}$$

所以，

$$\dim(\mathrm{Im}(f))=0$$

且 $\dim(\ker(f))+\dim(\mathrm{Im}(f))=\dim(E)$。

一般情况

$\dim(\ker(f)) \neq 0$ 且 $\dim(\ker(f)) \neq n$，我们可以得到

$$\dim(\ker(f)) = r \Rightarrow \exists B_{\ker} = \{\boldsymbol{u}_1, \boldsymbol{u}_2, \cdots, \boldsymbol{u}_r\}$$
$$\dim(\mathrm{Im}(f)) = s \Rightarrow \exists B_{\mathrm{Im}} = \{\boldsymbol{w}_1, \boldsymbol{w}_2, \cdots, \boldsymbol{w}_s\}$$

其中 $0<r<n, 0<s<n$。

由象的定义，

$$\boldsymbol{w}_1 \in \mathrm{Im}(f) \Rightarrow \exists \boldsymbol{v}_1 \in E \mid f(\boldsymbol{v}_1) = \boldsymbol{w}_1$$
$$\boldsymbol{w}_2 \in \mathrm{Im}(f) \Rightarrow \exists \boldsymbol{v}_2 \in E \mid f(\boldsymbol{v}_2) = \boldsymbol{w}_2$$
$$\vdots$$
$$\boldsymbol{w}_s \in \mathrm{Im}(f) \Rightarrow \exists \boldsymbol{v}_s \in E \mid f(\boldsymbol{v}_s) = \boldsymbol{w}_s$$

此外，$\forall \boldsymbol{x} \in E$，对应的线性映射 $f(\boldsymbol{x})$ 可以表示为 B_{Im} 中元素的系数为 $h_1, h_2, \cdots, h_s$ 的线性组合

$$\begin{aligned} f(\boldsymbol{x}) &= h_1\boldsymbol{w}_1 + h_2\boldsymbol{w}_2 + \cdots + h_s\boldsymbol{w}_s \\ &= h_1 f(\boldsymbol{v}_1) + h_2 f(\boldsymbol{v}_2) + \cdots + h_s f(\boldsymbol{v}_s) \\ &= f(h_1\boldsymbol{v}_1 + h_2\boldsymbol{v}_2 + \cdots + h_s\boldsymbol{v}_s) \end{aligned}$$

我们知道 f 不是单射，因为 $r \neq 0$。另一方面，根据定理 10.4

$$\boldsymbol{u} = x - h_1\boldsymbol{v}_1 - h_2\boldsymbol{v}_2 - \cdots - h_s\boldsymbol{v}_s \in \ker(f)$$

若 $\boldsymbol{u}$ 可以表示为 B_{Im} 中元素的系数为 $l_1, l_2, \cdots, l_r$ 的线性组合，我们可以将上式重新写为等式

$$\boldsymbol{x} = h_1\boldsymbol{v}_1 + h_2\boldsymbol{v}_2 + \cdots + h_s\boldsymbol{v}_s + l_1\boldsymbol{u}_1 + l_2\boldsymbol{u}_2 + \cdots + l_r\boldsymbol{u}_r$$
$$E = L(\boldsymbol{v}_1, \boldsymbol{v}_2, \cdots, \boldsymbol{v}_s, \boldsymbol{u}_1, \boldsymbol{u}_2, \cdots, \boldsymbol{u}_r)$$

下面验证这些向量的线性无关性。考虑标量 $a_1, a_2, \cdots, a_s, b_1, b_2, \cdots, b_r$。我们将零向量表示为这些向量的线性组合

$$\boldsymbol{0}_E = a_1\boldsymbol{v}_1 + a_2\boldsymbol{v}_2 + \cdots + a_s\boldsymbol{v}_s + b_1\boldsymbol{u}_1 + b_2\boldsymbol{u}_2 + \cdots + b_r\boldsymbol{u}_r$$

计算这个等式的线性映射，代入得

$$\begin{aligned} f(\boldsymbol{0}_E) = \boldsymbol{0}_F &= f(a_1\boldsymbol{v}_1 + a_2\boldsymbol{v}_2 + \cdots + a_s\boldsymbol{v}_s + b_1\boldsymbol{u}_1 + b_2\boldsymbol{u}_2 + \cdots + b_r\boldsymbol{u}_r) \\ &= a_1 f(\boldsymbol{v}_1) + a_2 f(\boldsymbol{v}_2) + \cdots + a_s f(\boldsymbol{v}_s) + b_1 f(\boldsymbol{u}_1) + b_2 f(\boldsymbol{u}_2) + \cdots + b_r f(\boldsymbol{u}_r) \\ &= a_1\boldsymbol{w}_1 + a_2\boldsymbol{w}_2 + \cdots + a_s\boldsymbol{w}_s + b_1 f(\boldsymbol{u}_1) + b_2 f(\boldsymbol{u}_2) + \cdots + b_r f(\boldsymbol{u}_r) \end{aligned}$$

我们知道，$\boldsymbol{u}_1, \boldsymbol{u}_2, \cdots, \boldsymbol{u}_r \in \ker(f)$，因此

$$f(\boldsymbol{u}_1) = \boldsymbol{0}_F$$
$$f(\boldsymbol{u}_2) = \boldsymbol{0}_F$$
$$\vdots$$
$$f(\boldsymbol{u}_r) = \boldsymbol{0}_F$$

于是

$$f(\boldsymbol{0}_E) = \boldsymbol{0}_F = a_1\boldsymbol{w}_1 + a_2\boldsymbol{w}_2 + \cdots + a_s\boldsymbol{w}_s$$

因为 $\boldsymbol{w}_1, \boldsymbol{w}_2, \cdots, \boldsymbol{w}_s$ 构成一组基，所以它们线性无关。因此 $(a_1, a_2, \cdots, a_s) = (0, 0, \cdots, 0)$，

$$\begin{aligned} \boldsymbol{0}_E &= a_1\boldsymbol{v}_1 + a_2\boldsymbol{v}_2 + \cdots + a_s\boldsymbol{v}_s + b_1\boldsymbol{u}_1 + b_2\boldsymbol{u}_2 + \cdots + b_r\boldsymbol{u}_r \\ &= b_1\boldsymbol{u}_1 + b_2\boldsymbol{u}_2 + \cdots + b_r\boldsymbol{u}_r \end{aligned}$$

因为 $\boldsymbol{u}_1, \boldsymbol{u}_2, \cdots, \boldsymbol{u}_r$ 是一组基向量，所以它们是线性无关的，因此 $(b_1, b_2, \cdots, b_r) = (0, 0, \cdots, 0)$。

由此可得，$\boldsymbol{v}_1, \boldsymbol{v}_2, \cdots, \boldsymbol{v}_s, \boldsymbol{u}_1, \boldsymbol{u}_2, \cdots, \boldsymbol{u}_r$ 是线性无关的。因为这些向量生成 E，所以它们构成

一组基向量。我们知道，假设 $\dim(E)=n$ 且基向量组由 $r+s$ 个向量组成，即 $\dim(\ker(f))+\dim(\operatorname{Im}(f))$ 个向量，因此

$$\dim(\ker(f))+\dim(\operatorname{Im}(f))=r+s=n=\dim(E)$$ □

例 10.50　秩-零度定理表示 $\dim(\ker(f))$、$\dim(\operatorname{Im}(f))$ 和 $\dim(E)$ 之间的关系。通常来说，$\dim(\ker(f))$ 是最难计算的，该定理给出了一种简单的计算它的方法。

考虑前面研究过的两个 $\mathbb{R}^3\to\mathbb{R}^3$ 的线性映射，在这里称它们为 f_1,f_2，

$$f_1(x,y,z)=(x+y+z,x-y-z,x+y+2z)$$

$$f_2(x,y,z)=(x+y+z,x-y-z,2x+2y+2z)$$

我们知道，$\ker(f_1)=\{(0,0,0)\}$，即 $\dim(\ker(f))=0$，$\dim(\mathbb{R}^3)=3$。由秩-零度定理可知 $\dim(\operatorname{Im}(f))=3$。几何解释为：这个线性映射将（三维）空间中的点（向量）转换为该空间中的点。

考虑 f_2。我们知道 $\ker(f_2)=\alpha(0,-1,1)$，即 $\dim(\ker(f))=1$ 且 $\dim(\mathbb{R}^3)=3$。由秩-零度定理可知 $\dim(\operatorname{Im}(f))=2$。如前文所述，线性映射 f_2 将空间中的点（向量）转换为空间中平面上的点。

例 10.51　在下面两个映射下验证秩-零度定理，

$$f_1:\mathbb{R}\to\mathbb{R}$$

$$f_1(x)=5x$$

和

$$f_2:\mathbb{R}^2\to\mathbb{R}$$

$$f_2(x,y)=x+y$$

考虑 f_1。找核非常简单，

$$5x=0\Rightarrow x=0\Rightarrow\ker(f_1)=\{0\}$$

因此 f_1 的零度是 0。因为 $\dim(\mathbb{R},+,\cdot)=1$，便可求出秩，即 $\dim(\operatorname{Im}(f_1),+,\cdot)=1$。该映射将直线（$x$ 轴）上的点转换成另一条直线（满足方程 $5x$）。

考虑 f_2。计算核，

$$x+y=0\Rightarrow(x,y)=\alpha(1,-1),\alpha\in\mathbb{R}$$

满足

$$\ker(f_2)=\alpha(1,-1)$$

可以看出，$\dim(\ker(f_2))=1$。因为 $\dim(\mathbb{R}^2)=2$，所以 $\dim(\operatorname{Im}(f_2))=1$。这意味着该映射将平面（$\mathbb{R}^2$）上的点转换成平面上的一条直线上的点。

例 10.52　考虑 $\mathbb{R}^3\to\mathbb{R}^3$ 的线性映射

$$f(x,y,z)=(x+2y+z,3x+6y+3z,5x+10y+5z)$$

该线性映射的核是满足

$$\begin{cases}x+2y+z=0\\3x+6y+3z=0\\5x+10y+5z=0\end{cases}$$

的点集 (x,y,z)。

可以得到该齐次线性方程组的秩 $\rho=1$。因此有 ∞^2 个解。设 $x=\alpha,z=\gamma,\alpha,\gamma\in\mathbb{R}$，该线性方

程组的解为

$$(x,y,z)=\left(\alpha,-\frac{\alpha+\gamma}{2},\gamma\right)$$

同时也是该映射的核

$$\ker(f)=\left(\alpha,-\frac{\alpha+\gamma}{2},\gamma\right)$$

由此可以得出，$(\ker(f),+,\cdot)=2$。因为 $\dim(\mathbb{R}^3,+,\cdot)=3$，由秩-零度定理可知 $\dim(\mathrm{Im}(f))=1$。因此，该映射将空间（$\mathbb{R}^3$）上的点转换成空间中直线上的点。

如果考虑自同态 $f:\mathbb{R}^3\to\mathbb{R}^3$，我们可以有四种可能的情况。

- 齐次线性方程组有唯一解（$\rho=3$）：核的维数 $\dim(\ker(f))=0$，该映射将空间中的点转换为空间中的点。
- 齐次线性方程组的秩 $\rho=2$：核的维数 $\dim(\ker(f))=1$，该映射将空间中的点转换为空间中平面上的点。
- 齐次线性方程组的秩 $\rho=1$：核的维数 $\dim(\ker(f))=2$，该映射将空间中的点转换为空间中直线上的点。
- 齐次线性方程组的秩 $\rho=0$（该映射是零映射）：核的维数 $\dim(\ker(f))=3$，该映射将空间中的点转换为常量 $(0,0,0)$。

推论 10.2　*设映射 $f:E\to E$ 是自同态的，$(E,+,\cdot)$ 是有限维向量空间。*

- *若 f 是单射，则它也是满射；*
- *若 f 是满射，则它是也单射。*

证明　设 $\dim(E)=n$。若 f 是单射，$\ker(f)=\{\mathbf{0}_E\}$，则

$$\dim(\ker(f))=0$$

由秩-零度定理，

$$n=\dim(E)=\dim(\ker(f))+\dim(\mathrm{Im}(f))=\dim(\mathrm{Im}(f))$$

因为 $f:E\to E$ 是自同态的，$\mathrm{Im}(f)\subseteq E$，因为 $\dim(E)=\dim(\mathrm{Im}(f))$，则 $\mathrm{Im}(f)=E$，即 f 是满射。

若 f 是满射，则

$$\dim(\mathrm{Im}(f))=n=\dim(E)$$

由秩-零度定理，

$$n=\dim(E)=\dim(\ker(f))+\dim(\mathrm{Im}(f))$$

得出 $\dim(\ker(f))=0$，也就是说，f 是单射。　□

例 10.53　为了更好地理解这个推论，重新看一下单射和满射的定义。

一般来说，$\forall v_1,v_2\in A$，若 $v_1\neq v_2$，则 $f(v_1)\neq f(v_2)$，则映射 $f:A\to B$ 是单射。

若映射是线性的，当且仅当该映射的核中只有零向量时它是单射。见定理 10.5。

例如，映射 $f:\mathbb{R}^3\to\mathbb{R}^3$，$f(x,y,z)=(x-y+2z,x+y+z,-5x+2y+z)$ 是单射。（与方程组相关的矩阵是非奇异的，因此该方程组有唯一解。）

我们知道 $\dim(\mathrm{Im}(f),+,\cdot)=3$，该映射将空间（$\mathbb{R}^3$）中的点转换为空间（$\mathbb{R}^3$）中的点。此时 $E=\mathbb{R}^3$，映射的象也满足 $\mathrm{Im}(f)=\mathbb{R}^3$，即 $E=\mathrm{Im}(f)$。这就是满射的定义。

因此，一个单线性映射也是满射。但是，对于非线性映射，单射和满射的等价性并不成立。

例 10.54 给定一个非单射映射 $f:\mathbb{R}^3\to\mathbb{R}^3$

$$f(x,y,z)=(x-y+2z,x+y+z,2x-2y+4z)$$

显然该映射不是单射，因为 $\dim(\ker(f),+,\cdot)=1$。因此，$\dim(\mathrm{Im}(f),+,\cdot)=2\neq\dim(\mathbb{R}^3,+,\cdot)=3$，该映射不是满射。

例 10.55 考虑映射 $f:\mathbb{R}^2\to\mathbb{R}$

$$f(x,y)=x+y$$

当然，该映射不是自同态，也不是单射，因为它的核是 $\ker(f)=\alpha(1,2),\alpha\in\mathbb{R}$，$\dim(\ker(f))=1$。根据秩-零度定理 $\dim(E)=2=\dim(\ker(f))+\dim(\mathrm{Im}(f))=1+1$。也就是说，$\dim(\mathrm{Im}(f))=1$。该映射是满射。换句话说，推论 10.2 表明单自同态也是满射，反之亦然。也就是说，一个不是自同态的映射可以是满射但不是单射，或者是单射而不是满射。

例 10.56 考虑映射 $f:\mathbb{R}^2\to\mathbb{R}^3$

$$f(x,y)=(x+y,x-y,3x+2y)$$

通过计算核来判断该映射是否是单射：

$$\begin{cases}x+\ y=0\\x-\ y=0\\3x+2y=0\end{cases}$$

该方程组的秩为 $\rho=2$，因此，只有（0,0）是该方程组的解，核为 $\ker(f)=\{(0,0)\}$，$\dim(\ker(f))=0$。也就是说，该映射是单射。通过秩-零度定理可以知道，$\dim(E)=2=\dim(\mathrm{Im}(f))\neq\dim(F)=3$，其中 $F=\mathbb{R}^3$。因此，该映射不是满射。

前面的这两个例子自然引出下面的推论。

推论 10.3 *设 $f:E\to F$ 是有限维向量空间（$E,+,\cdot$）和（$F,+,\cdot$）上的线性映射，$\dim(E)>\dim(F)$。那么，该映射不是单射。*

证明 因为 $\mathrm{Im}(f)\subset F$，满足 $\dim(\mathrm{Im}(f))\leqslant\dim(F)$。因此根据秩-零度定理

$$\begin{aligned}&\dim(E)=\dim(\ker(f))+\dim(\mathrm{Im}(f))\\\Rightarrow&\dim(\ker(f))=\dim(E)-\dim(\mathrm{Im}(f))\geqslant\dim(E)-\dim(F)>\\&\dim(F)-\dim(F)=0\end{aligned}$$

也就是说，$\dim(\ker(f))>0$。因此，$\ker(f)$ 不是零向量。这就意味着该映射不是单射。□

推论 10.4 *设 $f:E\to F$ 是有限维向量空间（$E,+,\cdot$）和（$F,+,\cdot$）上的线性映射，$\dim(E)<\dim(F)$。这就意味着该映射不是满射。*

证明 根据秩-零度定理可知

$$\begin{aligned}&\dim(E)=\dim(\ker(f))+\dim(\mathrm{Im}(f))\\\Rightarrow&\dim(\ker(f))=\dim(E)-\dim(\mathrm{Im}(f))\leqslant\dim(E)<\dim(F)\end{aligned}$$

因此，$\dim(\mathrm{Im}(f))\leqslant\dim(F)$。该映射不是满射。□

10.4.1 线性映射的矩阵表示

命题 10.4 *每个线性映射都可表示为矩阵与向量的乘积。*

证明 设 $f:E\to F$ 是定义在相同的域 $\mathbb{K}$ 上的维数分别为 n,m 的有限维向量空间（$E,+,\cdot$）和（$F,+,\cdot$）上的线性映射。考虑向量 $\mathbf{x}\in E$，

$$\boldsymbol{x}=\begin{pmatrix}x_1\\x_2\\\vdots\\x_n\end{pmatrix}$$

和向量 $\boldsymbol{y}\in F$，

$$\boldsymbol{y}=\begin{pmatrix}y_1\\y_2\\\vdots\\y_m\end{pmatrix}$$

现在表达式 $\boldsymbol{y}=f(\boldsymbol{x})$ 可以写成

$$\begin{pmatrix}y_1\\y_2\\\vdots\\y_m\end{pmatrix}=f\begin{pmatrix}x_1\\x_2\\\vdots\\x_n\end{pmatrix}$$

因为 f 是线性映射，所以它可以写成

$$\begin{pmatrix}y_1\\y_2\\\vdots\\y_m\end{pmatrix}=\begin{pmatrix}a_{1,1}x_1+a_{1,2}x_2+\cdots+a_{1,n}x_n\\a_{2,1}x_1+a_{2,2}x_2+\cdots+a_{2,n}x_n\\\vdots\\a_{m,1}x_1+a_{m,2}x_2+\cdots+a_{m,n}x_n\end{pmatrix}$$

即

$$\begin{aligned}y_1&=a_{1,1}x_1+a_{1,2}x_2+\cdots+a_{1,n}x_n\\y_2&=a_{2,1}x_1+a_{2,2}x_2+\cdots+a_{2,n}x_n\\&\vdots\\y_m&=a_{m,1}x_1+a_{m,2}x_2+\cdots+a_{m,n}x_n\end{aligned}$$

因为这些方程需要同时成立，这些方程组成线性方程组

$$\begin{cases}y_1=a_{1,1}x_1+a_{1,2}x_2+\cdots+a_{1,n}x_n\\y_2=a_{2,1}x_1+a_{2,2}x_2+\cdots+a_{2,n}x_n\\\vdots\\y_m=a_{m,1}x_1+a_{m,2}x_2+\cdots+a_{m,n}x_n\end{cases}$$

表示成矩阵 $\boldsymbol{y}=\boldsymbol{A}\boldsymbol{x}$，

$$\boldsymbol{A}=\begin{pmatrix}a_{1,1}&a_{1,2}&\cdots&a_{1,n}\\a_{2,1}&a_{2,2}&\cdots&a_{2,n}\\\vdots&\vdots&&\vdots\\a_{m,1}&a_{m,2}&\cdots&a_{m,n}\end{pmatrix}$$

□

推论 10.5 描述线性映射 $\boldsymbol{y}=f(\boldsymbol{x})=\boldsymbol{A}\boldsymbol{x}$ 的矩阵 $\boldsymbol{A}$ 是唯一的。

例 10.57 考虑线性映射 $f:\mathbb{R}^3\to\mathbb{R}^3$，$f(x+y-z,\ x-z,\ 3x+2y+z)$ 和向量 $(1,2,1)$，映射后的

向量$f\begin{pmatrix}1\\2\\1\end{pmatrix}=\begin{pmatrix}2\\0\\8\end{pmatrix}$。

通过矩阵和向量的乘积计算映射后的值

$$\begin{pmatrix}1&1&-1\\1&0&-1\\3&2&1\end{pmatrix}\begin{pmatrix}1\\2\\1\end{pmatrix}=\begin{pmatrix}2\\0\\8\end{pmatrix}$$

结果是一样的。

命题 10.5 有限维向量空间 $(E,+,\cdot)$ 和 $(F,+,\cdot)$ 定义在相同的域 $\mathbb{K}$ 上，维数分别为 n，m。设 $f\colon E\to F$ 是从 $(E,+,\cdot)$ 到 $(F,+,\cdot)$ 的线性映射。映射 $\boldsymbol{y}=f(\boldsymbol{x})$ 可以表示为矩阵方程 $\boldsymbol{y}=\boldsymbol{A}\boldsymbol{x}$，则映射的象 $\mathrm{Im}(f)$ 由矩阵 $\boldsymbol{A}$ 的列向量生成：

$$\mathrm{Im}(f)=L(\boldsymbol{a}^1,\boldsymbol{a}^2,\cdots,\boldsymbol{a}^n)$$
$$\boldsymbol{A}=(\boldsymbol{a}^1,\boldsymbol{a}^2,\cdots,\boldsymbol{a}^n)$$

证明 不失一般性，假设是 f 自同态的。考虑向量 $\boldsymbol{x}\in E$，

$$\boldsymbol{x}=\begin{pmatrix}x_1\\x_2\\\vdots\\x_n\end{pmatrix}$$

和向量 $\boldsymbol{y}\in F=E$，

$$\boldsymbol{y}=\begin{pmatrix}y_1\\y_2\\\vdots\\y_n\end{pmatrix}$$

现在考虑表达式 $\boldsymbol{y}=f(\boldsymbol{x})$ 可以写成

$$\begin{pmatrix}y_1\\y_2\\\vdots\\y_n\end{pmatrix}=f\begin{pmatrix}x_1\\x_2\\\vdots\\x_n\end{pmatrix}$$

因为 f 是线性映射，所以它可以写成

$$\begin{pmatrix}y_1\\y_2\\\vdots\\y_n\end{pmatrix}=\begin{pmatrix}a_{1,1}x_1+a_{1,2}x_2+\cdots+a_{1,n}x_n\\a_{2,1}x_1+a_{2,2}x_2+\cdots+a_{2,n}x_n\\\vdots\\a_{n,1}x_1+a_{n,2}x_2+\cdots+a_{n,n}x_n\end{pmatrix}$$

即

$$\begin{cases}y_1=a_{1,1}x_1+a_{1,2}x_2+\cdots+a_{1,n}x_n\\y_2=a_{2,1}x_1+a_{2,2}x_2+\cdots+a_{2,n}x_n\\\vdots\\y_n=a_{n,1}x_1+a_{n,2}x_2+\cdots+a_{n,n}x_n\end{cases}$$

这些方程可以写成

$$\begin{pmatrix} a_{1,1} \\ a_{2,1} \\ \vdots \\ a_{n,1} \end{pmatrix} x_1 + \begin{pmatrix} a_{1,2} \\ a_{2,2} \\ \vdots \\ a_{n,2} \end{pmatrix} x_2 + \cdots + \begin{pmatrix} a_{1,n} \\ a_{2,n} \\ \vdots \\ a_{n,n} \end{pmatrix} x_n = \begin{pmatrix} y_1 \\ y_2 \\ \vdots \\ y_n \end{pmatrix}$$

也就是说，

$$\boldsymbol{a}^1 x_1 + \boldsymbol{a}^2 x_2 + \cdots + \boldsymbol{a}^n x_n = \boldsymbol{y}$$

对每一个选定的向量

$$\boldsymbol{x} = \begin{pmatrix} x_1 \\ x_2 \\ \vdots \\ x_n \end{pmatrix}$$

可以得到一个对应的向量

$$\boldsymbol{y} = \begin{pmatrix} y_1 \\ y_2 \\ \vdots \\ y_n \end{pmatrix} \in \mathrm{Im}(f)$$

换而言之，向量空间（$\mathrm{Im}(f),+,\cdot$）由矩阵 $\boldsymbol{A}=(\boldsymbol{a}^1,\boldsymbol{a}^2,\cdots,\boldsymbol{a}^n)$ 的列向量生成：

$$\mathrm{Im}(f) = L(\boldsymbol{a}^1,\boldsymbol{a}^2,\cdots,\boldsymbol{a}^n)$$

□

例 10.58　考虑线性映射 $f:\mathbb{R}^3\to\mathbb{R}^2$，由基 $B_{\mathbb{R}^3}=\{\boldsymbol{e}_1,\boldsymbol{e}_2,\boldsymbol{e}_3\}, B_{\mathbb{R}^2}=\{\boldsymbol{e}'_1,\boldsymbol{e}'_2\}$ 和矩阵

$$\boldsymbol{A} = \begin{pmatrix} 1 & -2 & 1 \\ 3 & 1 & -1 \end{pmatrix}$$

定义。

映射 $f:\mathbb{R}^3\to\mathbb{R}^2$ 等价的表示为

$$f(x_1,x_2,x_3) = \begin{pmatrix} x_1 - 2x_2 + x_3 \\ 3x_1 + x_2 - x_3 \end{pmatrix}$$

求 $\ker(f)$。根据核的定义

$$\ker(f) = \{\boldsymbol{x}\in\mathbb{R}^3 \mid f(\boldsymbol{x}) = \boldsymbol{0}_{\mathbb{R}^2}\} =$$

$$\left\{(x_1,x_2,x_3)\in\mathbb{R}^3 \mid f(x_1,x_2,x_3) = \begin{pmatrix} 0 \\ 0 \end{pmatrix}\right\}$$

即

$$\begin{cases} x_1 - 2x_2 + x_3 = 0 \\ 3x_1 + x_2 - x_3 = 0 \end{cases}$$

该线性方程组的秩是 2，因此，它有 ∞^1 个与（1,4,7）成比例的解。因此，

$$\ker(f) = L((1,4,7))$$

维数为 1。因为核的维数不是 0，所以映射不是单射。

求 Im(f)。我们知道，象空间是由关联矩阵的列向量生成的：

$$\mathrm{Im}(f)=L(f(\boldsymbol{e}_1),f(\boldsymbol{e}_2),f(\boldsymbol{e}_3))=L\left(\begin{pmatrix}1\\3\end{pmatrix},\begin{pmatrix}-2\\1\end{pmatrix},\begin{pmatrix}1\\-1\end{pmatrix}\right)$$

可以看出这三个向量中任意两个向量都是线性无关的。因此，Im(f) 的维数也是 2，与秩-零度定理 $1+2=3=\dim(\mathbb{R}^3)$ 的结果一致。因为 Im(f) 的维数是 2，与 $\mathbb{R}^2$ 的维数相等，所以该映射是满射。

计算（−2,1,0）处的映射：

$$f(-2,1,0)=\begin{pmatrix}1\times(-2)+(-2)\times1+1\times0\\3\times(-2)+1\times1+(-1)\times0\end{pmatrix}=\begin{pmatrix}-4\\-5\end{pmatrix}$$

通过计算关联矩阵列向量的线性组合可以得到相同结果

$$-2\begin{pmatrix}1\\3\end{pmatrix}+1\begin{pmatrix}-2\\1\end{pmatrix}+0\begin{pmatrix}1\\-1\end{pmatrix}=\begin{pmatrix}-4\\-5\end{pmatrix}$$

例 10.59 考虑线性映射 $f:\mathbb{R}^3\to\mathbb{R}^2$，由基 $B_{\mathbb{R}^3}=\{\boldsymbol{e}_1,\boldsymbol{e}_2\}$，$B_{\mathbb{R}^2}=\{\boldsymbol{e}'_1,\boldsymbol{e}'_2,\boldsymbol{e}'_3\}$ 和矩阵

$$\boldsymbol{A}=\begin{pmatrix}2&-4\\3&-1\\-2&4\end{pmatrix}$$

定义。

该映射可以等价地表示为

$$\begin{cases}y_1=\ \ 2x_1-4x_2\\y_2=\ \ 3x_1-\ x_2\\y_3=-2x_1+4x_2\end{cases}$$

或者

$$\forall(x_1,x_2):f(x_1,x_2)=(y_1,y_2,y_3)=(2x_1-4x_2,3x_1-x_2,-2x_1+4x_2)$$

有

$$f(\boldsymbol{e}_1)=2\boldsymbol{e}'_1+3\boldsymbol{e}'_2-2\boldsymbol{e}'_3$$

$$f(\boldsymbol{e}_2)=-4\boldsymbol{e}'_1-\boldsymbol{e}'_2+4\boldsymbol{e}'_3$$

通过定义求映射的核，求解齐次线性方程组

$$\begin{cases}2x_1-4x_2=0\\3x_1-\ x_2=0\\-2x_1+4x_2=0\end{cases}$$

可以看出只有 $\boldsymbol{0}_{\mathbb{R}^2}$ 可以满足这个方程组。因此 $\ker(f)=\{\boldsymbol{0}_{\mathbb{R}^2}\}$，它的维数为 0。也就是说，该映射是单射。

例 10.60 求下面映射的象：

$$\mathrm{Im}(f)=(f(\boldsymbol{e}_1),f(\boldsymbol{e}_2))=((2,3,-2),(-4,-1,4))$$

这两个向量是线性无关的，因此，这两个向量可以构成一组基。因此，象的维数是 2，跟 $\mathbb{R}^3$（维数为 3）不同。该映射不是满射。

例 10.61 考虑线性映射 $f:\mathbb{R}^3\to\mathbb{R}^3$

$$f(x_1,x_2,x_3)=(x_1-x_2+2x_3,x_2+2x_3,x_1+4x_3)$$

关联矩阵为

$$A=\begin{pmatrix}1 & -1 & 2\\ 0 & 1 & 2\\ 1 & 0 & 4\end{pmatrix}$$

求 f 的核也就是求解线性方程组

$$\begin{cases}x_1-x_2+2x_3=0\\ \quad\ \ x_2+2x_3=0\\ x_1\qquad +4x_3=0\end{cases}$$

该方程组的解不唯一，有 ∞^1 个与 $(4,2,-1)$ 成比例的解，即

$$\ker(f)=L((4,2,-1))$$

且

$$B_{\ker(f)}=B\{(4,2,-1)\}$$

于是核的维数为 1，所以 f 不是单射。

考虑象集

$$\mathrm{Im}(f)=L((1,0,1),(-1,1,0))$$

其维数是 2，因为矩阵 $\boldsymbol{A}$ 的三个列向量是线性相关的（第三个是第一个乘以 4 与第二个乘以 2 之和）。因此，该映射不是满射。

10.4.2　作为矩阵的线性映射：小结

设 $(E,+,\cdot)$，$(F,+,\cdot)$ 为向量空间，给定线性映射 $f: E\to F$，设

$$\dim(E)=n$$
$$\dim(F)=m$$

该映射由阶数为 $m\times n$ 的矩阵 $\boldsymbol{A}$ 所定义。

矩阵 $\boldsymbol{A}$ 可以表示成行向量

$$\boldsymbol{A}=\begin{pmatrix}\boldsymbol{K}_1\\ \boldsymbol{K}_2\\ \vdots\\ \boldsymbol{K}_m\end{pmatrix}$$

也可以表示成列向量

$$\boldsymbol{A}=(\boldsymbol{I}_1,\boldsymbol{I}_2,\cdots,\boldsymbol{I}_n)$$

如果我们考虑 n 维向量 $\boldsymbol{x}$，则有

$$f(\boldsymbol{x})=\boldsymbol{Ax}$$

等价地可以表示为

$$\mathrm{Im}(f)=L(\boldsymbol{I}_1,\boldsymbol{I}_2,\cdots,\boldsymbol{I}_n)$$

即映射的象 $(\mathrm{Im}(f),+,\cdot)$ 可由由矩阵 $\boldsymbol{A}$ 的列向量生成。

为了求核 $\ker(f)$，必须求解线性方程组

$$\boldsymbol{Ax}=\boldsymbol{0}$$

这意味着映射的核空间 $(\ker(f),+,\cdot)$ 由方程组 $\boldsymbol{Ax}=\boldsymbol{0}$ 的解生成。

我们用 ρ 表示矩阵 $\boldsymbol{A}$ 的秩。在生成 $\ker(f)$ 的向量中，只有 $n-\rho$ 个是线性无关的。这意味着

$$\dim(\ker(f))=n-\rho$$

根据秩-零度定理，我们可以立刻验证

$$\dim(\mathrm{Im}(f))=\rho$$

即矩阵 $\boldsymbol{A}$ 中线性无关列向量的个数和（$\mathrm{Im}(f),+,\cdot$）中线性无关向量的个数。当然，秩可以描述矩阵的秩和线性映射的象空间的维数不是巧合。正如前文所述，这两个概念表面上看是不同的，但它们的确是相等的。

10.4.3 可逆映射

定义 10.16 设 $f: E\to F$ 是一个线性映射，其中（$E,+,\cdot$）和（$F,+,\cdot$）是有限维向量空间。如果存在映射 $g: F\to E$，使得

$$\forall \boldsymbol{x}\in E: \boldsymbol{x}=g(f(\boldsymbol{x}))$$
$$\forall \boldsymbol{y}\in F: \boldsymbol{y}=f(g(\boldsymbol{y}))$$

则称映射 f 可逆。

命题 10.6 设 $f: E\to F$ 是一个自同态映射，其中（$E,+,\cdot$）是一个有限维向量空间，f 用矩阵 $\boldsymbol{A}$ 表示。映射 f 是可逆的，当且仅当 f 是双射，并且它的逆映射 g 由矩阵 $\boldsymbol{A}^{-1}$ 确定。

证明 映射 f 可以看作矩阵方程 $\boldsymbol{y}=\boldsymbol{A}\boldsymbol{x}$。从推论 10.2 知道，单射自同态总是满射，因此是双射。

如果 f 是单射，则有 $\ker(f)=\{\boldsymbol{0}_E\}$。此时齐次线性方程组 $\boldsymbol{A}\boldsymbol{x}=\boldsymbol{0}_F$ 为适定的，且只有零解。这意味着矩阵 $\boldsymbol{A}$ 是非奇异的，因此是可逆的。因此，存在逆矩阵 $\boldsymbol{A}^{-1}$ 满足

$$\boldsymbol{x}=\boldsymbol{A}^{-1}\boldsymbol{A}\boldsymbol{x}$$
$$\boldsymbol{y}=\boldsymbol{A}\boldsymbol{A}^{-1}\boldsymbol{y}$$

因此，若映射 f 满足

$$\boldsymbol{y}=f(\boldsymbol{x})$$

等价于

$$\boldsymbol{y}=\boldsymbol{A}\boldsymbol{x}$$

则我们可以找到映射 g 满足

$$\boldsymbol{x}=g(\boldsymbol{y})$$

即

$$\boldsymbol{x}=\boldsymbol{A}^{-1}\boldsymbol{y}$$ □

如果 f 是可逆的，则存在一个逆映射 g。将映射 g 取为 $\boldsymbol{x}=\boldsymbol{A}^{-1}\boldsymbol{y}$。逆矩阵 $\boldsymbol{A}^{-1}$ 只存在于 $\boldsymbol{A}$ 是非奇异的情况下。在这些条件下，$\boldsymbol{A}\boldsymbol{x}=\boldsymbol{0}_F$ 是适定线性方程组。它唯一的解，也就是映射的核零向量。这意味着 $\ker(f)=\{\boldsymbol{0}_E\}$，因此 f 是单射，因而也是双射。

推论 10.6 设 $f: E\to E$ 为自同态。如果逆映射存在，那么它是唯一的。

证明 映射 f 由矩阵 $\boldsymbol{A}$ 定义，其逆由其 $\boldsymbol{A}^{-1}$ 定义。由于矩阵的逆是唯一的，所以逆映射 g 是唯一的。 □

例 10.62 让我们再次考虑自同态 $f: \mathbb{R}^3\to\mathbb{R}^3$，

$$f(x,y,z)=(x+y-z,x-z,3x+2y+z)$$

与映射相关联的矩阵是

$$\boldsymbol{A}=\begin{pmatrix}1 & 1 & -1\\ 1 & 0 & -1\\ 3 & 2 & 1\end{pmatrix}$$

齐次线性方程组

$$\begin{cases} x\ \ +y-z=0 \\ x\qquad -z=0 \\ 3x+2y+z=0 \end{cases}$$

是适定的，因此核为 $\{\mathbf{0}_E\}$，即映射是单射。由此可知，矩阵 $\boldsymbol{A}$ 是可逆的，它的逆是

$$\boldsymbol{A}^{-1}=-\frac{1}{4}\begin{pmatrix} 2 & -3 & -1 \\ -4 & 4 & 0 \\ 2 & 1 & -1 \end{pmatrix}$$

等价地，我们可以认为 f 的逆映射是 $g:\mathbb{R}^3\to\mathbb{R}^3$

$$g(x,y,z)=-\frac{1}{4}(2x-3y-z,-4x+4z,2x+y-z)$$

我们知道 $f(1,2,1)=(2,0,8)$。用 f 的逆映射 g 来计算原向量：

$$-\frac{1}{4}\begin{pmatrix} 2 & -3 & -1 \\ -4 & 4 & 0 \\ 2 & 1 & -1 \end{pmatrix}\begin{pmatrix} 2 \\ 0 \\ 8 \end{pmatrix}=\begin{pmatrix} 1 \\ 2 \\ 1 \end{pmatrix}$$

例 10.63 再次考虑自同态 $f:\mathbb{R}^3\to\mathbb{R}^3$，$f(x,y,z)=(x+y-z,x-z,2x+y-2z)$。与映射相关联的矩阵是

$$\boldsymbol{A}=\begin{pmatrix} 1 & 1 & -1 \\ 1 & 0 & -1 \\ 2 & 1 & -2 \end{pmatrix}$$

由于矩阵 $\boldsymbol{A}$ 是奇异的，所以 $\ker(f)\neq\{\mathbf{0}_E\}$，即 f 不是单射，既然 $\boldsymbol{A}$ 奇异，那么 $\boldsymbol{A}$ 不是可逆的，则 g 不存在。

推论 10.7 设线性映射 $f:E\to F$，且 $\dim(E)\neq\dim(F)$，则 f 的逆映射不存在。

证明 由于与映射相关的矩阵是奇异的，所以不存在逆矩阵。因此，映射是不可逆的。 □

例 10.64 再次考虑线性映射[⊖] $f:\mathbb{R}^3\to\mathbb{R}^2$，$f(x,y,z)=(x+y-z,x+5y-z)$。该映射是不可逆的。

注 10.2 进一步观察发现：如果 $\dim(E)<\dim(F)$，则映射一定不是满射；如果 $\dim(E)>\dim(F)$，则映射肯定不是单射。映射是双射（因此可逆）的一个基本要求是它是一个自同态。

10.4.4 相似矩阵

命题 10.7 基的变换是线性双射。

证明 设 $(E,+,\cdot)$ 是一个有限维向量空间，$\boldsymbol{x}\in E$，向量 $\boldsymbol{x}$ 用其分量表示为

$$\boldsymbol{x}=(x_1,x_2,\cdots,x_n)$$

设 E 的一组基为

$$B=(\boldsymbol{e}_1,\boldsymbol{e}_2,\cdots,\boldsymbol{e}_n)$$

因此，我们可以将 $\boldsymbol{x}$ 表示为

$$\boldsymbol{x}=x_1\boldsymbol{e}_1+x_2\boldsymbol{e}_2+\cdots+x_n\boldsymbol{e}_n$$

考虑向量空间 E 的另一组基，即

⊖ 原书“自同态”有误。——编辑注

$$B'=\{\boldsymbol{p}^1,\boldsymbol{p}^2,\cdots,\boldsymbol{p}^n\}$$

基 B'中的向量 $\boldsymbol{p}^1,\boldsymbol{p}^2,\cdots,\boldsymbol{p}^n$ 如下：

$$\boldsymbol{p}^1=\begin{pmatrix}p_{1,1}\\p_{2,1}\\\vdots\\p_{n,1}\end{pmatrix}\quad \boldsymbol{p}^2=\begin{pmatrix}p_{1,2}\\p_{2,2}\\\vdots\\p_{n,2}\end{pmatrix}\quad\cdots\quad \boldsymbol{p}^n=\begin{pmatrix}p_{1,n}\\p_{2,n}\\\vdots\\p_{n,n}\end{pmatrix}$$

现在我们用基 B'表示 $\boldsymbol{x}$。这意味着我们需要找到分量

$$(x_1',x_2',\cdots,x_n')$$

使得

$$\boldsymbol{x}=x_1'\boldsymbol{p}^1+x_2'\boldsymbol{p}^2+\cdots+x_n'\boldsymbol{p}^n$$

这意味着

$$\begin{cases}x_1=x_1'p_{1,1}+x_2'p_{1,2}+\cdots+x_n'p_{1,n}\\x_2=x_1'p_{2,1}+x_2'p_{2,2}+\cdots+x_n'p_{2,n}\\\quad\vdots\\x_n=x_1'p_{n,1}+x_2'p_{n,2}+\cdots+x_n'p_{n,n}\end{cases}$$

即

$$\boldsymbol{x}=\boldsymbol{P}\boldsymbol{x}'$$

其中

$$\boldsymbol{P}=\begin{pmatrix}p_{1,1}&p_{1,2}&\cdots&p_{1,n}\\p_{2,1}&p_{2,2}&\cdots&p_{2,n}\\\vdots&\vdots&&\vdots\\p_{n,1}&p_{n,2}&\cdots&p_{n,n}\end{pmatrix}=(\boldsymbol{p}^1\boldsymbol{p}^2\cdots\boldsymbol{p}^n),$$

$$\boldsymbol{x}'=\begin{pmatrix}x_1'\\x_2'\\\vdots\\x_n'\end{pmatrix}$$

这就通过矩阵乘法实现了基 B 中向量 $\boldsymbol{x}$ 到基 B'中向量 $\boldsymbol{x}'$的基变换，

$$x=Px'=g(x')$$
$$x'=P^{-1}x=f(x)$$

其中矩阵 $\boldsymbol{P}$ 的列是基 B'的向量（因此矩阵 $\boldsymbol{P}$ 是可逆的）。因此，基变换是线性映射的一个应用。□

例 10.65 我们考虑向量空间（$\mathbb{R}^3,+,\cdot$）及其正交基 $B=(\boldsymbol{e}_1,\boldsymbol{e}_2,\boldsymbol{e}_3)$，

$$\boldsymbol{e}_1=\begin{pmatrix}1\\0\\0\end{pmatrix},\quad \boldsymbol{e}_2=\begin{pmatrix}0\\1\\0\end{pmatrix},\quad \boldsymbol{e}_3=\begin{pmatrix}0\\0\\1\end{pmatrix}$$

向量

$$\boldsymbol{p}^1=\begin{pmatrix}1\\0\\2\end{pmatrix},\quad \boldsymbol{p}^2=\begin{pmatrix}0\\5\\1\end{pmatrix},\quad \boldsymbol{p}^3=\begin{pmatrix}1\\0\\0\end{pmatrix}$$

在基 B 下是线性无关的，可以生成 $\mathbb{R}^3$。因此，$\boldsymbol{p}^1,\boldsymbol{p}^2,\boldsymbol{p}^3$ 是 $\mathbb{R}^3$ 的一组基。

变换矩阵为

$$\boldsymbol{P}=\begin{pmatrix}1 & 0 & 1\\ 0 & 5 & 0\\ 2 & 1 & 0\end{pmatrix}$$

其逆矩阵是

$$\boldsymbol{P}^{-1}=\begin{pmatrix}0 & -0.1 & 0.5\\ 0 & 0.2 & 0\\ 1 & 0.1 & -0.5\end{pmatrix}$$

设 $\boldsymbol{x}=(1,1,1)$ 是 $\mathbb{R}^3$ 中的向量在基 B 下的坐标表示。如果我们想在新基 $B'=(\boldsymbol{p}^1,\boldsymbol{p}^2,\boldsymbol{p}^3)$ 中表示向量 $\boldsymbol{x}=(1,1,1)$，只须计算

$$\boldsymbol{x}'=\boldsymbol{P}^{-1}\boldsymbol{x}=(0.4,0.2,0.6)$$

这个事实在第 4 章已经介绍过，在那里我们在 $\mathbb{V}_3$ 的情况下展示了如何用新基表示向量。我们已经知道，要在一组新基下表示向量，需要求解一个线性方程组，即求矩阵的逆。

利用第 4 章的记号。如果我们想在基 $\boldsymbol{p}^1,\boldsymbol{p}^2,\boldsymbol{p}^3$ 下表示 $\boldsymbol{x}$，可设

$$\begin{pmatrix}1\\1\\1\end{pmatrix}=x_1'\begin{pmatrix}1\\0\\2\end{pmatrix}+x_2'\begin{pmatrix}0\\5\\1\end{pmatrix}+x_3'\begin{pmatrix}1\\0\\0\end{pmatrix}$$

由此得出线性方程组

$$\begin{cases}x_1'+\quad x_3'=1\\ \quad 5x_2'\quad=1\\ 2x_1'+x_2'\quad=1\end{cases}$$

也就是说，本质上我们要求与方程组相关的矩阵 $\boldsymbol{P}$ 的逆：

$$\boldsymbol{P}=\begin{pmatrix}1 & 0 & 1\\ 0 & 5 & 0\\ 2 & 1 & 0\end{pmatrix}$$

新基下的向量是线性方程组的解。此向量为 $\begin{pmatrix}\lambda\\ u\\ v\end{pmatrix}=\begin{pmatrix}0.4\\0.2\\0.6\end{pmatrix}=\boldsymbol{x}'$。

因此，我们可以写作

$$\boldsymbol{P}\boldsymbol{x}'=\boldsymbol{x}\Rightarrow\boldsymbol{x}'=\boldsymbol{P}^{-1}\boldsymbol{x}$$

总之，由矩阵变换表示的基变换将我们已经介绍过的（三维）空间中的向量情形推广到所有向量构成的集合，且将向量维数推广到 n。

注 10.3　考虑自同态 $f:E\to E$，$(E,+,\cdot)$ 为有限维向量空间，其维数为 n。设 $\boldsymbol{x},\boldsymbol{y}\in E$，线性映射 f 满足

$$\boldsymbol{y}=f(\boldsymbol{x})$$

我们知道，自同态可以表示为矩阵 $\boldsymbol{A}$ 与用向量 $\boldsymbol{x}$ 的乘积：

$$\boldsymbol{y}=f(\boldsymbol{x})=\boldsymbol{A}\boldsymbol{x}$$

利用矩阵 $\boldsymbol{P}$ 进行基变换：

$$y = Py'$$
$$x = Px'$$

自同态可以表示为

$$Py' = APx'$$

这意味着

$$y' = P^{-1}APx' = A'x'$$

其中 $A' = P^{-1}AP$。

定义 10.17　设 A 和 A' 是两个方阵。若存在非奇异矩阵 P，使得

$$A' = P^{-1}AP$$

则称这两个矩阵**相似**，记为

$$A \sim A'$$

考虑到矩阵 A 和 A' 表示两个自同态，此时也称这两个自同态相似。

定理 10.8　设 A 和 A' 是两个相似矩阵，那么这两个矩阵具有相同的行列式和迹。

证明　考虑相似性，并且有 $\det P^{-1} = \frac{1}{\det P}$

$$\begin{aligned}\det A' &= \det(P^{-1}AP)\det P^{-1}\det A\det P \\ &= \det P^{-1}\det A\det P \\ &= \det A\frac{1}{\det P}\det P = \det A\end{aligned}$$

关于迹，我们有 $\mathrm{tr}(AB) = \mathrm{tr}(BA)$。

$$\mathrm{tr}(A') = \mathrm{tr}(P^{-1}AP) = \mathrm{tr}(P^{-1}(AP)) = \mathrm{tr}(APP^{-1}) = \mathrm{tr}(A(P)P^{-1}) = \mathrm{tr}(A)$$ □

例 10.66　考虑矩阵

$$A = \begin{pmatrix} 2 & 2 & 0 \\ 0 & 5 & 0 \\ 0 & 0 & 1 \end{pmatrix}$$

对应于自同态，$f: \mathbb{R}^3 \to \mathbb{R}^3$

$$y = f(x) = \begin{pmatrix} 2x_1 + 2x_2 \\ 5x_2 \\ x_3 \end{pmatrix}$$

其中 $y = \begin{pmatrix} y_1 \\ y_2 \\ y_3 \end{pmatrix}$。

通过计算我们得到，$x = (1,1,1)$ 的相应的函数值为 $y = \begin{pmatrix} 4 \\ 5 \\ 1 \end{pmatrix}$。

我们再次考虑变换矩阵

$$P = \begin{pmatrix} 1 & 0 & 1 \\ 0 & 5 & 0 \\ 2 & 1 & 0 \end{pmatrix}$$

$$P^{-1}=\begin{pmatrix}0 & -0.1 & 0.5\\ 0 & 0.2 & 0\\ 1 & 0.1 & -0.5\end{pmatrix}$$

我们可以计算 $\boldsymbol{x}'$和 $\boldsymbol{y}'$，

$$\boldsymbol{x}'=\boldsymbol{P}^{-1}\boldsymbol{x}=\begin{pmatrix}0.4\\0.2\\0.6\end{pmatrix},\quad \boldsymbol{y}'=\boldsymbol{P}^{-1}\boldsymbol{y}=\begin{pmatrix}0\\1\\4\end{pmatrix}$$

让我们现在计算一下

$$\boldsymbol{A}'=\boldsymbol{P}^{-1}\boldsymbol{A}\boldsymbol{P}=\begin{pmatrix}1 & -2 & 0\\ 0 & 5 & 0\\ 1 & 12 & 2\end{pmatrix}$$

这意味着自同态 $\boldsymbol{y}=f(\boldsymbol{x})$ 可以在新基下（在新的参照系统中）表示为 $\boldsymbol{y}'=f'(\boldsymbol{x}')$，即

$$\boldsymbol{y}'=f'(\boldsymbol{x}')=\boldsymbol{A}'\boldsymbol{x}'=\begin{pmatrix}x_1'-2x_2'\\ 5x_2'\\ x_1'+12x_2'+2x_3'\end{pmatrix}$$

对于 $\boldsymbol{x}'=\begin{pmatrix}0.4\\0.2\\0.6\end{pmatrix}$，我们有

$$\boldsymbol{y}'=\boldsymbol{A}'\boldsymbol{x}'=\begin{pmatrix}1 & -2 & 0\\ 0 & 5 & 0\\ 1 & 12 & 2\end{pmatrix}\begin{pmatrix}0.4\\0.2\\0.6\end{pmatrix}=\begin{pmatrix}0\\1\\4\end{pmatrix}$$

因为 $\boldsymbol{A}$ 和 $\boldsymbol{A}'$是两个相似的矩阵，我们可以很容易地验证，

$$\det\boldsymbol{A}=\det\boldsymbol{A}'=10$$
$$\mathrm{tr}(\boldsymbol{A})=\mathrm{tr}(\boldsymbol{A}')=8$$

命题 10.8　矩阵的相似是一种等价关系。

证明　考虑三个矩阵 $\boldsymbol{A}$，$\boldsymbol{A}'$和 $\boldsymbol{A}''$，我们验证等价关系的三个条件。

- 自反性：$\boldsymbol{A}\sim\boldsymbol{A}$。
  即∃非奇异矩阵 $\boldsymbol{P}$ 满足
  $$\boldsymbol{A}=\boldsymbol{P}^{-1}\boldsymbol{A}\boldsymbol{P}$$
  令 $\boldsymbol{P}$ 为单位矩阵 $\boldsymbol{I}(\boldsymbol{I}=\boldsymbol{P})$，这个等式总成立。因此，相似满足自反性。
- 对称性：$\boldsymbol{A}\sim\boldsymbol{A}'\Rightarrow\boldsymbol{A}'\sim\boldsymbol{A}$。
  因为 $\boldsymbol{A}\sim\boldsymbol{A}'$，所以∃非奇异矩阵 $\boldsymbol{P}$ 满足
  $$\boldsymbol{A}'=\boldsymbol{P}^{-1}\boldsymbol{A}\boldsymbol{P}$$
  我们可以得到
  $$\boldsymbol{P}\boldsymbol{A}'\boldsymbol{P}^{-1}=\boldsymbol{A}$$
  设 $\boldsymbol{Q}=\boldsymbol{P}^{-1}$，则有
  $$\boldsymbol{A}=\boldsymbol{Q}^{-1}\boldsymbol{A}'\boldsymbol{Q}$$
  即 $\boldsymbol{A}'\sim\boldsymbol{A}$。因为 $\boldsymbol{Q}=\boldsymbol{P}^{-1}$，所以相似满足对称性。

- 传递性：$\boldsymbol{A}''\sim\boldsymbol{A}'$，$\boldsymbol{A}'\sim\boldsymbol{A}\Rightarrow\boldsymbol{A}''\sim\boldsymbol{A}$。

  ∃非奇异矩阵 $\boldsymbol{P}_1$，使得

$$\boldsymbol{A}'=\boldsymbol{P}_1^{-1}\boldsymbol{A}\boldsymbol{P}_1$$

  ∃非奇异矩阵 $\boldsymbol{P}_2$，使得

$$\boldsymbol{A}''=\boldsymbol{P}_2^{-1}\boldsymbol{A}'\boldsymbol{P}_2$$

  联立两个方程，我们有

$$\boldsymbol{A}''=\boldsymbol{P}_2^{-1}\boldsymbol{P}_1^{-1}\boldsymbol{A}\boldsymbol{P}_1\boldsymbol{P}_2$$

  根据命题 2.17，我们可以把这个等式改写为

$$\boldsymbol{A}''=(\boldsymbol{P}_2\boldsymbol{P}_1)^{-1}\boldsymbol{A}\boldsymbol{P}_1\boldsymbol{P}_2$$

  设 $\boldsymbol{R}=\boldsymbol{P}_1\boldsymbol{P}_2$，得

$$\boldsymbol{A}''=\boldsymbol{R}^{-1}\boldsymbol{A}\boldsymbol{R}$$

  矩阵 $\boldsymbol{P}_1$ 和 $\boldsymbol{P}_2$ 都是非奇异的，即 $\det\boldsymbol{P}_1\neq0$，$\det\boldsymbol{P}_2\neq0$。

  矩阵 $\boldsymbol{R}$ 肯定是非奇异的，因为

$$\det\boldsymbol{R}=\det(\boldsymbol{P}_1\boldsymbol{P}_2)=\det\boldsymbol{P}_1\det\boldsymbol{P}_2\neq0$$

  因此，相似满足传递性。

  矩阵（和线性映射）的相似性是等价关系。 □

这一事实意味着，如果一个线性映射很难求解，则可以将其转化为等价映射，从而通过求解逆变换以找到原问题的解。

10.4.5 几何映射

我们考虑一个映射 $f:\mathbb{R}^2\to\mathbb{R}^2$。这个映射可以理解为一种运算，它把平面上的一个点转换成平面上的另一个点。在这种观点下，该映射称为平面上的几何映射。

考虑映射 $f:\mathbb{R}^2\to\mathbb{R}^2$

$$\begin{pmatrix}y_1\\y_2\end{pmatrix}=\begin{pmatrix}s&0\\0&s\end{pmatrix}\begin{pmatrix}x_1\\x_2\end{pmatrix}=\begin{pmatrix}sx_1\\sx_2\end{pmatrix}$$

很容易看出，这种映射是线性的。这种映射叫作**均匀缩放**。如果矩阵的对角元素不相等，则这种线性映射叫作**非均匀缩放**，表示为

$$\begin{pmatrix}y_1\\y_2\end{pmatrix}=\begin{pmatrix}s_1&0\\0&s_2\end{pmatrix}\begin{pmatrix}x_1\\x_2\end{pmatrix}=\begin{pmatrix}s_1x_1\\s_2x_2\end{pmatrix}$$

在图 10-1 中，初始点用实线表示，而变换后的点用虚线表示。

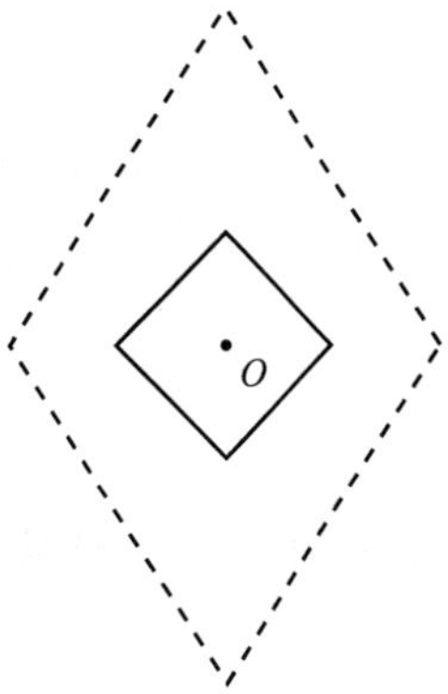

图 10-1

下面的线性映射称为**旋转**，如图 10-2 所示。

$$\begin{pmatrix}y_1\\y_2\end{pmatrix}=\begin{pmatrix}\cos\theta&-\sin\theta\\\sin\theta&\cos\theta\end{pmatrix}\begin{pmatrix}x_1\\x_2\end{pmatrix}=\begin{pmatrix}x_1\cos\theta-x_2\sin\theta\\x_1\sin\theta+x_2\cos\theta\end{pmatrix}$$

下面的线性映射称为**剪切映射**，

$$\begin{pmatrix}y_1\\y_2\end{pmatrix}=\begin{pmatrix}1&s_1\\s_2&1\end{pmatrix}\begin{pmatrix}x_1\\x_2\end{pmatrix}=\begin{pmatrix}x_1+x_2s_1\\s_2x_1+x_2\end{pmatrix}$$

如果系数 $s_2=0$，那么这个映射称为**水平剪切**，如图 10-3 所示。如果系数 $s_1=0$，那么这个映射称为**垂直剪切**。

图　10-2

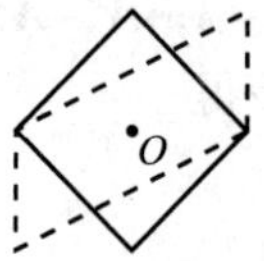

图　10-3

下面两个映射分别称为关于垂直轴和水平轴的反射。

$$\begin{pmatrix} y_1 \\ y_2 \end{pmatrix} = \begin{pmatrix} -1 & 0 \\ 0 & 1 \end{pmatrix} \begin{pmatrix} x_1 \\ x_2 \end{pmatrix} = \begin{pmatrix} -x_1 \\ x_2 \end{pmatrix}$$

$$\begin{pmatrix} y_1 \\ y_2 \end{pmatrix} = \begin{pmatrix} 1 & 0 \\ 0 & -1 \end{pmatrix} \begin{pmatrix} x_1 \\ x_2 \end{pmatrix} = \begin{pmatrix} -x_1 \\ x_2 \end{pmatrix}$$

关于参照系原点的反射由下式给出，如图 10-4 所示。

$$\begin{pmatrix} y_1 \\ y_2 \end{pmatrix} = \begin{pmatrix} -1 & 0 \\ 0 & -1 \end{pmatrix} \begin{pmatrix} x_1 \\ x_2 \end{pmatrix} = \begin{pmatrix} -x_1 \\ -x_2 \end{pmatrix}$$

考虑映射

$$\boldsymbol{y} = f(\boldsymbol{x}) = \boldsymbol{x} + \boldsymbol{t}$$

其中

$$y_1 = x_1 + t_1$$
$$y_2 = x_2 + t_2$$
$$\boldsymbol{t} = (t_1, t_2)$$

这个运算叫作**平移**，在特定的方向上移动一段固定的距离。如图 10-5 所示。与上述的几何映射不同，平移并不是一种线性映射，一些线性性质是不满足的，不能用像 $\mathbb{R}_{2,2}$ 这样的矩阵来表示。更具体地说，平移是一种仿射映射。

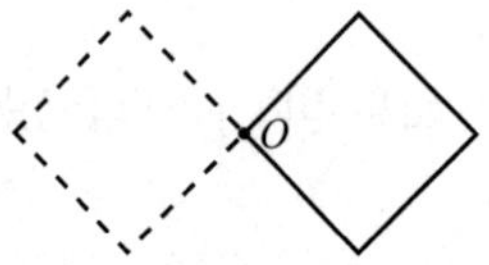

图　10-4

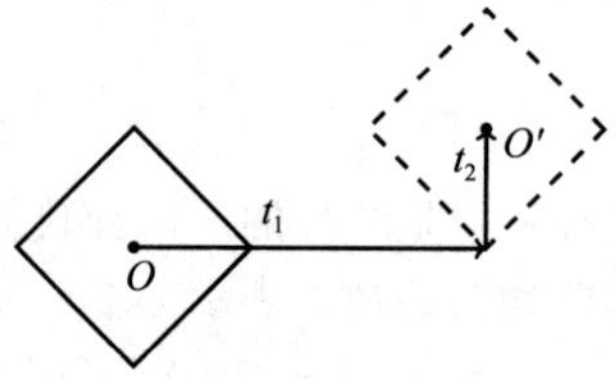

图　10-5

为了给出仿射映射的矩阵表示，我们引入**齐次坐标**的概念。代数上用三个坐标来表示每个平面上的点 $\boldsymbol{x}$，其中第三个坐标等于 1：

$$\boldsymbol{x} = \begin{pmatrix} x_1 \\ x_2 \\ x_3 \end{pmatrix} = \begin{pmatrix} x_1 \\ x_2 \\ 1 \end{pmatrix}$$

我们现在可以给出仿射映射平移在平面上的矩阵表示，

$$\begin{pmatrix} y_1 \\ y_2 \\ y_3 \end{pmatrix} = \begin{pmatrix} 1 & 0 & t_1 \\ 0 & 1 & t_2 \\ 0 & 0 & 1 \end{pmatrix} \begin{pmatrix} x_1 \\ x_2 \\ 1 \end{pmatrix} = \begin{pmatrix} x_1 + t_1 \\ x_2 + t_2 \\ 1 \end{pmatrix}$$

所有的线性映射都可以用齐次坐标表示，只须在表示映射的矩阵中添加一行和一列即可。例如，缩放和旋转映射可以通过如下的矩阵乘以 $\boldsymbol{x}$ 表示：

$$\begin{pmatrix} s_1 & 0 & 0 \\ 0 & s_2 & 0 \\ 0 & 0 & 1 \end{pmatrix}$$

和

$$\begin{pmatrix} \cos\theta & -\sin\theta & 0 \\ \sin\theta & \cos\theta & 0 \\ 0 & 0 & 1 \end{pmatrix}$$

如果我们用 2×2 的矩阵 $\boldsymbol{M}$ 来表示平面上线性映射，用向量 $\boldsymbol{t}$ 表示平面上平移向量，则一般的几何映射由如下矩阵给出：

$$\begin{pmatrix} \boldsymbol{M} & \boldsymbol{t} \\ \boldsymbol{0} & 1 \end{pmatrix}$$

空间上的几何映射可以通过增加一维来进行类似的操作。比如，下面矩阵给出的是绕三个坐标轴的转动，

$$\begin{pmatrix} \cos\theta & -\sin\theta & 0 & 0 \\ \sin\theta & \cos\theta & 0 & 0 \\ 0 & 0 & 1 & 0 \\ 0 & 0 & 0 & 1 \end{pmatrix}$$

$$\begin{pmatrix} \cos\theta & 0 & \sin\theta & 0 \\ 0 & 1 & 0 & 0 \\ -\sin\theta & 0 & \cos\theta & 0 \\ 0 & 0 & 0 & 1 \end{pmatrix}$$

$$\begin{pmatrix} 1 & 0 & 0 & 0 \\ 0 & \cos\theta & -\sin\theta & 0 \\ 0 & \sin\theta & \cos\theta & 0 \\ 0 & 0 & 0 & 1 \end{pmatrix}$$

空间中的平移由下面的矩阵给出，

$$\begin{pmatrix} 1 & 0 & 0 & t_1 \\ 0 & 1 & 0 & t_2 \\ 0 & 0 & 1 & t_3 \\ 0 & 0 & 0 & 1 \end{pmatrix}$$

10.5 特征值、特征向量和特征空间

为了引入本节的概念，我们考虑下面的例子。

例 10.67 考虑线性映射 $f: \mathbb{R}^2 \to \mathbb{R}^2$

$$f\begin{pmatrix} x \\ y \end{pmatrix} = \begin{pmatrix} 2x-y \\ 3y \end{pmatrix}$$

对应于矩阵

$$\boldsymbol{A}=\begin{pmatrix}2 & -1\\ 0 & 3\end{pmatrix}$$

考虑向量

$$\boldsymbol{x}=\begin{pmatrix}1\\ 1\end{pmatrix}$$

计算

$$f\begin{pmatrix}1\\ 1\end{pmatrix}=\boldsymbol{A}\boldsymbol{x}=\begin{pmatrix}1\\ 3\end{pmatrix}$$

如图 10-6 所示。

为了方便类比，我们可以将线性映射（比如 $f:\mathbb{R}^2\to\mathbb{R}^2$）用时钟来表示，其中一个指针是输入，另外一个是输出。由于两个向量都是从原点出发的，线性映射改变输入的长度并绕原点旋转，原点就是向量空间的零向量。

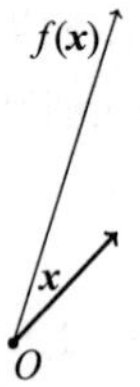

图　10-6

定义 10.18　设 $f: E\to E$ 是一个自同态映射，其中 $(E,+,\cdot)$ 是定义在数域 $\mathbb{K}$ 上的 n 维向量空间。若存在标量 λ 和向量 $\boldsymbol{x}\in E\setminus\{\boldsymbol{0}_E\}$，满足 $f(x)=\lambda\boldsymbol{x}$，则称 $\boldsymbol{x}$ 为自同态映射 f 的对应于特征值 λ 的特征向量。

特征向量和特征值是数学上重要且较难理解的概念。这些概念在不同情况下出现并且在各种工程问题中有着实际应用。这些概念的难点在于，在不同情况下，它们的含义都略有不同。

一个最简单的解释是，当令 $f(\boldsymbol{x})=\lambda\boldsymbol{x}$ 时，我们要求该线性映射简单地对一个输入向量进行缩放。换句话说，如果考虑空间中的向量，那么我们就要求映射只改变向量的模而不改变其方向。如图 10-7 所示。

寻找特征向量就是在一个特殊的区域内寻找向量，对这个区域中向量的线性映射作用相当于向量乘标量。这个标量就是特征值。对于自同态映射 $\mathbb{R}\to\mathbb{R}$，寻找其特征值和特征向量是平凡的，因为自同态已经满足 $f(\boldsymbol{x})=\lambda\boldsymbol{x}$ 的形式了。

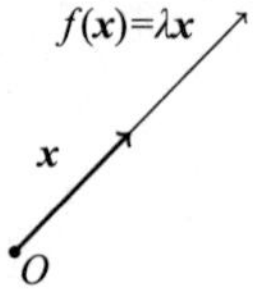

图　10-7

例 10.68　考虑自同态映射 $f:\mathbb{R}\to\mathbb{R}$，

$$f(\boldsymbol{x})=5x$$

此时，任意（非零）向量 $\boldsymbol{x}$（此例中就是数）都是一个特征向量，$\lambda=5$ 为特征值。

例 10.69　当考虑多维向量空间之间的自同态映射时，特征值和特征向量的求解是非平凡的。我们考虑自同态映射 $f:\mathbb{R}^2\to\mathbb{R}^2$，

$$f(x,y)=(x+y,2x)$$

根据定义，特征向量 (x,y) 和特征值 λ 满足以下方程

$$f(x,y)=\lambda(x,y)$$

结合两个式子我们得到

$$\begin{cases}x+y=\lambda x\\ 2x=\lambda y\end{cases}\Rightarrow\begin{cases}(1-\lambda)x+y=0\\ 2x-\lambda y=0\end{cases}$$

满足该齐次方程组的标量 λ 与向量 (x,y) 分别是特征值和特征向量。

注意，该方程组是齐次的。如果它为适定的，则其唯一解为 $(x,y)=(0,0)$。在这种情况下，不论 λ 为何值，方程组均成立。但是，根据特征向量的定义 $\boldsymbol{x}\in E\setminus\{\boldsymbol{0}_E\}$，这说明 $(x,y)=$

$(0,0)=\mathbf{0}_E$ 不是特征向量。

另一方面，如果我们取定 λ 的值使得线性方程组对应的矩阵奇异，则可求得对应于 λ 的无穷多个特征向量。

定理 10.9 令 $f: E \to E$ 是一个自同态映射，$\lambda \in \mathbb{K}$，集合 $V(\lambda) \subset E$ 定义为

$$V(\lambda)=\{\mathbf{0}_E\} \cup \{\boldsymbol{x} \in E \text{ 且 } f(\boldsymbol{x})=\lambda \boldsymbol{x}\}$$

则集合 $V(\lambda) \subset E$ 在合成律下为 $(E,+,\cdot)$ 的向量子空间。

证明 证明 $V(\lambda)$ 对合成律的封闭性。

考虑两个一般向量 $\boldsymbol{x}_1, \boldsymbol{x}_2 \in V(\lambda)$。根据 $V(\lambda)$ 的定义知

$$\boldsymbol{x}_1 \in V(\lambda) \Rightarrow f(\boldsymbol{x}_1)=\lambda \boldsymbol{x}_1$$
$$\boldsymbol{x}_2 \in V(\lambda) \Rightarrow f(\boldsymbol{x}_2)=\lambda \boldsymbol{x}_2$$

则有

$$f(\boldsymbol{x}_1+\boldsymbol{x}_2)=f(\boldsymbol{x}_1)+f(\boldsymbol{x}_2)=\lambda \boldsymbol{x}_1+\lambda \boldsymbol{x}_2=\lambda(\boldsymbol{x}_1+\boldsymbol{x}_2)$$

因此，$\boldsymbol{x}_1+\boldsymbol{x}_2 \in V(\lambda)$，集合 $V(\lambda)$ 对内合成律是封闭的。

考虑标量 $h \in \mathbb{K}$。由 $V(\lambda)$ 的定义知

$$\boldsymbol{x} \in V(\lambda) \Rightarrow f(\boldsymbol{x})=\lambda \boldsymbol{x}$$

满足

$$f(h\boldsymbol{x})=hf(\boldsymbol{x})=h(\lambda \boldsymbol{x})=\lambda(h\boldsymbol{x})$$

因此，$h\boldsymbol{x} \in V(\lambda)$，集合 $V(\lambda)$ 对外合成律也是封闭的。

综上我们可以得出 $(V(\lambda),+,\cdot)$ 是 $(E,+,\cdot)$ 的一个向量子空间。 □

定义 10.19 称如上定义的向量子空间 $(V(\lambda),+,\cdot)$ 为自同态映射 f 对应于特征值 λ 的**特征空间**。特征空间的维数称为特征值的**几何重数**，记作 γ_m。

例 10.70 再次考虑自同态映射 $f: \mathbb{R}^2 \to \mathbb{R}^2$

$$f(x,y)=(x+y,2x)$$

我们已经知道，特征值和特征向量由下面的线性方程组给出：

$$\begin{cases}(1-\lambda)x+y=0\\ 2x-\lambda y=0\end{cases}$$

为了求出特征值，要求系数矩阵奇异：

$$\det\begin{pmatrix}1-\lambda & 1\\ 2 & -\lambda\end{pmatrix}=0$$

这说明

$$-\lambda(1-\lambda)-2=0 \Rightarrow \lambda^2-\lambda-2=0$$

这个多项式的解就是这个自同态映射的特征值，其解 $\lambda_1=-1$，$\lambda_2=2$ 就是自同态映射的特征值。

选择将 λ_1 代入上面的齐次方程组：

$$\begin{cases}(1-\lambda_1)x+y=0\\ 2x-\lambda_1 y=0\end{cases} \Rightarrow \begin{cases}2x+y=0\\ 2x+y=0\end{cases}$$

正如所预料的一样，这个方程是欠定的，具有形如 $(\alpha,-2\alpha)=\alpha(1,-2)$ 的 ∞^1 个解，其中参数 $\alpha \in \mathbb{R}$。通解 $\alpha(1,-2)$ 可以看作一个集合，更具体地说，可以看作是平面（$\mathbb{R}^2$）上的一条直线。

上面的定理表明，$(\alpha(1,-2),+,\cdot)$ 是一个向量空间（即特征空间），并且也是 $(\mathbb{R}^2,+,\cdot)$ 的一个子空间。向量 $\alpha(1,-2)$ 用 $V(\lambda_1)$ 表示，表明它是在选择特征值 λ_1 之后建立的。

求解特征向量和特征值的方法

这一节给出求解任意自同态映射 $\mathbb{R}^n \to \mathbb{R}^n$ 的特征值的方法。

令 $f: E \to E$ 是定义在 $\mathbb{K}$ 上的自同态映射，设 $(E,+,\cdot)$ 为 n 维向量空间。自同态映射对应的矩阵为 $\boldsymbol{A} \in \mathbb{R}_{n,n}$：

$$\boldsymbol{y}=f(\boldsymbol{x})=\boldsymbol{A}\boldsymbol{x}$$

$$\boldsymbol{A}=\begin{pmatrix} a_{1,1} & a_{1,2} & \cdots & a_{1,n} \\ a_{2,1} & a_{2,2} & \cdots & a_{2,n} \\ \vdots & \vdots & & \vdots \\ a_{n,1} & a_{n,2} & \cdots & a_{n,n} \end{pmatrix}$$

向量 $\boldsymbol{x}\boldsymbol{y}$ 分别为

$$\boldsymbol{x}=\begin{pmatrix} x_1 \\ x_2 \\ \vdots \\ x_n \end{pmatrix},\quad \boldsymbol{y}=\begin{pmatrix} y_1 \\ y_2 \\ \vdots \\ y_n \end{pmatrix}$$

由此可以写出

$$\begin{pmatrix} y_1 \\ y_2 \\ \vdots \\ y_n \end{pmatrix}=\begin{pmatrix} a_{1,1} & a_{1,2} & \cdots & a_{1,n} \\ a_{2,1} & a_{2,2} & \cdots & a_{2,n} \\ \vdots & \vdots & & \vdots \\ a_{n,1} & a_{n,2} & \cdots & a_{n,n} \end{pmatrix}\begin{pmatrix} x_1 \\ x_2 \\ \vdots \\ x_n \end{pmatrix}$$

设

$$f(\boldsymbol{x})=\lambda\boldsymbol{x}=\boldsymbol{y}$$

即

$$\begin{pmatrix} a_{1,1} & a_{1,2} & \cdots & a_{1,n} \\ a_{2,1} & a_{2,2} & \cdots & a_{2,n} \\ \vdots & \vdots & & \vdots \\ a_{n,1} & a_{n,2} & \cdots & a_{n,n} \end{pmatrix}\begin{pmatrix} x_1 \\ x_2 \\ \vdots \\ x_n \end{pmatrix}=\lambda\begin{pmatrix} x_1 \\ x_2 \\ \vdots \\ x_n \end{pmatrix}$$

这个矩阵方程与下面的线性方程组对应：

$$\begin{cases} a_{1,1}x_1+a_{1,2}x_2+\cdots+a_{1,n}x_n=\lambda x_1 \\ a_{2,1}x_1+a_{2,2}x_2+\cdots+a_{2,n}x_n=\lambda x_2 \\ \qquad\vdots \\ a_{n,1}x_1+a_{n,2}x_2+\cdots+a_{n,n}x_n=\lambda x_n \end{cases}\Rightarrow\begin{cases} (a_{1,1}-\lambda)x_1+a_{1,2}x_2+\cdots+a_{1,n}x_n=0 \\ a_{2,1}x_1+(a_{2,2}-\lambda)x_2+\cdots+a_{2,n}x_n=0 \\ \qquad\vdots \\ a_{n,1}x_1+a_{n,2}x_2+\cdots+(a_{n,n}-\lambda)x_n=0 \end{cases}$$

这是与特征值 λ 相关的特征向量的齐次线性方程组。因为它是齐次的，所以这个方程组总有一个解是 $(0,0,\cdots,0)$。在这种情况下，零解不是希望求得的解，因为特征向量不能为零。如果这个方程组有无穷多个解，那么可以找到特征向量和特征值。为了使得方程组的解不唯一，与此方程组的相关的系数矩阵的行列式必须为0：

$$\det\begin{pmatrix} a_{1,1}-\lambda & a_{1,2} & \cdots & a_{1,n} \\ a_{2,1} & a_{2,2}-\lambda & \cdots & a_{2,n} \\ & \vdots & & \vdots \\ a_{n,1} & a_{n,2} & \cdots & a_{n,n}-\lambda \end{pmatrix}=\det(\boldsymbol{A}-\boldsymbol{I}\lambda)=0$$

如果计算出上述行列式，将得到一个关于变量 λ 的 n 次多项式：

$$p(\lambda)=(-1)^n\lambda^n+(-1)^{n-1}k_{n-1}\lambda^{n-1}+\cdots+(-1)k_1\lambda+k_0$$

这个多项式称为自同态映射 f 的**特征多项式**。为了找到特征值，我们需要找到满足 $p(\lambda)=0$ 并且 $\lambda\in\mathbb{K}$ 的 λ 值。这意味着虽然方程有 n 个根，但是满足特征多项式等于的 0 某些值可能不属于 $\mathbb{K}$，因此不能是特征值。这种情况可能出现在定义在数域 $\mathbb{R}$ 上的自同态映射下。在这种情况下，特征多项式的一些根可能是复数，因此不是特征值。

进一步可以说，由于特征多项式是一个齐次线性方程组的系数行列式（这个方程组总是至少有一个解），因此这个多项式在复数域中至少有一个根（至少有一个 λ 值使行列式为 0）。

与上面所说等价，如果向量 $\boldsymbol{x}$ 满足 $\boldsymbol{Ax}=\lambda\boldsymbol{x}$，则向量 $\boldsymbol{x}$ 是特征向量。因此，当特征值确定后，就可以通过求解下面的齐次线性方程组来找到相应的特征向量。

$$(\boldsymbol{A}-\boldsymbol{I}\lambda)\boldsymbol{x}=\boldsymbol{0}$$

其中特征值是一个常数。

从例子和向量空间理论基础可知，如果方程 $(\boldsymbol{A}-\boldsymbol{I}\lambda)\boldsymbol{x}=\boldsymbol{0}$ 有 ∞^k 个解，特征值的几何重数 $\gamma_m=k$。

如果我们用 ρ 表示 $\boldsymbol{A}-\boldsymbol{I}\lambda$ 的秩，那么对于一个固定的特征值 γ，它满足

$$\gamma_m=n-\rho$$

这个表达式可以从另一个角度解读，考虑到 $\boldsymbol{A}-\boldsymbol{I}\lambda$ 表示一个与 $\mathbb{R}^n\to\mathbb{R}^n$ 自同态映射相关的矩阵，这个自同态映射的核是方程 $\boldsymbol{A}-\boldsymbol{I}\lambda\boldsymbol{x}=0$ 的解，因此，几何重数 γ_m 是核的维数，即对应特征值 λ 的线性无关的特征向量的个数，也就是相应特征空间的维数。

定义 10.20　设 $f: E\to E$ 是自同态映射。令 $\rho(\lambda)$ 是与自同态映射相关的 n 阶特征多项式。设 λ_0 是特征多项式的一个解。如果它能被 $(\lambda-\lambda_0)^r$ 整除而不能被 $(\lambda-\lambda_0)^{r+1}$ 整除，则称 $r\leqslant n$ 为这个特征值的**代数重数**。

例 10.71　考虑数域 $\mathbb{R}$ 上的同构映射 $f: \mathbb{R}^2\to\mathbb{R}^2$，

$$f(x,y)=(3x+2y,2x+y)$$

对应于矩阵

$$\boldsymbol{A}=\begin{pmatrix} 3 & 2 \\ 2 & 1 \end{pmatrix}$$

为计算特征值，首先计算特征多项式

$$\det\begin{pmatrix} 3-\lambda & 2 \\ 2 & 1-\lambda \end{pmatrix}=(3-\lambda)(1-\lambda)-4=\lambda^2-4\lambda-1$$

多项式的根是 $\lambda_1=1+\frac{\sqrt{3}}{2}$ 和 $\lambda_2=1-\frac{\sqrt{3}}{2}$。它们都是特征值。为了求出特征向量，需要求解下面两

个线性方程组：

$$\begin{pmatrix} 2-\frac{\sqrt{3}}{2} & 2 \\ 2 & -\frac{\sqrt{3}}{2} \end{pmatrix}\begin{pmatrix} x_1 \\ x_2 \end{pmatrix}=\begin{pmatrix} 0 \\ 0 \end{pmatrix}$$

和

$$\begin{pmatrix} 2+\frac{\sqrt{3}}{2} & 2 \\ 2 & \frac{\sqrt{3}}{2} \end{pmatrix}\begin{pmatrix} x_1 \\ x_2 \end{pmatrix}=\begin{pmatrix} 0 \\ 0 \end{pmatrix}$$

例 10.72　考虑定义在 $\mathbb{R}$ 上的同构映射 $f: \mathbb{R}^3 \to \mathbb{R}^3$，其对应的矩阵为

$$\boldsymbol{A}=\begin{pmatrix} 0 & 1 & 0 \\ -2 & -3 & \frac{1}{2} \\ 0 & 0 & 0 \end{pmatrix}$$

为了找到特征值，我们需要计算

$$\det\begin{pmatrix} -\lambda & 1 & 0 \\ -2 & -3-\lambda & \frac{1}{2} \\ 0 & 0 & -\lambda \end{pmatrix}=-\lambda(\lambda^2+3\lambda+2)$$

因此，特征值为 $\lambda_1=0$，$\lambda_2=-2$，$\lambda_3=-1$。将特征值代入矩阵 $\boldsymbol{A}-\boldsymbol{I}\lambda$，便可得到三个齐次线性方程组，方程组的（非零）解就是特征向量。

定理 10.10　设 $f: E \to E$ 是自同态映射，令 $(E,+,\cdot)$ 是维数为 n 的有限维向量空间。令 $\boldsymbol{x}_1,\boldsymbol{x}_2,\cdots,\boldsymbol{x}_p$ 是自同态映射的 f 的对应于特征值 $\lambda_1,\lambda_2,\cdots,\lambda_p$ 的特征向量，并且这些特征值是特征多项式 $p(\lambda)$ 的所有不同根，则不同特征值对应的特征向量线性无关。

证明　用反证法。假设特征向量线性相关。不失一般性，假设 $r<p$ 为线性相关特征向量的最小个数，那么，我们可以将其中一个向量表示为其他向量以标量 $l_1,l_2,\cdots,l_{r-1}$ 为系数的线性组合：

$$\boldsymbol{x}_r=l_1\boldsymbol{x}_1+l_2\boldsymbol{x}_2+\cdots+l_{r-1}\boldsymbol{x}_{r-1}$$

从这个方程可推导出两个方程。第一个是在上式乘以 λ_r 得到的，

$$\lambda_r\boldsymbol{x}_r=\lambda_r l_1\boldsymbol{x}_1+\lambda_r l_2\boldsymbol{x}_2+\cdots+\lambda_r l_{r-1}\boldsymbol{x}_{r-1}$$

第二个是通过作用线性映射得到的，

$$\begin{aligned} f(\boldsymbol{x}_r)=\lambda_r\boldsymbol{x}_r &= f(l_1\boldsymbol{x}_1+l_2\boldsymbol{x}_2+\cdots+l_{r-1}\boldsymbol{x}_{r-1}) \\ &= l_1 f(\boldsymbol{x}_1)+l_2 f(\boldsymbol{x}_2)+\cdots+l_{r-1} f(\boldsymbol{x}_{r-1}) \\ &= \lambda_1 l_1\boldsymbol{x}_1+\lambda_2 l_2\boldsymbol{x}_2+\cdots+\lambda_{r-1} l_{r-1}\boldsymbol{x}_{r-1} \end{aligned}$$

这两个方程是相等的。用第一个方程减去第二个方程，则得到

$$\boldsymbol{0}_E=l_1(\lambda_r-\lambda_1)\boldsymbol{x}_1+l_2(\lambda_r-\lambda_1)\boldsymbol{x}_2+\cdots+l_{r-1}(\lambda_r-\lambda_{r-1})\boldsymbol{x}_{r-1}$$

此时，零向量表示为 $r-1$ 个线性无关向量的线性组合，只有当系数都为 0 时才会出现这种情况：

$$l_1(\lambda_r-\lambda_1)=0$$
$$l_2(\lambda_r-\lambda_2)=0$$
$$\vdots$$
$$l_{r-1}(\lambda_r-\lambda_{r-1})=0$$

由假设可知，特征值都是不同的，

$$\lambda_r-\lambda_1\neq 0$$
$$\lambda_r-\lambda_2\neq 0$$
$$\vdots$$
$$\lambda_r-\lambda_{r-1}\neq 0$$

因此，必须有 $(l_1,l_2,\cdots,l_{r-1})=(0,0,\cdots,0)$。由此得

$$\boldsymbol{x}_r=l_1\boldsymbol{x}_1+l_2\boldsymbol{x}_2+\cdots+l_{r-1}\boldsymbol{x}_{r-1}=\boldsymbol{0}_E$$

根据定义，特征向量是非零的，所以该式不成立。得出矛盾。

例 10.73 我们知道对于自同态映射 $f:\mathbb{R}^2\to\mathbb{R}^2$,

$$f(x,y)=(x+y,2x)$$

$V(\lambda_1)=\alpha(1,-2)$，并且 $(1,-2)$ 是一个特征向量，下面求解 $V(\lambda_2)$。令 $\lambda_2=2$，对应的方程为

$$\begin{cases}(1-\lambda_2)x+y=0\\2x-\lambda_2 y=0\end{cases}\Rightarrow\begin{cases}-x+y=0\\2x-2y=0\end{cases}$$

方程的解是 $\alpha(1,1)$，其中 $\alpha\in\mathbb{R}$。因此，$(1,1)$ 是特征值 λ_2 对应的特征向量。

由定理 10.10 可知，$\lambda_1\neq\lambda_2$（是同一多项式的不同根），故相应的特征向量是线性无关的。

我们可以很容易证明 $(1,-2)$ 和 $(1,1)$ 是线性无关的。

下面我们验证这些向量是特征向量，

$$\begin{pmatrix}1&1\\2&0\end{pmatrix}\begin{pmatrix}1\\-2\end{pmatrix}=\begin{pmatrix}-1\\2\end{pmatrix}=\lambda_1\begin{pmatrix}1\\-2\end{pmatrix}$$
$$\begin{pmatrix}1&1\\2&0\end{pmatrix}\begin{pmatrix}1\\1\end{pmatrix}=\begin{pmatrix}2\\2\end{pmatrix}=\lambda_2\begin{pmatrix}1\\1\end{pmatrix}$$

这两个向量分别生成了两个特征空间：

$$V(-1)=L((1,-2))$$
$$V(2)=L((1,1))$$

两个特征值的几何重数都等于 1。

让我们图形可视化上述结果。如果考虑特征向量 $\boldsymbol{x}=(1,1)$（实线）和变换后的向量 $f(\boldsymbol{x})=(2,2)$（虚线），我们有图 10-8。一般来说，我们可以把特征向量 $\boldsymbol{x}$ 解释为一个向量，使得变换后的 $f(\boldsymbol{x})$ 与 $\boldsymbol{x}$ 平行。$\lambda_2=2$ 的向量空间 $(V(\lambda_2),+,\cdot)$，是与特征向量及其变换（虚线）的方向相同的平面 $\mathbb{R}^2$ 上的直线。如图 10-9 所示。

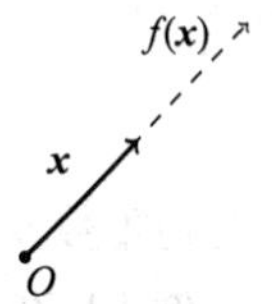

图 10-8

这个事实可以表示为：虚线上的所有向量，例如 $(0.1,0.1)$，$(3,3)$，$(30,30)$ 和 $(457,457)$ 都是特征向量。

如果我们考虑一个不是特征向量的向量，它与其变换后的向量不平行。例如，对于 $\boldsymbol{v}=(1,3)$，

它的变换是$f(\boldsymbol{v})=(4,2)$。这两个向量不平行。如图 10-10 所示。

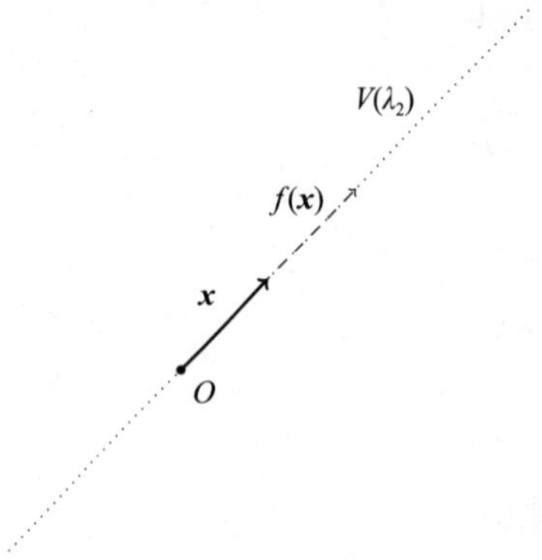

图 10-9

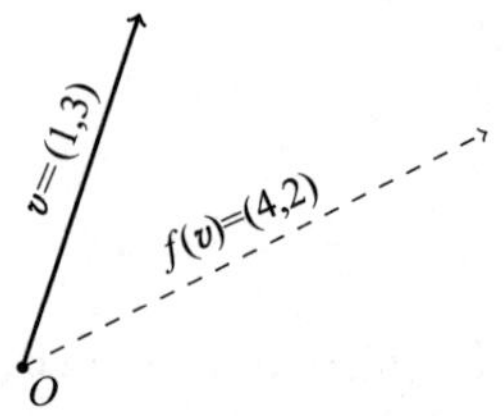

图 10-10

例 10.74 考虑自同态映射$f: \mathbb{R}^2 \to \mathbb{R}^2$,

$$f(x,y)=(x+3y,x-y)$$

这个自同态映射的特征值λ满足$f(x,y)=\lambda(x,y)$,

$$\begin{cases} x+3y=\lambda x \\ x-y=\lambda y \end{cases} \Rightarrow \begin{cases} (1-\lambda)x+3y=0 \\ x+(-1-\lambda)y=0 \end{cases}$$

当$(1-\lambda)(-1-\lambda)-3=\lambda^2-4=0$时,上述方程组是欠定的(相关矩阵奇异)。当$\lambda_1=2,\lambda_2=-2$时等式成立。

为了计算$\lambda_1=2$时的特征向量,我们有

$$\begin{cases} (1-\lambda_1)x+3y=0 \\ x+(-1-\lambda_1)y=0 \end{cases} \Rightarrow \begin{cases} -x+3y=0 \\ x-3y=0 \end{cases}$$

这个方程组的解是$\alpha(3,1)$,$\alpha \in \mathbb{R}$。

为了计算$\lambda_2=-2$时的特征向量,我们有

$$\begin{cases} (1-\lambda_2)x+3y=0 \\ x+(-1-\lambda_2)y=0 \end{cases} \Rightarrow \begin{cases} 3x+3y=0 \\ x+y=0 \end{cases}$$

这个方程组的解是$\alpha(1,-1)$,$\alpha \in \mathbb{R}$。

此时,我们有不同的特征值$2,-2$和线性无关的特征向量$(3,1)$和$(1,-1)$。这两个向量生成的特征空间分别为:

$$V(2)=L((3,1))$$
$$V(-2)=L((1,-1))$$

其几何重数γ_1,γ_2都是 1。

例 10.75 映射$f: \mathbb{R}^2 \to \mathbb{R}^2$,

$$f(x,y)=(3x,3y)$$

设$f(x,y)=\lambda(x,y)$,则有线性方程组

$$\begin{cases} 3x=\lambda x \\ 3y=\lambda y \end{cases} \Rightarrow \begin{cases} (3-\lambda)x=0 \\ (3-\lambda)y=0 \end{cases}$$

由系数行列式可知，$(3-\lambda)^2$ 为 0 的解仅有 $\lambda=3$，这是一个二重特征值。如果将 $\lambda=3$ 代入原方程，可以得到

$$\begin{cases}0x=0\\0y=0\end{cases}$$

这总是成立的。该方程组仍然是两个变量的方程组，对应的矩阵的秩为 $\rho=0$，因此存在无穷多个形如（α,β），$\alpha,\beta\in\mathbb{R}$ 的解。

该方程组的通解为 $\alpha(0,1)+\beta(0,1)$。特征空间由两个向量（1,0）和（0,1）生成：

$$V(3)=L((1,0),(0,1))$$

这就是整个平面 $\mathbb{R}^2$。这意味着除了零向量以外的所有向量都是特征向量。

特征值 $\lambda=3$ 的几何重数为 2。

例 10.76　考虑线性映射 $f:\mathbb{R}^3\to\mathbb{R}^3$，

$$f(x,y,z)=(x+y,2y+z,-4z)$$

求解其特征值，

$$\begin{cases}x+y=\lambda x\\2y+z=\lambda y\\-4z=\lambda z\end{cases}\Rightarrow\begin{cases}(1-\lambda)x+y=0\\(2-\lambda)y+z=0\\(-4-\lambda)z=0\end{cases}$$

对应矩阵的行列式是

$$\det\begin{pmatrix}1-\lambda & 1 & 0\\0 & 2-\lambda & 1\\0 & 0 & -4-\lambda\end{pmatrix}=(1-\lambda)(2-\lambda)(-4-\lambda)$$

特征值都是不同的，$\lambda_1=1$，$\lambda_2=2$，$\lambda_3=-4$。

将 $\lambda_1=1$ 代入方程将

$$\begin{cases}y\quad=0\\y+z=0\\-5z=0\end{cases}$$

对应的解为 $\alpha(1,0,0)$，$\alpha\in\mathbb{R}$。零向量也属于特征空间：

$$V(1)=L((1,0,0))$$

可以得出特征值 $\lambda_1=1$ 的几何重数为 1。[⊖]

将 $\lambda_2=2$ 代入方程得

$$\begin{cases}-x+y\quad=0\\\quad z=0\\-6z=0\end{cases}$$

其解是 $\alpha(1,1,0)$，$\alpha\in\mathbb{R}$。特征空间是

$$V(2)=L((1,1,0))$$

⊖ 原文有误。——译者注

将 $\lambda_3=-4$ 代入方程得

$$\begin{cases}-3x+\ y\quad =0\\ \quad -2y+z=0\\ \qquad 0z=0\end{cases}$$

该方程组的最后一个方程总是成立。设 $x=\alpha$，我们得到 $y=3\alpha$ 和 $z=6\alpha$，即解是 $\alpha(1,3,6)$，特征空间是

$$V(-4)=(L(1,3,6))$$

例 10.77　本例我们分析特征值相等的情形，即线性映射

$$f(x,y,z)=(x+z,2y,-x+3z)$$

根据特征值的定义有

$$\begin{cases}x+z=\lambda x\\ 2y=\lambda y\\ -x+3z=\lambda z\end{cases}\Rightarrow\begin{cases}(1-\lambda)x+z=0\\ (2-\lambda)y=0\\ -x+(3-\lambda)z=0\end{cases}$$

当这个方程组欠定时，

$$\det\begin{pmatrix}1-\lambda & 1 & 0\\ 0 & 2-\lambda & 0\\ -1 & 0 & 3-\lambda\end{pmatrix}=(2-\lambda)^3=0$$

即 $\lambda=2$。这意味着只有一个特征向量，即对应的三个特征向量是线性相关的。将 $\lambda=2$ 代入方程组可得

$$\begin{cases}-x\quad +z=0\\ \quad 0y\quad =0\\ -x\quad +z=0\end{cases}$$

第二个方程总成立，而第一个和第三个方程则表示 $x=z$。可以看出，这个方程组的秩 $\rho=1$，因此有 ∞^2 个解。若设 $x=\alpha$，$y=\beta$，则得到通解（α,β,α）$=\alpha(1,0,1)+\beta(0,1,0)$。特征空间由向量（1,0,1）和（0,1,0）生成，可以理解为空间的一个平面。

例 10.78　计算映射 $f:\mathbb{R}^3\rightarrow\mathbb{R}^3$，

$$f(x,y,z)=(5x,5y,5z)$$

的特征值、特征向量和特征空间。

根据线性方程组

$$\begin{cases}5x=\lambda x\\ 5y=\lambda y\\ 5z=\lambda z\end{cases}\Rightarrow\begin{cases}(5-\lambda)x=0\\ (5-\lambda)y=0\\ (5-\lambda)z=0\end{cases}$$

可以看出，与该矩阵相关的行列式是（$\lambda-5$）^{3}，唯一的特征值 $\lambda=5$ 是三重的。

将特征值 $\lambda=5$ 代入方程组，

$$\begin{cases}0x=0\\ 0y=0\\ 0z=0\end{cases}$$

它的秩 $\rho=0$。该方程组有 ∞^3 个解（α,β,γ），$\alpha,\beta,\gamma\in\mathbb{R}$，即 $\alpha(1,0,0)+\beta(0,1,0)+\gamma(0,0,1)$。

对应的特征空间为 $V(5)=L((0,1,0),(0,1,0),(0,0,1))$。这意味着除了零向量之外，空

间中的每个向量都是特征向量，特征空间是整个空间 $\mathbb{R}^3$。特征值 $\lambda=5$ 的几何重数为 3。

命题 10.9　设 f: $E\to E$ 是自同态映射，$p(\lambda)$ 是与其对应的 n 阶特征多项式。设 γ_m 和 α_m 分别为特征多项式的几何重数和代数重数。则有

$$1\leqslant\gamma_m\leqslant\alpha_m\leqslant n$$

定义 10.21　设 f: $E\to E$ 是一个自同态映射，$\lambda_1,\lambda_2,\cdots,\lambda_n$ 为其特征值。我们称特征值的集合

$$S_p=\{\lambda_1,\lambda_2,\cdots,\lambda_n\}$$

为自同态映射的**谱**，称 $S_r=\max|\lambda_i|$ 为**谱半径**。

定理 10.11（盖尔圆盘定理）　设 $\boldsymbol{A}\in\mathbb{C}_{n,n}$ 是与自同态映射 f: $\mathbb{C}^n\to\mathbb{C}^n$ 相关联的矩阵。考虑复平面上的下列圆形集：

$$C_i=\left\{z\in\mathbb{C}\,\middle|\,|z-a_{i,j}|\leqslant\sum_{j=1,i\neq j}^{n}|a_{i,j}|\right\}$$

$$D_i=\left\{z\in\mathbb{C}\,\middle|\,|z-a_{i,j}|\leqslant\sum_{i=1,i\neq j}^{n}|a_{i,j}|\right\}$$

对于每个特征值 λ 有

$$\lambda\in(\cup_1^n C_i)\cap(\cup_1^n D_i)$$

虽然盖尔圆盘定理的证明和细节超出了本书的范围，但是描述这个结果的意义还是很有价值的。对于给定的自同态映射及其关联矩阵，这个定理给出了特征值所在的复平面区域的估计。当然，由于实数是复数的一种特殊情况，这个结果对 $\mathbb{R}_{n,n}$ 中的矩阵也成立。

10.6　矩阵的对角化

定理 10.12　设 $\boldsymbol{A}$ 和 $\boldsymbol{A}'$ 是两个相似矩阵，则这两个矩阵有相同的特征多项式：

$$\det(\boldsymbol{A}'-\boldsymbol{I}\lambda)=\det(\boldsymbol{A}-\boldsymbol{I}\lambda)$$

证明　如果两个矩阵是相似的，那么存在非奇异矩阵 $\boldsymbol{P}$ 使得

$$\boldsymbol{A}'=\boldsymbol{P}^{-1}\boldsymbol{A}\boldsymbol{P}$$

我们可以将单位矩阵视为矩阵乘积运算的单位元，它与其自身相似，且 $\boldsymbol{I}=\boldsymbol{P}^{-1}\boldsymbol{I}\boldsymbol{P}$ 对任意非奇异矩阵 $\boldsymbol{P}$ 成立，

$$\begin{aligned}\det(\boldsymbol{A}'-\boldsymbol{I}\lambda)&=\det(\boldsymbol{P}^{-1}\boldsymbol{A}\boldsymbol{P}-\boldsymbol{I}\lambda)=\det(\boldsymbol{P}^{-1}\boldsymbol{A}\boldsymbol{P}-\boldsymbol{P}^{-1}\boldsymbol{I}\boldsymbol{P}\lambda)\\&=\det(\boldsymbol{P}^{-1}(\boldsymbol{A}-\boldsymbol{I}\lambda)\boldsymbol{P})=\frac{1}{\det\boldsymbol{P}}\det(\boldsymbol{A}-\boldsymbol{I}\lambda)\det\boldsymbol{P}=\det(\boldsymbol{A}-\boldsymbol{I}\lambda)\end{aligned}$$

这意味着两个相似矩阵也有相同的特征值。　□

例 10.79　从例 10.66 我们知道下面两个矩阵是相似的：

$$\boldsymbol{A}=\begin{pmatrix}2&2&0\\0&5&0\\0&0&1\end{pmatrix}$$

$$\boldsymbol{A}'=\begin{pmatrix}1&-2&0\\0&5&0\\1&12&2\end{pmatrix}$$

通过计算

$$\det(\boldsymbol{A}'-\boldsymbol{I}\lambda)$$

和

$$\det(\boldsymbol{A}-\boldsymbol{I}\lambda)$$

可以验证这两个矩阵的特征多项式都是

$$-\lambda^3+8\lambda^2-17\lambda+10$$

这两个矩阵的特征值都是 $\lambda_1=2$，$\lambda_2=1$，$\lambda_3=5$。

正如第 2 章所提到的，对角矩阵是其非对角元全为零的矩阵，其形式为

$$\begin{pmatrix} \gamma_1 & 0 & 0 & \cdots & 0 \\ 0 & \gamma_2 & 0 & \cdots & 0 \\ \vdots & \vdots & \vdots & & \vdots \\ 0 & 0 & 0 & \cdots & \gamma_n \end{pmatrix}$$

定义 10.22 设 $f: E\rightarrow E$ 是一个自同态映射。如果存在 $(E,+,\cdot)$ 的一组基，使得在该组基下映射的矩阵是对角矩阵，则称该自同态映射是**可对角化的**。

换句话说，如果自同态映射能够通过基变换（坐标变换）转换为对角映射，它就是可对角化的。

如果我们还记得变换矩阵 $\boldsymbol{P}$ 的列向量就是构成基的向量，便可从矩阵的角度给出一个等价的定义。

定义 10.23 若存在非奇异矩阵 $\boldsymbol{P}$，使得

$$\boldsymbol{D}=\boldsymbol{P}^{-1}\boldsymbol{A}\boldsymbol{P}$$

则称方阵 $\boldsymbol{A}$ **可对角化**，其中 $\boldsymbol{D}$ 是对角矩阵，$\boldsymbol{P}$ 称为**变换矩阵**。

将该定义与定理 10.12 结合起来可得，对于一个可对角化的矩阵 $\boldsymbol{A}$，存在一个与其具有相同特征值的对角矩阵 $\boldsymbol{D}$。

定理 10.13 设 $f: E\rightarrow E$ 是一个有限维自同态映射，对应 n 阶矩阵 $\boldsymbol{A}$。令 $\lambda_1,\lambda_2,\cdots,\lambda_n$ 为一组常数，$\boldsymbol{x}_1,\boldsymbol{x}_2,\cdots,\boldsymbol{x}_n$ 为 n 维向量。

设 $\boldsymbol{P}$ 是 n 阶矩阵，其列向量为 $\boldsymbol{x}_1,\boldsymbol{x}_2,\cdots,\boldsymbol{x}_n$，

$$\boldsymbol{P}=(\boldsymbol{x}_1 \quad \boldsymbol{x}_2 \quad \cdots \quad \boldsymbol{x}_n)$$

设 $\boldsymbol{D}$ 是一个对角矩阵，其对角元素为标量 $\lambda_1,\lambda_2,\cdots,\lambda_n$，

$$\boldsymbol{D}=\begin{pmatrix} \lambda_1 & 0 & 0 & \cdots & 0 \\ 0 & \lambda_2 & 0 & \cdots & 0 \\ \vdots & \vdots & \vdots & & \vdots \\ 0 & 0 & 0 & \cdots & \lambda_n \end{pmatrix}$$

则有若 $\boldsymbol{A}$ 和 $\boldsymbol{D}$ 相似，即

$$\boldsymbol{D}=\boldsymbol{P}^{-1}\boldsymbol{A}\boldsymbol{P}$$

那么，$\lambda_1,\lambda_2,\cdots,\lambda_n$ 是映射的特征值，$\boldsymbol{x}_1,\boldsymbol{x}_2,\cdots,\boldsymbol{x}_n$ 为相应的特征向量。

证明 如果 $\boldsymbol{A}$ 和 $\boldsymbol{D}$ 是相似的，那么

$$\boldsymbol{D}=\boldsymbol{P}^{-1}\boldsymbol{A}\boldsymbol{P}\Rightarrow\boldsymbol{P}\boldsymbol{D}=\boldsymbol{A}\boldsymbol{P}$$

则有

$$\boldsymbol{A}\boldsymbol{P}=\boldsymbol{A}(\boldsymbol{x}_1 \quad \boldsymbol{x}_2 \quad \cdots \quad \boldsymbol{x}_n)=(\boldsymbol{A}\boldsymbol{x}_1 \quad \boldsymbol{A}\boldsymbol{x}_2 \quad \cdots \quad \boldsymbol{A}\boldsymbol{x}_n)$$

及

$$PD=(x_1 \quad x_2 \quad \cdots \quad x_n)\begin{pmatrix}\lambda_1 & 0 & 0 & \cdots & 0\\ 0 & \lambda_2 & 0 & \cdots & 0\\ \vdots & \vdots & \vdots & & \vdots\\ 0 & 0 & 0 & \cdots & \lambda_n\end{pmatrix}=(\lambda_1 x_1 \quad \lambda_2 x_2 \quad \cdots \quad \lambda_n x_n)$$

因为 $AD=PD$，所以满足

$$(Ax_1 \quad Ax_2 \quad \cdots \quad Ax_n)=(\lambda_1 x_1 \quad \lambda_2 x_2 \quad \cdots \quad \lambda_n x_n)$$

即

$$Ax_1=\lambda_1 x_1$$
$$Ax_2=\lambda_2 x_2$$
$$\vdots$$
$$Ax_n=\lambda_n x_n$$

这意味着 $\lambda_1,\lambda_2,\cdots,\lambda_n$ 是映射的特征值，$x_1,x_2,\cdots,x_n$ 是相应的特征向量。 □

矩阵的对角化可以从两个等价的观点来看。第一种观点，对角化是一种矩阵变换，目的是生成对角矩阵。第二种观点，对角化是一种基变换，将参照系转化为一个新的参照系，在新参照系中，每个基向量的作用只沿着一条轴。

结合这两种观点，如果将矩阵 A 看作一个与线性方程组相关联的矩阵，则对角化是将原方程组转化为一个等价方程组（即具有相同的解），使得其中所有变量都不再耦合，即每个方程只包含一个变量。与基变换相关联的变换矩阵为矩阵 P，其列向量是映射的特征向量。那么，我们可以用 $D=P^{-1}AP$ 来计算 D。

上述结果可以在下面的定理中重新表述。

定理 10.14 设 $f: E\to E$ 是与矩阵 A 对应的 n 维自同态映射（因此是有限维的）。如果映射是可对角化的，则有

$$D=P^{-1}AP$$

其中

$$D=\begin{pmatrix}\lambda_1 & 0 & 0 & \cdots & 0\\ 0 & \lambda_2 & 0 & \cdots & 0\\ \vdots & \vdots & \vdots & & \vdots\\ 0 & 0 & 0 & \cdots & \lambda_n\end{pmatrix}$$

$\lambda_1,\lambda_2,\cdots,\lambda_n$ 是映射的特征值，并且

$$P=(x_1 \quad x_2 \quad \cdots \quad x_n)$$

$x_1,x_2,\cdots,x_n$ 是对应于特征值 $\lambda_1,\lambda_2,\cdots,\lambda_n$ 的特征向量。

下面的定理描述了自同态映射可对角化的条件。

命题 10.10 设 $f: E\to E$ 是由 n 阶矩阵 A 定义的自同态映射。如果矩阵（即自同态映射）是可对角化的，那么它有 n 个线性无关的特征向量。

证明 如果矩阵是可对角化的，则存在一个非奇异的矩阵 P，使得 $D=P^{-1}AP$，其中 D 为对角矩阵。根据定理 10.13，矩阵 P 的列向量是特征向量。因为矩阵 P 是可逆的，所以它非奇异。因此，P 的列向量，即映射的特征向量是线性无关的。

如果 n 个特征向量都是线性无关的，那么它们可以作为矩阵 $\boldsymbol{P}$ 的列，由此得到的矩阵是非奇异的。因此，根据定理 10.13，$\boldsymbol{D}=\boldsymbol{P}^{-1}\boldsymbol{A}\boldsymbol{P}$ 是对角矩阵。故 $\boldsymbol{A}$ 是可对角化的。

定理 10.15（对角化定理）　*设 $f: E\to E$ 是由矩阵 $\boldsymbol{A}$ 定义的自同态映射。矩阵（即自同态映射）可对角化的充要条件为有 n 个线性无关的特征向量，即下列情形之一成立：*

- *所有的特征值都是不同的；*
- *每个特征值的代数重数与其几何重数相等。*

第一种情形很容易证明。考虑与不同特征值相关的特征向量是线性无关的，因此矩阵 $\boldsymbol{P}$ 是非奇异的。由此易得，$\boldsymbol{D}=\boldsymbol{P}^{-1}\boldsymbol{A}\boldsymbol{P}$ 是对角矩阵，即 $\boldsymbol{A}$ 是可对角化的。

例 10.80　考虑与下列矩阵对应的同构映射，

$$\boldsymbol{A}=\begin{pmatrix}1 & 2 & 0\\ 0 & 3 & 0\\ 2 & -4 & 2\end{pmatrix}$$

先求 $\boldsymbol{A}$ 的特征值，

$$\det\begin{pmatrix}1-\lambda & 2 & 0\\ 0 & 3-\lambda & 0\\ 2 & -4 & 2-\lambda\end{pmatrix}=(1-\lambda)(3-\lambda)(2-\lambda)$$

特征多项式的根是 $\lambda_1=3, \lambda_2=2, \lambda_3=1$。因为所有的特征值都是不同的，所以矩阵是可对角化的。

为了找到相应的特征向量，需要求解线性方程组

$$\begin{pmatrix}-2 & 2 & 0\\ 0 & 0 & 0\\ 2 & -4 & -1\end{pmatrix}\begin{pmatrix}x_1\\ x_2\\ x_3\end{pmatrix}=\begin{pmatrix}0\\ 0\\ 0\end{pmatrix}$$

它有 ∞^1 个解，与向量

$$\begin{pmatrix}-1\\ -1\\ 2\end{pmatrix}$$

成比例。方程组

$$\begin{pmatrix}-1 & 2 & 0\\ 0 & 1 & 0\\ 2 & -4 & 0\end{pmatrix}\begin{pmatrix}x_1\\ x_2\\ x_3\end{pmatrix}=\begin{pmatrix}0\\ 0\\ 0\end{pmatrix}$$

它有 ∞^1 个解，与下列向量成比例，

$$\begin{pmatrix}0\\ 0\\ 1\end{pmatrix}$$

方程组

$$\begin{pmatrix}0 & 2 & 0\\ 0 & 2 & 0\\ 2 & -4 & -1\end{pmatrix}\begin{pmatrix}x_1\\ x_2\\ x_3\end{pmatrix}=\begin{pmatrix}0\\ 0\\ 0\end{pmatrix}$$

有∞^1个解，与下列向量成比例，

$$\begin{pmatrix} -1 \\ 0 \\ 2 \end{pmatrix}$$

因此，变换矩阵 $\boldsymbol{P}$ 是

$$\boldsymbol{P}=\begin{pmatrix} -1 & 0 & -1 \\ -1 & 0 & 0 \\ 2 & 1 & 2 \end{pmatrix}$$

这个矩阵的逆是

$$\boldsymbol{P}^{-1}=\begin{pmatrix} 0 & 0 & -1 \\ 2 & 0 & 1 \\ -1 & 1 & 0 \end{pmatrix}$$

可以看出，

$$\boldsymbol{P}^{-1}\boldsymbol{A}\boldsymbol{P}=\begin{pmatrix} 0 & 0 & -1 \\ 2 & 0 & 1 \\ -1 & 1 & 0 \end{pmatrix}\begin{pmatrix} 1 & 2 & 0 \\ 0 & 3 & 0 \\ 2 & -4 & 2 \end{pmatrix}\begin{pmatrix} -1 & 0 & -1 \\ -1 & 0 & 0 \\ 2 & 1 & 2 \end{pmatrix}=\boldsymbol{D}=\begin{pmatrix} 3 & 0 & 0 \\ 0 & 2 & 0 \\ 0 & 0 & 1 \end{pmatrix}$$

例 10.81　考虑一个与下列矩阵相关联的自同态映射，

$$\boldsymbol{A}=\begin{pmatrix} -8 & 18 & 2 \\ -3 & 7 & 1 \\ 0 & 0 & 1 \end{pmatrix}$$

$\boldsymbol{A}$ 的特征多项式为

$$p(\lambda)=\det(\boldsymbol{A}-\boldsymbol{I}\lambda)=(2+\lambda)(\lambda-1)^2$$

它具有重数为 1 的根 $\lambda_1=-2$ 和重数为 2 的根 $\lambda_2=1$。

为了找到与 $\lambda_1=-2$ 相对应的特征向量，我们需要求解线性方程组

$$\begin{pmatrix} -6 & 18 & 2 \\ -3 & 9 & 1 \\ 0 & 0 & 3 \end{pmatrix}\begin{pmatrix} x_1 \\ x_2 \\ x_3 \end{pmatrix}=\begin{pmatrix} 0 \\ 0 \\ 0 \end{pmatrix}$$

这个方程组有∞^1个解，它的解与下面的向量成比例，

$$\begin{pmatrix} 3 \\ 1 \\ 0 \end{pmatrix}$$

因此，特征值 λ_1 的几何重数为 1。

为了求出与 $\lambda_2=1$ 相对应的特征向量，我们需要求解线性方程组

$$\begin{pmatrix} -9 & 18 & 2 \\ -3 & 6 & 1 \\ 0 & 0 & 0 \end{pmatrix}\begin{pmatrix} x_1 \\ x_2 \\ x_3 \end{pmatrix}=\begin{pmatrix} 0 \\ 0 \\ 0 \end{pmatrix}$$

这个方程组的∞^1个解，并且与下列向量成比例，

$$\begin{pmatrix} \frac{1}{6} \\ \frac{1}{36} \\ 1 \end{pmatrix}$$

因此，特征值 λ_2 的几何重数为 1。由于代数重数和几何重数不相同，该自同态映射不可对角化。

例 10.82　我们考虑一个与下列矩阵相关的自同态映射，

$$\boldsymbol{A}=\begin{pmatrix} 8 & -18 & 0 \\ 3 & -7 & 0 \\ 0 & 0 & -1 \end{pmatrix}$$

$\boldsymbol{A}$ 的特征多项式是 $p(\lambda)=(\lambda-2)(1+\lambda)^2$，其中一个特征值为 $\lambda_1=2$，代数重数为 1，另一个为 $\lambda_2=-1$，代数重数为 2。为了找到与 $\lambda_1=2$ 相对应的特征向量，我们需要求解线性方程组

$$\begin{pmatrix} 6 & -18 & 0 \\ 3 & -9 & 0 \\ 0 & 0 & -3 \end{pmatrix}\begin{pmatrix} x_1 \\ x_2 \\ x_3 \end{pmatrix}=\begin{pmatrix} 0 \\ 0 \\ 0 \end{pmatrix}$$

这个方程组的 ∞^1 个解与向量

$$\begin{pmatrix} 3 \\ 1 \\ 0 \end{pmatrix}$$

成比例。

因此，$\lambda_1=2$ 的几何重数为 1。

为了找到与 $\lambda_2=-1$ 相对应的特征向量，我们需要求解线性方程组

$$\begin{pmatrix} 9 & -18 & 0 \\ 3 & -6 & 0 \\ 0 & 0 & 0 \end{pmatrix}\begin{pmatrix} x_1 \\ x_2 \\ x_3 \end{pmatrix}=\begin{pmatrix} 0 \\ 0 \\ 0 \end{pmatrix}$$

因为前两行是线性相关的，第三行是零，所以矩阵的秩是 1，该方程组有 ∞^2 个解。通解依赖于两个参数 α，$\beta\in\mathbb{R}$，为

$$\begin{pmatrix} 2\alpha \\ \alpha \\ \beta \end{pmatrix}$$

特征向量可以写成 $(2,1,0)$ 和 $(0,0,1)$。因此，λ_2 的几何重数是 2。故该自同态映射是可对角化的。

自同态映射的对角矩阵是

$$\boldsymbol{D}=\begin{pmatrix} 2 & 0 & 0 \\ 0 & -1 & 0 \\ 0 & 0 & -1 \end{pmatrix}$$

相应的变换矩阵是

$$\boldsymbol{P}=\begin{pmatrix}3 & 2 & 0\\1 & 1 & 0\\0 & 0 & 1\end{pmatrix}$$

对称映射的对角化

我们知道对称矩阵 $\boldsymbol{A}$ 是满足

$$\forall i,j: a_{i,j}=a_{j,i}$$

的方阵，或等价的定义为 $\boldsymbol{A}^{\mathrm{T}}=\boldsymbol{A}$。我们可以给出如下定义。

定义 10.24 设 $f: E\rightarrow E$ 是一个自同态映射，表示为 $\boldsymbol{y}=f(\boldsymbol{x})=\boldsymbol{A}\boldsymbol{x}$，其中 $\boldsymbol{A}$ 是对称矩阵。我们称该类自同态映射为**对称映射**。

例 10.83 映射

$$\boldsymbol{y}=f(2x_1+x_2-4x_3, x_1+x_2+2x_3, -4x_1+2x_2-5x_3)$$

其对应矩阵为

$$\boldsymbol{A}=\begin{pmatrix}2 & 1 & -4\\1 & 1 & 2\\-4 & 2 & -5\end{pmatrix}$$

该映射是对称映射。

回顾定义 9.3 中的标量积。给定两个实向量 $\boldsymbol{x}$ 和 $\boldsymbol{y}$，它们的标量积为

$$\langle\boldsymbol{x},\boldsymbol{y}\rangle=\boldsymbol{x}^{\mathrm{T}}\boldsymbol{y}$$

定理 10.16 设 $\boldsymbol{x}$ 和 $\boldsymbol{y}$ 是两个 n 维实向量，$\boldsymbol{A}$ 是一个 $n\times n$ 对称矩阵，则有

$$\langle\boldsymbol{A}\boldsymbol{x},\boldsymbol{y}\rangle=\langle\boldsymbol{x},\boldsymbol{A}\boldsymbol{y}\rangle$$

证明 根据标量积的定义有

$$\langle\boldsymbol{A}\boldsymbol{x},\boldsymbol{y}\rangle=(\boldsymbol{A}\boldsymbol{x})^{\mathrm{T}}\boldsymbol{y}$$

根据定理 2.1，这个表达式可以写成

$$(\boldsymbol{A}\boldsymbol{x})^{\mathrm{T}}\boldsymbol{y}=(\boldsymbol{x}^{\mathrm{T}}\boldsymbol{A}^{\mathrm{T}})\boldsymbol{y}$$

由结合律和 $\boldsymbol{A}$ 的对称性可得

$$(\boldsymbol{x}^{\mathrm{T}}\boldsymbol{A}^{\mathrm{T}})\boldsymbol{y}=\boldsymbol{x}^{\mathrm{T}}(\boldsymbol{A}^{\mathrm{T}}\boldsymbol{y})=\langle\boldsymbol{x},\boldsymbol{A}\boldsymbol{y}\rangle$$ □

例 10.84 考虑下面的对称矩阵 $\boldsymbol{A}$ 和向量 $\boldsymbol{x}$，$\boldsymbol{y}$，

$$\boldsymbol{A}=\begin{pmatrix}1 & 0 & 4\\0 & 2 & 3\\4 & 3 & 5\end{pmatrix}$$

$$\boldsymbol{x}=\begin{pmatrix}1\\3\\2\end{pmatrix}$$

$$\boldsymbol{y}=\begin{pmatrix}5\\-2\\1\end{pmatrix}$$

计算

$$Ax = \begin{pmatrix} 9 \\ 12 \\ 23 \end{pmatrix}$$

以及

$$\langle Ax, y \rangle = (9 \quad 12 \quad 23) \begin{pmatrix} 5 \\ -2 \\ 1 \end{pmatrix} = 44$$

计算

$$Ay = \begin{pmatrix} 9 \\ -1 \\ 19 \end{pmatrix}$$

以及 $\langle x, Ay \rangle = (1 \quad 3 \quad 2) \begin{pmatrix} 9 \\ -1 \\ 19 \end{pmatrix} = 44$。

回顾定义 9.2 中的埃尔米特积，并将其推广到复对称矩阵。给定两个复向量 x 和 y，其埃尔米特积为

$$\langle x, y \rangle = \dot{x}^{\mathrm{T}} y$$

其中 $\dot{x}^{\mathrm{T}}$ 为向量的共轭转置。

定理 10.17　设 x 和 y 是两个 n 维复向量，A 是一个 $n \times n$ 对称矩阵。由此可以推出埃尔米特积

$$\langle Ax, y \rangle = \langle x, \dot{A}y \rangle$$

证明　根据定义

$$\langle Ax, y \rangle = (\dot{Ax})^{\mathrm{T}} y$$

我们知道

$$\dot{Ax} = \dot{A}\dot{x}$$

应用定理 2.1 有

$$(\dot{A}\dot{x})^{\mathrm{T}} y = (\dot{x}^{\mathrm{T}} \dot{A}^{\mathrm{T}}) y$$

根据矩阵乘法的结合律和矩阵 A 的对称性，

$$(\dot{x}^{\mathrm{T}} \dot{A}^{\mathrm{T}}) y = \dot{x}^{\mathrm{T}} (\dot{A} y) = \langle x, \dot{A} y \rangle$$

□

例 10.85　考虑下面的对称矩阵 A 和向量 x，y，

$$A = \begin{pmatrix} 2 & 1+\mathrm{i} & 2 \\ 1+\mathrm{i} & 5 & 5 \\ 2 & 5 & 4 \end{pmatrix}$$

$$x = \begin{pmatrix} 4 \\ 5\mathrm{i} \\ 1 \end{pmatrix}$$

$$\boldsymbol{y}=\begin{pmatrix}1\\1\\2-\mathrm{j}\end{pmatrix}$$

计算

$$\boldsymbol{Ax}=\begin{pmatrix}5+5\mathrm{j}\\29+29\mathrm{j}\\12+25\mathrm{j}\end{pmatrix}$$

应用埃尔米特积得

$$\langle \boldsymbol{Ax},\boldsymbol{y}\rangle=(\dot{\boldsymbol{A}}\boldsymbol{x})^{\mathrm{T}}\boldsymbol{y}=13-96\mathrm{j}$$

且

$$\langle \boldsymbol{x},\boldsymbol{Ay}\rangle=\dot{\boldsymbol{x}}^{\mathrm{T}}(\dot{\boldsymbol{A}}\boldsymbol{y})=13-96\mathrm{j}$$

定理 10.18 对称映射 $f: E\to E$ 对应的矩阵 $\boldsymbol{A}\in\mathbb{R}_{n,n}$ 的特征值都是实数。

证明 用反证法。假设对称映射的一个复特征值为 λ，设 $\dot{\lambda}$ 是这个特征值的共轭。设 $\boldsymbol{x}$ 是与特征值 $\lambda(\boldsymbol{Ax}=\lambda\boldsymbol{x})$ 对应的特征向量。考虑埃尔米特积 $\langle\boldsymbol{x},\boldsymbol{x}\rangle$ 并计算

$$\dot{\lambda}\langle\boldsymbol{x},\boldsymbol{x}\rangle=\langle\lambda\boldsymbol{x},\boldsymbol{x}\rangle=\langle\boldsymbol{Ax},\boldsymbol{x}\rangle=\langle\boldsymbol{x},\boldsymbol{Ax}\rangle=\langle\boldsymbol{x},\lambda\boldsymbol{x}\rangle=\lambda\langle\boldsymbol{x},\boldsymbol{x}\rangle$$

得出

$$\dot{\lambda}=\lambda$$

一个复数只有在虚部为零的情况下才等于它的共轭，即当它是一个实数时，所以 λ 为实数。 □

应该指出，只有当对应矩阵的所有元素都是实数时，对称映射只能有实特征值。而一个元素为复数的对称矩阵可以有复特征值。

例 10.86 对称同构映射 $f: \mathbb{R}^2\to\mathbb{R}^2$，

$$f(x,y)=(2x+6y,6x+3y)$$

其对应的矩阵为

$$\boldsymbol{A}=\begin{pmatrix}2&6\\6&3\end{pmatrix}$$

具有实特征值 $\lambda_1=-3.52,\lambda_2=8.52$。

例 10.87 对称同构映射 $f: \mathbb{R}^2\to\mathbb{R}^2$

$$f(x,y)=(4x+3y,3x+2y)$$

其对应的矩阵为

$$\boldsymbol{A}=\begin{pmatrix}4&3\\3&2\end{pmatrix}$$

具有实特征值

$$\lambda_1=3-\sqrt{10}=-0.1623,\lambda_2=3+\sqrt{10}=6.1623$$

定理 10.19 设 $f: E\to E$ 是与对称矩阵 $\boldsymbol{A}\in\mathbb{R}_{n,n}$ 对应的对称映射，则对应于两个不同的特征值 λ_i,λ_j 的特征向量 $\boldsymbol{x}_i,\boldsymbol{x}_j$ 是正交的。

证明 设 $f: E\to E$ 是一个与对称矩阵 $\boldsymbol{A}\in\mathbb{R}_{n,n}$ 对应的对称映射，考虑这个映射的任意两个不同的特征向量 $\boldsymbol{x}_i,\boldsymbol{x}_j$，以及对应的不同的特征值 λ_i,λ_j。

计算标量积

$$\lambda_i\langle \boldsymbol{x}_i,\boldsymbol{x}_j\rangle=\langle \lambda_i\boldsymbol{x}_i,\boldsymbol{x}_j\rangle=\langle \boldsymbol{A}\boldsymbol{x}_i,\boldsymbol{x}_j\rangle=\langle \boldsymbol{x}_i,\boldsymbol{A}\boldsymbol{x}_j\rangle=\langle \boldsymbol{x}_i,\lambda_j\boldsymbol{x}_j\rangle=\lambda_j\langle \boldsymbol{x}_i,\boldsymbol{x}_j\rangle$$

由于两个特征值不相等，于是上述等式成立当且仅当

$$\langle \boldsymbol{x}_i,\boldsymbol{x}_j\rangle=0$$

也就是说，$\boldsymbol{x}_i,\boldsymbol{x}_j$ 是正交的。□

上述结论的另一种表述方式如下。

注 10.4　*若 $\boldsymbol{A}$ 为对称矩阵，则属于不同特征空间的特征向量正交。*

例 10.88　考虑对称映射 $f:\mathbb{R}^2\to\mathbb{R}^2$，

$$f(x,y)=(5x+y,x+5y)$$

对应的对称矩阵为

$$\boldsymbol{A}=\begin{pmatrix}5&1\\1&5\end{pmatrix}$$

它的特征多项式为

$$\det(\boldsymbol{A}-\lambda\boldsymbol{I})=\lambda^2-10\lambda+24$$

其根为

$$\lambda_1=4,\lambda_2=6$$

注意，特征值均为实数。计算相应的特征空间。对于 $\lambda_1=4$ 有

$$V(4)=\left\{(x,y)\ \middle|\ \begin{cases}x+y=0\\x+y=0\end{cases}\right\}$$

解为 $\alpha(1,-1)$。

$$V(6)=\left\{(x,y)\ \middle|\ \begin{cases}-x+y=0\\x-y=0\end{cases}\right\}$$

解为 $\alpha(1,1)$。

设 $\boldsymbol{x}_1,\boldsymbol{x}_2$ 为分别对应于特征值 λ_1,λ_2 的特征向量，

$$\boldsymbol{x}_1=\begin{pmatrix}1\\-1\end{pmatrix},\quad \boldsymbol{x}_2=\begin{pmatrix}1\\1\end{pmatrix}$$

不难验证

$$\langle \boldsymbol{x}_1,\boldsymbol{x}_2\rangle=\boldsymbol{x}_1^{\mathrm{T}}\boldsymbol{x}_2=0$$

即这两个属于不同特征空间的向量正交。

例 10.89　考虑对称映射 $f:\mathbb{R}^3\to\mathbb{R}^3$，

$$f(x,y,z)=(y+z,x+z,x+y)$$

这与下面的对称矩阵对应，

$$\boldsymbol{A}=\begin{pmatrix}0&1&1\\1&0&1\\1&0&0\end{pmatrix}$$

其特征多项式为

$$\det\begin{pmatrix}-\lambda&1&1\\1&-\lambda&1\\1&1&-\lambda\end{pmatrix}=-\lambda^3+3\lambda+2$$

它的根是

$$\lambda_1=2,\lambda_2=-1$$

其中 λ_2 的代数重数 2。求解相应的特征空间。

$$V(2)=\left\{(x,y,z)\ \middle|\ \begin{cases}-2x+y+z=0\\ x-2y+z=0\\ x+y-2z=0\end{cases}\right\}$$

有通解 $\alpha(1,1,1)$。

$$V(-1)=\left\{(x,y,z)\ \middle|\ \begin{cases}x+y+z=0\\ x+y+z=0\\ x+y+z=0\end{cases}\right\}$$

有通解 $\alpha(-1,0,1)+\beta(-1,1,0)$。

因此，变换矩阵是

$$\boldsymbol{P}=(\boldsymbol{x}_1\quad \boldsymbol{x}_2\quad \boldsymbol{x}_3)=\begin{pmatrix}1 & -1 & -1\\ 1 & 0 & 1\\ 1 & 1 & 0\end{pmatrix}$$

我们可以很容易验证

$$\langle \boldsymbol{x}_1,\boldsymbol{x}_2\rangle=0$$

$$\langle \boldsymbol{x}_1,\boldsymbol{x}_3\rangle=0$$

这一事实与定理 10.19 是一致的，因为 $\boldsymbol{x}_1\in V(2),\boldsymbol{x}_2,\boldsymbol{x}_3\in V(-1)$。

另一方面，我们可以看出

$$\langle \boldsymbol{x}_2,\boldsymbol{x}_3\rangle=1$$

这说明 $\boldsymbol{x}_2,\boldsymbol{x}_3$ 并不是正交的。

如 9.4 节中，下面我们应用格拉姆-施密特正交化方法来计算矩阵 $\boldsymbol{P}$ 的特征向量。新的矩阵 $\boldsymbol{P}_{\mathrm{G}}$ 是

$$\boldsymbol{P}_{\mathrm{G}}=(\boldsymbol{e}_1\quad \boldsymbol{e}_2\quad \boldsymbol{e}_3)=\begin{pmatrix}0.57735 & -0.70711 & -0.40825\\ 0.57735 & 0 & 0.81650\\ 0.57735 & 0.70711 & -0.40825\end{pmatrix}$$

我们可以很容易证明 $\boldsymbol{e}_1,\boldsymbol{e}_2,\boldsymbol{e}_3$ 是映射的特征向量。进一步来说，$\boldsymbol{P}_{\mathrm{G}}$ 是正交矩阵，即 $\boldsymbol{P}_{\mathrm{G}}^{-1}=\boldsymbol{P}_{\mathrm{G}}^{\mathrm{T}}$，且有

$$\boldsymbol{P}_{\mathrm{G}}^{\mathrm{T}}\boldsymbol{A}\boldsymbol{P}_{\mathrm{G}}=\begin{pmatrix}2 & 0 & 0\\ 0 & -1 & 0\\ 0 & 0 & -1\end{pmatrix}=\boldsymbol{D}$$

换句话说，变换矩阵 $\boldsymbol{P}$（在本例中用 $\boldsymbol{P}_{\mathrm{G}}$ 表示）是正交的。更具体地说，在这种情况下，存在一个正交变换矩阵对角化矩阵 $\boldsymbol{A}$。

定义 10.25 称矩阵 $\boldsymbol{A}$ 为可正交对角化，若存在正交矩阵 $\boldsymbol{P}$ 使得

$$\boldsymbol{D}=\boldsymbol{P}^{\mathrm{T}}\boldsymbol{A}\boldsymbol{P}$$

其中 $\boldsymbol{D}$ 为对角矩阵，对角线上的元素为特征值，$\boldsymbol{P}$ 为正交矩阵，其列向量是特征向量。

定理 10.20 如果矩阵 $\boldsymbol{A}$ 可正交对角化，那么 $\boldsymbol{A}$ 是对称的。

证明　因为 $\boldsymbol{A}$ 是可正交对角化的，所以存在正交矩阵 $\boldsymbol{P}$ 使得

$$\boldsymbol{D}=\boldsymbol{P}^{\mathrm{T}}\boldsymbol{A}\boldsymbol{P}$$

因为 $\boldsymbol{P}$ 是正交的，$\boldsymbol{P}^{-1}=\boldsymbol{P}^{\mathrm{T}}$。所以有

$$\boldsymbol{A}=\boldsymbol{P}\boldsymbol{D}\boldsymbol{P}^{\mathrm{T}}$$

计算转置

$$\boldsymbol{A}^{\mathrm{T}}=(\boldsymbol{P}\boldsymbol{D}\boldsymbol{P}^{\mathrm{T}})^{\mathrm{T}}$$

由定理 2.1，可以写成

$$\boldsymbol{A}^{\mathrm{T}}=(\boldsymbol{D}\boldsymbol{P}^{\mathrm{T}})^{\mathrm{T}}\boldsymbol{P}^{\mathrm{T}}=(\boldsymbol{P}^{\mathrm{T}})^{\mathrm{T}}\boldsymbol{D}^{\mathrm{T}}\boldsymbol{P}^{\mathrm{T}}=\boldsymbol{P}\boldsymbol{D}\boldsymbol{P}^{\mathrm{T}}=\boldsymbol{A}$$

即 $\boldsymbol{A}$ 是对称的，$\boldsymbol{A}=\boldsymbol{A}^{\mathrm{T}}$。 □

例 10.90　考虑对称映射 $f:\mathbb{R}^2\to\mathbb{R}^2$，

$$f(x,y)=(x+3y,3x+3y)$$

对应的矩阵为

$$\boldsymbol{A}=\begin{pmatrix}1 & 3\\ 3 & 3\end{pmatrix}$$

特征多项式为

$$p(\lambda)=(1-\lambda)(3-\lambda)-9=\lambda^2-4\lambda-6$$

它的根是

$$\lambda_1=2-\sqrt{10}=-1.1623$$

$$\lambda_2=2+\sqrt{10}=5.1623$$

因为矩阵有两个不同的特征值，因而可对角化，且对角矩阵为

$$\boldsymbol{D}=\begin{pmatrix}-1.1623 & 0\\ 0 & 5.1623\end{pmatrix}$$

变换矩阵 $\boldsymbol{P}$ 的列向量为特征向量，

$$\boldsymbol{P}=\begin{pmatrix}-0.81124 & 0.58471\\ 0.58471 & 0.81124\end{pmatrix}$$

不难验证矩阵 $\boldsymbol{P}$ 的两列的标量积为零。因此矩阵 $\boldsymbol{P}$ 为正交阵。

由于

$$\boldsymbol{D}=\boldsymbol{P}^{\mathrm{T}}\boldsymbol{A}\boldsymbol{P}$$

矩阵 $\boldsymbol{A}$ 可正交对角化。

定理 10.21　设 $f:\mathbb{R}^n\to\mathbb{R}^n$ 是矩阵 $\boldsymbol{A}\in\mathbb{R}_{n,n}$ 相对应的对称映射。设 $\lambda_1,\lambda_2,\cdots,\lambda_r$ 是该映射的 r 个特征值，并且

$$V(\lambda_1),V(\lambda_2),\cdots,V(\lambda_r)$$

是相应的特征空间，则向量空间的和

$$V(\lambda_1)+V(\lambda_2)+\cdots+V(\lambda_r)=\mathbb{R}^n$$

证明　用反证法。假设

$$V(\lambda_1)+V(\lambda_2)+\cdots+V(\lambda_r)=V\neq\mathbb{R}^n$$

并假设

$$\dim(V)=n-1$$

由于 V 的维数是 $n-1$，考虑另一个集合 W 为剩余的一维中的向量，且与 V 中的所有向量都是正交的，所以，$\forall \boldsymbol{x} \in V$，$\forall \boldsymbol{w} \in W$ 满足

$$\langle \boldsymbol{x}, \boldsymbol{w} \rangle = 0$$

考虑到 $\boldsymbol{x}$ 是对应于特征值 λ 的特征向量（$\boldsymbol{Ax}=\lambda\boldsymbol{x}$），它满足

$$0=\langle \boldsymbol{x}, \boldsymbol{w} \rangle = \lambda \langle \boldsymbol{x}, \boldsymbol{w} \rangle = \langle \lambda\boldsymbol{x}, \boldsymbol{w} \rangle = \langle \boldsymbol{Ax}, \boldsymbol{w} \rangle = \langle \boldsymbol{x}, \boldsymbol{Aw} \rangle \tag{10.1}$$

由于 $\boldsymbol{x}$ 和 $\boldsymbol{Aw}$ 是正交的，而且只有一个方向的向量与 V 中的所有向量都正交，因此得出 $\boldsymbol{Aw}$ 属于 W，$\boldsymbol{w}$ 和 $\boldsymbol{Aw}$ 是平行的。这种平行关系可以表述为，存在标量 λ_w 使得

$$\boldsymbol{Aw}=\lambda_w \boldsymbol{w}$$

这一事实意味着 λ_w 是映射的另一个特征值，并且与特征向量 $\boldsymbol{w}$ 对应。由于 $\boldsymbol{w}$ 不属于 V。而 V 是所有特征空间的和集，这是不可能的。因此，$V=\mathbb{R}^n$。 □

例 10.91　考虑例 10.88 中的自同态映射 $f: \mathbb{R}^2 \to \mathbb{R}^2$，

$$f(x,y)=(5x+y, x+5y)$$

对应的对称矩阵为

$$\boldsymbol{A}=\begin{pmatrix} 5 & 1 \\ 1 & 5 \end{pmatrix}$$

变换矩阵 $\boldsymbol{P}$ 的列向量为特征向量，

$$\boldsymbol{P}=\begin{pmatrix} 1 & 1 \\ -1 & 1 \end{pmatrix}$$

特征向量正交且线性无关，因此 $\boldsymbol{P}$ 的列向量生成 $\mathbb{R}^2$。

例 10.92　考虑例 10.89 中的自同态映射 $f: \mathbb{R}^3 \to \mathbb{R}^3$

$$f(x,y,z)=(y+z, x+z, x+y)$$

对应的对称矩阵为

$$\boldsymbol{A}=\begin{pmatrix} 0 & 1 & 1 \\ 1 & 0 & 1 \\ 1 & 0 & 0 \end{pmatrix}$$

变换矩阵 $\boldsymbol{P}$ 的列向量为特征向量，

$$\boldsymbol{P}=(\boldsymbol{x}_1 \quad \boldsymbol{x}_2 \quad \boldsymbol{x}_3)\begin{pmatrix} 1 & -1 & -1 \\ 1 & 0 & 1 \\ 1 & 1 & 0 \end{pmatrix}$$

我们很容易验证，特征向量正交且线性无关，因此 $\boldsymbol{P}$ 的列向量生成 $\mathbb{R}^3$。

定理 10.22　设 $\boldsymbol{A} \in \mathbb{R}_{n,n}$，如果 $\boldsymbol{A}$ 是对称的，那么它是可对角化的。

证明　因为 $\boldsymbol{A}$ 是对称的，根据定理 10.21，所有特征空间的和 $V=\mathbb{R}^n$，因此 $\dim(V)=n$。这就证明存在 n 个线性无关的特征向量。这意味着矩阵 $\boldsymbol{P}$ 是非奇异的，也是可逆的。故 $\boldsymbol{A}$ 是可对角化的。 □

推论 10.8　设 $f: E \to E$ 是矩阵 $\boldsymbol{A} \in \mathbb{R}_{n,n}$ 对应的对称映射，则该映射是可正交对角化的，即存在一个正交变换矩阵 $\boldsymbol{P}$，使得

$$\boldsymbol{D}=\boldsymbol{P}^{\mathrm{T}}\boldsymbol{AP}$$

其中 $\boldsymbol{D}$ 是一个对角矩阵，其对角线上的元素为 $\boldsymbol{A}$ 的特征值。

10.7 幂方法

当一个线性映射是高维，涉及多变量的时候，与它对应的矩阵由许多列（与定义域的维数相同）构成。在自同态映射中，其变量个数等于对应矩阵的阶数。在这些条件下，特征多项式根的计算工作量非常大。这一节给出一个迭代方法，这一方法不用计算特征多项式的根就可以求得特征值。

定义 10.26 设 $\lambda_1,\lambda_2,\cdots,\lambda_n$ 是与自同态映射 $f:\mathbb{R}^n\to\mathbb{R}^n$ 对应的特征值，若特征值 λ_1 满足

$$|\lambda_1|>|\lambda_i|$$

对于 $i=2,\cdots,n$ 成立，则称 λ_1 为**主特征值**。与主特征值 λ_1 对应的特征向量称为**主特征向量**。

幂方法是一种迭代法方法，可以很容易计算有主特征值的自同态映射的主特征值。设矩阵 $\boldsymbol{A}$ 为自同态映射对应的矩阵。该方法的过程从一个猜测的初始特征向量 $\boldsymbol{x}_0$ 开始，并在算法 10 中进行描述。

算法 10 幂方法

$\boldsymbol{x}_1=\boldsymbol{A}\boldsymbol{x}_0$

$\boldsymbol{x}_2=\boldsymbol{A}\boldsymbol{x}_1=\boldsymbol{A}^2\boldsymbol{x}_0$

$\vdots$

$\boldsymbol{x}_K=\boldsymbol{A}\boldsymbol{x}_{K-1}=\boldsymbol{A}^K\boldsymbol{x}_0$

例 10.93 考虑自同态映射 $f:\mathbb{R}^2\to\mathbb{R}^2$，对应的矩阵为

$$\boldsymbol{A}=\begin{pmatrix}2 & -12\\1 & -5\end{pmatrix}$$

特征多项式

$$\det\begin{pmatrix}2-\lambda & -12\\1 & -5-\lambda\end{pmatrix}=(2-\lambda)(-5-\lambda)+12=\lambda^2+3\lambda+2$$

其根是 $\lambda_1=-1$，$\lambda_2=-2$。因此，根据主特征值的定义，λ_2 是主特征值，计算对应的特征向量，

$$\begin{pmatrix}4 & -12\\1 & -3\end{pmatrix}\begin{pmatrix}x_1\\x_2\end{pmatrix}=\begin{pmatrix}0\\0\end{pmatrix}$$

它有 ∞^1 个解与下面的向量成比例，

$$\begin{pmatrix}3\\1\end{pmatrix}$$

下面我们通过幂方法得到相同的结果。猜测初始向量 $\boldsymbol{x}_0=(1,1)$：

$$\boldsymbol{x}_1=\boldsymbol{A}\boldsymbol{x}_0=\begin{pmatrix}2 & -12\\1 & -5\end{pmatrix}\begin{pmatrix}1\\1\end{pmatrix}=\begin{pmatrix}-10\\-4\end{pmatrix}=-4\begin{pmatrix}2.5\\1\end{pmatrix}$$

$$\boldsymbol{x}_2=\boldsymbol{A}\boldsymbol{x}_1=\begin{pmatrix}2 & -12\\1 & -5\end{pmatrix}\begin{pmatrix}-10\\-4\end{pmatrix}=\begin{pmatrix}28\\10\end{pmatrix}=10\begin{pmatrix}2.8\\1\end{pmatrix}$$

$$\boldsymbol{x}_3=\boldsymbol{A}\boldsymbol{x}_2=\begin{pmatrix}2 & -12\\1 & -5\end{pmatrix}\begin{pmatrix}28\\10\end{pmatrix}=\begin{pmatrix}-64\\-22\end{pmatrix}=-22\begin{pmatrix}2.91\\1\end{pmatrix}$$

$$x_4 = Ax_3 = \begin{pmatrix} 2 & -12 \\ 1 & -5 \end{pmatrix}\begin{pmatrix} -64 \\ -22 \end{pmatrix} = \begin{pmatrix} 136 \\ 46 \end{pmatrix} = 46\begin{pmatrix} 2.96 \\ 1 \end{pmatrix}$$

$$x_5 = Ax_4 = \begin{pmatrix} 2 & -12 \\ 1 & -5 \end{pmatrix}\begin{pmatrix} 136 \\ 46 \end{pmatrix} = \begin{pmatrix} -280 \\ -94 \end{pmatrix} = -94\begin{pmatrix} 2.98 \\ 1 \end{pmatrix}$$

$$x_6 = Ax_5 = \begin{pmatrix} 2 & -12 \\ 1 & -5 \end{pmatrix}\begin{pmatrix} -280 \\ -94 \end{pmatrix} = \begin{pmatrix} 568 \\ 190 \end{pmatrix} = 190\begin{pmatrix} 2.99 \\ 1 \end{pmatrix}$$

我们已经找到了主特征向量的近似值。为了找到相应的特征值，需要引入下面定理。

定理 10.23（瑞利商）　令 $f: \mathbb{R}^n \to \mathbb{R}^n$ 是一个自同态映射，x 是它的一个特征向量，对应的特征值 λ 由下面的公式给出，

$$\lambda = \frac{x^T Ax}{x^T x}$$

证明　因为 x 是特征向量，所以 $Ax = \lambda x$，故有

$$\frac{x^T Ax}{x^T x} = \frac{x^T \lambda x}{x^T x} = \lambda$$

例 10.94　在上面的例子中，主特征值为

$$\lambda = \frac{(2.99, 1)\begin{pmatrix} 2 & -12 \\ 1 & -5 \end{pmatrix}\begin{pmatrix} 2.99 \\ 1 \end{pmatrix}}{(2.99, 1)\begin{pmatrix} 2.99 \\ 1 \end{pmatrix}} \approx \frac{-20}{9.94} \approx -2.01$$

我们已经找到了主特征值的近似值。由于迭代乘法会产生很大的数，所以解通常对向量关于分量中的最大值进行标准化。例如，考虑矩阵

$$\begin{pmatrix} 2 & 4 & 5 \\ 3 & 1 & 2 \\ 2 & 2 & 2 \end{pmatrix}$$

应用幂方法，设初始值为 (1,1,1)，得到了

$$x_1 = \begin{pmatrix} 11 \\ 6 \\ 6 \end{pmatrix}$$

我们可以将向量中的每个元素除以 11，然后在下面的迭代中使用修正后的 x_1'，而不直接用这个向量本身。

$$x_1 = \begin{pmatrix} 1 \\ 0.54 \\ 0.54 \end{pmatrix}$$

这种标准化方法称为缩放，而在每次迭代中应用缩放的幂法称为**带缩放的幂方法**。

现在让我们给出幂方法收敛性的严格证明。

定理 10.24　设 $f: \mathbb{R}^n \to \mathbb{R}^n$ 是一个可对角化的自同态映射，具有主特征值且对应的矩阵为 A，则存在非零向量 x_0，使得

$$x_k = A^k x_0, \quad k = 1, 2, \cdots$$

趋向主特征向量。

证明　由于 $\boldsymbol{A}$ 是可对角化的，由定理 10.14，存在特征向量 $\boldsymbol{x}_1,\boldsymbol{x}_2,\cdots,\boldsymbol{x}_n$ 构成 $\mathbb{R}^n$ 的一组基。这些特征向量的对应特征值为 $\lambda_1,\lambda_2,\cdots,\lambda_n$。不失一般性，假设 λ_1 是主特征值，x_1 是对应的主特征向量。由于这些特征向量构成了一组基，所以它们线性无关。我们可以选择一个初始的猜测值 $\boldsymbol{x}_0$，如

$$\boldsymbol{x}_0=c_1\boldsymbol{x}_1+c_2\boldsymbol{x}_2+\cdots+c_n\boldsymbol{x}_n$$

这里的标量 n 元组 $(c_1,c_2,\cdots,c_n)\neq(0,0,\cdots,0)$，$c_1\neq0$。让我们对这些项乘以 $\boldsymbol{A}$：

$$\boldsymbol{A}\boldsymbol{x}_0=\boldsymbol{A}(c_1\boldsymbol{x}_1+c_2\boldsymbol{x}_2+\cdots+c_n\boldsymbol{x}_n)=\boldsymbol{A}c_1\boldsymbol{x}_1+\boldsymbol{A}c_2\boldsymbol{x}_2+\cdots+\boldsymbol{A}c_n\boldsymbol{x}_n=\lambda_1c_1\boldsymbol{x}_1+\lambda_2c_2\boldsymbol{x}_2+\cdots+\lambda_nc_n\boldsymbol{x}_n$$

将方程两边乘以矩阵 $\boldsymbol{A}$ 重复 k 次得

$$\boldsymbol{A}^k\boldsymbol{x}_0=\lambda_1^kc_1\boldsymbol{x}_1+\lambda_2^kc_2\boldsymbol{x}_2+\cdots+\lambda_n^kc_n\boldsymbol{x}_n$$

由此得到

$$\boldsymbol{A}^k\boldsymbol{x}_0=\lambda_1^k\left(c_1\boldsymbol{x}_1+c_2\frac{\lambda_2^k}{\lambda_1^k}\boldsymbol{x}_2+\cdots+c_n\frac{\lambda_n^k}{\lambda_1^k}\boldsymbol{x}_n\right)=\lambda_1^k\left(c_1\boldsymbol{x}_1+c_2\left(\frac{\lambda_2}{\lambda_1}\right)^k\boldsymbol{x}_2+\cdots+c_n\left(\frac{\lambda_n}{\lambda_1}\right)^k\boldsymbol{x}_n\right)$$

因为 λ_1 是绝对值最大的特征值，所以分数

$$\frac{\lambda_2}{\lambda_1},\frac{\lambda_3}{\lambda_1},\cdots,\frac{\lambda_n}{\lambda_1}$$

的绝对值都比 1 小，所以当 k 趋于无穷大时，

$$\left(\frac{\lambda_2}{\lambda_1}\right)^k,\left(\frac{\lambda_3}{\lambda_1}\right)^k,\cdots,\left(\frac{\lambda_n}{\lambda_1}\right)^k$$

都趋于零。

于是，在 $c_1\neq0$ 的条件下，满足

$$\boldsymbol{A}^k\boldsymbol{x}_0=\lambda_1^k\left(c_1\boldsymbol{x}_1+c_2\left(\frac{\lambda_2}{\lambda_1}\right)^k\boldsymbol{x}_2+\cdots+c_n\left(\frac{\lambda_n}{\lambda_1}\right)^k\boldsymbol{x}_n\right)\Rightarrow\boldsymbol{A}^k\boldsymbol{x}_0\approx\lambda_1^kc_1\boldsymbol{x}_1$$

这意味着随着 k 的增长，该方法收敛到一个与主特征向量成比例的向量。　□

习题

10.1　令自同态 $O:\mathbb{R}^n\to\mathbb{R}^n$ 为零映射。求其秩和零度。说明该映射是否可逆，并验证答案。

10.2　求下列自同态 $f:\mathbb{R}^3\to\mathbb{R}^3$ 的核、零度和秩：

$$f(x,y,z)=(x+y+z,x-y-z,2x+2y+2z)$$

验证秩零度定理。

确定该映射是否是（1）单射；（2）满射。

确定该映射的象。

给出该映射的一个几何解释。

10.3　考虑如下定义的 $\mathbb{R}^3\to\mathbb{R}^3$ 映射：

$$f(x,y,z)=(x+2y+z,3x+6y+3z,5x+10y+5z)$$

确定该同构的核、零度和秩。验证秩零度定理。

确定该映射是否是（1）单射；（2）满射。

确定该映射的象。

给出该映射的一个几何解释。

10.4 确定与下列自同态关联的特征值和特征向量：

$$f(x,y,z)=(x+2y,3y,2x-4y+2z)$$

确定该自同态是否可被对角化。

10.5 考虑自同态 $f:\mathbb{R}^2\to\mathbb{R}^2$：

$$f(x,y)=(x+y,2x)$$

确定该映射是否存在特征值。如果存在，将该矩阵对角化。

10.6 考虑与矩阵 $\boldsymbol{A}$ 关联的自同态。使用幂方法求其主特征向量，并根据瑞利定理求其对应的特征值。

$$\boldsymbol{A}=\begin{pmatrix}-1 & -6 & 0\\ 2 & 7 & 0\\ 1 & 2 & -1\end{pmatrix}$$

10.7 尽管下列矩阵事实上不存在主特征向量，仍请对其使用幂方法：

$$\boldsymbol{A}=\begin{pmatrix}1 & 1 & 0\\ 3 & -1 & 0\\ 0 & 0 & -2\end{pmatrix}$$

评论该结果。

第 11 章　计算复杂度导论

本章并不严格与代数相关，但是提供了一套数学工具和计算工具，使我们能介绍后面几章中的概念。此外，本章的内容与代数有联系，在某些情况下它们是有助于理解代数的辅助工具。具体来说，本章给出了一些复杂度理论和离散数学的基础知识，并回答了“什么样的问题是个难题”。

我们已经知道了问题难易程度取决于求解者。从人的角度，同样的问题，如学习弹吉他，对某些人来说相当容易，而对某些人却十分困难。在本章中，我们要提到的问题是人类通常无法在有限时间（至少在合理的时间）解决的，因此我们所指的难度是对计算机而言的。

11.1　算法复杂度和大 $\mathcal{O}$ 表示法

决策问题是指问题答案非“是”即“否”的问题。可以证明，所有的问题都可以分解为一系列决策问题。由于机器的物理性质，计算机最终只能解决决策问题。由于复杂问题能分解为一系列决策问题，所以一个计算机器可以通过解决一个个决策问题来解决一个复杂问题。

算法是用于解决给定问题的有限指令序列。例如，每个烹饪食谱都是一个算法，因为它提供了一些指令：配料、措施、方法，烤箱温度等。巧克力蛋糕的配方就是一种算法，它在有限的步骤中将一组输入（如糖、黄油、面粉、可可）转换为诱人的甜点。但是，并非所有问题都可以用算法解决。

定义 11.1　**图灵机**是一种概念上的机器，能够在无限长的磁带上进行写入和读取，并执行一系列确定的操作。任何情况下都只允许采取一项行动。这些操作构成了算法。

在本章中，除非特别说明，我们提到的机器和在其中运行的算法，都指图灵机。

如果解决问题的算法存在，或者等价地，如果问题可以在有限（即使是很长的）时间内解决，则称该问题为**可判定的，或可计算的**。这意味着对于输入的每个实现，都能返回相应的问题的解。否则，我们称该问题为**不可判定的，或不可计算的**。

定理 11.1　绝大部分问题都是不可计算的。

证明　令 Alg 和 Pro 分别为所有可能的算法和问题的集合。

集合 Alg 的元素为算法。我们可以认为这些算法是计算机程序，即一组在计算机内运行的指令。因此，它们在机器中表示为二进制数字的序列，即二进制字符串。我们可以把这个序列本身视为一个二进制数。这些数字可以转换成十进制的正整数，因此算法可以表示为一个自然数。换句话说，

$$\forall x \in \mathrm{Alg}: x \in \mathbb{N}$$

集合 Pro 的元素为问题。正如上面提到的，每个问题可以表示为一系列决策问题。因此，一个问题可以视为一个函数 p，处理一些输入后最终给出一个结果“是”或“否”。很明显，

{是，否} 可以用 {0,1} 替代。因为每个输入可以看成一个二进制字符串，同时也可以看成一个自然数，函数 p 为从自然数 $\mathbb{N}$ 到 {0,1} 的映射 $p: \mathbb{N} \to \{0,1\}$。

这个函数可以用一个无限列的表来表示。

0 1 2⋯100⋯

0 1 1⋯　0⋯

这个表的第二行为一个无限长的二进制字符串。一个无限长的二进制字符串可以看成一个实数。如果我们把一个点放在第一位数字之前，二进制字符串 ·011⋯0⋯可以解释为 0 到 1 之间的实数。换句话说，每个决策问题都可以表示为一个实数：

$$\forall y \in \mathrm{Pro}: x \in \mathbb{R}$$

我们知道，$\mathbb{R}$ 是无限不可数的，而 $\mathbb{N}$ 是无限可数的。此外，我们知道 $\mathbb{N} \subset \mathbb{R}$，并且 $\mathbb{N}$ 的势比 $\mathbb{R}$ 的势小得多，因为 $\forall a, b \in \mathbb{N}$，$\exists$ 无限数 $c \in \mathbb{R}$，$a<c<b$。因此，算法的数量比问题的数量小得多。这意味着绝大多数问题是无法解决的，即不可计算的。 □

虽然大多数问题都是不可判定的，但在本章中，我们将着重讨论可判定问题的研究以及解决这些问题的几种算法。如果我们想建一栋房子，想象一下，首先我们雇用几名工程师和建筑师来执行最初的项目设计。可以想象接下来要执行一些项目，但并非所有项目都能被考虑在内，因为它们可能违反某些规范要求，例如适当材料的使用、安全要求以及与周围建筑的最小距离等。即使该项目是在完全遵守这些规范的情况下完成的，我们也可能因为个人需求而认为它是不可行的。例如，我们可能由于一个项目成本过高或施工时间不合适而将其排除。为了比较不同的项目，我们必须明确我们的偏好是什么，最重要的要求是什么。对算法我们也可以进行同样的考虑。在进入细节之前，我们要假定算法是由机器自动执行的。在这些条件下，一个算法首先必须是**正确的**，即每个输入必须产生正确的输出。其次，算法必须是**有效的**。为了评估算法的有效，我们必须对算法的**复杂度**进行评估。这里我们考虑两种复杂度。

- **空间复杂度**：算法返回正确结果所需的内存。
- **时间复杂度**：算法返回正确处理结果所需的基本操作的量。

因此，算法的效率可以看作输入长度的函数。在本书中，我们将重点讨论时间复杂度。给定的问题可以用许多算法解决。这样，评估哪种算法是最佳的解决方法自然成了一个问题。显然，这个问题可以分解成两两一组的比较：对于一个给定的问题，有两种算法可以解决它，我们该如何判断哪种算法较好，哪种算法较差。在解释这一点之前，我们应该明确什么是“较好”，这样我们就进入了算法分析和复杂性理论的领域。由于本书是关于代数的，我们不会在书中展开这一主题，仅限于一些简单的情况。当一个算法被开发出来时，估计完成所有任务需要的时间是算法在机器上执行前必须完成的基本任务。这种估计（或算法检验）称为算法的**可行性分析**。如果算法的执行时间对于解决问题是可以接受的，则称该算法是**可行的**。虽然这个概念在公式化上相当模糊，但是很容易理解，如果一个算法非常精确，但需要 100 年才能返回结果，那么这个方案就不能应用于现实工业过程中。或许，在某些设计中 100 年的等待时间也是不可接受的。

更正式地说，我们可以确定输入 x 的一个函数 $t(x)$，此函数使解决问题或返回需要的结果所需的基本操作的数量与输入相对应，其中假定基本操作的执行时间是恒定的。显然，机器内的操作量与执行时间直接成比例。因此，我们可以认为，对于给定的问题，每个算法都有自己的函数 $t(x)$。这条信息是静态的，即与一个特定的问题有关。

我们假定这个问题是**可扩展的**，即它可以用不断增加同质输入定义。例如，分配网络可以与某一问题和算法相关联。用户数量的变化使问题的大小不同，算法解决问题所需的时间也各不相同。我们的重点是评估问题大小的变化对机器解决问题本身所需时间的影响。

让我们考虑一个简单的例子。

例 11.1　令 $\boldsymbol{a}$ 和 $\boldsymbol{b}$ 为两个长度为 5 的向量，分别为 $\boldsymbol{a}=(a_1,a_2,a_3,a_4,a_5)$ 和 $\boldsymbol{b}=(b_1,b_2,b_3,b_4,b_5)$。我们对两个向量做标量积，

$$\boldsymbol{a}\cdot\boldsymbol{b}=a_1b_1+a_2b_2+a_3b_3+a_4b_4+a_5b_5$$

计算标量积的算法执行 5 个乘积（a_ib_i）和 4 个求和。因此，由 5 个元素组成的向量的标量积求解器的复杂度为 5+4=9。更一般地，求长度为 n 的两个向量的标量积需要计算 n 个乘积运算和 $n-1$ 个求和运算。因此，标量乘积的时间复杂度为 $2n-1$ 个基本运算。

现在考虑阶数为 n 的两个方阵之间的矩阵乘积，我们必须对乘积矩阵的每个元素执行标量积。因此，我们需要计算共 n^2 个标量积。这意味着阶数为 n 的方阵之间矩阵乘积的时间复杂度是

$$n^2(2n-1)=2n^3-n^2$$

换句话说，对于给定的 n 值，如果将其加倍，标量积的相应时间也大约增加了一倍，矩阵乘积的计算时间则会变得很大。例如，如果 $n=5$，则标量积的复杂度为 9，矩阵乘积的复杂度为 225。如果 $n=10$，则标量积的复杂度为 19，矩阵乘积的复杂度为 1900。

这个例子展示了如何用不同的复杂度来描述算法。为了估计算法执行的机器时间，基本计算的确切数量不是特别重要。数学家和计算机科学家真正关注的是维数和时间复杂度之间的关系。在前面的例子中，我们分别展示了线性和三次方增长。我们通常考虑以下几种复杂度趋势。

- k，常数
- $\log n$，对数
- n，线性
- n^2，二次方
- n^3，三次方
- n^t，多项式
- k^n，指数
- $n!$，阶乘

这些趋势可以用符号 $\mathcal{O}(\cdot)$ 表示，并命名为**大 $\mathcal{O}$ 表示法**。例如，如果算法对依赖于问题维数变化的基本运算数量呈现出线性变化趋势，则称具有 $\mathcal{O}(n)$ 复杂度。

容易看出，大 $\mathcal{O}$ 表示法使我们了解了问题复杂度的数量级。区分复杂度增长的细节并不太重要，但是理解当维数增加时复杂度的增长是至关重要的。换句话说，n 和 $30n$ 的问题的复杂度在本质上是相同的，因此，它们对应的问题和算法属于同一类。但是，k^n 的增长就是一个完全不同的问题。

11.2　P、NP、NP-hard 和 NP 完全问题

定义 11.2　可以用一种算法在有限时间内进行准确计算，且对应的时间复杂度为 $\mathcal{O}(n^k)$，$k\in\mathbb{R}$ 为有限数，称这类问题有**多项式复杂度**，这类问题构成了一个集合，用 P 表示，参见文献［21］。

这类问题很重要，因为它们是机器在有限时间内肯定能解决的问题，参见文献［22］。这些可以用一个多项式时间的算法来解决的问题通常称为**可行的**问题，而求解算法通常被认为是**有效的**。必须指出，虽然我们可以使用“可行的”和“有效的”，但如果 k 是一个很大的数，那么这个问题的求解可能是非常耗时的。例如，如果 $k=10^{252}$，即使问题是可行的，该算法是有效的，等待时间对现代计算机来说也是不合理的。

定义 11.3　非确定性图灵机是一种规则可以对给定的情况（一种情况通过不同的操作被规定为两个或多个规则）有多个操作的图灵机。

例 11.2　一个简单的图灵机可能只有规则“如果灯处在 ON 状态，请右转”，且没有其他关于灯处在 ON 状态的规则。一个非确定性图灵机可能同时有两个规则“如果灯处在 ON 状态，请右转”和“如果灯处在 ON 状态，请左转”。

定义 11.4　一个具有多项式时间复杂度的算法在一台非确定性图灵机上运行，我们称该算法具有**非确定性多项式复杂度**。对应的这一类算法表示为 NP。

下面的定义给出了定义和表征 NP 问题的替代和等价方法。

定义 11.5　令 A 为一个问题。问题 A 是一个**非确定性多项式**问题——NP 问题，当且仅当给定的解最多需要一个多项式时间来验证。

可以很容易看出，P 中的所有问题都在 NP 中，即 $\mathrm{P}\subset\mathrm{NP}$。显然，NP 中的许多问题不在 P 中。换句话说，许多问题需要一个非多项式时间去求解，例如指数时间，但需要多项式时间来验证。

例 11.3　让我们考虑一组离散数

$$\{1,2,3,\cdots,781\}$$

我们想计算这些数的和。这是一项非常容易的工作，因为从基本算术我们知道

$$\sum_{i=1}^{n} i=\frac{n(n+1)}{2}=\frac{n^2+n}{2}$$

因此，该问题解为$\frac{781\times 782}{2}$。一般来说，求 n 个自然数的和需要与 n 无关的常数个操作。换句话说，这个问题是 $\mathcal{O}(k)$ 的。

现在我们考虑求下面 n 个普通数的和，

$$\{-31,57,6,-4,13,22,81\}$$

求这些数的和需要 $n-1$ 个操作，因此这个问题是线性的，即 $\mathcal{O}(n)$。

对于相同的一组数，我们可能想知道是否有一个子集的和是 24。如果我们向机器提出这个问题，机器需要通过进行 2^7-1 个操作来检查每个可能的组合。更一般地，如果我们考虑 n 个数，那么这个问题需要 2^n-1 次计算。因此，这不是一个 P 问题。更确切地说，这可能是一个 EXP 问题，因为该问题的复杂度是指数的。然而，如果给出了解决方案，例如 $\{6,-4,22\}$，只需要两个操作来验证它们的总和是否为 24。一般来说，对于 m 个数的一个可能解，我们将执行 $m-1$ 个操作来验证它。这意味着搜索解需要的时间远超多项式时间，而验证解可以在多项式时间内执行。本问题属于 NP 问题。

一些数学家和计算机科学家正在研究 P 和 NP 是否相同。一方面，寻找解的困难度和复杂度的完全不同可以证明它们是不同的。另一方面，解的验证同样容易使得这两个集合看起来是同一个概念。P 和 NP 是否相同，这是计算机科学中的一个开放问题，且仍然是一个热门话题，

超出了本书的讨论范围。

一些问题我们可以通过将原来的问题转化为不同的问题来解决。让我们考虑一个普通问题 A，假设我们想解决它。这个问题可能很难解决但可以转化为更好解决的镜像问题 B。然后，我们可以将输入从 A 空间转换到 B 空间，用 B 中的算法求解，并将 B 空间的解反转换到 A 空间，这样我们就得到了原问题的解。这些步骤称为问题 A 到问题 B 的**归约**。这个事实是以下定义背后的基本概念。

定义 11.6　*当每个 NP 问题 L 都可以在多项式时间归约为 H 时，则决策问题 H 被称为* **NP-hard** *问题。*

同样，我们可以给出 NP-hard 问题的另一个定义。

定义 11.7　*当一个决策问题至少与最困难的 NP 问题一样困难时，则该决策问题 H 被称为* **NP-hard** *问题。*

NP-hard 问题的类是非常大的（实际上是无限的），它包括所有与最难的 NP 问题同等难度的问题。这意味着绝大多数 NP-hard 问题不在 NP 中。例如，不可判定问题总是 NP-hard 的。NP-hard 的由 NP 问题组成的子集扮演一个重要的角色。

定义 11.8　*若一个问题既是 NP-hard 问题又是 NP 问题，则该问题是* **NP 完全**问题。

因此，NP 完全问题存在于 NP 与 NP-hard 问题的交集中。这些问题是能发现的最难的 NP 问题。我们可以举出很多例子，特别是在现代游戏中。然而，就本书的目的，对计算复杂度有一个初步的理解而言，我们再次考虑前面的例子。给定的整数集合 $\{-31,57,6,-4,13,22,81\}$，我们希望找到一个非空子集，其和为 24。我们已经直观地证明这个问题在 NP 中。通过归约可以证明，这类问题——子集和问题——也是 NP-hard 的。这一事实的一个著名证明是通过使用计算复杂度中的一个重要问题，即布尔可满足性问题进行约简。作为结果，这个子集和问题是 NP 完全的，证明参见文献 [23]。

为了明确本节的内容，并给出计算复杂度的直观表示，给出图 11-1。世上所有问题都用一条线来表示。想象一下，我们可以理想地将它们从最简单（最左边）到最困难（最右边）排序。这一直线的实线部分表示为可判定问题集，而虚线部分表示不可判定问题集。P 问题和 NP 问题的集合，以及在指数时间内可以解决的一类问题 EXP 被突出表示了出来。同时，NP-hard 和 NP 完全问题（灰色矩形）也表示出来了。

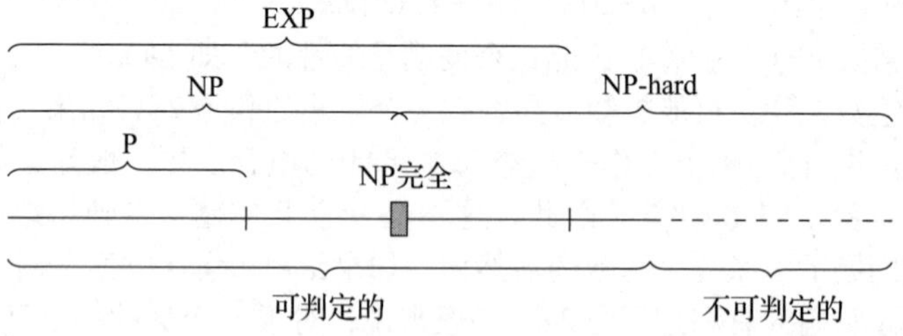

图　11-1

11.3　信息表示

应用数学和理论计算机科学的一个重要挑战是信息的有效表示和操作。这一挑战尽管与计算复杂度不完全一样，但与之相关。在本节中，我们将给出一种有效地表示机器内数据的技术——哈夫曼编码，以及一种有效地利用机器架构的算术运算的表示法——波兰表示法和逆波兰表示法。

11.3.1　哈夫曼编码

哈夫曼编码是一种以压缩的方式表示数据的算法，为频繁的信息块保留较短的长度表示，为相对不频繁的信息块保留较长的长度，参见文献［24］。由于细节不在本书的范围内，让我们通过一个例子和图形表示来解释该算法的工作原理。我们考虑这个句子：Mississippi river，这个句子包含 17 个字符。考虑到每个字符需要 8 位，所以这个句子的标准表示总共需要 136 位。

下面我们看看在这个例子中，哈夫曼编码如何能够大量节省内存。为了做到这一点，让我们写出句子中每个字符的出现次数（不区分大小写），如图 11-2 所示。其中“-”表示空格，→连接了字符和它出现的次数。哈夫曼编码的第一步简单地将字母从最频繁到最不频繁进行排序，如图 11-3 所示。

M $\mapsto$ 1
I $\mapsto$ 5
S $\mapsto$ 4
P $\mapsto$ 2
R $\mapsto$ 2
V $\mapsto$ 1
E $\mapsto$ 1
– $\mapsto$ 1

图　11-2

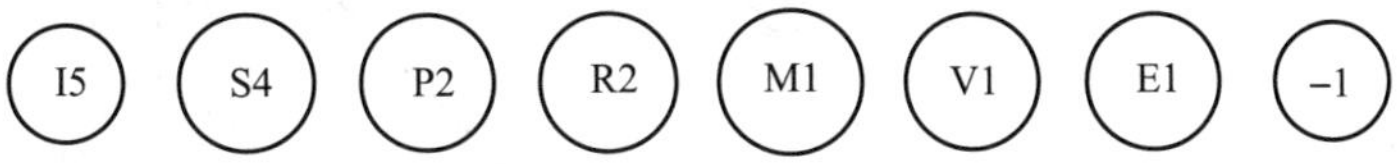

图　11-3

在图 11-3 中，我们现在将出现次数最少的顶点相连，并求出它们的次数之和，得到图 11-4。

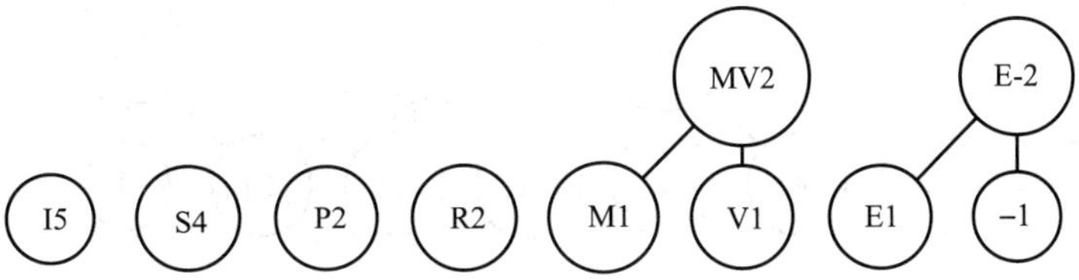

图　11-4

循环这一操作我们可以得到图 11-5。

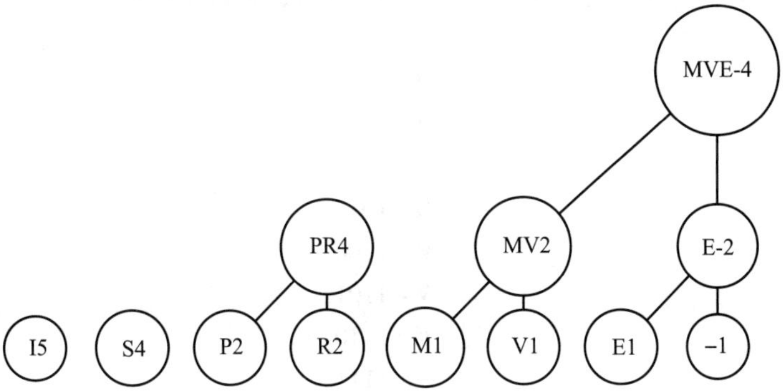

图　11-5

最终可以得到完整的表示图 11-6。其中图 11-6 最上面的圆中的数字为 17，即字母出现的总次数。

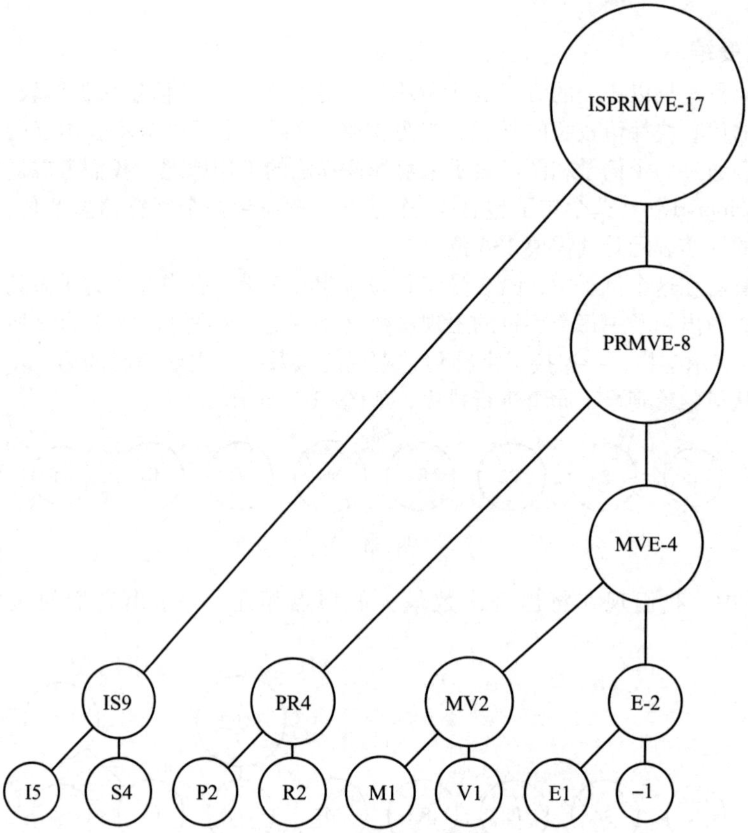

图　11-6

现在让我们为每个边添加标签，对圆圈左侧的边添加标签 0，而右侧的边添加标签 1。然后每一位从顶部圆圈向下连接直到字母。因此，上述方案如图 11-7 所示。

字母的哈夫曼编码为

$$I=00$$
$$S=01$$
$$P=100$$
$$R=101$$
$$M=1100$$
$$V=1101$$
$$E=1110$$
$$-=1111$$

可以看出，频率最高的字母具有最短的位表示，相反，频率最低的字母具有最长的位表示。如果我们用哈夫曼编码重写“Mississippi River”这个句子，我们需要 46 位字符，而不是 136 位。必须认识到，这种大规模的内存节省没有损失传递的任何信息，只是使用了一种智能算法解决方案。

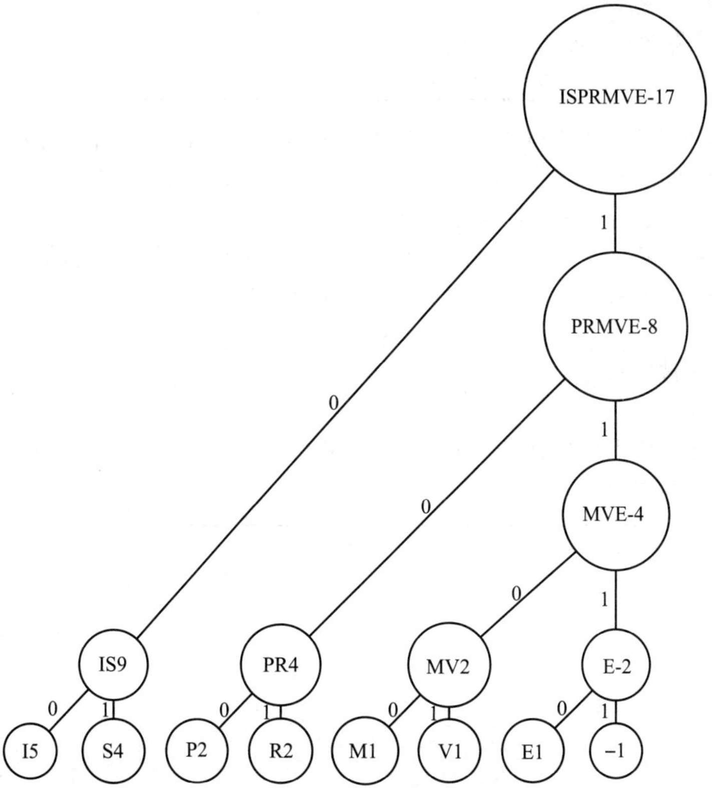

图　11-7

11.3.2　波兰式和逆波兰式

在抽象层次上，简单的算术运算可以解释为涉及两个操作数和一个运算符的运算。例如，a 和 b 的和运算涉及操作数 a 和 b 以及运算符+。通常此操作表示为

$$a+b$$

其中运算符写在两个操作数之间。这种编写操作的方法被命名为**中缀表示法**。虽然这种表示法对人类来说似乎是自然可以理解的，但对电子计算器来说它不是最有效的。逻辑学家卢卡西维茨（Jan Łukasiewicz）提出了一种算术运算的替代符号，在操作数之前表示运算符，或者在操作数之后：

$$+ab$$

$$ab+$$

这两种表示法分别是前缀表示法和后缀表示法。这些表示法也分别被命名为波兰表示法和逆波兰表示法，参见文献［25］。

这些表示法基本上有三个优点。为了理解第一个优点，我们把重点放在 $a+b$ 的例子上。如果在机器中执行此操作，则必须加载操作数进入内存，当操作可以执行时，提升到计算单元。

因此，编译器对指令进行优先排序的最自然的方法如算法 11。

算法 11 编译器计算 $a+b$

在存储寄存器 R_1 中加载 a
在存储寄存器 R_2 中加载 b
将 R_1 和 R_2 中的数值相加，并将结果写入存储寄存器 R_3

由于机器必须按此顺序执行指令，所以将信息传递给机器的最有效方法是遵循相同的顺序。这样机器就不需要解释符号，可以立即按照写入的顺序开始执行操作。

第二个优点是波兰表示法，特别是逆波兰表示法的工作方式与计算器的堆栈内存相同。堆栈内存按顺序保存（推入）和提取（取出）。堆栈内存结构需要第一个被取出的项是最后一个被推入的项。例如，如果我们考虑算术表达式（符号 * 表示乘法）

$$a+b*c$$

在逆波兰表示法中被表示为

$$abc*+$$

它正好对应于利用堆栈内存的最有效方法。具体来说，从堆栈内存计算的角度来实现上面的算术表达式的计算，步骤如下。

算法 12 堆栈内存计算 $a+b*c$

推入 a
推入 b
推入 c
取出 c
取出 b
计算 $d=b*c$
推入 d
取出 d
取出 a
计算 $e=a+d$
推入 e
取出 e

其中变量 d 和 e 只是为了解释方便（但不是实际变量）。同样的一组指令以图形方式表示如图 11-8 所示。

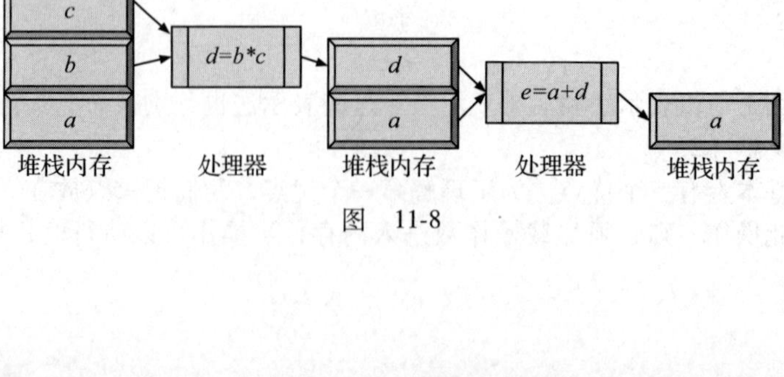

图 11-8

这个指令序列本质上与用逆波兰表示法表示的指令相同。换句话说，逆波兰表示法以准确且紧凑的方式解释了机器的内存堆栈是如何运作的。

第三个优点，逆波兰表示法可以清晰地写入所有算术表达式，而不需要写入括号。这也正是卢卡西维茨最初介绍它的原因，即简化逻辑证明中的符号。我们考虑表达式

$$(a+b) * c$$

在这种情况下，括号表示必须在乘法之前执行和运算。如果我们删除括号，算术表达式将改变，即先做 b 和 c 的乘积运算，然后求与 a 之和。因此，当我们用中缀表示法时，可能需要使用括号来避免歧义。在波兰表示法或逆波兰表示法中，在没有括号的情况下，编写算术表达式不会产生歧义。特别地，逆波兰表示法中 $(a+b) * c$ 的表达式是：

$$cab+ *$$

用逆波兰表示法描述的复杂算术表达式的运算是从最内部到最外部进行的。

例 11.4　考虑算术表达式

$$5 * (4+3) +2 * 6$$

在逆波兰表示法中，它可以写成

$$543+ * 26 * +$$

第 12 章　图　　论

本章介绍一个以示意图方式建模大量问题的重要基本概念，这就是**图**的概念。这一概念不仅应用于计算机科学和数学，而且在化学、生物学、物理学、土木工程、制图、电话网络、电路、运筹学、社会学、产业组织理论、运输理论、人工智能等领域均有着广泛应用。

我们将介绍一些图论中与本书目的密切相关的概念，略去许多其他概念。很难用一章来完整论述图论。本章只是对这一理论的入门介绍。

12.1　动机和基本概念

历史上，图论诞生于 1736 年，莱昂哈德·欧拉（Leohard Euler）解决所谓的柯尼斯堡七桥问题时，参见文献［26］。问题描述如下：东普鲁士的柯尼斯堡镇（今为俄罗斯加里宁格勒）被普雷格尔河分成四个部分，其中一个部分是河中的一座岛屿。该镇的四个区域由七座桥相连接（图 12-1）。在阳光明媚的星期天，柯尼斯堡的人们常常沿着河边散步并且经过桥。问题是：是否存在一条路线使得步行者恰好经过所有的桥各一次，然后回到出发点？这个问题是由欧拉解决的，他证明了这样的路径是不存在的。

图 12-1　柯尼斯堡七桥

这一结果的重要性首先在于欧拉提出的解决这个问题的思想，正是由此产生了图论。欧拉意识到，为了解决这个问题，有必要识别它的基本要素，而忽略附件或无关的项目。为此，欧拉考虑了图 12-2 中的模型。

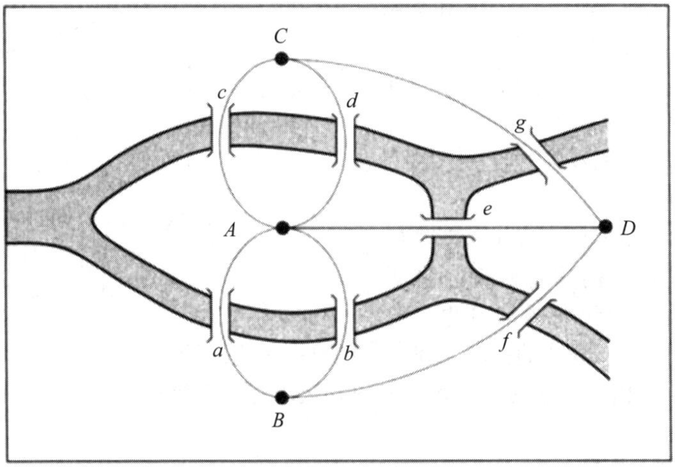

图 12-2　柯尼斯堡七桥图

正如后面将显示的，欧拉得到的一般结果能够解决七边问题。

定义 12.1　**有向图** G 是一个集合对 (V,E)，其中有限集合 $V\neq\varnothing$ 的每一个元素称为**顶点**（或**节点**），集合 $E\subseteq V\times V$ 的每一个元素是两个不同顶点的有序对，称为**弧**或**有向边**。

定义 12.2　设 G 是由集合 (V,E) 组成的图，则由 $(S_V\subset V,S_E\subset E)$ 组成的图 S_G 称为 G 的**子图**。

有向边由元素 $e=(v,w)\in E$ 表示，是从顶点 v 到顶点 w 的定向的边，其中 v 称为起点，w 称为终点。边描述了顶点间的连接。

定义 12.3　设 G 是由集合 (V,E) 组成的图。如果 $(v,w)\in E$，则称两个顶点 w 和 $v(w,v\in V)$ 是**相邻的**。

如果顶点 w 和 v 是相邻的，称它们为**邻居**。与顶点 v 相邻的点的集合称为它的邻域 $N(v)$。

定义 12.4　设 G 是由集合 (V,E) 组成的图。如果两条边有一个公共顶点，则称它们为**邻边**。

例 12.1　图 12-3 是一个有向图，记为 $G=(V,E)$，其中 $V=\{v_1,v_2,v_3,v_4,v_5,v_6\}$，$E=\{(v_1,v_1),(v_1,v_2),(v_2,v_3),(v_5,v_6)\}$。

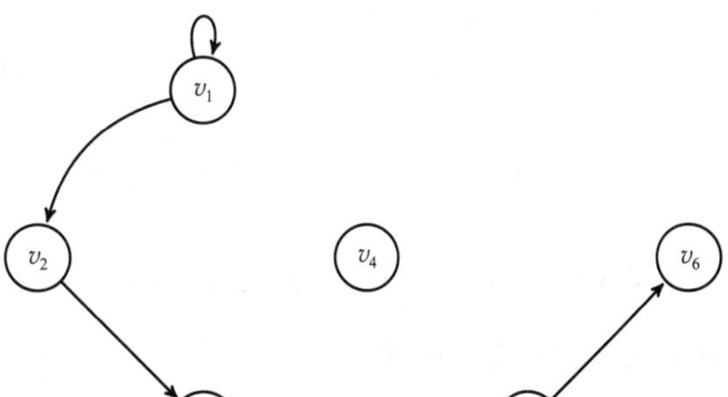

图　12-3

为了建模一个问题，通常不需要图的边是有向的。例如，绘制一张城市街道图，每条道路在两个方向上都可以通行，连接两个城市的弧就足以表示，不需要方向。

定义 12.5　**无向图** G 是一个集合对

$G=(V,E)$，它由有限集合 $V\neq\varnothing$ 和无序元素对的集合 E 组成（V 中的元素不一定不同）。

例 12.2　由图 12-4 给出的无向图 $G=(V,E)$，其中 $V=\{v_1,v_2,v_3,v_4,v_5,v_6\}$ 和 $E=\{(v_1,v_2),(v_1,v_3),(v_6,v_1)\}$。

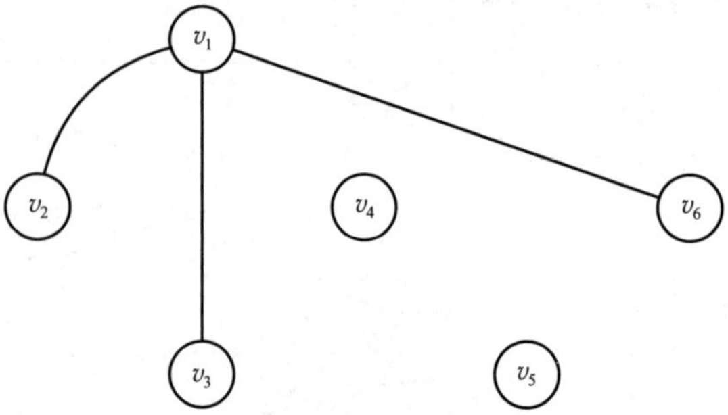

图　12-4

进一步研究表明，如果 v_i 和 v_j 是有向图的顶点，那么通常 $(v_i,v_j)\neq(v_j,v_i)$（它们是两条不同的边）。相反，在无向图中，$(v_i,v_j)=(v_j,v_i)$。

通常，给定一个图 $G=(V,E)$，若没有指明它是有向的还是无向的，则假定它是无向的。我们主要考虑无向图。因此，当我们谈到一个没有进一步规范的图时，我们指的是一个无向图。

定义 12.6　图的**阶**是指它的顶点数，而图的**大小**是指它的边数。通常，n 阶且大小为 m 的图记为 $G(n,m)$。

命题 12.1　设 $G(n,m)$ 是 n 阶且大小为 m 的图，则图 $G(n,m)$ 至多有 $\binom{n}{2}$ 条边：

$$0\leqslant m\leqslant\binom{n}{2}$$

其中 $\binom{n}{2}=\frac{n!}{2!(n-2)!}$ 为牛顿二项式系数。

在极端情况下：

1. $m=0$ 的情形对应于**空图**（通常用 N_n 表示）。空图由 n 个顶点 $v_1,v_2,v_3,\cdots,v_n$ 构成，没有任何连接。

例 12.3　空图的一个例子如图 12-5 所示。

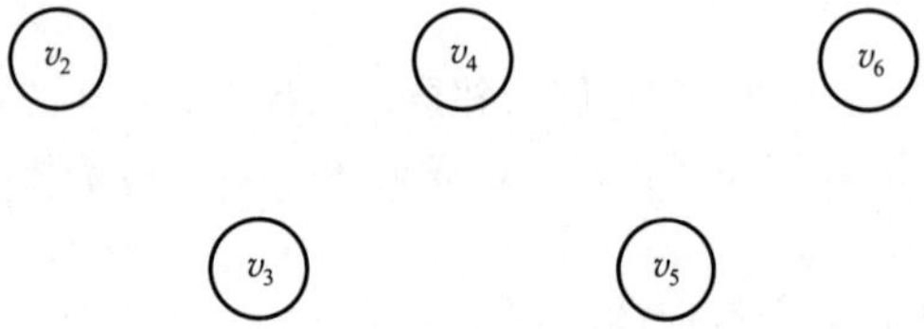

图　12-5

2. $m=\binom{n}{2}$ 对应于每个顶点均与其他所有顶点都相连接的情形。

定义 12.7　n 个顶点上的**完全图**，用 K_n 表示，是指图 $G\left(n,\binom{n}{2}\right)$，即具有 n 个顶点且每对不同顶点之间均有边的图。

例 12.4　图 K_1,K_2,K_3,K_4 如图 12-6 所示。通过观察可知，在有向图中，由于 $E\subseteq V\times V$，最大边数是 n^2，其中 n 是顶点数。

定义 12.8　形如 (v_i,v_i) 的边称为**自环**。

定义 12.9　图 G 的一条**线路**是指顶点 $v_1,v_2,\cdots,v_n$ 的一个序列，其中 $(v_1,v_2),(v_2,v_3),(v_3,v_4),\cdots,(v_i,v_{i+1}),\cdots,(v_{n-1},v_n)$ 是图的边。顶点和边可能出现不止一次。

定义 12.10　**轨迹**是一个顶点和边交替出现的有限序列，从顶点开始，从顶点结束，且使得边不重复出现。然而，顶点可能重复出现。

例 12.5　图 12-7 中，序列 v_1,v_4,v_5,v_6 是一条轨迹，序列 $v_1,v_4,v_3,v_1,v_4,v_5,v_6$ 则是一条线路（而不是一条轨迹）。

轨迹的起始顶点和最终顶点称为**终端顶点**。轨迹可以在同一个顶点开始和结束，称这种轨迹为**闭迹**。一条没有闭合的轨迹（起始顶点和最终顶点不同）被称为**开迹**。

定义 12.11　顶点不重复出现的开迹称为**路径**（也称简单路径或基本路径）。

定义 12.12　一个图若有多条边连接两个顶点，则称之为**多重图**。否则，对任意给定的两个顶点，至多有一条边连接它们，则称该图为**简单图**。

例 12.6　对应于柯尼斯堡七桥问题的图是一个多重图。

定义 12.13　轨迹的**长度**是指它的边数。

图 12-7 中轨迹的长度为 3。易知，非自环的边是一条长度为 1 的路径。还应指出的是，一条线路中可以包含自环，但一条路径中不能包含自环。

定义 12.14　图 G 的两个顶点 v_i 和 v_j 之间的距离 $d(v_i,v_j)$ 是指连接它们的所有轨迹（如果存在的话）的最小长度。如果这两个顶点之间没有连接，则 $d(v_i,v_j)=\infty$。图的两个顶点之间长度最小的轨迹称为**测地线**。

例 12.7　在图 12-7 中，一条测地线轨迹已被标记出来，其长度为 3；另一条轨迹，例如 v_1,v_3,v_4,v_5,v_6，长度为 4。

命题 12.2　一个图中的距离满足度量距离的所有性质。对所有顶点 u,v 和 w：

- $d(v,w)\geqslant 0$，$d(v,w)=0$ 当且仅当 $v=w$；
- $d(v,w)=d(w,v)$；

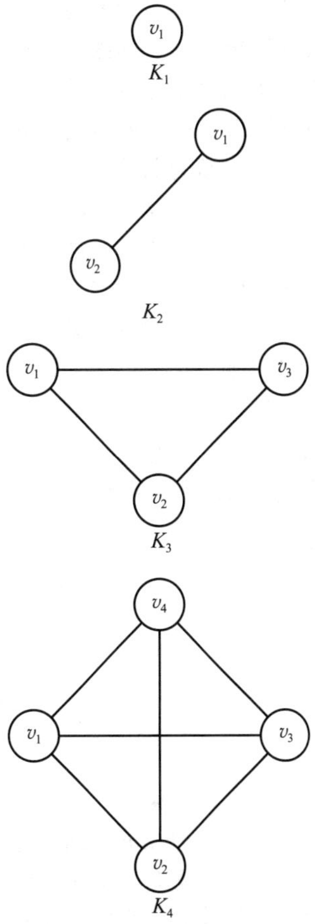

图　12-6

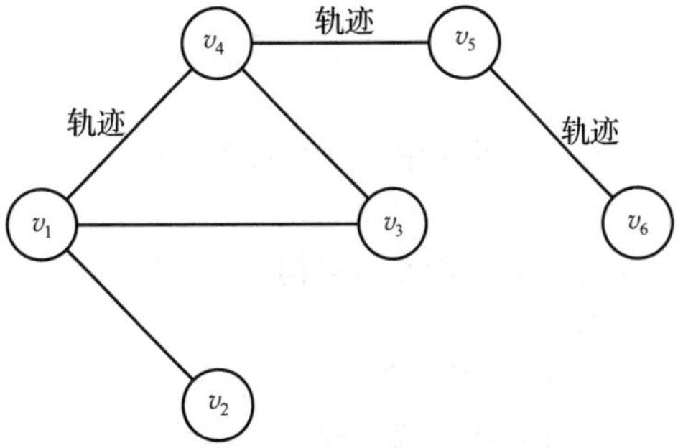

图　12-7

- $d(u,w) \leqslant d(u,v)+d(v,w)$。

定义 12.15　图 G 的**直径**是指 G 的两个顶点之间的最大距离。

定义 12.16　图的**回路**或循环是指一个闭迹。

回路也称为基本循环、圆形路径和多边形。

定义 12.17　如果图 G 有回路，则 G 的**围长**是指 G 中包含的最短回路的长度，**周长**是指 G 中包含的最长回路的长度。

很容易看出，回路 $v_1, v_2, \cdots, v_n = v_1$ 的长度为 $n-1$。

定义 12.18　回路的长度若为偶数（奇数），则称为偶回路（奇回路）。

定义 12.19　如果我们可以沿着轨迹从任何其他顶点到达任意顶点，则称图是**连通的**。更正式地说：如果图 G 中的任意两个顶点之间至少存在一条轨迹，则称图 G 是连通的；否则，称图 G 是非连通的。

易知，每一个图均可被划分为若干个连通的子图。

定义 12.20　包含最大数目（连通）边的连通子图称为图 G 的**连通分量**（或简称为分量）。

例 12.8　在图 12-8 中，子图 v_1, v_2, v_3 是连通的，但不是连通分量。子图 v_1, v_2, v_3, v_4 为连通分量。

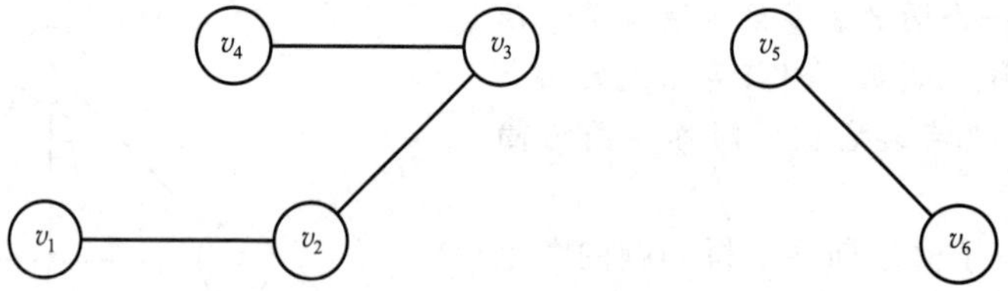

图　12-8

包含多于一个顶点的空图是非连通的。

定义 12.21　没有与图的任何部分连接的顶点被称为**孤立点**。

显然，图的连通分量的概念不能与前几章中的向量分量的概念相混淆。

定义 12.22　图 ρ 的**秩**等于其顶点数 n 减去连通分量数 c：

$$\rho = n - c$$

定义 12.23　图 ν 的零度等于边数 m 减去秩 ρ：

$$\nu = m - \rho$$

将上述两个定义结合起来可得 $\nu = m-n+c$。此外，如果图是连通的，则有 $\rho = n-1$ 和 $v = m-n+1$。

进一步，方程 $m = \rho + \nu$ 可以解释图的秩-零度定理，见定理 10.7。考虑一个映射 f，它由 m 条边连接 n 个固定节点构成。边数 m 是向量空间的维数，秩 ρ 是象空间的维数，零度是核空间的维数。

命题 12.3　设 G 是一个图。如果 G 非连通，则其秩等于它的每个连通分量的秩之和，其零度等于它的每个连通分量的零度之和。

图是类似集合、矩阵和向量的数学实体。因此，对于图 G，我们可以为之定义一组运算，在所有可能的运算中，我们将一部分列在下面。

1. **删点运算**。顶点 v_i 可以从图 G 中删除，除非顶点 v_i 是孤立点，否则我们所得剩余部分不再是一个图，因为会存在只有一端的边。因此，我们必须在删除 v_i 的同时也一并删除所有通过

v_i 的边。从图 G 中删除顶点 v_i 以及所有通过 v_i 的边所得的子图记为 $G-v_i$。因此，$G-v_i$ 是不包含顶点 v_i 的 G 的最大子图。

例 12.9　考虑图 12-9。

删除顶点 v_5，可得图 12-10。

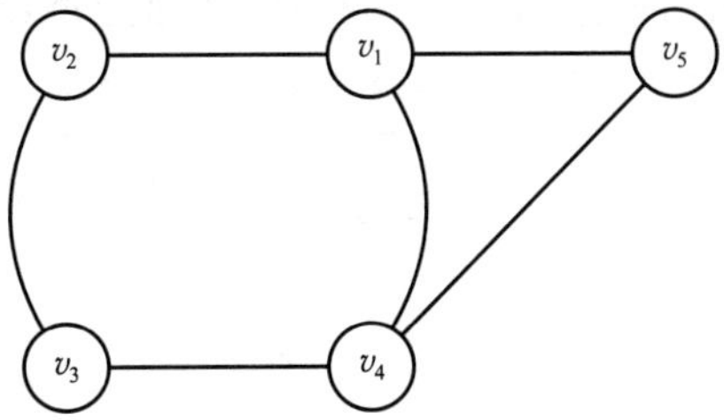

图　12-9

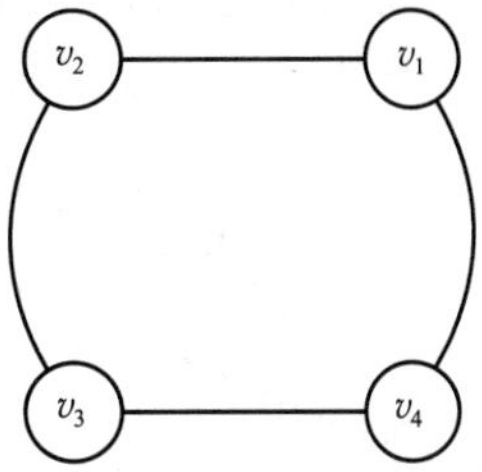

图　12-10

2. **删边运算**。边也可以从图中移除，但与删点运算不同，删边运算仅导致边的移除，但不会导致顶点的移除。

例 12.10　如果从图 12-9 中删除边（v_4,v_5），则得到图 12-11。

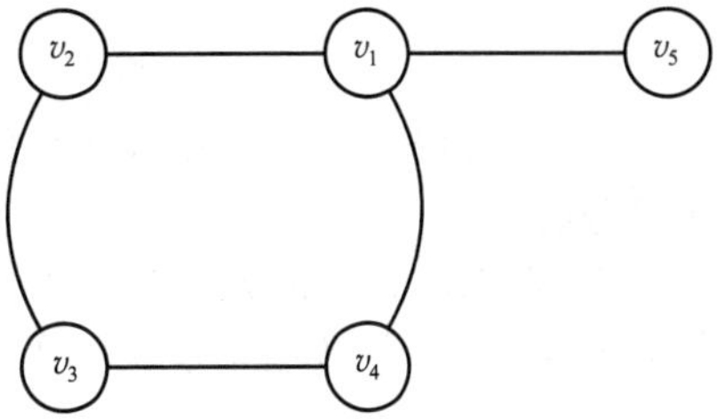

图　12-11

3. **图的并运算**。设 $G_1(V_1,E_1)$ 和 $G_2(V_2,E_2)$ 是两个图，则这两个图的并图 $G_U(V_U,E_U)=G_1\cup G_2$ 是一个图，其中 $V_U=V_1\cup V_2$ 和 $E_U=E_1\cup E_2$。也就是说，并图包含图 G_1 和 G_2 的所有顶点和边。

4. **图的交运算**。设 $G_1(V_1,E_1)$ 和 $G_2(V_2,E_2)$ 是两个图，则这两个图的交图 $G_I(V_I,E_I)=G_1\cap G_2$ 是一个图，其中 $V_I=V_1\cap V_2$ 和 $E_I=E_1\cap E_2$。也就是说，交图包含同时属于图 G_1 和 G_2 的顶点和边。

5. **图的差运算**。设 $G_1(V_1,E_1)$ 和 $G_2(V_2,E_2)$ 是两个图，则两个图的差 $G_D(V_D,E_D)=G_1-G_2$ 是一个包含属于图 G_1 但不属于图 G_2 的边和所有与 E_D 中边相关联的顶点的图。

例 12.11　图 12-12 为图 G_1，图 12-13 为图 G_2，则图 G_1 与 G_2 的差 $G_D=G_1-G_2$ 为图 12-14。

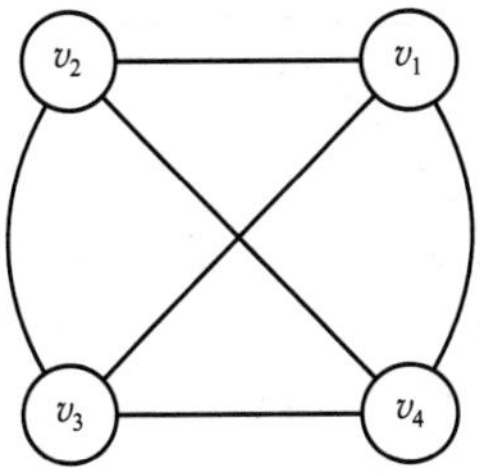

图　12-12

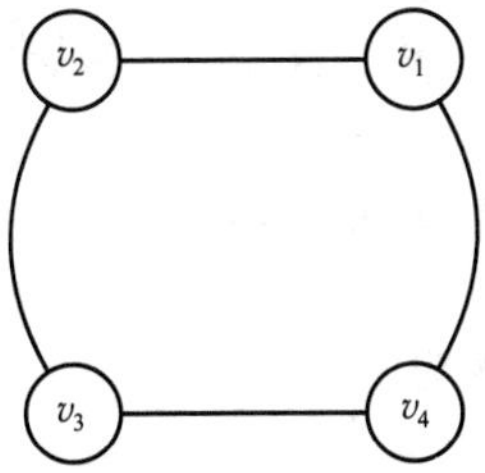

图　12-13

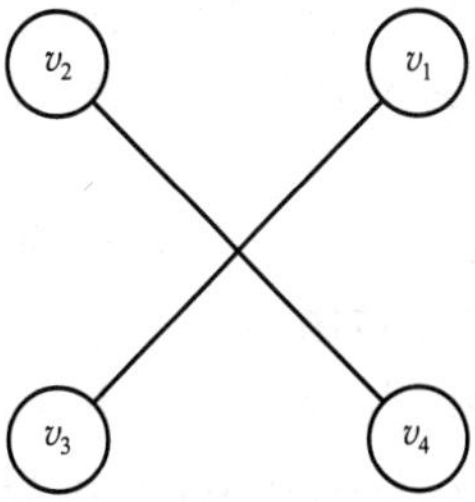

图　12-14

6. **环和运算**。设 $G_1(V_1,E_1)$ 和 $G_2(V_2,E_2)$ 是两个图，则两图的环和图为 $G_R(V_R,E_R)=(G_1\cup G_2)-(G_1\cap G_2)$。

定义 12.24　设 G 是一个图，v 是它的一个顶点。如果删除它会导致图的连通分量数增加，则称顶点 v 是一个**割点**。

命题 12.4　设 G 是一个图，v_c 是它的一个割点，则至少存在一对顶点 v_1 和 v_2，使得连接这两个顶点的每条轨迹都通过 v_c。

例 12.12　考虑图 12-15。节点 v_5 是割点。注意，移除它会导致连通分量数的增加。如图 12-16 所示。此外，v_1 和 v_4 由通过 v_5 的轨迹连接，这条轨迹是 v_1, v_2, v_5, v_3, v_4。

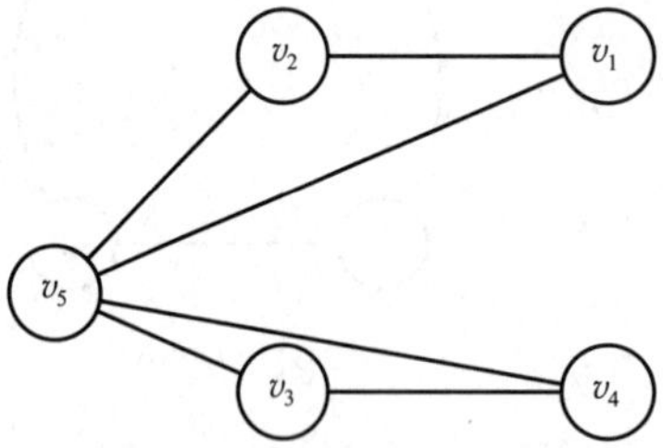

图　12-15

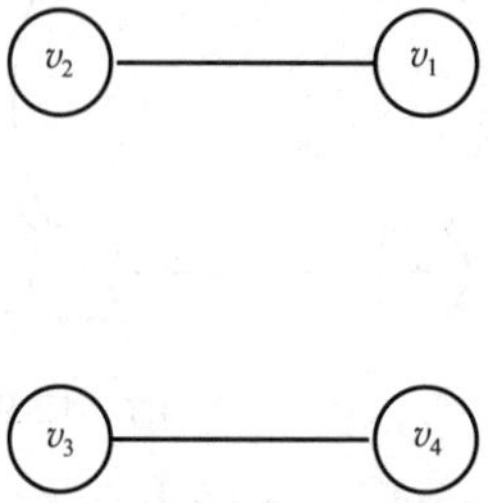

图　12-16

定义 12.25　如果图 G 不包含割点，则它是**不可分的**。

例 12.13　图 12-17 是不可分的，因为删除任何节点均不会导致连通分量的增加。

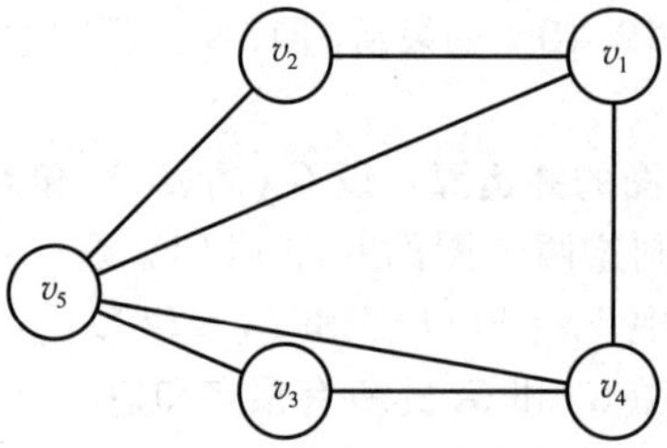

图　12-17

12.2　欧拉图与哈密顿图

在欧拉解决“七桥问题”的同一篇论文中，他提出（然后解决）了以下更为一般的问题：在什么样的图中可以找到通过每条边恰好一次的闭线路?

定义 12.26　图中的一个回路称为**欧拉回路**，如果它恰好包含图的所有边各一次。

例 12.14　在图 12-7 中，路径 v_1, v_4, v_3, v_1 是一个回路。这个回路是奇回路，因为它的长度是 3。但它不是欧拉回路，因为有边不属于这个回路。

定义 12.27（欧拉图）　含有欧拉回路的图叫作**欧拉图**。

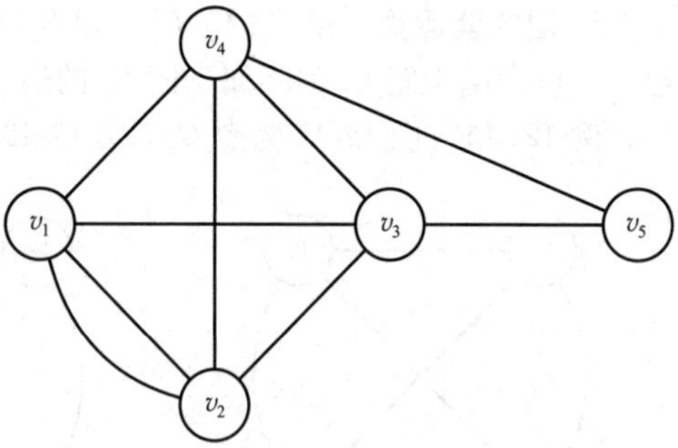

图　12-18

例 12.15　图 12-18 是欧拉图，因为回路 $v_1, v_2, v_3, v_5, v_4, v_1, v_2, v_4, v_3, v_1$ 是欧拉回路。

相反，图 12-6 中的完全图 K_4 不是欧拉图，因为包含所有边的回路必须通过至少一条边两次。

定义 12.28　顶点 v 的**度**是指与 v 相连接（即通过 v）的边数。顶点的度记为 $\deg(v)$。若 G 的所有（顶点）度都相同，则称 G 是**正则的**。图中的最大度通常用 Δ 表示。

命题 12.5 在图 G 中，所有顶点的度之和是边数 m 的两倍：

$$\sum_{i=1}^{n} \deg(v_i) = 2m$$

例如，在图 12-2 的柯尼斯堡七桥图中，除顶点 A 的度为 5 之外，其他所有顶点的度都是 3。下面的重要定理描述了欧拉图。

定理 12.1（欧拉定理） 没有任何孤立点的图 G 是欧拉图，当且仅当

(a) 图是一个连通图；

(b) 所有顶点的度都是偶数。

证明 我们首先证明欧拉图是连通的。设 v 和 w 是 G 的任意两个不同顶点。由于图没有孤立点，v,w 会属于一条边。因为图是欧拉图，它包含一个欧拉回路通过图的所有边，从而包含这两个顶点。因此，G 是连通的。

现在证明所有顶点的度为偶数。设 v 为一个顶点。顶点 v 必属于一个欧拉回路，这样的欧拉回路一定存在。如果我们从 v 开始，沿着欧拉回路，最终将回到 v。如果我们经过 v 多次，我们从 v 出去（即当 v 是边的起点时）与返回 v（即当 v 为边的终点时）的次数会是相同的。因此，进出每个顶点的边数都是偶数。

接下来证明所有顶点均有偶数度的连通图是欧拉图。任取一个初始顶点，例如 v，我们沿着边行走，保证经过同一条边不超过一次，一直行走直到我们被困在一个顶点 w：所有从 w 出来的边都已经走过了。我们有两种可能。

- $w \neq v$。这种情况不能发生，因为此时 w 的度是奇数，这与假设相矛盾。
- $w = v$。这意味着，若我们被困住，则处于起点。因此，走过的弧形成了一个回路 $C = v_1, v_2, \cdots, v_n$，其中 $v_1 = v = w = v_n$。

可能会发生下述情况，即从回路 C 中的某个顶点 v_i 出去的另一条边我们行走时没有经过。我们将这种情况称为顶点 v_i 的**泄漏**。在这种情况下，我们可将回路 C 替换为路径 $P: v_i, v_{i+1}, \cdots, v_n, v_1, v_2, \cdots, v_i, u$，其中 u 是从 v_i 出去的边的另一顶点。这条路径包含回路 C（由于 $C = v_1, v_2, \cdots, v_n$）。

从新构造的末端顶点为 u 的路径 P 出发，我们继续像之前那样在路径中添加边和节点，直至找到一个新的回路。如果发现泄漏，则重复这一算法。因为每个节点的度都是偶数，故而总是存在一条返回节点而不重复走同一边的路径。最终我们可以找到一条没有任何泄漏的回路 C'。

下面证明 C' 包含图的所有边。设 α 为图 G 中的任意一条边，其终端顶点为 x 和 y。由于 G 是连通的，所以必存在一条轨迹连接初始顶点 v 与顶点 x。我们命名这条轨迹为 $v, w_1, w_2, \cdots, x$。边 v，w_1 必在回路 C' 上（否则会有顶点 v 的泄漏，我们已排除这种情况）。从而 $w_1 \in C'$，且基于同样原因有，边（w_1, w_2）必在回路 C' 上。重复这一过程，$w_3, \cdots, x$ 必属于该回路。这意味着连接 x 和 y 的边 α 也必属于同一回路。

由于回路 C' 包含所有的边，且不重复计同一条边，所以 C' 是欧拉回路，即该图是欧拉图。

□

因此，欧拉图的欧拉定理使得我们可以通过简单地观察图的顶点的度来判断一个图是不是欧拉图：即使只有一个顶点具有奇数度，则该图不是欧拉图。注意，上面不仅证明了这个定理，而且还描述了寻找欧拉回路的算法。至此，我们已具备回答柯尼斯堡七桥问题所需的全部

知识。这一问题显然等价于确定与柯尼斯堡七桥相关的图是不是欧拉图。为确定这一点，只须检查它是否有奇数度顶点。我们已经知道，这个图的所有顶点的度均是奇数，所以它不是欧拉图，我们不可能经过七座桥中的每座桥恰好一次，然后回到起点。

为了能够给出有向图的欧拉定理，我们需要引入**顶点平衡**的概念。

定义 12.29 有向图的顶点是**平衡的**，如果该顶点的入边数和出边数相等。

命题 12.6 设 G 为无孤立点的有向图，则有向图 G 是欧拉图当且仅当

(a) 图是连通的；

(b) 每个顶点都是平衡的。

定义 12.30 **欧拉轨迹**是一条穿过所有边且初始顶点和最终顶点不同的轨迹（不同于回路）。

我们现在分析包含欧拉轨迹的图的情况。

定理 12.2 设 G 为无孤立点的图，则图 G 包含一个欧拉轨迹当且仅当

(a) 图是连通的；

(b) G 的每个顶点的度均为偶数，只有两个顶点除外。

我们已简要地讨论了当一个图包含一个欧拉回路，即一个闭线路遍历每条边恰好一次的问题。现在我们将简要介绍对顶点的类似要求：图 G 的一个回路，它包含 G 的所有顶点恰好一次。

定义 12.31 设 G 是一个至少含有三个顶点的图。包含 G 上所有顶点恰好一次的每条线路为 G 的**哈密顿回路**。

定义 12.32 如果 G 是包含哈密顿回路的图，则称之为**哈密顿图**。

显然，一条线路要成为一个回路，需要 G 至少包含三个顶点。如果不满足此条件，则该线路不是闭的。

定义 12.33 包含 G 的每个顶点的路径叫作**哈密顿路径**，包含哈密顿路径的图被称为是**可追踪的**。

例 12.16 图 12-19 给出哈密顿图的一个例子。很容易检验，回路 $v_1, v_2, v_3, v_5, v_6, v_4, v_1$ 恰好包含所有顶点各一次。

确定一个给定的图是不是哈密顿图比确定它是不是欧拉图要困难得多。

哈密顿图是以爱尔兰数学家威廉·哈密顿爵士（Sir William Hamilton，1805—1865）命名的，他发明了一种叫作 Icosian 游戏的谜题，以 25 几尼的价格卖给了都柏林的一家游戏制造商。这个谜题涉及一个十二面体，共有 20 个顶点，在每个顶点上标记世界上一些首都城镇的名称。游戏的目的是利用十二面体的边构造一条恰好穿过每个城镇各一次的闭线路。换言之，其本质就是要构建对应于十二面体的图的一个哈密顿回路。

定义 12.34 一个简单图 G 被称为**极大非哈密顿回路**，如果它不是哈密顿图，但在它的任意两个不相邻顶点之间添加一条边即会形成一个哈密顿图。

命题 12.7 完全图总是哈密顿图。

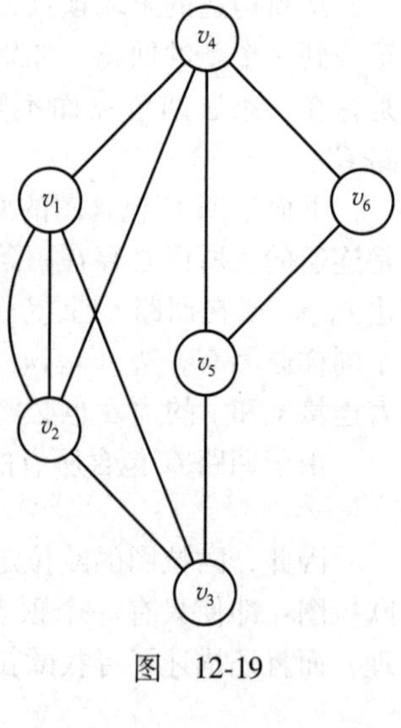

图 12-19

我们引入下面的定理来审视一个图 G，并检验其中哈密顿回路的存在性。

定理 12.3（狄拉克定理）　一个具有 $n\geqslant 3$ 个顶点，并且其中每个顶点的度至少为 $\frac{n}{2}$ 的图 $G(n,m)$，含有哈密顿回路。

狄拉克定理表明，特定类别的图必有哈密顿回路。这只是一个充分条件，其他类型的图也可能是哈密顿图。从历史上看，狄拉克定理代表了探索一个图为哈密顿图所需条件的起点。下面所给出的奥尔定理，就是一个后来的结果，包含了前人对哈密顿回路的研究。

定理 12.4（奥尔定理）　设 $G(n,m)$ 是一个有 n 个顶点的图。如果每两个不相邻的顶点 u 和 w 满足 $\deg(u)+\deg(w)\geqslant n$，则 G 包含哈密顿回路。

证明　用反证法。假设 G 不包含哈密顿回路。如果我们在 G 中添加一些边，最终会产生哈密顿回路。因此，我们添加避免产生哈密顿回路的边，直至得到一个极大非哈密顿图 G_0。

考虑两个不相邻的顶点 u 和 w。如果我们将边（u,w）添加到 G_0 中，将得到 G_0 中的哈密顿回路 $v_1,v_2,\cdots,v_n$，其中 $u=v_1$ 和 $w=v_n$。

因为 u 和 w 不相邻，$\deg(u)+\deg(w)\geqslant n$ 成立，所以存在两个顶点 v_i 和 v_{i+1}，使得 w 与 v_i 相邻，u 与 v_{i+1} 相邻。

这意味着，若我们考虑 G_0 中的路径 $u,v_2,\cdots,v_i,w,v_{n-1},\cdots,v_{i+1},u$，它是一个哈密顿回路。但是，这是不可能的，因为 G_0 是一个极大非哈密顿图。因此，G 有哈密顿回路。　□

如果哈密顿回路的最后一条边被去掉，则我们得到一个哈密顿路径。然而，非哈密顿图可能有哈密顿路径。

例 12.17　在图 12-20 中，G_1 既没有哈密顿路径，也没有哈密顿回路。G_2 有哈密顿路径 v_2,v_1,v_3,v_4，但没有哈密顿回路。G_3 有哈密顿回路 v_1,v_2,v_3,v_4,v_1。

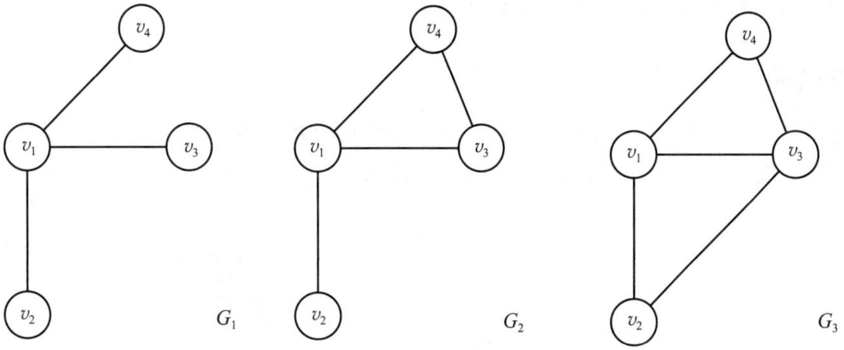

图　12-20

12.3　二分图

定义 12.35　如果一个图的顶点集合 V 可以写成两个不相交集合的并集 $V=V_1\cup V_2(V_1\cap V_2=\varnothing)$，使得 V_1 中的每个顶点与 V_2 中的至少一个顶点连接，而在 V_1 内部和 V_2 内部无连接，则我们称这个图为**二分图**。换句话说，如果将连接 V_1 中顶点与 V_2 中顶点的边移除，则集合 V_1 和 V_2 仅由孤立点组成。V_1 和 V_2 称为顶点类。

定义 12.36　设 G 是由顶点类 V_1 和 V_2 组成的二分图。设 V_1 由 n 个元素组成，V_2 由 m 个元素组成，如果 V_1 中的所有顶点与 V_2 中的所有顶点都有一条边连接，则称之为**完全二分图**，记作 $K_{m,n}$。

例 12.18　完全二分图 $K_{2,2}$ 和 $K_{3,2}$ 的例子如图 12-21 所示。在 $K_{2,2}$ 中 $V_1=\{v_1,v_2\},V_2=\{v_3,v_4\}$，而在 $K_{3,2}$ 中 $V_1=\{v_1,v_2,v_5\},V_2=\{v_3,v_4\}$。

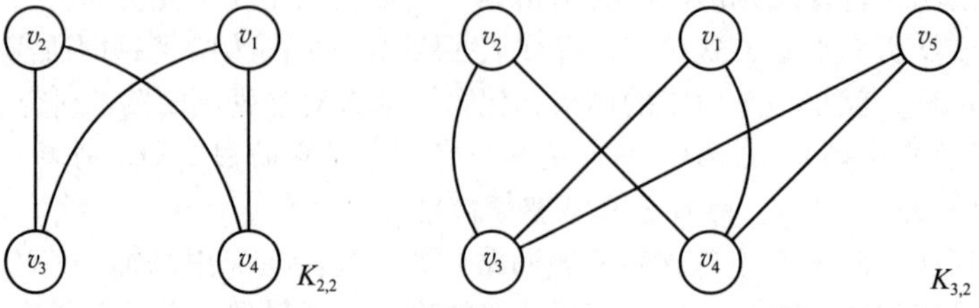

图　12-21

定理 12.5　图 G 是二分图，当且仅当它不包含奇回路。

证明　设图 G 是二分图，V_1 和 V_2 是二分图 G 的两个顶点类。设 $v_1,v_2,\cdots,v_n=v_1$ 是 G 中的一个回路。不失一般性，我们可以假设 $v_1\in V_1$，则 $v_2\in V_2,v_3\in V_1$，等等。换言之，当 i 是奇数时，$v_i\in V_1$。由于 $v_n=v_1$ 在 V_1 中，所以 n 是奇数，从而回路 $v_1,v_2,\cdots,v_n$ 是偶回路。因此，G 不包含奇回路。

假设图 G 不包含奇回路。不失一般性，我们可以假设图是连通的；否则，我们可以分别考虑各连通分量（也是二分图）。设 v_1 是 G 的任一顶点，V_1 是包含 v_1 以及与 v_1 的距离为偶数的顶点的集合。V_2 是 V_1 的补集。为证明 G 是二分图，只须证明 G 的每条边连接了 V_1 中的每个顶点和 V_2 中的一个顶点。我们采用反证法，假设存在一条边连接了 V_1 中的两个顶点 x，y。在这样的条件下，从 v_1 到 x 的所有测地线、从 v_1 到 y 的所有测地线和边 (x,y) 的并集包含一个奇回路，这与假设（G 不包含奇回路）相矛盾。 □

12.4 平面图

在图论中，一条边仅由一对顶点确定，边的长度和形状并不重要。

例 12.19　图 12-22 是同一个图 K_4 的两种表示形式。

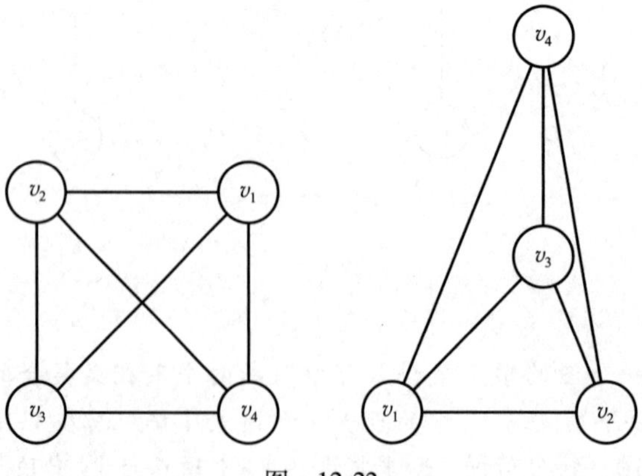

图　12-22

值得注意的是，在第一种表示中两条边是如何相交的，尽管它们的交点并不是顶点。这种情况称为**交叉**。在第二种表示中没有交叉点。

定义 12.37 如果图 G 可以画在一个平面上而没有交叉，则称之为**平面图**。

换言之，在平面图中，弧仅在共同顶点处相交。正如我们刚才所见，完全图 K_4 是平面图。

例 12.20 考察完全图 K_5。图 12-23 给出它的两种表示。

我们可以改变交叉点的数量，但我们永远不能消除它们。

为了形象地说明平面图和非平面图概念的实际适用性，设 A, B, C 为三座房屋，E, F, G 分别为电力、燃气和水。我们想知道，是否有可能将每座房屋与电站、燃气站、水站连接起来，并且管道不相交。建模这一问题的图显然是六个顶点上的完全二分图 $K_{3,3}$，它不是平面图。因此，我们没有办法修建管道连接三座房屋和三个能源站而保证管道不交叠。

许多算法可以用来评估一个图是否平面图，或者帮助我们了解图中的最小交叉数是多少。虽然对这些算法的详尽分析超出了本书范围，但这里给出波兰数学家 Kuratowski 所提出的非平面图的界定方法。

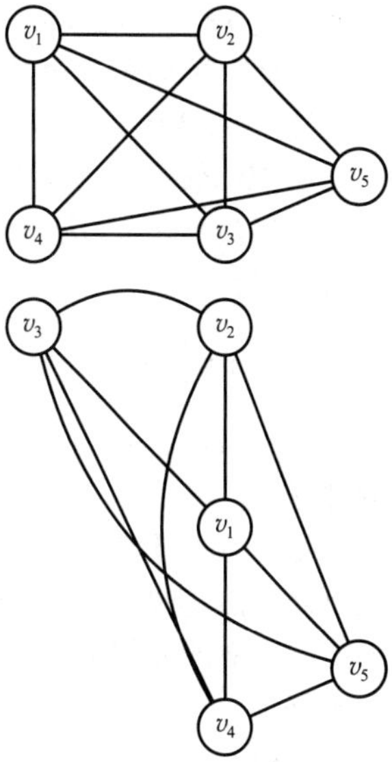

图 12-23

定义 12.38 设 G 为有限图，G 中的两个顶点 u 和 v 之间有边连接。如果该边被移除且顶点 u 和 v 被合并，则称连接 u 和 v 的边被**收缩**。

下面给出收缩的一个例子。

例 12.21 考虑 K_4 的第二种表示，移除 v_3 和 v_4 之间的边。我们将坍缩后的顶点记为 v_{col}，以取代原来的两个顶点。收缩前后的图如图 12-24 所示。

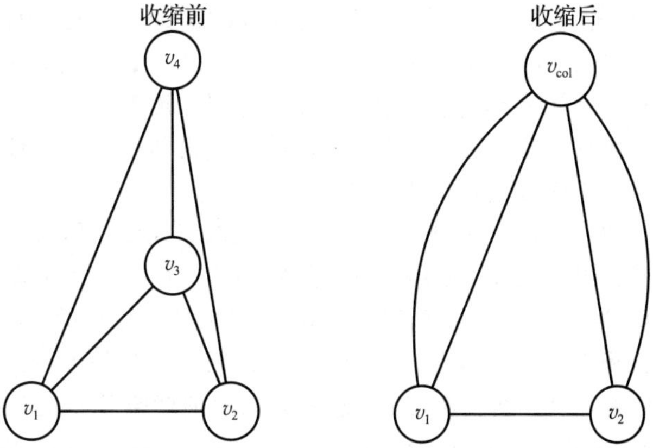

图 12-24

定义 12.39 设 G 为一个图。如果收缩操作是可能的，则称图 G 对于边**可收缩**到图 G'。

定理 12.6（Kuratowski 定理） 有限图 G 是平面图，当且仅当它不包含可收缩到 K_5 或 $K_{3,3}$ 的子图。

由于这些可收缩子图的检测可能很困难，Kuratowski 准则不太便于检查图的平面性（或非平面性）。许多有效的算法在时间 $O(n)$ 内判定一个图是否为平面图，即关于顶点数的线性复杂度。这些算法的研究超出了本书的目标范畴。

然而，值得在本章中花费篇幅提及下面的很容易用于识别非平面图的准则。

命题 12.8　设 G 是一个简单连通平面图，有 $n \geqslant 3$ 个顶点和 m 条边，则有 $m \leqslant 3n-6$。

因此，平面图的边数是有限的。为了检测一个图的非平面性，可能数一下其边数就足够了，如果 $m>3n-6$，则它必为非平面图。

例 12.22　我们再来考虑 K_5 的表示。如图 12-25 所示。

我们知道这个图是简单非平面图。节点数 $n=5$，边数为

$$m=\binom{n}{2}=\frac{n!}{2!(n-2)!}=\frac{n^2-n}{2}=10$$

注意 $m>3n-6=9$，我们可以很容易验证上面的命题。

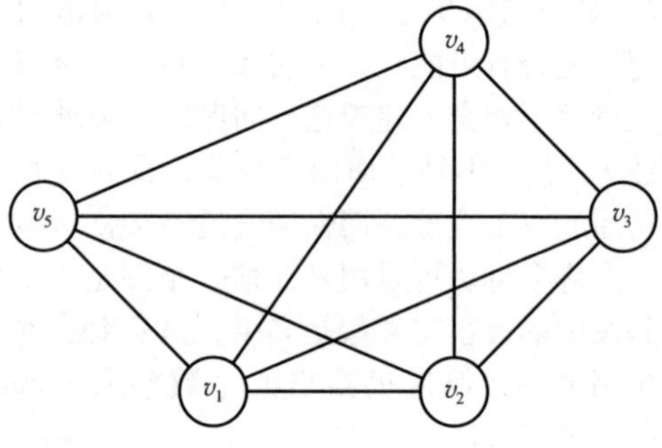

图　12-25

尽管有多于 $3n-6$ 条边的图必是非平面图，但反之不然，边数少于 $3n-6$ 的图仍可能是非平面图。下面的命题给出了一个图是平面图的另一个条件。

命题 12.9　设 G 是一个简单连通平面图，有 $n>3$ 个顶点和 m 条边。假设 G 中没有长度为 3 的回路（所有回路的长度至少为 4），则有 $m \leqslant 2n-4$。

这个命题表明，如果图中没有短回路（长度为 3），那么有 $2n-3$ 条边就足以得出它不是平面图的结论。下面的例子阐释了这一事实。

例 12.23　图 $K_{3,3}$ 是简单连通图，有 $n=6$ 个顶点，$m=9$ 条边。由命题 12.8 中的准则，$m \leqslant 3n-6=18-6=12$。因此，我们无法得出有关平面性的结论。然而，图 $K_{3,3}$ 没有长度为 3 的回路（它的回路长度至少为 4）。因此，如果它有超过 $2n-4$ 条边，它必不是平面图。此时 $2n-4=8$。而我们知道在 $K_{3,3}$ 中有 $m=9$ 条边。因此，$K_{3,3}$ 不是平面图。

定义 12.40　设 G 为平面图。图的一个**内部区域**（或内部面）是指被边包围的平面的一部分。平面未被边包围的部分称为图的**外部区域**。

在本章后面的各节中，当我们提到“图的区域”或简单地说“区域”时，一般指的是内部区域或外部区域。因此，图可以分为区域，一个是外部的，其他所有的都是内部的。

定义 12.41　设 G_1 和 G_2 是两个平面图。图 G_2 的构造始于 G_1。将 G_2 的每一个顶点放在 G_1 的一个区域中（每个区域只放一个顶点），然后放置 G_2 的边，使得 G_2 的每条边只穿过 G_1 的一条边，且穿过每条边恰好一次。我们称图 G_2 是图 G_1 的**几何对偶**图（或简称为对偶图）。

例 12.24　如图 12-26 所示，图 G_1 由顶点 v_i 和实线边组成，图 G_2 则由顶点 w_i 和虚线边组成。

命题 12.10　设 G_1 为平面图，G_2 是其几何对偶图，则 G_2 的几何对偶图是 G_1。[㊀]

㊀ 此命题应添加 G_1 连通的条件。——译者注

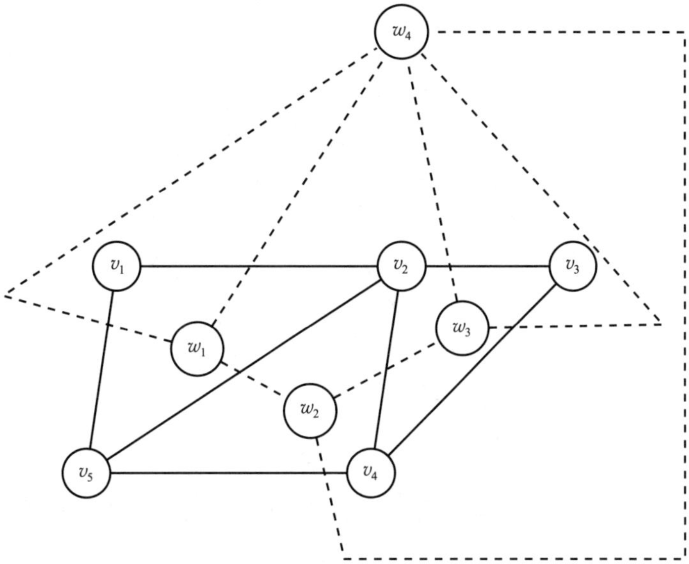

图　12-26

对偶的存在性是图论中一个非常重要的概念，因为它是图的平面性的一个检验。下面的命题明确地陈述了这一事实。

命题 12.11　*设 G 为平面图。图 G 是平面图当且仅当它有对偶图。*

例 12.25　图 12-27（实线边的图）是平面图，且它有对偶图（虚线边的图）。

如果我们考虑 K_5，如图 12-28 所示，它不是平面图。

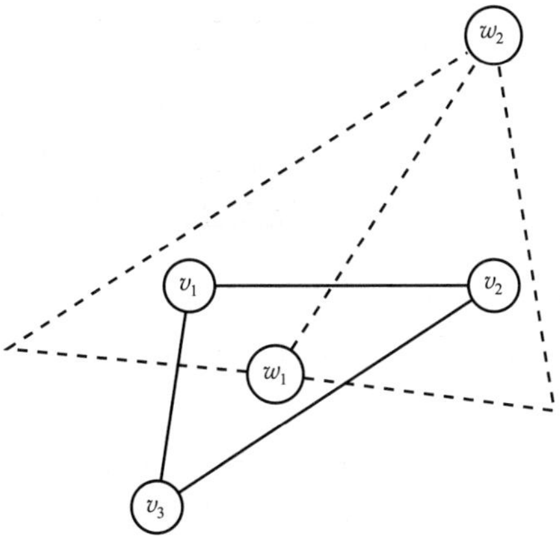

图　12-27

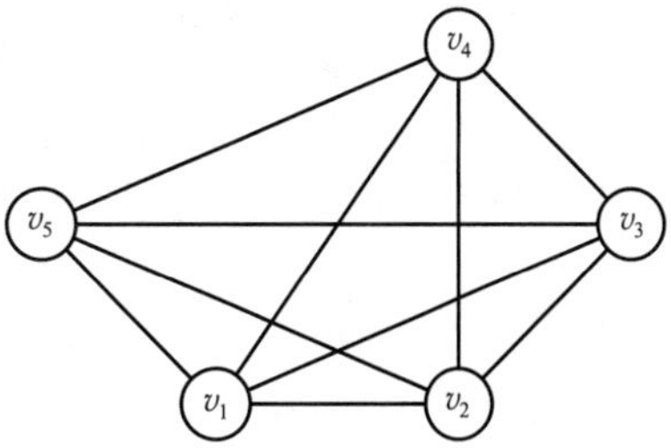

图　12-28

我们可以把它表示为图 12-29。

无论我们如何表示 K_5，图中仍然会出现至少一个交叉点。因此，不存在构造对偶图的面。

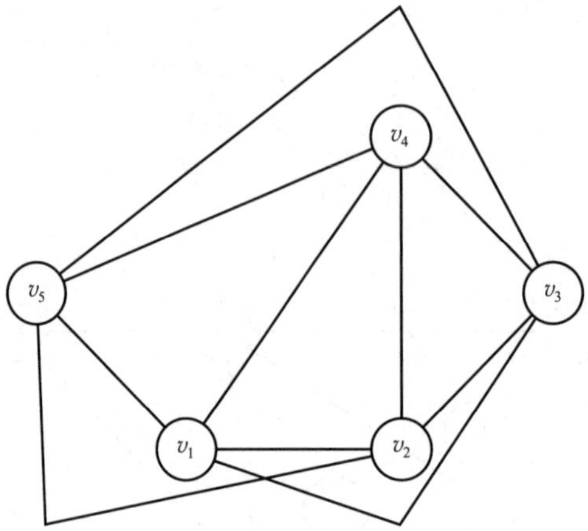

图　12-29

命题 12.12　设 G 为平面图。如果图 G 是不可分的，则它的对偶图是不可分的。

12.4.1　树和余树

定义 12.42　连通的无回路图称作树。

例 12.26　图 12-30 给出一个树的例子。

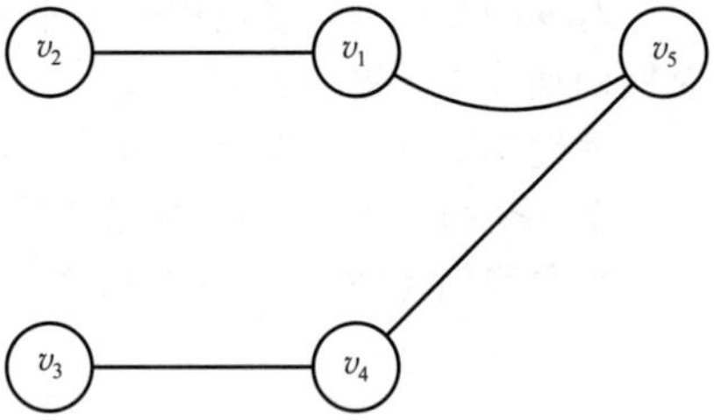

图　12-30

由不连通的树构成的图叫作**森林**。因此，森林是树的不相交并。换言之，森林的每个连通分量都是树。下面的定理给出了树的刻画。

定理 12.7　设 G 是一个有 n 个顶点和 m 条边的树。则有 $m=n-1$。

证明　根据假设，G 是一个具有 n 个顶点和 m 条边的树。删除位于最外围的一条边，即移除该边后将留下一个孤立顶点。我们逐一删除边，直至只留下一条边。每删除一条边，均留下一个孤立顶点。因此，在删除 $m-1$ 条边后，留下了 $m-1$ 个孤立顶点。最后一次删除边将留下两个孤立顶点。因此，树包含 m 条边和 $n=m+1$ 个顶点。因此，$m=n-1$。　□

例 12.27　考虑例 12.26 中的树，它有 4 条边和 5 个顶点，即 $m=n-1$。

定理 12.8　设 G 是一个有 n 个顶点和 m 条边的树，则每一对顶点之间都有唯一的路径相连接。

证明　考虑树的两个顶点 v_1 和 v_2。用反证法，假设至少有两条路径连接 v_1 和 v_2。但是，连接 v_1 和 v_2 的两条不同的路径构成一个回路，与树的定义矛盾。因此，路径必是唯一的。　□

例 12.28　再次考虑例 12.26 中的树，比如从 v_2 到 v_4 只有唯一的路径。

定理 12.9　设 G 是一个有 n 个顶点和 m 条边的树。如果任意一条边被移除，则树被分为两个连通分量。

证明　考虑树的两个相邻顶点 v_1 和 v_2。移除连接 v_1 到 v_2 的边。由于树不包含回路，故而没有其他路连接 v_1 和 v_2。移除该边断开了 v_1 与 v_2 的连接。这意味着树被划分为两个连通分量。　□

例 12.29　我们再次考虑例 12.26 中的树，移除任意一边，例如 (v_1,v_5)，所得的图有两个连通分量。如图 12-31 所示。

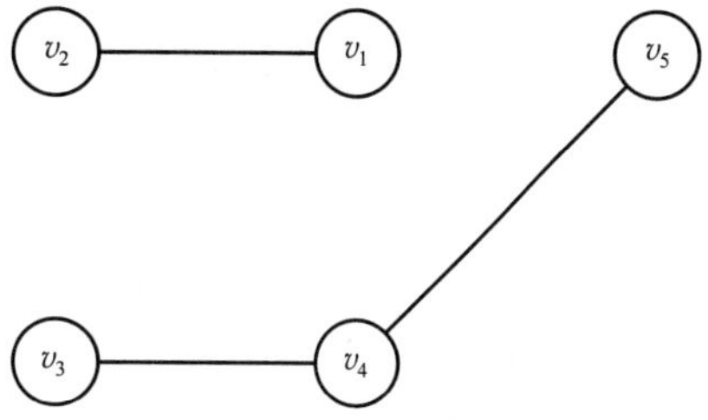

图　12-31

上一个定理也可以用下面的命题等价地表述。

命题 12.13　每个树都是一个二分图。

证明　树不包含回路。那么，如果将连接任意顶点 v 和 v' 的任意边去除，则这两个顶点间的连接就会断开。因此，图将由两个连通分量组成。□

定义 12.43　设 G 是一个有 n 个顶点和 m 条边的图。我们称包含 G 的所有 n 个顶点的树为图 G 的**生成树**。生成树的边称作**分枝**。

例 12.30　考虑图 12-32。它的一个生成树是图 12-33。

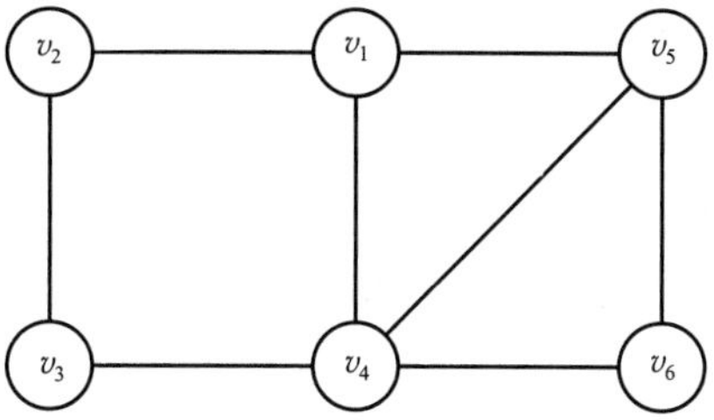

图　12-32

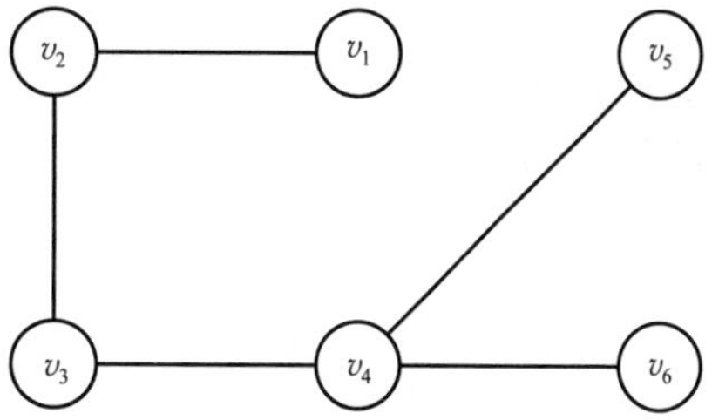

图　12-33

定义 12.44　设 G 是一个图，T 是它的一个生成树。树 T 的**余树** C 是指由 T（和 G）的 n 个顶点和属于 G 但不属于 T 的边所构成的图。余树的边称为**弦**。

例 12.31　图 12-25 生成树对应的余树是图 12-34。

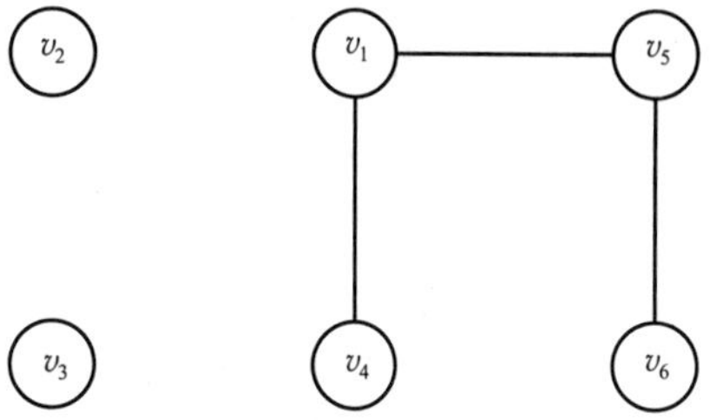

图　12-34

命题 12.14　设 $G(n,m)$ 是一个由 n 个顶点和 m 条边组成的简单连通平面图。设 ρ 和 ν 分别为 $G(n,m)$ 的秩和零度。对于任意一个生成树，秩 ρ 等于分枝数，而零度 ν 等于相应余树的弦数。

证明　图 $G(n,m)$ 的任意生成树包含图的所有 n 个节点。由定理 12.7 可知，生成树包含 $n-1$ 个分枝。具有 c 个连通分量的图的秩为 $\rho=n-c$。由图是连通的可得 $\rho=n-1$，即分枝数。

余树包含剩余的 $m-n+1$ 条边，即 $m-n+1$ 个弦。由定义知，零度 $\nu=m-\rho=m-n+1$，即余树的弦数。□

命题 12.15　设 $G(n,m)$ 是一个简单连通平面图，G' 是它的对偶，则 G' 的生成树的分枝数等于 G 的余树的弦数。

例 12.32　再来考虑图 12-32。我们知道它的生成树有 $n-1=5$ 个分枝，相应的余树有 $m-5=3$ 个弦。现在我们考虑相应的对偶图。如图 12-35 所示。

对偶图（虚线）显然有 8 条边（和原图的边一样多）和 4 个顶点（和原图的面一样多）。这意味着它的生成树有 4 个顶点和 3 个分枝，分枝数正是原图的余树的弦数。

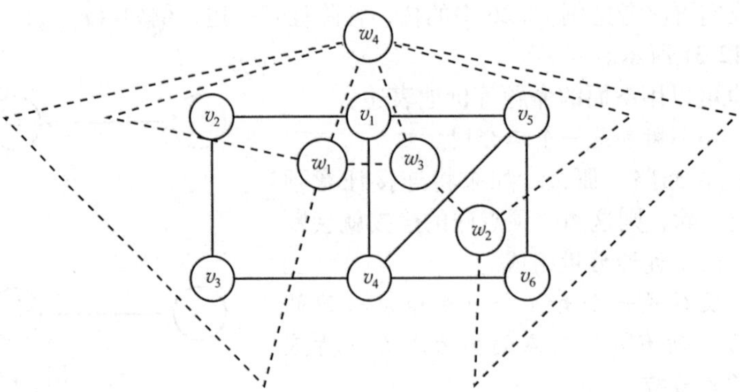

图 12-35

推论 12.1 设 $G(n,m)$ 是具有 m 条边的平面连通图，G'是它的对偶图，则 G 的生成树的分枝数与 G'的生成树的分枝数之和为 m。

图与向量空间的类比

通过观察我们可以发现，图与向量空间之间有着类比关系。特别地，我们可以在边集 E 上定义一个向量空间。在图论中，向量的基被生成树取代。类似于 n 个向量才能张成 n 维向量空间，生成树必须包含（并连接）所有 n 个节点。线性无关的概念被生成树中不含回路所替代。回路的存在可视为一种冗余，因为它对应于有多条路径连接一对节点。

因此，图的秩可以理解为其生成树的边数（分枝数）。这类似于向量空间的秩为构成其基的向量数。回顾秩-零度定理，我们可以认为零度是另一个向量空间的维数，当把它与秩相加时，即可得全体（边的）集合的维数。在这个意义上，余树也可以理解为一个向量空间的基，其维数是它的边数（弦数），即为零度。秩与零度之和是图的总边数。

研究这一类比的主题不在本书的范围，它被称作**拟阵**。

12.4.2 欧拉公式

平面图的一个非常重要的性质是欧拉公式。

定理 12.10（欧拉公式） 设 $G(n,m)$ 为平面连通图，有 n 个顶点和 m 条边。设 f 为面的个数，则有

$$n-m+f=2$$

证明 考虑图 $G(n,m)$ 的生成树 T。由命题 12.14，T 有 n 个顶点和 $n-1$ 个分枝。

$G(n,m)$ 的对偶图 G'在 G 的每个面中都有一个顶点，因此，它有 f 个顶点。对偶图 G'的生成树有 $f-1$ 个分枝。

由推论 12.1 可得

$$n-1+f-1=m \Rightarrow n-m+f=2$$ □

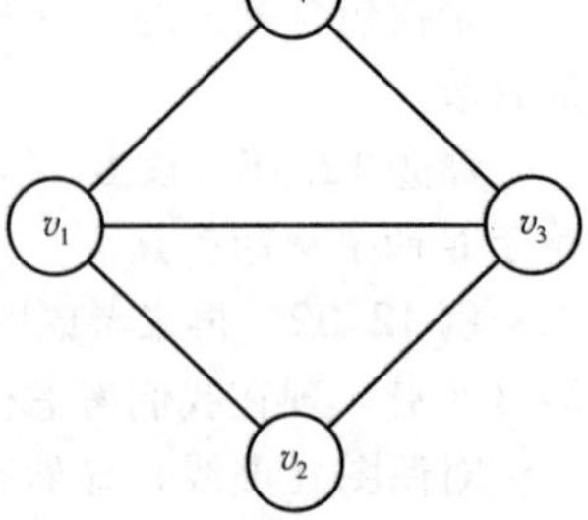

图 12-36

例 12.33 考虑图 12-36。

我们有 $n=4$，$m=5$，$f=3$ 和 $n-m+f=4-5+3=2$。

必须指出，欧拉公式最初源于多面体（即由多边形围成的立体图形）。例如，多面体是所谓的柏拉图立体：四面体（tetrahedron）、立方体（cube）、八面体（octahedron）、十二面体

（dodecahedron）和二十面体（icosahedron）。如图 12-37 所示。

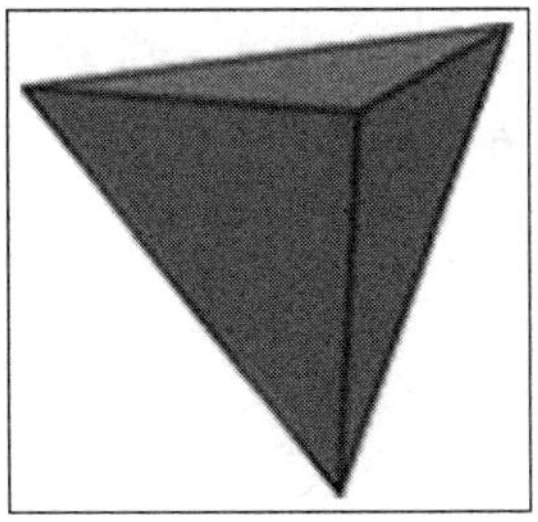

a）四面体

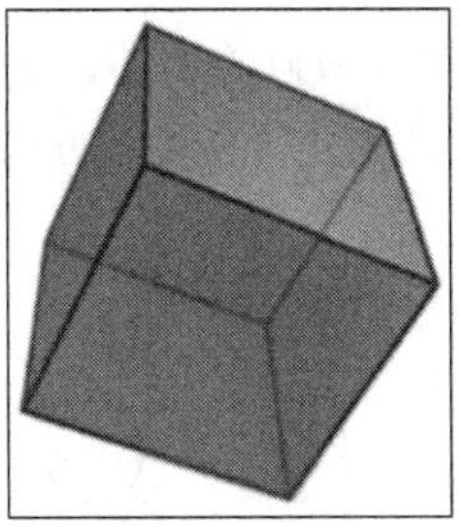

b）立方体

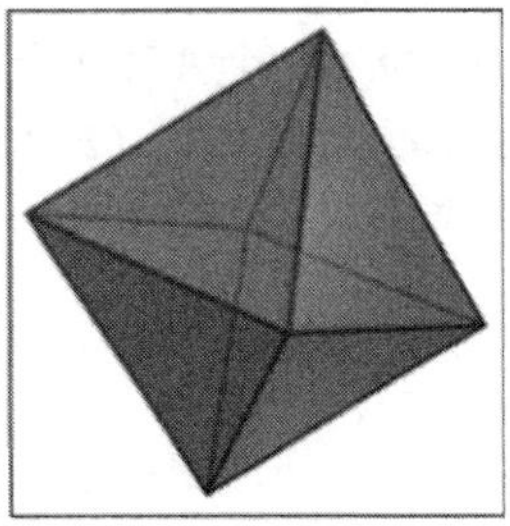

c）八面体

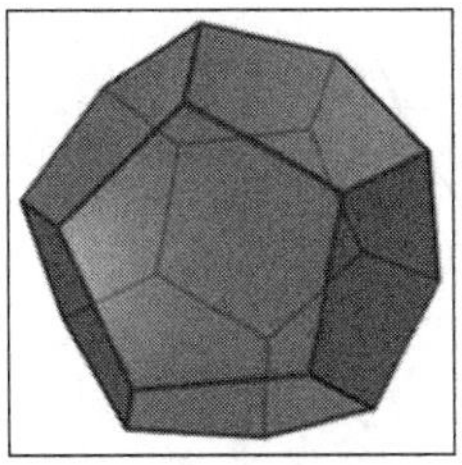

d）十二面体

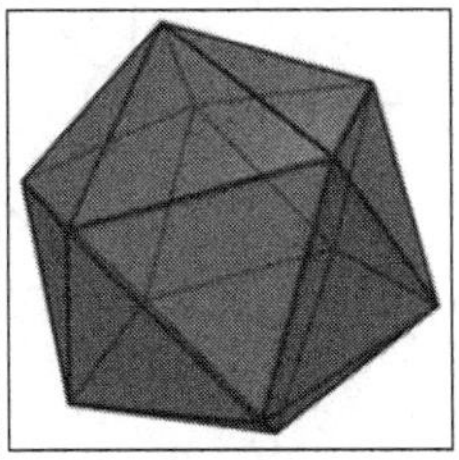

e）二十面体

图　12-37

欧拉发现了简单（即没有洞的）多面体中面数 F、顶点数 V 和边数 E 之间的关系满足

$$V-E+F=2$$

这个公式与图的欧拉公式是相同的，因为多面体可以转化为一个简单连通平面图，以多面体的顶点为图的顶点，多面体的边为图的弧，多面体的面对应于图的面。

例 12.34　图 12-38a 和图 12-38b 分别给出了四面体和正方体的平面表示。

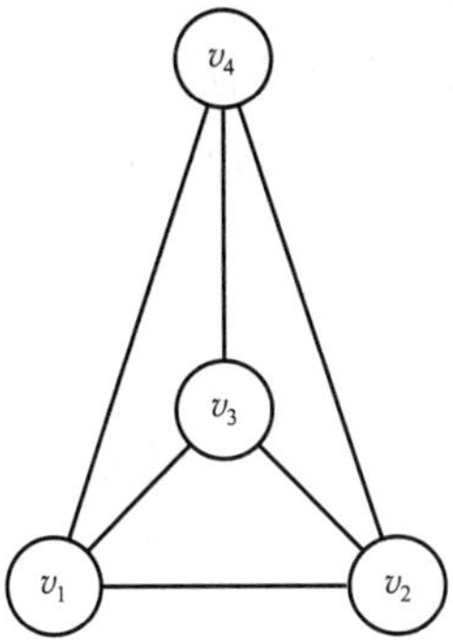

a）

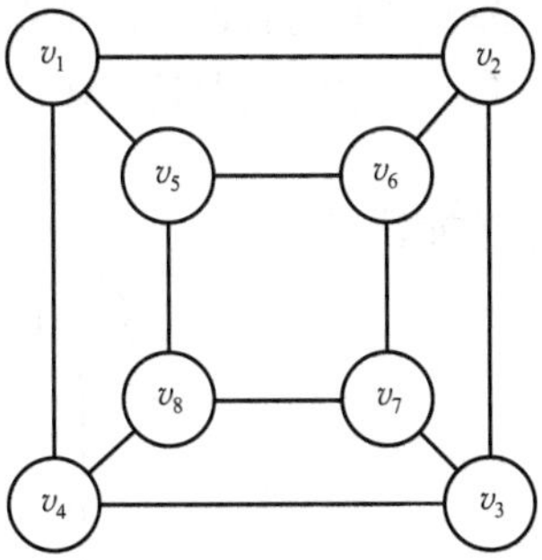

b）

图　12-38

12.5　图矩阵

矩阵是表示图的一个有用方式。这种表示在概念上非常重要，因为它将图论和矩阵代数联系起来，再次展示了数学是如何由相互关联的概念组成的，我们应该从不同的角度考察问题。

12.5.1　邻接矩阵

定义 12.45　给定一个具有 n 个顶点的简单图 G，它的**邻接矩阵**为 $n\times n$ 矩阵，如果顶点 v_i 和顶点 v_j 有边连接，则矩阵在 (i,j) 位置元素为 1，否则为 0。

例 12.35　考虑图 12-39。

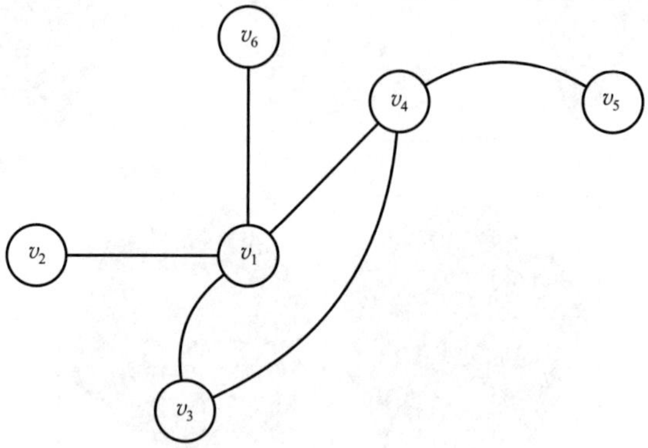

图　12-39

此图对应的邻接矩阵为

$$
\boldsymbol{A}=\begin{pmatrix}0&1&1&1&0&1\\1&0&0&0&0&0\\1&0&0&1&0&0\\1&0&1&0&1&0\\0&0&0&1&0&0\\1&0&0&0&0&0\end{pmatrix}
$$

无向图的邻接矩阵显然是对称的。对于有向图，如果存在从顶点 v_i 到顶点 v_j 的边，则其邻接矩阵在位置 (i,j) 的元素为 1，但是，在位置 (j,i) 的元素为 0。因此，有向图的邻接矩阵通常是不对称的。

例 12.36　考虑有向图 12-40。

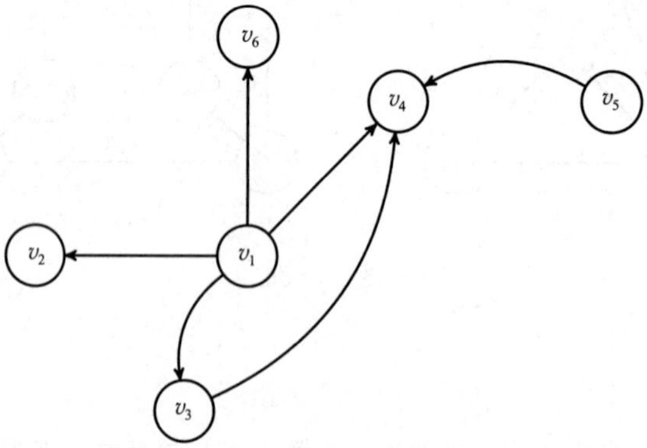

图　12-40

此图对应的邻接矩阵为

$$A=\begin{pmatrix}0&1&1&1&0&1\\0&0&0&0&0&0\\0&0&0&1&0&0\\0&0&0&0&0&0\\0&0&0&1&0&0\\0&0&0&0&0&0\end{pmatrix}$$

对于无向多重图，如果存在多条边（设为 s 条）连接顶点 v_i 和顶点 v_j，则矩阵在位置 (i,j) 和位置 (j,i) 的元素为整数 s。对于有向多重图，如果存在从 v_i 到 v_j 的 s 条边，则矩阵在位置 (i,j) 的元素为 s，如果有 t 条边从 v_j 到 v_i，则矩阵在位置 (j,i) 的元素为 t，而若从 v_j 到 v_i 没有边，则为 0。

例 12.37　柯尼斯堡七桥问题中图的邻接矩阵为

$$\begin{pmatrix}0&2&2&1\\2&0&0&1\\2&0&0&1\\1&1&1&0\end{pmatrix}$$

定义 12.46　如果一个图的顶点是可区分的，则它的每个顶点可被赋予一个名称，该图称为**标号图**。

将图以邻接矩阵方式进行编码是在计算机上表达图的结构的最合适方法。

无向图的邻接矩阵 $\boldsymbol{A}$ 的性质：

- $\boldsymbol{A}$ 是对称的；
- 第 i 行元素的和等于 v_i 的度；
- 如果 $\boldsymbol{A}_1$ 和 $\boldsymbol{A}_2$ 是对应于同一个图的不同标号的邻接矩阵，则 $\boldsymbol{A}_1$ 共轭于 $\boldsymbol{A}_2$，即存在一个可逆矩阵 $\boldsymbol{B}$，使 $\boldsymbol{A}_2=\boldsymbol{B}^{-1}\boldsymbol{A}_1\boldsymbol{B}$。

有向图的邻接矩阵 $\boldsymbol{A}$ 的性质：

- $\boldsymbol{A}$ 不一定对称；
- 一般第 i 行元素的和等于从顶点 v_i 的出边数；
- 一般第 i 列元素的和等于到顶点 v_i 的入边数。

例 12.38　完全图 K_5 在其五个顶点上的邻接矩阵为

$$A=\begin{pmatrix}0&1&1&1&1\\1&0&1&1&1\\1&1&0&1&1\\1&1&1&0&1\\1&1&1&1&0\end{pmatrix}$$

注意，它是一个对称矩阵，对应于一个无向图。由于 K_5 不含回路，故主对角线上都是 0。

例 12.39　矩阵

$$\begin{pmatrix}0&0&2&2\\1&0&2&0\\3&0&1&1\\2&1&0&0\end{pmatrix}$$

为图 12-41 的邻接矩阵。

图的邻接矩阵不仅是描述图的重要工具，也是一种允许在矩阵的代数空间中操作图的表示。

方阵的和与乘法的定义对邻接矩阵也有效，并且对结果图也有意义。其意义类似于集合之间的并和笛卡儿积。

如果 $\boldsymbol{A}$ 是一个（多重）图 G 的邻接矩阵，那么位置 (i,j) 上的数表示连接顶点 v_i 和顶点 v_j 的边数。关于矩阵 $\boldsymbol{A}$ 的幂的研究给了我们关于图的一个重要信息，具体如下述命题所显示，矩阵 $\boldsymbol{A}$ 的幂给出了关于图的线路数的信息（见定义 12.9）。

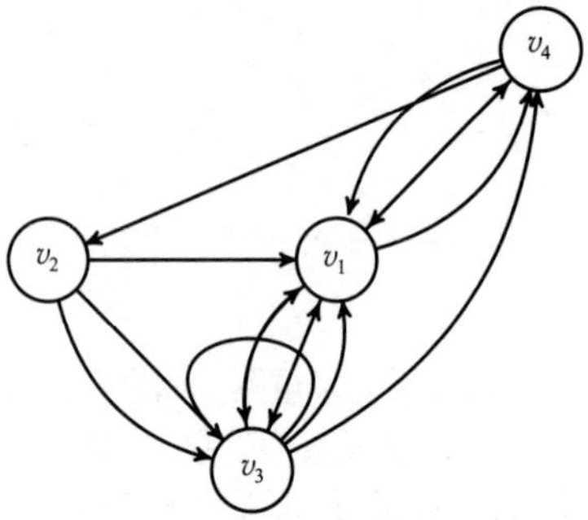

图　12-41

命题 12.16　若 $\boldsymbol{A}$ 是图 G 的邻接矩阵，则 G 中从顶点 v_i 到顶点 v_j 的长度为 k $(k\geqslant 1)$ 线路数由矩阵 $\boldsymbol{A}^k$ 的元素 (i,j) 给出。

这个命题的证明可以通过对 k 做归纳法来完成。

例 12.40　为计算一个图中长度为 2 的线路数，我们须计算幂 $\boldsymbol{A}^2$，其中 $\boldsymbol{A}$ 是图的邻接矩阵。让我们考虑下面的邻接矩阵。

$$\boldsymbol{A}=\begin{pmatrix}0&1&1&1&0&1\\1&0&0&0&0&0\\1&0&0&1&0&0\\1&0&1&0&1&0\\0&0&0&1&0&0\\1&0&0&0&0&0\end{pmatrix}$$

矩阵 $\boldsymbol{A}^2$ 由下式给出，

$$\boldsymbol{A}^2=\begin{pmatrix}0&1&1&1&0&1\\1&0&0&0&0&0\\1&0&0&1&0&0\\1&0&1&0&1&0\\0&0&0&1&0&0\\1&0&0&0&0&0\end{pmatrix}\begin{pmatrix}0&1&1&1&0&1\\1&0&0&0&0&0\\1&0&0&1&0&0\\1&0&1&0&1&0\\0&0&0&1&0&0\\1&0&0&0&0&0\end{pmatrix}=\begin{pmatrix}4&0&1&1&1&0\\0&1&1&1&0&1\\1&1&2&1&1&1\\1&1&1&3&0&1\\1&0&1&0&1&0\\0&1&1&1&0&1\end{pmatrix}$$

从 v_1 到 v_1 的长度为 2 的线路有 4 条，即为 $v_1,v_2,v_1;v_1,v_6,v_1;v_1,v_3,v_1;v_1,v_4,v_1$。（记住它们是线路，而不是轨迹，故边可追溯。）从 v_1 到 v_2 没有长度为 2 的线路 $(a_{1,2}=0)$，从 v_4 到 v_4 的长度为 2 的线路有 3 条 $(a_{4,4}=3)$，依此类推。

图的邻接矩阵的幂也给了我们关于图的连接的信息。下面的命题给出正式陈述。

命题 12.17　设 $\boldsymbol{A}$ 是有 n 个顶点的图 G 的邻接矩阵。则有

1. G 是连通图当且仅当 $\boldsymbol{I}+\boldsymbol{A}+\boldsymbol{A}^2+\cdots+\boldsymbol{A}^{n-1}$ 中只包含严格正整数；
2. G 是连通图当且仅当 $(\boldsymbol{I}+\boldsymbol{A})^{n-1}$ 只包含严格正整数。

12.5.2　关联矩阵

定义 12.47　设 G 是一个包含 n 个顶点和 m 条边且不含自环的图。顶点—边**关联矩阵**（或简称关联矩阵）为一个 $n\times m$ 矩阵，如果边 e_j 终止于顶点 v_i，则该矩阵在位置 (i,j) 处的元素

为 1，否则为 0。

例 12.41　为了阐释关联矩阵的概念，考虑此前用来引入邻接矩阵的图，但将它的边做了标号。如图 12-42 所示。

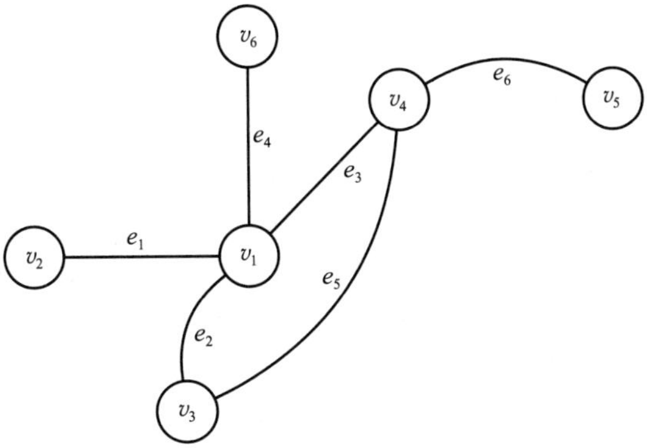

图　12-42

此图相应的关联矩阵为

$$\boldsymbol{A}_{\mathrm{a}}=\begin{pmatrix}1&1&1&1&0&0\\1&0&0&0&0&0\\0&1&0&0&1&0\\0&0&1&0&1&1\\0&0&0&0&0&1\\0&0&0&1&0&0\end{pmatrix}$$

观察可知，关联矩阵一般是不对称的，也不是方阵。然而，关联矩阵具有其他特征。首先，从关联矩阵的定义显然可以看出，关联矩阵的每一列都包含两个 1 值。考虑到第 j 列对应于边 e_j 与顶点相交的位置显示为 1。这一事实很容易解释，因为每条边总是与两个顶点相交，所以第 j 列有两个 1 值。下面我们介绍关联矩阵中元素的和运算。

$$0+0=0$$
$$1+0=1$$
$$0+1=1$$
$$1+1=0$$

下面的命题给出了关联矩阵的一个重要性质。

命题 12.18　设 G 是一个包含 n 个顶点和 m 条边的图。设 $\boldsymbol{A}_{\mathrm{a}}$ 为图 G 的关联矩阵，我们用 $\boldsymbol{a}_i$ 表示矩阵 $\boldsymbol{A}_{\mathrm{a}}$ 的一般第 i 行向量，它满足

$$\sum_{i=1}^{n}\boldsymbol{a}_i=\mathbf{0}$$

证明　对于任意 j，我们计算 $\sum_{i=1}^{n}a_{i,j}$。这是有两个 1 值的列向量的元素和。因此，该和等于 0。我们可以对 $\forall j=1,2,\cdots,m$ 重复相同的计算，每次都得到 0。因此，

$$\sum_{i=1}^{n}\boldsymbol{a}_i=\left(\sum_{i=1}^{n}a_{i,1},\sum_{i=1}^{n}a_{i,2},\cdots,\sum_{i=1}^{n}a_{i,m}\right)=(0,0,\cdots,0)=\mathbf{0}$$ □

定理 12.11 设 G 是一个包含 n 个顶点和 m 条边的连通图。设 $\boldsymbol{A}_a$ 为图 G 的关联矩阵，则 G 的秩与矩阵 $\boldsymbol{A}_a$ 的秩相同。

证明 设 G 是连通图，则其秩为 $n-c=n-1$。矩阵 $\boldsymbol{A}_a$ 的大小为 $n\times m$。由于 $\sum_{i=1}^{n}\boldsymbol{a}_i=\boldsymbol{0}$，故矩阵 $\boldsymbol{A}_a$ 的秩至多为 $n-1$。

为了证明图与矩阵具有相同的秩，我们只须证明矩阵 $\boldsymbol{A}_a$ 的秩至少为 $n-1$，即要证明 $k<n$ 个行向量的和不为 $\boldsymbol{0}$。我们用反证法，设存在 k 个行向量，使得 $\sum_{i=1}^{k}\boldsymbol{a}_i=\boldsymbol{0}$。

我们置换矩阵的行，使这 k 行出现在矩阵的顶部。那么，这 k 行的列要么包含两个 1，要么所有元素为 0。可以对列进行置换，以便前 l 列有两个 1 值，其余的 $m-l$ 列由 0 值构成。作为这些列交换的结果，剩余的 $n-k$ 行被安排为在前 l 列中全部为 0 值，而在其余的 $m-l$ 列中每一列显示两个 1 值。矩阵以以下方式映射，

$$\boldsymbol{A}_a=\left(\begin{array}{c|c}\boldsymbol{A}_{1,1} & \boldsymbol{0}\\ \hline \boldsymbol{0} & \boldsymbol{A}_{2,2}\end{array}\right)$$

这是一个由两个连通分量 $\boldsymbol{A}_{1,1}$ 和 $\boldsymbol{A}_{2,2}$ 组成的图的关联矩阵。这两个连通分量显然是不连通的，因为没有边连接它们（没有一列在 $\boldsymbol{A}_{1,1}$ 中只有一个 1 且在 $\boldsymbol{A}_{2,2}$ 中只有一个 1）。这是不可能的，因为根据假设，这个图是连通的。因此，矩阵的秩至少是 $n-1$，并且，如上所示，图的秩恰好是 $n-1$。 □

例 12.42 我们再次考虑上例中的图及其关联矩阵 $\boldsymbol{A}_a$。该图由 6 个节点和 1 个连通分量组成。因此，它的秩是 5。关联矩阵行数为 $n=6$，列数为 $m=6$。该矩阵是奇异的，秩为 5。

推论 12.2 设 G 是一个包含 n 个顶点和 m 条边的图，由 c 个连通分量组成。设 $\boldsymbol{A}_a$ 为图 G 的关联矩阵，则 $\boldsymbol{A}_a$ 的秩为 $n-c$。

定义 12.48 设 G 是一个包含 n 个顶点和 m 条边的图。设 $\boldsymbol{A}_a$ 是图 G 的关联矩阵，**约化关联矩阵** $\boldsymbol{A}_f$ 是指由 $\boldsymbol{A}_a$ 删去一行所得到的任意 $(n-1)\times m$ 矩阵。在 $\boldsymbol{A}_f$ 中被删除的行对应的顶点称为**参考点**。

显然，由于连通图的关联矩阵秩为 $n-1$，因此，约化关联矩阵的行向量是线性无关的。

推论 12.3 设 G 是一个包含 n 个顶点的图。G 的约化关联矩阵非奇异当且仅当 G 是一个树。

证明 如果 G 是一个有 n 个顶点的树，那么它是连通的，并且包含 $n-1$ 条边。树的关联矩阵大小为 $n\times(n-1)$，秩为 $n-1$。如果我们删去一行，则此树的约化关联矩阵是一个方阵，大小为 $(n-1)\times(n-1)$，根据定理 12.11，其秩为 $n-1$。由于矩阵的阶等于它的秩，因此该矩阵是非奇异的。

若约化关联矩阵非奇异，则它显然是方阵，具体来说，由假设它的大小为 $(n-1)\times(n-1)$，这意味着该矩阵的秩等于它的阶，即 $n-1$。图必是连通的，否则，它的秩将小于 $n-1$。（如果图有超过 $n-1$ 条边，那么矩阵就不是方形的，我们就不能说奇异性。）此外，这一约化关联矩阵所对应的图有 n 个顶点和 $n-1$ 条边。因此，图 G 是一个树。 □

例 12.43 本质上，这一定理表明，当图是一个树时，其约化关联矩阵是方阵。如果图中包含回路，则在关联矩阵中将产生额外的列。如果图是非连通的，则其约化关联矩阵的秩将小于 $n-1$，即约化关联矩阵要么是矩形（删除边对应着删除列），要么是奇异矩阵（至少有一个回路的非连通图）。

也许，这一事实阐明了生成树与向量的基之间的类比，以及为什么回路的存在是冗余的。我们来考虑一个树（如图 12-43 所示）和它的关联矩阵。

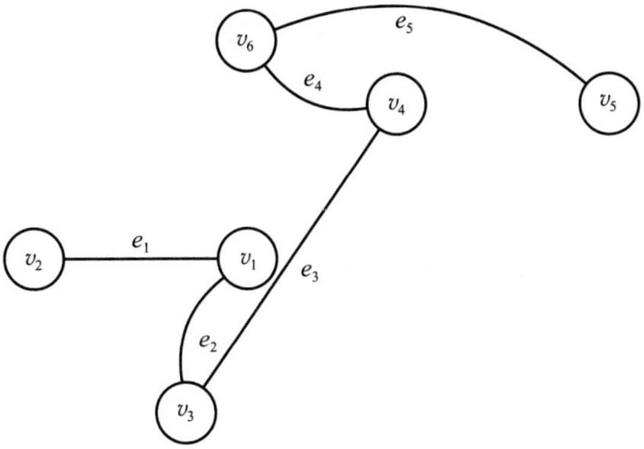

图　12-43

$$\boldsymbol{A}_{\mathrm{a}}=\begin{pmatrix}1&1&0&0&0\\1&0&0&0&0\\0&1&1&0&0\\0&0&1&1&0\\0&0&0&0&1\\0&0&0&1&1\end{pmatrix}$$

选取 v_6 为参考点，写出其约化关联矩阵：

$$\boldsymbol{A}_{\mathrm{f}}=\begin{pmatrix}1&1&0&0&0\\1&0&0&0&0\\0&1&1&0&0\\0&0&1&1&0\\0&0&0&0&1\end{pmatrix}$$

可以证明 $\boldsymbol{A}_{\mathrm{f}}$ 是非奇异的。

如果我们加上一条边，可得图 12-44。

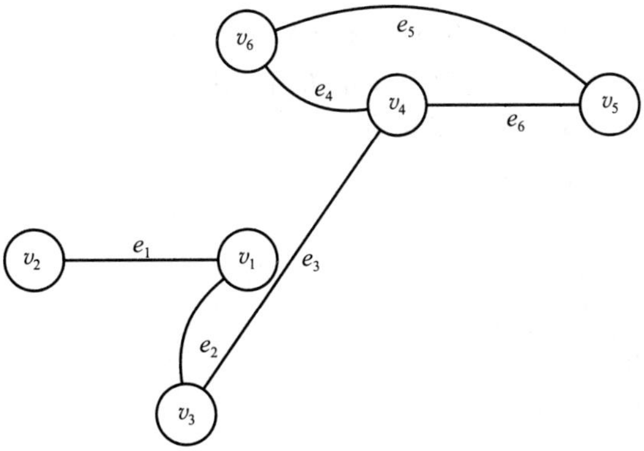

图　12-44

它的约化关联矩阵维数为5×6。因此，我们不能谈论它的奇异性。

如果图是不连通的，如图12-45所示。

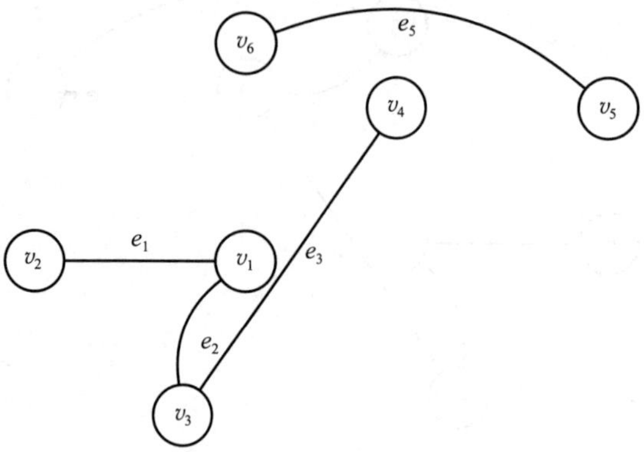

图 12-45

所得的约化关联矩阵大小为5×4。

如果图中包含回路且非连通，如图12-46所示则对应的约化关联矩阵可以是方阵。

相应的关联矩阵秩为 $n-c=6-2=4$。因此，该约化关联矩阵将是奇异的。

推论 12.4 设 G 是一个包含 n 个顶点和 m 条边的连通图。设 $\boldsymbol{A}_a$ 是图 G 的关联矩阵，设 $\boldsymbol{A}_b$ 是从 $\boldsymbol{A}_a$ 中提取的大小为 $(n-1)\times(n-1)$ 的子矩阵，则矩阵 $\boldsymbol{A}_b$ 非奇异当且仅当矩阵 $\boldsymbol{A}_b$ 是 G 的生成树所对应的约化关联矩阵。

证明 由假设，G 是一个包含 n 个顶点和 m 条边的连通图。因此，$m\geqslant n-1$。其关联矩阵 $\boldsymbol{A}_a$ 由 n 行，$m\geqslant n-1$ 列组成。从 $\boldsymbol{A}_a$ 中提取的 $(n-1)\times(n-1)$ 子矩阵 $\boldsymbol{A}_b$ 是对应于包含 n 个顶点和 $n-1$ 条边的子图 $G_b\subset G$ 的约化关联矩阵。

假设 $\boldsymbol{A}_b$ 是非奇异的。子矩阵 $\boldsymbol{A}_b$ 非奇异当且仅当它对应的图 G_b 是一个树。由于 G_b 包含 n 个顶点和 $n-1$ 条边，所以它是一个生成树。

假设 G_b 是一个生成树。因而它有 n 个顶点和 $n-1$ 条边。相应的约化关联矩阵 $\boldsymbol{A}_b$ 是大小为 $n-1$ 的方阵。由推论12.3可知，树的约化关联矩阵是非奇异的。 □

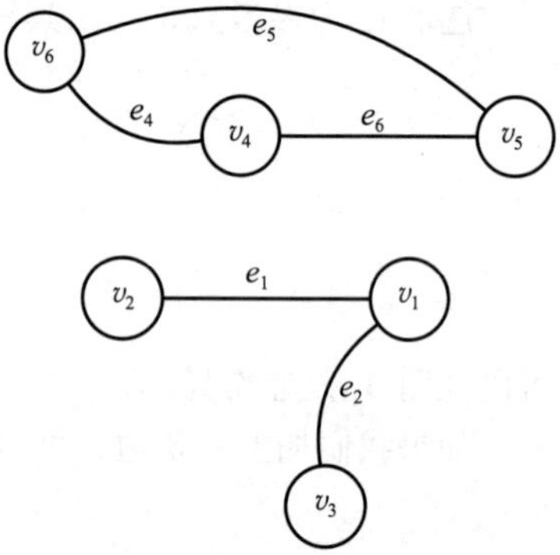

图 12-46

例 12.44 我们来考虑图12-47。

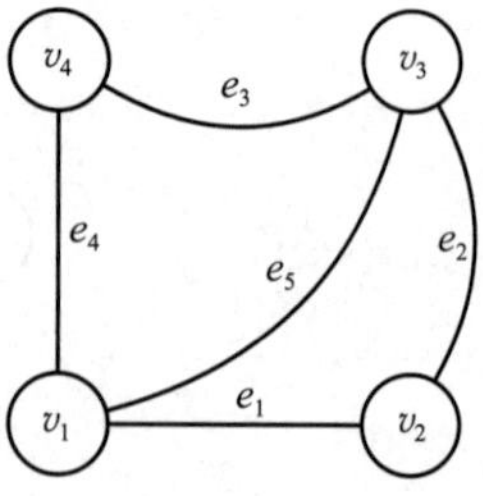

图 12-47

对应的关联矩阵为

$$\boldsymbol{A}_a=\begin{pmatrix}1&0&0&1&1\\1&1&0&0&0\\0&1&1&0&1\\0&0&1&1&0\end{pmatrix}$$

消去第二列和第三列以及第四行，记 $\boldsymbol{A}_b$ 为所得子矩阵，

$$\boldsymbol{A}_b=\begin{pmatrix}1&1&1\\1&0&0\\0&0&1\end{pmatrix}$$

该矩阵是非奇异的，且是图 12-48 的约化关联矩阵。

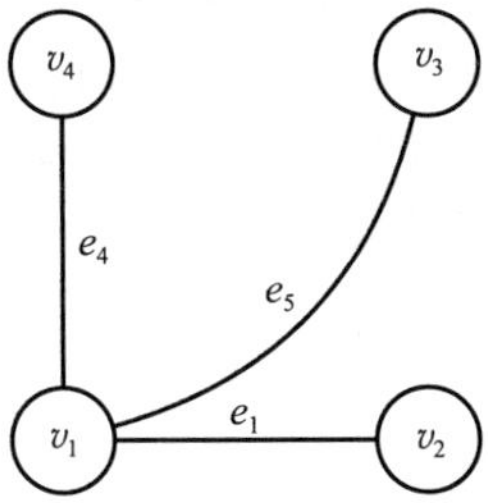

图　12-48

这正是本例中图的生成树。

12.5.3　回路矩阵

定义 12.49　设 G 是一个包含 n 个顶点和 m 条边的图。假设图中包含 q 个回路。**回路矩阵** $\boldsymbol{B}_a$ 定义为一个 $q\times m$ 矩阵，如果边 e_j 属于回路 z_i，则该矩阵在位置 (i,j) 的元素为 1，否则为 0。

例 12.45　再次考虑图 12-42，

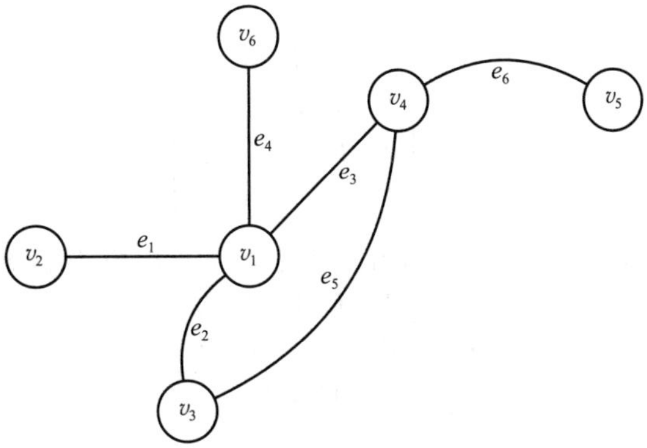

图　12-42　（重复）

图中唯一的回路是 $z_1=(e_2,e_3,e_5)$。因此，在这种情形下，回路矩阵是平凡的，

$$\boldsymbol{B}_a=(0\quad 1\quad 1\quad 0\quad 1\quad 0)$$

定理 12.12　设 G 是一个包含 n 个顶点和 m 条边且没有自环的图。设 $\boldsymbol{A}_a$ 和 $\boldsymbol{B}_a$ 分别为该图的关联矩阵和回路矩阵。令这两个矩阵的列以相同的方式排列，即边标号相同，则有 $\boldsymbol{A}_a\boldsymbol{B}_a^{\mathrm{T}}=\boldsymbol{A}_a^{\mathrm{T}}\boldsymbol{B}_a=\boldsymbol{O}$。

证明　设 v_i 是图 G 的一个顶点，z_j 为它的一个回路。如果顶点 v_i 不属于回路 z_j，则不存在与顶点 v_i 相关联的边属于这个回路。如果 v_i 属于 z_j，则恰好有两条边属于这个回路并且与 v_i 相关联。

现在考虑矩阵 $\boldsymbol{A}_a$ 的第 i 行和 $\boldsymbol{B}_a$ 的第 j 行（也就是 $\boldsymbol{B}_a^T$ 的第 j 列）。计算这两个向量的标量积 $\sum_{r=1}^{m} a_{i,r}b_{j,r}$。如果我们考虑边 e_r，有以下几种可能情况。

1. e_r 不与 v_i 相关联，也不属于 z_j。此时，$a_{i,r}=0$，$b_{j,r}=0$，从而 $a_{i,r}b_{j,r}=0$。
2. e_r 不与 v_i 相关联，但属于 z_j。此时，$a_{i,r}=0$，$b_{j,r}=1$，从而 $a_{i,r}b_{j,r}=0$。
3. e_r 与 v_i 相关联，但不属于 z_j。此时，$a_{i,r}=1$，$b_{j,r}=0$，从而 $a_{i,r}b_{j,r}=0$。
4. e_r 与 v_i 相关联，且属于 z_j。此时，$a_{i,r}=1$，$b_{j,r}=1$，从而 $a_{i,r}b_{j,r}=1$。

乘积 $a_{i,r}b_{j,r}=1$ 恰好出现了两次，对于与 v_i 相关联的两条边 $r1$ 和 $r2$，它们属于这个回路。因此，这一标量积是除两项外其他项均为零：

$$\sum_{r=1}^{m} a_{i,r}b_{j,r}=0+0+\cdots+a_{i,r1}b_{j,r1}+\cdots+a_{i,r2}b_{i,r2}+\cdots+0$$
$$=a_{i,r1}b_{j,r1}+a_{i,r2}b_{i,r2}=1+1=0$$

每个标量积都是 0，故而 $\boldsymbol{A}_a\boldsymbol{B}_a^T=\boldsymbol{O}$。

如果考虑 $\boldsymbol{A}_a^T\boldsymbol{B}_a$ 的乘积，只须求矩阵 $\boldsymbol{A}_a$ 的列向量和矩阵 $\boldsymbol{B}_a$ 的列向量的标量积。$\boldsymbol{A}_a$ 的每一列只包含两个 1 值。如果与该顶点相关联的边也属于回路，则上述 $1+1=0$ 的情况已验证。其他所有乘积都将为 0。因此 $\boldsymbol{A}_a^T\boldsymbol{B}_a=\boldsymbol{O}$。

综上所述，$\boldsymbol{A}_a\boldsymbol{B}_a^T=\boldsymbol{A}_a^T\boldsymbol{B}_a=\boldsymbol{O}$ 成立。

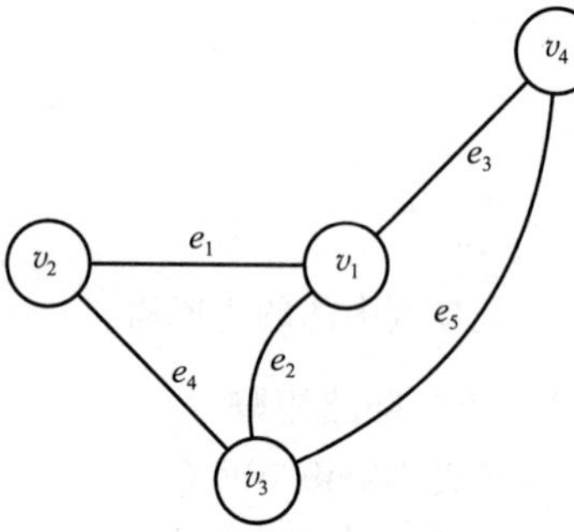

图　12-49

例 12.46　为了理解定理 12.12，我们考虑图 12-49。其关联矩阵为

$$\boldsymbol{A}_a=\begin{pmatrix}1&1&1&0&0\\1&0&0&1&0\\0&1&0&1&1\\0&0&1&0&1\end{pmatrix}$$

总共可以从中找到 3 个回路，即（e_1，e_2，e_4），（e_2，e_3，e_5）和（e_1，e_3，e_5，e_4）。

$$\boldsymbol{B}_a=\begin{pmatrix}1&1&0&1&0\\0&1&1&0&1\\1&0&1&1&1\end{pmatrix}$$

计算

$$\boldsymbol{A}_a\boldsymbol{B}_a^T=\begin{pmatrix}1&1&1&0&0\\1&0&0&1&0\\0&1&0&1&1\\0&0&1&0&1\end{pmatrix}\begin{pmatrix}1&0&1\\1&1&0\\0&1&1\\1&0&1\\0&1&1\end{pmatrix}$$

$$=\begin{pmatrix}1+1&1+1&1+1\\1+1&0&1+1\\1+1&1+1&1+1\\0&1+1&1+1\end{pmatrix}=\boldsymbol{O}$$

乘积矩阵的第一个元素由标量积给出，

$$(1\quad 1\quad 1\quad 0\quad 0)\begin{pmatrix}1\\1\\0\\1\\0\end{pmatrix}=1+1+0+0+0$$

第一个 1 对应于顶点 v_1 上的边 e_1，属于回路（e_1,e_2,e_4）。第二个 1 对应于顶点 v_1 上的边 e_2，属于回路（e_1,e_2,e_4）。矩阵的乘积必然为零，因为我们总是有恰好属于同一回路的两条边与同一节点相关联。属于同一回路的第三条边（如 e_4）则不会与同一个节点相关联。类似地，与同一节点相关联的第三条边（如 e_3）也不是同一回路的一部分。

定义 12.50　设 G 是包含 n 个顶点和 m 条边的连通图。假设 T 是图 G 的生成树，该生成树确定了一个余树 C。如果我们将 C 的任意一条弦添加到 T 上，确定了一个回路，则这个回路称作**基本回路**。

命题 12.19　设 G 是一个包含 n 个顶点和 m 条边的连通图。任选一个生成树 T，则生成树 T 有 $n-1$ 条边，图 G 有 $m-n+1$ 个基本回路。

证明　由于图 G 有 n 个顶点，由定理 12.7，m 条边中的 $n-1$ 条边属于一个生成树（分枝）。于是，剩下的 $m-n+1$ 条边属于余树（弦）。每次添加一条弦到生成树，就会确定一个基本回路。因此，余树的每条弦对应一个基本回路。既然有 $m-n+1$ 条弦，那么就存在 $m-n+1$ 个基本回路。□

定义 12.51　设 G 是一个包含 n 个顶点和 m 条边的连通图。若矩阵 $\boldsymbol{B}_f$ 的大小为 $(m-n+1)\times m$，并包含与任意一个生成树相关的基本回路，则称之为**基本回路矩阵**。

显然，当我们谈到生成树时，指的是连通图，因为生成树必须连接图的所有顶点。

例 12.47　考虑图 12-50。

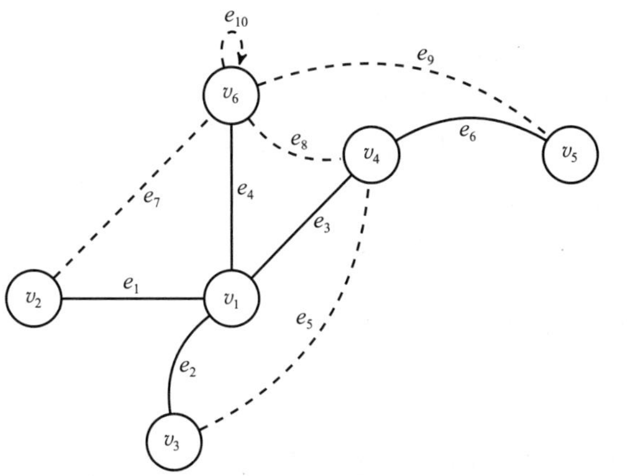

图　12-50

该图包含 10−6+1=5 个基本回路。如果我们考虑由边 e_1,e_2,e_3,e_4,e_6 确定的生成树，基本回路有（e_2,e_3,e_5），（e_1,e_4,e_7），（e_3,e_4,e_8），（e_3,e_4,e_6,e_9）和（e_{10}）。

与这些基本回路相关的回路矩阵如下。

$$
\boldsymbol{B}_{\mathrm{f}}=\begin{pmatrix}
0&1&1&0&1&0&0&0&0&0\\
1&0&0&1&0&0&1&0&0&0\\
0&0&1&1&0&0&0&1&0&0\\
0&0&1&1&0&1&0&0&1&0\\
0&0&0&0&0&0&0&0&0&1
\end{pmatrix}
$$

现在让我们将列重排，使得余树在前，树的分枝在后。

$$
\boldsymbol{B}_{\mathrm{f}}=\left(\begin{array}{ccccc|ccccc}
e_5&e_7&e_8&e_9&e_{10}&e_1&e_2&e_3&e_4&e_6\\
\hline
1&0&0&0&0&0&1&1&0&0\\
0&1&0&0&0&1&0&0&0&0\\
0&0&1&0&0&0&0&1&1&0\\
0&0&0&1&0&0&0&1&1&1\\
0&0&0&0&1&0&0&0&0&0
\end{array}\right)
$$

基本回路矩阵可以重写为

$$\boldsymbol{B}_{\mathrm{f}}=(\boldsymbol{I}\mid\boldsymbol{B}_{\mathrm{t}})$$

其中 $\boldsymbol{I}$ 是大小为 $m-n+1$ 的单位矩阵，$\boldsymbol{B}_{\mathrm{t}}$ 为描述树 T 的分枝的矩阵。

命题 12.20　设 G 是一个包含 n 个顶点和 m 条边的连通图。每个与之相关的基本回路矩阵 $\boldsymbol{B}_{\mathrm{f}}$ 可被划分为

$$\boldsymbol{B}_{\mathrm{f}}=(\boldsymbol{I}\mid\boldsymbol{B}_{\mathrm{t}})$$

其中 $\boldsymbol{I}$ 是大小为 $m-n+1$ 的单位矩阵，$\boldsymbol{B}_{\mathrm{t}}$ 是大小为 $(m-n+1)\times(n-1)$ 的矩阵。

证明　在 $\boldsymbol{B}_{\mathrm{f}}$ 中表示的每个回路（基本回路）均是由生成树的一些分枝和余树的一条弦组成的。因此，如果我们对 $\boldsymbol{B}_{\mathrm{f}}$ 的列（边）进行排列，使弦出现在前面的列中，而树的分枝出现在其余列中：

$$\boldsymbol{B}_{\mathrm{f}}=(\boldsymbol{B}_{\mathrm{c1}}\mid\boldsymbol{B}_{\mathrm{t1}})$$

其中 $\boldsymbol{B}_{\mathrm{c}}$ 表示余树子矩阵，$\boldsymbol{B}_{\mathrm{t}}$ 表示树子矩阵。

我们知道一个生成树包含 $n-1$ 个分枝，且该图总共包含 m 条边。因此，有 $m-n+1$ 个余弦。这意味着子矩阵 $\boldsymbol{B}_{\mathrm{c1}}$ 有 $m-n+1$ 列。因为每个余树都对应一个基本回路，矩阵 $\boldsymbol{B}_{\mathrm{f}}$（以及子矩阵 $\boldsymbol{B}_{\mathrm{c1}}$）有 $m-n+1$ 行。由此可知，子矩阵 $\boldsymbol{B}_{\mathrm{c1}}$ 是方阵，每一行只有一个 1，而其他所有行元素都为 0。

于是我们可以交换矩阵的行，进而将矩阵 $\boldsymbol{B}_{\mathrm{f}}$ 划分为

$$\boldsymbol{B}_{\mathrm{f}}=(\boldsymbol{I}\mid\boldsymbol{B}_{\mathrm{t}})$$

其中 $\boldsymbol{I}$ 是大小为 $m-n+1$ 的单位矩阵，$\boldsymbol{B}_{\mathrm{t}}$ 是 $(m-n+1)\times(n-1)$ 的矩阵。 □

我们还可以证明 $\boldsymbol{A}_{\mathrm{a}}\boldsymbol{B}_{\mathrm{a}}^{\mathrm{T}}=\boldsymbol{A}_{\mathrm{a}}^{\mathrm{T}}\boldsymbol{B}_{\mathrm{a}}=\boldsymbol{O}$ 对基本矩阵也成立。

例 12.48　考虑图 12-51，

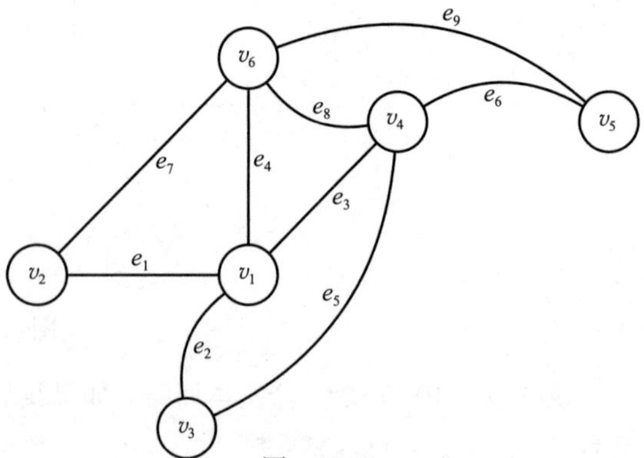

图　12-51

相应的关联矩阵为

$$A_{\mathrm{a}}=\begin{pmatrix}1&1&1&1&0&0&0&0&0\\1&0&0&0&0&0&1&0&0\\0&1&0&0&1&0&0&0&0\\0&0&1&0&0&1&0&1&0\\0&0&0&0&0&1&0&0&1\\0&0&0&1&0&0&1&1&1\end{pmatrix}$$

删除最后一行，可得

$$A_{\mathrm{f}}=\begin{pmatrix}1&1&1&1&0&0&0&0&0\\1&0&0&0&0&0&1&0&0\\0&1&0&0&0&0&0&0&0\\0&0&1&0&0&1&0&1&0\\0&0&0&0&0&1&0&0&1\end{pmatrix}$$

基本回路矩阵 B_{f} 如下，

$$B_{\mathrm{f}}=\begin{pmatrix}0&1&1&0&1&0&0&0&0\\1&0&0&1&0&0&1&0&0\\0&0&1&1&0&0&0&1&0\\0&0&0&0&0&1&0&1&1\end{pmatrix}$$

计算

$$A_{\mathrm{f}}B_{\mathrm{f}}^{\mathrm{T}}=\begin{pmatrix}1&1&1&1&0&0&0&0&0\\1&0&0&0&0&0&1&0&0\\0&1&0&0&1&0&0&0&0\\0&0&1&0&0&1&0&1&0\\0&0&0&0&0&1&0&0&1\end{pmatrix}\begin{pmatrix}0&1&0&0\\1&0&0&0\\1&0&1&0\\0&1&1&0\\1&0&0&0\\0&0&0&1\\0&1&0&0\\0&0&1&1\\0&0&0&1\end{pmatrix}=\begin{pmatrix}1+1&1+1&1+1&0\\0&1+1&0&0\\1+1&0&0&0\\1+1&0&0&1+1\\0&0&0&1+1\end{pmatrix}=\boldsymbol{O}$$

定理 12.13　设 G 是一个包含 n 个顶点和 m 条边的连通图。设 B_{a} 为该图的回路矩阵，B_{a} 的秩记为 $\rho_{B_{\mathrm{a}}}$，则秩为 $m-n+1$。

证明　由于 B_{f} 包含一个 $m-n+1$ 阶的单位矩阵，B_{a} 也包含同一矩阵。因此 B_{a} 的秩 $\rho_{B_{\mathrm{a}}}$ 至少为 $m-n+1$，

$$\rho_{B_{\mathrm{a}}}\geqslant m-n+1$$

又因为 $A_{\mathrm{a}}B_{\mathrm{a}}^{\mathrm{T}}=\boldsymbol{O}$，由定理 2.12（弱西尔维斯特零度定律），

$$\rho_{A_{\mathrm{a}}}+\rho_{B_{\mathrm{a}}}\leqslant m$$

其中 $\rho_{A_{\mathrm{a}}}$ 为关联矩阵 A_{a} 的秩。

由于 $\rho_{A_{\mathrm{a}}}=n-1$，我们得到

$$\rho_{B_{\mathrm{a}}}\leqslant m-n+1$$

因此，我们可以得出结论

$$\rho_{B_a}=m-n+1$$

□

例 12.49 考虑图 12-52，

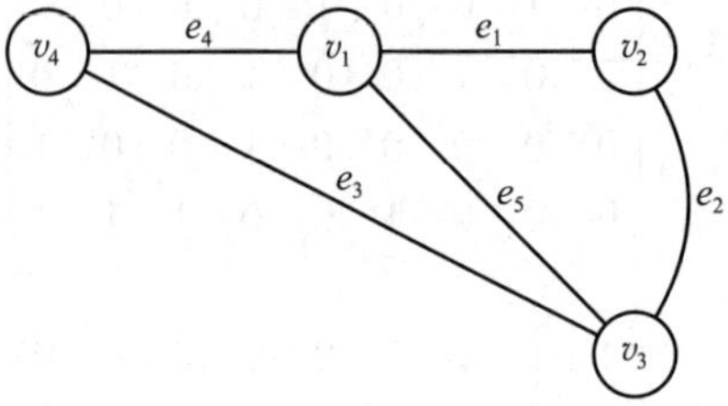

图 12-52

该图的回路有（e_1,e_2,e_5），（e_3,e_4,e_5），（e_1,e_2,e_3,e_4）。回路矩阵是

$$\boldsymbol{B}_a=\begin{pmatrix}1&1&0&0&1\\0&0&1&1&1\\1&1&1&1&0\end{pmatrix}$$

易于检验，所有 3 阶子矩阵的行列式都为零，但我们可以找到非奇异的 2 阶子矩阵。换言之，$\rho_{B_a}=2$。考虑到 $m=5$ 和 $n=4$，则可得 $\rho_{B_a}=m-n+1=5-4+1=2$。

定理 12.14 设 G 是一个包含 n 个顶点、m 条边和 c 个连通分量的图。设 $\boldsymbol{B}_a$ 为该图的回路矩阵，$\boldsymbol{B}_a$ 的秩记为 ρ_{B_a}，则 $\rho_{B_a}=m-n+c$。

12.5.4 割集矩阵

定义 12.52 设 G 为包含 n 个顶点和 m 条边的图。**割集**是一个极小边集，这些边的移除会使得图的连通分量恰好增加一个。

定义 12.53 **关联割集**是一种割集，使得移除边所产生的两个连通分量之一是一个孤立点。

例 12.50 再次考察图 12-51，

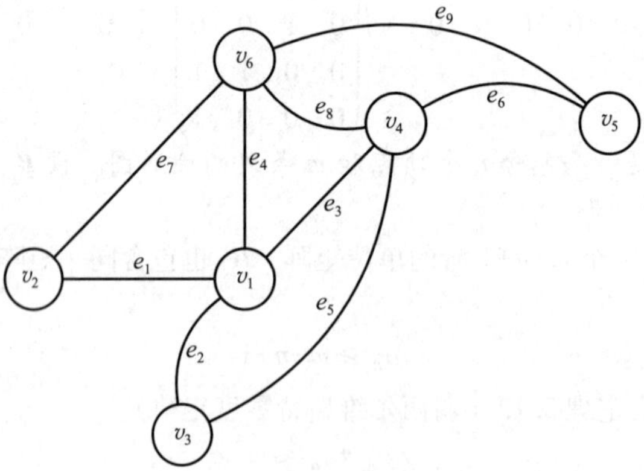

图 12-51 （重复）

边集 $\{e_3,e_4,e_5,e_7\}$ 是一个割集，而 $\{e_6,e_9\}$ 是关联割集。

定义 12.54　设 G 为包含 n 个顶点和 m 条边的图。假设图中包含 p 个割集。**割集矩阵** $\boldsymbol{Q}_a$ 是一个 $p\times m$ 矩阵，如果边 e_j 属于割集 cs_i，则该矩阵在位置 (i,j) 处的元素为 1，否则为 0。

命题 12.21　设 $G(n,m)$ 是一个包含 n 个顶点和 m 条边的连通图。设 $\boldsymbol{Q}_a$ 为图的割集矩阵，则有，

$$\rho_{\boldsymbol{Q}_a} \geqslant n-1$$

其中 $\rho_{\boldsymbol{Q}_a}$ 表示矩阵 $\boldsymbol{Q}_a$ 的秩。

证明　在不可分图中，由于与一个顶点相关联的每一组边都是一个割集，因此关联矩阵 $\boldsymbol{A}_a$ 的每一行也是割集矩阵 $\boldsymbol{Q}_a$ 的一行。因此，关联矩阵与割集矩阵相同，$\boldsymbol{A}_a=\boldsymbol{Q}_a$。记 $\rho_{\boldsymbol{A}_a}$ 为矩阵 $\boldsymbol{A}_a$ 的秩。由于 $\rho_{\boldsymbol{A}_a}=n-1$，故而 $\rho_{\boldsymbol{Q}_a}=n-1$。

在可分图中，关联矩阵“包含”在割集矩阵中即关联矩阵 $\boldsymbol{A}_a$ 是割集矩阵 $\boldsymbol{Q}_a$ 的一个子矩阵。

于是，通常有 $\rho_{\boldsymbol{Q}_a} \geqslant \rho_{\boldsymbol{A}_a}$。考虑到 $\rho_{\boldsymbol{A}_a}=n-1$，则可得

$$\rho_{\boldsymbol{Q}_a} \geqslant n-1$$

□

定理 12.15　设 G 为包含 n 个顶点和 m 条边且没有自环的图。设 $\boldsymbol{Q}_a$ 和 $\boldsymbol{B}_a$ 分别为该图的割集矩阵和回路矩阵。令这两个矩阵的列以相同的方式排列，即边标号相同，则有 $\boldsymbol{Q}_a\boldsymbol{B}_a^{\mathrm{T}}=\boldsymbol{Q}_a^{\mathrm{T}}\boldsymbol{B}_a=\boldsymbol{O}$。

证明　计算乘积 $\boldsymbol{Q}_a\boldsymbol{B}_a^{\mathrm{T}}$。考虑矩阵 $\boldsymbol{Q}_a$ 的第 i 行和 $\boldsymbol{B}_a$ 第 j 行（也就是 $\boldsymbol{B}_a^{\mathrm{T}}$ 的第 j 列）。计算两个向量的标量积 $\sum_{r=1}^{m} q_{i,r}b_{j,r}$。有两种可能：要么没有边同时属于回路和割集，要么同时属于回路和割集的边数为偶数。在这两种情况下，标量积都是 0。因为所有标量积都为 0，故而 $\boldsymbol{Q}_a\boldsymbol{B}_a^{\mathrm{T}}=\boldsymbol{O}$。对于乘积的转置有 $\boldsymbol{Q}_a^{\mathrm{T}}\boldsymbol{B}_a=(\boldsymbol{Q}_a\boldsymbol{B}_a^{\mathrm{T}})^{\mathrm{T}}=\boldsymbol{O}^{\mathrm{T}}$，即证明了 $\boldsymbol{Q}_a\boldsymbol{B}_a^{\mathrm{T}}=\boldsymbol{Q}_a^{\mathrm{T}}\boldsymbol{B}_a=\boldsymbol{O}$。□

定理 12.16　设 G 是一个包含 n 个顶点和 m 条边的连通图。设 $\boldsymbol{A}_a$ 和 $\boldsymbol{Q}_a$ 分别是该图的关联矩阵和割集矩阵，则有这两个矩阵的秩相同，均等于图 G 的秩。

证明　因为图是连通的，可知

$$\rho_{\boldsymbol{Q}_a} \geqslant n-1$$

记回路矩阵为 $\boldsymbol{B}_a$。由于割集和回路总是有偶数个共同边，所以如果这两个矩阵的边以相同的方式排列，那么 $\boldsymbol{Q}_a$ 和 $\boldsymbol{B}_a$ 的行向量就是正交的。由定理 12.15 可知，$\boldsymbol{Q}_a\boldsymbol{B}_a^{\mathrm{T}}=\boldsymbol{B}_a\boldsymbol{Q}_a^{\mathrm{T}}=\boldsymbol{O}$。

由定理 2.12（弱西尔韦斯特零度定律）：

$$\rho_{\boldsymbol{Q}_a}+\rho_{\boldsymbol{B}_a} \leqslant m$$

因为 $\boldsymbol{B}_a$ 的秩是 $m-n+1$，于是有

$$\rho_{\boldsymbol{Q}_a} \leqslant m-\rho_{\boldsymbol{B}_a}=n-1$$

因此，$\rho_{\boldsymbol{Q}_a}=n-1$ 也是 $\boldsymbol{A}_a$ 的秩，由图的秩定义，这也正是 G 的秩。□

定义 12.55　设 G 是一个包含 n 个顶点和 m 条边的连通图，T 是该图的一个生成树。对应树 T 的**基本割集**是只包含生成树的一个分枝的割集。一个树总共存在 $n-1$ 个基本割集。

定义 12.56　设 G 是一个包含 n 个顶点和 m 条边的连通图。该图中包含对应于一个生成树 T 的 $n-1$ 个基本割集。**基本割集矩阵** $\boldsymbol{Q}_f$ 是一个 $(n-1)\times m$ 矩阵，如果边 e_j 属于基本割集 cs_i，则矩阵位置 (i,j) 处元素为 1，否则为 0。

例 12.51　为了理解基本割集的概念，我们再来考虑图 12-51，其中实线表示生成树，虚线表示余树。

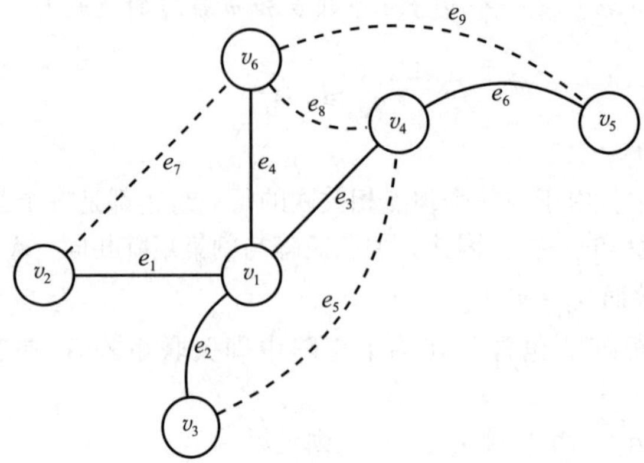

图　12-51 （重复）

对应生成树 T 的割集分别为 $\{e_2,e_5\}$，$\{e_1,e_7\}$，$\{e_6,e_9\}$，$\{e_3,e_5,e_8,e_9\}$，$\{e_4,e_7,e_8,e_9\}$。

上述 $n-1$ 个割集是基本割集，可以用下面的矩阵表示，

$$\boldsymbol{Q}_{\mathrm{f}}=\begin{pmatrix}0&1&0&0&1&0&0&0&0\\1&0&0&0&0&0&1&0&0\\0&0&0&0&0&1&0&0&1\\0&0&1&0&1&0&0&1&1\\0&0&0&1&0&0&1&1&1\end{pmatrix}$$

我们将列进行重排，使余树在前，树的分枝在后，得到

$$\boldsymbol{Q}_{\mathrm{f}}=\left(\begin{array}{cccc|ccccc}e_5&e_7&e_8&e_9&e_1&e_2&e_3&e_4&e_6\\\hline 1&0&0&0&0&1&0&0&0\\0&1&0&0&1&0&0&0&0\\0&0&0&1&0&0&0&0&1\\1&0&1&1&0&0&1&0&0\\0&1&1&1&0&0&0&1&0\end{array}\right)$$

如果再将矩阵的行重排，可得

$$\boldsymbol{Q}_{\mathrm{f}}=\left(\begin{array}{cccc|ccccc}e_5&e_7&e_8&e_9&e_1&e_2&e_3&e_4&e_6\\\hline 0&1&0&0&1&0&0&0&0\\1&0&0&0&0&1&0&0&0\\1&0&1&1&0&0&1&0&0\\0&1&1&1&0&0&0&1&0\\0&0&0&1&0&0&0&0&1\end{array}\right)=(\boldsymbol{Q}_{\mathrm{c}}\quad \boldsymbol{I})$$

这种矩阵划分总是可以在基本割集矩阵上进行。

命题 12.22　每一个与连通图 G 相关的基本割集矩阵 $\boldsymbol{Q}_{\mathrm{f}}$ 均可被划分为 $(\boldsymbol{Q}_{\mathrm{f}}\mid\boldsymbol{I})$，其中 $\boldsymbol{I}$ 是 $n-1$ 阶单位矩阵，表示生成树的分枝，而 $\boldsymbol{Q}_{\mathrm{c}}$ 是大小为 $(n-1)\times(m-n+1)$ 的矩阵，表示相应余树的弦。

12.5.5　基本矩阵之间的关系

设 G 是一个有 n 个顶点和 m 条边的图。约化关联矩阵 $\boldsymbol{A}_f$ 可以很容易地构造出来。我们可以确定一个生成树 T。对应这个生成树，我们可以构造基本回路矩阵 $\boldsymbol{B}_f$ 和基本割集矩阵 $\boldsymbol{Q}_f$。我们知道

$$\boldsymbol{B}_f=(\boldsymbol{I}\mid\boldsymbol{B}_b)\text{ 和 }\boldsymbol{Q}_f=(\boldsymbol{Q}_c\mid\boldsymbol{I})$$

考虑约化关联矩阵 $\boldsymbol{A}_f$，该矩阵大小为 $(n-1)\times m$，可被划分为 $\boldsymbol{A}_f=(A_c\mid A_b)$，其中 $\boldsymbol{A}_c$ 包含余树的弦关联，而 $\boldsymbol{A}_b$ 包含树的分枝关联。现在我们执行如下计算，

$$\boldsymbol{A}_f\boldsymbol{B}_f^{\mathrm{T}}=(\boldsymbol{A}_c\mid\boldsymbol{A}_b)\left(\frac{\boldsymbol{I}}{\boldsymbol{B}_b}\right)=\boldsymbol{A}_c+\boldsymbol{A}_b\boldsymbol{B}_b=\boldsymbol{O}$$

因此，考虑到在这个二元运算中 $-1=1$，且由定理 12.4 知，$\boldsymbol{A}_b$ 是非奇异的，我们可以有

$$\boldsymbol{A}_c=-\boldsymbol{A}_b\boldsymbol{B}_b^{\mathrm{T}}\Rightarrow\boldsymbol{A}_b^{-1}\boldsymbol{A}_c=\boldsymbol{B}_b^{\mathrm{T}}$$

现将矩阵 $\boldsymbol{B}_f$ 和 $\boldsymbol{Q}_f$ 以同样的方式对边进行排列，有 $\boldsymbol{B}_f^{\mathrm{T}}=(\boldsymbol{I}\mid\boldsymbol{B}_b)^{\mathrm{T}}$ ⊖，$\boldsymbol{Q}_f=(\boldsymbol{Q}_c\mid\boldsymbol{I})$，因而

$$\boldsymbol{Q}_f\boldsymbol{B}_f^{\mathrm{T}}=(\boldsymbol{Q}_c\mid\boldsymbol{I})\left(\frac{\boldsymbol{I}}{\boldsymbol{B}_b^{\mathrm{T}}}\right)=\boldsymbol{Q}_c+\boldsymbol{B}_b^{\mathrm{T}}=\boldsymbol{O}\Rightarrow\boldsymbol{Q}_c=\boldsymbol{B}_b^{\mathrm{T}}$$

综合上述两个等式，可得 $\boldsymbol{Q}_c=\boldsymbol{A}_b^{-1}\boldsymbol{A}_c$。

这种关系引出以下结果。

1. 如果有 $\boldsymbol{A}_a$ 则可得 $\boldsymbol{A}_f$，进而可立即计算出 $\boldsymbol{B}_f$ 和 $\boldsymbol{Q}_f$。

2. 如果给定 $\boldsymbol{B}_f$ 或 $\boldsymbol{Q}_f$ 其一，则可以确定另一个。

3. 即使 $\boldsymbol{B}_f$ 和 $\boldsymbol{Q}_f$ 都是已知的，一般来说，矩阵 $\boldsymbol{A}_f$ 也不能完全确定。

例 12.52　为了理解这些结果，我们考虑图 12-53，其中生成树用实线标记，余树用虚线标记。

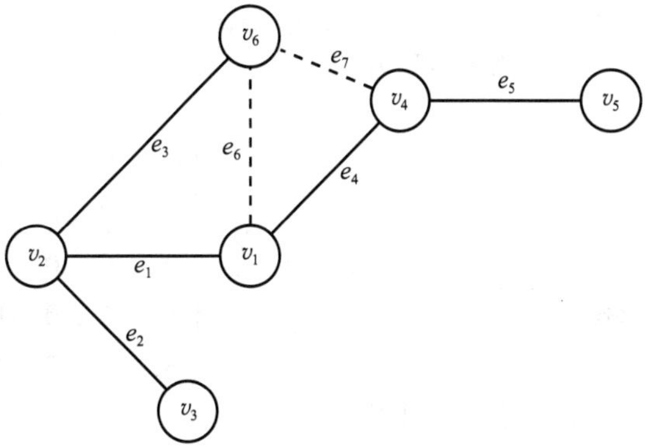

图　12-53

关联矩阵为

$$\boldsymbol{A}_a=\begin{pmatrix} & e_1 & e_2 & e_3 & e_4 & e_5 & e_6 & e_7\\ v_1 & 1 & 0 & 0 & 1 & 0 & 1 & 0\\ v_2 & 1 & 1 & 1 & 0 & 0 & 0 & 0\\ v_3 & 0 & 1 & 0 & 0 & 0 & 0 & 0\\ v_4 & 0 & 0 & 0 & 1 & 1 & 0 & 1\\ v_5 & 0 & 0 & 0 & 0 & 1 & 0 & 0\\ v_6 & 0 & 0 & 1 & 0 & 0 & 1 & 1\end{pmatrix}$$

易于通过消去一行（例如最后一行）很容易得到约化关联矩阵。所得的矩阵可以重新排列为 $\boldsymbol{A}_f=(\boldsymbol{A}_c\mid\boldsymbol{A}_b)$，其中

⊖ 此处原文 $\boldsymbol{B}_f^{\mathrm{T}}=(\boldsymbol{A}_c\mid\boldsymbol{A}_b)$ 有误。——译者注

$$A_c=\begin{pmatrix} & e_6 & e_7 \\ \hline v_1 & 1 & 0 \\ v_2 & 0 & 0 \\ v_3 & 0 & 0 \\ v_4 & 0 & 1 \\ v_5 & 0 & 0 \end{pmatrix}\quad A_b=\begin{pmatrix} & e_1 & e_2 & e_3 & e_4 & e_5 \\ \hline v_1 & 1 & 0 & 0 & 1 & 0 \\ v_2 & 1 & 1 & 1 & 0 & 0 \\ v_3 & 0 & 1 & 0 & 0 & 0 \\ v_4 & 0 & 0 & 0 & 1 & 1 \\ v_5 & 0 & 0 & 0 & 0 & 1 \end{pmatrix}$$

基本回路矩阵为

$$B_f=\left(\begin{array}{c|ccccc|cc} & e_1 & e_2 & e_3 & e_4 & e_5 & e_6 & e_7 \\ \hline z_1 & 1 & 0 & 1 & 0 & 0 & 1 & 0 \\ z_2 & 1 & 0 & 1 & 1 & 0 & 0 & 1 \end{array}\right)$$

该矩阵也可重新排列为 $B_f=(I\mid B_b)$，其中

$$I=\begin{pmatrix} & e_6 & e_7 \\ \hline z_1 & 1 & 0 \\ z_2 & 0 & 1 \end{pmatrix}\quad B_b=\begin{pmatrix} & e_1 & e_2 & e_3 & e_4 & e_5 \\ \hline z_1 & 1 & 0 & 1 & 0 & 0 \\ z_2 & 1 & 0 & 1 & 1 & 0 \end{pmatrix}$$

基本割集为 $\{e_2\},\{e_5\},\{e_3,e_6,e_7\},\{e_1,e_6,e_7\},\{e_4,e_7\}$。

基本割集矩阵为

$$Q_f=\left(\begin{array}{c|ccccc|cc} & e_1 & e_2 & e_3 & e_4 & e_5 & e_6 & e_7 \\ \hline cs_1 & 0 & 1 & 0 & 0 & 0 & 0 & 0 \\ cs_2 & 0 & 0 & 0 & 0 & 1 & 0 & 0 \\ cs_3 & 0 & 0 & 1 & 0 & 0 & 1 & 1 \\ cs_4 & 1 & 0 & 0 & 0 & 0 & 1 & 1 \\ cs_5 & 0 & 0 & 0 & 1 & 0 & 0 & 1 \end{array}\right)$$

对行进行重排，可得

$$Q_f=\left(\begin{array}{c|ccccc|cc} & e_1 & e_2 & e_3 & e_4 & e_5 & e_6 & e_7 \\ \hline cs_4 & 1 & 0 & 0 & 0 & 0 & 1 & 1 \\ cs_1 & 0 & 1 & 0 & 0 & 0 & 0 & 0 \\ cs_3 & 0 & 0 & 1 & 0 & 0 & 1 & 1 \\ cs_5 & 0 & 0 & 0 & 1 & 0 & 0 & 1 \\ cs_2 & 0 & 0 & 0 & 0 & 1 & 0 & 0 \end{array}\right)$$

矩阵可以写成 $Q_f=(Q_c\mid I)$，其中

$$Q_c=\begin{pmatrix} & e_6 & e_7 \\ \hline cs_4 & 1 & 1 \\ cs_1 & 0 & 0 \\ cs_3 & 1 & 1 \\ cs_5 & 0 & 1 \\ cs_2 & 0 & 0 \end{pmatrix},\quad I=\begin{pmatrix} & e_1 & e_2 & e_3 & e_4 & e_5 \\ \hline cs_4 & 1 & 0 & 0 & 0 & 0 \\ cs_1 & 0 & 1 & 0 & 0 & 0 \\ cs_3 & 0 & 0 & 1 & 0 & 0 \\ cs_5 & 0 & 0 & 0 & 1 & 0 \\ cs_2 & 0 & 0 & 0 & 0 & 1 \end{pmatrix}$$

显然有 $\boldsymbol{Q}_c=\boldsymbol{B}_b^T$。我们很容易证明 $\boldsymbol{A}_b$ 是非奇异的，其逆矩阵 $\boldsymbol{A}_b^{-1}$ 是

$$\boldsymbol{A}_b^{-1}=\begin{pmatrix} & e_1 & e_2 & e_3 & e_4 & e_5 \\ v_1 & 1 & 0 & 0 & 1 & 1 \\ v_2 & 0 & 0 & 1 & 0 & 0 \\ v_3 & 1 & 1 & 1 & 1 & 1 \\ v_4 & 0 & 0 & 0 & 1 & 1 \\ v_5 & 0 & 0 & 0 & 0 & 1 \end{pmatrix}$$

若执行乘法运算，有

$$\boldsymbol{A}_b^{-1}\boldsymbol{A}_c=\begin{pmatrix} 1 & 0 & 0 & 1 & 1 \\ 0 & 0 & 1 & 0 & 0 \\ 1 & 1 & 1 & 1 & 1 \\ 0 & 0 & 0 & 1 & 1 \\ 0 & 0 & 0 & 0 & 1 \end{pmatrix}\begin{pmatrix} 1 & 0 \\ 0 & 0 \\ 0 & 0 \\ 0 & 1 \\ 0 & 0 \end{pmatrix}=\begin{pmatrix} 1 & 1 \\ 0 & 0 \\ 1 & 1 \\ 0 & 1 \\ 0 & 0 \end{pmatrix}=\boldsymbol{Q}_c=\boldsymbol{B}_b^T$$

图矩阵与向量空间

我们已深入分析了图和矩阵之间的关系，前面也分析过矩阵与向量空间之间的关系。现在，我们将进一步展示如何将图视为线性代数对象，以及如何将图、矩阵和向量空间视为从不同角度表示的同一概念。

设 $G(V,E)$ 是由 n 个顶点和 m 条边组成的图。我们可以把每条边看作初等图。因此，原图可以看作 m 个初等图的复合。从一个不同角度来看这个事实，每一条边都可以视为 m 维向量空间的组成部分。该向量空间可分为两个子空间，第一个子空间维数为 $n-1$，对应于生成树的分枝；第二个子空间维数为 $m-n+1$ ㊀，对应于余树的弦。这两个子空间分别由矩阵 $\boldsymbol{B}_f$ 和 $\boldsymbol{Q}_f$ 的行所张成。

12.6 图同构和自同构

定义 12.57 称两个图 $G(V,E)$ 和 $G'(V',E')$ 是**同构的**，记为 $G=G'$（或 $G\cong G'$），如果存在双射 $f: V\to V'$，使得对任意顶点 v,w 都有，若 $(v,w)\in E$，则 $(f(v), f(w))\in E'$。换言之，两个顶点在 G 中是相邻的当且仅当它们在 f 映射下的象在 G' 中是相邻的。

同构这种图变换可能改变图的形状，但保持其结构，即每对顶点之间的邻接关系。

例 12.53 图 12-54a 与图 12-54b 是同构的，其中 $f(v_1)=v_a, f(v_2)=v_b, f(v_3)=v_c, f(v_4)=v_d$。

注意两个（或两个以上）同构的图总是具有相同数量的顶点和相同数量的边。但是，这些条件不足以保证两个图的同构性。

例 12.54 考虑图 12-55，尽管图 a 和图 b 有相同数量的顶点和相同数量的边，但它们不是同构的。原因在于这两个图有不同的结构：顶点之间的邻接关系不一样。

关于图同构，有一个著名的乌拉姆猜想。

乌拉姆猜想 设图 G 有 n 个顶点 $v_1,v_2,\cdots,v_n$，图 G' 有 n 个顶点 $v_1',v_2',\cdots,v_n'$。如果对于任意 $i=1,2,\cdots,n$，子图 $G-v_i$ 和 $G'-v_i'$ 是同构的，那么图 G 和图 G' 也是同构的。

㊀ 原文为 $n-m+1$，有误。——译者注

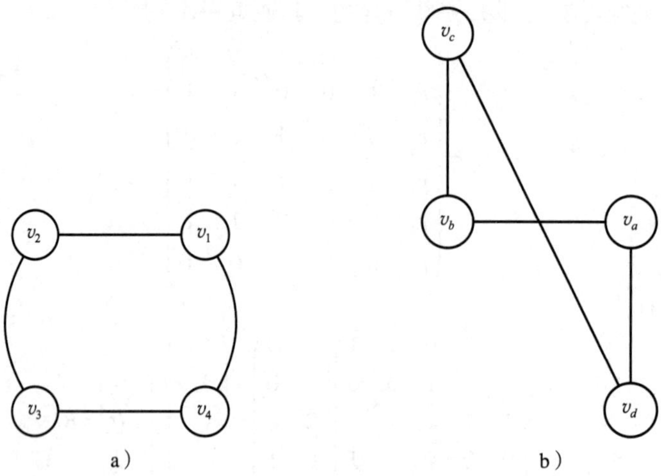

图　12-54

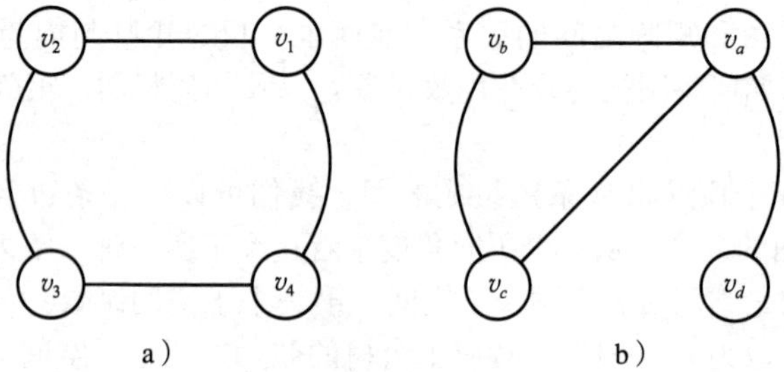

图　12-55

定义 12.58　图 G 的**自同构**就是图 G 与自身的同构。因此，自同构就是一个双射 α：$V \to V$，使得对于任意一对顶点 (v_1, v_2)，$(\alpha(v_1), \alpha(v_2))$ 是一条边当且仅当 (v_1, v_2) 是一条边。

从上面的定义可以看出，自同构是一种图变换，它与同构一样，保持了顶点的邻接关系，但与同构相比施加了一个更强的条件：变换后的图中的顶点与原始图中的顶点相同。对于所有图，可以定义一个平凡自同构。即恒等自同构。这个变换使图 G 与它自身相对应。一般来说，图的自同构可以通过“拉伸”图的边并在平面上重新布局该图得到。

例 12.55　图 12-56 给出了两个图自同构的例子。

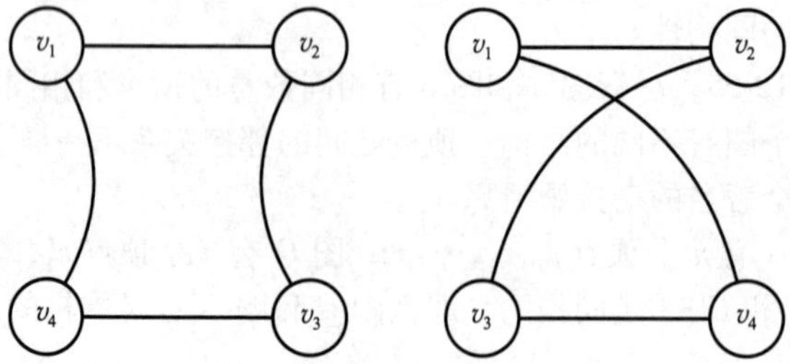

图　12-56

12.7　图论的一些应用

本节我们将提到图论的一些应用，陈述和讨论一些在最多样化的自然界中可以用图论来描述并可能解决的问题。有些应用只是简单的练习，而有些应用则很复杂，甚至是悬而未决的。

12.7.1　社交网络问题

考虑一个六个人的聚会，并提出以下问题："有多少人认识彼此?"这种情境可以用一个图 G 表示，图 G 的六个顶点代表问题中的六个人，顶点的邻接关系则表示个体之间是否相互认识。

例 12.56　描述上述情境的图如图 12-57 所示。我们假设一种情况，并用下面的图表示它。

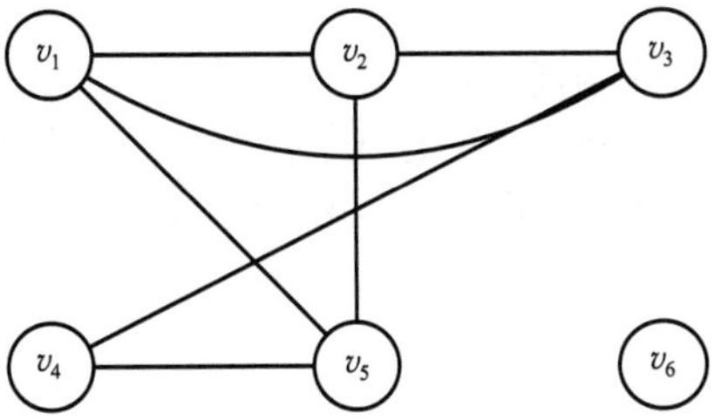

图　12-57

在解决这个问题之前，让我们引入图 G 的补图的概念。

定义 12.59　图 G 的**补图** $\widetilde{G}$ 为与图 G 包含相同的顶点，并且满足，G 中的两个顶点相邻（不相邻）当且仅当它们在 $\widetilde{G}$ 中不相邻（相邻）。

例 12.57　图 12-57 的补图 $\widetilde{G}$ 由图 12-58 给出。

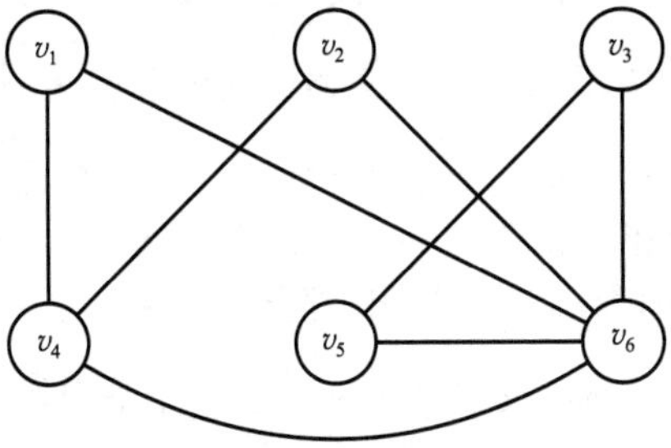

图　12-58

观察可知，不管最初选择的 G 是怎样的，G 或 $\widetilde{G}$ 中至少存在一个三角形。换言之，有六个人参加的每个聚会，要么至少有互不相识的三个人，要么有互相认识的三个人。下面的命题正式地证明了这一在直觉层面上的陈述。

命题 12.23　对每一个有六个顶点的图 G，G 或其补图 $\widetilde{G}$ 必包含一个三角形。

证明　设 v 是 G 的一个顶点，每个异于 v 的顶点要么连接到另一顶点，要么不连接。因此，v 要么在 G 中，要么在 $\widetilde{G}$ 中与其他五个顶点相邻。因此，不失一般性，我们可以假设，在 G 中

有三个顶点 v_1, v_2, v_3 与 v 邻接，如果这三个顶点中有两个彼此邻接，那么这两个就是 G 中三角形的顶点，第三个顶点则是 v。否则（即如果 v_1, v_2, v_3 在 G 中均不邻接），v_1, v_2, v_3 在 $\widetilde{G}$ 形成一个三角形。

12.7.2　四色问题

下面是数学中最著名的猜想之一。

平面（或球面）上的任何地图至多使用四种颜色着色，即可使相邻区域具有不同的颜色。

K. Appel 和 W. Hagen 于 1977 年证明了这一猜想，参见文献［27］。他们在计算机的帮助下证明了四种颜色就足够了。正是因为如此（证明是在计算机的帮助下完成的），一些数学家不肯接受它。尽管该证明被指控缺乏美感，但未发现错误。此后，对该问题的研究又有了一定改进。

四色问题可以用图论的语言来描述：每个区域由图的一个顶点表示，而每条边则表示将两个区域分开的一段边界。在这一描述中，问题变为：给定一个平面图，其顶点可以用至多四种颜色着色，使得相邻两个顶点颜色不同。这一概念也被表述为：每一个平面图都是 4-可着色的。

12.7.3　旅行商问题

与哈密顿回路密切相关的一个问题是旅行商问题，其描述如下：旅行商在旅行期间需要访问多个城市，给定城市之间的距离，那么他应该以什么次序访问这些城市，使得恰好访问每个城市各一次并最终返回家中所走过的路程最短？

用顶点表示城市，用边表示城市之间的道路，则得到一个图。在此图中，每条边 e_i 都对应了一个实数（单位：mile）$w(e_i)$。这样的图称作加权图，$w(e_i)$ 为边 e_i 的权重。

在我们的问题中，如果每个城市都有通往其他各个城市的道路，那么我们就有一个完全加权图。此图有许多哈密顿回路，我们要选择距离（或权重）总和最小的回路。在 n 个顶点的完全图中，不同的（当然并不是边不相交）哈密顿回路的总数为 $\frac{(n-1)!}{2}$。事实上，从任何一个顶点出发，我们在第一个顶点处有 $n-1$ 条边可选择，在第二个顶点处有 $n-2$ 种选择，在第三个顶点处有 $n-3$ 种选择，依此类推。由于这些都是独立的选择，我们可得 $(n-1)!$ 种可能的选择。但是，此数还应除以 2，因为每个哈密顿回路都计了两次。

理论上，旅行商问题总可以通过枚举全部的 $\frac{(n-1)!}{2}$ 个哈密顿回路，计算每条回路上的旅行距离，然后选择最短的一条。然而，当 n 很大时，即使用计算机也需要非常庞大的计算量。

这一问题需要采用算法来寻找最短路线。尽管许多人进行了许多尝试，但尚未找到有效的算法来解决任意大小的问题。由于此问题在运筹学中有应用，因此一些特定的大规模例子已得到解决，且有几种启发式方法给出的路线非常接近最短路线，但不能保证是最短的。在电路传输理论等领域，这类问题的重要性显而易见。

12.7.4　中国邮递员问题

这个问题被称为中国邮递员问题，是因为中国数学家管梅谷（Mei-Ko Kwan）于 1962 年对之进行了讨论。邮递员希望走过最短的路径送完所有信件，然后返回起点。当然，邮递员必须至少经过一次委托给他的路段范围的所有街道，同时要避免重复走太多的道路。

注意，中国邮递员问题不同于旅行商问题，因为后者只须访问一定数量的城市，并可以选择最便捷的道路到达。现在，如果用一个图来表示邮递员送信所在城市的地图，则问题等价于确定一个最短长度的回路，使得它通过每条边至少一次。如果该图是欧拉图，则显然，该问题的解是一个欧拉回路（通过每条边恰好一次）。然而，邮递员的道路网络很有可能并不满足欧拉定理所要求的具有欧拉回路的条件。可以证明，邮递员看上去的最小长度的回路不会不经过一条弧两次。所以对于每个道路网络，都存在最优路径：可以通过在道路网络的图中添加足够多的弧使其成为欧拉图，从而构建最优路径。

12.7.5　在社会学或流行病传播中的应用

假设通过一些心理学研究能够确定群体中的一个人何时可以影响该群体其他成员的思维方式。我们可以构造一个图，以顶点 v_i 表示群体中的每个人，当一个人 v_i 会影响另一个人 v_j 时，以有向边（v_i,v_j）来表示。人们可能会问，以直接方式或通过影响某个人进而又影响另一个人，依此类推的方式，将一个思想传播到整个群体，所需的最少人数是多少？

类似的机制在流行病传播中是很典型的：在人群中可引起流行病爆发的最少患者人数是多少？

习题

12.1　确定具有顶点 v_1,v_2,v_3,v_4,v_5,v_6 和边（v_2,v_3），（v_1,v_4），（v_3,v_1），（v_3,v_4），（v_6,v_4）的图是否是连通图。如果不是，确定其连通分量数。

12.2　确定图 12-59 每个顶点的度。

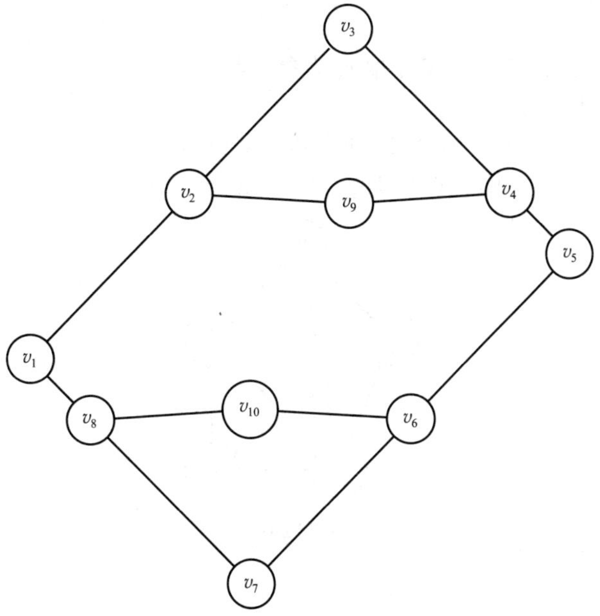

图　12-59

12.3　考虑图 12-60。该图是否包含一个欧拉回路？如果是，请给出一个。

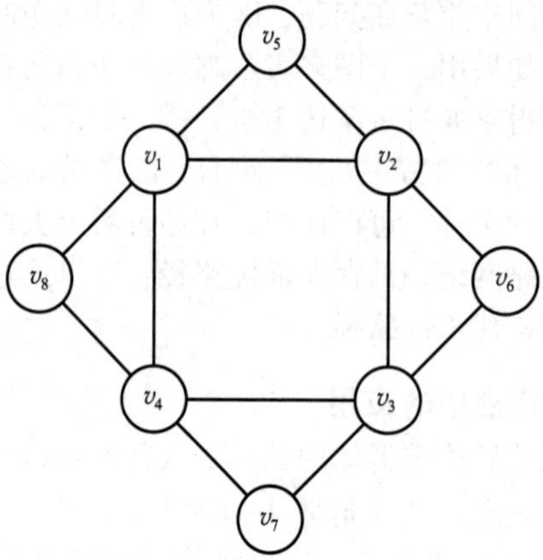

图　12-60

12.4　对于图 12-61，

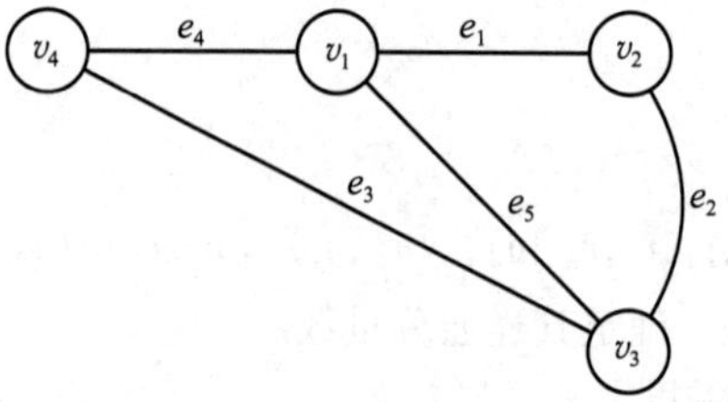

图　12-61

（1）确定其约化关联矩阵，其中取 v_3 为参考点。

（2）给出一个生成树。

（3）根据选定的生成树，确定相应的基本回路矩阵。

12.5　确定图 12-62 是否平面图。如果可能，验证欧拉公式。

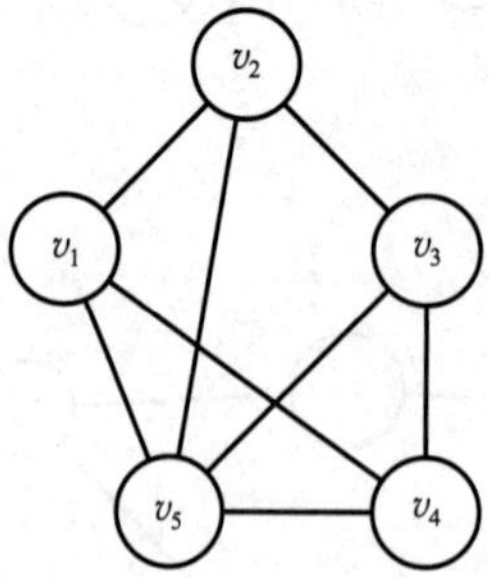

图　12-62

第 13 章　线性代数应用：电网络

13.1　基本概念

本章将说明数学理论并不是与现实世界毫无联系的抽象概念。相反，整本书都在讲述通常意义上的数学（本书中指代数）是日常生活的一个组成部分，并且计算科学家及工程师的职业生涯中需要坚实的数学背景。为了说明前几章的内容如何直接应用于技术，本章描述一个重要的工程主题，即电网络，作为代数的应用。此外，本章还将展示代数概念结合起来是如何给出一组相互作用的物理现象的自然表示的。

定义 13.1　双极（bi-pole，译者：应是指电路元件）器件是一种具有两个联结的电学装置。它总是与两个物理量相关联，即电压 V 和电流 I。电压和电流都是时变量，因此值域为 $\mathbb{R}$ 的关于时间 t 的函数。电压单位是伏特 V，而电流单位是安培 A。

双极器件通常如图 13-1 所示。

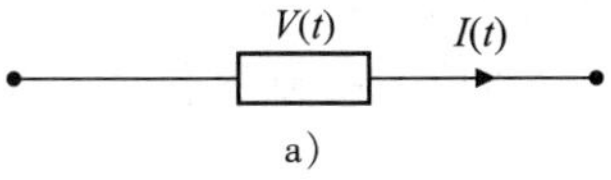

或等价表示为

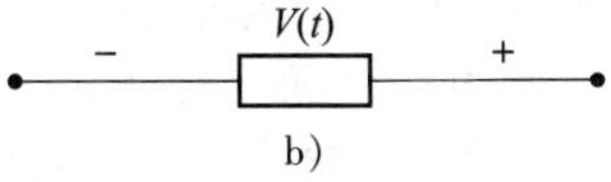

图　13-1

这里我们假设电流总是从负极（用“-”表示）流向正极（用“+”表示”）。

电磁现象显然是复杂的，需要一篇详细的论文描述它，超出了本书的范围。从代数角度来看，电流和电压是时间的两个函数，与描述双极器件的方向相关联。此外，这里定义电功率 $P(t)$ 为

$$P(t)=V(t)I(t)$$

单位是瓦特 W。在一定时间范围内的功率是**电能**，以 W · h 来度量。

13.2　双极器件

双极器件本身就是电现象的一个模型。尽管电现象发生在物理对象的整体之间，但这些现象的建模基于可以将它们集中于一点的假设之上。在这一假设下，双极器件属于两个宏观范畴，分别为被动双极器件和主动双极器件。前者吸收能量，后者产生能量。在分析不同类型的双极器件之前，值得一提的是，每个双极器件都是一个由电压和电流的关系所刻画的对象。

13.2.1 被动双极器件

导体是一种内部的电子能够自由流动的材料，电流 $I(t)$ 可以（几乎严格地）解释为电子在材料中的流动。流过导体的电流与各种并发电流和同步的物理现象有关。在物理学中，这些现象分为三类，对应的三种被动双极器件将在本书中讨论，并在接下来的小节中给出。

电阻器

首先要分析的是电流的**电动力**效应。当电流流过导体时，材料本身阻碍这种流动。其结果是，电能无法完全转移，部分能量耗散了。材料阻碍电流流动的性质称作**电阻**。材料可能以不同的强度阻碍电流流动，这对应于不同的电阻值，以单位 Ω（欧姆）度量。这种特性可由一个双极器件模型描述，称为电阻器，可表示为图 13-2。

电阻器的电压和电流之间的关系是由欧姆定律给出：

$$V(t)=RI(t)$$

R 是电阻器的电阻值。

两个极端条件 $R=0$ 和 $R=\infty$ 分别对应两种特殊电阻器，即短路和断路。短路如图 13-3 所示。

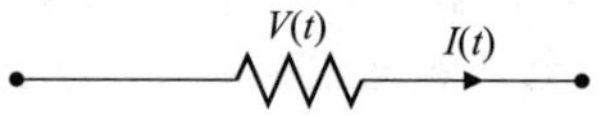

图 13-2

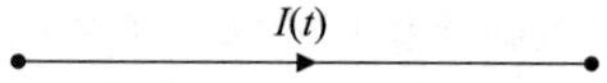

图 13-3

其特点是，无论电流为何值，电压总是零，即 $\forall I(t): V(t)=0$。

相反，断路发生，则无论电压为何值，电流值为零，即 $\forall V(t): I(t)=0$。断路如图 13-4 所示。

电感器

第二个要分析的现象是电流的**电磁**效应。当电流流过一个导体时，附近的其他导体和该导体本身（周围会产生磁场）会产生二次电压（和二次电流）。二次电压称为是由主电流**感应**产生的。材料感应产生二次电压的物理性质称为**电感**，由单位 H（亨利）度量。相应的双极器件被称为**电感器**，可表示为图 13-5。

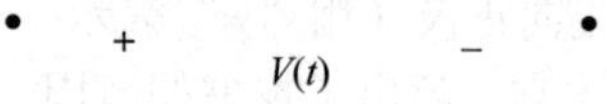

图 13-4

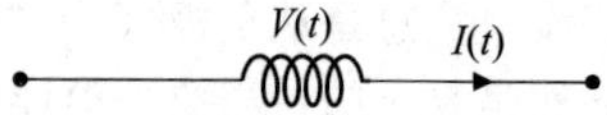

图 13-5

电感器的电压与电流的关系为：

$$V(t)=L\frac{\mathrm{d}I(t)}{\mathrm{d}t}$$

其中 L 是电感器的电感系数，$\frac{\mathrm{d}I(t)}{\mathrm{d}t}$ 是电流对于时间 t 的导数。关于导数的论述可以在有关微积分的书中找到，参见文献［18］。

电容器

第三个要分析的现象是电流的**静电**效应。电压和电流也受到静电电荷的影响。材料储存电荷（电子）的性质称为**电容**，以单位 F（法拉）度量。相应的双极器件被称为**电容器**，并表示为图 13-6。

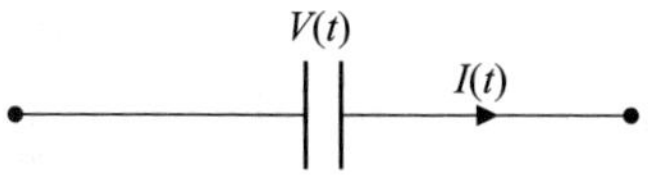

图　13-6

电容器的电压与电流的关系为

$$V(t)=\frac{1}{C}\int_0^t I(\tau)\,\mathrm{d}\tau$$

其中 C 是电容器的电容，$\int_0^t I(\tau)\,\mathrm{d}\tau$ 是对电流的积分。关于积分的论述可以在有关微积分的书中找到，参见文献［18］。

13.2.2　主动双极器件

电能可以通过转换不同性质的能量来产生。例如，电池是一种将化学能转化为电能的装置。电能也可以由其他类型的能量转换而得，例如燃烧，也就是热能，或机械能，比如发电机。这类装置被视为主动双极器件或**电源**。电源可分为**电压源**和**电流源**。电源施加的电压（或电流）可在连接器上测量。两种电源在工程中广受欢迎，分别为直流电源（DC）和交流电源（AC），本章将对它们做简要介绍。

直流电源

最简单的直流电压源是一个双极器件，无论时间和电流值为何，它都取一个恒定的电压值 E。换言之，直流电压源如图 13-7 所示。
它由方程

$$V(t)=E$$

描述，其中 E 为常数。

类似地，直流电流源是一个双极器件，无论时间和电压值如何，它都取一个恒定的电流值 I。直流电流源如图 13-8 所示。

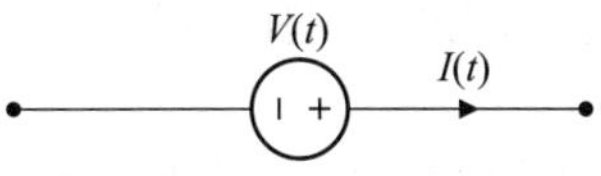

图　13-7

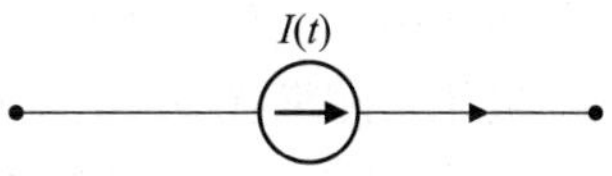

图　13-8

其方程是

$$I(t)=I$$

其中 I 为常数。

交流电源

尽管直流电流主要用于电子器件，但配电中最常见的电源是交流电。在交流系统中，电流即电荷的流动，会周期性地改变方向。交流电源是以时间 t 的周期函数（有时是复变函数）来描述的双极器件。本书中，我们将只关注时间 t 的正弦函数的电压和电流，这不仅是交流电的一个例子，也是工程中最常用的交流电的近似。具体来说，当我们提到**交流电压源**时，我们指的是一个由如下方程描述的双极器件：

$$V(t)=V_M\cos(\omega t+\theta)$$

其中 V_M 是个常数，称为**振幅**，ω 是电压的**角频率**。交流电压源表示为图 13-9。

类似地，描述交流电流源的方程为

$$I(t)=I_M\cos(\omega t+\phi)$$

可表示为图 13-10。

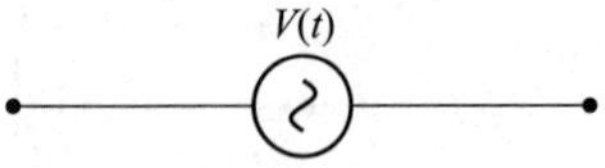

图　13-9

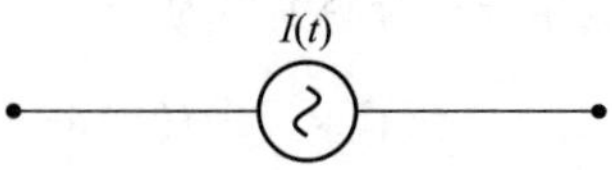

图　13-10

交流电被广泛使用的原因相当复杂，与能量的传输和分配有关，这些不在本书的讨论范围。

13.3　电网络与电路

定义 13.2　一个**电网络**是指一组相互连接的双极器件。

例 13.1　图 13-11 为一个电网络。

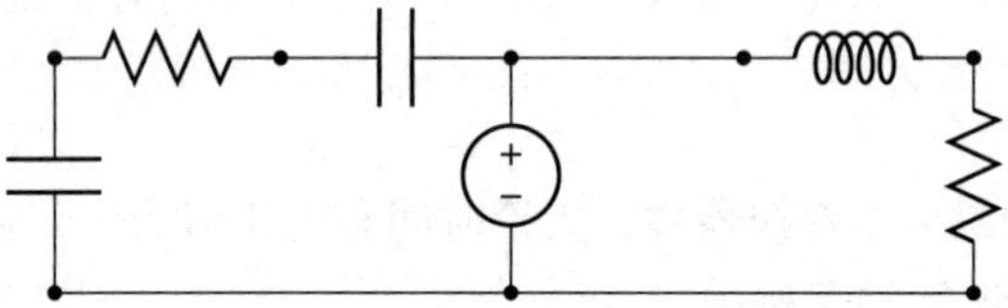

图　13-11

定义 13.3　**电路**是包含闭环的网络，从而给出了电流的回路。

13.3.1　串联和并联中的双极器件

由于电网络是由相互连接的双极器件组成的，因此研究每个器件及它们在电路中的联系是至关重要的。虽然本章中并没有给出关于电流和电压意义的深入阐释，但是电流可以看作通过器件的电荷流，而电压则是跨器件的测量量（电位差）。

定义 13.4　当相同的电流通过两个器件时，称它们是**串联**的。两个串联器件的拓扑结构为图 13-12。

定义 13.5　当两个器件被施加相同的电压时，称它们是**并联**的。两个并联器件的拓扑结构为图 13-13。

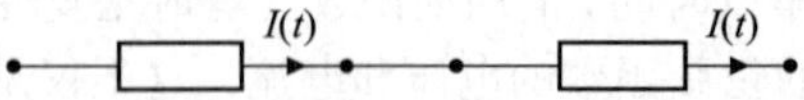

图　13-12

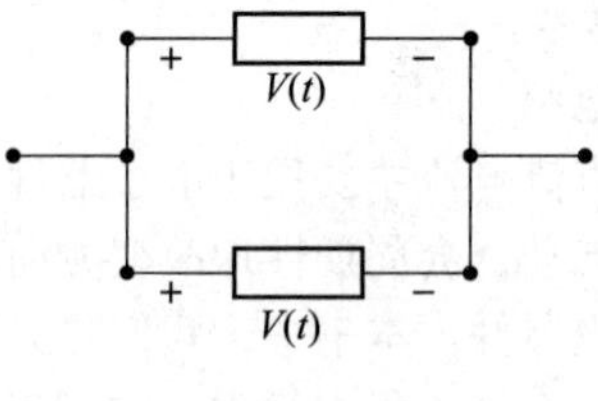

图　13-13

显然，两个以上的器件也可以是串联和并联的。

13.3.2　基尔霍夫定律

当多个器件连接组成一个网络时，电流和电压的能量守恒定律均是成立的。这些守恒定律描述了电网络结构，因而它们是研究电网络的基础。在详细叙述这些定律之前，我们首先给出以下定义。

定义 13.6　给定一个电网络，连接三个及以上器件的点称为该网络的**电路节点**（或简称为节点）。

例 13.2　如图 13-14 的网络有四个节点，图 13-14b 中将它们用空心圆突出显示出来，简单的联结器用实心圆表示。

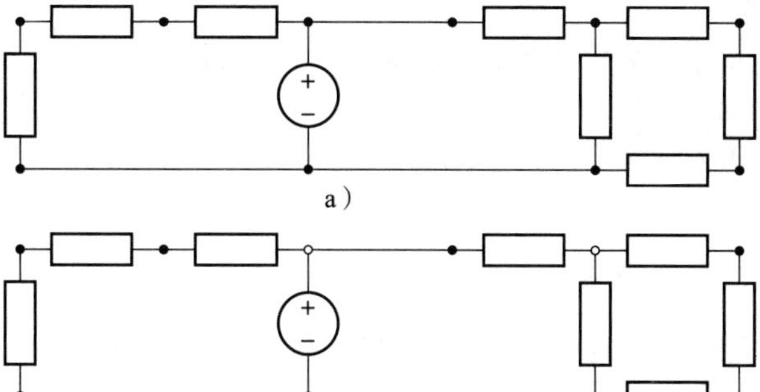

图　13-14

我们知道，相同的电流通过两个或两个以上器件为串联。记住这一点，我们可以给出以下定义。

定义 13.7　**电路边**是指电流和电压都非零的器件或串联起来的器件。我们可将它表示为图 13-15。

图　13-15

例 13.3　例 13.2 中的网络有四个节点和五个电路边。因此，该网络可以被描述为图 13-16。

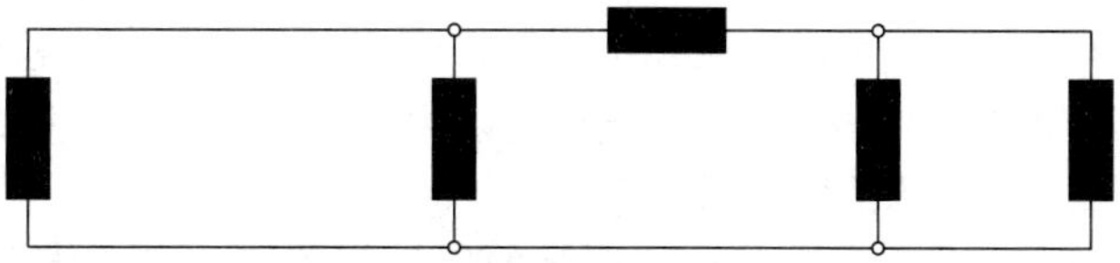

图　13-16

我们把连接短路的节点坍缩为一个节点，于是得到一个互相连接的电路边网络。此时，我们称这个网络被**约化到它的最小拓扑**。

例 13.4　图 13-16 的网络被约化到其最小拓扑时，有三个电路节点和五个电路边，如图 13-17 所示。其中 e_k 标记了相应的电路边。

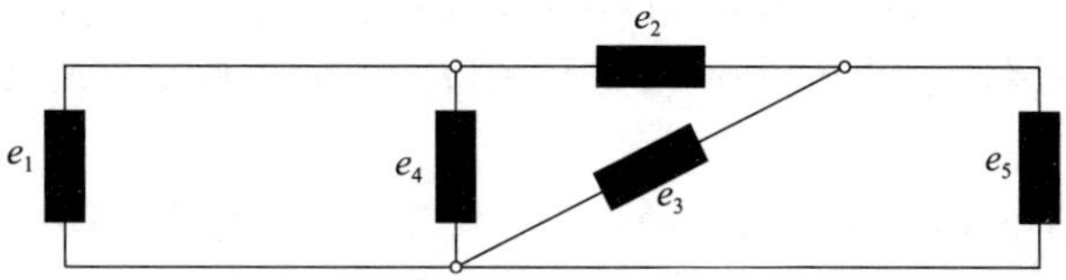

图　13-17

如果我们用一条边来表示每个电路边，并用一个顶点表示每个电路节点，那么任何约化为最小拓扑的电网络就唯一对应了一个图。换言之，图和电网络之间存在双射，图能够完全描述电网络的结构（拓扑）。

例 13.5　例 13.2 中的电网络与图 13-18 相对应。

定义 13.8　给定一个电网络，它所对应的图中的一个回路（或循环）称为**网格**。

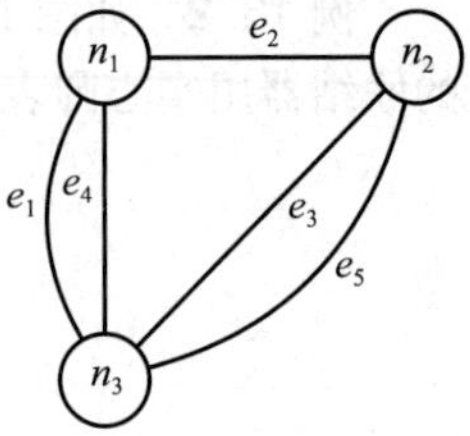

图　13-18

这种网络特性使我们得以解释以下实验原理（因此没有数学证明），它将电流和电压同网络结构联系起来。

定理 13.1（基尔霍夫电流定律，KCL）　流入和流出一个节点的电流之和为零：

$$\sum_{k=1}^{n} I_k(t) = 0$$

定理 13.2（基尔霍夫电压定律，KVL）　网格上的电压之和为零：

$$\sum_{k=1}^{m} V_k(t) = 0$$

13.3.3　电学量的相位表示法

我们知道一个常函数 $f(x)=k$ 可以解释为一个特殊的正弦（或余弦）函数

$$f(x) = A\cos(\omega t+\theta)$$

其中 A,ω,θ 均为常数，且 $\omega=0$。

类似地，直流电压 $V(t)=E$ 可视是交流电压取零角频率的一个特例。因此，我们可以理论上认为所有可能的电压和电流都是交流的，能够用特定的正弦函数表示。

更进一步我们假定，余弦函数等价于相位滞后 90°的正弦函数：

$$\cos x = \sin(x+90°)$$

现在我们关注电压源产生的正弦电压。易于验证，与每个器件相关联的电压均是正弦的，并且与电压源具有相同的角频率 ω。可以应用 KCL 和 KVL 计算器件的方程来检验。对于电流，也有类似的结论。所以，如果在电网络中，正弦电压是以角频率 ω 产生的，那么器件的所有电学量都可用相同角频率 ω 的正弦电压和电流来描述。

由于整个网络的 ω 值是固定的，从而与网络的器件相关联的电压值 $V_M\cos(\omega t+\theta)$ 仅由值 V_M 和角度 θ 确定。因此，网络中的任何电压和电流都可由这对数值唯一确定。这个数值对 (V_M,θ) 可理解为极坐标下的一个复数，即 $(V_M,\angle\theta)$。可等价地描述为，如果 ω 固定，则电网络中的正弦电压（电流）和复数集之间存在一个双射。

形如 $(V_M,\angle\theta)$ 的电学量称为**相量**，它是“相位”一词，与“向量”一词的组合，强调电压（电流）可视作一个模为 V_M，方向为 θ 的向量。此处的相位即 θ。

显然，由于相量是一个复数，所以可以用第 5 章中所描述的变换将其表示成直角坐标。

现在，我们考虑网络中的电流 $I_M\cos(\omega t+\phi)=(I_M,\angle\phi)$。假定电流已知，求每个被动器件的电压值。

命题 13.1　设 $I_M\cos(\omega t+\phi)=(I_M,\angle\phi)$ 为流过电阻 R 的电流，则其电压值为

$$V_R = R(I_M,\angle\phi)$$

证明　由欧姆定律，显然有

$$v_R(t)=RI(t)=RI_M\cos(\omega t+\phi)=R(I_M,\angle\phi) \tag{13.1}$$

□

定理 13.3　设 $i(t)=I_M\cos(\omega t+\phi)=(I_M,\angle\phi)$ 是流过电感 L 的电流，则其电压为

$$V_L=j\omega L(I_M,\angle\phi)$$

证明　可以应用简单的微分理论和基本的三角学知识，来确定通过电感的电压：

$$\begin{aligned}v_L(t)&=L\frac{\mathrm{d}i(t)}{\mathrm{d}t}=L\frac{\mathrm{d}I_M\cos(\omega t+\phi)}{\mathrm{d}t}\\&=-\omega LI_M\sin(\omega t+\phi)=\omega LI_M\sin(-\omega t-\phi)\\&=\omega LI_M\cos(90^\circ+\omega t+\phi)\end{aligned}$$

由命题 5.3，如果将 $\omega LI_M\cos(90^\circ+\omega t+\phi)$ 看作一个复数（它只含实部），即有

$$\omega LI_M\cos(90^\circ+\omega t+\phi)=\mathrm{j}\omega LI_M\cos(\omega t+\phi)$$

因此，

$$V_L(t)=\mathrm{j}\omega LI_M\cos(\omega t+\phi)=\mathrm{j}\omega L(I_M,\angle\phi)$$

□

用三角学方法，可以通过以下证明更容易地得到同一结果。

证明　令 $\alpha=\phi+90^\circ$，有

$$I_M\cos(\omega t+\phi)=I_M\sin(\omega t+\phi+90^\circ)$$

所以

$$\begin{aligned}v_L(t)&=L\frac{\mathrm{d}i(t)}{\mathrm{d}t}=L\frac{\mathrm{d}I_M\sin(\omega t+\alpha)}{\mathrm{d}t}\\&=\omega LI_M\cos(\omega t+\alpha)=\omega LI_M\sin(\omega t+\alpha+90^\circ)\\&=\mathrm{j}\omega LI_M\sin(\omega t+\alpha)=\mathrm{j}\omega L(I_M,\angle\phi)\end{aligned}$$

□

关于电容器电压的证明是类似的。

定理 13.4　设 $i(t)=I_M\cos(\omega t+\phi)=(I_M,\angle\phi)$ 是流过电容器 C 的电流，其电压为

$$V_C=\frac{1}{\mathrm{j}\omega C}(I_M,\angle\phi)=\frac{-\mathrm{j}}{\omega C}(I_M,\angle\phi)$$

13.3.4　阻抗

我们知道电路边（支路）是器件的串联，包括电阻器、电感器和电容器。进一步，由于这些器件是串联的，流过它们的电流相同。设电流为 $(I_M,\angle\phi)$，记电阻、电感和电容的值为

$$R_1,R_2,\cdots,R_p$$
$$L_1,L_2,\cdots,L_q$$
$$C_1,C_2,\cdots,C_s$$

由于对 $\forall k$，电阻器、电感器、电容器各器件的电压分别为

$$v_{Rk}=R_k(I_M,\angle\phi)$$
$$v_{Lk}=\mathrm{j}\omega L_k(I_M,\angle\phi)$$
$$v_{Ck}=-\frac{\mathrm{j}}{\omega C_k}(I_M,\angle\phi)$$

通过复数求和，求得电阻器、电感器和电容器的电压总和分别是

$$v_R = R(I_M, \angle\phi)$$

$$v_L = \mathrm{j}\omega L(I_M, \angle\phi)$$

$$v_C = -\frac{\mathrm{j}}{\omega C}(I_M, \angle\phi)$$

其中

$$R = \sum_{k=1}^{p} R_k$$

$$L = \sum_{k=1}^{q} L_k$$

$$\frac{1}{C} = \sum_{k=1}^{s} \frac{1}{C_k}$$

再次运用复数求和，求得整个电路边（支路）的电压为

$$\begin{aligned} v(t) &= V_m\cos(\omega t+\theta) = (V_M, \angle\theta) \\ &= \left(R+\mathrm{j}\left(\omega L-\frac{1}{\omega C}\right)\right)(I_M, \angle\phi) = (R+\mathrm{j}X)(I_M, \angle\phi) \end{aligned}$$

其中

$$X = \omega L - \frac{1}{\omega C}$$

称此为**电导率**，且复数为

$$\dot{z} = R+\mathrm{j}\left(\omega L-\frac{1}{\omega C}\right)$$

称此为**电阻抗**或简称为**阻抗**。显然，阻抗在数学上是一个复数，它的实部是电阻，而其虚部是电感和电容的组合。

例 13.6 考虑下面电路，如图 13-19 所示。

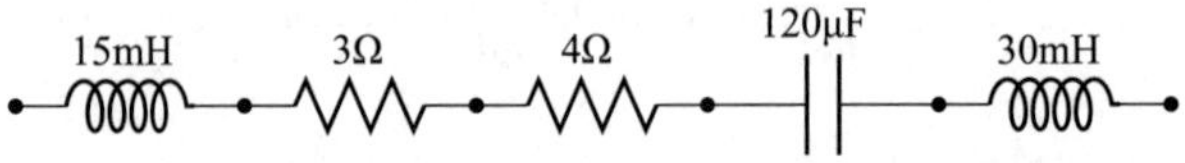

图 13-19

其中电流为 $(1, \angle 30°)$ A，且角频率 $\omega = 1\mathrm{rad/s}$。为了计算联结器处的电压，必须知道电路边的阻抗：

$$3+4+\mathrm{j}\left(1((15+30)\times 10^{-3})-\frac{1}{150\times 10^{-6}}\right) = 7+\mathrm{j}(0.045-6666.666) \approx 7-\mathrm{j}6666$$

电压则为

$$(1, \angle 30°)(7-\mathrm{j}6666) = (1, \angle 30°)(6666, \angle -89.9°) = (6666, \angle -59.9°)\,\mathrm{V}$$

也就是

$$6666\cos(t-59.9°)\,\mathrm{V}$$

交流电中的欧姆定律是两个复数的乘积。直流电可视为交流电当 $\omega = 0$ 时的特例。于是电流 $I_M\cos(\omega t+\phi)$ 是一个常数（非时变的），故电压也是非时变的。关于阻抗，有

- 电阻贡献 R 保持不变；
- 电感贡献是 $\omega L=0$：无论电流为何值，电压为零，类似短路；
- 电容贡献是 $\frac{1}{\omega C}=\infty$：无论电压为何值，电流为零，类似断路。

定义 13.9　表示电流和电压在电路边（支路）的联结器上的关系的方程称作边（支路）方程。

显然欧姆定律是被动双极器件的边方程。这一事实可通过以下命题来重新表述。

命题 13.2　串联的两个被动器件的阻抗 $\dot{z}$ 是它们各自的阻抗 $\dot{z}_1$ 和 $\dot{z}_2$ 之和：

$$\dot{z}=\dot{z}_1+\dot{z}_2$$

类似地，我们可以计算并联的两个被动器件的等效阻抗。

命题 13.3　阻抗分别为 $\dot{z}_1$ 和 $\dot{z}_2$ 的两个被动器件，其并联的阻抗 $\dot{z}$ 为

$$\dot{z}=\frac{\dot{z}_1\dot{z}_2}{\dot{z}_1+\dot{z}_2}$$

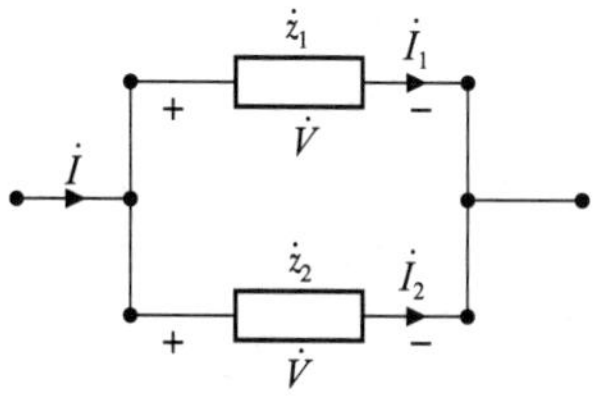

图　13-20

证明　考虑图 13-20 中并联的两个器件，由基尔霍夫电流定律和欧姆定律，

$$\begin{cases}\dot{I}=\dot{I}_1+\dot{I}_2\\ \dot{V}=\dot{z}_1\dot{I}_1\\ \dot{V}=\dot{z}_2\dot{I}_2\end{cases}$$

由上述方程，可得

$$\dot{I}=\frac{\dot{V}}{\dot{z}_1}+\frac{\dot{V}}{\dot{z}_2}$$

要求出等效阻抗，即 $\dot{z}$，可知

$$\dot{\boldsymbol{V}}=\dot{z}\dot{\boldsymbol{I}}\Rightarrow\dot{\boldsymbol{I}}=\frac{\dot{V}}{\dot{z}}$$

于是，综合上两个式子可得

$$\frac{\dot{\boldsymbol{V}}}{\dot{z}}=\frac{\dot{\boldsymbol{V}}}{\dot{z}_1}+\frac{\dot{\boldsymbol{V}}}{\dot{z}_2}$$

则可确定 $\dot{z}$ 满足

$$\frac{1}{\dot{z}}=\frac{1}{\dot{z}_1}+\frac{1}{\dot{z}_2}=\frac{\dot{z}_1+\dot{z}_2}{\dot{z}_1\dot{z}_2}\Rightarrow\dot{z}=\frac{\dot{z}_1\dot{z}_2}{\dot{z}_1+\dot{z}_2}$$

□

13.4　求解电网络

研究分析电网络的主要任务是求解它，即当电源的电压（电流）已知时，求出所有被动双极器件的电压和电流。

通常，电网络的求解是一项困难的任务，需要复杂巧妙的技术来对问题建模，并且需要大

量的计算量。在本书中，只考虑涉及上述线性双极器件且忽略瞬变现象的简单情况。基于这样的假设，用下面的算法可以实现电网络的求解。

算法 13　电网络的求解

将网络约化到最小拓扑
为所有的电路边（支路）指定一个电压方向
写出所有的边（支路）方程
对所有节点，写出基尔霍夫电流定律方程
对所有网格（回路），写出基尔霍夫电压定律方程
求解所得的线性方程组，其中变量为网络的所有电流和电压

尽管我们可以直接写出边（支路）方程，但要写出基尔霍夫电流定律和基尔霍夫电压定律方程还需要一个注释。约化为最小拓扑的网络的每一个电路边（支路）唯一对应一个电流值和一个电压值。这个概念可以表述为：在电路边（支路）的集合和电流的集合之间存在一个双射；同理，电路边（支路）的集合和电压的集合之间也存在一个双射。进一步，如前面所述，在网络的电路边（支路）和图的边之间，以及电网络的节点和图的顶点之间分别存在一个双射。

在这种情况下，当基尔霍夫电流定律应用于所有节点时，我们可列出一个齐次线性方程组。其系数矩阵是相应的图的关联矩阵，其中每条边是定向的（可取值 1 或 -1）。由推论 12.2 知，当图的顶点数为 n，连通分量数为 k 时，关联矩阵的秩为 $n-k$。在当前问题中，$k=1$。因此，在电网络的 n 个基尔霍夫电流定律方程中，只有 $n-1$ 个是线性无关的，其中有一个方程是冗余的。等价地，我们可以将电网络的节点解释为向量，其分量是流入它们的电流。于是，网络的 n 个节点张成一个维数是 $n-1$ 的向量空间。

命题 13.4　给定一个电网络，线性无关的基尔霍夫电流定律方程的个数为 $n-1$。

再来考虑电压，将基尔霍夫电压定律方程应用于所有网格，我们也可列出一个齐次线性方程组。其系数矩阵是相应的图的回路矩阵，其中每条边是定向的（可取值 1 或 -1）。由定理 12.13 可知，当图的顶点数为 n，边数为 m 时，回路矩阵的秩为 $m-n+1$。我们可以得出只有 $m-n+1$ 个基尔霍夫电压定律方程是线性无关的。与基尔霍夫电流定律类似，电网络的网格可以解释为向量，其分量是电压。这些向量张成一个维数是 $m-n+1$ 的向量空间。

命题 13.5　给定一个电网络，线性无关的基尔霍夫电压定律方程的个数为 $m-n+1$。

为了找出 $m-n+1$ 个网格来确定线性无关的方程，我们可以应用命题 12.19，即确定一个生成树，将余树的弦添加进去，可以逐个得到了网格。生成树有 $n-1$ 个分枝，每次添加余树的一条弦，就会确定出一个网格。用这种方法得到的网格是张成向量空间的一组基。这解释了该特殊树旁边的扩张。该树显然张成了一个线性空间。

例 13.7　求解下面的网络，其中 $\omega=314\text{rad/s}$，各个双极器件的对应值如图 13-21a 所示。网络的最小拓扑表示如图 13-21b 所示。

在图 13-21b 中

$$\dot{z}_1=1-\mathrm{j}\frac{6}{\omega 50}10^6\approx(1-\mathrm{j}382)\,\Omega$$

$$\dot{z}_2=(4+\mathrm{j}41.4)\,\Omega\quad \dot{E}=(220,\angle 45°)$$

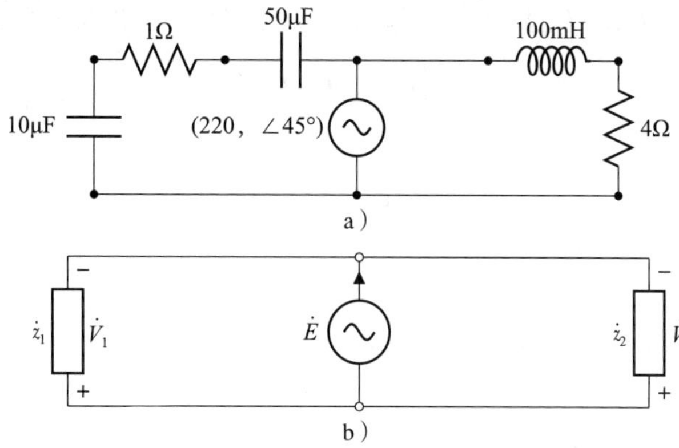

图 13-21

可得如下方程

$$\begin{cases}\dot V_1=\dot z_1\dot I_1\\ V_2=\dot z_2\dot I_2\end{cases}$$

这两个线性方程有四个复变量，$\dot I_1,\dot I_2,\dot V_1,\dot V_2$。

此外，

$$\dot E=(220,\angle 45°),\quad \forall\,\dot I_E$$

其中 $\dot I_E$ 为通过电压源的电流值。

我们知道只有 $n-1=1$ 个基尔霍夫电流定律方程是线性无关的，针对上方的节点有

$$\dot I_E-\dot I_1-\dot I_2=0$$

其中流向节点的电流方向取为正，流出节点的电流方向取为负。下方的节点的方程应该是

$$-\dot I_E+\dot I_1+\dot I_2=0$$

它显然是冗余的。

最后，我们可以写出 $m-n+1=3-2+1=2$ 个基尔霍夫电压定律线性无关方程。选择方程

$$\begin{cases}\dot E-\dot V_1=0\\ \dot E-\dot V_2=0\end{cases}$$

联立上述所有方程，求解电网络意味着求解以下线性方程组：

$$\begin{cases}\dot V_1=\dot z_1\dot I_1\\ \dot V_2=\dot z_2\dot I_2\\ \dot I_E-\dot I_1-\dot I_2=0\\ \dot E-\dot V_1=0\\ \dot E-\dot V_2=0\end{cases}$$

其中 $\dot{E},\dot{z}_1,\dot{z}_2$ 是复常数，$\dot{I}_1,\dot{I}_2,\dot{I}_E,\dot{V}_1,\dot{V}_2$ 为复数变量，方程组可以化简为

$$\begin{cases}\dot{I}_E-\dot{I}_1-\dot{I}_2=0\\ \dot{E}-\dot{z}_1\dot{I}_1=0\\ \dot{E}-\dot{z}_2\dot{I}_2=0\end{cases}$$

直接求解并计算，即得

$$\begin{cases}\dot{I}_1=\dfrac{\dot{E}}{\dot{z}_1}=(-0.4062+\mathrm{j}0.4083)\,\mathrm{A}\\ \dot{I}_2=\dfrac{\dot{E}}{\dot{z}_2}=(4.083-\mathrm{j}3.363)\,\mathrm{A}\\ \dot{I}_E=\dot{I}_1+\dot{I}_2=-0.4062+\mathrm{j}0.4083+4.083-\mathrm{j}3.363=(3.676-\mathrm{j}2.955)\,\mathrm{A}\end{cases}$$

上述网络特别容易求解，因为方程是非耦合的，我们无须求解线性方程组。下面的例子将不会存在这种特殊性，我们也会对求解电网络方程有更清晰深刻的理解。

例 13.8　图 13-22a 中的网络（$\omega=314\mathrm{rad/s}$）可约化表示为图 13-22b。

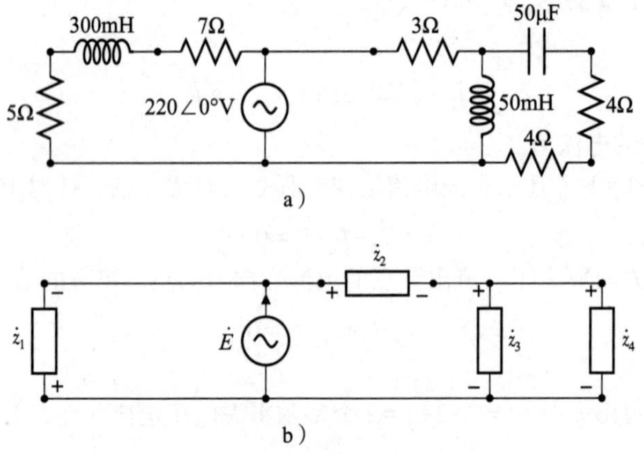

图　13-22

图 13-22b 中

$$\dot{z}_1=(12+\mathrm{j}94.2)\,\Omega$$
$$\dot{z}_2=3\Omega$$
$$\dot{z}_3=\mathrm{j}15.7\Omega$$
$$\dot{z}_4\approx(8-\mathrm{j}63.7)\,\Omega$$
$$\dot{E}=(220,\angle 0°)\,\mathrm{V}$$

则求解网络的线性方程组为

$$\begin{cases}-\dot{I}_1+\dot{I}_2+\dot{I}_E=0\\ -\dot{I}_2+\dot{I}_3+\dot{I}_4=0\\ \dot{z}_1\dot{I}_1=-\dot{E}\\ \dot{z}_2\dot{I}_2+\dot{z}_3\dot{I}_3=\dot{E}\\ \dot{z}_3\dot{I}_3-\dot{z}_4\dot{I}_4=0\end{cases}$$

该方程组可化成矩阵方程

$$\begin{pmatrix}-1 & 1 & 0 & 0 & 1\\ 0 & -1 & 1 & 1 & 0\\ \dot{z}_1 & 0 & 0 & 0 & 0\\ 0 & \dot{z}_2 & \dot{z}_3 & 0 & 0\\ 0 & 0 & \dot{z}_3 & -\dot{z}_4 & 0\end{pmatrix}\begin{pmatrix}\dot{I}_1\\ \dot{I}_2\\ \dot{I}_3\\ \dot{I}_4\\ \dot{I}_E\end{pmatrix}=\begin{pmatrix}0\\ 0\\ -\dot{E}\\ \dot{E}\\ 0\end{pmatrix}$$

该线性方程组需要一定的变换才能用克拉默法则求解。我们采用高斯消元法来求解它。首先写出增广矩阵并将第一行乘以-1，可得

$$\left(\begin{array}{ccccc|c}1 & -1 & 0 & 0 & -1 & 0\\ 0 & 1 & -1 & -1 & 0 & 0\\ 12+\mathrm{j}94.2 & 0 & 0 & 0 & 0 & -220\\ 0 & 3 & \mathrm{j}15.7 & 0 & 0 & 220\\ 0 & 0 & \mathrm{j}15.7 & -(8-\mathrm{j}63.7) & 0 & 0\end{array}\right)$$

由于一些对角元是零，我们需要采用一个主元策略，即通过交换行，使对角线元素总是非零：

$$\left(\begin{array}{ccccc|c}12+\mathrm{j}94.2 & 0 & 0 & 0 & 0 & -220\\ 0 & 3 & \mathrm{j}15.7 & 0 & 0 & 220\\ 0 & 0 & \mathrm{j}15.7 & -(8-\mathrm{j}63.7) & 0 & 0\\ 0 & 1 & -1 & -1 & 0 & 0\\ 1 & -1 & 0 & 0 & -1 & 0\end{array}\right)$$

现在进行高斯消元。利用如下变换消去第一列：

$$\boldsymbol{r}_5=\boldsymbol{r}_5-\frac{1}{12+\mathrm{j}94.2}\boldsymbol{r}_1$$

得到矩阵

$$\left(\begin{array}{ccccc|c}12+\mathrm{j}94.2 & 0 & 0 & 0 & 0 & -220\\ 0 & 3 & \mathrm{j}15.7 & 0 & 0 & 220\\ 0 & 0 & \mathrm{j}15.7 & -(8-\mathrm{j}63.7) & 0 & 0\\ 0 & 1 & -1 & -1 & 0 & 0\\ 0 & -1 & 0 & 0 & -1 & 0.29-\mathrm{j}2.29\end{array}\right)$$

为了消去第二列，做如下变换：

$$\boldsymbol{r}_4=\boldsymbol{r}_4-\frac{1}{3}\boldsymbol{r}_2$$

$$\boldsymbol{r}_5=\boldsymbol{r}_5+\frac{1}{3}\boldsymbol{r}_2$$

得到矩阵

$$\left(\begin{array}{ccccc|c} 12+\mathrm{j}94.2 & 0 & 0 & 0 & 0 & -220 \\ 0 & 3 & \mathrm{j}15.7 & 0 & 0 & 220 \\ 0 & 0 & \mathrm{j}15.7 & -(8-\mathrm{j}63.7) & 0 & 0 \\ 0 & 0 & -1-\mathrm{j}5.2 & -1 & 0 & -73.3 \\ 0 & 0 & \mathrm{j}5.2 & 0 & -1 & 73.6-\mathrm{j}2.29 \end{array}\right)$$

继续做如下行变换，以消去第三列：

$$\boldsymbol{r}_4=\boldsymbol{r}_4-\frac{-1-\mathrm{j}5.2}{\mathrm{j}15.7}\boldsymbol{r}_3$$

$$\boldsymbol{r}_5=\boldsymbol{r}_5-\frac{\mathrm{j}5.2}{\mathrm{j}15.7}\boldsymbol{r}_3$$

得到矩阵

$$\left(\begin{array}{ccccc|c} 12+\mathrm{j}94.2 & 0 & 0 & 0 & 0 & -220 \\ 0 & 3 & \mathrm{j}15.7 & 0 & 0 & 220 \\ 0 & 0 & \mathrm{j}15.7 & -(8-\mathrm{j}63.7) & 0 & 0 \\ 0 & 0 & 0 & 0.4+\mathrm{j}21.6 & 0 & -73.3 \\ 0 & 0 & 0 & 2.6-\mathrm{j}21.2 & -1 & 73.6-\mathrm{j}2.29 \end{array}\right)$$

最后由如下行变换消去第四列：

$$\boldsymbol{r}_5=\boldsymbol{r}_5-\frac{2.6-\mathrm{j}21.2}{0.4+\mathrm{j}21.6}\boldsymbol{r}_4$$

得到上三角形矩阵

$$\left(\begin{array}{ccccc|c} 12+\mathrm{j}94.2 & 0 & 0 & 0 & 0 & -220 \\ 0 & 3 & \mathrm{j}15.7 & 0 & 0 & 220 \\ 0 & 0 & \mathrm{j}15.7 & -(8-\mathrm{j}63.7) & 0 & 0 \\ 0 & 0 & 0 & 0.4+\mathrm{j}21.6 & 0 & -73.3 \\ 0 & 0 & 0 & 0 & -1 & 1.85-\mathrm{j}12.44 \end{array}\right)$$

解这个上三角形矩阵对应的方程组，可得：

$$\dot{I}_1\approx(-0.2928+\mathrm{j}2.2982)\,\mathrm{A}$$

$$\dot{I}_2\approx(1.4698-\mathrm{j}10.3802)\,\mathrm{A}$$

$$\dot{I}_3\approx(1.9835-\mathrm{j}13.7319)\,\mathrm{A}$$

$$\dot{I}_4\approx(-0.06282+\mathrm{j}3.39235)\,\mathrm{A}$$

$$\dot{I}_E\approx(1.85-\mathrm{j}12.44)\,\mathrm{A}$$

这就是网络的解。[⊖]

13.5　注释

本章展示了数学（这里指代数）在现实世界中的应用。反过来，工程学和计算科学是建立在数学基础之上的。因此，计算机科学家或工程师每次在提出一个新的技术方案时，都极大地得益于他们对数学基础的理解。

本章就是一个范例。研究电网络是电气与电子工程中的重要任务。不过，为了以简化的方式求解网络，几乎用到了前面章节提到的所有知识：矩阵、线性方程组、向量空间、线性映射、图论、复数和多项式，等等。事实上，电网络的求解需要整个代数学作为理论基础。如果去掉一些简化条件，例如将瞬变现象纳入考虑，那么仅仅运用代数本身是不够的，还得用大量的微积分知识。研究建筑学中的机械动力系统（质量、弹簧、阻尼器）或静态现象，也可以得出类似的结论。

习题

13.1　设 $\omega=324\text{rad/s}$，求解图 13-23 所示的电网络。

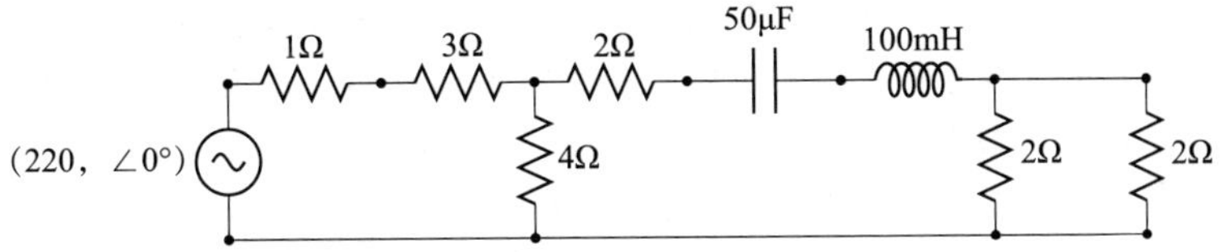

图　13-23

13.2　设 $\omega=324\text{rad/s}$，求解图 13-24 所示的电网络。

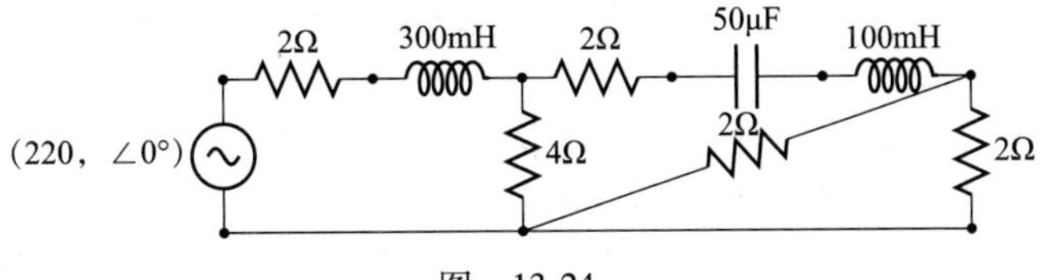

图　13-24

⊖　原书本题的最后一行有误，已改正。——译者注

附　　录

附录 A　非线性代数：布尔代数简介

A.1　基本逻辑门

严格来讲，本章并不属于线性代数的范畴。然而，本章的内容（布尔代数）与线性代数有关，在过去的几十年中对电子电路的发展非常重要。具体来说，线性代数处理数、向量和矩阵，布尔代数处理二元状态 0 和 1。此外，布尔代数的基本运算是非线性的。

更进一步讲，由于布尔代数可以在数字电路中实现，所以它与线性代数相关。因此，布尔代数被视为抽象代数与计算科学之间的“连接符号”。

为了引进布尔代数，考虑对象 x 和集合 A。当 $x \notin A$ 时，**隶属函数** $m_f(x)$ 取值为 0；当 $x \in A$ 时，其取值为 1。从抽象的角度，如果我们考虑宇宙的所有可能的对象和集合，可以得到每个对象和集合之间的隶属函数关系。当属于关系不成立时（陈述为假），每一个隶属函数关系将取值 0；当属于关系成立时（陈述为真），则值为 1。

我们想象一个象空间，其中只有**真**和**假**（或分别为 1 和 0）。在此空间中，变量（二元变量）可以组合生成一个**二元代数**，即**布尔代数**。由于后者必须遵循逻辑规则，可以从不同的角度看待同一主题并命名为**布尔逻辑**。这个名字是由于英国数学家乔治 · 布尔（George Boole）1853 年在他的著作《思考的方法研究》(*An Investigation of the Laws of Thought*) 中描述了这种逻辑思想，请参见文献［30］。

如上所述，在布尔代数中，变量 x 可以取值 0 或 1。因此，x 是二元集合 $B=\{0,1\}$ 中的一般的变量。三个基本运算（或基本逻辑门），其中一个为一元运算符（仅作用于一个变量），另外两个为二元运算（作用于两个变量）。第一个运算符，称为否定，记为 NOT，定义如下：

$$\text{若 } x=1 \text{ 则 } \bar{x}=\text{NOT}(x)=0$$
$$\text{若 } x=0 \text{ 则 } \bar{x}=\text{NOT}(x)=1$$

NOT 运算也由图 A-1 直观表示。

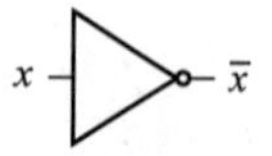

图　A-1

第二个运算，AND 或逻辑乘法，处理两个输入 x 和 y，并根据表 A-1 中的规则返回值 $x \wedge y$。

表　A-1

x	y	$x\wedge y$
0	0	0
1	0	0
0	1	0
1	1	1

图 A-2 表示 AND 运算。

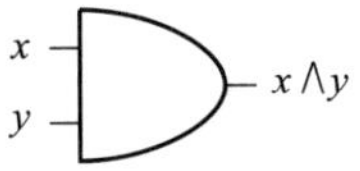

图　A-2

第三个运算，OR 或逻辑和，处理两个输入 x 和 y，根据表 A-2 中的规则返回值 $x\vee y$。

表　A-2

x	y	$x\vee y$
0	0	0
1	0	1
0	1	1
1	1	1

图 A-3 表示 OR 运算。

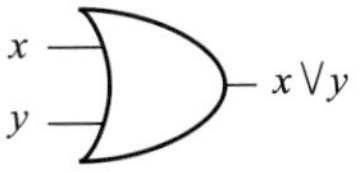

图　A-3

A.2　布尔代数的性质

对于数值线性代数，布尔运算由一些基本性质刻画。这些性质如下：

- AND 的单位元：$\forall x$ 为二元数，$x\wedge 1=x$
- AND 的吸收元：$\forall x$ 为二元数，$x\wedge 0=0$
- OR 的单位元：$\forall x$ 为二元数，$x\vee 0=0$
- OR 的吸收元：$\forall x$ 为二元数，$x\vee 1=1$
- 关于 AND 的交换律：$x\wedge y=y\wedge x$
- 关于 OR 的交换律：$x\vee y=y\vee x$
- 分配律 1：$x\wedge(y\vee z)=(x\wedge y)\vee(x\wedge z)$
- 分配律 2：$x\vee(y\wedge z)=(x\vee y)\wedge(x\vee z)$
- 恒等律 1：$x\wedge x=x$
- 恒等律 2：$x\vee x=x$
- 负性质 1：$x\wedge\bar{x}=0$

- 负性质 2：$x \vee \bar{x}=1$

组合使用这些基本性质，就可表现更复杂的关系，如下面的定理所示。

定理 A.1　$x \wedge (x \vee y)=x$。

证明　$x \wedge (x \vee y)=(x \wedge x) \vee (x \wedge y)=x \vee (x \wedge y)=x \wedge (1+y)=x \wedge 1=x$　□

布尔代数具有重要性质，即德摩根律。

定理 A.2（第一德摩根律）　和的否定为否定之积，$\overline{(x \vee y)}=\bar{x} \wedge \bar{y}$。

证明　为了证明第一德摩根律，考虑$\overline{(x \vee y)}=\bar{x} \wedge \bar{y}$等价于$(x \vee y) \wedge (\bar{x} \wedge \bar{y})=0$，这是因为负性质 1。

后一个等式可以写成$(x \vee y) \wedge (\bar{x} \wedge \bar{y})=((x \vee y) \wedge \bar{x}) \wedge \bar{y}$

$$=(0 \vee (\bar{x} \wedge y)) \wedge \bar{y}=\bar{x} \wedge y \wedge \bar{y}=\bar{x} \wedge 0=0$$　□

定理 A.3（第二德摩根律）　乘积的否定为否定之和，$\overline{(x \wedge y)}=\bar{x} \vee \bar{y}$。

第二德摩根律可以用类似的方式证明。

例 A.1　考虑表达式$(x \vee y) \wedge (x \vee \bar{y})$。该表达式可以化简，改写为

$$(x \vee y) \wedge (x \vee \bar{y})=x \vee x \wedge \bar{y} \vee x \wedge y \vee 0$$
$$=x \wedge (1 \vee y \vee \bar{y})=x \wedge (1 \vee y)=x$$

A.3　代数结构中的布尔代数

抽象的布尔代数非常复杂，需要一本书单独讲述。但是，为了将布尔代数与本书的其他章联系起来，特别是将其放在代数结构中，本节介绍抽象代数的一些其他概念。

定义 A.1　满足两种二元运算 ∨ 和 ∧ 的代数结构 L 称为**格**，记为$(L, \vee, \wedge)$。对于格和 x, y, $z \in L$，有以下性质：

- 交换律 1：$x \vee y=y \vee x$；
- 交换律 2：$x \wedge y=y \wedge x$；
- 结合律 1：$(x \vee y) \vee z=x \vee (y \vee z)$；
- 结合律 2：$(x \wedge y) \wedge z=x \wedge (y \wedge z)$；
- 吸收律 1：$x \vee (x \wedge y)=x$；
- 吸收律 2：$x \wedge (x \vee y)=x$；
- 幂等律 1：$a \vee a=a$；
- 幂等律 2：$a \wedge a=a$。

定义 A.2　若运算 ∨ 的单位元为 0（即 $x \vee 0=x$），运算 ∧ 的单位元为 1（即 $x \wedge 1=x$），我们称格（$L, \vee, \wedge$）为**有界的**。

可以看出，格可以看作两个半群的组合：分别为（$L, \vee$）和（$L, \wedge$）。在有界格的情况下，它是两个幺半群的组合。

定义 A.3　若格（$L, \vee, \wedge$）有界（下确界为 0，上确界为 1），并且对于所有 $x \in L$，都存在元素 y，使得

$$x \wedge y=0$$

和

$$x \wedge y=1$$

则我们称该格为**有补格**。

定义 A.4　若满足

$$x \wedge (y \vee z) = (x \wedge y) \vee (x \wedge z)$$

则我们称格 $(L, \vee, \wedge)$ 满足**分配律**。

定义 A.4 中的等式等价于

$$x \vee (y \wedge z) = (x \vee y) \wedge (x \vee z)$$

容易看出，布尔代数是满足分配律的有补格。

A.4　组合布尔门

由三个基本门可以生成多个组合门。一个重要的例子是由 AND 和 NOT 组成的 NAND 运算符，表示为图 A-4。

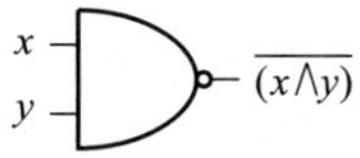

图　A-4

一个更复杂的例子是 XOR 运算符。该运算符处理两个输入，当输入相同时返回 0，输入不同时返回 1。如表 A-3 所示。

表　A-3

x	y	$x \vee y$
0	0	0
1	0	1
0	1	1
1	1	0

该算子由 $x \wedge \bar{y} \vee \bar{x} \wedge y$ 构成。该表达式通过图 A-5 来表示。

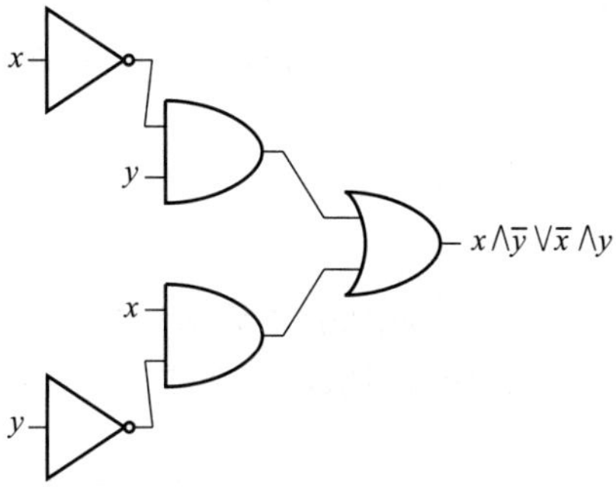

图　A-5

或者，更紧凑的表示为图 A-6。

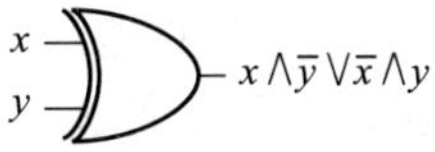

图　A-6

为了体会布尔逻辑以及其构成的门的实际含义，下面介绍所谓的半加法器电路。后者是一种逻辑结构，通过 XOR 门和 AND 门的直接组合构成，表现为求和，它的结构如图 A-7 所示。

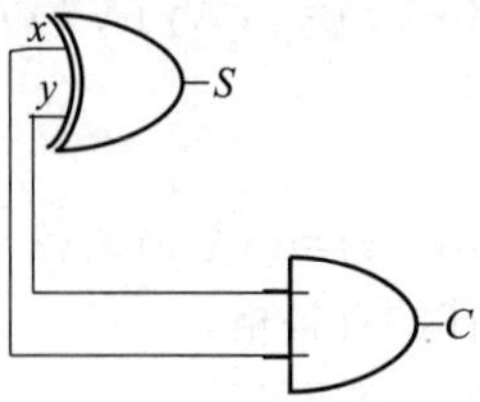

图 A-7

如果用 S 代表和，C 代表进位，则半加法器的功能可以用以下方式总结。一个更复杂的例子是 XOR 运算符。此运算符处理两个输入，并在输入相同时返回 0，不同时则返回 1。如表 A-4 所示，运算的结果为 1+1=10（其中 10 是二进制数）。因此，半加法器是可用于执行求和的基本结构。更一般地，布尔逻辑允许通过二元运算符定义复杂逻辑。这种特点与计算设备在硬件级别采用二元逻辑有关。无须了解计算机硬件的细节知识，就能理解比起测量电流强度并为其关联语义值，测量电流是否流过导体更加容易。换句话说，为了可靠性，计算机硬件必须在低层次上保持简单。然后这些简单的门可以以数十亿种方式在逻辑上进行组合从而构建复杂逻辑。

表 A-4

x	y	C	S
0	0	0	0
1	0	0	1
0	1	0	1
1	1	1	0

需要说明，布尔逻辑并不是为了满足计算设备的需求而定义的，它在第一台计算机诞生前大约一个世纪就已经被定义了。这个说明是为了强调数学研究通常早于应用研究数年甚至几个世纪。

A.5 清晰集和模糊集

如上所述，布尔逻辑源自一个对象 x 必然属于或不属于一个集合 A。一个对象对集合的隶属关系由隶属函数 m_f 来定量表示，该函数只能取两个值，即 0 和 1。在这种情况下，我们称 A 为**清晰集**。

但是，一个对象 x 可以一定程度上属于集合 A。例如，如果我们认为某人“相当高”，那么他并不完全是高个子人群的成员。从数学上说，这个人一定程度上属于高个子人群这个集合，或者这个人的隶属函数的值介于 0 到 1 之间。通常，我们可以将每个集合 A 与一个连续的隶属函数 m_f 关联，每个对象 x 对应于其隶属于集合的程度。例如，我们可以说关于集合 A，$m_f=0.8$。在这种情况下，集合 A 称为**模糊集**，请参见文献 [31]。

习题

A.1　等价性的证明。

选出下列表达式中与 $x \wedge y \vee x \wedge y \wedge z$ 等价的。

(a) $x \wedge y$

(b) $\bar{y}$

(c) $x \wedge z$

(d) $x \wedge y \wedge z$

A.2　确定 x，y，z，v 的值，使得 $\bar{x} \vee y \vee \bar{z} \vee v = 0$。

A.3　给出图 A-8 所示的逻辑结构的布尔表达式。

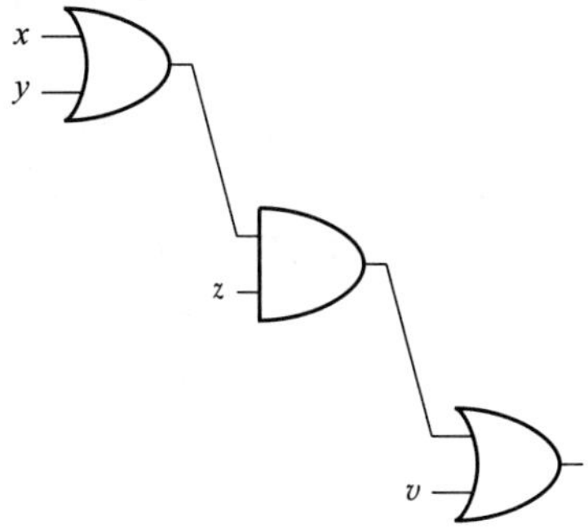

图　A-8

(a) $x \vee y \wedge z \vee v$

(b) $z \wedge (x \vee y) \vee v$

(c) $(z \vee v) \wedge (x \vee y)$

(d) $(x \wedge y) \vee z \vee v$

A.4　根据表 A-5 中布尔表达式的结果选出对应的布尔表达式。

表　A-5

x	y	z	结果
0	0	0	0
0	0	1	1
0	1	0	0
0	1	1	1
1	0	0	0
1	0	1	0
1	1	0	1
1	1	1	0

(a) $x \wedge y \wedge z \vee x \wedge y \wedge z \vee x \wedge y \wedge z$

(b) $x \wedge y \wedge z \vee x \wedge y \wedge z \vee \bar{x} \wedge y \wedge \bar{z}$

(c) $\bar{x}\wedge\bar{y}\wedge z\vee\bar{x}\wedge y\wedge z\vee x\wedge y\wedge\bar{z}$

(d) $x\wedge\bar{y}\wedge\bar{z}\vee\bar{x}\wedge y\wedge\bar{z}\vee x\wedge\bar{y}\wedge z$

附录 B 定理证明补充

定理 B. 1（Rouchè-Capelli 定理，Kronecker-Capelli 定理） 一个 n 个变量的线性方程组 $\boldsymbol{Ax}=\boldsymbol{b}$ 相容的充要条件是其系数矩阵和增广矩阵（分别为 $\boldsymbol{A}$ 和 $\boldsymbol{A}^{c}$）有相同的秩，即 $\rho_{\boldsymbol{A}}=\rho_{\boldsymbol{A}^{c}}=\rho$。这个秩被称为方程组的秩。

证明 线性代数方程组 $\boldsymbol{Ax}=\boldsymbol{b}$ 可表示为一个线性映射 $f:\mathbb{R}^{n}\to\mathbb{R}^{m}$，

$$f(\boldsymbol{x})=\boldsymbol{Ax}$$

若该方程组存在一个解，即 $\exists\boldsymbol{x}_0$，使得 $f(\boldsymbol{x}_0)=\boldsymbol{b}$，它就是适定的。这意味着若 $\boldsymbol{b}\in\mathrm{Im}(f)$，该方程组就是适定的。

张成象空间（$\mathrm{Im}(f),+,\cdot$）的基是由矩阵 $\boldsymbol{A}$ 的列向量构成的：

$$B_{\mathrm{Im}(f)}=\{\boldsymbol{I}_1,\boldsymbol{I}_2,\cdots,\boldsymbol{I}_n\}$$

$$\boldsymbol{A}=(\boldsymbol{I}_1,\boldsymbol{I}_2,\cdots,\boldsymbol{I}_n)$$

因此，$\boldsymbol{b}\in\mathrm{Im}(f)$ 等价于 $\boldsymbol{b}$ 属于矩阵 $\boldsymbol{A}$ 的列向量张成的空间：

$$\boldsymbol{b}=L(\boldsymbol{I}_1,\boldsymbol{I}_2,\cdots,\boldsymbol{I}_n)$$

这等价于

$$\boldsymbol{A}=(\boldsymbol{I}_1,\boldsymbol{I}_2,\cdots,\boldsymbol{I}_n)$$

的秩与

$$\boldsymbol{A}^{c}=(\boldsymbol{I}_1,\boldsymbol{I}_2,\cdots,\boldsymbol{I}_n,\boldsymbol{b})$$

的秩相同。

因此，当 $\rho_{\boldsymbol{A}}=\rho_{\boldsymbol{A}^{c}}=\rho$ 时，方程组相容。 □

定理 B. 2（欧拉公式） 对任意实数 $x\in\mathbb{R}$，

$$\mathrm{e}^{\mathrm{i}\theta}=\cos\theta+\mathrm{i}\sin\theta$$

其中 e 为欧拉常数 2. 71828…，即自然对数的底。

证明 考虑复平面单位圆上的复数 $z=a+\mathrm{j}b$。利用极坐标，该数可写为

$$z=\rho(\cos\theta+\mathrm{j}\sin\theta)$$

其中 $\rho=1$。因此，

$$z=\cos\theta+\mathrm{j}\sin\theta$$

其关于 θ 的导数为

$$\frac{\mathrm{d}z}{\mathrm{d}\theta}=-\sin\theta+\mathrm{j}\cos\theta=\mathrm{j}(\cos\theta+\mathrm{j}\sin\theta)=\mathrm{j}z$$

这意味着导数算子等价于将其乘以一个复数单位。该方程可重新整理为

$$\frac{\mathrm{d}z}{z}=\mathrm{j}\mathrm{d}\theta$$

若对该微分方程积分，可得：

$$\int\frac{\mathrm{d}z}{z}=\int\mathrm{j}\mathrm{d}\theta\Rightarrow\ln z=\mathrm{j}\theta\Rightarrow z=\mathrm{e}^{\mathrm{j}\theta}$$

注意 $z=\cos\theta+\mathrm{j}\sin\theta$，可得

$$\mathrm{e}^{\mathrm{j}\theta}=\cos\theta+\mathrm{j}\sin\theta$$ □

定理 B.3（代数基本定理）　若 $p(z)=\sum_{k=0}^{n} a_k z^k$ 为一个次数 $n\geqslant 1$ 的复多项式，则该多项式至少有一个根。

证明　用反证法。设复多项式 $p(z)$ 没有根。更确切地说，令 $p(z)$ 为一个复多项式，满足 $\forall z, p(z)\neq 0$，即 $p(z)$ 为一个没有根的复多项式。

函数

$$f(z)=\frac{1}{p(z)}$$

总是有定义的，因为 $p(z)\neq 0$。

因此，可算得

$$\lim_{|z|\mapsto+\infty} |p(z)|=+\infty$$

故

$$\lim_{|z|\mapsto+\infty} \left|\frac{1}{p(z)}\right|=0$$

这意味着函数 $f(z)$ 是有极限的。根据刘维尔定理，参见文献［32］和文献［33］，函数 $f(z)$ 为常数。因此，$p(z)$ 也是常数。换言之，没有根的多项式只能是常数多项式。若多项式的次数至少为一次，则必有根。 □

定理 B.4　若向量 $\boldsymbol{a}_1$，$\boldsymbol{a}_2, \cdots, \boldsymbol{a}_n$ 是线性无关的，则其格拉姆行列式 G（$\boldsymbol{a}_1$，$\boldsymbol{a}_2, \cdots, \boldsymbol{a}_n$）>0。

证明　若向量线性无关，设 $\boldsymbol{x}=\lambda_1\boldsymbol{a}_1+\lambda_2\boldsymbol{a}_2+\cdots+\lambda_n\boldsymbol{a}_n$，其中 $\lambda_1, \lambda_2, \cdots, \lambda_n\in\mathbb{R}$，则有

$$\boldsymbol{x}\cdot\boldsymbol{x}=(\lambda_1\boldsymbol{a}_1+\lambda_2\boldsymbol{a}_2+\cdots+\lambda_n\boldsymbol{a}_n)\cdot(\lambda_1\boldsymbol{a}_1+\lambda_2\boldsymbol{a}_2+\cdots+\lambda_n\boldsymbol{a}_n)=\sum_{i=1}^{n}\sum_{j=1}^{n}\lambda_i\lambda_j\boldsymbol{a}_i\cdot\boldsymbol{a}_j$$

该多项式为一个二次型，参见文献［34］，其判别式就是格拉姆行列式。可以验证，该二次型为正定的，故 $G(\boldsymbol{a}_1, \boldsymbol{a}_2, \cdots, \boldsymbol{a}_n)>0$。 □

习 题 答 案

第 1 章

1.1 **证明** 考虑元素 $x\in A\cup(A\cap B)$，即 $x\in A$ 或 $x\in A\cap B$。元素 $x\in A\cap B$ 同时属于 A 和 B。因此元素 $x\in A\cap B$ 为 A 子集中的一个元素，即 $A\cap B\subset A$。这意味着一般元素 x 同时属于 A 或其子集。换言之，$x\in A$。这对 $A\cup(A\cap B)$ 的所有元素都成立。因此 $A\cup(A\cap B)=A$。

1.2 **证明** 考虑元素 $x\in(A\cup B)\cup C$，即 $x\in A\cup B$ 或 $x\in C$，故 $x\in A$ 或 $x\in B$ 或 $x\in C$。换言之，x 至少属于三个集合中的一个。由于 x 要么属于 B，要么属于 C（或同时属于两个集合），则 $x\in B\cup C$。由于 x 也可以属于 A，故 $x\in A\cup(B\cup C)$。对集合 $(A\cup B)\cup C$ 中的所有元素重复这一分析，则可得 $(A\cup B)\cup C=A\cup(B\cup C)$。

1.3 方程 $x^2-2x-8=0$ 的根为-2 和 4。故 $B=\{-2,4\}$。

笛卡儿积 $A\times B$ 为 $A\times B=\{(a,-2),(a,4),(b,-2),(b,4),(c,-2),(c,4)\}$。

1.4 验证关系的如下属性质。

- 自反性：因为 $(1,1),(2,2),(3,3)\in\mathcal{R}$，该关系满足自反性。
- 传递性：我们有 $(1,2),(2,3)\in\mathcal{R}$，而且 $(1,3)\in\mathcal{R}$。没有其他的元素需要考虑了。故该关系满足传递性。
- 对称性：由于 $(1,2)\in\mathcal{R}$ 但 $(2,1)\notin\mathcal{R}$，该关系不对称。由于不存在对称元素，故该关系满足反对称性。

由于该关系满足自反性、传递性和反对称性，故它是一个序关系。

1.5 集合 f 为一个函数，因为 $\forall x\in A$，仅存在一个 $f(x)\in B$。

该函数不是单射，因为它包含 $(0,1)$ 和 $(1,1)$，即 $\exists$ 两个元素 $x_1\neq x_2$，使得 $f(x_1)=f(x_2)$。

第 2 章

2.1

$$\lambda\boldsymbol{x}=(6,-9,0,15)$$

2.2

$$\boldsymbol{x}\cdot\boldsymbol{y}=6-9+4-1=0$$

2.3

$$\boldsymbol{AB}=\begin{pmatrix}5 & 0 & 0 & 5\\ 0 & -15 & 19 & 13\end{pmatrix}$$

2.4

$$\boldsymbol{AB}=\begin{pmatrix}26 & -22 & 17\\ 12 & -3 & 1\\ 31 & 4 & -3\end{pmatrix}$$

2.5

$$\det \boldsymbol{A} = 1$$
$$\det \boldsymbol{B} = 0$$

2.6

$$\det \boldsymbol{A} = 2k+28$$

这意味着当 $k=-14$ 时，$\boldsymbol{A}$ 是奇异的。

$$\det \boldsymbol{B} = -2k^2-k+10$$

它的根是 2 和$-\frac{5}{2}$。对这两个数值 $\boldsymbol{B}$ 是奇异的。

$$\det \boldsymbol{C} = 0$$

不考虑 k 的取值，因为第三行是第一行和第二行的线性组合。因此，对 $\forall k \in \mathbb{R}$，$\boldsymbol{C}$ 是奇异的。

2.7

$$\text{adj}(\boldsymbol{A}) = \begin{pmatrix} 0 & 4 & -2 \\ 0 & -6 & 4 \\ 1 & -8 & 5 \end{pmatrix}$$

2.8

$$\boldsymbol{A}^{-1} = \frac{1}{30}\begin{pmatrix} 2 & 3 \\ -8 & 3 \end{pmatrix}$$

$$\boldsymbol{B}^{-1} = \frac{1}{8}\begin{pmatrix} 3 & 2 & 4 \\ -1 & 2 & 12 \\ 1 & -2 & -4 \end{pmatrix}$$

2.9

1. 因为 $\det \boldsymbol{A} = 21$，故矩阵 $\boldsymbol{A}$ 是可逆的。
2. $\boldsymbol{A}^{-1} = \frac{1}{21}\begin{pmatrix} 7 & -1 & -4 \\ 0 & 9 & -6 \\ 0 & 6 & 3 \end{pmatrix}$
3. $\boldsymbol{A}\boldsymbol{A}^{-1} = \frac{1}{21}\begin{pmatrix} 3 & -1 & 2 \\ 0 & 1 & 2 \\ 0 & -2 & 3 \end{pmatrix}\begin{pmatrix} 7 & -1 & -4 \\ 0 & 9 & -6 \\ 0 & 6 & 3 \end{pmatrix} = \frac{1}{21}\begin{pmatrix} 21 & 0 & 0 \\ 0 & 21 & 0 \\ 0 & 0 & 21 \end{pmatrix} = \begin{pmatrix} 1 & 0 & 0 \\ 0 & 1 & 0 \\ 0 & 0 & 1 \end{pmatrix}$

2.10 $\det \boldsymbol{A} = 0$。因此，矩阵的秩不能是 3。通过消去第三行和第三列，即可确定非奇异矩阵 $\begin{pmatrix} 2 & 1 \\ 0 & 1 \end{pmatrix}$，故矩阵 $\boldsymbol{A}$ 的秩是 2。

2.11 矩阵 $\boldsymbol{A}$ 的行列式等于 0，即矩阵 $\boldsymbol{A}$ 是奇异的。因此，它的秩 $\rho<3$。注意，第二行是第一行的两倍，并且第三行是前两行的和，故不存在 2×2 非奇异子矩阵。因此，$\rho=1$。
因为矩阵是奇异的，所以不能求逆。

第 3 章

3.1 系数矩阵是非奇异的：

$$\det\begin{pmatrix}1 & -2 & 1\\ 1 & 5 & 0\\ 0 & -3 & 1\end{pmatrix}=4$$

因此，秩 $\rho_A=\rho_{A^c}=3$，这个方程组可用克拉默法则求解。其解为

$$x=\frac{\det\begin{pmatrix}2 & -2 & 1\\ 1 & 5 & 0\\ 1 & -3 & 1\end{pmatrix}}{4}=\frac{4}{4}=1$$

$$y=\frac{\det\begin{pmatrix}1 & 2 & 1\\ 1 & 1 & 0\\ 0 & 1 & 1\end{pmatrix}}{4}=\frac{0}{4}=0$$

$$z=\frac{\det\begin{pmatrix}1 & -2 & 2\\ 1 & 5 & 1\\ 0 & -3 & 1\end{pmatrix}}{4}=\frac{4}{4}=1$$

3.2 与方程组相关的系数矩阵和增广矩阵分别为

$$\boldsymbol{A}=\begin{pmatrix}k+2 & k-1 & -1\\ k & -k & 0\\ 4 & -1 & 0\end{pmatrix}$$

$$\boldsymbol{A}^c=\begin{pmatrix}k+2 & k-1 & -1 & k-2\\ k & -k & 0 & 2\\ 4 & -1 & 0 & 1\end{pmatrix}$$

$\det\boldsymbol{A}=k-4k=-3k$。因此，当 $k\neq 0$ 时，矩阵 $\boldsymbol{A}$ 是非奇异的。在这个条件下，$\rho_A=\rho_{A^c}=3$，即方程组是相容的。因为 $n=3$，方程组是适定的。

如果 $k=0$，则系数矩阵是奇异的，其秩为 $\rho_A=2$，因为至少可以提取一个 2 阶非奇异子矩阵。例如

$$\begin{pmatrix}-1 & -1\\ -1 & 0\end{pmatrix}$$

是非奇异的。

对应的增广矩阵应当是

$$\boldsymbol{A}^c=\begin{pmatrix}2 & -1 & -1 & -2\\ 0 & 0 & 0 & 2\\ 4 & -1 & 0 & 1\end{pmatrix}$$

其秩为 3，因为通过消去第三列得到的子矩阵

$$\begin{pmatrix}2 & -1 & -2\\ 0 & 0 & 2\\ 4 & -1 & 1\end{pmatrix}$$

是非奇异的。因此，$\rho_A=2\neq\rho_{A^c}=3$。如果 $k=0$，则方程组是不相容的。不存在使方程组欠定的 k 值。

3.3 系数矩阵

$$A=\begin{pmatrix}1&1&-1\\0&1&-1\\1&2&-2\end{pmatrix}$$

的行列式是零，因为第三行是第一行和第二行的和。克拉默法则不适用。该矩阵的秩为 $\rho_A=2$。

由于方程组是齐次的，所以其增广矩阵的秩 ρ_{A^c} 也是 2。因此，这个方程组有 ∞^1 个解。

当 $y=z=\alpha$ 时，解得 $x=0$，可得到通解。通解为 $(0,\alpha,\alpha)$。

3.4 系数矩阵

$$A=\begin{pmatrix}1&2&3\\4&4&8\\3&-1&2\end{pmatrix}$$

的行列式是零，因为第三列是另外两列的线性组合。可以看出存在非奇异的二阶子矩阵。因此，矩阵的秩 $\rho_A=2$。克拉默法则不适用。但是，增广矩阵的秩 ρ_{A^c} 为 3，因为至少可以提取 3 阶非奇异子矩阵。例如，子矩阵

$$\begin{pmatrix}1&2&1\\4&4&2\\3&-1&1\end{pmatrix}$$

是非奇异的，因为它的行列式是-6。这意味着 $\rho_A=2<\rho_{A^c}=3$。这个方程组是不相容的。因此，它是无解的。

3.5 系数矩阵

$$A=\begin{pmatrix}1&2&3\\2&4&6\\3&6&9\end{pmatrix}$$

的行列式是零，它的第二行是第一行的两倍，第三行是第一行的三倍。我们不能运用克拉默法则。可以得出这个矩阵的秩是 $\rho_A=1$。

增广矩阵的秩 ρ_{A^c} 也是 1，因为第二个方程的各项是第一个方程相应各项的两倍，且第三个方程的各项是第一个方程相应各项的三倍。

这意味着 $\rho_A=\rho_{A^c}$。方程组是不定的，具有 $\infty^{n-\rho}=\infty^{3-1}=\infty^2$ 个解。

为求得通解，假设 $y=\alpha$，$z=\beta$，则 $x+2\alpha+3\beta=1$。从而得到 $x=1-2\alpha-3\beta$。

因此，通解是$(1-2\alpha-3\beta,\alpha,\beta)=\alpha\left(\frac{1}{\alpha}-2,1,0\right)+\beta(-3,0,1)$。

3.6 关联的增广矩阵是

$$A^c=(A\mid b)=\left(\begin{array}{ccc|c}1&-1&1&1\\1&1&0&4\\2&2&2&9\end{array}\right)$$

首先进行行操作

$$r^2=r^2-r^1$$
$$r^3=r^3-2r^1$$

可得

$$\boldsymbol{A}^{c}=(\boldsymbol{A}\mid\boldsymbol{b})=\left(\begin{array}{ccc|c}1&-1&1&1\\0&2&-1&3\\0&4&0&7\end{array}\right)$$

再进行行变换

$$r^3=r^3-2r^2$$

从而得到三角形矩阵

$$\widetilde{\boldsymbol{A}}^{c}=(\boldsymbol{A}\mid\boldsymbol{b})=\left(\begin{array}{ccc|c}1&-1&1&1\\0&2&-1&3\\0&0&2&1\end{array}\right)$$

矩阵对应方程组

$$\begin{cases}x-y+z=1\\ \quad 2y-z=3\\ \quad\quad 2z=1\end{cases}$$

3.7 根据填充矩阵 $\boldsymbol{U}$ 和 $\boldsymbol{L}$ 的一般公式，当 $i\leqslant j$ 时，

$$u_{i,j}=a_{i,j}-\sum_{k=1}^{i-1}l_{i,k}u_{k,j}$$

当 $j<i$ 时，

$$l_{i,j}=\frac{1}{u_{j,j}}\left(a_{i,j}-\sum_{k=1}^{j-1}l_{i,k}u_{k,j}\right)$$

我们得到

$$u_{1,1}=a_{1,1}=5$$
$$u_{1,2}=a_{1,2}=0$$
$$u_{1,3}=a_{1,3}=5$$
$$l_{2,1}=\frac{1}{u_{1,1}}a_{2,1}=2$$
$$u_{2,2}=a_{2,2}-l_{2,1}u_{1,2}=1$$
$$u_{2,3}=a_{2,3}-l_{2,1}u_{1,3}=3$$
$$l_{3,1}=\frac{1}{u_{1,1}}a_{3,1}=3$$
$$l_{3,2}=\frac{1}{u_{2,2}}(a_{3,2}-l_{3,1}u_{1,2})=2$$
$$u_{3,3}=a_{3,3}-l_{3,1}u_{1,3}-l_{3,2}u_{2,3}=2$$

因此

$$L=\begin{pmatrix}1&0&0\\2&1&0\\3&2&1\end{pmatrix}$$

$$U=\begin{pmatrix}5&0&5\\0&1&3\\0&0&2\end{pmatrix}$$

3.8

1. 从 $x^{(0)}=0, y^{(0)}=0, z^{(0)}=0$ 开始，得

$$x^{(1)}=-2\times0=0$$
$$y^{(1)}=-2+2\times0+6\times0=-2$$
$$z^{(1)}=8-4\times0=8$$

2. 从 $x^{(0)}=0, y^{(0)}=0, z^{(0)}=0$ 开始，得

$$x^{(1)}=-2\times0=0$$
$$y^{(1)}=-2+2\times0+6\times0=-2$$
$$z^{(1)}=8-4\times(-2)=16$$

第 4 章

4.1 如果对应矩阵的秩小于 2，则两个向量是平行的。此时，对应的矩阵为

$$A=\begin{pmatrix}2&1&-2\\-8&-4&8\end{pmatrix}$$

该矩阵的秩为 1，因为每一个 2 阶子矩阵都是奇异的。因此，向量是平行的。

4.2

1. 垂直的特性在标量积为零的时候出现。因此 $2\times1+0\times0+1\times(1-k)=0$。这意味着 $2+1-k=0$。因此 $k=3$。
2. 若矩阵

$$\begin{pmatrix}1&0&1-k\\2&0&1\end{pmatrix}$$

的秩小于 2，则这两个向量是平行的。

这意味着当 $1-2+2k=0$ 时，向量是平行的，即 $-1+2k=0$ 或 $k=\frac{1}{2}$。

4.3 为证明这两个向量是否是平行的，考虑 $\vec{o}=\lambda\vec{u}+\mu\vec{v}+\nu\vec{w}$。若可以验证只有

$$(\lambda,\mu,\nu)=(0,0,0)$$

上面的式子才成立，则这些向量为线性无关的。

因此，令

$$\begin{pmatrix}0\\0\\0\end{pmatrix}=\lambda\begin{pmatrix}2\\-3\\2\end{pmatrix}+\mu\begin{pmatrix}3\\0\\-1\end{pmatrix}+\nu\begin{pmatrix}1\\0\\2\end{pmatrix}$$

我们就得到一个齐次线性方程组，该方程组只有在相关的系数矩阵为非奇异的情形下才

是适定的。此时

$$\det\begin{pmatrix} 2 & 3 & 1 \\ -3 & 0 & 0 \\ 2 & 1 & 2 \end{pmatrix} = 15$$

故这组向量是线性无关的。

4.4

1. 相应的矩阵

$$\boldsymbol{A} = \begin{pmatrix} 6 & 2 & 3 \\ 1 & 0 & 1 \\ 0 & 0 & 1 \end{pmatrix}$$

是非奇异的，因为 $\det\boldsymbol{A} = -2$。因此，向量组是线性无关的。唯一将零向量表示为 $\vec{u}, \vec{v}$，$\vec{w}$ 的线性组合的形式是系数全为零。

2. 由于向量是线性无关的，它们可以构成空间 $\mathbb{V}_3$ 的基。因此，向量 $\vec{t}$ 可使用这一组新基进行表示：

$$\vec{t} = \lambda\vec{u} + \mu\vec{v} + \nu\vec{w}$$

这意味着

$$(1,1,1) = \lambda(6,2,3) + \mu(1,0,1) + \nu(0,0,1)$$

这个公式可以确定一个线性方程组：

$$\begin{cases} 6\lambda + \mu = 1 \\ 2\lambda = 1 \\ 3\lambda + \mu + \nu = 1 \end{cases}$$

其解为 $\lambda = \frac{1}{2}, \mu = -2, \nu = \frac{3}{2}$。这意味着 $\vec{t} = \frac{1}{2}\vec{u} - 2\vec{v} + \frac{3}{2}\vec{w}$。

4.5

1. 向量 $\vec{u}, \vec{v}, \vec{w}$ 是线性相关的，对应的矩阵也是奇异的。这些向量不能构成一组基。
2. 向量 $\vec{u}, \vec{v}, \vec{w}$ 不是基，向量 $\vec{t}$ 不能用这些向量表示。由这些向量得到的方程组将是不相容的。

4.6 对这三个向量，第三个向量等于第二个向量的-2倍。换言之，

$$\vec{o} = \lambda\vec{u} + \mu\vec{v} + \nu\vec{w}$$

在

$$(\lambda, \mu, \nu) = (0, -2, 1)$$

时是成立的。

这些向量是共面的。这等价于这些向量是线性相关的。

这一陈述等价于说与向量相关的矩阵是奇异的或者它们的混合积为零。

4.7 计算向量积

$$\vec{u} \otimes \vec{v} = \det\begin{pmatrix} \vec{i} & \vec{j} & \vec{k} \\ 3h-5 & 2h-1 & 3 \\ 1 & -1 & 3 \end{pmatrix}$$

$$= 3(2h-1)\vec{i} + 3\vec{j} - (3h-5)\vec{k} + 3\vec{i} - 3(3h-5)\vec{j} - (2h-1)\vec{k}$$

$$=6h\vec{i}+(-9h+18)\vec{j}+(-5h+6)\vec{k}$$

如果向量积为 $\vec{o}$ 向量，则两个向量是平行的，即

$$\begin{cases} 6h \quad\quad =0 \\ -9h+18=0 \\ -5h+\ 6=0 \end{cases}$$

但方程组是不相容的，故不存在 h 使得 $\vec{u}$ 和 $\vec{v}$ 平行。

4.8 计算混合积

$$\det\begin{pmatrix} 2 & -1 & 3 \\ 1 & 1 & -2 \\ h & -1 & h-1 \end{pmatrix}=2h-2+2h-3-3h+4+h-1=2h-10$$

令该行列式为零，可得当 $h=5$ 时向量共面。

第5章

5.1

$$\frac{1}{z}=\frac{1}{a+\mathrm{j}b}=\frac{a-\mathrm{j}b}{(a-\mathrm{j}b)(a+\mathrm{j}b)}=\frac{a-\mathrm{j}b}{a^2+b^2}$$

5.2 模为 $\rho=\sqrt{1^2+1^2}=\sqrt{2}$。相位 $\arctan(-1)=-45°=315°$。

5.3 $z=4\cos90°+4\mathrm{j}\sin90°=4\mathrm{j}$。

5.4 将复数使用极坐标进行表示：

$$5+\mathrm{j}5=(\sqrt{50},\angle 45°)=\sqrt{50}(\cos45°+\mathrm{j}\sin45°)$$

现用棣莫弗公式有

$$\sqrt[3]{5+\mathrm{j}5}=\sqrt[3]{\sqrt{50}(\cos45°+\mathrm{j}\sin45°)}=\sqrt[6]{50}(\cos15°+\mathrm{j}\sin15°)$$

5.5 由鲁菲尼定理，因为 $1^3-3\times1^2-13\times1+15=0$，可得 $z^3-3z^2-13z+15$ 可被 $z-1$ 整除。

5.6 第三行为其他两行的和。因此，无须进行任何计算就可得到其行列式为零，因此矩阵为奇异的，且不可逆。

5.7 根据小贝祖定理，余项 r 为

$$r=p(2\mathrm{j})=(2\mathrm{j})^3+2(2\mathrm{j})^2+4(2\mathrm{j})-8=8(\mathrm{j})^3+8(\mathrm{j})^2+8\mathrm{j}-8=-8\mathrm{j}-8+8\mathrm{j}-8=-16$$

5.8

$$\frac{-9z+9}{2z^2+7z-4}=\frac{1}{2z-1}-\frac{5}{z+4}$$

5.9 使用因式分解法分解有理分式

$$\frac{3z+1}{(z-1)^2(z+2)}$$

解

$$\frac{3z+1}{(z-1)^2(z+2)}=\frac{5}{9(z-1)}+\frac{4}{3(z-1)^2}-\frac{5}{9(z+2)}$$

5.10

$$\frac{5z}{z^3-3z^2-3z-2}=\frac{5z}{(z-2)(z^2+z+1)}=\frac{10}{7(z-2)}-\frac{10z+5}{7(z^2+z+1)}$$

第6章

6.1 考虑过原点的平行线

$$4x-3y=0$$

令 $y=\alpha$，参数 $\alpha\in\mathbb{R}$，则

$$x=\frac{3}{4}\alpha$$

这条直线平行于向量 $\alpha\left(\frac{3}{4},1\right)$。方向 $\alpha\left(\frac{3}{4},1\right)$ 就是该直线的方向，等价地，所求直线的方向为（3,4）。

6.2 由于矩阵

$$\begin{pmatrix}3 & -2\\ 4 & 1\end{pmatrix}$$

非奇异。因此，存在一个交点。

利用克拉默法则求出交点坐标：

$$x=\frac{\det\begin{pmatrix}-4 & -2\\ -1 & 1\end{pmatrix}}{\det\begin{pmatrix}3 & -2\\ 4 & 1\end{pmatrix}}=-\frac{6}{11}$$

$$y=\frac{\det\begin{pmatrix}3 & -4\\ 4 & -1\end{pmatrix}}{\det\begin{pmatrix}3 & -2\\ 4 & 1\end{pmatrix}}=\frac{13}{11}$$

6.3 由于矩阵

$$\begin{pmatrix}3 & -2\\ 9 & -6\end{pmatrix}$$

奇异，秩为1。因此，这两条直线有相同的方向。

另一方面，增广矩阵

$$\begin{pmatrix}3 & -2 & -4\\ 9 & -6 & -1\end{pmatrix}$$

的秩为2。对应的线性方程组不相容，因此无解，即两条直线不相交（这两条直线平行）。

6.4 二次曲线对应矩阵为

$$\boldsymbol{A}^{c}=\begin{pmatrix}4 & 1 & 0\\ 1 & -2 & -4\\ 0 & -4 & 8\end{pmatrix}$$

它是非奇异的。因此该二次曲线是非退化的。由于

$$\det\boldsymbol{I}_{3,3}=\det\begin{pmatrix}4 & 1\\ 1 & -2\end{pmatrix}=-9$$

因此，该二次曲线是双曲线。

6.5 二次曲线对应矩阵为

$$A^c=\begin{pmatrix}4&1&0\\1&2&-4\\0&-4&-6\end{pmatrix}$$

它是非奇异的。因此该二次曲线是非退化的。由于

$$\det I_{3,3}=\det\begin{pmatrix}4&1\\1&2\end{pmatrix}=7$$

因此，该二次曲线是椭圆。

6.6 二次曲线对应矩阵为

$$A^c=\begin{pmatrix}1&1&-8\\1&1&0\\-8&0&-6\end{pmatrix}$$

它是非奇异的。因此该二次曲线是非退化的。由于

$$\det I_{3,3}=\det\begin{pmatrix}1&1\\1&1\end{pmatrix}=0$$

因此，该二次曲线是抛物线。

6.7 二次曲线对应矩阵为

$$A^c=\begin{pmatrix}1&1&-7\\1&0&-8\\-7&-8&12\end{pmatrix}$$

它是奇异的。因此该二次曲线是退化的。由于

$$\det I_{3,3}=\det\begin{pmatrix}1&1\\1&0\end{pmatrix}=-1$$

因此，该二次曲线是退化的双曲线，即一对相交的直线。

6.8 二次曲线的相关矩阵为

$$A^c=\begin{pmatrix}1&3&5\\3&-16&-40\\-16&-40&24\end{pmatrix}$$

它是非奇异的。因此该二次曲线是非退化的。由于

$$\det I_{3,3}=\det\begin{pmatrix}1&3\\3&-16\end{pmatrix}=-25$$

因此，该二次曲线是双曲线。

第7章

7.1 $(A,+)$ 不是代数结构，因为该集合对于运算不封闭。例如 $6+4=10\notin A$。

7.2 由于矩阵乘积是内合成律。$(\mathbb{R}_{n,n},\cdot)$ 是代数结构。由于矩阵乘积满足结合律，$(\mathbb{R}_{n,n},\cdot)$ 是半群。由于零元素存在，即单位矩阵 I,$(\mathbb{R}_{3,3},\cdot)$ 是幺半群。由于一般不存在逆元（只有非奇异矩阵可逆），因此 $(\mathbb{R}_{n,n},\cdot)$ 不是群。

7.3 由于（$H,+_8$）是群，所以它是子群。内合成律运算$+_8$满足结合律，H中的每个元素都存在逆元，即 $\{0,6,4,2\}$。

陪集 $H+_8 0=H$，$H+_8 1=\{1,3,5,7\}$。其他的陪集类似于这两个，如 $H+_8 2=\{2,4,6,0\}=H+_8 0=H$。

所有的陪集的势都是 4。Z_8 的势为 8。根据拉格朗日定理

$$\frac{|Z_8|}{|H|}=2$$

这是一个整数。

7.4 验证结合律是否成立。计算

$$(a*b)*c=(a+5b)*c=a+5b+5c$$

计算

$$a*(b*c)=a*(b+5c)=a+5b+25c$$

由于运算不满足结合律，（$\mathbb{Q},*$）不是半群。因此，它不是幺半群。

7.5 由于

$$f(x+y)=\mathrm{e}^{x+y}=\mathrm{e}^x\mathrm{e}^y=f(x)f(y)$$

该映射是同态。它是单射，即当 $x_1\neq x_2$ 时，$\mathrm{e}^{x_1}\neq \mathrm{e}^{x_2}$，又因为每个正数都可以表示为一个实数的指数形式：$\forall t\in\mathbb{R}^+$，$\exists x\in\mathbb{R}$，$t=\mathrm{e}^x$，所以该映射是满射。因此该映射是同构。

第8章

8.1 为了验证（$U,+,\cdot$）和（$V,+,\cdot$）是否是向量空间，需要验证关于合成律的封闭性。

首先，考虑 U 中的任意两个向量 $\boldsymbol{u}_1=(x_1,y_1,z_1)$ 和 $\boldsymbol{u}_2=(x_2,y_2,z_2)$。这两个向量满足

$$5x_1+5y_1+5z_1=0$$
$$5x_2+5y_2+5z_2=0$$

计算

$$\boldsymbol{u}_1+\boldsymbol{u}_2=(x_1+x_2,y_1+y_2,z_1+z_2)$$

对应于向量 $\boldsymbol{u}_1+\boldsymbol{u}_2$，

$$5(x_1+x_2)+5(y_1+y_2)+5(z_1+z_2)$$
$$=5x_1+5y_1+5z_1+5x_2+5y_2+5z_2=0+0=0$$

这说明 $\forall \boldsymbol{u}_1,\boldsymbol{u}_2\in U$: $\boldsymbol{u}_1+\boldsymbol{u}_2\in U$。

其次，考虑任意的向量 $\boldsymbol{u}=(x,y,z)\in U$ 和任意的数 $\lambda\in\mathbb{R}$，有 $5x+5y+5z=0$。

计算

$$\lambda\boldsymbol{u}=(\lambda x,\lambda y,\lambda z)$$

对于向量 $\lambda\boldsymbol{u}$，

$$5\lambda x+5\lambda y+5\lambda z$$
$$=\lambda(5x+5y+5z)=\lambda 0=0$$

说明 $\forall\lambda\in\mathbb{R}$ 和 $\forall\boldsymbol{u}\in U$: $\lambda\boldsymbol{u}\in U$。

因此，（$U,+,\cdot$）是向量空间。

最后，对于 V 验证内合成律的封闭性：

$$5(x_1+x_2)+5(y_1+y_2)+5(z_1+z_2)+5$$
$$=5x_1+5y_1+5z_1+5x_2+5y_2+5z_2+5\neq 0$$

由于不满足封闭性，$(V,+,\cdot)$ 不是向量空间。

容易证明 $(U\cap V,+,\cdot)$ 不是向量空间，因为它不含零向量 $\mathbf{0}$。在这个特定的情况下，集合 $U\cap V$ 满足

$$\begin{cases}5x+5y+5z=0\\5x+5y+5z=-5\end{cases}$$

这是不可能的。换句话说，交集是空集。这个问题的几何解释是空间中的两个平行平面。

8.2

证明 假设 $U\subset V$。于是有

$$U\cup V=V$$

由于 $(V,+,\cdot)$ 是向量空间，所以 $(U\cap V,+,\cdot)$ 是 $(E,+,\cdot)$ 的向量子空间。

另一种情况 $(V\subset U)$ 是类似的。

8.3

1. 交集 $U\cap V$ 由

$$\begin{cases}x-y+4z=0\\ \quad\ y\ -z=0\end{cases}$$

确定。该方程组有无穷多个解，解的形式为 $(-3\alpha,\alpha,\alpha),\alpha\in\mathbb{R}$。

2. 确定和集 S。利用集合中一般向量的表示，集合

$$U=\{(\beta-4\gamma,\beta,\gamma)\mid\beta,\gamma\in\mathbb{R}\}$$

和

$$V=\{(\delta,\alpha,\alpha)\mid\alpha\in\mathbb{R}\}$$

则和集

$$S=U+V=\{(\beta-4\gamma+\delta,\alpha+\beta,\alpha+\gamma)\mid\alpha,\beta,\gamma,\delta\in\mathbb{R}\}$$

这是 $\mathbb{R}^3$。因为 $\mathbb{R}^3$ 中的每一个向量都可以通过选择 $\alpha,\beta,\gamma,\delta$ 表示出来。

3. 因为 $U\cap V\neq\mathbf{0}$，所以 S 不是直和。

4. 如上所述，$\dim(U)=\dim(V)=2$，$\dim(U\cap V)=1$，$\dim(U+V)=3$，即 $2+2=3+1$。

8.4 该线性方程组对应矩阵

$$\begin{pmatrix}1&2&3\\2&4&6\\3&6&9\end{pmatrix}$$

该矩阵为奇异矩阵，它的所有 2 阶子矩阵也是奇异的。因此该矩阵的秩为 1，方程组有 ∞^2 个解。取 $y=\alpha$ 和 $z=\beta$，有 $x=-2\alpha-3\beta$。因此，解与 $(-2\alpha-3\beta,\alpha,\beta)$ 成比例。

解可以表示为

$$(-2\alpha-3\beta,\alpha,\beta)=(-2\alpha,\alpha,0)+(-3\beta,0,\beta)=\alpha(-2,1,0)+\beta(-3,0,1)$$

$B=\{(-2,1,0),(-3,0,1)\}$，因此，维数 $\dim(E,+,\cdot)=2$。

8.5 与线性方程组对应的系数矩阵

$$\det\begin{pmatrix}1 & 1 & 2\\ 2 & 1 & 3\\ 0 & 1 & 1\end{pmatrix}=0$$

为奇异矩阵。

方程组是不定的，有∞^1个解。通解为$(\alpha,\alpha,-\alpha),\alpha\in\mathbb{R}$，基为$B=\{(1,1,-1)\}$，解空间的维数为1。

8.6 线性方程组对应的矩阵为

$$\begin{pmatrix}5 & 2 & 1\\ 15 & 6 & 3\\ 10 & 4 & 2\end{pmatrix}$$

该矩阵以及它所有的2阶子矩阵都是奇异的，因此矩阵的秩为1，方程组有∞^2个解。取$y=\alpha,z=\beta$，有$x=-\frac{2}{5}\alpha-\frac{1}{5}\beta$，解与

$$\left(-\frac{2}{5}\alpha-\frac{1}{5}\beta,\alpha,\beta\right)$$

成比例。可以表示为

$$\left(-\frac{2}{5}\alpha-\frac{1}{5}\beta,\alpha,\beta\right)=\left(-\frac{2}{5}\alpha,\alpha,0\right)+\left(-\frac{1}{5}\beta,0,\beta\right)=\alpha\left(-\frac{2}{5},1,0\right)+\beta\left(-\frac{1}{5},0,1\right)$$

这组向量为线性方程组的解。为了证明这两个向量组成了一组基需要证明它们线性无关。根据定义，这意味着

$$\lambda_1\boldsymbol{v}_1+\lambda_2\boldsymbol{v}_2=\boldsymbol{0}$$

只在$(\lambda_1,\lambda_2)=(0,0)$时成立。

在这个例子中，这意味着

$$\lambda_1\left(-\frac{2}{5},1,0\right)+\lambda_2\left(-\frac{1}{5},0,1\right)=\boldsymbol{0}$$

只在$(\lambda_1,\lambda_2=0,0)$时成立。这等价于线性方程组：

$$\begin{cases}-\frac{2}{5}\lambda_1-\frac{1}{5}\lambda_2=0\\ \lambda_1\qquad\quad=0\\ \qquad\quad\lambda_2=0\end{cases}$$

是适定的。唯一满足方程的解为$(\lambda_1,\lambda_2)=(0,0)$。这说明向量组线性无关，因此构成一组基$B=\left\{\left(-\frac{2}{5},1,0\right),\left(-\frac{1}{5},0,1\right)\right\}$。维数$\dim(E,+,\cdot)=2$。

8.7 设B为要求的基。首先检查这组向量，由于$\boldsymbol{u}$不是零向量，它可以包含在基中$B=\{\boldsymbol{u}\}$。验证$\boldsymbol{u},\boldsymbol{v}$是否线性无关。

$$\boldsymbol{0}=\lambda_1\boldsymbol{u}+\lambda_2\boldsymbol{v}$$

$$\begin{pmatrix}0\\0\\0\\0\end{pmatrix}=\lambda_1\begin{pmatrix}2\\2\\1\\3\end{pmatrix}+\lambda_2\begin{pmatrix}0\\2\\1\\-1\end{pmatrix}$$

对应的线性方程组是适定的。因此 $\lambda_1=\lambda_2=0$，向量组线性无关，我们可以将 $\boldsymbol{v}$ 加入基 B: $B=\{\boldsymbol{u},\boldsymbol{v}\}$。

现在我们尝试加入 $\boldsymbol{w}$，

$$\mathbf{0}=\lambda_1\boldsymbol{u}+\lambda_2\boldsymbol{v}+\lambda_3\boldsymbol{w}$$

$$\begin{pmatrix}0\\0\\0\\0\end{pmatrix}=\lambda_1\begin{pmatrix}2\\2\\1\\3\end{pmatrix}+\lambda_2\begin{pmatrix}0\\2\\1\\-1\end{pmatrix}+\lambda_3\begin{pmatrix}2\\4\\2\\2\end{pmatrix}$$

对应的方程组的系数矩阵是奇异的。因此，向量 $\boldsymbol{u},\boldsymbol{v},\boldsymbol{w}$ 线性相关，这也可以从 $\boldsymbol{w}=\boldsymbol{u}+\boldsymbol{v}$ 看出。因此，不能将 $\boldsymbol{w}$ 加入基 B 中。

再尝试加入 $\boldsymbol{a}$，验证

$$\begin{pmatrix}0\\0\\0\\0\end{pmatrix}=\lambda_1\begin{pmatrix}2\\2\\1\\3\end{pmatrix}+\lambda_2\begin{pmatrix}0\\2\\1\\-1\end{pmatrix}+\lambda_3\begin{pmatrix}3\\1\\2\\1\end{pmatrix}$$

对应的矩阵秩为 3，因此可以将 $\boldsymbol{a}$ 加入基 B 中。

最后尝试将 $\boldsymbol{b}$ 添加到基中，

$$\begin{pmatrix}0\\0\\0\\0\end{pmatrix}=\lambda_1\begin{pmatrix}2\\2\\1\\3\end{pmatrix}+\lambda_2\begin{pmatrix}0\\2\\1\\-1\end{pmatrix}+\lambda_3\begin{pmatrix}3\\1\\2\\1\end{pmatrix}+\lambda_4\begin{pmatrix}0\\5\\0\\2\end{pmatrix}$$

对应的方程组的系数矩阵非奇异。因此，通过剔除这组向量中的一个向量，我们得到了 $\mathbb{R}^4$ 的一组基：$B=\{\boldsymbol{u},\boldsymbol{v},\boldsymbol{a},\boldsymbol{b}\}$。

第 9 章

9.1 计算

$$\|\boldsymbol{x}\cdot\boldsymbol{y}\|=\boldsymbol{x}\cdot\boldsymbol{y}=76$$

以及对应的模

$$\|\boldsymbol{x}\|=8.832$$
$$\|\boldsymbol{y}\|=12.649$$

再计算

$$\|\boldsymbol{x}\|\,\|\boldsymbol{y}\|=111.71$$

由于 $76<111.71$，柯西-施瓦茨不等式成立。

计算

$$\|x+y\|=\|(-2,5,19)\|=19.748$$

注意 19.748<8.832+12.649=21.481，闵可夫斯基不等式成立。

9.2 应用格拉姆-施密特正交化方法来求一组标准正交基 $B_U=\{e_1,e_2\}$。第一个向量为

$$e_1=\frac{x_1}{\|x_1\|}=\frac{(2,1)}{\sqrt{5}}=\left(\frac{2}{\sqrt{5}},\frac{1}{\sqrt{5}}\right)=(0.894 \quad 0.447)$$

为了计算第二个向量，需要先求其方向，方向为

$$y_2=x_2+\lambda_1 e_1=(0,2)+\lambda_1\left(\frac{2}{\sqrt{5}},\frac{1}{\sqrt{5}}\right)$$

令 $y_2 \cdot e_1=0$，来求正交方向。因此，

$$y_2 \cdot e_1=0=x_2 \cdot e_1+\lambda_1 e_1 \cdot e_1=(0,2)\left(\frac{2}{\sqrt{5}},\frac{1}{\sqrt{5}}\right)+\lambda_1$$

由此推出

$$\lambda_1=-\frac{2}{\sqrt{5}}$$

向量 y_2 为

$$y_2=x_2+\lambda_1 e_1=(0,2)+\left(-\frac{2}{\sqrt{5}}\right)\left(\frac{2}{\sqrt{5}},\frac{1}{\sqrt{5}}\right)=(0,2)-\left(\frac{4}{5},\frac{2}{5}\right)=\left(-\frac{4}{5},\frac{8}{5}\right)$$

最后，计算单位向量

$$e_2=\frac{y_2}{\|y_2\|}=\frac{\left(-\frac{4}{5},\frac{8}{5}\right)}{\sqrt{\frac{16}{25}+\frac{64}{25}}}=(-0.447,0.894)$$

向量 e_1,e_2 是（$\mathbb{R}^2$,+,·）的一组标准正交基。

第 10 章

10.1 秩是象向量空间的维数而且矩阵的秩与映射相关联。由于象是唯一零向量，所以维数为 0。零度是核的维数。因为定义域内所有向量映射后的向量都等于零向量，那么核就是整个 $\mathbb{R}^n$。既然这个映射不是单射，那么它就不是可逆的。

10.2 一个线性映射的核是使得 $f(x)=0$ 的这样一个向量集合。这表示该映射的核为线性方程组的解：

$$\begin{cases} x+y+z=0 \\ x-y-z=0 \\ 2x+2y+2z=0 \end{cases}$$

这个方程组秩为 $\rho=2$，解有 ∞^1 个，而且这些解与（0,1,-1）成比例。因此，核为

$$\ker(f)=\{\alpha(0,1,-1),\beta\in\mathbb{R}\}$$

零度是（ker(*f*),+,·）的维数，即 1。为了求自同态的秩，我们考虑 $\dim(\mathbb{R}^3,+,\cdot)=3$，并应用秩-零度定理，因此自同态的秩为 2。

映射的象为

$$L\left(\begin{pmatrix}1\\1\\2\end{pmatrix},\begin{pmatrix}1\\-1\\2\end{pmatrix},\begin{pmatrix}1\\1\\2\end{pmatrix}\right)$$

因为只有两个向量线性无关，因此象空间为

$$L\left(\begin{pmatrix}1\\1\\2\end{pmatrix},\begin{pmatrix}1\\-1\\2\end{pmatrix}\right)$$

这个映射将空间的向量转换成平面的向量（象）空间。

10.3 线性映射的核是（x,y,z）的集合，满足

$$\begin{cases}x+2y+z=0\\3x+6y+3z=0\\5x+10y+5z=0\end{cases}$$

可以证明，这个齐次线性方程组的秩 $\rho=1$，因此存在 ∞^2 个解。如果我们假设 $x=\alpha,z=\gamma$，$\alpha,\gamma\in\mathbb{R}$，即可得到方程组的解

$$(x,y,z)=\left(\alpha,-\frac{\alpha+\gamma}{2},\gamma\right)$$

同时这也是映射的核

$$\ker(f)=\left(\alpha,-\frac{\alpha+\gamma}{2},\gamma\right)$$

且 $\dim(\ker(f),+,\cdot)=2$。因为 $\dim(\mathbb{R}^3,+,\cdot)=3$，根据秩-零度定理，$\dim(\mathrm{Im}(f))=1$。因为 $\ker(f)\neq\mathbf{0}_E$，所以该映射不是单射，又因为它是一个自同态，那么它不是满射。该映射的象空间为

$$L\begin{pmatrix}1\\3\\5\end{pmatrix}$$

我们可以得出结论：映射 f 将空间 $\mathbb{R}^3$ 中的点变换成空间中直线上的点。

10.4

$$\boldsymbol{A}=\begin{pmatrix}1&2&0\\0&3&0\\2&-4&2\end{pmatrix}$$

我们来计算特征值，

$$\det(\boldsymbol{A}-\lambda\boldsymbol{I})=\det\begin{pmatrix}1-\lambda&2&0\\0&3-\lambda&0\\2&-4&2-\lambda\end{pmatrix}=(1-\lambda)(2-\lambda)(3-\lambda)$$

特征多项式的根即特征值，$\lambda_1=3,\lambda_2=2,\lambda_3=1$。

为了计算特征向量，我们先选择 $\lambda_1=3$，并求解如下方程组，

$$(\boldsymbol{A}-\lambda_1\boldsymbol{I})\boldsymbol{x}=0$$

$$\begin{pmatrix} -2 & 2 & 0 \\ 0 & 0 & 0 \\ 2 & -4 & -1 \end{pmatrix}\begin{pmatrix} x \\ y \\ z \end{pmatrix}=\begin{pmatrix} 0 \\ 0 \\ 0 \end{pmatrix}$$

该方程有∞^1个解，与向量$\begin{pmatrix} -1 \\ -1 \\ 2 \end{pmatrix}$成比例。

因为特征值都不相同，所以这一矩阵可对角化。

10.5 求特征值，即寻找 λ 的值使得

$$\begin{cases} x+y=\lambda x \\ 2x=\lambda y \end{cases} \Rightarrow \begin{cases} (1-\lambda)x+y=0 \\ 2x-\lambda y=0 \end{cases}$$

也就是寻找 λ 的值使得

$$\det\begin{pmatrix} 1-\lambda & 1 \\ 2 & -\lambda \end{pmatrix}=0$$

这说明

$$(1-\lambda)(-\lambda)-2=0 \Rightarrow \lambda^2-\lambda-2=0$$

这个多项式的解就是这个自同态的特征值。解为 $\lambda_1=-1$ 和 $\lambda_2=2$。

由于自同态有两个不同的特征值，所以它是可对角化的。下面我们求特征向量。我们必须解

$$\begin{cases} 2x+y=0 \\ 2x+y=0 \end{cases}$$

它的解为 $\alpha(1,-2)$，解

$$\begin{cases} -x+\ y=0 \\ 2x-2y=0 \end{cases}$$

它的解为 $\alpha(1,1)$。

变换矩阵为

$$\boldsymbol{P}=\begin{pmatrix} 1 & 1 \\ -2 & 1 \end{pmatrix}$$

使得映射可对角化为

$$\boldsymbol{D}=\begin{pmatrix} -1 & 0 \\ 0 & 2 \end{pmatrix}$$

10.6 矩阵 $\boldsymbol{A}$ 的特征值为

$$\lambda_1=-1$$
$$\lambda_2=5$$
$$\lambda_3=1$$

主特征值为 $\lambda_2=5$。

我们用幂方法，以 $\boldsymbol{x}^{\mathrm{T}}=(1,1,1)$ 为初始向量来计算，

$$\boldsymbol{x}=\boldsymbol{A}\boldsymbol{x}=\begin{pmatrix} -7 \\ 9 \\ 2 \end{pmatrix}$$

通过迭代我们可以得到

$$\begin{pmatrix}-47\\49\\9\end{pmatrix},\begin{pmatrix}-247\\249\\42\end{pmatrix},\begin{pmatrix}-1247\\1249\\209\end{pmatrix},\begin{pmatrix}-6247\\6249\\1042\end{pmatrix},$$

$$\begin{pmatrix}-31247\\31249\\5209\end{pmatrix},\begin{pmatrix}-156247\\156249\\26042\end{pmatrix},\begin{pmatrix}-781247\\781249\\130209\end{pmatrix},\begin{pmatrix}-3906247\\3906249\\651042\end{pmatrix}$$

现在我们可以应用瑞利定理得

$$\lambda_2=\frac{\boldsymbol{x}^{\mathrm{T}}\boldsymbol{A}\boldsymbol{x}}{\boldsymbol{x}^{\mathrm{T}}\boldsymbol{x}}\approx 5$$

10.7 从 $\boldsymbol{x}^{\mathrm{T}}=(1,1,1)$ 开始进行四次幂方法迭代得

$$\begin{pmatrix}2\\2\\-2\end{pmatrix},\begin{pmatrix}8\\8\\-8\end{pmatrix},\begin{pmatrix}16\\16\\16\end{pmatrix},\begin{pmatrix}32\\32\\-32\end{pmatrix},\begin{pmatrix}64\\64\\64\end{pmatrix},\begin{pmatrix}128\\128\\-128\end{pmatrix},\begin{pmatrix}256\\256\\256\end{pmatrix},\begin{pmatrix}512\\512\\512\end{pmatrix}$$

现在我们应用瑞利定理可以得到

$$\lambda=\frac{\boldsymbol{x}^{\mathrm{T}}\boldsymbol{A}\boldsymbol{x}}{\boldsymbol{x}^{\mathrm{T}}\boldsymbol{x}}\approx\frac{2}{3}$$

然而如果计算特征值的话，我们会得到

$$\lambda_1=2$$

$$\lambda_2=-2$$

$$\lambda_3=-2$$

因此，由于没有主特征值，所以幂方法不收敛到主特征向量。

第 12 章

12.1 让我们画下图

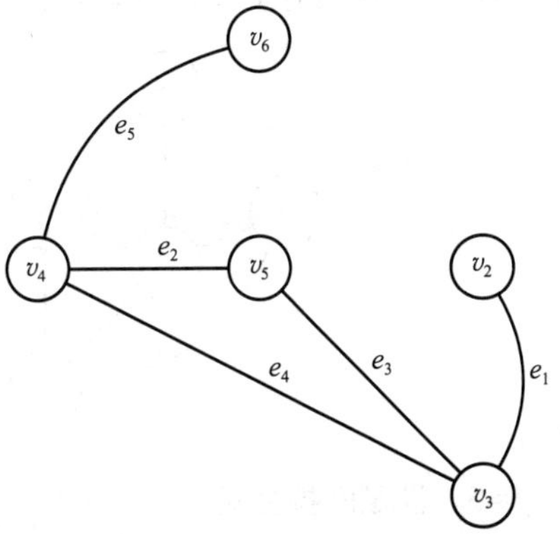

该图是连通的。

12.2　每个顶点的度为

$$v_1\colon 2, v_2\colon 3, v_3\colon 2, v_4\colon 3, v_5\colon 2, v_6\colon 3, v_7\colon 2, v_8\colon 3, v_9\colon 2, v_{10}\colon 2$$

这个图的度为

$$\sum_{i=1}^{10} \deg v_i = 24$$

12.3　这是一个连通图。我们来检验一下每个顶点的度。

$$v_1\colon 4, v_2\colon 4, v_3\colon 4, v_4\colon 4, v_5\colon 2, v_6\colon 2, v_7\colon 2, v_8\colon 2$$

由于每个顶点的度都是偶数，所以该图是欧拉图。一个欧拉回路为

$$(v_1, v_5, v_2, v_6, v_3, v_7, v_4, v_8, v_1, v_2, v_3, v_4, v_1)$$

12.4　（1）如果点 v_3 是参考顶点，那么约化后的关联矩阵为

$$\boldsymbol{A}_{\mathrm{f}} = \begin{pmatrix} 1 & 0 & 0 & 1 & 1 \\ 1 & 1 & 0 & 0 & 0 \\ 0 & 0 & 1 & 1 & 0 \end{pmatrix}$$

（2）一个生成树必须是一个包含所有顶点的树（无回路且连通）。例如下图，

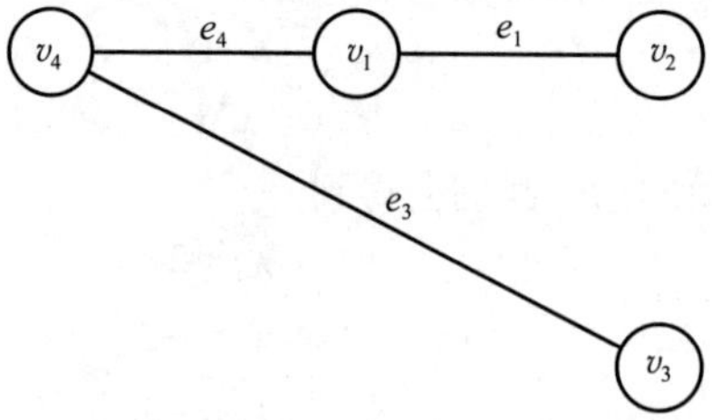

（3）对于上面的生成树，对应的基本回路矩阵为

$$\boldsymbol{B}_{\mathrm{f}} = \begin{pmatrix} 0 & 0 & 1 & 1 & 1 \\ 1 & 1 & 0 & 0 & 1 \end{pmatrix}$$

12.5　这个图是平面图，因为它可以在没有交叉边的情况下绘制，如下图所示。

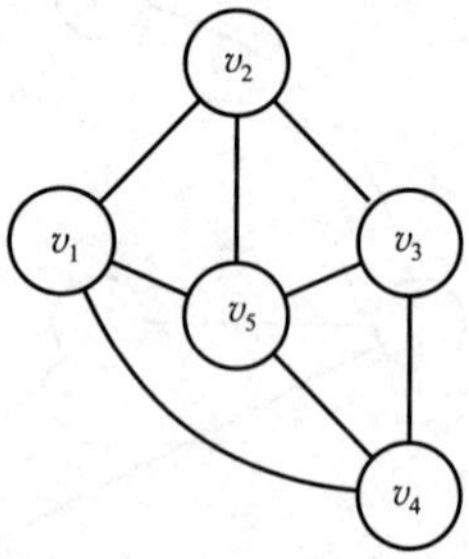

我们有 $n=5$，$m=8$，$f=5$。满足欧拉公式

$$n-m+f=5-8+5=2$$

第 13 章

13.1　让我们用它的最小拓扑来表示这个网络，如下图。

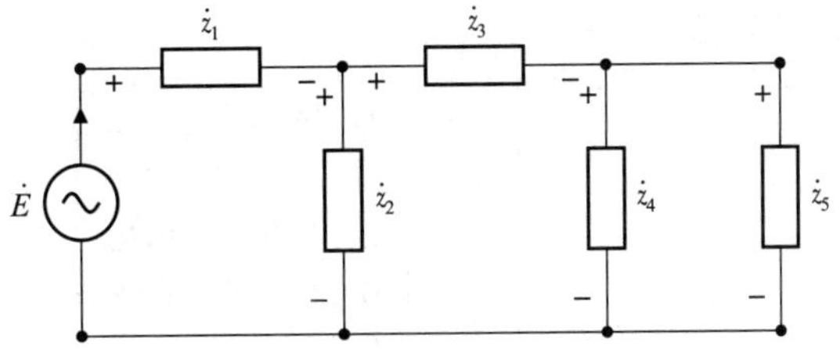

此时

$$\dot{E}=(220,\angle 0°)$$

$$\dot{z}_1=4\Omega$$

$$\dot{z}_2=4\Omega$$

$$\dot{z}_3=\left[2+\mathrm{j}\left(314\times 0.1-\frac{1}{314\times 50\times 10^{-6}}\right)\right]\Omega=[2+\mathrm{j}(31.4-63.38)]\Omega=(2-\mathrm{j}31.98)\Omega$$

$$\dot{z}_4=2\Omega$$

$$\dot{z}_5=2\Omega$$

我们现在可以写出方程

$$\begin{cases}\dot{I}_1=\dot{I}_2+\dot{I}_3\\ \dot{I}_3=\dot{I}_4+\dot{I}_5\\ \dot{E}=\dot{z}_1\dot{I}_1+\dot{z}_2\dot{I}_2\\ \dot{z}_2\dot{I}_2=\dot{z}_3\dot{I}_3+\dot{z}_4\dot{I}_4\\ \dot{z}_4\dot{I}_4=\dot{z}_5\dot{I}_5\end{cases}$$

整理得

$$\begin{pmatrix}-1 & 1 & 1 & 0 & 0\\ 0 & 0 & -1 & 1 & 1\\ \dot{z}_1 & \dot{z}_2 & 0 & 0 & 0\\ 0 & -\dot{z}_2 & \dot{z}_3 & \dot{z}_4 & 0\\ 0 & 0 & 0 & -\dot{z}_4 & \dot{z}_5\end{pmatrix}\begin{pmatrix}\dot{I}_1\\ \dot{I}_2\\ \dot{I}_3\\ \dot{I}_4\\ \dot{I}_5\end{pmatrix}=\begin{pmatrix}0\\ 0\\ \dot{E}\\ 0\\ 0\end{pmatrix}$$

代入数得

$$\begin{pmatrix}-1 & 1 & 1 & 0 & 0\\ 0 & 0 & -1 & 1 & 1\\ 4 & 4 & 0 & 0 & 0\\ 0 & -4 & 2-\mathrm{j}31.98 & 2 & 0\\ 0 & 0 & 0 & -2 & 2\end{pmatrix}\begin{pmatrix}\dot{I}_1\\ \dot{I}_2\\ \dot{I}_3\\ \dot{I}_4\\ \dot{I}_5\end{pmatrix}=\begin{pmatrix}0\\ 0\\ 220\\ 0\\ 0\end{pmatrix}$$

这个线性方程组的解为

$$\begin{pmatrix}\dot I_1\\\dot I_2\\\dot I_3\\\dot I_4\\\dot I_5\end{pmatrix}=\begin{pmatrix}27.7625+\mathrm{j}1.6788\\27.2375-\mathrm{j}1.6788\\0.5249+\mathrm{j}3.3576\\0.2625+\mathrm{j}1.6788\\0.2625+\mathrm{j}1.6788\end{pmatrix}$$

13.2 让我们用它的最小拓扑来表示这个网络，如下图所示。

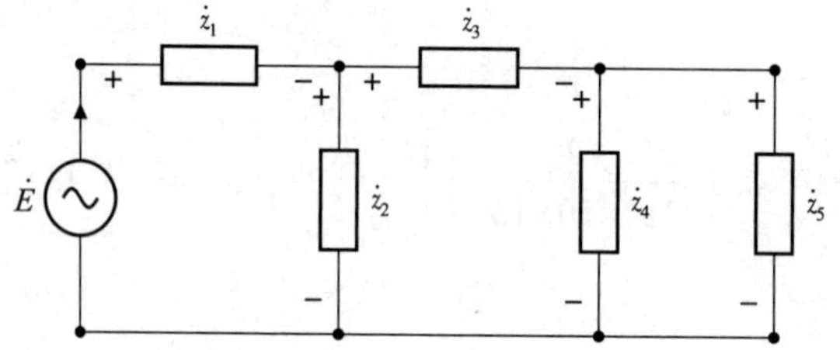

此时

$$\dot E=(220,\angle 0°)$$

$$\dot z_1=[2+\mathrm{j}(314\times300\times10^{-3})]\Omega=(2+\mathrm{j}94.2)\Omega$$

$$\dot z_2=4\Omega$$

$$\dot z_3=\left[2+\mathrm{j}\left(314\times0.1-\frac{1}{314\times50\times10^{-6}}\right)\right]\Omega=[2+\mathrm{j}(31.4-63.38)]\Omega=(2-\mathrm{j}31.980)\Omega$$

$$\dot z_4=2\Omega$$

$$\dot z_5=2\Omega$$

我们现在可以写出方程

$$\begin{cases}\dot I_1=\dot I_2+\dot I_3\\\dot I_3=\dot I_4+\dot I_5\\\dot E=\dot z_1\dot I_1+\dot z_2\dot I_2\\\dot z_2\dot I_2=\dot z_3\dot I_3+\dot z_4\dot I_4\\\dot z_4\dot I_4=\dot z_5\dot I_5\end{cases}$$

整理得

$$\begin{pmatrix}-1&1&1&0&0\\0&0&-1&1&1\\\dot z_1&\dot z_2&0&0&0\\0&-\dot z_2&\dot z_3&\dot z_4&0\\0&0&0&-\dot z_4&\dot z_5\end{pmatrix}\begin{pmatrix}\dot I_1\\\dot I_2\\\dot I_3\\\dot I_4\\\dot I_5\end{pmatrix}=\begin{pmatrix}0\\0\\\dot E\\0\\0\end{pmatrix}$$

代入数得

$$\begin{pmatrix} -1 & 1 & 1 & 0 & 0 \\ 0 & 0 & -1 & 1 & 1 \\ 2+j94.2 & 4 & 0 & 0 & 0 \\ 0 & -4 & 2-j31.98 & 2 & 0 \\ 0 & 0 & 0 & -2 & 2 \end{pmatrix} \begin{pmatrix} \dot{I}_1 \\ \dot{I}_2 \\ \dot{I}_3 \\ \dot{I}_4 \\ \dot{I}_5 \end{pmatrix} = \begin{pmatrix} 0 \\ 0 \\ 220 \\ 0 \\ 0 \end{pmatrix}$$

这个线性方程组的解为

$$\begin{pmatrix} \dot{I}_1 \\ \dot{I}_2 \\ \dot{I}_3 \\ \dot{I}_4 \\ \dot{I}_5 \end{pmatrix} = \begin{pmatrix} 0.14708-j2.33810 \\ -0.13584-j2.29457 \\ 0.28292-j0.04353 \\ 0.14146-j0.02177 \\ 0.14146-j0.02177 \end{pmatrix}$$

附录 A

A.1 (a) $x \wedge y$

A.2 $x=1$

$y=0$

$z=1$

$v=0$

A.3 (b) $z(x \vee y) \vee v$

A.4 (c) $\bar{x} \wedge \bar{y} \wedge z \vee \bar{x} \wedge y \wedge z \vee x \wedge y \wedge \bar{z}$

参考文献

[1] J. Hefferon, *Linear Algebra*. Saint Michael's College, 2012.

[2] G. Cramer, "Introduction a l'analyse des lignes courbes algebriques," *Geneva: Europeana*, pp. 656–659, 1750.

[3] K. Hoffman and R. Kunze, *Linear Algebra*. Englewood Cliffs, New Jersey, Prentice - Hall, 1971.

[4] A. Schönhage, A. Grotefeld, and E. Vetter, *Fast Algorithms. A Multitape Turing Machine Implementation*. 1994.

[5] J. B. Fraleigh and R. A. Beauregard, *Linear Algebra*. Addison-Wesley Publishing Company, 1987.

[6] J. Grcar, "Mathematicians of Gaussian elimination," *Notices of the American Mathematical Society*, vol. 58, no. 6, pp. 782–792, 2011.

[7] N. Higham, *Accuracy and Stability of Numerical Algorithms*. SIAM, 2002.

[8] D. M. Young, *Iterative methods for solving partial difference equations of elliptical type*. PhD thesis, Harvard University, 1950.

[9] H. Coxeter, *Introduction to Geometry*. Wiley, 1961.

[10] T. Blyth and E. Robertson, *Basic Linear Algebra*. Springer Undergraduate Mathematics Series, Springer, 2002.

[11] D. M. Burton, *The History of Mathematics*. McGraw-Hill, 1995.

[12] M. A. Moskowitz, *A Course in Complex Analysis in One Variable*. World Scientific Publishing Co, 2002.

[13] M. R. Spiegel, *Mathematical Handbook of Formulas and Tables*. Schaum, 1968.

[14] A. Kaw and E. Kalu, *Numerical Methods with Applications*. 2008.

[15] J. P. Ballantine and A. R. Jerbert, "Distance from a line, or plane, to a point," *The American Mathematical Monthly*, vol. 59, no. 4, pp. 242–243, 1952.

[16] D. Riddle, *Analytic geometry*. Wadsworth Pub. Co., 1982.

[17] H. S. M. Coxeter, *Projective Geometry*. Springer.

[18] K. G. Binmore, *Mathematical Analysis: A Straightforward Approach*. New York, NY, USA: Cambridge University Press, 2nd ed., 1982.

[19] D. V. Widder, *The Laplace Transform*, vol. 6 of *Princeton Mathematical Series*. Princeton University Press, 1941.

[20] R. Larson and D. C. Falvo, *Elementary Linear Algebra*. Houghton Mifflin, 2008.

[21] A. Cobham, "The intrinsic computational difficulty of functions," *Proc. Logic, Methodology, and Philosophy of Science II, North Holland*, 1965.

[22] D. Kozen, *Theory of computation*. Birkhäuser, 2006.

[23] S. Arora and B. Barak, *Computational Complexity: A Modern Approach*. New York, NY, USA: Cambridge University Press, 1st ed., 2009.

[24] D. Huffman, "A method for the construction of minimum-redundancy codes," *Proceedings of the IRE*, vol. 40, pp. 1098–1101, 1952.

[25] J. Łukasiewicz, *Aristotle's Syllogistic from the Standpoint of Modern Formal Logic*. Oxford University Press, 1957.

[26] L. Euler, "Solutio problematis ad geometriam situs pertinensis," *Comm. Acad. Sc. Imperialis Petropolitanae*, vol. 8, 1736.
[27] K. Appel and W. Haken, "Solution of the four color map problem," *Scientific American*, vol. 237, no. 4, pp. 108–121, 1977.
[28] K. Mei-Ko, "Graphic programming using odd or even points," *Chinese Math.*, vol. 1, pp. 273–277, 1962.
[29] C. A. Desoer and E. S. Kuh, *Basic Circuit Theory*. McGraw-Hill Education, 2009.
[30] G. Boole, *An Investigation of the Laws of Thought*. Prometheus Books, 1853.
[31] L. A. Zadeh, "Fuzzy sets," *Information and Control*, vol. 8, no. 3, pp. 338–353, 1965.
[32] J. Liouville, "Lecons sur les fonctions doublement periodiques," *Journal für die Reine und Angewandte Mathematik*, vol. 88, pp. 277–310, 1879.
[33] V. Vladimirov, *Methods of the theory of functions of several complex variables*. 1966.
[34] O. T. O'Meara, *Introduction to Quadratic Forms*. Springer-Verlag, 2000.

推荐阅读

线性代数（原书第10版）

ISBN：978-7-111-71729-4

数学分析原理 面向计算机专业（原书第2版）

ISBN：978-7-111-71242-8

数学分析（原书第2版·典藏版）

ISBN：978-7-111-70616-8

复分析（英文版·原书第3版·典藏版）

ISBN：978-7-111-70102-6

实分析（英文版·原书第4版）

ISBN：978-7-111-64665-5

泛函分析（原书第2版·典藏版）

ISBN：978-7-111-65107-9